이 책을 검토해 주신 선생님

세상이 변해도
배움의 즐거움은
변함없도록

시대는 빠르게 변해도
배움의 즐거움은
변함없어야 하기에

어제의 비상은
남다른 교재부터
결이 다른 콘텐츠
전에 없던 교육 플랫폼까지

변함없는 혁신으로
교육 문화 환경의 새로운 전형을
실현해왔습니다.

비상은 오늘, 다시 한번
새로운 교육 문화 환경을 실현하기 위한
또 하나의 혁신을 시작합니다.

오늘의 내가 어제의 나를 초월하고
오늘의 교육이 어제의 교육을 초월하여
배움의 즐거움을 지속하는 혁신,

바로, 메타인지 기반 완전 학습을.

상상을 실현하는 교육 문화 기업 비상

메타인지 기반 완전 학습
초월을 뜻하는 meta와 생각을 뜻하는 인지가 결합한 메타인지는
자신이 알고 모르는 것을 스스로 구분하고 학습계획을 세우도록 하는
궁극의 학습 능력입니다. 비상의 메타인지 기반 완전 학습 시스템은
잠들어 있는 메타인지를 깨워 공부를 100% 내 것으로 만들도록 합니다.

개 념 완 성 의 올 바 른 길

개념
루트

미적분 I

Structure / 구성과 특징

01
개념 이해

핵심 개념을 빠짐없이 익히자!

친절한 설명으로 개념별 **원리를 이해**하고,
문제로 개념을 확인하세요.

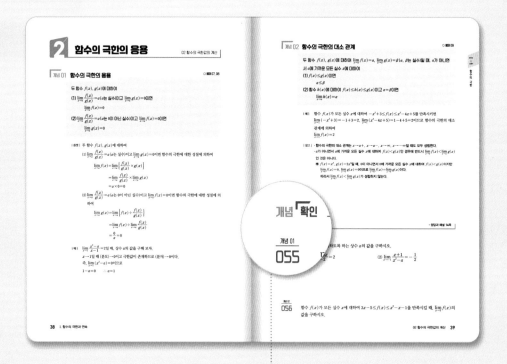

☑ 개념이 한눈에 잘 보이게 정리하였고, 친절한 설명을 실어주었으며, 서·논술형 시험에 대비하여 증명을 강화했습니다.

• 개념에 대한 |증명|, |예|, |참고|를 다루어 내용을 이해하는 데 도움을 줍니다.

☑ 익힌 개념을 바로 확인할 수 있도록 기초 문제를 제공하여 내용을 정확히 이해했는지 확인할 수 있습니다.

• 문제마다 연계 개념의 번호를 제공하여 개념을 바로 찾아 확인할 수 있습니다.

개념
적용

꼭 익혀야 할 유형의 예제와 유제를 풀어 보자!

개념 키워드를 적용하여
수준별 중요 **예제**를 풀며 실력을 다지세요.

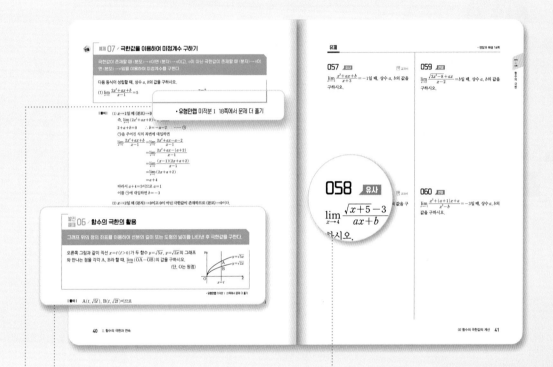

☑ 핵심 개념, 공식을 제공한 '**키워드 개념**'을 통해 예제를 쉽게 해결할 수 있습니다.

☑ 예제를 충분히 학습한 후 **발전 예제**를 풀어 수준별로 실력을 쌓을 수 있습니다.

● 예제별로 더 많은 유형 문제를 『유형만렙』 교재에서 풀어볼 수 있게 『유형만렙』 쪽수를 제시합니다.

● Ⅰ 개념Ⅰ을 제시하여 배운 내용을 다시 짚어 보게 하고, Ⅰ 다른 풀이Ⅰ, TIP 을 제공하여 다양한 사고를 하는 데 도움을 줍니다.

☑ 예제에 대한 쌍둥이 문제를 유사 에서 풀어 확인하고, 조건을 바꾼 문제를 변형 에서 풀어 익힐 수 있습니다.

● 교과서에 실려 있는 문제의 유사 문제를 📖 교과서로 다루었습니다.

● 수능 및 모평·학평 기출 문제를 🎓 수능, 🎓 평가원, 🎓 교육청으로 다루었습니다.

Structure / 구성과 특징

03

개념 확장

빈틈없는 구성으로 내신도 대비하자!

내신 빈출 문제를 풀고,
내신 심화 개념까지 익혀 실력을 완성하세요!

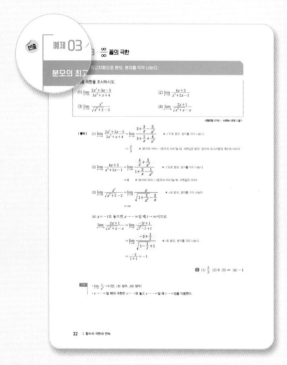

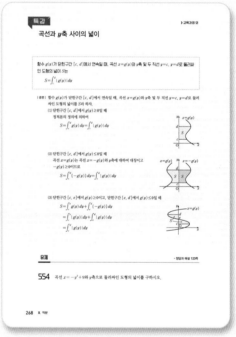

☑ 최근 3개년 전국 내신 기출 문제 분석을 통해 시험에 잘 나오는 문제를 '빈출'로 수록하여 최신 내신 기출 경향을 파악할 수 있습니다.

☑ 교육과정에서 다루지 않더라도 실전 개념 이해에 도움이 되거나 문제를 쉽게 해결할 수 있게 해주는 내용을 수록하였습니다. 또 관련 유제를 수록하여 빈틈없이 개념 학습을 마무리할 수 있습니다.

수준별 3단계 문제로 단원을 마무리하자!

수준별 다양한 문제와 중요 **기출 문제**를 풀어
문제 해결력을 키우고, 내신 1등급에 도전하세요!

☑ 단원별 1단계, 2단계, 3단계의 수준별 문제,
중요 기출 문제, 서·논술형 문제를 풀어 1등
급으로 갈 수 있는 실력을 완성합니다.

● 📄 교과서 유사 문제, 🎓 교육청, ✏ 평가원, 📝 수능
기출 문제의 동일 문제를 풀어 단원을 마무리합니다.

정답과 해설

문제 해결을 돕는 접근 장치,
이해하기 쉬운 자세한 풀이 수록!

누구나 문제의 풀이를 쉽게 이해할 수 있도록 자세히 설명하였습니다.
또한 응용 문제에는 문제 해석에 도움이 되도록 I 접근 방법 I을 제시하였습니다.

● 본책 뒤에 제공되는 「빠른 정답」을 이용하여 답을 빠르게 확인할 수 있습니다.

Contents / 차례

1

함수의 극한

1 함수의 수렴과 발산

개념 01 $x \to a$일 때의 함수의 수렴

◐ 예제 01

함수 $f(x)$에서 x의 값이 a가 아니면서 a에 한없이 가까워질 때, $f(x)$의 값이 일정한 값 α에 한없이 가까워지면 함수 $f(x)$는 α에 수렴한다고 한다.
이때 α를 함수 $f(x)$의 $x=a$에서의 **극한값** 또는 **극한**이라 하고, 기호로 다음과 같이 나타낸다.

$$\lim_{x \to a} f(x) = \alpha \text{ 또는 } x \to a일 \text{ 때 } f(x) \to \alpha$$

특히 상수함수 $f(x) = c$ (c는 상수)는 모든 실수 x에서 함숫값이 항상 c이므로 a의 값에 관계없이 다음이 성립한다.

$$\lim_{x \to a} f(x) = \lim_{x \to a} c = c$$

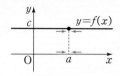

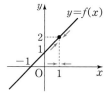

| 참고 | • 기호 lim는 극한을 뜻하는 limit의 약자로 '리미트'라 읽는다.
　　　 • $x \to a$는 x의 값이 a가 아니면서 a에 한없이 가까워짐을 뜻한다.

| 예 | (1) 함수 $f(x) = x + 1$에 대하여 함수 $y = f(x)$의 그래프는 오른쪽 그림과 같다.
　　　 따라서 x의 값이 1에 한없이 가까워질 때, $f(x)$의 값은 2에 한없이 가까워지므로 <u>$f(x)$는 2에 수렴한다.</u>

$$\lim_{x \to 1} (x+1) = 2 \quad \blacktriangleleft \text{극한값}$$

(2) 함수 $f(x) = \dfrac{x^2 - 1}{x - 1}$은 $x = 1$에서 정의되지 않지만 $x \neq 1$인 모든 실수 x에 대하여

$$f(x) = \frac{x^2 - 1}{x - 1} = \frac{(x+1)(x-1)}{x-1} = x + 1$$

이므로 함수 $y = f(x)$의 그래프는 오른쪽 그림과 같다.
따라서 x의 값이 1에 한없이 가까워질 때, $f(x)$의 값은 2에 한없이 가까워지므로

$$\lim_{x \to 1} \frac{x^2 - 1}{x - 1} = 2 \quad \blacktriangleleft \text{함수 } f(x)\text{가 } x=a\text{에서 정의되지 않는 경우에도}$$
$$\text{극한값 } \lim_{x \to a} f(x) \text{는 존재할 수 있다.}$$

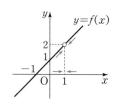

개념02 $x \to \infty$, $x \to -\infty$일 때의 함수의 수렴

(1) x의 값이 **한없이 커지는 것**을 기호 ∞를 사용하여 $x \to \infty$와 같이 나타내고, x의 값이 음수이면서 그 절댓값이 한없이 커지는 것을 기호로 $x \to -\infty$와 같이 나타낸다. 이때 기호 ∞는 **무한대**라 읽는다.

(2) 함수 $f(x)$에서 x의 값이 한없이 커질 때, $f(x)$의 값이 일정한 값 α에 한없이 가까워지면 함수 $f(x)$는 α에 수렴한다고 하고, 기호로 다음과 같이 나타낸다.

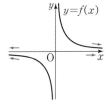

$$\lim_{x \to \infty} f(x) = \alpha \quad \text{또는} \quad x \to \infty \text{일 때 } f(x) \to \alpha$$

또 함수 $f(x)$에서 x의 값이 음수이면서 그 절댓값이 한없이 커질 때, $f(x)$의 값이 일정한 값 β에 한없이 가까워지면 함수 $f(x)$는 β에 수렴한다고 하고, 기호로 다음과 같이 나타낸다.

$$\lim_{x \to -\infty} f(x) = \beta \quad \text{또는} \quad x \to -\infty \text{일 때 } f(x) \to \beta$$

| 참고 | ∞는 한없이 커지는 상태를 나타내며 수는 아니다.

| 예 | 함수 $f(x) = \dfrac{1}{x}$에 대하여 함수 $y = f(x)$의 그래프는 오른쪽 그림과 같다.
따라서 x의 값이 한없이 커질 때, $f(x)$의 값은 0에 한없이 가까워지므로

$$\lim_{x \to \infty} \frac{1}{x} = 0$$

또 x의 값이 음수이면서 그 절댓값이 한없이 커질 때, $f(x)$의 값은 0에 한없이 가까워지므로

$$\lim_{x \to -\infty} \frac{1}{x} = 0$$

개념03 $x \to a$일 때의 함수의 발산

(1) 함수 $f(x)$에서 x의 값이 a가 아니면서 a에 한없이 가까워질 때, $f(x)$가 **어느 값으로도 수렴하지 않으면** 함수 $f(x)$는 발산한다고 한다.

(2) 함수 $f(x)$에서 x의 값이 a가 아니면서 a에 한없이 가까워질 때, $f(x)$의 값이 한없이 커지면 함수 $f(x)$는 양의 무한대로 발산한다고 하고, 기호로 다음과 같이 나타낸다.

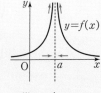

$$\lim_{x \to a} f(x) = \infty \quad \text{또는} \quad x \to a \text{일 때 } f(x) \to \infty$$

또 함수 $f(x)$에서 x의 값이 a가 아니면서 a에 한없이 가까워질 때, $f(x)$의 값이 음수이면서 그 절댓값이 한없이 커지면 함수 $f(x)$는 음의 무한대로 발산한다고 하고, 기호로 다음과 같이 나타낸다.

$$\lim_{x \to a} f(x) = -\infty \quad \text{또는} \quad x \to a \text{일 때 } f(x) \to -\infty$$

| 참고 | $\lim_{x \to a} f(x) = \infty$ 또는 $\lim_{x \to a} f(x) = -\infty$는 극한값이 ∞ 또는 $-\infty$라는 뜻이 아니다.

이 경우 $x=a$에서 극한값이 존재하지 않는다고 한다.

| 예 | (1) 함수 $f(x) = \dfrac{1}{x^2}$에 대하여 함수 $y=f(x)$의 그래프는 오른쪽 그림과 같다.

따라서 x의 값이 0에 한없이 가까워질 때, $f(x)$의 값은 한없이 커지므로

$$\lim_{x \to 0} \frac{1}{x^2} = \infty$$

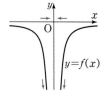

(2) 함수 $f(x) = -\dfrac{1}{x^2}$에 대하여 함수 $y=f(x)$의 그래프는 오른쪽 그림과 같다.

따라서 x의 값이 0에 한없이 가까워질 때, $f(x)$의 값은 음수이면서 그 절댓값이 한없이 커지므로

$$\lim_{x \to 0} \left(-\frac{1}{x^2} \right) = -\infty$$

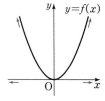

개념 04 $x \to \infty$, $x \to -\infty$일 때의 함수의 발산

○ 예제 02

함수 $f(x)$에서 $x \to \infty$ 또는 $x \to -\infty$일 때, $f(x)$의 값이 양의 무한대나 음의 무한대로 발산하는 것을 기호로 각각 다음과 같이 나타낸다.

$$\lim_{x \to \infty} f(x) = \infty, \quad \lim_{x \to \infty} f(x) = -\infty, \quad \lim_{x \to -\infty} f(x) = \infty, \quad \lim_{x \to -\infty} f(x) = -\infty$$

| 예 | (1) 함수 $f(x) = x^2$에 대하여 함수 $y=f(x)$의 그래프는 오른쪽 그림과 같다.

따라서 $x \to \infty$ 또는 $x \to -\infty$일 때, $f(x)$의 값은 한없이 커지므로

$$\lim_{x \to \infty} x^2 = \infty, \ \lim_{x \to -\infty} x^2 = \infty$$

(2) 함수 $f(x) = -x^2$에 대하여 함수 $y=f(x)$의 그래프는 오른쪽 그림과 같다.

따라서 $x \to \infty$ 또는 $x \to -\infty$일 때, $f(x)$의 값은 음수이면서 그 절댓값이 한없이 커지므로

$$\lim_{x \to \infty} (-x^2) = -\infty, \ \lim_{x \to -\infty} (-x^2) = -\infty$$

개념 확인

개념 01

001 함수 $y=f(x)$의 그래프가 오른쪽 그림과 같을 때, 다음 극한값을 구하시오.

(1) $\lim\limits_{x \to -1} f(x)$

(2) $\lim\limits_{x \to 0} f(x)$

(3) $\lim\limits_{x \to 1} f(x)$

개념 01

002 다음 극한값을 함수의 그래프를 이용하여 구하시오.

(1) $\lim\limits_{x \to 1} (-x+3)$

(2) $\lim\limits_{x \to -2} (2x+4)$

(3) $\lim\limits_{x \to 0} (x^2-5)$

(4) $\lim\limits_{x \to -3} 9$

개념 02

003 다음 극한값을 함수의 그래프를 이용하여 구하시오.

(1) $\lim\limits_{x \to \infty} \dfrac{1}{x+1}$

(2) $\lim\limits_{x \to -\infty} \left(-\dfrac{2}{x} \right)$

개념 03

004 다음 극한을 함수의 그래프를 이용하여 조사하시오.

(1) $\lim\limits_{x \to 0} \dfrac{1}{|x|}$

(2) $\lim\limits_{x \to -2} \left\{ -\dfrac{1}{(x+2)^2} \right\}$

개념 04

005 다음 극한을 함수의 그래프를 이용하여 조사하시오.

(1) $\lim\limits_{x \to -\infty} (-x+6)$

(2) $\lim\limits_{x \to \infty} (-x^2+1)$

예제 01 / $x \rightarrow a$일 때의 함수의 수렴과 발산

함수 $y=f(x)$의 그래프를 그려서 $x \rightarrow a$일 때의 $f(x)$의 값의 변화를 조사한다.

다음 극한을 함수의 그래프를 이용하여 조사하시오.

(1) $\displaystyle\lim_{x \to 3} \sqrt{x+1}$

(2) $\displaystyle\lim_{x \to -2} \frac{x^2-x-6}{x+2}$

(3) $\displaystyle\lim_{x \to 0} \left(4-\frac{1}{x^2}\right)$

(4) $\displaystyle\lim_{x \to 2} \frac{1}{|x-2|}$

| 풀이 | (1) $f(x)=\sqrt{x+1}$이라 하면 함수 $y=f(x)$의 그래프는 오른쪽 그림과 같다.
따라서 x의 값이 3에 한없이 가까워질 때, $f(x)$의 값은 2에 한없이 가까워지므로

$$\lim_{x \to 3} \sqrt{x+1}=2$$

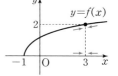

(2) $f(x)=\dfrac{x^2-x-6}{x+2}$이라 하면 $x \neq -2$일 때,

$$f(x)=\frac{(x+2)(x-3)}{x+2}=x-3$$

따라서 함수 $y=f(x)$의 그래프는 오른쪽 그림과 같고, x의 값이 -2에 한없이 가까워질 때, $f(x)$의 값은 -5에 한없이 가까워지므로

$$\lim_{x \to -2} \frac{x^2-x-6}{x+2}=-5$$

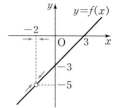

(3) $f(x)=4-\dfrac{1}{x^2}$이라 하면 함수 $y=f(x)$의 그래프는 오른쪽 그림과 같다.
따라서 x의 값이 0에 한없이 가까워질 때, $f(x)$의 값은 음수면서 그 절댓값이 한없이 커지므로

$$\lim_{x \to 0} \left(4-\frac{1}{x^2}\right)=-\infty$$

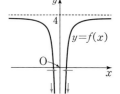

(4) $f(x)=\dfrac{1}{|x-2|}$이라 하면 함수 $y=f(x)$의 그래프는 오른쪽 그림과 같다.
따라서 x의 값이 2에 한없이 가까워질 때, $f(x)$의 값은 한없이 커지므로

$$\lim_{x \to 2} \frac{1}{|x-2|}=\infty$$

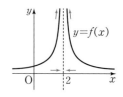

답 (1) 2 (2) -5 (3) $-\infty$ (4) ∞

006 유사

다음 극한을 함수의 그래프를 이용하여 조사하시오.

(1) $\lim\limits_{x \to -2} \sqrt{6-3x}$

(2) $\lim\limits_{x \to 4} \dfrac{x^2-16}{x-4}$

(3) $\lim\limits_{x \to -3} \left\{ \dfrac{1}{(x+3)^2} - 3 \right\}$

(4) $\lim\limits_{x \to -1} \left(-\dfrac{1}{|x+1|} \right)$

007 변형

보기에서 $x \to 0$일 때, 함수 $f(x)$가 수렴하는 것만을 있는 대로 고르시오.

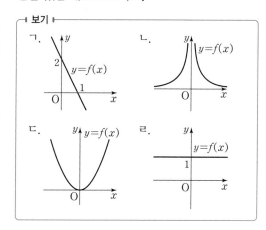

008 변형

다음 중 옳은 것은?

① $\lim\limits_{x \to 4} (x^2 - 6x + 10) = \infty$

② $\lim\limits_{x \to -1} \dfrac{x^2+x}{x+1} = 2$

③ $\lim\limits_{x \to -5} \sqrt{7} = 7$

④ $\lim\limits_{x \to -2} \dfrac{3}{(x+2)^2} = -\infty$

⑤ $\lim\limits_{x \to 3} \left(\dfrac{1}{|x-3|} + 1 \right) = \infty$

예제 02 $x\to\infty$, $x\to-\infty$일 때의 함수의 수렴과 발산

함수 $y=f(x)$의 그래프를 그려서 $x\to\infty$, $x\to-\infty$일 때의 $f(x)$의 값의 변화를 조사한다.

다음 극한을 함수의 그래프를 이용하여 조사하시오.

(1) $\lim\limits_{x\to\infty}(-\sqrt{x+4})$

(2) $\lim\limits_{x\to\infty}\left(3-\dfrac{1}{x}\right)$

(3) $\lim\limits_{x\to-\infty}(x^2+x)$

(4) $\lim\limits_{x\to-\infty}\left(1-\dfrac{1}{2x^2}\right)$

| 풀이 |

(1) $f(x)=-\sqrt{x+4}$라 하면 함수 $y=f(x)$의 그래프는 오른쪽 그림과 같다.
따라서 x의 값이 한없이 커질 때, $f(x)$의 값은 음수이면서 그 절댓값이 한없이 커지므로
$$\lim_{x\to\infty}(-\sqrt{x+4})=-\infty$$

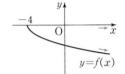

(2) $f(x)=3-\dfrac{1}{x}$이라 하면 함수 $y=f(x)$의 그래프는 오른쪽 그림과 같다.
따라서 x의 값이 한없이 커질 때, $f(x)$의 값은 3에 한없이 가까워지므로
$$\lim_{x\to\infty}\left(3-\dfrac{1}{x}\right)=3$$

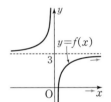

(3) $f(x)=x^2+x$라 하면 함수 $y=f(x)$의 그래프는 오른쪽 그림과 같다.
따라서 x의 값이 음수이면서 그 절댓값이 한없이 커질 때, $f(x)$의 값은 한없이 커지므로
$$\lim_{x\to-\infty}(x^2+x)=\infty$$

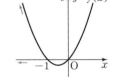

(4) $f(x)=1-\dfrac{1}{2x^2}$이라 하면 함수 $y=f(x)$의 그래프는 오른쪽 그림과 같다.
따라서 x의 값이 음수이면서 그 절댓값이 한없이 커질 때, $f(x)$의 값은 1에 한없이 가까워지므로
$$\lim_{x\to-\infty}\left(1-\dfrac{1}{2x^2}\right)=1$$

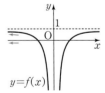

답 (1) $-\infty$ (2) 3 (3) ∞ (4) 1

009 유사

다음 극한을 함수의 그래프를 이용하여 조사하시오.

(1) $\lim\limits_{x \to \infty} (-x^2 + 2x - 1)$

(2) $\lim\limits_{x \to \infty} \dfrac{3x - 5}{x - 2}$

(3) $\lim\limits_{x \to -\infty} \sqrt{9 - 3x}$

(4) $\lim\limits_{x \to -\infty} \left(\dfrac{2}{|x + 3|} - 2 \right)$

010 변형

보기에서 x의 값이 한없이 커질 때, 함수 $f(x)$가 수렴하는 것만을 있는 대로 고르시오.

┌ 보기 ├

ㄱ. $f(x) = \dfrac{x}{x - 1}$ ㄴ. $f(x) = \sqrt{2x - 1}$

ㄷ. $f(x) = \sqrt{3}$ ㄹ. $f(x) = \dfrac{1}{(x - 1)^2}$

011 변형

다음 중 옳지 <u>않은</u> 것은?

① $\lim\limits_{x \to \infty} \dfrac{3}{x} = 0$

② $\lim\limits_{x \to \infty} \dfrac{-x^2 + 4}{x - 2} = -\infty$

③ $\lim\limits_{x \to \infty} \sqrt{x + 2} = \infty$

④ $\lim\limits_{x \to -\infty} \dfrac{5}{|x|} = 0$

⑤ $\lim\limits_{x \to -\infty} \left\{ -\dfrac{1}{(x - 1)^2} \right\} = -1$

2 우극한과 좌극한

개념 01 우극한과 좌극한

○ 예제 03, 05

(1) x의 값이 a보다 크면서 a에 한없이 가까워지는 것을 기호로 $x \to a+$와 같이 나타내고, x의 값이 a보다 작으면서 a에 한 없이 가까워지는 것을 기호로 $x \to a-$와 같이 나타낸다.

$$\overrightarrow{} \overset{a}{\circ} \overleftarrow{} \longrightarrow x$$
$$x \to a- \qquad x \to a+$$

(2) 우극한과 좌극한

① 함수 $f(x)$에서 $\boldsymbol{x \to a+}$일 때, $f(x)$의 값이 일정한 값 α에 한 없이 가까워지면 α를 $x=a$에서 함수 $f(x)$의 **우극한**이라 하고, 기호로 다음과 같이 나타낸다.

$$\lim_{x \to a+} f(x) = \alpha \quad 또는 \quad x \to a+일 \ 때 \ f(x) \to \alpha$$

② 함수 $f(x)$에서 $\boldsymbol{x \to a-}$일 때, $f(x)$의 값이 일정한 값 β에 한 없이 가까워지면 β를 $x=a$에서 함수 $f(x)$의 **좌극한**이라 하고, 기호로 다음과 같이 나타낸다.

$$\lim_{x \to a-} f(x) = \beta \quad 또는 \quad x \to a-일 \ 때 \ f(x) \to \beta$$

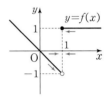

| 예 | 함수 $f(x) = \begin{cases} 1 & (x \geq 1) \\ -x & (x < 1) \end{cases}$ 에 대하여 함수 $y=f(x)$의 그래프는 오른 쪽 그림과 같다.

따라서 x의 값이 1보다 크면서 1에 한없이 가까워질 때, $f(x)$의 값은 1에 한없이 가까워지므로

$$\lim_{x \to 1+} f(x) = 1 \qquad \blacktriangleleft \ 우극한$$

또 x의 값이 1보다 작으면서 1에 한없이 가까워질 때, $f(x)$의 값은 -1에 한없이 가까워지므로

$$\lim_{x \to 1-} f(x) = -1 \qquad \blacktriangleleft \ 좌극한$$

| 참고 | 다음과 같은 함수는 특정한 x의 값에서 우극한과 좌극한이 다를 수 있으므로 주의한다.

• 구간에 따라 다르게 정의된 함수
➡ 구간의 경계가 되는 x의 값에서 우극한과 좌극한이 다를 수 있다.
• 절댓값 기호를 포함한 함수
➡ 절댓값 기호 안의 식의 값이 0이 되는 x의 값에서 우극한과 좌극한이 다를 수 있다.
• 가우스 기호 [ ]를 포함한 함수 (단, $[x]$는 x보다 크지 않은 최대의 정수)
➡ 가우스 기호 안의 식의 값이 정수가 되는 x의 값에서 우극한과 좌극한이 다를 수 있다.

개념 02 극한값의 존재

함수 $f(x)$에 대하여 $\lim_{x \to a} f(x) = \alpha\,(\alpha$는 실수)이면 $x=a$에서 $f(x)$의 우극한과 좌극한이 모두 존재하고 그 값은 α로 같다.
역으로 $x=a$에서 함수 $f(x)$의 우극한과 좌극한이 모두 존재하고 그 값이 α로 같으면 $\lim_{x \to a} f(x) = \alpha$이다. 즉, 다음이 성립한다.

$$\lim_{x \to a} f(x) = \alpha \iff \lim_{x \to a+} f(x) = \lim_{x \to a-} f(x) = \alpha$$

| 예 | 함수 $y=f(x)$의 그래프가 오른쪽 그림과 같을 때

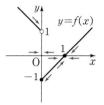

(1) $\lim_{x \to 1+} f(x) = 0$, $\lim_{x \to 1-} f(x) = 0$

➡ 우극한과 좌극한이 모두 존재하고 그 값이 0으로 같으므로

$$\lim_{x \to 1} f(x) = 0$$

(2) $\lim_{x \to 0+} f(x) = -1$, $\lim_{x \to 0-} f(x) = 1$

➡ 우극한과 좌극한이 모두 존재하지만 그 값이 같지 않으므로 $\lim_{x \to 0} f(x)$의 값은 존재하지 않는다.

| 참고 | $x=a$에서 함수 $f(x)$의 우극한과 좌극한이 모두 존재하더라도 그 값이 같지 않으면 $\lim_{x \to a} f(x)$의 값은 존재하지 않는다.

개념 확인

• 정답과 해설 5쪽

개념 01
012 함수 $f(x) = \begin{cases} -x & (x \geq -2) \\ x+3 & (x < -2) \end{cases}$ 의 그래프를 이용하여 다음 극한값을 구하시오.

(1) $\lim_{x \to -2+} f(x)$
(2) $\lim_{x \to -2-} f(x)$

개념 02
013 함수 $f(x) = \begin{cases} x^2+2 & (x \neq 0) \\ 1 & (x=0) \end{cases}$ 의 그래프를 이용하여 다음 극한값을 구하시오.

(1) $\lim_{x \to 0+} f(x)$
(2) $\lim_{x \to 0-} f(x)$
(3) $\lim_{x \to 0} f(x)$

예제 03 ╱ 함수의 우극한과 좌극한

$x=a$에서 함수 $f(x)$의 우극한은 x의 값이 a보다 크면서 a에 한없이 가까워질 때 $f(x)$가 가까워지는 값이고, 좌극한은 x의 값이 a보다 작으면서 a에 한없이 가까워질 때 $f(x)$가 가까워지는 값이다.

함수 $y=f(x)$의 그래프가 오른쪽 그림과 같을 때, 다음 극한값을 구하시오.

(1) $\lim\limits_{x \to 2+} f(x)$　　　　　(2) $\lim\limits_{x \to 2-} f(x)$

(3) $\lim\limits_{x \to 3+} f(x)$　　　　　(4) $\lim\limits_{x \to 3-} f(x)$

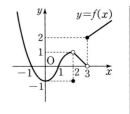

• 유형만렙 미적분 Ⅰ 12쪽에서 문제 더 풀기

│풀이│　(1) x의 값이 2보다 크면서 2에 한없이 가까워질 때, $f(x)$의 값은 1에 한없이 가까워지므로
$$\lim\limits_{x \to 2+} f(x)=1$$

(2) x의 값이 2보다 작으면서 2에 한없이 가까워질 때, $f(x)$의 값은 1에 한없이 가까워지므로
$$\lim\limits_{x \to 2-} f(x)=1$$

(3) x의 값이 3보다 크면서 3에 한없이 가까워질 때, $f(x)$의 값은 2에 한없이 가까워지므로
$$\lim\limits_{x \to 3+} f(x)=2$$

(4) x의 값이 3보다 작으면서 3에 한없이 가까워질 때, $f(x)$의 값은 0에 한없이 가까워지므로
$$\lim\limits_{x \to 3-} f(x)=0$$

답 (1) 1　(2) 1　(3) 2　(4) 0

018 유사

다음 극한을 조사하시오.

(단, $[x]$는 x보다 크지 않은 최대의 정수)

(1) $\displaystyle\lim_{x \to -1} \dfrac{x^2 - 3x - 4}{|x+1|}$

(2) $\displaystyle\lim_{x \to 3} [x-1]$

019 변형

함수 $y = f(x)$의 그래프가 다음 그림과 같을 때, 보기에서 극한값이 존재하는 것만을 있는 대로 고르시오.

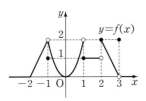

┤ 보기 ├

ㄱ. $\displaystyle\lim_{x \to -1} f(x)$ ㄴ. $\displaystyle\lim_{x \to 0} f(x)$

ㄷ. $\displaystyle\lim_{x \to 1} f(x)$ ㄹ. $\displaystyle\lim_{x \to 2} f(x)$

020 변형

보기에서 $\displaystyle\lim_{x \to 0} f(x)$의 값이 존재하는 것만을 있는 대로 고르시오.

┤ 보기 ├

ㄱ. $f(x) = \begin{cases} x+1 & (x \geq 0) \\ -x & (x < 0) \end{cases}$

ㄴ. $f(x) = \dfrac{|x|}{x}$

ㄷ. $f(x) = x + |x|$

021 변형

함수 $f(x) = \begin{cases} 3x-2 & (x \geq 3) \\ k & (x < 3) \end{cases}$에 대하여 $\displaystyle\lim_{x \to 3} f(x)$의 값이 존재하도록 하는 상수 k의 값을 구하시오.

두 함수 $f(x)$, $g(x)$에 대하여 합성함수 $f(g(x))$의 극한값은 $g(x)=t$로 치환하여 $f(t)$에 대한 극한으로 변형하여 구한다.

두 함수 $y=f(x)$, $y=g(x)$의 그래프가 오른쪽 그림과 같을 때, 다음 극한값을 구하시오.

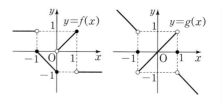

(1) $\lim\limits_{x \to -1-} f(g(x))$ (2) $\lim\limits_{x \to 0+} f(g(x))$

(3) $\lim\limits_{x \to 1+} f(g(x))$ (4) $\lim\limits_{x \to -1+} g(f(x))$

(5) $\lim\limits_{x \to 0-} g(f(x))$ (6) $\lim\limits_{x \to 1+} g(f(x))$

•유형만렙 미적분 I 13쪽에서 문제 더 풀기

| 풀이 | (1) $g(x)=t$로 놓으면 $x \to -1-$일 때 $t \to 1+$이므로
$$\lim_{x \to -1-} f(g(x)) = \lim_{t \to 1+} f(t) = -1$$

(2) $g(x)=t$로 놓으면 $x \to 0+$일 때 $t \to 0+$이므로
$$\lim_{x \to 0+} f(g(x)) = \lim_{t \to 0+} f(t) = 0$$

(3) $g(x)=t$로 놓으면 $x \to 1+$일 때 $t \to -1-$이므로
$$\lim_{x \to 1+} f(g(x)) = \lim_{t \to -1-} f(t) = 1$$

(4) $f(x)=t$로 놓으면 $x \to -1+$일 때 $t \to 0-$이므로
$$\lim_{x \to -1+} g(f(x)) = \lim_{t \to 0-} g(t) = 0$$

(5) $f(x)=t$로 놓으면 $x \to 0-$일 때 $t \to -1+$이므로
$$\lim_{x \to 0-} g(f(x)) = \lim_{t \to -1+} g(t) = -1$$

(6) $f(x)=t$로 놓으면 $x \to 1+$일 때 $t=-1$이므로
$$\lim_{x \to 1+} g(f(x)) = g(-1) = 0$$

답 (1) -1 (2) 0 (3) 1 (4) 0 (5) -1 (6) 0

TIP 두 함수 $f(x)$, $g(x)$에 대하여 $\lim\limits_{x \to a+} f(g(x))$의 값은 $g(x)=t$로 놓고 다음을 이용하여 구한다.

(1) $x \to a+$일 때 $t \to b+$이면 $\lim\limits_{x \to a+} f(g(x)) = \lim\limits_{t \to b+} f(t)$

(2) $x \to a+$일 때 $t \to b-$이면 $\lim\limits_{x \to a+} f(g(x)) = \lim\limits_{t \to b-} f(t)$

(3) $x \to a+$일 때 $t=b$이면 $\lim\limits_{x \to a+} f(g(x)) = f(b)$

022 유사

두 함수 $y=f(x)$, $y=g(x)$의 그래프가 아래 그림과 같을 때, 다음 극한값을 구하시오.

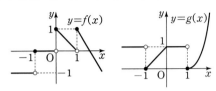

(1) $\lim\limits_{x \to -1+} f(g(x))$

(2) $\lim\limits_{x \to 0-} f(g(x))$

(3) $\lim\limits_{x \to 1-} f(g(x))$

(4) $\lim\limits_{x \to -1-} g(f(x))$

(5) $\lim\limits_{x \to 0+} g(f(x))$

(6) $\lim\limits_{x \to 1-} g(f(x))$

023 변형   🎓 평가원

정의역이 $\{x \,|\, 0 \leq x \leq 4\}$인 함수 $y=f(x)$의 그래프가 그림과 같다.

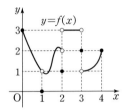

$\lim\limits_{x \to 0+} f(f(x)) + \lim\limits_{x \to 2+} f(f(x))$의 값은?

① 1   ② 2   ③ 3

④ 4   ⑤ 5

024 변형

함수 $f(x)=\begin{cases} -1 & (x \geq 3) \\ -x+3 & (x < 3) \end{cases}$ 에 대하여

$\lim\limits_{x \to 3-} f(f(x)) - \lim\limits_{x \to 0-} f(f(x))$의 값을 구하시오.

연습문제

1단계

025 보기에서 수렴하는 것만을 있는 대로 고르시오.

┤ 보기 ├
ㄱ. $\lim\limits_{x\to 1} \dfrac{x^3+x^2-2x}{x-1}$ ㄴ. $\lim\limits_{x\to -1} \dfrac{3}{|x+1|}$

ㄷ. $\lim\limits_{x\to \infty} \left(-\dfrac{2}{x-4}\right)$ ㄹ. $\lim\limits_{x\to -\infty} (1-\sqrt{-x})$

026 함수 $f(x)=\dfrac{4|x-4|}{x(x-4)}$ 에 대하여 $\lim\limits_{x\to 4+} f(x) - \lim\limits_{x\to 4-} f(x)$ 의 값을 구하시오.

🎓 평가원

027 함수 $y=f(x)$의 그래프가 그림과 같다.

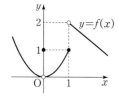

$\lim\limits_{x\to 0} f(x) + \lim\limits_{x\to 1+} f(x)$ 의 값은?

① -1 ② 0 ③ 1
④ 2 ⑤ 3

028 다음 중 극한값이 존재하지 않는 것은?
(단, $[x]$는 x보다 크지 않은 최대 정수)

① $\lim\limits_{x\to 3} \dfrac{x^2-9}{x-3}$ ② $\lim\limits_{x\to 0} \dfrac{x^3}{|x|}$

③ $\lim\limits_{x\to 0} (x^2+|x|)$ ④ $\lim\limits_{x\to -1} \dfrac{(x+1)^2}{|x+1|}$

⑤ $\lim\limits_{x\to 1} [x+1]$

📖 교과서

029 함수 $f(x)=\begin{cases} 2x+a & (x\ge 2) \\ -x^2+3 & (x<2) \end{cases}$ 에 대하여 $\lim\limits_{x\to 2} f(x)$의 값이 존재하도록 하는 상수 a의 값을 구하시오.

2단계

030 함수 $y=f(x)$의 그래프가 다음 그림과 같을 때, 보기에서 옳은 것만을 있는 대로 고르시오.

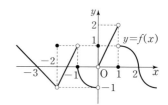

┤ 보기 ├
ㄱ. $\lim\limits_{x\to 0} f(x)$의 값이 존재한다.

ㄴ. $-3<k<-1$인 모든 실수 k에 대하여 $\lim\limits_{x\to k} f(x)$의 값이 존재한다.

ㄷ. $\lim\limits_{x\to -1-} f(x) - \lim\limits_{x\to 0+} f(x)=a$라 하면 $a+\lim\limits_{x\to a-} f(x)=2$이다.

• 정답과 해설 **8**쪽

031 함수 $f(x) = \begin{cases} x^2 + ax + b \ (|x| > 2) \\ -x(x-2) \ (|x| \le 2) \end{cases}$

가 모든 실수 x에서 극한값이 존재할 때, 상수 a, b에 대하여 $a-b$의 값을 구하시오.

032 함수 $y = f(x)$의 그래프가 다음 그림과 같을 때, $\lim\limits_{x \to 1+} f(f(x)) - \lim\limits_{x \to 3+} f(f(x))$의 값은?

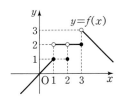

① -2 ② -1 ③ 0
④ 1 ⑤ 2

서술형

033 함수 $y = f(x)$의 그래프가 다음 그림과 같을 때, $\lim\limits_{x \to 0-} f(x+1) + \lim\limits_{x \to 0+} f(-x)$의 값을 구하시오.

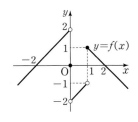

3단계

평가원

034 정의역이 $\{x \mid -2 \le x \le 2\}$인 함수 $y = f(x)$의 그래프가 $0 \le x \le 2$에서 그림과 같고, 정의역에 속하는 모든 실수 x에 대하여 $f(-x) = -f(x)$이다. $\lim\limits_{x \to -1+} f(x) + \lim\limits_{x \to 2-} f(x)$의 값은?

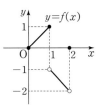

① -3 ② -1 ③ 0
④ 1 ⑤ 3

035 함수 $y = f(x)$의 그래프가 다음 그림과 같을 때, $\lim\limits_{t \to \infty} f\left(\dfrac{t+3}{t-2}\right) + \lim\limits_{t \to \infty} f\left(\dfrac{4t+2}{t+3}\right)$의 값을 구하시오.

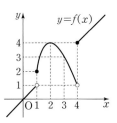

함수의 극한에 대한 성질

개념 01 함수의 극한에 대한 성질

○ 예제 01

두 함수 $f(x)$, $g(x)$에 대하여 $\lim\limits_{x\to a} f(x)=\alpha$, $\lim\limits_{x\to a} g(x)=\beta$ (α, β는 실수)일 때

(1) $\lim\limits_{x\to a} kf(x)=k\lim\limits_{x\to a} f(x)=k\alpha$ (단, k는 실수)

(2) $\lim\limits_{x\to a} \{f(x)+g(x)\}=\lim\limits_{x\to a} f(x)+\lim\limits_{x\to a} g(x)=\alpha+\beta$

(3) $\lim\limits_{x\to a} \{f(x)-g(x)\}=\lim\limits_{x\to a} f(x)-\lim\limits_{x\to a} g(x)=\alpha-\beta$

(4) $\lim\limits_{x\to a} f(x)g(x)=\lim\limits_{x\to a} f(x)\times\lim\limits_{x\to a} g(x)=\alpha\beta$

(5) $\lim\limits_{x\to a} \dfrac{f(x)}{g(x)}=\dfrac{\lim\limits_{x\to a} f(x)}{\lim\limits_{x\to a} g(x)}=\dfrac{\alpha}{\beta}$ (단, $\beta\neq0$)

| 예 |
- $\lim\limits_{x\to 2} 5x=5\lim\limits_{x\to 2} x=5\times2=10$
- $\lim\limits_{x\to 2} (3x+1)=\lim\limits_{x\to 2} 3x+\lim\limits_{x\to 2} 1=3\lim\limits_{x\to 2} x+\lim\limits_{x\to 2} 1=3\times2+1=7$
- $\lim\limits_{x\to 2} (x+1)(2x+3)=\lim\limits_{x\to 2} (x+1)\times\lim\limits_{x\to 2} (2x+3)$

$$=(\lim\limits_{x\to 2} x+\lim\limits_{x\to 2} 1)\times(2\lim\limits_{x\to 2} x+\lim\limits_{x\to 2} 3)$$

$$=(2+1)\times(2\times2+3)=21$$

- $\lim\limits_{x\to 2} \dfrac{x+4}{x-5}=\dfrac{\lim\limits_{x\to 2} (x+4)}{\lim\limits_{x\to 2} (x-5)}=\dfrac{\lim\limits_{x\to 2} x+\lim\limits_{x\to 2} 4}{\lim\limits_{x\to 2} x-\lim\limits_{x\to 2} 5}=\dfrac{2+4}{2-5}=-2$

| 참고 |
- 함수의 극한에 대한 성질은 함수의 극한값이 존재할 때만 성립한다.
- 함수의 극한에 대한 성질은 $x\to a+$, $x\to a-$, $x\to\infty$, $x\to-\infty$일 때도 모두 성립한다.

개념 02 다항함수의 극한값의 계산

$f(x)$가 다항함수일 때, $\lim\limits_{x\to a} f(x)=f(a)$ ◀ $f(x)$에 $x=a$를 대입한 값과 같다.

| 예 | $\lim\limits_{x\to 1} (x^2+3x-2)=1+3-2=2$

개념 03 여러 가지 함수의 극한값의 계산

◆ 예제 02~06

(1) $\dfrac{0}{0}$ 꼴의 극한 ◀ $\dfrac{0}{0}$ 꼴에서 0은 0에 한없이 가까워지는 것을 의미한다.

　① 분모, 분자가 모두 다항식인 경우 ➡ 분모, 분자를 각각 인수분해한 후 약분한다.

　② 분모 또는 분자가 무리식인 경우 ➡ 근호가 있는 쪽을 유리화한 후 약분한다.

(2) $\dfrac{\infty}{\infty}$ 꼴의 극한

　분모의 최고차항으로 분모, 분자를 각각 나눈 후 $\displaystyle\lim_{x\to\infty}\dfrac{c}{x^p}=0$ (c는 상수, p는 양수)임을 이용한다.

　➡ ① (분자의 차수)<(분모의 차수)이면 극한값은 0이다.

　　 ② (분자의 차수)=(분모의 차수)이면 극한값은 분모, 분자의 최고차항의 계수의 비이다.

　　 ③ (분자의 차수)>(분모의 차수)이면 발산한다. ◀ 극한값은 없다.

(3) $\infty - \infty$ 꼴의 극한

　분모 또는 분자에서 근호가 있는 쪽을 유리화한다.

(4) $\infty \times 0$ 꼴의 극한

　① (유리식)×(유리식)인 경우 ➡ 통분하거나 인수분해한다.

　② 무리식을 포함하는 경우 ➡ 근호가 있는 쪽을 유리화한다.

| 예 |

(1) $\displaystyle\lim_{x\to 1}\dfrac{x^2-x}{x-1}=\lim_{x\to 1}\dfrac{x(x-1)}{x-1}=\lim_{x\to 1}x=1$

(2) $\displaystyle\lim_{x\to\infty}\dfrac{3x^2+x}{x^2+2}=\lim_{x\to\infty}\dfrac{3+\dfrac{1}{x}}{1+\dfrac{2}{x^2}}=\dfrac{\displaystyle\lim_{x\to\infty}3+\lim_{x\to\infty}\dfrac{1}{x}}{\displaystyle\lim_{x\to\infty}1+\lim_{x\to\infty}\dfrac{2}{x^2}}=\dfrac{3+0}{1+0}=3$

(3) $\displaystyle\lim_{x\to\infty}(\sqrt{x+5}-\sqrt{x})=\lim_{x\to\infty}\dfrac{(\sqrt{x+5}-\sqrt{x})(\sqrt{x+5}+\sqrt{x})}{\sqrt{x+5}+\sqrt{x}}$ ◀ $\sqrt{x+5}-\sqrt{x}$ 의 분모를 1로 보고 분자를 유리화한다.

　　　$\displaystyle=\lim_{x\to\infty}\dfrac{5}{\sqrt{x+5}+\sqrt{x}}=0$ ◀ $\displaystyle\lim_{x\to\infty}(\sqrt{x+5}+\sqrt{x})=\infty$ 이고 $\dfrac{(상수)}{\infty}\to 0$이다.

(4) $\displaystyle\lim_{x\to 0}\dfrac{1}{x}\left(1+\dfrac{1}{x-1}\right)=\lim_{x\to 0}\left(\dfrac{1}{x}\times\dfrac{x-1+1}{x-1}\right)=\lim_{x\to 0}\dfrac{1}{x-1}=-1$

개념 확인

• 정답과 해설 10쪽

개념 01

036 두 함수 $f(x)$, $g(x)$에 대하여 $\displaystyle\lim_{x\to 1}f(x)=3$, $\displaystyle\lim_{x\to 1}g(x)=-2$일 때, 다음 극한값을 구하시오.

(1) $\displaystyle\lim_{x\to 1}\{2f(x)+g(x)\}$

(2) $\displaystyle\lim_{x\to 1}f(x)g(x)$

(3) $\displaystyle\lim_{x\to 1}\{f(x)\}^2$

(4) $\displaystyle\lim_{x\to 1}\dfrac{f(x)}{g(x)}$

예제 01 / 함수의 극한에 대한 성질

주어진 극한값을 이용할 수 있도록 식을 변형한 후 함수의 극한에 대한 성질을 이용한다.

다음 물음에 답하시오.

(1) 두 함수 $f(x)$, $g(x)$에 대하여 $\lim_{x \to 1} f(x) = 2$, $\lim_{x \to 1} \{3f(x) + g(x)\} = 9$일 때, $\lim_{x \to 1} \{4f(x) - 2g(x)\}$의 값을 구하시오.

(2) 함수 $f(x)$에 대하여 $\lim_{x \to 0} \dfrac{f(x)}{x} = 3$일 때, $\lim_{x \to 0} \dfrac{5x + f(x)}{x - f(x)}$의 값을 구하시오.

• 유형만렙 미적분 I 14쪽에서 문제 더 풀기

| 풀이 | (1) $h(x) = 3f(x) + g(x)$라 하면 $\lim_{x \to 1} h(x) = 9$

$g(x) = h(x) - 3f(x)$이므로

$$\lim_{x \to 1} \{4f(x) - 2g(x)\} = \lim_{x \to 1} [4f(x) - 2\{h(x) - 3f(x)\}]$$
$$= \lim_{x \to 1} \{10f(x) - 2h(x)\}$$
$$= 10 \lim_{x \to 1} f(x) - 2 \lim_{x \to 1} h(x)$$
◀ $\lim_{x \to 1} f(x)$, $\lim_{x \to 1} h(x)$의 값이 각각 존재하므로 함수의 극한에 대한 성질을 이용할 수 있다.
$$= 10 \times 2 - 2 \times 9$$
$$= 2$$

(2) $\displaystyle \lim_{x \to 0} \frac{5x + f(x)}{x - f(x)} = \lim_{x \to 0} \frac{5 + \dfrac{f(x)}{x}}{1 - \dfrac{f(x)}{x}}$
◀ 주어진 극한값을 이용할 수 있도록 x로 분모, 분자를 각각 나누어 식을 변형한다.

$$= \frac{\displaystyle \lim_{x \to 0} 5 + \lim_{x \to 0} \frac{f(x)}{x}}{\displaystyle \lim_{x \to 0} 1 - \lim_{x \to 0} \frac{f(x)}{x}}$$
◀ $\lim_{x \to 0} \dfrac{f(x)}{x}$의 값이 존재하므로 함수의 극한에 대한 성질을 이용할 수 있다.
$$= \frac{5 + 3}{1 - 3}$$
$$= -4$$

답 (1) 2 (2) -4

037 유사

두 함수 $f(x)$, $g(x)$에 대하여
$\lim_{x \to 3} g(x) = -1$, $\lim_{x \to 3} \{ f(x) - 2g(x) \} = 6$일 때,
$\lim_{x \to 3} \dfrac{f(x) - 3g(x)}{2f(x) + g(x)}$ 의 값을 구하시오.

039 변형

두 함수 $f(x)$, $g(x)$에 대하여
$\lim_{x \to \infty} \{ f(x) - 5g(x) \} = 1$, $\lim_{x \to \infty} g(x) = \infty$일 때,
$\lim_{x \to \infty} \dfrac{4f(x) + g(x)}{3f(x) - g(x)}$ 의 값을 구하시오.

038 유사

함수 $f(x)$에 대하여 $\lim_{x \to 0} \dfrac{f(x)}{x} = \dfrac{1}{5}$ 일 때,
$\lim_{x \to 0} \dfrac{x + 2f(x)}{2x - 3f(x)}$ 의 값을 구하시오.

040 변형

함수 $f(x)$에 대하여 $\lim_{x \to 1} \dfrac{f(x-1)}{x-1} = 4$일 때,
$\lim_{x \to 0} \dfrac{x - f(x)}{x - 4f(x)}$ 의 값을 구하시오.

예제 02 / $\dfrac{0}{0}$ 꼴의 극한

분모, 분자가 모두 다항식이면 인수분해하고, 분모 또는 분자가 무리식이면 근호가 있는 쪽을 유리화한다.

다음 극한값을 구하시오.

(1) $\displaystyle\lim_{x \to -2} \dfrac{x^3+8}{x+2}$

(2) $\displaystyle\lim_{x \to 1} \dfrac{\sqrt{2x+7}-3}{x-1}$

• 유형만렙 미적분 I 15쪽에서 문제 더 풀기

| 풀이 |

(1) $\displaystyle\lim_{x \to -2} \dfrac{x^3+8}{x+2} = \lim_{x \to -2} \dfrac{(x+2)(x^2-2x+4)}{x+2}$ ◀ 분자를 인수분해한다.

$\qquad\qquad\qquad = \displaystyle\lim_{x \to -2} (x^2-2x+4)$

$\qquad\qquad\qquad = 4+4+4 = 12$

(2) $\displaystyle\lim_{x \to 1} \dfrac{\sqrt{2x+7}-3}{x-1} = \lim_{x \to 1} \dfrac{(\sqrt{2x+7}-3)(\sqrt{2x+7}+3)}{(x-1)(\sqrt{2x+7}+3)}$ ◀ 분자를 유리화한다.

$\qquad\qquad\qquad = \displaystyle\lim_{x \to 1} \dfrac{2x-2}{(x-1)(\sqrt{2x+7}+3)}$

$\qquad\qquad\qquad = \displaystyle\lim_{x \to 1} \dfrac{2(x-1)}{(x-1)(\sqrt{2x+7}+3)}$

$\qquad\qquad\qquad = \displaystyle\lim_{x \to 1} \dfrac{2}{\sqrt{2x+7}+3}$

$\qquad\qquad\qquad = \dfrac{2}{3+3} = \dfrac{1}{3}$

답 (1) 12 (2) $\dfrac{1}{3}$

041 [유사] 📄 교과서

다음 극한값을 구하시오.

(1) $\lim\limits_{x \to 3} \dfrac{x^2 - 5x + 6}{x - 3}$

(2) $\lim\limits_{x \to 1} \dfrac{x^2 + 2x - 3}{x^3 - x}$

(3) $\lim\limits_{x \to 2} \dfrac{3x - 6}{\sqrt{x - 1} - 1}$

(4) $\lim\limits_{x \to -1} \dfrac{\sqrt{x^2 + 3} - 2}{x + 1}$

042 [변형]

$\lim\limits_{x \to -2+} \dfrac{x^2 + 2x}{|x + 2|}$ 의 값을 구하시오.

043 [변형]

함수 $f(x)$에 대하여 $\lim\limits_{x \to 4} f(x) = 3$일 때,

$\lim\limits_{x \to 4} \dfrac{(x - 4)f(x)}{\sqrt{x} - 2}$의 값을 구하시오.

예제 03 / $\dfrac{\infty}{\infty}$ 꼴의 극한

분모의 최고차항으로 분모, 분자를 각각 나눈다.

다음 극한을 조사하시오.

(1) $\displaystyle\lim_{x\to\infty}\dfrac{2x^2+3x-5}{3x^2+x+4}$

(2) $\displaystyle\lim_{x\to\infty}\dfrac{4x+3}{x^2+2x-1}$

(3) $\displaystyle\lim_{x\to\infty}\dfrac{x^2}{\sqrt{x^2+2}-2}$

(4) $\displaystyle\lim_{x\to-\infty}\dfrac{2x+1}{\sqrt{x^2+x}-x}$

• **유형만렙** 미적분 I 16쪽에서 문제 더 풀기

| 풀이 |

(1) $\displaystyle\lim_{x\to\infty}\dfrac{2x^2+3x-5}{3x^2+x+4}=\lim_{x\to\infty}\dfrac{2+\dfrac{3}{x}-\dfrac{5}{x^2}}{3+\dfrac{1}{x}+\dfrac{4}{x^2}}$ ◀ x^2으로 분모, 분자를 각각 나눈다.

$\qquad\qquad = \dfrac{2}{3}$ ◀ (분자의 차수)=(분모의 차수)일 때, 극한값은 분모, 분자의 최고차항의 계수의 비이다.

(2) $\displaystyle\lim_{x\to\infty}\dfrac{4x+3}{x^2+2x-1}=\lim_{x\to\infty}\dfrac{\dfrac{4}{x}+\dfrac{3}{x^2}}{1+\dfrac{2}{x}-\dfrac{1}{x^2}}$ ◀ x^2으로 분모, 분자를 각각 나눈다.

$\qquad\qquad = 0$ ◀ (분자의 차수)<(분모의 차수)일 때, 극한값은 0이다.

(3) $\displaystyle\lim_{x\to\infty}\dfrac{x^2}{\sqrt{x^2+2}-2}=\lim_{x\to\infty}\dfrac{x}{\sqrt{1+\dfrac{2}{x^2}}-\dfrac{2}{x}}$ ◀ x로 분모, 분자를 각각 나눈다.

$\qquad\qquad = \infty$

(4) $x=-t$로 놓으면 $x\to-\infty$일 때 $t\to\infty$이므로

$\qquad \displaystyle\lim_{x\to-\infty}\dfrac{2x+1}{\sqrt{x^2+x}-x}=\lim_{t\to\infty}\dfrac{-2t+1}{\sqrt{t^2-t}+t}$

$\qquad\qquad\qquad\qquad = \displaystyle\lim_{t\to\infty}\dfrac{-2+\dfrac{1}{t}}{\sqrt{1-\dfrac{1}{t}}+1}$ ◀ t로 분모, 분자를 각각 나눈다.

$\qquad\qquad\qquad\qquad = \dfrac{-2}{1+1}=-1$

답 (1) $\dfrac{2}{3}$ (2) 0 (3) ∞ (4) -1

TIP
- $\displaystyle\lim_{x\to\infty}\dfrac{c}{x^p}=0$ (단, c는 상수, p는 양수)
- $x\to-\infty$일 때의 극한은 $x=-t$로 놓고 $x\to-\infty$일 때 $t\to\infty$임을 이용한다.

044 유사 📖 교과서

다음 극한을 조사하시오.

(1) $\displaystyle\lim_{x\to\infty}\frac{4x^2-3}{-2x^2-x}$

(2) $\displaystyle\lim_{x\to\infty}\frac{5x^3+2}{x^2+9x-1}$

(3) $\displaystyle\lim_{x\to\infty}\frac{x^2+1}{x^3+x-2}$

(4) $\displaystyle\lim_{x\to\infty}\frac{4x}{\sqrt{x^2+6}+2}$

(5) $\displaystyle\lim_{x\to\infty}\frac{\sqrt{x^2-3}+2x}{x^2+5}$

(6) $\displaystyle\lim_{x\to-\infty}\frac{\sqrt{x^2-2x}}{5x-1}$

045 변형

$\displaystyle\lim_{x\to\infty}\frac{(4x-1)(3x+2)}{2x^2+x+1}$ 의 값을 구하시오.

046 변형

함수 $f(x)=x^2$에 대하여

$\displaystyle\lim_{x\to\infty}\frac{f(x)-f(x-1)}{4x}$ 의 값을 구하시오.

예제 04 / $\infty - \infty$ 꼴의 극한

분모 또는 분자에서 근호가 있는 쪽을 유리화한다.

다음 극한값을 구하시오.

(1) $\lim\limits_{x\to\infty}(\sqrt{x^2+8x}-x)$

(2) $\lim\limits_{x\to\infty}\dfrac{1}{\sqrt{x^2+5x-1}-x}$

• 유형만렙 미적분 I 17쪽에서 문제 더 풀기

| 풀이 | (1) $\lim\limits_{x\to\infty}(\sqrt{x^2+8x}-x)=\lim\limits_{x\to\infty}\dfrac{(\sqrt{x^2+8x}-x)(\sqrt{x^2+8x}+x)}{\sqrt{x^2+8x}+x}$ ◀ $\sqrt{x^2+8x}-x$의 분모를 1로 보고 분자를 유리화한다.

$$=\lim\limits_{x\to\infty}\dfrac{8x}{\sqrt{x^2+8x}+x}=\lim\limits_{x\to\infty}\dfrac{8}{\sqrt{1+\dfrac{8}{x}}+1}=\dfrac{8}{1+1}=4$$

(2) $\lim\limits_{x\to\infty}\dfrac{1}{\sqrt{x^2+5x-1}-x}=\lim\limits_{x\to\infty}\dfrac{\sqrt{x^2+5x-1}+x}{(\sqrt{x^2+5x-1}-x)(\sqrt{x^2+5x-1}+x)}$ ◀ 분모를 유리화한다.

$$=\lim\limits_{x\to\infty}\dfrac{\sqrt{x^2+5x-1}+x}{5x-1}=\lim\limits_{x\to\infty}\dfrac{\sqrt{1+\dfrac{5}{x}-\dfrac{1}{x^2}}+1}{5-\dfrac{1}{x}}=\dfrac{1+1}{5}=\dfrac{2}{5}$$

🔢 (1) 4 (2) $\dfrac{2}{5}$

예제 05 / $\infty \times 0$ 꼴의 극한

통분 또는 인수분해하거나 근호가 있는 쪽을 유리화한다.

다음 극한값을 구하시오.

(1) $\lim\limits_{x\to 0}\dfrac{1}{x}\left(2-\dfrac{4}{x+2}\right)$

(2) $\lim\limits_{x\to\infty}x\left(\dfrac{\sqrt{x+1}}{\sqrt{x}}-1\right)$

• 유형만렙 미적분 I 18쪽에서 문제 더 풀기

| 풀이 | (1) $\lim\limits_{x\to 0}\dfrac{1}{x}\left(2-\dfrac{4}{x+2}\right)=\lim\limits_{x\to 0}\left(\dfrac{1}{x}\times\dfrac{2x+4-4}{x+2}\right)$ ◀ 통분한다.

$$=\lim\limits_{x\to 0}\dfrac{2}{x+2}=\dfrac{2}{2}=1$$

(2) $\lim\limits_{x\to\infty}x\left(\dfrac{\sqrt{x+1}}{\sqrt{x}}-1\right)=\lim\limits_{x\to\infty}\dfrac{x(\sqrt{x+1}-\sqrt{x})}{\sqrt{x}}$

$$=\lim\limits_{x\to\infty}\dfrac{x(\sqrt{x+1}-\sqrt{x})(\sqrt{x+1}+\sqrt{x})}{\sqrt{x}(\sqrt{x+1}+\sqrt{x})}$$ ◀ 분자를 유리화한다.

$$=\lim\limits_{x\to\infty}\dfrac{x}{\sqrt{x^2+x}+x}=\lim\limits_{x\to\infty}\dfrac{1}{\sqrt{1+\dfrac{1}{x}}+1}=\dfrac{1}{1+1}=\dfrac{1}{2}$$

🔢 (1) 1 (2) $\dfrac{1}{2}$

34 I. 함수의 극한과 연속

047 $\quad$ 예제 04 유사 $\qquad$ 교과서

다음 극한값을 구하시오.

(1) $\lim\limits_{x \to \infty} \left(3x - \sqrt{9x^2 + x}\,\right)$

(2) $\lim\limits_{x \to \infty} \dfrac{2}{\sqrt{4x^2 + 6x} - 2x}$

048 $\quad$ 예제 05 유사 $\qquad$ 교과서

다음 극한값을 구하시오.

(1) $\lim\limits_{x \to \infty} x\left(1 - \dfrac{x}{x-1}\right)$

(2) $\lim\limits_{x \to 1} \dfrac{1}{x-1}\left(\dfrac{1}{2} - \dfrac{1}{\sqrt{x+3}}\right)$

049 $\quad$ 예제 04 변형

$\lim\limits_{x \to -\infty} \dfrac{1}{\sqrt{x^2 + x} - \sqrt{x^2 - x}}$의 값을 구하시오.

050 $\quad$ 예제 05 변형

$\lim\limits_{x \to -\infty} x^2\left(1 + \dfrac{2x}{\sqrt{4x^2 + 3}}\right)$의 값을 구하시오.

발전예제 06 / 함수의 극한의 활용

그래프 위의 점의 좌표를 이용하여 선분의 길이 또는 도형의 넓이를 나타낸 후 극한값을 구한다.

오른쪽 그림과 같이 직선 $x=t\,(t>0)$가 두 함수 $y=\sqrt{5x}$, $y=\sqrt{2x}$의 그래프와 만나는 점을 각각 A, B라 할 때, $\lim\limits_{t\to\infty}(\overline{\mathrm{OA}}-\overline{\mathrm{OB}})$의 값을 구하시오.

(단, O는 원점)

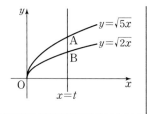

• 유형만렙 미적분 I 21쪽에서 문제 더 풀기

| 풀이 | $\mathrm{A}(t,\sqrt{5t})$, $\mathrm{B}(t,\sqrt{2t})$이므로

$$\overline{\mathrm{OA}}=\sqrt{t^2+(\sqrt{5t})^2}=\sqrt{t^2+5t},\ \overline{\mathrm{OB}}=\sqrt{t^2+(\sqrt{2t})^2}=\sqrt{t^2+2t}$$

$$\therefore\ \lim_{t\to\infty}(\overline{\mathrm{OA}}-\overline{\mathrm{OB}})=\lim_{t\to\infty}(\sqrt{t^2+5t}-\sqrt{t^2+2t})$$

$$=\lim_{t\to\infty}\frac{(\sqrt{t^2+5t}-\sqrt{t^2+2t})(\sqrt{t^2+5t}+\sqrt{t^2+2t})}{\sqrt{t^2+5t}+\sqrt{t^2+2t}}$$

$$=\lim_{t\to\infty}\frac{3t}{\sqrt{t^2+5t}+\sqrt{t^2+2t}}$$

$$=\lim_{t\to\infty}\frac{3}{\sqrt{1+\dfrac{5}{t}}+\sqrt{1+\dfrac{2}{t}}}$$

$$=\frac{3}{1+1}=\frac{3}{2}$$

답 $\dfrac{3}{2}$

• 정답과 해설 13쪽

051 유사

다음 그림과 같이 직선 $x=t\,(t>0)$가 두 함수 $y=4\sqrt{x}$, $y=2\sqrt{x}$의 그래프와 만나는 점을 각각 A, B라 하고 x축과 만나는 점을 C라 할 때, $\displaystyle\lim_{t\to0+}\dfrac{\overline{\text{OA}}-\overline{\text{AC}}}{\overline{\text{OB}}-\overline{\text{BC}}}$의 값을 구하시오.

(단, O는 원점)

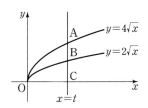

052 변형 수능

그림과 같이 직선 $y=x+1$ 위의 두 점 $\text{A}(-1,\,0)$과 $\text{P}(t,\,t+1)$이 있다. 점 P를 지나고 직선 $y=x+1$에 수직인 직선이 y축과 만나는 점을 Q라 할 때, $\displaystyle\lim_{t\to\infty}\dfrac{\overline{\text{AQ}}^2}{\overline{\text{AP}}^2}$의 값은?

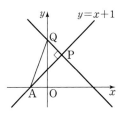

① 1 ② $\dfrac{3}{2}$ ③ 2

④ $\dfrac{5}{2}$ ⑤ 3

053 변형

다음 그림과 같이 함수 $y=\sqrt{3x}$의 그래프가 두 직선 $x=t$, $x=t+3$과 만나는 점을 각각 A, B라 하고 점 A에서 직선 $x=t+3$에 내린 수선의 발을 C라 하자. 삼각형 ABC의 넓이를 $S(t)$라 할 때, $\displaystyle\lim_{t\to\infty}\dfrac{27}{\sqrt{t}\times S(t)}$의 값을 구하시오.

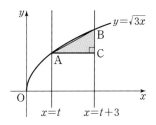

054 변형

다음 그림과 같이 곡선 $y=x^2$ 위의 원점 O가 아닌 점 P와 점 O를 지나고 y축 위의 점 Q를 중심으로 하는 원이 있다. 점 P가 곡선 $y=x^2$을 따라 점 O에 한없이 가까워질 때, 점 Q는 점 $(0,\,a)$에 한없이 가까워진다. 이때 a의 값을 구하시오.

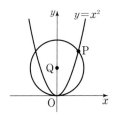

2 함수의 극한의 응용

02 함수의 극한값의 계산

개념 01 함수의 극한의 응용

○ 예제 07, 08

두 함수 $f(x)$, $g(x)$에 대하여

(1) $\displaystyle\lim_{x \to a} \dfrac{f(x)}{g(x)} = \alpha\,(\alpha$는 실수)이고 $\displaystyle\lim_{x \to a} g(x) = 0$이면

$$\lim_{x \to a} f(x) = 0$$

(2) $\displaystyle\lim_{x \to a} \dfrac{f(x)}{g(x)} = \alpha\,(\alpha$는 0이 아닌 실수)이고 $\displaystyle\lim_{x \to a} f(x) = 0$이면

$$\lim_{x \to a} g(x) = 0$$

| 증명 | 두 함수 $f(x)$, $g(x)$에 대하여

(1) $\displaystyle\lim_{x \to a} \dfrac{f(x)}{g(x)} = \alpha\,(\alpha$는 실수)이고 $\displaystyle\lim_{x \to a} g(x) = 0$이면 함수의 극한에 대한 성질에 의하여

$$\lim_{x \to a} f(x) = \lim_{x \to a} \left\{ \dfrac{f(x)}{g(x)} \times g(x) \right\}$$

$$= \lim_{x \to a} \dfrac{f(x)}{g(x)} \times \lim_{x \to a} g(x)$$

$$= \alpha \times 0 = 0$$

(2) $\displaystyle\lim_{x \to a} \dfrac{f(x)}{g(x)} = \alpha\,(\alpha$는 0이 아닌 실수)이고 $\displaystyle\lim_{x \to a} f(x) = 0$이면 함수의 극한에 대한 성질에 의하여

$$\lim_{x \to a} g(x) = \lim_{x \to a} \left\{ f(x) \div \dfrac{f(x)}{g(x)} \right\}$$

$$= \lim_{x \to a} f(x) \div \lim_{x \to a} \dfrac{f(x)}{g(x)}$$

$$= \dfrac{0}{\alpha} = 0$$

| 예 | $\displaystyle\lim_{x \to 1} \dfrac{x^2 - a}{x - 1} = 2$일 때, 상수 a의 값을 구해 보자.

$x \to 1$일 때 (분모)$\to 0$이고 극한값이 존재하므로 (분자)$\to 0$이다.

즉, $\displaystyle\lim_{x \to 1} (x^2 - a) = 0$이므로

$$1 - a = 0 \qquad \therefore a = 1$$

38 I. 함수의 극한과 연속

두 함수 $f(x)$, $g(x)$에 대하여 $\lim\limits_{x \to a} f(x) = \alpha$, $\lim\limits_{x \to a} g(x) = \beta$ (α, β는 실수)일 때, a가 아니면서 a에 가까운 모든 실수 x에 대하여

(1) $f(x) \le g(x)$이면

$\alpha \le \beta$

(2) 함수 $h(x)$에 대하여 $f(x) \le h(x) \le g(x)$이고 $\alpha = \beta$이면

$\lim\limits_{x \to a} h(x) = \alpha$

| 예 | 함수 $f(x)$가 모든 실수 x에 대하여 $-x^2 + 3 \le f(x) \le x^2 - 4x + 5$를 만족시키면
$\lim\limits_{x \to 1} (-x^2 + 3) = -1 + 3 = 2$, $\lim\limits_{x \to 1} (x^2 - 4x + 5) = 1 - 4 + 5 = 2$이므로 함수의 극한의 대소
관계에 의하여
$\lim\limits_{x \to 1} f(x) = 2$

| 참고 | • 함수의 극한의 대소 관계는 $x \to a+$, $x \to a-$, $x \to \infty$, $x \to -\infty$일 때도 모두 성립한다.
  • a가 아니면서 a에 가까운 모든 실수 x에 대하여 $f(x) < g(x)$인 경우에 반드시 $\lim\limits_{x \to a} f(x) < \lim\limits_{x \to a} g(x)$
   인 것은 아니다.
  ⓔ $f(x) = x^2$, $g(x) = 2x^2$일 때, 0이 아니면서 0에 가까운 모든 실수 x에 대하여 $f(x) < g(x)$이지만
   $\lim\limits_{x \to 0} f(x) = 0$, $\lim\limits_{x \to 0} g(x) = 0$이므로 $\lim\limits_{x \to 0} f(x) = \lim\limits_{x \to 0} g(x)$이다.
   따라서 $\lim\limits_{x \to 0} f(x) < \lim\limits_{x \to 0} g(x)$가 성립하지 않는다.

개념 **확인**

• 정답과 해설 **14**쪽

개념 01

055 다음 등식이 성립하도록 하는 상수 a의 값을 구하시오.

(1) $\lim\limits_{x \to 2} \dfrac{x^2 + ax}{x - 2} = 2$

(2) $\lim\limits_{x \to -1} \dfrac{x + 1}{x^2 - a} = -\dfrac{1}{2}$

개념 02

056 함수 $f(x)$가 모든 실수 x에 대하여 $3x - 5 \le f(x) \le x^2 - x - 1$을 만족시킬 때, $\lim\limits_{x \to 2} f(x)$의
값을 구하시오.

예제 07 / 극한값을 이용하여 미정계수 구하기

극한값이 존재할 때 (분모)→0이면 (분자)→0이고, 0이 아닌 극한값이 존재할 때 (분자)→0이 면 (분모)→0임을 이용하여 미정계수를 구한다.

다음 등식이 성립할 때, 상수 a, b의 값을 구하시오.

(1) $\lim\limits_{x \to 1} \dfrac{2x^2+ax+b}{x-1}=5$

(2) $\lim\limits_{x \to 2} \dfrac{x-2}{\sqrt{x+a}-b}=2$

• 유형만렙 미적분 Ⅰ 18쪽에서 문제 더 풀기

| 풀이 | (1) $x \to 1$일 때 (분모)→0이고 극한값이 존재하므로 (분자)→0이다.

즉, $\lim\limits_{x \to 1}(2x^2+ax+b)=0$이므로

$2+a+b=0$ $\quad\therefore b=-a-2$ $\quad\cdots\cdots$ ㉠

㉠을 주어진 식의 좌변에 대입하면

$$\begin{aligned}\lim_{x \to 1}\frac{2x^2+ax+b}{x-1}&=\lim_{x \to 1}\frac{2x^2+ax-a-2}{x-1}\\&=\lim_{x \to 1}\frac{2x^2+ax-(a+2)}{x-1}\\&=\lim_{x \to 1}\frac{(x-1)(2x+a+2)}{x-1}\\&=\lim_{x \to 1}(2x+a+2)\\&=a+4\end{aligned}$$

따라서 $a+4=5$이므로 $a=1$

이를 ㉠에 대입하면 $b=-3$

(2) $x \to 2$일 때 (분자)→0이고 0이 아닌 극한값이 존재하므로 (분모)→0이다.

즉, $\lim\limits_{x \to 2}(\sqrt{x+a}-b)=0$이므로

$\sqrt{2+a}-b=0$ $\quad\therefore b=\sqrt{2+a}$ $\quad\cdots\cdots$ ㉠

㉠을 주어진 식의 좌변에 대입하면

$$\begin{aligned}\lim_{x \to 2}\frac{x-2}{\sqrt{x+a}-b}&=\lim_{x \to 2}\frac{x-2}{\sqrt{x+a}-\sqrt{2+a}}\\&=\lim_{x \to 2}\frac{(x-2)(\sqrt{x+a}+\sqrt{2+a})}{(\sqrt{x+a}-\sqrt{2+a})(\sqrt{x+a}+\sqrt{2+a})}\\&=\lim_{x \to 2}\frac{(x-2)(\sqrt{x+a}+\sqrt{2+a})}{x-2}\\&=\lim_{x \to 2}(\sqrt{x+a}+\sqrt{2+a})\\&=\sqrt{2+a}+\sqrt{2+a}=2\sqrt{2+a}\end{aligned}$$

따라서 $2\sqrt{2+a}=2$이므로

$\sqrt{2+a}=1$, $2+a=1$ $\quad\therefore a=-1$

이를 ㉠에 대입하면 $b=1$

🅐 (1) $a=1$, $b=-3$ (2) $a=-1$, $b=1$

057 유사 📄 교과서

$\lim\limits_{x \to -3} \dfrac{x^2 + ax + b}{x + 3} = -1$일 때, 상수 a, b의 값을 구하시오.

058 유사 📄 교과서

$\lim\limits_{x \to 4} \dfrac{\sqrt{x+5} - 3}{ax + b} = \dfrac{1}{6}$일 때, 상수 a, b의 값을 구하시오.

059 변형

$\lim\limits_{x \to 2} \dfrac{\sqrt{3x^2 - 8} + ax}{x - 2} = b$일 때, 상수 a, b의 값을 구하시오.

060 변형

$\lim\limits_{x \to -1} \dfrac{x^2 + (a+1)x + a}{x^2 - b} = -3$일 때, 상수 a, b의 값을 구하시오.

예제 08 / 극한값을 이용하여 함수의 식 구하기

$x \rightarrow \infty$일 때의 조건에서 함수 $f(x)$의 차수와 최고차항의 계수를 먼저 파악한다.

다항함수 $f(x)$가 다음 조건을 모두 만족시킬 때, $f(0)$의 값을 구하시오.

(가) $\displaystyle\lim_{x \to \infty} \frac{f(x)}{x^2+3x}=3$ 　　　　　(나) $\displaystyle\lim_{x \to 2} \frac{f(x)}{x^2-x-2}=7$

• 유형만렙 미적분 I 19쪽에서 문제 더 풀기

| 풀이 |　(가)에서 $f(x)$는 최고차항의 계수가 3인 이차함수이다.　　…… ㉠

(나)에서 $x \rightarrow 2$일 때 (분모) $\rightarrow 0$이고 극한값이 존재하므로 (분자) $\rightarrow 0$이다.

즉, $\displaystyle\lim_{x \to 2} f(x)=0$이므로 $f(2)=0$　　　　　…… ㉡

㉠, ㉡에서 $f(x)=3(x-2)(x+a)$ (a는 상수)라 하면

$\displaystyle\lim_{x \to 2} \frac{f(x)}{x^2-x-2}=\lim_{x \to 2} \frac{3(x-2)(x+a)}{(x+1)(x-2)}=\lim_{x \to 2} \frac{3(x+a)}{x+1}=2+a$

따라서 $2+a=7$이므로 $a=5$

즉, $f(x)=3(x-2)(x+5)$이므로 $f(0)=3 \times (-2) \times 5=-30$　　　　**답** -30

예제 09 / 함수의 극한의 대소 관계

$f(x) \le h(x) \le g(x)$이고 $\displaystyle\lim_{x \to a} f(x)=\lim_{x \to a} g(x)=\alpha$ (α는 실수)이면 $\displaystyle\lim_{x \to a} h(x)=\alpha$이다.

다음 물음에 답하시오.

(1) 함수 $f(x)$가 모든 실수 x에 대하여 $\dfrac{2x^2+1}{x^2+1}<f(x)<\dfrac{2x^2+7}{x^2+1}$일 때, $\displaystyle\lim_{x \to \infty} f(x)$의 값을 구하시오.

(2) 함수 $f(x)$가 모든 실수 x에 대하여 $3x+1<f(x)<3x+4$일 때, $\displaystyle\lim_{x \to \infty} \frac{\{f(x)\}^2}{3x^2+1}$의 값을 구하시오.

• 유형만렙 미적분 I 20쪽에서 문제 더 풀기

| 풀이 |　(1) $\displaystyle\lim_{x \to \infty} \frac{2x^2+1}{x^2+1}=2$, $\displaystyle\lim_{x \to \infty} \frac{2x^2+7}{x^2+1}=2$이므로 함수의 극한의 대소 관계에 의하여 $\displaystyle\lim_{x \to \infty} f(x)=2$

(2) $x>0$일 때 $3x+1>0$이므로 주어진 부등식의 각 변을 제곱하면

$(3x+1)^2<\{f(x)\}^2<(3x+4)^2$　　∴ $9x^2+6x+1<\{f(x)\}^2<9x^2+24x+16$

모든 실수 x에 대하여 $3x^2+1>0$이므로 이 부등식의 각 변을 $3x^2+1$로 나누면

$\dfrac{9x^2+6x+1}{3x^2+1}<\dfrac{\{f(x)\}^2}{3x^2+1}<\dfrac{9x^2+24x+16}{3x^2+1}$

이때 $\displaystyle\lim_{x \to \infty} \frac{9x^2+6x+1}{3x^2+1}=3$, $\displaystyle\lim_{x \to \infty} \frac{9x^2+24x+16}{3x^2+1}=3$이므로 함수의 극한의 대소 관계에 의하여

$\displaystyle\lim_{x \to \infty} \frac{\{f(x)\}^2}{3x^2+1}=3$　　　　**답** (1) 2　(2) 3

061 예제 08 유사

다항함수 $f(x)$가

$$\lim_{x \to \infty} \frac{f(x)}{x^2+1} = -1, \ \lim_{x \to -1} \frac{f(x)}{x^2-1} = 1$$

을 만족시킬 때, $f(-2)$의 값을 구하시오.

063 예제 08 변형

다항함수 $f(x)$가

$$\lim_{x \to \infty} \frac{f(x)-x^3}{x^2} = 2, \ \lim_{x \to 0} \frac{f(x)}{x} = 4$$

를 만족시킬 때, $f(1)$의 값을 구하시오.

062 예제 09 유사

다음 물음에 답하시오.

(1) 함수 $f(x)$가 모든 실수 x에 대하여

$$\frac{x^2+x+1}{5x^2+3} < f(x) < \frac{x^2+x+4}{5x^2+3} \ \text{일 때,}$$

$\lim\limits_{x \to \infty} f(x)$의 값을 구하시오.

(2) 함수 $f(x)$가 모든 실수 x에 대하여

$2x+3 < f(x) < 2x+5$일 때, $\lim\limits_{x \to \infty} \dfrac{\{f(x)\}^2}{x^2+1}$

의 값을 구하시오.

064 예제 09 변형   📖 교과서

함수 $f(x)$가 모든 양의 실수 x에 대하여

$$4x^2-3x < x^2 f(x) < 4x^2+x+1$$

일 때, $\lim\limits_{x \to \infty} f(x)$의 값을 구하시오.

연습문제

065 두 함수 $f(x)$, $g(x)$에 대하여
$$\lim_{x \to 4}\{5f(x)+g(x)\}=1,$$
$$\lim_{x \to 4}\{f(x)-g(x)\}=-7$$
일 때, $\lim_{x \to 4}\{f(x)+g(x)\}$의 값을 구하시오.

066 함수 $f(x)$에 대하여 $\lim_{x \to 0}\dfrac{x}{f(x)}=\dfrac{1}{2}$
일 때, $\lim_{x \to 2}\dfrac{x^2+2x-8}{f(x-2)}$의 값을 구하시오.

067 다음 중 옳지 <u>않은</u> 것은?

① $\lim_{x \to 0}\dfrac{x}{x^2-4x}=-\dfrac{1}{4}$

② $\lim_{x \to -1}\dfrac{\sqrt{x+2}-1}{x+1}=\dfrac{1}{2}$

③ $\lim_{x \to \infty}\dfrac{x^2+2x}{3x^2+1}=\dfrac{1}{3}$

④ $\lim_{x \to \infty}\dfrac{x+1}{\sqrt{x}+1}=0$

⑤ $\lim_{x \to -\infty}\dfrac{5x^2-2}{x^2+4x+1}=5$

068 함수 $f(x)$에 대하여 $\lim_{x \to \infty}\dfrac{f(x)}{x}$의 값이 존재할 때, $\lim_{x \to \infty}\dfrac{4x^2+3f(x)}{x^2-f(x)}$의 값을 구하시오.

069 $\lim_{x \to \infty}(\sqrt{x^2+4x}-\sqrt{x^2-2x})=a$,
$\lim_{x \to 0}\dfrac{1}{x}\left(\dfrac{1}{x+2}+\dfrac{1}{3x-2}\right)=b$일 때, 실수 a, b에 대하여 $a-b$의 값을 구하시오.

서술형

070 두 상수 a, b에 대하여
$\lim_{x \to -1}\dfrac{x^2+4x+a}{x+1}=b$일 때, $a+b$의 값을 구하시오.

교육청

071 다항함수 $f(x)$가
$$\lim_{x \to \infty}\dfrac{f(x)}{x^2}=2, \quad \lim_{x \to 1}\dfrac{f(x)}{x-1}=3$$
을 만족시킬 때, $f(3)$의 값은?

① 11   ② 12   ③ 13
④ 14   ⑤ 15

교육청

• 정답과 해설 15쪽

072 함수 $f(x)$가 $x>1$인 모든 실수 x에 대하여 $x^2+2x-3<f(x)<2x^2-2$일 때, $\lim\limits_{x \to 1+} \dfrac{f(x)}{x-1}$의 값을 구하시오.

075 $\lim\limits_{x \to -\infty}(\sqrt{4x^2-ax}+2x)=\dfrac{1}{2}$을 만족시키는 상수 a에 대하여 $\lim\limits_{x \to a} \dfrac{x^3-a^3}{x^2-a^2}$의 값은?

① 1   ② 2   ③ 3
④ 4   ⑤ 5

2단계

📄 교과서

073 두 함수 $f(x)$, $g(x)$에 대하여 보기에서 옳은 것만을 있는 대로 고르시오.

(단, a는 실수)

┌ 보기 ├
ㄱ. $\lim\limits_{x \to a}\{f(x)+g(x)\}$와 $\lim\limits_{x \to a}\{f(x)-g(x)\}$
  의 값이 각각 존재하면 $\lim\limits_{x \to a}g(x)$의 값도 존재한다.
ㄴ. $\lim\limits_{x \to a}f(x)$와 $\lim\limits_{x \to a}f(x)g(x)$의 값이 각각 존재하면 $\lim\limits_{x \to a}g(x)$의 값도 존재한다.
ㄷ. $\lim\limits_{x \to a}g(x)$와 $\lim\limits_{x \to a}\dfrac{f(x)}{g(x)}$의 값이 각각 존재하면 $\lim\limits_{x \to a}f(x)$의 값도 존재한다.

✏️ 서술형

076 $\lim\limits_{x \to 0} \dfrac{\sqrt{1+x+x^2}-(1+ax)}{x^2}=b$일 때, 상수 a, b에 대하여 $a+b$의 값을 구하시오.

📄 교과서

077 이차함수 $f(x)$에 대하여
$$\lim\limits_{x \to 3} \dfrac{f(x)}{x-3}=6, \ f(0)=9$$
일 때, $f(x)$를 구하시오.

074 함수 $f(x)=\begin{cases} x^3+x^2-2x & (|x| \geq 2) \\ -x^2+2|x| & (|x|<2) \end{cases}$

에 대하여 $\lim\limits_{x \to 0+} \dfrac{f(x)}{x} + \lim\limits_{x \to -2-} \dfrac{f(x)}{x+2}$의 값을 구하시오.

연습문제

• 정답과 해설 18쪽

078 🎓 평가원

다항함수 $f(x)$가

$$\lim_{x\to\infty}\frac{f(x)}{x^3}=1,\ \lim_{x\to-1}\frac{f(x)}{x+1}=2$$

를 만족시킨다. $f(1)\leq12$일 때, $f(2)$의 최댓값은?

① 27　　　② 30　　　③ 33
④ 36　　　⑤ 39

079 함수 $f(x)$가 $x>1$인 모든 실수 x에 대하여 $\left|\dfrac{1}{3}f(x)-x\right|<1$일 때, $\lim\limits_{x\to\infty}\dfrac{\{f(x)\}^2}{6x^2+2}$의 값을 구하시오.

3단계

080 $\lim\limits_{x\to\infty}\dfrac{1}{x}\left[\dfrac{x}{3}\right]$의 값은?

(단, $[x]$는 x보다 크지 않은 최대의 정수)

① 0　　　② $\dfrac{1}{3}$　　　③ $\dfrac{1}{2}$
④ 1　　　⑤ 3

081 🎓 교육청

곡선 $y=x^2$과 기울기가 1인 직선 l이 서로 다른 두 점 A, B에서 만난다. 양의 실수 t에 대하여 선분 AB의 길이가 $2t$가 되도록 하는

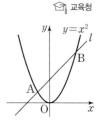

직선 l의 y절편을 $g(t)$라 할 때, $\lim\limits_{t\to\infty}\dfrac{g(t)}{t^2}$의 값은?

① $\dfrac{1}{16}$　　　② $\dfrac{1}{8}$　　　③ $\dfrac{1}{4}$
④ $\dfrac{1}{2}$　　　⑤ 1

082 $\lim\limits_{x\to-1}\dfrac{f(x)}{x+1}=2,\ \lim\limits_{x\to1}\dfrac{f(x)}{x-1}=10$을 만족시키는 다항함수 $f(x)$ 중 차수가 가장 낮은 함수를 $h(x)$라 할 때, $h(2)$의 값을 구하시오.

083 🎓 수능

최고차항의 계수가 1인 이차함수 $f(x)$가 $\lim\limits_{x\to a}\dfrac{f(x)-(x-a)}{f(x)+(x-a)}=\dfrac{3}{5}$을 만족시킨다. 방정식 $f(x)=0$의 두 근을 α, β라 할 때, $|\alpha-\beta|$의 값은? (단, a는 상수이다.)

① 1　　　② 2　　　③ 3
④ 4　　　⑤ 5

2

함수의 연속

함수의 연속

개념 01 함수의 연속과 불연속

○ 예제 01~05

(1) 함수의 연속

함수 $f(x)$가 실수 a에 대하여 다음 조건을 모두 만족시킬 때,
함수 $f(x)$는 $x=a$에서 연속이라 한다.

(ⅰ) 함수 $f(x)$가 $x=a$에서 정의된다.　◀ 함숫값 존재

(ⅱ) 극한값 $\lim\limits_{x \to a} f(x)$가 존재한다.　◀ 극한값 존재

(ⅲ) $\lim\limits_{x \to a} f(x) = f(a)$　◀ (극한값)=(함숫값)

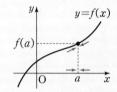

(2) 함수의 불연속

함수 $f(x)$가 $x=a$에서 연속이 아닐 때, 함수 $f(x)$는 $x=a$에서 불연속이라 한다.

즉, 함수 $f(x)$가 함수가 연속일 조건 (ⅰ), (ⅱ), (ⅲ) 중 어느 한 가지라도 만족시키지 않으면
함수 $f(x)$는 $x=a$에서 불연속이다.

| 예 | 함수 $f(x) = x^2 - 1$이 $x=0$에서 연속인지 불연속인지 판정해 보자.

(ⅰ) $f(0) = -1$이므로 함수 $f(x)$는 $x=0$에서 정의된다.

(ⅱ) $\lim\limits_{x \to 0+} f(x) = \lim\limits_{x \to 0-} f(x) = -1$이므로 $\lim\limits_{x \to 0} f(x) = -1$

따라서 $\lim\limits_{x \to 0} f(x)$의 값이 존재한다.

(ⅲ) $\lim\limits_{x \to 0} f(x) = f(0)$

따라서 함수 $f(x)$는 $x=0$에서 연속이다.

| 참고 | • 함수 $f(x)$가 $x=a$에서 연속이라는 것은 함수 $y=f(x)$의 그래프가 $x=a$에서 연결되어 있다는 것이고,
함수 $f(x)$가 $x=a$에서 불연속이라는 것은 함수 $y=f(x)$의 그래프가 $x=a$에서 끊어져 있다는 것이다.
• 함수 $f(x)$가 $x=a$에서 불연속인 경우는 다음과 같다.

(1)

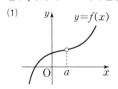

$x=a$에서 정의되지 않는다.

➡ $f(a)$의 값이 존재하지
않는다.

(2)

$\lim\limits_{x \to a} f(x)$의 값이 존재하지
않는다.

➡ $\lim\limits_{x \to a+} f(x) \neq \lim\limits_{x \to a-} f(x)$

(3)

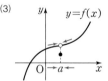

$\lim\limits_{x \to a} f(x) \neq f(a)$

➡ $x=a$에서의 극한값과
함숫값이 같지 않다.

개념 02 구간

두 실수 a, $b\,(a<b)$에 대하여 집합

$\{x\,|\,a<x<b\}$, $\{x\,|\,a\leq x\leq b\}$, $\{x\,|\,a<x\leq b\}$, $\{x\,|\,a\leq x<b\}$

를 각각 구간이라 하고, 기호로 각각

$(a,\,b)$, $[a,\,b]$, $(a,\,b]$, $[a,\,b)$

와 같이 나타낸다.

이때 $(a,\,b)$를 열린구간, $[a,\,b]$를 닫힌구간, $(a,\,b]$와 $[a,\,b)$를
반열린구간 또는 반닫힌구간이라 한다.

$(a,\,b)$ ←──∘────────∘──→
$\quad\quad\quad\quad a\quad\quad\quad\quad b$

$[a,\,b]$ ←──•────────•──→
$\quad\quad\quad\quad a\quad\quad\quad\quad b$

$(a,\,b]$ ←──∘────────•──→
$\quad\quad\quad\quad a\quad\quad\quad\quad b$

$[a,\,b)$ ←──•────────∘──→
$\quad\quad\quad\quad a\quad\quad\quad\quad b$

| 참고 | · 실수 a에 대하여 집합 $\{x\,|\,x>a\}$, $\{x\,|\,x\geq a\}$, $\{x\,|\,x<a\}$, $\{x\,|\,x\leq a\}$도
구간이라 하고, 기호로 각각 $(a,\,\infty)$, $[a,\,\infty)$, $(-\infty,\,a)$, $(-\infty,\,a]$와
같이 나타낸다.
특히 실수 전체의 집합은 기호로 $(-\infty,\,\infty)$와 같이 나타낸다.
· $(a,\,\infty)$, $(-\infty,\,a)$, $(-\infty,\,\infty)$도 열린구간이다.

$(a,\,\infty)$ ←────∘────→
$\quad\quad\quad\quad\quad a$

$[a,\,\infty)$ ←────•────→
$\quad\quad\quad\quad\quad a$

$(-\infty,\,a)$ ←────∘────→
$\quad\quad\quad\quad\quad a$

$(-\infty,\,a]$ ←────•────→
$\quad\quad\quad\quad\quad a$

| 예 | 함수 $y=\sqrt{x-1}$의 정의역은 $\{x\,|\,x\geq 1\}$이므로 구간의 기호로 나타내면 $[1,\,\infty)$이다.

개념 03 연속함수

⟳ 예제 01~05

함수 $f(x)$가 어떤 열린구간에 속하는 모든 실수 x에서 연속일 때, $f(x)$는 그 구간에서 연속
이라 한다.
또 닫힌구간 $[a,\,b]$에서 정의된 함수 $f(x)$가

(i) 열린구간 $(a,\,b)$에서 연속이고

(ii) $\lim\limits_{x\to a+}f(x)=f(a)$, $\lim\limits_{x\to b-}f(x)=f(b)$

일 때, $f(x)$는 닫힌구간 $[a,\,b]$에서 연속이라 한다.
일반적으로 어떤 구간에서 연속인 함수를 그 구간에서 **연속함수**라 한다.

| 예 | · 함수 $f(x)=3x-1$은 구간 $(-\infty,\,\infty)$에서 연속이다.
· 함수 $f(x)=\sqrt{x}$는 구간 $(0,\,\infty)$에서 연속이고, $\lim\limits_{x\to 0+}\sqrt{x}=f(0)=0$이므로 구간 $[0,\,\infty)$에
서 연속이다.

| 참고 | 함수의 그래프가 주어진 구간에서 연결되어 있으면 연속이고, 끊어져 있으면 불연속이다.

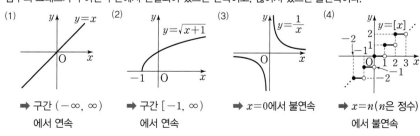

(1) 구간 $(-\infty,\,\infty)$에서 연속
(2) 구간 $[-1,\,\infty)$에서 연속
(3) $x=0$에서 불연속
(4) $x=n\,(n$은 정수$)$에서 불연속

예제 01 / 함수의 연속과 불연속

함수 $f(x)$가 $x=a$에서 연속인지 판정하려면 $f(a)$의 값과 $\lim\limits_{x \to a} f(x)$의 값이 존재하고
$\lim\limits_{x \to a} f(x)=f(a)$임을 만족시키는지 조사한다.

다음 함수가 $x=1$에서 연속인지 불연속인지 판정하시오.

(1) $f(x)=\begin{cases} x+1 & (x \geq 1) \\ x^2+2x-1 & (x<1) \end{cases}$

(2) $f(x)=\begin{cases} \dfrac{x^2-1}{x-1} & (x \neq 1) \\ 1 & (x=1) \end{cases}$

 • 유형만렙 미적분 I 30쪽에서 문제 더 풀기

| 풀이 |

(1) (i) $f(1)=2$

(ii) $\lim\limits_{x \to 1+} f(x)=\lim\limits_{x \to 1+} (x+1)=2$

$\lim\limits_{x \to 1-} f(x)=\lim\limits_{x \to 1-} (x^2+2x-1)=2$

$\therefore \lim\limits_{x \to 1} f(x)=2$

(iii) $\lim\limits_{x \to 1} f(x)=f(1)$

따라서 함수 $f(x)$는 $x=1$에서 연속이다.

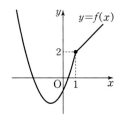

(2) (i) $f(1)=1$

(ii) $\lim\limits_{x \to 1} f(x)=\lim\limits_{x \to 1} \dfrac{x^2-1}{x-1}$

$=\lim\limits_{x \to 1} \dfrac{(x+1)(x-1)}{x-1}$

$=\lim\limits_{x \to 1} (x+1)=2$

(iii) $\lim\limits_{x \to 1} f(x) \neq f(1)$

따라서 함수 $f(x)$는 $x=1$에서 불연속이다.

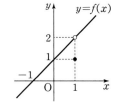

답 (1) 연속 (2) 불연속

유제

• 정답과 해설 **20**쪽

084 유사 📄 교과서

다음 함수가 $x=-1$에서 연속인지 불연속인지 판정하시오.

(1) $f(x)=\begin{cases} -2x+1 & (x \geq -1) \\ x+4 & (x<-1) \end{cases}$

(2) $f(x)=\begin{cases} \dfrac{x^2+x}{x+1} & (x \neq -1) \\ -1 & (x=-1) \end{cases}$

085 변형

다음 함수가 $x=1$에서 연속인지 불연속인지 판정하시오.

(단, $[x]$는 x보다 크지 않은 최대의 정수)

(1) $f(x)=[x]-x$

(2) $f(x)=\begin{cases} \dfrac{x^2-x}{|x-1|} & (x \neq 1) \\ 1 & (x=1) \end{cases}$

086 변형

보기의 함수 중 $x=2$에서 연속인 것만을 있는 대로 고르시오.

┌ 보기 ├─────────────────

ㄱ. $f(x)=x^2-2x$

ㄴ. $f(x)=\dfrac{1}{x-2}$

ㄷ. $f(x)=\begin{cases} \dfrac{x^2+x-6}{x-2} & (x \neq 2) \\ 4 & (x=2) \end{cases}$

087 변형

보기의 함수 중 $x=3$에서 연속인 것만을 있는 대로 고르시오.

(단, $[x]$는 x보다 크지 않은 최대의 정수)

┌ 보기 ├─────────────────

ㄱ. $f(x)=\begin{cases} \dfrac{x-3}{|x-3|} & (x \neq 3) \\ 3 & (x=3) \end{cases}$

ㄴ. $f(x)=\begin{cases} \sqrt{x-3} & (x \geq 3) \\ -x+3 & (x<3) \end{cases}$

ㄷ. $f(x)=x[x]$

I - 2 함수의 연속

01 함수의 연속 **51**

예제 02 / 함수의 그래프와 연속 (1)

주어진 그래프에서 함숫값, 우극한, 좌극한을 구하여 극한값의 존재와 함수의 연속을 조사한다.

열린구간 $(0, 4)$에서 정의된 함수 $y=f(x)$의 그래프가 오른쪽 그림과 같을 때, 함수 $f(x)$의 극한값이 존재하지 않는 x의 값의 개수를 a, 함수 $f(x)$가 불연속인 x의 값의 개수를 b라 하자. 이때 $a+b$의 값을 구하시오.

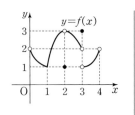

• 유형만렙 미적분 I 30쪽에서 문제 더 풀기

| 풀이 |

(ⅰ) $f(1)=1$

$\lim\limits_{x \to 1+} f(x) = \lim\limits_{x \to 1-} f(x) = 1$이므로 $\lim\limits_{x \to 1} f(x) = 1$

따라서 $\lim\limits_{x \to 1} f(x) = f(1)$이므로 함수 $f(x)$는 $x=1$에서 연속이다. ◀ 함수 $y=f(x)$의 그래프가 $x=1$에서 연결되어 있다.

(ⅱ) $f(2)=1$

$\lim\limits_{x \to 2+} f(x) = \lim\limits_{x \to 2-} f(x) = 3$이므로 $\lim\limits_{x \to 2} f(x) = 3$

따라서 $\lim\limits_{x \to 2} f(x) \neq f(2)$이므로 함수 $f(x)$는 $x=2$에서 불연속이다. ◀ 함수 $y=f(x)$의 그래프가 $x=2$에서 끊어져 있다.

(ⅲ) $f(3)=3$

$\lim\limits_{x \to 3+} f(x) = 1$, $\lim\limits_{x \to 3-} f(x) = 2$이므로 $\lim\limits_{x \to 3+} f(x) \neq \lim\limits_{x \to 3-} f(x)$

따라서 $\lim\limits_{x \to 3} f(x)$의 값이 존재하지 않으므로 함수 $f(x)$는 $x=3$에서 불연속이다. ◀ 함수 $y=f(x)$의 그래프가 $x=3$에서 끊어져 있다.

(ⅰ), (ⅱ), (ⅲ)에서 함수 $f(x)$의 극한값이 존재하지 않는 x의 값은 3의 1개이고, 함수 $f(x)$가 불연속인 x의 값은 2, 3의 2개이므로

$a=1$, $b=2$　∴ $a+b=3$

답 3

088 유사

열린구간 $(-1, 4)$에서 정의된 함수 $y=f(x)$의 그래프가 다음 그림과 같을 때, 함수 $f(x)$의 극한값이 존재하지 않는 x의 값의 개수를 a, 함수 $f(x)$가 불연속인 x의 값의 개수를 b라 하자. 이때 ab의 값을 구하시오.

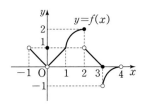

089 유사

열린구간 $(0, 5)$에서 정의된 함수 $y=f(x)$의 그래프가 다음 그림과 같을 때. 함수 $f(x)$의 극한값이 존재하지 않는 x의 값의 개수를 a, 함수 $f(x)$가 불연속인 x의 값의 개수를 b라 하자. 이때 $a+b$의 값을 구하시오.

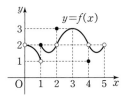

090 변형

열린구간 $(-3, 2)$에서 정의된 함수 $y=f(x)$의 그래프가 다음 그림과 같을 때, 함수 $f(x)$가 불연속인 모든 x의 값의 합을 구하시오.

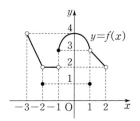

091 변형

教科書

열린구간 $(0, 4)$에서 정의된 함수 $y=f(x)$의 그래프가 다음 그림과 같을 때, 보기에서 옳은 것만을 있는 대로 고르시오.

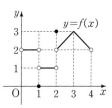

┤ 보기 ├
ㄱ. $\lim\limits_{x \to 1} f(x)$의 값이 존재한다.

ㄴ. $\lim\limits_{x \to 3} f(x)=3$

ㄷ. 함수 $f(x)$가 불연속인 x의 값은 3개이다.

/ **함수의 그래프와 연속 (2)**

두 함수 $f(x)$, $g(x)$의 그래프를 이용하여 새롭게 정의된 함수 또는 합성함수의 함숫값, 우극한,
좌극한을 구하여 연속을 조사한다.

두 함수 $y=f(x)$, $y=g(x)$의 그래프가 오른쪽 그림과 같
을 때, 다음 함수가 $x=0$에서 연속인지 불연속인지 판정하
시오.

(1) $f(x)+g(x)$

(2) $f(x)g(x)$

(3) $g(f(x))$

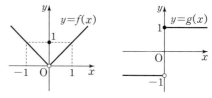

• 유형만렙 미적분 I 31쪽에서 문제 더 풀기

| 풀이 |
(1) $f(0)+g(0)=1+1=2$

$\lim\limits_{x\to0+}\{f(x)+g(x)\}=\lim\limits_{x\to0+}f(x)+\lim\limits_{x\to0+}g(x)=0+1=1$

$\lim\limits_{x\to0-}\{f(x)+g(x)\}=\lim\limits_{x\to0-}f(x)+\lim\limits_{x\to0-}g(x)=0+(-1)=-1$

$\therefore \lim\limits_{x\to0+}\{f(x)+g(x)\}\neq\lim\limits_{x\to0-}\{f(x)+g(x)\}$

따라서 $\lim\limits_{x\to0}\{f(x)+g(x)\}$의 값이 존재하지 않으므로 함수 $f(x)+g(x)$는 $x=0$에서 불연속이다.

(2) $f(0)g(0)=1\times1=1$

$\lim\limits_{x\to0+}f(x)g(x)=\lim\limits_{x\to0+}f(x)\times\lim\limits_{x\to0+}g(x)=0\times1=0$

$\lim\limits_{x\to0-}f(x)g(x)=\lim\limits_{x\to0-}f(x)\times\lim\limits_{x\to0-}g(x)=0\times(-1)=0$

$\therefore \lim\limits_{x\to0}f(x)g(x)=0$

따라서 $\lim\limits_{x\to0}f(x)g(x)\neq f(0)g(0)$이므로 함수 $f(x)g(x)$는 $x=0$에서 불연속이다.

(3) $g(f(0))=g(1)=1$

$f(x)=t$로 놓으면 $x\to0$일 때 $t\to0+$이므로

$\lim\limits_{x\to0}g(f(x))=\lim\limits_{t\to0+}g(t)=1$

따라서 $\lim\limits_{x\to0}g(f(x))=g(f(0))$이므로 함수 $g(f(x))$는 $x=0$에서 연속이다.

🅐 (1) 불연속 (2) 불연속 (3) 연속

TIP 두 함수 $f(x)$, $g(x)$에 대하여 합성함수 $g(f(x))$가 $x=a$에서 연속이면
$\lim\limits_{x\to a+}g(f(x))=\lim\limits_{x\to a-}g(f(x))=g(f(a))$

092 유사

두 함수 $y=f(x)$, $y=g(x)$의 그래프가 아래 그림과 같을 때, 다음 함수가 $x=1$에서 연속인지 불연속인지 판정하시오.

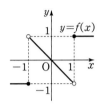 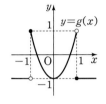

(1) $f(x)-g(x)$

(2) $\dfrac{f(x)}{g(x)}$

(3) $f(g(x))$

(4) $g(f(x))$

093 변형

두 함수 $y=f(x)$, $y=g(x)$의 그래프가 다음 그림과 같을 때, 보기의 함수 중 $x=0$에서 연속인 것만을 있는 대로 고르시오.

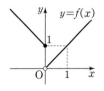

| 보기 |

ㄱ. $f(x)+g(x)$ ㄴ. $f(x)g(x)$

ㄷ. $f(g(x))$ ㄹ. $g(f(x))$

094 변형   🎓 교육청

그림은 두 함수 $y=f(x)$, $y=g(x)$의 그래프이다. 옳은 것만을 보기에서 있는 대로 고른 것은?

 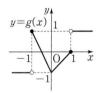

| 보기 |

ㄱ. 함수 $f(x)-g(x)$는 $x=-1$에서 연속이다.

ㄴ. 함수 $f(x)g(x)$는 $x=-1$에서 연속이다.

ㄷ. 함수 $(f\circ g)(x)$는 $x=1$에서 연속이다.

① ㄱ   ② ㄷ   ③ ㄱ, ㄴ

④ ㄴ, ㄷ   ⑤ ㄱ, ㄴ, ㄷ

예제 04 / 함수가 연속일 조건

함수 $f(x) = \begin{cases} g(x) & (x \neq a) \\ b & (x=a) \end{cases}$ 가 $x=a$에서 연속이면 $\lim\limits_{x \to a} g(x) = b$임을 이용한다.

함수 $f(x) = \begin{cases} \dfrac{x^2+ax-12}{x-3} & (x \neq 3) \\ b & (x=3) \end{cases}$ 가 $x=3$에서 연속일 때, 상수 a, b의 값을 구하시오.

• 유형만렙 미적분 I 31쪽에서 문제 더 풀기

| 풀이 | 함수 $f(x)$가 $x=3$에서 연속이면 $\lim\limits_{x \to 3} f(x) = f(3)$이므로

$$\lim_{x \to 3} \frac{x^2+ax-12}{x-3} = b \quad \cdots\cdots \text{㉠}$$

$x \to 3$일 때 (분모)$\to 0$이고 극한값이 존재하므로 (분자)$\to 0$이다.

즉, $\lim\limits_{x \to 3}(x^2+ax-12)=0$이므로

$9+3a-12=0 \qquad \therefore a=1$

이를 ㉠의 좌변에 대입하면

$$\begin{aligned}
\lim_{x \to 3} \frac{x^2+ax-12}{x-3} &= \lim_{x \to 3} \frac{x^2+x-12}{x-3} \\
&= \lim_{x \to 3} \frac{(x+4)(x-3)}{x-3} \\
&= \lim_{x \to 3}(x+4) = 7
\end{aligned}$$

$\therefore b=7$

답 $a=1$, $b=7$

095 유사 📋교과서

함수 $f(x) = \begin{cases} \dfrac{x^2 - 6x + a}{x - 1} & (x \neq 1) \\ b & (x = 1) \end{cases}$ 가 $x = 1$에서

연속일 때, 상수 a, b의 값을 구하시오.

097 변형

함수 $f(x) = \begin{cases} \dfrac{x^2 + ax + b}{x + 1} & (x \neq -1) \\ 1 & (x = -1) \end{cases}$ 이 모든 실

수 x에서 연속일 때, 상수 a, b의 값을 구하시오.

096 유사 📋교과서

함수 $f(x) = \begin{cases} \dfrac{\sqrt{x + 7} + a}{x - 2} & (x \neq 2) \\ b & (x = 2) \end{cases}$ 가 $x = 2$에서

연속일 때, 상수 a, b의 값을 구하시오.

098 변형

함수 $f(x) = \begin{cases} x + 1 & (|x| \geq 2) \\ x^2 + ax + b & (|x| < 2) \end{cases}$ 가 모든 실

수 x에서 연속일 때, 상수 a, b에 대하여 $a + b$
의 값을 구하시오.

예제 05 / $(x-a)f(x)=g(x)$ 꼴의 함수의 연속

모든 실수 x에서 연속인 두 함수 $f(x)$, $g(x)$가 $(x-a)f(x)=g(x)$를 만족시키면 $f(a)=\lim\limits_{x \to a} \dfrac{g(x)}{x-a}$ 임을 이용한다.

모든 실수 x에서 연속인 함수 $f(x)$가
$$(x-2)f(x)=x^2-5x+a$$
를 만족시킬 때, $a+f(2)$의 값을 구하시오. (단, a는 상수)

• 유형만렙 미적분 I 33쪽에서 문제 더 풀기

| 풀이 | $x \neq 2$일 때, $f(x)=\dfrac{x^2-5x+a}{x-2}$

함수 $f(x)$가 모든 실수 x에서 연속이면 $x=2$에서 연속이므로
$$\lim_{x \to 2} f(x)=f(2)$$
$$\therefore \lim_{x \to 2} \frac{x^2-5x+a}{x-2}=f(2) \qquad \cdots\cdots \text{㉠}$$

$x \to 2$일 때 (분모)$\to 0$이고 극한값이 존재하므로 (분자)$\to 0$이다.

즉, $\lim\limits_{x \to 2}(x^2-5x+a)=0$이므로

$4-10+a=0 \qquad \therefore a=6$

이를 ㉠의 좌변에 대입하면

$$\lim_{x \to 2} \frac{x^2-5x+a}{x-2}=\lim_{x \to 2}\frac{x^2-5x+6}{x-2}$$
$$=\lim_{x \to 2}\frac{(x-2)(x-3)}{x-2}$$
$$=\lim_{x \to 2}(x-3)=-1$$

$\therefore f(2)=-1$

$\therefore a+f(2)=5$

답 5

099 유사

모든 실수 x에서 연속인 함수 $f(x)$가

$$(x+1)f(x)=2x^2+x+a$$

를 만족시킬 때, $a-f(-1)$의 값을 구하시오.

(단, a는 상수)

100 유사

교과서

$x \geq 2$인 모든 실수 x에서 연속인 함수 $f(x)$가

$$(x-3)f(x)=\sqrt{x-2}+a$$

를 만족시킬 때, $f(3)$의 값을 구하시오.

(단, a는 상수)

101 변형

교육청

모든 실수에서 연속인 함수 $f(x)$가

$$(x-1)f(x)=x^2-3x+2$$

를 만족시킬 때, $f(1)$의 값은?

① -2 ② -1 ③ 0

④ 1 ⑤ 2

102 변형

모든 실수 x에서 연속인 함수 $f(x)$가

$$(x^2-1)f(x)=x^3+ax^2+bx-2$$

를 만족시킬 때, $f(1)$의 값을 구하시오.

(단, a, b는 상수)

2 연속함수의 성질

개념 01 연속함수의 성질

◎ 예제 06

두 함수 $f(x)$, $g(x)$가 $x=a$에서 연속이면 다음 함수도 $x=a$에서 연속이다.

(1) $kf(x)$ (단, k는 실수)

(2) $f(x)+g(x)$, $f(x)-g(x)$

(3) $f(x)g(x)$

(4) $\dfrac{f(x)}{g(x)}$ (단, $g(a)\neq0$)

두 함수 $f(x)$, $g(x)$가 $x=a$에서 연속이면

$$\lim_{x \to a}f(x)=f(a),\ \lim_{x \to a}g(x)=g(a)$$

이므로 함수의 극한에 대한 성질에 따라 다음이 성립한다.

(1) $\displaystyle\lim_{x \to a}kf(x)=k\lim_{x \to a}f(x)=kf(a)$ (단, k는 실수)

(2) $\displaystyle\lim_{x \to a}\{f(x)+g(x)\}=\lim_{x \to a}f(x)+\lim_{x \to a}g(x)=f(a)+g(a)$

$\quad\displaystyle\lim_{x \to a}\{f(x)-g(x)\}=\lim_{x \to a}f(x)-\lim_{x \to a}g(x)=f(a)-g(a)$

(3) $\displaystyle\lim_{x \to a}f(x)g(x)=\lim_{x \to a}f(x)\times\lim_{x \to a}g(x)=f(a)g(a)$

(4) $\displaystyle\lim_{x \to a}\frac{f(x)}{g(x)}=\frac{\displaystyle\lim_{x \to a}f(x)}{\displaystyle\lim_{x \to a}g(x)}=\frac{f(a)}{g(a)}$ (단, $g(a)\neq0$)

따라서 함수 $kf(x)$, $f(x)+g(x)$, $f(x)-g(x)$, $f(x)g(x)$, $\dfrac{f(x)}{g(x)}$도 $x=a$에서 연속이다.

| 참고 | ・상수함수와 함수 $y=x$는 모든 실수 x에서 연속이므로 연속함수의 성질 (1), (2), (3)에 의하여 다항함수

$\quad\quad f(x)=a_nx^n+a_{n-1}x^{n-1}+\cdots+a_1x+a_0$ (a_0, a_1, $\ldots$, a_n은 상수, n은 자연수)

은 모든 실수 x에서 연속이다.

・두 다항함수 $f(x)$, $g(x)$에 대하여 유리함수 $\dfrac{f(x)}{g(x)}$는 연속함수의 성질 (4)에 의하여 $g(x)\neq0$인 모든 실수 x에서 연속이다.

| 예 | ・함수 $y=x^3+2x^2-5x+1$은 모든 실수 x에서 연속이다.

・함수 $y=\dfrac{x+1}{x-1}$은 $x\neq1$인 모든 실수 x에서 연속이다.

함수 $f(x)$가 닫힌구간 $[a, b]$에서 연속이면 함수 $f(x)$는 이
구간에서 반드시 최댓값과 최솟값을 갖는다.
이를 **최대·최소 정리**라 한다.

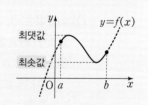

|참고| 주어진 구간이 닫힌구간이 아니거나 불연속일 때는 다음과 같이 함수 $f(x)$가 최댓값 또는 최솟값을 갖지
않을 수도 있다.

(1) 닫힌구간이 아닌 경우

① 반열린구간 $[a, b)$ ② 반열린구간 $(a, b]$ ③ 열린구간 (a, b)

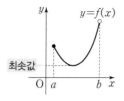 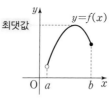 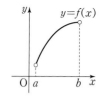

➡ 최댓값을 갖지 않는다.   ➡ 최솟값을 갖지 않는다.   ➡ 최댓값과 최솟값을
갖지 않는다.

(2) 닫힌구간 $[a, b]$에서 불연속인 경우

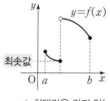 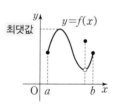

➡ 최댓값을 갖지 않는다.   ➡ 최솟값을 갖지 않는다.

|예| • 함수 $f(x)=x^2-2x$는 닫힌구간 $[0, 3]$에서 연속이므로 이 구간
에서 반드시 최댓값과 최솟값을 갖는다.
이때 $x=3$에서 최댓값 3, $x=1$에서 최솟값 -1을 갖는다.

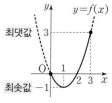

• 함수 $f(x)=x^2-2x$는 열린구간 $(0, 3)$에서 최댓값은 갖지 않고
$x=1$일 때 최솟값 -1을 갖는다.

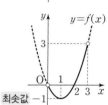

개념 03 사잇값 정리

(1) 사잇값 정리

함수 $f(x)$가 닫힌구간 $[a, b]$에서 연속이고 $f(a) \neq f(b)$일
때, $f(a)$와 $f(b)$ 사이의 임의의 값 k에 대하여
$$f(c) = k$$
인 c가 열린구간 (a, b)에 적어도 하나 존재한다.

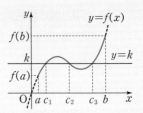

(2) 사잇값 정리의 응용

함수 $f(x)$가 닫힌구간 $[a, b]$에서 연속이고 $f(a)$와 $f(b)$의
부호가 서로 다를 때, 즉 $f(a)f(b) < 0$일 때, 사잇값 정리에
의하여 $f(c) = 0$인 c가 열린구간 (a, b)에 적어도 하나 존재
한다.
따라서 방정식 $f(x) = 0$은 열린구간 (a, b)에서 적어도 하
나의 실근을 갖는다.

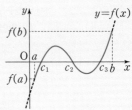

| 참고 | 함수 $f(x)$가 닫힌구간 $[a, b]$에서 연속일 때

(1) $f(a) \neq f(b)$이면 $f(a)$와 $f(b)$ 사이의 임의의 값 k에 대하여 x축에 평행한 직선 $y = k$와 함수
$y = f(x)$의 그래프는 적어도 한 점에서 만난다.
즉, $f(c) = k$인 c가 열린구간 (a, b)에 적어도 하나 존재한다.

(2) $f(a)$, $f(b)$의 부호가 다르면, 즉 $f(a)f(b) < 0$이면 함수 $y = f(x)$의 그래프는 열린구간 (a, b)에서
x축과 반드시 만난다.
이때 함수 $y = f(x)$의 그래프와 x축이 만나는 점의 x좌표는 방정식 $f(x) = 0$의 실근이므로
$f(a)f(b) < 0$이면 함수 $y = f(x)$의 그래프는 열린구간 (a, b)에서 적어도 하나의 실근을 갖는다.

| 예 | (1) 함수 $f(x) = x^2 + 2x$는 닫힌구간 $[0, 1]$에서 연속이고, $f(0) = 0$, $f(1) = 3$이므로
$f(0) \neq f(1)$이다.
따라서 오른쪽 그림과 같이 $0 < k < 3$인 임의의 값 k에 대하여 직
선 $y = k$와 함수 $y = f(x)$의 그래프는 적어도 한 점에서 만난다.
즉, $f(c) = k$인 c가 열린구간 $(0, 1)$에 적어도 하나 존재한다.

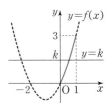

(2) 방정식 $x^3 - x - 2 = 0$은 열린구간 $(1, 2)$에서 적어도 하나의 실근을 가짐을 확인해 보자.
$f(x) = x^3 - x - 2$라 하면 함수 $f(x)$는 닫힌구간 $[1, 2]$에서 연속이고 $f(1) = -2 < 0$,
$f(2) = 4 > 0$이므로 사잇값 정리에 의하여 $f(c) = 0$인 c가 열린구간 $(1, 2)$에 적어도 하나
존재한다.
따라서 방정식 $x^3 - x - 2 = 0$은 열린구간 $(1, 2)$에서 적어도 하나의 실근을 갖는다.

개념 01

103 다음 함수가 연속인 구간을 구하시오.

(1) $f(x)=2x^2-3x+1$

(2) $f(x)=(2x+1)(x^2-2)$

(3) $f(x)=\dfrac{2x}{x+3}$

(4) $f(x)=\dfrac{x}{x^2-1}$

개념 02

104 함수 $y=f(x)$의 그래프가 오른쪽 그림과 같을 때, 함수 $f(x)$가 다음 구간에서 최댓값 또는 최솟값을 가지면 그 값을 구하시오.

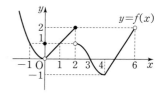

(1) $[-1, 2]$

(2) $[1, 3]$

(3) $[3, 4]$

(4) $[4, 6]$

개념 03

105 다음은 함수 $f(x)=x^3-2x+1$에 대하여 $f(c)=3$인 c가 열린구간 $(1, 2)$에 적어도 하나 존재함을 증명한 것이다. (가), (나), (다)에 알맞은 것을 구하시오.

> 함수 $f(x)=x^3-2x+1$은 닫힌구간 $[1, 2]$에서 ☐(가) 이다.
> 또 $f(1)=0$, $f(2)=$ ☐(나) 에서 $f(1)\neq f(2)$이고, $f(1)<3<f(2)$이므로 ☐(다) 정리에 의하여 $f(c)=3$인 c가 열린구간 $(1, 2)$에 적어도 하나 존재한다.

예제 06 / 연속함수의 성질

두 함수 $f(x)$, $g(x)$가 $x=a$에서 연속이면 함수 $kf(x)$ (k는 실수), $f(x) \pm g(x)$, $f(x)g(x)$,
$\dfrac{f(x)}{g(x)}$ ($g(a) \neq 0$)도 $x=a$에서 연속임을 이용한다.

두 함수 $f(x)=x^2+1$, $g(x)=x^2-x$에 대하여 보기의 함수 중 모든 실수 x에서 연속인 것만을 있는 대로
고르시오.

┌ 보기 ┐

ㄱ. $2f(x)+g(x)$　　　　ㄴ. $f(x)g(x)$　　　　ㄷ. $\dfrac{f(x)}{g(x)}$　　　　ㄹ. $\dfrac{g(x)}{f(x)}$

• 유형만렙 미적분Ⅰ 33쪽에서 문제 더 풀기

| 풀이 | 　두 함수 $f(x)$, $g(x)$는 다항함수이므로 모든 실수 x에서 연속이다.

ㄱ. 함수 $2f(x)$가 모든 실수 x에서 연속이므로 함수 $2f(x)+g(x)$는 모든 실수 x에서 연속이다.

ㄴ. 함수 $f(x)g(x)$는 모든 실수 x에서 연속이다.

ㄷ. 함수 $\dfrac{f(x)}{g(x)}$는 $g(x)=x(x-1) \neq 0$인 모든 실수, 즉 $x \neq 0$, $x \neq 1$인 모든 실수 x에서 연속이다.

ㄹ. $f(x)=x^2+1>0$이므로 함수 $\dfrac{g(x)}{f(x)}$는 모든 실수 x에서 연속이다.

따라서 보기의 함수 중 모든 실수 x에서 연속인 것은 ㄱ, ㄴ, ㄹ이다.　　　📘 ㄱ, ㄴ, ㄹ

예제 07 / 최대·최소 정리

함수 $f(x)$가 닫힌구간 $[a, b]$에서 연속이면 함수 $f(x)$는 이 구간에서 반드시 최댓값과 최솟값
을 갖는다.

주어진 구간에서 다음 함수의 최댓값과 최솟값을 구하시오.

(1) $f(x)=x^2-6x+7$　$[1, 4]$　　　　　　　(2) $f(x)=\dfrac{2x-1}{x+2}$　$[-1, 3]$

• 유형만렙 미적분Ⅰ 34쪽에서 문제 더 풀기

| 풀이 |　(1) $f(x)=x^2-6x+7=(x-3)^2-2$

함수 $f(x)$는 닫힌구간 $[1, 4]$에서 연속이므로 이 구간에서 최댓값과 최솟
값을 갖는다.

이때 함수 $y=f(x)$의 그래프는 오른쪽 그림과 같으므로 함수 $f(x)$는 닫
힌구간 $[1, 4]$에서 $x=1$일 때 최댓값 2, $x=3$일 때 최솟값 -2를 갖는다.

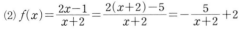

(2) $f(x)=\dfrac{2x-1}{x+2}=\dfrac{2(x+2)-5}{x+2}=-\dfrac{5}{x+2}+2$

함수 $f(x)$는 닫힌구간 $[-1, 3]$에서 연속이므로 이 구간에서 최댓값과
최솟값을 갖는다.

이때 함수 $y=f(x)$의 그래프는 오른쪽 그림과 같으므로 함수 $f(x)$는 닫
힌구간 $[-1, 3]$에서 $x=3$일 때 최댓값 1, $x=-1$일 때 최솟값 -3을
갖는다.　　📘 (1) 최댓값: 2, 최솟값: -2　(2) 최댓값: 1, 최솟값: -3

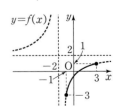

• 정답과 해설 **26**쪽

106 예제 06 유사

두 함수 $f(x)=x-5$, $g(x)=x^2-2$에 대하여 보기의 함수 중 모든 실수 x에서 연속인 것만을 있는 대로 고르시오.

┌ 보기 ├─────────────────────
ㄱ. $f(x)-3g(x)$ ㄴ. $\{f(x)\}^2$

ㄷ. $\dfrac{g(x)}{f(x)}$ ㄹ. $\dfrac{f(x)}{2-g(x)}$
└──────────────────────────

108 예제 06 변형   📄 교과서

두 함수 $f(x)$, $g(x)$가 $x=a$에서 연속일 때, 보기의 함수 중 $x=a$에서 항상 연속인 것만을 있는 대로 고르시오. (단, a는 실수)

┌ 보기 ├─────────────────────
ㄱ. $f(x)-4g(x)$ ㄴ. $\{g(x)\}^2$

ㄷ. $\dfrac{g(x)}{f(x)}$ ㄹ. $\dfrac{1}{\{f(x)\}^2+1}$
└──────────────────────────

107 예제 07 유사

주어진 구간에서 다음 함수의 최댓값과 최솟값을 구하시오.

(1) $f(x)=-x^2+2x+5$ $[-2, 2]$

(2) $f(x)=\sqrt{2x+1}$ $[1, 4]$

(3) $f(x)=\dfrac{x+5}{x-1}$ $[2, 7]$

(4) $f(x)=|x|$ $[-5, 3]$

109 예제 07 변형

보기의 함수 중 닫힌구간 $[-3, 3]$에서 최솟값을 갖는 것만을 있는 대로 고르시오.

┌ 보기 ├─────────────────────
ㄱ. $f(x)=|x-2|$

ㄴ. $g(x)=\sqrt{4-x}+1$

ㄷ. $h(x)=\dfrac{3x}{x-3}$

ㄹ. $k(x)=\dfrac{9-x}{x+3}$
└──────────────────────────

예제 08 / 사잇값 정리의 응용

함수 $f(x)$가 닫힌구간 $[a, b]$에서 연속이고 $f(a)f(b)<0$일 때, 사잇값 정리에 의하여 방정식 $f(x)=0$은 열린구간 (a, b)에서 적어도 하나의 실근을 갖는다.

다음 물음에 답하시오.

(1) 방정식 $x^3+2x^2-2x-3=0$이 열린구간 $(-2, 1)$에서 적어도 하나의 실근을 가짐을 보이시오.

(2) 모든 실수 x에서 연속인 함수 $f(x)$에 대하여

$$f(-2)=1, \ f(-1)=-2, \ f(0)=-1, \ f(1)=1, \ f(2)=-2$$

일 때, 방정식 $f(x)=0$은 열린구간 $(-2, 2)$에서 적어도 몇 개의 실근을 갖는지 구하시오.

• 유형만렙 미적분 I 35쪽에서 문제 더 풀기

| 풀이 | (1) $f(x)=x^3+2x^2-2x-3$이라 하면 함수 $f(x)$는 닫힌구간 $[-2, 1]$에서 연속이고

$f(-2)=1>0, \ f(1)=-2<0$이므로 사잇값 정리에 의하여 $f(c)=0$인 c가 열린구간 $(-2, 1)$에 적어도 하나 존재한다.

따라서 방정식 $x^3+2x^2-2x-3=0$은 열린구간 $(-2, 1)$에서 적어도 하나의 실근을 갖는다.

(2) 함수 $f(x)$는 닫힌구간 $[-2, 2]$에서 연속이고

$f(-2)f(-1)=-2<0$

$f(-1)f(0)=2>0$

$f(0)f(1)=-1<0$

$f(1)f(2)=-2<0$

사잇값 정리에 의하여 방정식 $f(x)=0$이 적어도 하나의 실근을 갖는 구간은

$(-2, -1), (0, 1), (1, 2)$

따라서 방정식 $f(x)=0$은 열린구간 $(-2, 2)$에서 적어도 3개의 실근을 갖는다.

🄰 (1) 풀이 참조 (2) 3개

110 유사

방정식 $x^4-x^2+2x+1=0$이 열린구간 $(-1, 1)$에서 적어도 하나의 실근을 가짐을 보이시오.

111 유사

모든 실수 x에서 연속인 함수 $f(x)$에 대하여
$$f(-1)=2, \ f(0)=3, \ f(1)=-1,$$
$$f(2)=-2, \ f(3)=1$$
일 때, 방정식 $f(x)=0$은 열린구간 $(-1, 3)$에서 적어도 몇 개의 실근을 갖는지 구하시오.

112 변형

방정식 $x^3-2x^2-x-3=0$이 오직 하나의 실근을 가질 때, 이 방정식의 실근이 존재하는 구간은?

① $(-2, -1)$ ② $(-1, 0)$

③ $(0, 1)$ ④ $(1, 2)$

⑤ $(2, 3)$

113 변형

방정식 $x^2+x+a=0$이 열린구간 $(0, 2)$에서 적어도 하나의 실근을 갖도록 하는 상수 a의 값의 범위를 구하시오.

연습문제

1단계

114 보기의 함수 중 모든 실수 x에서 연속인 것만을 있는 대로 고른 것은?

┌─ 보기 ├─

ㄱ. $f(x)=\begin{cases} \dfrac{x^2-9}{x+3} & (x\neq -3) \\ 6 & (x=-3) \end{cases}$

ㄴ. $g(x)=\begin{cases} \dfrac{2x^2+4x}{|x+2|} & (x\neq -2) \\ 4 & (x=-2) \end{cases}$

ㄷ. $h(x)=\begin{cases} \sqrt{x-5}+2 & (x\geq 5) \\ 2 & (x<5) \end{cases}$

① ㄱ　　　　② ㄴ　　　　③ ㄷ

④ ㄱ, ㄷ　　　⑤ ㄴ, ㄷ

115 열린구간 $(-2,\ 2)$에서 정의된 함수 $y=f(x)$의 그래프가 오른쪽 그림과 같을 때, 보기에서 옳은 것만을 있는 대로 고르시오.

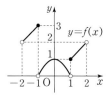

┌─ 보기 ├─

ㄱ. $\lim\limits_{x\to 0}f(x)=1$

ㄴ. 함수 $f(x)$는 $x=1$에서 연속이다.

ㄷ. 함수 $f(x)$가 불연속인 x의 값은 2개이다.

🖉 서술형

116 함수 $f(x)=\begin{cases} (x-3)^2 & (x\geq 1) \\ -x^2+ax+b & (x<1) \end{cases}$

가 모든 실수 x에서 연속이고 $f(-1)=0$일 때, 상수 a, b에 대하여 ab의 값을 구하시오.

🎓 수능

117 두 함수 $f(x)=\begin{cases} x+3 & (x\leq a) \\ x^2-x & (x>a) \end{cases}$,

$g(x)=x-(2a+7)$에 대하여 함수 $f(x)g(x)$가 실수 전체의 집합에서 연속이 되도록 하는 모든 실수 a의 값의 곱을 구하시오.

118 모든 실수 x에서 연속인 함수 $f(x)$가
$$(x-1)f(x)=ax^2+bx,\quad f(1)=2$$
를 만족시킬 때, 상수 a, b에 대하여 $a-b$의 값을 구하시오.

📖 교과서

119 두 함수 $f(x)=x^2+ax+2$, $g(x)=x^4+1$에 대하여 함수 $\dfrac{g(x)}{f(x)}$가 모든 실수 x에서 연속이 되도록 하는 정수 a의 개수를 구하시오.

120 다음 중 함수 $f(x) = \dfrac{x+4}{x-4}$ 가 최댓값과 최솟값을 모두 갖는 구간은?

① $[-4, 5]$　　② $[0, 4]$　　③ $[4, 6]$

④ $[5, 7]$　　⑤ $[6, 8]$

121 방정식 $2x^3 + x^2 - 4x - 1 = 0$은 서로 다른 세 실근을 갖는다. 보기의 구간에서 실근이 존재하는 것만을 있는 대로 고르시오.

┤ 보기 ├

ㄱ. $(-3, -2)$　　　ㄴ. $(-2, -1)$

ㄷ. $(-1, 0)$　　　ㄹ. $(0, 1)$

ㅁ. $(1, 2)$　　　ㅂ. $(2, 3)$

2단계

122 함수 $y = f(x)$의 그래프가 오른쪽 그림과 같을 때, 보기에서 옳은 것만을 있는 대로 고르시오.

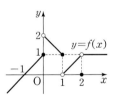

┤ 보기 ├

ㄱ. $f(f(x))$는 $x=0$에서 연속이다.

ㄴ. $f(x) + f(-x)$는 $x=1$에서 연속이다.

ㄷ. $f(x)f(x-1)$은 $x=2$에서 불연속이다.

123 함수 $y = f(x)$의 그래프가 오른쪽 그림과 같다. 함수 $(x-a)f(x)$가 모든 실수 x에서 연속일 때, 상수 a의 값을 구하시오.

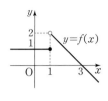

124 함수 $f(x) = \dfrac{[x]^2 + x}{[x]} \ (x > 1)$가 $x = a$에서 연속일 때, 정수 a의 값을 구하시오. (단, $[x]$는 x보다 크지 않은 최대의 정수)

🎓 평가원

125 두 양수 a, b에 대하여 함수 $f(x)$가

$$f(x) = \begin{cases} x + a & (x < -1) \\ x & (-1 \le x < 3) \\ bx - 2 & (x \ge 3) \end{cases}$$

이다. 함수 $|f(x)|$가 실수 전체의 집합에서 연속일 때, $a + b$의 값은?

① $\dfrac{7}{3}$　　② $\dfrac{8}{3}$　　③ 3

④ $\dfrac{10}{3}$　　⑤ $\dfrac{11}{3}$

연습문제

126 함수 $f(x) = 1 - \dfrac{1}{x - \dfrac{1}{x - \dfrac{2}{x}}}$ 이 불연

속인 x의 값의 개수를 구하시오.

🖳 교과서

127 닫힌구간 $[2, 6]$에서 함수
$f(x) = \dfrac{a}{|x-5|}$ 의 최솟값이 1일 때, 상수 a의 값을 구하시오.

128 모든 실수 x에서 연속인 함수 $f(x)$에 대하여 $f(-1) = a$, $f(1) = a - 7$이다. 방정식 $f(x) = x^3$이 중근이 아닌 오직 하나의 실근을 가질 때, 이 실근이 열린구간 $(-1, 1)$에 존재하도록 하는 정수 a의 개수를 구하시오.

129 다항함수 $f(x)$에 대하여
$\lim\limits_{x \to -1} \dfrac{f(x)}{x+1} = 2$, $\lim\limits_{x \to 2} \dfrac{f(x)}{x-2} = 6$일 때, 방정식
$f(x) = 0$은 닫힌구간 $[-1, 2]$에서 적어도 몇 개의 실근을 갖는지 구하시오.

3단계

130 직선 $y = x + k$와 함수 $y = \sqrt{x+2}$의 그래프가 만나는 서로 다른 점의 개수를 $f(k)$라 할 때, 함수 $f(k)$가 불연속인 실수 k의 값의 합을 구하시오.

🎓 평가원

131 닫힌구간 $[-1, 1]$에서 정의된 함수 $y = f(x)$의 그래프가 그림과 같다. 닫힌구간 $[-1, 1]$에서 두 함수 $g(x)$, $h(x)$가 $g(x) = f(x) + |f(x)|$, $h(x) = f(x) + f(-x)$일 때, 보기에서 옳은 것만을 있는 대로 고른 것은?

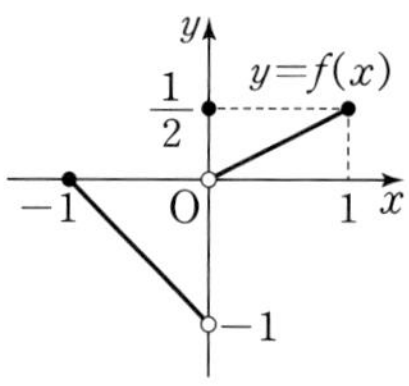

┤ 보기 ├
ㄱ. $\lim\limits_{x \to 0} g(x) = 0$
ㄴ. 함수 $|h(x)|$는 $x = 0$에서 연속이다.
ㄷ. 함수 $g(x)|h(x)|$는 $x = 0$에서 연속이다.

① ㄱ　　　② ㄷ　　　③ ㄱ, ㄴ
④ ㄴ, ㄷ　　⑤ ㄱ, ㄴ, ㄷ

Ⅱ. 미분

1

미분계수와 도함수

미분계수

개념 01 평균변화율

◎ 예제 01

(1) 증분

함수 $y=f(x)$에서 x의 값이 a에서 b까지 변할 때, x의 값의 변화량 $b-a$를 x의 증분, y의 값의 변화량 $f(b)-f(a)$를 y의 증분이라 하고, 기호로 각각

$$\Delta x, \ \Delta y$$

와 같이 나타낸다. 즉,

$$\Delta x=b-a, \ \Delta y=f(b)-f(a)=f(a+\Delta x)-f(a)$$

(2) 평균변화율

함수 $y=f(x)$에서 x의 값이 a에서 b까지 변할 때, x의 증분 Δx에 대한 y의 증분 Δy의 비율

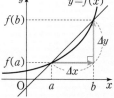

$$\frac{\Delta y}{\Delta x}=\frac{f(b)-f(a)}{b-a}=\frac{f(a+\Delta x)-f(a)}{\Delta x}$$

를 x의 값이 a에서 b까지 변할 때, 함수 $y=f(x)$의 평균변화율이라 한다.

이때 평균변화율은 함수 $y=f(x)$의 그래프 위의 **두 점 $(a, \ f(a))$, $(b, \ f(b))$를 지나는 직선의 기울기**와 같다.

| 예 | 함수 $f(x)=x^2$에서 x의 값이 1에서 3까지 변할 때의 평균변화율은

$$\frac{\Delta y}{\Delta x}=\frac{f(3)-f(1)}{3-1}=\frac{9-1}{2}=4$$

| 참고 | Δ는 차를 뜻하는 Difference의 첫 글자 D에 해당하는 그리스 문자로, '델타(delta)'라 읽는다.

개념 02 미분계수

◎ 예제 01~04

(1) 미분계수

함수 $y=f(x)$의 $x=a$에서의 **순간변화율** 또는 **미분계수**는

$$f'(a)=\lim_{\Delta x \to 0}\frac{\Delta y}{\Delta x}=\lim_{\Delta x \to 0}\frac{f(a+\Delta x)-f(a)}{\Delta x}=\lim_{x \to a}\frac{f(x)-f(a)}{x-a}$$

(2) 함수 $f(x)$의 $x=a$에서의 미분계수 $f'(a)$가 존재할 때, 함수 $f(x)$는 $x=a$에서 **미분가능**하다고 한다.

함수 $y=f(x)$에서 x의 값이 a에서 $a+\Delta x$까지 변할 때, 평균변화율은

$$\frac{\Delta y}{\Delta x}=\frac{f(a+\Delta x)-f(a)}{\Delta x}$$

여기서 $\Delta x \to 0$일 때, 평균변화율의 극한값

$$\lim_{\Delta x \to 0}\frac{\Delta y}{\Delta x}=\lim_{\Delta x \to 0}\frac{f(a+\Delta x)-f(a)}{\Delta x}$$

가 존재하면 함수 $y=f(x)$는 $x=a$에서 미분가능하다고 한다.

이때 이 극한값을 함수 $y=f(x)$의 $x=a$에서의 순간변화율 또는 미분계수라 하고, 기호로

$$f'(a)$$

와 같이 나타낸다.

한편 $\displaystyle\lim_{\Delta x \to 0}\frac{\Delta y}{\Delta x}=\lim_{\Delta x \to 0}\frac{f(a+\Delta x)-f(a)}{\Delta x}$에서 $a+\Delta x=x$라 하면 $\Delta x=x-a$이고, $\Delta x \to 0$일 때

$x \to a$이므로 $f'(a)$는

$$f'(a)=\lim_{x \to a}\frac{f(x)-f(a)}{x-a}$$

와 같이 나타낼 수 있다.

따라서 함수 $y=f(x)$의 $x=a$에서의 미분계수는 다음과 같다.

$$f'(a)=\lim_{\Delta x \to 0}\frac{\Delta y}{\Delta x}=\lim_{\Delta x \to 0}\frac{f(a+\Delta x)-f(a)}{\Delta x}=\lim_{x \to a}\frac{f(x)-f(a)}{x-a}$$

| 예 | 함수 $f(x)=2x^2+1$의 $x=2$에서의 미분계수를 구해 보자.

(방법 1) $f'(2)=\displaystyle\lim_{\Delta x \to 0}\frac{f(2+\Delta x)-f(2)}{\Delta x}$　　◀ $f'(a)=\displaystyle\lim_{\Delta x \to 0}\frac{f(a+\Delta x)-f(a)}{\Delta x}$ 이용

$\qquad\qquad =\displaystyle\lim_{\Delta x \to 0}\frac{\{2(2+\Delta x)^2+1\}-9}{\Delta x}$

$\qquad\qquad =\displaystyle\lim_{\Delta x \to 0}\frac{8\Delta x+2(\Delta x)^2}{\Delta x}$

$\qquad\qquad =\displaystyle\lim_{\Delta x \to 0}(8+2\Delta x)=8$

(방법 2) $f'(2)=\displaystyle\lim_{x \to 2}\frac{f(x)-f(2)}{x-2}$　　◀ $f'(a)=\displaystyle\lim_{x \to a}\frac{f(x)-f(a)}{x-a}$ 이용

$\qquad\qquad =\displaystyle\lim_{x \to 2}\frac{(2x^2+1)-9}{x-2}$

$\qquad\qquad =\displaystyle\lim_{x \to 2}\frac{2x^2-8}{x-2}$

$\qquad\qquad =\displaystyle\lim_{x \to 2}\frac{2(x+2)(x-2)}{x-2}$

$\qquad\qquad =\displaystyle\lim_{x \to 2}2(x+2)=2\times 4=8$

| 참고 |　• $f'(a)$는 'f 프라임(prime) a'라 읽는다.

　　　• 함수 $f(x)$가 어떤 열린구간에 속하는 모든 x에서 미분가능하면 함수 $f(x)$는 그 구간에서 미분가능하다고 한다.

　　　　특히 함수 $f(x)$가 정의역에 속하는 모든 x에서 미분가능하면 함수 $f(x)$는 미분가능한 함수라 한다.

　　　• $f'(a)=\displaystyle\lim_{\Delta x \to 0}\frac{f(a+\Delta x)-f(a)}{\Delta x}$에서 Δx 대신 h를 사용하여 $f'(a)=\displaystyle\lim_{h \to 0}\frac{f(a+h)-f(a)}{h}$와 같이
　　　　나타낼 수도 있다.

함수 $f(x)$의 $x=a$에서의 미분계수 $f'(a)$는 곡선 $y=f(x)$ 위의 점 $(a, f(a))$에서의 접선의 기울기와 같다.

$x=a$에서 미분가능한 함수 $y=f(x)$에서 x의 값이 a에서 $a+\Delta x$까지 변할 때의 평균변화율

$$\frac{\Delta y}{\Delta x} = \frac{f(a+\Delta x)-f(a)}{\Delta x}$$

는 곡선 $y=f(x)$ 위의 두 점 $\mathrm{P}(a, f(a))$, $\mathrm{Q}(a+\Delta x, f(a+\Delta x))$를 지나는 직선 PQ의 기울기와 같다.

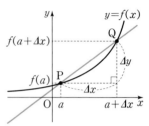

점 P를 고정하였을 때, $\Delta x \to 0$이면 점 Q는 곡선 $y=f(x)$를 따라 점 P에 한없이 가까워지고, 직선 PQ는 점 P를 지나면서 기울기가 $\lim\limits_{\Delta x \to 0} \dfrac{\Delta y}{\Delta x}$인 직선 l에 한없이 가까워진다.

이 직선 l을 곡선 $y=f(x)$ 위의 점 P에서의 접선이라 하고, 점 P를 이 접선의 접점이라 한다.

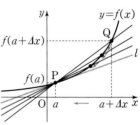

따라서 함수 $y=f(x)$의 $x=a$에서의 미분계수

$$f'(a) = \lim_{\Delta x \to 0} \frac{\Delta y}{\Delta x} = \lim_{\Delta x \to 0} \frac{f(a+\Delta x)-f(a)}{\Delta x}$$

는 곡선 $y=f(x)$ 위의 점 $\mathrm{P}(a, f(a))$에서의 접선 l의 기울기와 같다.

|예| 곡선 $y=x^2+1$ 위의 점 $(1, 2)$에서의 접선의 기울기를 구해 보자.

$f(x)=x^2+1$이라 하면 곡선 $y=x^2+1$ 위의 점 $(1, 2)$에서의 접선의 기울기는 함수 $f(x)$의 $x=1$에서의 미분계수 $f'(1)$과 같으므로

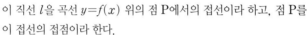

$$\begin{aligned} f'(1) &= \lim_{\Delta x \to 0} \frac{f(1+\Delta x)-f(1)}{\Delta x} \\ &= \lim_{\Delta x \to 0} \frac{\{(1+\Delta x)^2+1\}-2}{\Delta x} \\ &= \lim_{\Delta x \to 0} \frac{2\Delta x+(\Delta x)^2}{\Delta x} \\ &= \lim_{\Delta x \to 0} (2+\Delta x) \\ &= 2 \end{aligned}$$

개념 01
132 다음 함수에서 x의 값이 -1에서 1까지 변할 때의 평균변화율을 구하시오.

(1) $f(x) = -x + 5$ (2) $f(x) = 2x^2 + 3x$

개념 01
133 함수 $f(x) = x^2 + 2x + 5$에서 x의 값이 다음과 같이 변할 때의 평균변화율을 구하시오.

(1) 0에서 4까지 변할 때   (2) 1에서 $1 + \Delta x$까지 변할 때

개념 02
134 다음 함수의 $x = 1$에서의 미분계수를 구하시오.

(1) $f(x) = 4x - 3$ (2) $f(x) = x^2 - x$

개념 02
135 함수 $f(x) = -x^2 + 3x$에 대하여 다음 주어진 값에서의 미분계수를 구하시오.

(1) $x = 0$ (2) $x = 4$

개념 03
136 다음 곡선 위의 주어진 점에서의 접선의 기울기를 구하시오.

(1) $y = 2x^2 + x - 1$ $(1, 2)$ (2) $y = -x^3$ $(-1, 1)$

예제 01 / 평균변화율과 미분계수

함수 $y=f(x)$에서 x의 값이 a에서 b까지 변할 때의 평균변화율은 $\dfrac{\Delta y}{\Delta x}=\dfrac{f(b)-f(a)}{b-a}$ 이고, $x=a$에서의 미분계수는 $f'(a)=\lim\limits_{\Delta x \to 0}\dfrac{f(a+\Delta x)-f(a)}{\Delta x}$ 임을 이용하여 주어진 미지수에 대한 방정식을 세운다.

다음 물음에 답하시오.

(1) 함수 $f(x)=x^2-5x$에서 x의 값이 2에서 a까지 변할 때의 평균변화율이 4일 때, 상수 a의 값을 구하시오. (단, $a>2$)

(2) 함수 $f(x)=x^2+2x-1$에 대하여 x의 값이 1에서 3까지 변할 때의 평균변화율과 $x=a$에서의 미분계수가 같을 때, 상수 a의 값을 구하시오.

• 유형만렙 미적분 I 46쪽에서 문제 더 풀기

| 풀이 | (1) 함수 $f(x)$에서 x의 값이 2에서 a까지 변할 때의 평균변화율은

$$\frac{\Delta y}{\Delta x}=\frac{f(a)-f(2)}{a-2}=\frac{(a^2-5a)-(-6)}{a-2}$$

$$=\frac{a^2-5a+6}{a-2}=\frac{(a-2)(a-3)}{a-2}=a-3$$

따라서 $a-3=4$이므로 $a=7$

(2) 함수 $f(x)$에서 x의 값이 1에서 3까지 변할 때의 평균변화율은

$$\frac{\Delta y}{\Delta x}=\frac{f(3)-f(1)}{3-1}=\frac{14-2}{2}=6$$

함수 $f(x)$의 $x=a$에서의 미분계수는

$$f'(a)=\lim_{\Delta x \to 0}\frac{f(a+\Delta x)-f(a)}{\Delta x}$$

$$=\lim_{\Delta x \to 0}\frac{\{(a+\Delta x)^2+2(a+\Delta x)-1\}-(a^2+2a-1)}{\Delta x}$$

$$=\lim_{\Delta x \to 0}\frac{(2a+2)\Delta x+(\Delta x)^2}{\Delta x}$$

$$=\lim_{\Delta x \to 0}(2a+2+\Delta x)$$

$$=2a+2$$

따라서 $2a+2=6$이므로 $a=2$

답 (1) 7 (2) 2

137 유사

함수 $f(x)=x^2+3x+4$에서 x의 값이 a에서 $a+1$까지 변할 때의 평균변화율이 -2일 때, 상수 a의 값을 구하시오.

138 유사

함수 $f(x)=2x^2-3$에 대하여 x의 값이 -1에서 2까지 변할 때의 평균변화율과 $x=a$에서의 미분계수가 같을 때, 상수 a의 값을 구하시오.

139 변형

함수 $f(x)=x^3+ax$에서 x의 값이 -2에서 2까지 변할 때의 평균변화율이 9일 때, 상수 a의 값을 구하시오.

140 변형

함수 $f(x)=-x^2+ax+6$에서 x의 값이 0에서 3까지 변할 때의 평균변화율이 -1일 때, $x=a$에서의 미분계수를 구하시오. (단, a는 상수)

예제 02 / 미분계수를 이용한 극한값의 계산 (1)

분모의 항이 1개이면 $\lim\limits_{h \to 0} \dfrac{f(a+h)-f(a)}{h}=f'(a)$임을 이용하여 주어진 극한값을 $f'(a)$로 나타낸다.

미분가능한 함수 $f(x)$에 대하여 $f'(a)=2$일 때, 다음 극한값을 구하시오.

(1) $\lim\limits_{h \to 0} \dfrac{f(a+3h)-f(a)}{h}$

(2) $\lim\limits_{h \to 0} \dfrac{f(a+h)-f(a-4h)}{h}$

• 유형만렙 미적분 I 47쪽에서 문제 더 풀기

|풀이|

(1) $\lim\limits_{h \to 0} \dfrac{f(a+3h)-f(a)}{h}=\lim\limits_{h \to 0} \dfrac{f(a+3h)-f(a)}{3h}\times 3$

$\qquad =f'(a)\times 3$

$\qquad =2\times 3=6$

◀ $3h=t$로 놓으면 $h \to 0$일 때 $t \to 0$이므로
$$\lim\limits_{h \to 0} \dfrac{f(a+3h)-f(a)}{3h}$$
$$=\lim\limits_{t \to 0} \dfrac{f(a+t)-f(a)}{t}=f'(a)$$

(2) $\lim\limits_{h \to 0} \dfrac{f(a+h)-f(a-4h)}{h}$

$\quad =\lim\limits_{h \to 0} \dfrac{f(a+h)-f(a)+f(a)-f(a-4h)}{h}$

$\quad =\lim\limits_{h \to 0} \dfrac{f(a+h)-f(a)}{h}-\lim\limits_{h \to 0} \dfrac{f(a-4h)-f(a)}{h}$

$\quad =\lim\limits_{h \to 0} \dfrac{f(a+h)-f(a)}{h}-\lim\limits_{h \to 0} \dfrac{f(a-4h)-f(a)}{-4h}\times(-4)$

$\quad =f'(a)-f'(a)\times(-4)$

$\quad =5f'(a)$

$\quad =5\times 2=10$

◀ $-4h=t$로 놓으면 $h \to 0$일 때 $t \to 0$이므로
$$\lim\limits_{h \to 0} \dfrac{f(a-4h)-f(a)}{-4h}$$
$$=\lim\limits_{t \to 0} \dfrac{f(a+t)-f(a)}{t}=f'(a)$$

답 (1) 6 (2) 10

141 유사

미분가능한 함수 $f(x)$에 대하여 $f'(a)=3$일 때, 다음 극한값을 구하시오.

(1) $\displaystyle\lim_{h\to 0}\frac{f(a+4h)-f(a)}{3h}$

(2) $\displaystyle\lim_{h\to 0}\frac{f(a+5h)-f(a-h)}{h}$

142 유사

미분가능한 함수 $f(x)$에 대하여 $f'(a)=-2$일 때, 다음 극한값을 구하시오.

(1) $\displaystyle\lim_{h\to 0}\frac{f(a-2h)-f(a)}{4h}$

(2) $\displaystyle\lim_{h\to 0}\frac{f(a+3h)-f(a+6h)}{2h}$

143 변형

미분가능한 함수 $f(x)$에 대하여 $\displaystyle\lim_{h\to 0}\frac{f(3+2h)-f(3)}{8h}=5$일 때, $f'(3)$의 값을 구하시오.

144 변형

미분가능한 함수 $f(x)$에 대하여 $f'(2)=3$이고 $\displaystyle\lim_{h\to 0}\frac{f(2+kh)-f(2)}{h}=9$일 때, 상수 k의 값을 구하시오.

예제 03 / 미분계수를 이용한 극한값의 계산 (2)

분모의 항이 2개이면 $\lim\limits_{x \to a} \dfrac{f(x)-f(a)}{x-a}=f'(a)$임을 이용하여 주어진 극한값을 $f'(a)$로 나타낸다.

미분가능한 함수 $f(x)$에 대하여 $f(1)=4$, $f'(1)=6$일 때, 다음 극한값을 구하시오.

(1) $\lim\limits_{x \to 1} \dfrac{f(x)-f(1)}{x^3-1}$
(2) $\lim\limits_{x \to 1} \dfrac{x-1}{f(x^2)-f(1)}$
(3) $\lim\limits_{x \to 1} \dfrac{xf(1)-f(x)}{x-1}$

• 유형만렙 미적분 I 48쪽에서 문제 더 풀기

| 풀이 |

(1) $\lim\limits_{x \to 1} \dfrac{f(x)-f(1)}{x^3-1} = \lim\limits_{x \to 1} \dfrac{f(x)-f(1)}{(x-1)(x^2+x+1)}$

$= \lim\limits_{x \to 1} \dfrac{f(x)-f(1)}{x-1} \times \lim\limits_{x \to 1} \dfrac{1}{x^2+x+1}$

$= f'(1) \times \dfrac{1}{3}$

$= 6 \times \dfrac{1}{3} = 2$

(2) $\lim\limits_{x \to 1} \dfrac{x-1}{f(x^2)-f(1)} = \lim\limits_{x \to 1} \left\{ \dfrac{x^2-1}{f(x^2)-f(1)} \times \dfrac{1}{x+1} \right\}$

$= \lim\limits_{x \to 1} \dfrac{1}{\dfrac{f(x^2)-f(1)}{x^2-1}} \times \lim\limits_{x \to 1} \dfrac{1}{x+1}$

$= \dfrac{1}{f'(1)} \times \dfrac{1}{2}$

$= \dfrac{1}{6} \times \dfrac{1}{2} = \dfrac{1}{12}$

(3) $\lim\limits_{x \to 1} \dfrac{xf(1)-f(x)}{x-1} = \lim\limits_{x \to 1} \dfrac{xf(1)-f(1)+f(1)-f(x)}{x-1}$

$= \lim\limits_{x \to 1} \dfrac{(x-1)f(1)-\{f(x)-f(1)\}}{x-1}$

$= \lim\limits_{x \to 1} f(1) - \lim\limits_{x \to 1} \dfrac{f(x)-f(1)}{x-1}$

$= f(1) - f'(1)$

$= 4 - 6 = -2$

답 (1) 2 (2) $\dfrac{1}{12}$ (3) -2

145 유사

미분가능한 함수 $f(x)$에 대하여 $f'(-1)=5$일 때, $\displaystyle\lim_{x \to -1} \frac{f(x)-f(-1)}{x^2+x}$의 값을 구하시오.

146 유사

미분가능한 함수 $f(x)$에 대하여 $f'(2)=4$일 때, $\displaystyle\lim_{x \to 2} \frac{x^3-8}{f(x)-f(2)}$의 값을 구하시오.

147 유사

미분가능한 함수 $f(x)$에 대하여 $f(3)=1$, $f'(3)=2$일 때, $\displaystyle\lim_{x \to 3} \frac{3f(x)-xf(3)}{x-3}$의 값을 구하시오.

148 변형 📖 교과서

미분가능한 함수 $f(x)$에 대하여
$\displaystyle\lim_{x \to 1} \frac{f(x)-f(1)}{x-1}=-3$일 때,
$\displaystyle\lim_{x \to 1} \frac{f(x^3)-f(1)}{x-1}$의 값을 구하시오.

예제 04 ╱ 관계식이 주어질 때 미분계수 구하기

주어진 관계식의 양변에 $x=0$, $y=0$을 대입하여 $f(0)$의 값을 구한 후
$f'(a)=\lim\limits_{h\to 0}\dfrac{f(a+h)-f(a)}{h}$에서 $f(a+h)$를 주어진 관계식을 이용하여 변형한다.

미분가능한 함수 $f(x)$가 모든 실수 x, y에 대하여
$$f(x+y)=f(x)+f(y)$$
를 만족시키고 $f'(0)=2$일 때, $f'(1)$의 값을 구하시오.

• 유형만렙 미적분 I 48쪽에서 문제 더 풀기

| 풀이 | $f(x+y)=f(x)+f(y)$의 양변에 $x=0$, $y=0$을 대입하면
$$f(0)=f(0)+f(0) \qquad \therefore \ f(0)=0$$
$$\therefore \ f'(1)=\lim_{h\to 0}\frac{f(1+h)-f(1)}{h}=\lim_{h\to 0}\frac{\{f(1)+f(h)\}-f(1)}{h}$$
$$=\lim_{h\to 0}\frac{f(h)}{h}=\lim_{h\to 0}\frac{f(h)-f(0)}{h}=f'(0)=2$$

답 2

예제 05 ╱ 미분계수의 기하적 의미

함수 $f(x)$의 $x=a$에서의 미분계수 $f'(a)$는 곡선 $y=f(x)$ 위의 점 $(a, f(a))$에서의 접선의 기울기와 같음을 이용한다.

함수 $y=f(x)$의 그래프가 오른쪽 그림과 같을 때, $f'(a)$, $f'(b)$, $\dfrac{f(b)-f(a)}{b-a}$의 값의 대소를 비교하시오. (단, $0<a<b$)

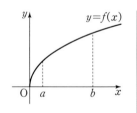

• 유형만렙 미적분 I 49쪽에서 문제 더 풀기

| 풀이 | $f'(a)$, $f'(b)$는 각각 곡선 $y=f(x)$ 위의 두 점 $(a, f(a))$, $(b, f(b))$에서의 접선의 기울기이고
$\dfrac{f(b)-f(a)}{b-a}$는 두 점 $(a, f(a))$, $(b, f(b))$를 지나는 직선의 기울기이다.
따라서 오른쪽 그림에서
$$f'(b)<\frac{f(b)-f(a)}{b-a}<f'(a)$$

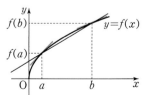

답 $f'(b)<\dfrac{f(b)-f(a)}{b-a}<f'(a)$

149 예제 04 **유사**

미분가능한 함수 $f(x)$가 모든 실수 x, y에 대
하여

$$f(x+y)=f(x)+f(y)+5$$

를 만족시키고 $f'(0)=3$일 때, $f'(2)$의 값을 구
하시오.

151 예제 04 **변형**

미분가능한 함수 $f(x)$가 모든 실수 x, y에 대
하여

$$f(x+y)=f(x)+f(y)+2xy-3$$

을 만족시키고 $f'(1)=1$일 때, $f(0)+f'(0)$의
값을 구하시오.

150 예제 05 **유사**

함수 $y=f(x)$의 그래프가
오른쪽 그림과 같을 때,
$f'(a)$, $f'(b)$,
$\dfrac{f(b)-f(a)}{b-a}$ 의 값의 대소
를 비교하시오. (단, $0<a<b$)

152 예제 05 **변형** 📖 교과서

함수 $y=f(x)$의 그래프와
직선 $y=x$가 오른쪽 그림과
같을 때, 보기에서 옳은 것
만을 있는 대로 고르시오.
(단, $0<a<b$)

┤ 보기 ├

ㄱ. $\dfrac{f(a)}{a}>\dfrac{f(b)}{b}$

ㄴ. $f(b)-f(a)>b-a$

ㄷ. $f'(a)-f'(b)<0$

2 미분가능성과 연속성

개념 01 미분가능성과 연속성

○ 예제 06, 07

함수 $f(x)$가 $x=a$에서 미분가능하면 $f(x)$는 $x=a$에서 연속이다. 그러나 그 역은 성립하지 않는다. 즉, $x=a$에서 연속인 함수 $f(x)$가 $x=a$에서 반드시 미분가능한 것은 아니다.

|증명| 함수 $f(x)$가 $x=a$에서 미분가능하면 미분계수 $f'(a)=\lim\limits_{x\to a}\dfrac{f(x)-f(a)}{x-a}$가 존재하므로

$$\lim_{x\to a}\{f(x)-f(a)\}=\lim_{x\to a}\left\{\dfrac{f(x)-f(a)}{x-a}\times(x-a)\right\}$$
$$=\lim_{x\to a}\dfrac{f(x)-f(a)}{x-a}\times\lim_{x\to a}(x-a)$$
$$=f'(a)\times 0=0$$

따라서 $\lim\limits_{x\to a}f(x)=f(a)$이므로 함수 $f(x)$는 $x=a$에서 연속이다.

|참고| 함수 $f(x)$의 $x=a$에서의 연속성과 미분가능성을 조사할 때, 다음을 이용한다.

(1) $\lim\limits_{x\to a}f(x)=f(a)$이면 함수 $f(x)$는 $x=a$에서 연속이다.

(2) $f'(a)=\lim\limits_{x\to a}\dfrac{f(x)-f(a)}{x-a}$가 존재하면 함수 $f(x)$는 $x=a$에서 미분가능하다.

|예| 함수 $f(x)=|x|$의 $x=0$에서의 연속성과 미분가능성을 조사해 보자.

(i) $f(0)=0$, $\lim\limits_{x\to 0}f(x)=\lim\limits_{x\to 0}|x|=0$

따라서 $\lim\limits_{x\to 0}f(x)=f(0)$이므로 함수 $f(x)$는 $x=0$에서 연속이다.

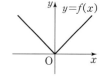

(ii) $\lim\limits_{x\to 0+}\dfrac{f(x)-f(0)}{x-0}=\lim\limits_{x\to 0+}\dfrac{|x|}{x}=\lim\limits_{x\to 0+}\dfrac{x}{x}=1$

$\lim\limits_{x\to 0-}\dfrac{f(x)-f(0)}{x-0}=\lim\limits_{x\to 0-}\dfrac{|x|}{x}=\lim\limits_{x\to 0-}\dfrac{-x}{x}=-1$

$\therefore \lim\limits_{x\to 0+}\dfrac{f(x)-f(0)}{x-0}\neq\lim\limits_{x\to 0-}\dfrac{f(x)-f(0)}{x-0}$

따라서 $f'(0)=\lim\limits_{x\to 0}\dfrac{f(x)-f(0)}{x-0}$이 존재하지 않으므로 함수 $f(x)$는 $x=0$에서 미분가능하지 않다.

(i), (ii)에서 함수 $f(x)=|x|$는 $x=0$에서 연속이지만 미분가능하지 않다.

개념 02 함수가 미분가능하지 않은 경우

함수 $f(x)$가 $x=a$에서 미분가능하지 않은 경우는 다음과 같다.
(1) $x=a$에서 불연속인 경우
(2) $x=a$에서 그래프가 꺾인 경우

(1) '함수 $f(x)$가 $x=a$에서 미분가능하면 $x=a$에서 연속이다.'는 참인 명제이므로 그 대우인 '함수 $f(x)$가 $x=a$에서 불연속이면 $x=a$에서 미분가능하지 않다.'도 참이다.

(2) $x=a$에서 함수 $y=f(x)$의 그래프가 꺾이면 $\lim\limits_{x \to a+} \dfrac{f(x)-f(a)}{x-a} \ne \lim\limits_{x \to a-} \dfrac{f(x)-f(a)}{x-a}$이므로

$f'(a)=\lim\limits_{x \to a} \dfrac{f(x)-f(a)}{x-a}$가 존재하지 않는다.

따라서 함수 $f(x)$는 $x=a$에서 미분가능하지 않다.

|예| 함수 $y=f(x)$의 그래프가 다음과 같을 때, 함수 $f(x)$는 $x=a$에서 미분가능하지 않다.

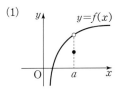

➡ $x=a$에서 불연속이다.

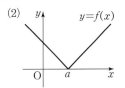

➡ $x=a$에서 연속이지만
그래프가 꺾여 있다.

개념 확인

• 정답과 해설 36쪽

개념 01
153 함수 $f(x)=\begin{cases} x^2 & (x \ge 0) \\ -x^2 & (x < 0) \end{cases}$의 $x=0$에서의 연속성과 미분가능성을 조사하시오.

개념 02
154 보기의 함수 중 $x=a$에서 미분가능한 것만을 있는 대로 고르시오.

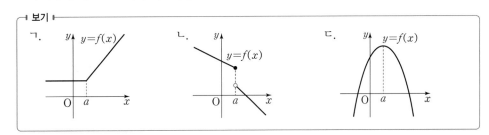

예제 06 / 미분가능성과 연속성 (1)

$\lim\limits_{x \to a} f(x) = f(a)$이면 함수 $f(x)$는 $x=a$에서 연속이고. $f'(a) = \lim\limits_{x \to a} \dfrac{f(x)-f(a)}{x-a}$가 존재하면 함수 $f(x)$는 $x=a$에서 미분가능함을 이용한다.

다음 함수의 $x=1$에서의 연속성과 미분가능성을 조사하시오.

(1) $f(x) = |x-1|$

(2) $f(x) = \begin{cases} x^2+2 & (x \geq 1) \\ 2x+1 & (x<1) \end{cases}$

• 유형만렙 미적분 Ⅰ 50쪽에서 문제 더 풀기

| 풀이 | (1) (ⅰ) $f(1)=0$

$$\lim_{x \to 1+} f(x) = \lim_{x \to 1+} (x-1) = 0$$

$$\lim_{x \to 1-} f(x) = \lim_{x \to 1-} \{-(x-1)\} = 0$$

따라서 $\lim\limits_{x \to 1} f(x) = f(1)$이므로 함수 $f(x)$는 $x=1$에서 연속이다.

(ⅱ) $\lim\limits_{x \to 1+} \dfrac{f(x)-f(1)}{x-1} = \lim\limits_{x \to 1+} \dfrac{x-1}{x-1} = 1$

$\lim\limits_{x \to 1-} \dfrac{f(x)-f(1)}{x-1} = \lim\limits_{x \to 1-} \dfrac{-(x-1)}{x-1} = -1$

따라서 $f'(1)$이 존재하지 않으므로 함수 $f(x)$는 $x=1$에서 미분가능하지 않다.

(ⅰ), (ⅱ)에서 함수 $f(x)$는 $x=1$에서 연속이지만 미분가능하지 않다.

(2) (ⅰ) $f(1)=3$

$$\lim_{x \to 1+} f(x) = \lim_{x \to 1+} (x^2+2) = 3$$

$$\lim_{x \to 1-} f(x) = \lim_{x \to 1-} (2x+1) = 3$$

따라서 $\lim\limits_{x \to 1} f(x) = f(1)$이므로 함수 $f(x)$는 $x=1$에서 연속이다.

(ⅱ) $\lim\limits_{x \to 1+} \dfrac{f(x)-f(1)}{x-1} = \lim\limits_{x \to 1+} \dfrac{(x^2+2)-3}{x-1} = \lim\limits_{x \to 1+} \dfrac{(x+1)(x-1)}{x-1}$

$\qquad = \lim\limits_{x \to 1+} (x+1) = 2$

$\lim\limits_{x \to 1-} \dfrac{f(x)-f(1)}{x-1} = \lim\limits_{x \to 1-} \dfrac{(2x+1)-3}{x-1} = \lim\limits_{x \to 1-} \dfrac{2(x-1)}{x-1} = 2$

따라서 $f'(1)$이 존재하므로 함수 $f(x)$는 $x=1$에서 미분가능하다.

(ⅰ), (ⅱ)에서 함수 $f(x)$는 $x=1$에서 연속이고 미분가능하다.

답 (1) $x=1$에서 연속이지만 미분가능하지 않다.

(2) $x=1$에서 연속이고 미분가능하다.

155 유사

함수 $f(x)=x|x|$ 의 $x=0$에서의 연속성과 미분가능성을 조사하시오.

157 변형

보기에서 다음에 해당하는 것만을 있는 대로 고르시오.

┌ 보기 ├
ㄱ. $f(x)=x^3$

ㄴ. $f(x)=\dfrac{|x|}{x}$

ㄷ. $f(x)=\begin{cases} x-1 & (x\neq 0) \\ -3 & (x=0) \end{cases}$

ㄹ. $f(x)=\begin{cases} x^2+4x & (x\geq 0) \\ 2x & (x<0) \end{cases}$

(1) $x=0$에서 연속인 함수

(2) $x=0$에서 미분가능한 함수

156 유사

📄 교과서

함수 $f(x)=\begin{cases} x^2-x & (x\geq 2) \\ x & (x<2) \end{cases}$ 의 $x=2$에서의 연속성과 미분가능성을 조사하시오.

158 변형

보기의 함수 중 $x=1$에서 연속이지만 미분가능하지 않은 것만을 있는 대로 고르시오.

┌ 보기 ├
ㄱ. $f(x)=|x^2-1|$

ㄴ. $g(x)=\begin{cases} x^2+1 & (x\geq 1) \\ 3x-1 & (x<1) \end{cases}$

ㄷ. $h(x)=(x-1)^3$

예제 07 / 미분가능성과 연속성 (2)

함수 $f(x)$가 $x=a$에서 불연속이면 $x=a$에서 함수의 그래프가 끊어져 있고, 연속이지만 미분 가능하지 않으면 $x=a$에서 함수의 그래프가 꺾여 있다.

$-3<x<4$에서 정의된 함수 $y=f(x)$의 그래프가 오른쪽 그림과 같을 때, 다음을 구하시오.

(1) 함수 $f(x)$가 불연속인 x의 값

(2) 함수 $f(x)$가 미분가능하지 않은 x의 값

(3) 함수 $f(x)$가 연속이지만 미분가능하지 않은 x의 값

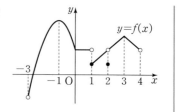

• **유형만렙** 미적분 I 50쪽에서 문제 더 풀기

| 풀이 | (ⅰ) $x=0$에서 $\lim_{x\to 0} f(x)=f(0)$이므로 함수 $f(x)$는 $x=0$에서 연속이다.

$x=0$에서 함수 $y=f(x)$의 그래프가 꺾여 있으므로 함수 $f(x)$는 $x=0$에서 미분가능하지 않다.

(ⅱ) $x=1$에서 $\lim_{x\to 1} f(x)$의 값이 존재하지 않으므로 함수 $f(x)$는 $x=1$에서 불연속이고 미분가능하지 않다.

(ⅲ) $x=2$에서 $\lim_{x\to 2} f(x)\neq f(2)$이므로 함수 $f(x)$는 $x=2$에서 불연속이고 미분가능하지 않다.

(ⅳ) $x=3$에서 $\lim_{x\to 3} f(x)=f(3)$이므로 함수 $f(x)$는 $x=3$에서 연속이다.

$x=3$에서 함수 $y=f(x)$의 그래프가 꺾여 있으므로 함수 $f(x)$는 $x=3$에서 미분가능하지 않다.

(1) 함수 $f(x)$가 불연속인 x의 값은 1, 2이다.

(2) 함수 $f(x)$가 미분가능하지 않은 x의 값은 0, 1, 2, 3이다.

(3) 함수 $f(x)$가 연속이지만 미분가능하지 않은 x의 값은 0, 3이다.

🔲 (1) 1, 2 (2) 0, 1, 2, 3 (3) 0, 3

159 유사

$-3<x<5$에서 정의된 함수 $y=f(x)$의 그래프가 아래 그림과 같을 때, 다음을 구하시오.

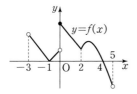

(1) 함수 $f(x)$가 불연속인 x의 값

(2) 함수 $f(x)$가 미분가능하지 않은 x의 값

(3) 함수 $f(x)$가 연속이지만 미분가능하지 않은 x의 값

160 변형

$-2<x<6$에서 정의된 함수 $y=f(x)$의 그래프가 다음 그림과 같을 때, 함수 $f(x)$가 불연속인 x의 값의 개수를 a, 미분가능하지 않은 x의 값의 개수를 b라 하자. 이때 $a+b$의 값을 구하시오.

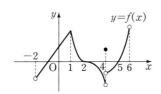

161 변형

$-2<x<2$에서 정의된 함수 $y=f(x)$의 그래프가 다음 그림과 같을 때, 보기에서 옳은 것만을 있는 대로 고르시오.

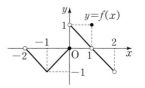

─┤ 보기 ├─
ㄱ. $\lim\limits_{x \to -1} f(x)$의 값이 존재한다.

ㄴ. $x=1$에서 불연속이다.

ㄷ. 미분가능하지 않은 x의 값은 2개이다.

162 변형

$-3<x<5$에서 정의된 함수 $y=f(x)$의 그래프가 다음 그림과 같을 때, 보기에서 옳은 것만을 있는 대로 고르시오.

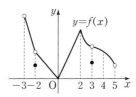

─┤ 보기 ├─
ㄱ. $f'(0)=0$

ㄴ. $f'(4)<0$

ㄷ. 불연속인 x의 값은 2개이다.

ㄹ. 연속이지만 미분가능하지 않은 x의 값은 3개이다.

연습문제

1단계

163 함수 $f(x)=x^3-3x^2+2x+1$에서 x의 값이 1에서 a까지 변할 때의 평균변화율이 3일 때, 상수 a의 값을 구하시오. (단, $a>1$)

164 미분가능한 함수 $f(x)$에 대하여 $f'(a)=6$일 때, $\lim\limits_{h\to 0}\dfrac{f(a+3h)-f(a-2h)}{h}$의 값을 구하시오.

🎓 교육청

165 함수 $f(x)$에 대하여 $\lim\limits_{x\to 2}\dfrac{f(x)-f(2)}{x-2}=3$일 때, $\lim\limits_{h\to 0}\dfrac{f(2+h)-f(2-h)}{h}$의 값은?

① 0   ② 2   ③ 4
④ 6   ⑤ 8

166 곡선 $y=-x^2+x+3$ 위의 점 $(1, 3)$에서의 접선의 기울기를 구하시오.

167 $0<x<6$에서 정의된 함수 $y=f(x)$의 그래프가 아래 그림과 같을 때, 다음 중 옳은 것은?

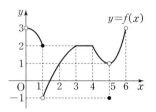

① $\lim\limits_{x\to 2}\dfrac{f(x)-f(2)}{x-2}<0$

② $\lim\limits_{x\to 1}f(x)$의 값이 존재한다.

③ $f'(x)=0$인 x의 값은 2개이다.

④ 불연속인 x의 값은 3개이다.

⑤ 미분가능하지 않은 x의 값은 4개이다.

2단계

🎓 평가원

168 함수 $f(x)=x^3-6x^2+5x$에서 x의 값이 0에서 4까지 변할 때의 평균변화율과 $f'(a)$의 값이 같게 되도록 하는 $0<a<4$인 모든 실수 a의 값의 곱은 $\dfrac{q}{p}$이다. $p+q$의 값을 구하시오.

(단, p와 q는 서로소인 자연수이다.)

169 미분가능한 함수 $f(x)$에 대하여 $\lim\limits_{x \to 3} \dfrac{f(x+2)+4}{x-3} = 6$일 때, $f(5)+f'(5)$의 값을 구하시오.

170 미분가능한 함수 $f(x)$가 모든 실수 x, y에 대하여 다음 조건을 모두 만족시킬 때, $f'(1)$의 값을 구하시오. ✎서술형

(가) $f(x+y)=f(x)+f(y)+xy(x+y)-3xy$
(나) $f'(0)=5$

171 보기의 그래프에서 $x<3$일 때 부등식 $\dfrac{f(x)-f(3)}{x-3} \geq f'(3)$이 항상 성립하는 것만을 있는 대로 고르시오.

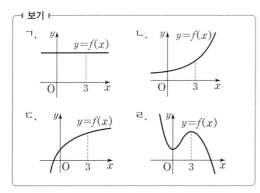

┤ 보기 ├
ㄱ. $y=f(x)$ | ㄴ. $y=f(x)$
ㄷ. $y=f(x)$ | ㄹ. $y=f(x)$

172 두 함수 $f(x)=x+2$, $g(x)=\begin{cases} x-4 & (x \geq -2) \\ x & (x < -2) \end{cases}$ 에 대하여 보기의 함수 중 $x=-2$에서 미분가능한 것만을 있는 대로 고르시오.

┤ 보기 ├
ㄱ. $f(x)+|f(x)|$ ㄴ. $f(x)|f(x)|$
ㄷ. $f(x)g(x)$

3단계

🎓 평가원

173 양의 실수 전체의 집합에서 증가하는 함수 $f(x)$가 $x=1$에서 미분가능하다. 1보다 큰 모든 실수 a에 대하여 점 $(1, f(1))$과 점 $(a, f(a))$ 사이의 거리가 a^2-1일 때, $f'(1)$의 값은?

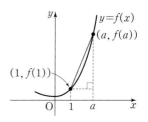

① 1
② $\dfrac{\sqrt{5}}{2}$
③ $\dfrac{\sqrt{6}}{2}$
④ $\sqrt{2}$
⑤ $\sqrt{3}$

도함수

개념 01 도함수

(1) 함수 $f(x)$가 정의역 X에서 미분가능할 때, 정의역의 각 원소 x에 미분계수 $f'(x)$를 대응시키는 새로운 함수

$$f': X \longrightarrow R$$

$$f'(x) = \lim_{\Delta x \to 0} \frac{f(x+\Delta x) - f(x)}{\Delta x}$$

를 얻을 수 있다.

이때 이 함수 $f'(x)$를 함수 $f(x)$의 **도함수**라 하고, 기호로

$$f'(x),\ y',\ \frac{dy}{dx},\ \frac{d}{dx}f(x)$$

와 같이 나타낸다.

(2) 함수 $f(x)$의 도함수 $f'(x)$를 구하는 것을 함수 $f(x)$를 x에 대하여 미분한다고 한다.

| 참고 | · $\dfrac{dy}{dx}$는 y를 x에 대하여 미분한다는 뜻으로 '디와이(dy) 디엑스(dx)'라 읽는다.

· 함수 $f(x)$의 도함수 $f'(x)$는 Δx 대신 h를 사용하여 $f'(x) = \lim\limits_{h \to 0} \dfrac{f(x+h) - f(x)}{h}$와 같이 나타낼 수 도 있다.

· 함수 $f(x)$의 $x = a$에서의 미분계수 $f'(a)$는 도함수 $f'(x)$의 식에 $x = a$를 대입한 값과 같다.

개념 02 함수 $f(x) = x^n$ (n은 양의 정수)과 상수함수의 도함수

◉ 예제 01~07

(1) $f(x) = x^n$ ($n \geq 2$인 정수)이면 $f'(x) = nx^{n-1}$

(2) $f(x) = x$이면 $f'(x) = 1$

(3) $f(x) = c$ (c는 상수)이면 $f'(x) = 0$

$$(x^n)' = nx^{n-1}$$

| 예 | · $y = x^4$이면 $y' = 4x^{4-1} = 4x^3$

   · $y = 7$이면 $y' = 0$

| 증명 | (1) $f(x)=x^n$ ($n \geq 2$인 정수)이면

$$f'(x)=\lim_{h \to 0} \frac{f(x+h)-f(x)}{h} = \lim_{h \to 0} \frac{(x+h)^n - x^n}{h}$$ ◀ $a^n - b^n$
$$= (a-b)(a^{n-1}+a^{n-2}b+\cdots+ab^{n-2}+b^{n-1})$$

$$=\lim_{h \to 0} \frac{\{(x+h)-x\}\{(x+h)^{n-1}+(x+h)^{n-2}x+\cdots+x^{n-1}\}}{h}$$

$$=\lim_{h \to 0} \{(x+h)^{n-1}+(x+h)^{n-2}x+\cdots+x^{n-1}\}$$

$$=\underbrace{x^{n-1}+x^{n-1}+\cdots+x^{n-1}}_{n개}=nx^{n-1}$$

(2) $f(x)=x$이면

$$f'(x)=\lim_{h \to 0} \frac{f(x+h)-f(x)}{h} = \lim_{h \to 0} \frac{(x+h)-x}{h}=1$$

(3) $f(x)=c$ (c는 상수)이면

$$f'(x)=\lim_{h \to 0} \frac{f(x+h)-f(x)}{h} = \lim_{h \to 0} \frac{c-c}{h}=0$$

개념 03 함수의 실수배, 합, 차의 미분법

◉ 예제 01~07

두 함수 $f(x)$, $g(x)$가 미분가능할 때
(1) $\{kf(x)\}'=kf'(x)$ (단, k는 실수)
(2) $\{f(x)+g(x)\}'=f'(x)+g'(x)$
(3) $\{f(x)-g(x)\}'=f'(x)-g'(x)$

| 참고 | (2), (3)은 세 개 이상의 함수에서도 성립한다.

| 증명 | (1) $\{kf(x)\}'=\lim_{h \to 0} \dfrac{kf(x+h)-kf(x)}{h}$

$$=\lim_{h \to 0} \frac{k\{f(x+h)-f(x)\}}{h}$$

$$=k \times \lim_{h \to 0} \frac{f(x+h)-f(x)}{h}$$

$$=kf'(x) \text{ (단, } k\text{는 실수)}$$

(2) $\{f(x)+g(x)\}'=\lim_{h \to 0} \dfrac{\{f(x+h)+g(x+h)\}-\{f(x)+g(x)\}}{h}$

$$=\lim_{h \to 0} \left\{ \frac{f(x+h)-f(x)}{h} + \frac{g(x+h)-g(x)}{h} \right\}$$

$$=\lim_{h \to 0} \frac{f(x+h)-f(x)}{h} + \lim_{h \to 0} \frac{g(x+h)-g(x)}{h}$$

$$=f'(x)+g'(x)$$

(3) (2)와 같은 방법으로 하면 $\{f(x)-g(x)\}'=f'(x)-g'(x)$가 성립한다.

| 예 | $y=2x^3-3x^2+x$이면

$$y'=(2x^3-3x^2+x)'=2(x^3)'-3(x^2)'+(x)'$$

$$=2 \times 3x^2 - 3 \times 2x + 1 = 6x^2 - 6x + 1$$

개념 04 함수의 곱의 미분법

세 함수 $f(x)$, $g(x)$, $h(x)$가 미분가능할 때

(1) $\{f(x)g(x)\}'=f'(x)g(x)+f(x)g'(x)$

(2) $\{f(x)g(x)h(x)\}'=f'(x)g(x)h(x)+f(x)g'(x)h(x)+f(x)g(x)h'(x)$

(3) $[\{f(x)\}^n]'=n\{f(x)\}^{n-1}\times f'(x)$ (단, $n\geq2$인 정수)

| 증명 | (1) $\{f(x)g(x)\}'$

$$=\lim_{h\to0}\frac{f(x+h)g(x+h)-f(x)g(x)}{h}$$

$$=\lim_{h\to0}\frac{f(x+h)g(x+h)-f(x)g(x+h)+f(x)g(x+h)-f(x)g(x)}{h}$$

$$=\lim_{h\to0}\frac{\{f(x+h)-f(x)\}g(x+h)+f(x)\{g(x+h)-g(x)\}}{h}$$

$$=\lim_{h\to0}\frac{f(x+h)-f(x)}{h}\times\lim_{h\to0}g(x+h)+\lim_{h\to0}f(x)\times\lim_{h\to0}\frac{g(x+h)-g(x)}{h}$$

$$=f'(x)g(x)+f(x)g'(x)$$

(2) $\{f(x)g(x)h(x)\}'=\{f(x)g(x)\}'h(x)+\{f(x)g(x)\}h'(x)$

$\qquad\qquad\qquad\qquad=\{f'(x)g(x)+f(x)g'(x)\}h(x)+f(x)g(x)h'(x)$

$\qquad\qquad\qquad\qquad=f'(x)g(x)h(x)+f(x)g'(x)h(x)+f(x)g(x)h'(x)$

(3) $y=\{f(x)\}^n$ ($n\geq2$인 정수)이라 하자.

$n=2$이면 $y=\{f(x)\}^2$에서

$\qquad y'=\{f(x)f(x)\}'=f'(x)f(x)+f(x)f'(x)=2f(x)f'(x)$

$n=3$이면 $y=\{f(x)\}^3$에서

$\qquad y'=\{f(x)f(x)f(x)\}'$

$\qquad\quad=f'(x)f(x)f(x)+f(x)f'(x)f(x)+f(x)f(x)f'(x)$

$\qquad\quad=3\{f(x)\}^2f'(x)$

같은 방법으로 $n=4$이면 $y=\{f(x)\}^4$에서

$\qquad y'=4\{f(x)\}^3f'(x)$

$\qquad\qquad\vdots$

따라서 $y=\{f(x)\}^n$ ($n\geq2$인 정수)이면

$\qquad y'=n\{f(x)\}^{n-1}\times f'(x)$

| 예 | (1) $y=(2x-1)(x^2+3)$이면

$\qquad y'=\{(2x-1)(x^2+3)\}'=(2x-1)'(x^2+3)+(2x-1)(x^2+3)'$

$\qquad\quad=2(x^2+3)+(2x-1)\times2x=2x^2+6+4x^2-2x=6x^2-2x+6$

(2) $y=x(x+1)(x+2)$이면

$\qquad y'=\{x(x+1)(x+2)\}'$

$\qquad\quad=(x)'(x+1)(x+2)+x(x+1)'(x+2)+x(x+1)(x+2)'$

$\qquad\quad=(x+1)(x+2)+x(x+2)+x(x+1)$

$\qquad\quad=x^2+3x+2+x^2+2x+x^2+x=3x^2+6x+2$

(3) $y=(3x+2)^2$이면

$\qquad y'=\{(3x+2)^2\}'=2(3x+2)\times(3x+2)'=2(3x+2)\times3=18x+12$

개념 01

174 다음은 함수 $f(x)=3x^2+x$의 도함수를 구하는 과정이다. (가), (나), (다)에 알맞은 것을 구하시오.

$$f'(x)=\lim_{h\to 0}\frac{f(x+h)-f(x)}{h}=\lim_{h\to 0}\frac{\{3(\boxed{\text{(가)}})^2+(\boxed{\text{(가)}})\}-(3x^2+x)}{h}$$

$$=\lim_{h\to 0}\frac{\boxed{\text{(나)}}+3h^2+h}{h}=\lim_{h\to 0}(\boxed{\text{(다)}}+3h)=\boxed{\text{(다)}}$$

개념 02, 03

175 다음 함수를 미분하시오.

(1) $y=8$

(2) $y=x^7$

(3) $y=3x^3+x^2-6x$

(4) $y=\dfrac{1}{2}x^4-4x^2+5$

개념 04

176 다음 함수를 미분하시오.

(1) $y=(x-3)(-x+6)$

(2) $y=(x^3-2)(x^2+x-3)$

(3) $y=x(x-2)(x-7)$

(4) $y=(2x-1)^4$

예제 01 / 미분법

미분법의 공식을 이용하여 주어진 함수를 미분한다.

다음 물음에 답하시오.

(1) 함수 $f(x)=x^4+2x^3-5x-9$에 대하여 $f'(1)$의 값을 구하시오.

(2) 함수 $f(x)=(x+3)(2x^2-4x)$에 대하여 $f'(-2)$의 값을 구하시오.

• **유형만렙** 미적분 I 51쪽에서 문제 더 풀기

| 개념 | 두 함수 $f(x)$, $g(x)$가 미분가능할 때

(1) $\{kf(x)\}'=kf'(x)$ (단, k는 실수)

(2) $\{f(x)+g(x)\}'=f'(x)+g'(x)$

(3) $\{f(x)-g(x)\}'=f'(x)-g'(x)$

(4) $\{f(x)g(x)\}'=f'(x)g(x)+f(x)g'(x)$

| 풀이 | (1) $f'(x)=(x^4)'+2(x^3)'-5(x)'-(9)'$

$\qquad\quad =4x^3+2\times 3x^2-5\times 1$

$\qquad\quad =4x^3+6x^2-5$

$\qquad \therefore\ f'(1)=4+6-5=5$

(2) $f'(x)=(x+3)'(2x^2-4x)+(x+3)(2x^2-4x)'$

$\qquad\quad =(2x^2-4x)+(x+3)(4x-4)$

$\qquad\quad =2x^2-4x+4x^2+8x-12$

$\qquad\quad =6x^2+4x-12$

$\qquad \therefore\ f'(-2)=24-8-12=4$

답 (1) 5 (2) 4

177 유사

다음 물음에 답하시오.

(1) 함수 $f(x) = -4x^3 - 5x^2 + x + 2$에 대하여 $f'(-1)$의 값을 구하시오.

(2) 함수 $f(x) = (2x-1)(x^2+x+3)$에 대하여 $f'(2)$의 값을 구하시오.

178 유사

함수 $f(x) = (x-2)(x+1)(x+3)$에 대하여 $f'(0)$의 값을 구하시오.

179 변형

함수 $f(x) = x^3 - x + 1$에 대하여 $f'(a) = 11$일 때, 양수 a의 값을 구하시오.

180 변형 평가원

다항함수 $f(x)$에 대하여 함수 $g(x)$를
$$g(x) = (x^3+1)f(x)$$
라 하자. $f(1) = 2$, $f'(1) = 3$일 때, $g'(1)$의 값은?

① 12   ② 14   ③ 16

④ 18   ⑤ 20

예제 02 / 접선의 기울기와 미분법

곡선 $y=f(x)$ 위의 점 (a, b)에서의 접선의 기울기가 m이면 $f(a)=b$, $f'(a)=m$이다.

다음 물음에 답하시오.

(1) 곡선 $y=3x^2+2x-1$ 위의 점 $(-1, 0)$에서의 접선의 기울기를 구하시오.

(2) 곡선 $y=x^3-ax^2+x+b$ 위의 점 $(1, -4)$에서의 접선의 기울기가 -12일 때, 상수 a, b의 값을 구하시오.

• 유형만렙 미적분 I 53쪽에서 문제 더 풀기

| 풀이 |　(1) $f(x)=3x^2+2x-1$이라 하면

　　　$f'(x)=6x+2$

　　　따라서 점 $(-1, 0)$에서의 접선의 기울기는

　　　$f'(-1)=-6+2=-4$

　　(2) $f(x)=x^3-ax^2+x+b$라 하면

　　　$f'(x)=3x^2-2ax+1$

　　　점 $(1, -4)$에서의 접선의 기울기가 -12이므로 $f'(1)=-12$에서

　　　$3-2a+1=-12$　　$\therefore a=8$

　　　점 $(1, -4)$는 곡선 $y=x^3-8x^2+x+b$ 위의 점이므로

　　　$-4=1-8+1+b$　　$\therefore b=2$

답 (1) -4 (2) $a=8$, $b=2$

181 유사

다음 물음에 답하시오.

(1) 곡선 $y=-x^3+2x+3$ 위의 점 $(2, -1)$에서의 접선의 기울기를 구하시오.

(2) 곡선 $y=x^3+3x^2+ax-b$ 위의 점 $(-1, -5)$에서의 접선의 기울기가 1일 때, 상수 a, b의 값을 구하시오.

182 변형

함수 $f(x)=3x^2+ax+b$에 대하여 곡선 $y=f(x)$가 점 $(-2, 8)$을 지나고, 점 $(1, f(1))$에서의 접선의 기울기가 5일 때, 상수 a, b의 값을 구하시오.

183 변형

곡선 $y=x^3+3x^2-x-2$ 위의 점 (a, b)에서의 접선의 기울기가 -4일 때, a^2+b^2의 값을 구하시오.

184 변형

곡선 $y=-2x^3+ax^2-bx$ 위의 두 점 $(1, 5)$, $(2, c)$에서의 접선이 서로 평행할 때, 상수 a, b, c에 대하여 $a+b+c$의 값을 구하시오.

예제 03 / 미분계수와 극한값

미분계수의 정의를 이용하여 구하는 극한값을 $f'(a)$로 나타낸 후 $f'(a)$의 값을 구하여 대입한다.

함수 $f(x)=x^3-4x^2+x+4$에 대하여 $\lim\limits_{h\to0}\dfrac{f(3+h)-f(3+2h)}{h}$의 값을 구하시오.

• **유형만렙 미적분 I** 54쪽에서 문제 더 풀기

| 풀이 |
$$\lim_{h\to0}\frac{f(3+h)-f(3+2h)}{h}=\lim_{h\to0}\frac{f(3+h)-f(3)+f(3)-f(3+2h)}{h}$$
$$=\lim_{h\to0}\frac{f(3+h)-f(3)}{h}-\lim_{h\to0}\frac{f(3+2h)-f(3)}{2h}\times2$$
$$=f'(3)-f'(3)\times2$$
$$=-f'(3)$$

$f'(x)=3x^2-8x+1$이므로

$f'(3)=27-24+1=4$

따라서 구하는 값은

$-f'(3)=-4$

답 -4

예제 04 / 치환을 이용한 극한값의 계산

$\dfrac{0}{0}$ 꼴의 극한에서 식을 간단히 할 수 없는 경우에는 주어진 식의 일부를 $f(x)$로 놓고

$\lim\limits_{x\to a}\dfrac{f(x)-f(a)}{x-a}=f'(a)$임을 이용한다.

$\lim\limits_{x\to1}\dfrac{x^8+x^3+x-3}{x-1}$의 값을 구하시오.

• **유형만렙 미적분 I** 55쪽에서 문제 더 풀기

| 풀이 |
$f(x)=x^8+x^3+x$라 하면 $f(1)=1+1+1=3$이므로

$$\lim_{x\to1}\frac{x^8+x^3+x-3}{x-1}=\lim_{x\to1}\frac{f(x)-f(1)}{x-1}=f'(1)$$

$f'(x)=8x^7+3x^2+1$이므로 구하는 값은

$f'(1)=8+3+1=12$

답 12

185 예제 03 유사

함수 $f(x)=3x^3-x^2+3x-8$에 대하여
$\lim\limits_{x\to 3}\dfrac{f(x)-f(3)}{x^2-9}$의 값을 구하시오.

187 예제 03 변형

함수 $f(x)=-x^3+x^2+x$에 대하여
$\lim\limits_{h\to 0}\dfrac{f(-1-3h)-1}{h}$의 값을 구하시오.

186 예제 04 유사

$\lim\limits_{x\to -1}\dfrac{x+x^2+x^3+x^4+x^5+1}{x+1}$의 값을 구하시오.

188 예제 04 변형

$\lim\limits_{x\to 1}\dfrac{3x^n-5x+2}{x-1}=10$을 만족시키는 자연수 n
의 값을 구하시오.

예제 05 / 미분계수를 이용한 미정계수의 결정

미분계수의 정의를 이용하여 주어진 극한값을 미분계수로 나타내고, $f'(x)$를 이용하여 미정계수를 구한다.

다음 물음에 답하시오.

(1) 함수 $f(x)=x^3-2x^2+ax+1$에 대하여 $\lim\limits_{h\to 0}\dfrac{f(1+h)-f(1)}{h}=6$일 때, $f'(2)$의 값을 구하시오.

(단, a는 상수)

(2) 함수 $f(x)=ax^2-2x+b$에 대하여 $\lim\limits_{x\to 1}\dfrac{f(x)-2}{x^2-1}=2$일 때, 상수 a, b의 값을 구하시오.

• 유형만렙 미적분 Ⅰ 55쪽에서 문제 더 풀기

| 풀이 | (1) $\lim\limits_{h\to 0}\dfrac{f(1+h)-f(1)}{h}=6$에서 $f'(1)=6$

$f'(x)=3x^2-4x+a$이므로 $f'(1)=6$에서

$3-4+a=6$ $\therefore a=7$

따라서 $f'(x)=3x^2-4x+7$이므로

$f'(2)=12-8+7=11$

(2) $\lim\limits_{x\to 1}\dfrac{f(x)-2}{x^2-1}=2$에서 $x\to 1$일 때 (분모)$\to 0$이고 극한값이 존재하므로 (분자)$\to 0$이다.

즉, $\lim\limits_{x\to 1}\{f(x)-2\}=0$이므로 $f(1)=2$ ······ ㉠

$\therefore \lim\limits_{x\to 1}\dfrac{f(x)-2}{x^2-1}=\lim\limits_{x\to 1}\dfrac{f(x)-f(1)}{(x+1)(x-1)}$

$=\lim\limits_{x\to 1}\dfrac{f(x)-f(1)}{x-1}\times\lim\limits_{x\to 1}\dfrac{1}{x+1}$

$=\dfrac{1}{2}f'(1)$

따라서 $\dfrac{1}{2}f'(1)=2$이므로 $f'(1)=4$ ······ ㉡

$f'(x)=2ax^2-2$이므로 ㉡에서

$2a-2=4$ $\therefore a=3$

따라서 $f(x)=3x^2-2x+b$이므로 ㉠에서

$3-2+b=2$ $\therefore b=1$

답 (1) 11 (2) $a=3$, $b=1$

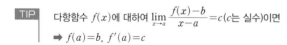

TIP 다항함수 $f(x)$에 대하여 $\lim\limits_{x\to a}\dfrac{f(x)-b}{x-a}=c$($c$는 실수)이면

➡ $f(a)=b$, $f'(a)=c$

189 유사

함수 $f(x) = x^3 + ax^2 - 8x$에 대하여

$\displaystyle\lim_{x \to 2} \frac{f(x) - f(2)}{x^2 - 4} = 3$일 때, $f'(1)$의 값을 구하시오. (단, a는 상수)

190 유사

함수 $f(x) = x^4 + ax^2 + b$에 대하여

$\displaystyle\lim_{x \to -1} \frac{f(x)}{x + 1} = -6$일 때, $a - b$의 값을 구하시오.

(단, a, b는 상수)

191 변형

함수 $f(x) = x^3 + ax^2 + bx + 1$에 대하여

$\displaystyle\lim_{h \to 0} \frac{f(2 - h) - f(2)}{h} = -1$, $\displaystyle\lim_{h \to 0} \frac{f(h) - 1}{h} = -3$

일 때, ab의 값을 구하시오. (단, a, b는 상수)

192 변형

다항함수 $f(x)$에 대하여

$$\lim_{x \to \infty} \frac{f(x)}{x^2 + 3x + 1} = 1, \quad \lim_{x \to 0} \frac{f(x)}{x} = -3$$

일 때, $f(1) + f'(-2)$의 값을 구하시오.

예제 06 / 미분가능성을 이용한 미정계수의 결정

$f(x)$가 $x=a$에서 미분가능하면 $x=a$에서 연속이고 미분계수 $f'(a)$가 존재한다.

함수 $f(x)=\begin{cases} 2x^2+ax-1 & (x\geq1) \\ 3x+b & (x<1) \end{cases}$ 가 $x=1$에서 미분가능할 때, 상수 a, b의 값을 구하시오.

・유형만렙 미적분 I 56쪽에서 문제 더 풀기

|풀이| 함수 $f(x)$가 $x=1$에서 미분가능하면 $x=1$에서 연속이고 미분계수 $f'(1)$이 존재한다.

(i) $x=1$에서 연속이므로 $\lim\limits_{x\to1} f(x)=f(1)$에서

$3+b=2+a-1 \qquad \therefore 3+b=1+a \quad \cdots\cdots \ \bigcirc$

(ii) 미분계수 $f'(1)$이 존재하므로

$$\begin{aligned} \lim_{x\to1+}\frac{f(x)-f(1)}{x-1} &=\lim_{x\to1+}\frac{(2x^2+ax-1)-(1+a)}{x-1} \\ &=\lim_{x\to1+}\frac{2x^2+ax-(a+2)}{x-1} \\ &=\lim_{x\to1+}\frac{(x-1)(2x+a+2)}{x-1} \\ &=\lim_{x\to1+}(2x+a+2)=a+4 \end{aligned}$$

$$\begin{aligned} \lim_{x\to1-}\frac{f(x)-f(1)}{x-1} &=\lim_{x\to1-}\frac{(3x+b)-(1+a)}{x-1} \\ &=\lim_{x\to1-}\frac{3x-3}{x-1}(\because \bigcirc) \\ &=\lim_{x\to1-}\frac{3(x-1)}{x-1}=3 \end{aligned}$$

즉, $a+4=3$이므로 $a=-1$

$a=-1$을 $\bigcirc$에 대입하면

$3+b=0 \qquad \therefore b=-3$

답 $a=-1$, $b=-3$

|다른 풀이| $g(x)=2x^2+ax-1$, $h(x)=3x+b$라 하면

$g'(x)=4x+a$, $h'(x)=3$

(i) $x=1$에서 연속이므로 $g(1)=h(1)$에서

$2+a-1=3+b \qquad \therefore a-b=2 \quad \cdots\cdots \ \bigcirc$

(ii) 미분계수 $f'(1)$이 존재하므로 $g'(1)=h'(1)$에서

$4+a=3 \qquad \therefore a=-1$

$a=-1$을 $\bigcirc$에 대입하면

$-1-b=2 \qquad \therefore b=-3$

TIP 두 다항함수 $g(x)$, $h(x)$에 대하여 함수 $f(x)=\begin{cases} g(x) & (x\geq a) \\ h(x) & (x<a) \end{cases}$ 가 $x=a$에서 미분가능하면

(i) $x=a$에서 연속 $\Rightarrow \lim\limits_{x\to a-} f(x)=f(a) \Rightarrow h(a)=g(a)$

(ii) 미분계수 $f'(a)$가 존재 $\Rightarrow \lim\limits_{x\to a+}\dfrac{f(x)-f(a)}{x-a}=\lim\limits_{x\to a-}\dfrac{f(x)-f(a)}{x-a} \Rightarrow g'(a)=h'(a)$

193 유사

함수 $f(x) = \begin{cases} ax^2 + b & (x \geq 2) \\ x^3 - 4x + 9 & (x < 2) \end{cases}$ 가 $x=2$에서 미분가능할 때, 상수 a, b의 값을 구하시오.

194 유사

함수 $f(x) = \begin{cases} ax^2 + bx & (x \geq 3) \\ 3x^2 + 9 & (x < 3) \end{cases}$ 가 $x=3$에서 미분가능할 때, 상수 a, b의 값을 구하시오.

195 변형

함수 $f(x) = \begin{cases} x^2 + 4x & (x \geq a) \\ 6x + b & (x < a) \end{cases}$ 가 $x=a$에서 미분가능할 때, $f(-1)$의 값을 구하시오.

(단, a, b는 상수)

196 변형   교육청

두 함수 $f(x) = |x+3|$, $g(x) = 2x + a$에 대하여 함수 $f(x)g(x)$가 실수 전체의 집합에서 미분가능할 때, 상수 a의 값은?

① 2   ② 4   ③ 6
④ 8   ⑤ 10

/ **다항식의 나눗셈에서 미분법의 활용**

> 다항식 A를 다항식 B로 나누었을 때의 몫을 Q, 나머지를 R라 하면 $A=BQ+R$임을 이용하여 등식을 세운 후 양변을 미분한다.

다음 물음에 답하시오.

(1) 다항식 x^5+ax^2+bx가 $(x-1)^2$으로 나누어떨어질 때, 상수 a, b의 값을 구하시오.

(2) 다항식 $x^{10}-x^4+3x^3+1$을 $(x+1)^2$으로 나누었을 때의 나머지를 구하시오.

•유형만렙 미적분 I 57쪽에서 문제 더 풀기

| 풀이 | (1) 다항식 x^5+ax^2+bx를 $(x-1)^2$으로 나누었을 때의 몫을 $Q(x)$라 하면 나머지가 0이므로

$x^5+ax^2+bx=(x-1)^2Q(x)$ ⋯⋯ ㉠

㉠의 양변에 $x=1$을 대입하면

$1+a+b=0$ ∴ $a+b=-1$ ⋯⋯ ㉡

㉠의 양변을 x에 대하여 미분하면

$5x^4+2ax+b=2(x-1)Q(x)+(x-1)^2Q'(x)$

양변에 $x=1$을 대입하면

$5+2a+b=0$ ∴ $2a+b=-5$ ⋯⋯ ㉢

㉡, ㉢을 연립하여 풀면

$a=-4$, $b=3$

(2) 다항식 $x^{10}-x^4+3x^3+1$을 $(x+1)^2$으로 나누었을 때의 몫을 $Q(x)$, 나머지를 $ax+b(a, b$는 상수$)$ 라 하면

나머지는 상수이거나
(나머지의 차수)<(나누는 식의 차수)이다.

$x^{10}-x^4+3x^3+1=(x+1)^2Q(x)+ax+b$ ⋯⋯ ㉠

㉠의 양변에 $x=-1$을 대입하면

$1-1-3+1=-a+b$ ∴ $a-b=2$ ⋯⋯ ㉡

㉠의 양변을 x에 대하여 미분하면

$10x^9-4x^3+9x^2=2(x+1)Q(x)+(x+1)^2Q'(x)+a$

양변에 $x=-1$을 대입하면

$-10+4+9=a$ ∴ $a=3$

이를 ㉡에 대입하면

$3-b=2$ ∴ $b=1$

따라서 구하는 나머지는 $3x+1$

🅐 (1) $a=-4$, $b=3$ (2) $3x+1$

TIP 다항식 $f(x)$를 $(x-a)^2$으로 나누었을 때

(1) 나누어떨어지면 $f(a)=0$, $f'(a)=0$

(2) 나머지를 $R(x)$라 하면 $f(a)=R(a)$, $f'(a)=R'(a)$

197 유사

다항식 $x^8 + ax + b$가 $(x+1)^2$으로 나누어떨어질 때, 상수 a, b의 값을 구하시오.

199 변형

다항식 $x^3 - 6x^2 + a$가 $(x-b)^2$으로 나누어떨어질 때, 0이 아닌 상수 a, b에 대하여 $a+b$의 값을 구하시오.

198 유사

다항식 $x^{20} - 5x^2 + 6$을 $(x-1)^2$으로 나누었을 때의 나머지를 $R(x)$라 하자. 이때 $R(2)$의 값을 구하시오.

200 변형 교과서

다항식 $x^3 + ax^2 + bx + 4$를 $(x-1)^2$으로 나누었을 때의 나머지가 $7x+1$이다. 상수 a, b에 대하여 $a-b$의 값을 구하시오.

연습문제

1단계

201 함수 $f(x)=(x^2+1)(x^2+ax+3)$에 대하여 $f'(1)=32$일 때, 상수 a의 값을 구하시오.

202 함수
$$f(x)=1-x+(-x)^2+(-x)^3+\cdots+(-x)^{10}$$
에 대하여 $f'(1)$의 값은?

① 5   ② 15   ③ 30

④ 45   ⑤ 55

203 이차함수 $f(x)$에 대하여
$$f(1)=4,\ f'(1)=1,\ f'(-1)=-7$$
일 때, $f(2)$의 값은?

① -3 ② -1 ③ 3

④ 5   ⑤ 7

204 다항함수 $f(x)$에 대하여 곡선 $y=f(x)$ 위의 점 $(2, 4)$에서의 접선의 기울기가 -3일 때, 함수 $g(x)=x^2+(x+1)f(x)$에 대하여 $g'(2)$의 값을 구하시오.

205 함수 $f(x)=2x^2-x-3$에 대하여 $\displaystyle\lim_{x\to1}\frac{\{f(x)\}^2-\{f(1)\}^2}{x-1}$의 값을 구하시오.

206 $\displaystyle\lim_{x\to1}\frac{x^7+x^6+x^5+x^4+x^3-5}{x-1}$의 값을 구하시오.

207 함수 $f(x)=ax^3-2x^2-2$에 대하여 $\displaystyle\lim_{x\to1}\frac{f(x)-f(1)}{x^2+3x-4}=1$일 때, 상수 a의 값은?

① -2 ② -1 ③ 1

④ 2   ⑤ 3

208 함수 $f(x)=\begin{cases} x^2+ax+b & (x\le -2) \\ 2x & (x>-2) \end{cases}$
가 실수 전체의 집합에서 미분가능할 때, $a+b$ 의 값은? (단, a와 b는 상수이다.)

① 6   ② 7   ③ 8
④ 9   ⑤ 10

209 다항식 $f(x)=x^{100}+ax+b$가 $(x+1)^2$으로 나누어떨어진다. 다항식 $f(x)$를 $x-1$로 나누었을 때의 나머지를 구하시오.

(단, a, b는 상수)

2단계

210 미분가능한 함수 $f(x)$가 모든 실수 x, y에 대하여
$$f(x+y)=f(x)+f(y)+xy+1$$
을 만족시키고 $f'(1)=2$일 때, $f'(x)$를 구하시오.

211 두 다항함수 $f(x)$, $g(x)$에 대하여
$$\lim_{x\to 3}\frac{f(x)-2}{x-3}=2, \quad \lim_{x\to 3}\frac{g(x)-1}{x^2-9}=1$$
일 때, 함수 $f(x)g(x)$의 $x=3$에서의 미분계수를 구하시오.

212 함수 $f(x)=2x^4+x-4$에 대하여
$$\lim_{t\to\infty}t\left\{f\left(1+\frac{4}{t}\right)-f\left(1-\frac{1}{t}\right)\right\}$$의 값을 구하시오.

213 함수 $f(x)=x^3+3x$에 대하여
$$\lim_{x\to 1}\frac{\sqrt{f(x)}-2}{x-1}$$의 값을 구하시오.

서술형
214 $\lim_{x\to 2}\frac{x^n+x^3-3x^2-12}{x-2}=\alpha$일 때, 자연수 n과 상수 α에 대하여 $n+\alpha$의 값을 구하시오.

연습문제

215 최고차항의 계수가 1인 삼차함수 $f(x)$에 대하여 $\lim\limits_{x\to 0}\dfrac{f(x)}{x}=5$, $\lim\limits_{x\to 2}\dfrac{f(x)-2}{x-2}=1$일 때, $f'(-1)$의 값을 구하시오.

👒 수능

216 최고차항의 계수가 1이고 $f(1)=0$인 삼차함수 $f(x)$가

$$\lim_{x\to 2}\frac{f(x)}{(x-2)\{f'(x)\}^2}=\frac{1}{4}$$

을 만족시킬 때, $f(3)$의 값은?

① 4   ② 6   ③ 8
④ 10   ⑤ 12

217 삼차함수 $f(x)$가 다음 조건을 모두 만족시킬 때, $f(1)$의 값을 구하시오.

(가) $f(x)$는 $(x+1)^2$으로 나누어떨어진다.
(나) $f(x)+1$은 x^2으로 나누어떨어진다.

3단계

👒 수능

218 두 다항함수 $f(x)$, $g(x)$가

$$\lim_{x\to 0}\frac{f(x)+g(x)}{x}=3, \quad \lim_{x\to 0}\frac{f(x)+3}{xg(x)}=2$$

를 만족시킨다. 함수 $h(x)=f(x)g(x)$에 대하여 $h'(0)$의 값은?

① 27   ② 30   ③ 33
④ 36   ⑤ 39

219 다항함수 $f(x)$가 모든 실수 x에 대하여 $(x^n-2)f'(x)=f(x)$를 만족시키고 $f(4)=3$일 때, $f(6)$의 값을 구하시오.

(단, n은 자연수)

220 실수 전체의 집합에서 미분가능한 함수 $f(x)$가 다음 조건을 모두 만족시킬 때, $f(3)$의 값을 구하시오. (단, a, b는 상수)

(가) $-2\le x\le 2$일 때, $f(x)=ax^3+bx^2+8x+1$
(나) 모든 실수 x에 대하여 $f(x)=f(x+4)$

2

도함수의 활용(1)

01 접선의 방정식과 평균값 정리

접선의 방정식

개념 01 접선의 방정식

○ 예제 01~05

함수 $f(x)$가 $x=a$에서 미분가능할 때, 곡선 $y=f(x)$ 위의 점 $(a, f(a))$에서의 접선의 기울기는 $x=a$에서의 미분계수 $f'(a)$와 같다.

함수 $f(x)$가 $x=a$에서 미분가능할 때, 곡선 $y=f(x)$ 위의 점 $(a, f(a))$에서의 접선의 방정식은

$$y-f(a)=f'(a)(x-a)$$

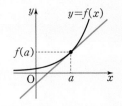

|참고| • 기울기가 m이고 점 (x_1, y_1)을 지나는 직선의 방정식은

$$y-y_1=m(x-x_1)$$

• 기울기가 m인 직선에 평행하고 점 (x_1, y_1)을 지나는 직선의 방정식은

$$y-y_1=m(x-x_1)$$
　　　└─ 서로 평행한 두 직선의 기울기는 같다.

• 기울기가 m인 직선에 수직이고 점 (x_1, y_1)을 지나는 직선의 방정식은

$$y-y_1=-\frac{1}{m}(x-x_1) \text{ (단, } m\neq0)$$
　　　└─ 서로 수직인 두 직선의 기울기의 곱은 -1이다.

개념 02 접점의 좌표가 주어진 접선의 방정식

○ 예제 01, 04

곡선 $y=f(x)$ 위의 점 $(a, f(a))$에서의 접선의 방정식은 다음과 같은 순서로 구한다.

(i) 접선의 기울기 $f'(a)$를 구한다.

(ii) 접선의 방정식 $y-f(a)=f'(a)(x-a)$를 구한다.

|예| 곡선 $y=x^2+x+1$ 위의 점 $(1, 3)$에서의 접선의 방정식을 구해 보자.

$f(x)=x^2+x+1$이라 하면 $f'(x)=2x+1$

점 $(1, 3)$에서의 접선의 기울기는

$f'(1)=2+1=3$

따라서 구하는 접선의 방정식은

$y-3=3(x-1)$　　∴ $y=3x$

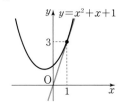

기울기가 주어진 접선의 방정식

◐ 예제 02, 05

곡선 $y=f(x)$에 접하고 기울기가 m인 접선의 방정식은 다음과 같은 순서로 구한다.

(i) 접점의 좌표를 $(t, f(t))$로 놓는다.

(ii) $f'(t)=m$임을 이용하여 t의 값과 접점의 좌표를 구한다.

(iii) 접선의 방정식 $y-f(t)=m(x-t)$를 구한다.

|예| 곡선 $y=-x^2+x$에 접하고 기울기가 -1인 접선의 방정식을 구해 보자.

$f(x)=-x^2+x$라 하면 $f'(x)=-2x+1$

접점의 좌표를 $(t, -t^2+t)$라 하면 이 점에서의 접선의 기울기가 -1

이므로 $f'(t)=-1$에서

$-2t+1=-1$ $\therefore t=1$

따라서 접점의 좌표가 $(1, 0)$이므로 구하는 접선의 방정식은

$y-0=-(x-1)$ $\therefore y=-x+1$

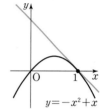

곡선 밖의 한 점에서 그은 접선의 방정식

◐ 예제 03

곡선 $y=f(x)$ 밖의 한 점 (x_1, y_1)에서 곡선에 그은 접선의 방정식은 다음과 같은 순서로 구한다.

(i) 접점의 좌표를 $(t, f(t))$로 놓는다.

(ii) 접선의 방정식 $y-f(t)=f'(t)(x-t)$에 $x=x_1$, $y=y_1$을 대입하여 t의 값을 구한다.

(iii) (ii)에서 구한 t의 값을 $y-f(t)=f'(t)(x-t)$에 대입하여 접선의 방정식을 구한다.

|예| 점 $(1, -2)$에서 곡선 $y=x^2-2x$에 그은 접선의 방정식을 구해 보자.

$f(x)=x^2-2x$라 하면 $f'(x)=2x-2$

접점의 좌표를 (t, t^2-2t)라 하면 이 점에서의 접선의 기울기는

$f'(t)=2t-2$

점 (t, t^2-2t)에서의 접선의 방정식은

$y-(t^2-2t)=(2t-2)(x-t)$

$\therefore y=(2t-2)x-t^2$ ......㉠

직선 ㉠이 점 $(1, -2)$를 지나므로

$-2=2t-2-t^2$, $t^2-2t=0$

$t(t-2)=0$ $\therefore t=0$ 또는 $t=2$

이를 ㉠에 대입하면 구하는 접선의 방정식은

$y=-2x$ 또는 $y=2x-4$

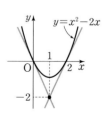

예제 01 / 접점의 좌표가 주어진 접선의 방정식

곡선 $y=f(x)$ 위의 점 $(a,\ f(a))$에서의 접선의 방정식은 $y-f(a)=f'(a)(x-a)$이다.

다음 물음에 답하시오.

(1) 곡선 $y=x^3-3x^2-1$ 위의 점 $(1,\ -3)$에서의 접선의 방정식을 구하시오.

(2) 곡선 $y=2x^2+6x$ 위의 점 $(-2,\ -4)$를 지나고 이 점에서의 접선에 수직인 직선의 방정식을 구하시오.

• 유형만렙 미적분Ⅰ 64쪽에서 문제 더 풀기

│풀이│ (1) $f(x)=x^3-3x^2-1$이라 하면

$f'(x)=3x^2-6x$

점 $(1,\ -3)$에서의 접선의 기울기는

$f'(1)=3-6=-3$

따라서 구하는 접선의 방정식은

$y+3=-3(x-1)$ $\therefore y=-3x$

(2) $f(x)=2x^2+6x$라 하면

$f'(x)=4x+6$

점 $(-2,\ -4)$에서의 접선의 기울기는

$f'(-2)=-8+6=-2$

따라서 점 $(-2,\ -4)$에서의 접선에 수직인 직선의 기울기는 $\dfrac{1}{2}$이므로 구하는 직선의 방정식은

$y+4=\dfrac{1}{2}(x+2)$ $\therefore y=\dfrac{1}{2}x-3$

답 (1) $y=-3x$ (2) $y=\dfrac{1}{2}x-3$

221 유사

곡선 $y=-x^3+x^2+3$ 위의 점 $(2, -1)$에서의 접선의 방정식을 구하시오.

223 변형

곡선 $y=x^3+ax^2+bx$ 위의 점 $(-1, 9)$에서의 접선의 방정식이 $y=-10x-1$일 때, 상수 a, b의 값을 구하시오.

222 유사

곡선 $y=x^2-3x+2$ 위의 점 $(3, 2)$를 지나고 이 점에서의 접선에 수직인 직선의 방정식을 구하시오.

224 변형

곡선 $y=-x^3+2x$ 위의 점 $(1, 1)$을 지나고 이 점에서의 접선에 수직인 직선이 점 $(5, a)$를 지날 때, a의 값을 구하시오.

예제 02 / 기울기가 주어진 접선의 방정식

접점의 좌표를 $(t, f(t))$로 놓고 $f'(t)$가 접선의 기울기와 같음을 이용하여 t의 값을 구한다.

다음 물음에 답하시오.

(1) 곡선 $y=x^3-5x$에 접하고 기울기가 7인 접선의 방정식을 구하시오.

(2) 직선 $y=3x+k$가 곡선 $y=-x^3-3x^2-6$에 접할 때, 상수 k의 값을 구하시오.

• 유형만렙 미적분 I 65쪽에서 문제 더 풀기

| 풀이 |　(1) $f(x)=x^3-5x$라 하면

$\quad\quad f'(x)=3x^2-5$

접점의 좌표를 (t, t^3-5t)라 하면 이 점에서의 접선의 기울기가 7이므로 $f'(t)=7$에서

$3t^2-5=7$, $t^2=4$　　∴ $t=-2$ 또는 $t=2$

따라서 접점의 좌표는 $(-2, 2)$ 또는 $(2, -2)$이므로 구하는 접선의 방정식은

$y-2=7(x+2)$ 또는 $y+2=7(x-2)$

∴ $y=7x+16$ 또는 $y=7x-16$

(2) $f(x)=-x^3-3x^2-6$이라 하면

$\quad\quad f'(x)=-3x^2-6x$

접점의 좌표를 $(t, -t^3-3t^2-6)$이라 하면 이 점에서의 접선의 기울기가 3이므로 $f'(t)=3$에서

$-3t^2-6t=3$, $(t+1)^2=0$　　∴ $t=-1$

따라서 접점의 좌표는 $(-1, -8)$이므로 접선의 방정식은

$y+8=3(x+1)$　　∴ $y=3x-5$

∴ $k=-5$

📘 (1) $y=7x+16$ 또는 $y=7x-16$　(2) -5

225 유사

곡선 $y=-x^3+2x+5$에 접하고 기울기가 -1인 접선의 방정식을 구하시오.

227 변형

곡선 $y=x^3+3x^2+2x$에 접하고 직선 $2x-y+1=0$에 평행한 직선의 방정식이 $y=ax+b$일 때, 상수 a, b에 대하여 $a+b$의 값을 구하시오. (단, $b\neq0$)

226 유사

직선 $y=-4x+k$가 곡선 $y=x^3-6x^2+8x+3$에 접할 때, 상수 k의 값을 구하시오.

228 변형 🎓 교육청

직선 $y=4x+5$가 곡선 $y=2x^4-4x+k$에 접할 때, 상수 k의 값을 구하시오.

예제 03 / 곡선 밖의 한 점에서 그은 접선의 방정식

접점의 좌표를 $(t,\ f(t))$로 놓고 접선의 방정식 $y-f(t)=f'(t)(x-t)$에 주어진 점의 좌표를 대입하여 t의 값을 구한다.

다음 물음에 답하시오.

(1) 점 $(2, 1)$에서 곡선 $y=-x^2+1$에 그은 접선의 방정식을 구하시오.

(2) 점 $(0, -2)$에서 곡선 $y=x^3-x$에 그은 접선의 방정식을 구하시오.

• 유형만렙 미적분 I 66쪽에서 문제 더 풀기

| 풀이 | (1) $f(x)=-x^2+1$이라 하면

$f'(x)=-2x$

접점의 좌표를 $(t,\ -t^2+1)$이라 하면 이 점에서의 접선의 기울기는

$f'(t)=-2t$

점 $(t,\ -t^2+1)$에서의 접선의 방정식은

$y-(-t^2+1)=-2t(x-t)$

$\therefore\ y=-2tx+t^2+1\quad \cdots\cdots\ \bigcirc$

직선 $\bigcirc$이 점 $(2, 1)$을 지나므로

$1=-4t+t^2+1,\ t^2-4t=0$

$t(t-4)=0\qquad \therefore\ t=0$ 또는 $t=4$

이를 $\bigcirc$에 대입하면 구하는 접선의 방정식은

$y=1$ 또는 $y=-8x+17$

(2) $f(x)=x^3-x$라 하면

$f'(x)=3x^2-1$

접점의 좌표를 $(t,\ t^3-t)$라 하면 이 점에서의 접선의 기울기는

$f'(t)=3t^2-1$

점 $(t,\ t^3-t)$에서의 접선의 방정식은

$y-(t^3-t)=(3t^2-1)(x-t)$

$\therefore\ y=(3t^2-1)x-2t^3\quad \cdots\cdots\ \bigcirc$

직선 $\bigcirc$이 점 $(0, -2)$를 지나므로

$-2=-2t^3,\ t^3=1\qquad \therefore\ t=1\ (\because\ t$는 실수$)$

이를 $\bigcirc$에 대입하면 구하는 접선의 방정식은

$y-2x-2$

답 (1) $y=1$ 또는 $y=-8x+17$ (2) $y=2x-2$

229 유사

점 $(-1, 1)$에서 곡선 $y=x^2+2x+3$에 그은 접선의 방정식을 구하시오.

231 변형

점 $(0, 9)$에서 곡선 $y=-x^3-7$에 그은 접선이 점 $(k, -3)$을 지날 때, k의 값을 구하시오.

230 유사

점 $(1, -1)$에서 곡선 $y=x^3-6$에 그은 접선의 방정식을 구하시오.

232 변형 🎓수능

점 $(0, 4)$에서 곡선 $y=x^3-x+2$에 그은 접선의 x절편은?

① $-\dfrac{1}{2}$ ② -1 ③ $-\dfrac{3}{2}$

④ -2 ⑤ $-\dfrac{5}{2}$

예제 04 / 두 곡선에 공통인 접선

두 곡선 $y=f(x)$, $y=g(x)$가 점 (a, b)에서 공통인 접선을 가지면 $f(a)=g(a)=b$, $f'(a)=g'(a)$이다.

두 곡선 $y=x^3+a$, $y=-3x^2+bx+c$가 점 $(-1, 4)$에서 공통인 접선을 가질 때, 상수 a, b, c의 값을 구하시오.

• 유형만렙 미적분 I 67쪽에서 문제 더 풀기

| 풀이 | $f(x)=x^3+a$, $g(x)=-3x^2+bx+c$라 하면

$f'(x)=3x^2$, $g'(x)=-6x+b$

두 곡선이 점 $(-1, 4)$를 지나므로

$f(-1)=4$에서 $-1+a=4$ ∴ $a=5$

$g(-1)=4$에서 $-3-b+c=4$ ∴ $b-c=-7$ …… ㉠

점 $(-1, 4)$에서의 두 곡선의 접선의 기울기가 같으므로 $f'(-1)=g'(-1)$에서

$3=6+b$ ∴ $b=-3$

이를 ㉠에 대입하면

$-3-c=-7$ ∴ $c=4$

답 $a=5$, $b=-3$, $c=4$

발전예제 05 / 곡선 위의 점과 직선 사이의 거리

곡선 위의 점과 직선 l 사이의 거리의 최솟값은 곡선의 접선 중 직선 l에 평행한 접선의 접점과 직선 l 사이의 거리와 같음을 이용한다.

곡선 $y=x^2$ 위의 점과 직선 $y=2x-3$ 사이의 거리의 최솟값을 구하시오.

• 유형만렙 미적분 I 67쪽에서 문제 더 풀기

| 풀이 | 곡선 $y=x^2$에 접하고 직선 $y=2x-3$에 평행한 접선의 접점을 $P(t, t^2)$

이라 하면 구하는 최솟값은 점 P와 직선 $y=2x-3$ 사이의 거리와 같다.

$f(x)=x^2$이라 하면 $f'(x)=2x$

점 P에서의 접선의 기울기가 2이므로 $f'(t)=2$에서

$2t=2$ ∴ $t=1$

따라서 $P(1, 1)$이므로 점 P와 직선 $y=2x-3$, 즉 $2x-y-3=0$ 사이의 거리는

$$\frac{|2-1-3|}{\sqrt{2^2+(-1)^2}}=\frac{2\sqrt{5}}{5}$$

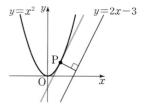

답 $\dfrac{2\sqrt{5}}{5}$

233 예제 04 **유사**   📄 교과서

두 곡선 $y=x^3+ax+b$, $y=cx^2-6$이 점 $(2, 2)$ 에서 공통인 접선을 가질 때, 상수 a, b, c의 값 을 구하시오.

235 예제 04 **변형**

두 곡선 $y=x^3+ax+2$, $y=bx^2+3$이 $x=1$인 점에서 공통인 접선을 가질 때, 이 접선의 방정식 을 구하시오. (단, a, b는 상수)

234 예제 05 **유사**

곡선 $y=-x^2+1$ 위의 점과 직선 $y=4x+8$ 사 이의 거리의 최솟값을 구하시오.

236 예제 05 **변형**

다음 그림과 같이 곡선 $y=x^2-5x+8$ 위의 임의 의 점 P와 직선 $y=-x$ 위의 두 점 A$(-1, 1)$, B$(-3, 3)$에 대하여 삼각형 PAB의 넓이의 최 솟값을 구하시오.

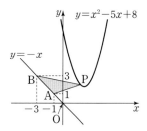

평균값 정리

개념 01 롤의 정리

○ 예제 06

함수 $f(x)$가 닫힌구간 $[a, b]$에서 연속이고 열린구간 (a, b)에서 미분가능할 때, $f(a)=f(b)$이면

$$f'(c)=0$$

인 c가 열린구간 (a, b)에 적어도 하나 존재한다. 이를 롤의 정리라 한다.

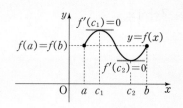

| 증명 | (1) $f(x)$가 상수함수인 경우

$f'(x)=0$이므로 열린구간 (a, b)에 속하는 모든 c에 대하여 $f'(c)=0$이다.

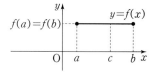

(2) $f(x)$가 상수함수가 아닌 경우

함수 $f(x)$가 닫힌구간 $[a, b]$에서 연속이므로 최대·최소 정리에 의하여 함수 $f(x)$는 이 구간에서 반드시 최댓값과 최솟값을 갖는다.

그런데 $f(a)=f(b)$이므로 함수 $f(x)$는 열린구간 (a, b)에 속하는 $x=c$에서 최댓값 또는 최솟값을 갖는다.

(i) $x=c$에서 최댓값 $f(c)$를 가질 때

$a<c+h<b$인 임의의 h에 대하여

$f(c+h)-f(c)\le0$이므로

$$\lim_{h\to0+}\frac{f(c+h)-f(c)}{h}\le0,$$

$$\lim_{h\to0-}\frac{f(c+h)-f(c)}{h}\ge0$$

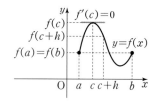

이때 함수 $f(x)$는 $x=c$에서 미분가능하므로 우극한과 좌극한이 같다. 즉,

$$0\le\lim_{h\to0-}\frac{f(c+h)-f(c)}{h}=\lim_{h\to0+}\frac{f(c+h)-f(c)}{h}\le0$$

$$\therefore \ f'(c)=\lim_{h\to0}\frac{f(c+h)-f(c)}{h}=0$$

(ii) $x=c$에서 최솟값 $f(c)$를 가질 때

(i)과 같은 방법으로 $f'(c)=0$이 성립한다.

| 참고 | • 롤의 정리는 곡선 $y=f(x)$에서 $f(a)=f(b)$이면 x축에 평행한 접선을 갖는 점이 열린구간 (a, b)에 적어도 하나 존재함을 의미한다.

• 함수 $f(x)$가 열린구간 (a, b)에서 미분가능하지 않으면 $f'(c)=0$인 c가 존재하지 않을 수도 있다.

예 함수 $f(x)=|x|$는 닫힌구간 $[-1, 1]$에서 연속이고 $f(-1)=f(1)=1$이 지만 $x=0$에서 미분가능하지 않으므로 $f'(c)=0$인 c가 열린구간 $(-1, 1)$에 존재하지 않는다.

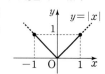

개념 02 평균값 정리

함수 $f(x)$가 닫힌구간 $[a, b]$에서 연속이고 열린구간 (a, b)에서
미분가능할 때,

$$\frac{f(b)-f(a)}{b-a}=f'(c)$$

인 c가 열린구간 (a, b)에 적어도 하나 존재한다.
이를 **평균값 정리**라 한다.

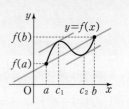

| 증명 | 함수 $f(x)$가 닫힌구간 $[a, b]$에서 연속이고 열린구간 (a, b)에
서 미분가능할 때, 곡선 $y=f(x)$ 위의 서로 다른 두 점
$(a, f(a))$, $(b, f(b))$를 지나는 직선의 방정식을 $y=g(x)$라
하면

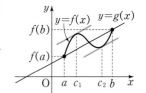

$$g(x)=\frac{f(b)-f(a)}{b-a}(x-a)+f(a)$$

$$\therefore g'(x)=\frac{f(b)-f(a)}{b-a}$$

$h(x)=f(x)-g(x)$라 하면 함수 $h(x)$는 닫힌구간 $[a, b]$에서 연속이고 열린구간 (a, b)에
서 미분가능하며 $h(a)=h(b)=0$이다.
따라서 롤의 정리에 의하여 $h'(c)=0$인 c가 열린구간 (a, b)에 적어도 하나 존재한다.
이때 $h'(x)=f'(x)-g'(x)$이므로 $h'(c)=0$에서

$$f'(c)-g'(c)=0, \quad f'(c)-\frac{f(b)-f(a)}{b-a}=0 \qquad \therefore \frac{f(b)-f(a)}{b-a}=f'(c)$$

즉, $\dfrac{f(b)-f(a)}{b-a}=f'(c)$인 c가 열린구간 (a, b)에 적어도 하나 존재한다.

| 참고 | · 평균값 정리는 곡선 $y=f(x)$ 위의 두 점 $(a, f(a))$, $(b, f(b))$를 지나는 직선에 평행한 접선을 갖는
점이 열린구간 (a, b)에 적어도 하나 존재함을 의미한다.
· 평균값 정리에서 $f(a)=f(b)$인 경우가 롤의 정리이다.

개념 확인

· 정답과 해설 54쪽

개념 01
237 함수 $f(x)=x^2+3$에 대하여 닫힌구간 $[-1, 1]$에서 롤의 정리를 만족시키는 실수 c의 값을
구하시오.

개념 02
238 함수 $f(x)=2x^2-1$에 대하여 닫힌구간 $[0, 4]$에서 평균값 정리를 만족시키는 실수 c의 값
을 구하시오.

예제 06 / 롤의 정리

함수 $f(x)$가 닫힌구간 $[a, b]$에서 연속이고 열린구간 (a, b)에서 미분가능할 때, $f(a)=f(b)$ 이면 롤의 정리에 의하여 $f'(c)=0$인 c가 열린구간 (a, b)에 적어도 하나 존재한다.

다음 함수에 대하여 주어진 구간에서 롤의 정리를 만족시키는 실수 c의 값을 구하시오.

(1) $f(x)=x^2+3x$ $[-2, -1]$

(2) $f(x)=-x^3+4x^2+6$ $[0, 4]$

• 유형만렙 미적분Ⅰ 68쪽에서 문제 더 풀기

| 풀이 | (1) 함수 $f(x)=x^2+3x$는 닫힌구간 $[-2, -1]$에서 연속이고 열린구간 $(-2, -1)$에서 미분가능하며 $f(-2)=f(-1)=-2$이므로 롤의 정리에 의하여 $f'(c)=0$인 c가 열린구간 $(-2, -1)$에 적어도 하나 존재한다.

이때 $f'(x)=2x+3$이므로 $f'(c)=0$에서

$2c+3=0$ ∴ $c=-\dfrac{3}{2}$

(2) 함수 $f(x)=-x^3+4x^2+6$은 닫힌구간 $[0, 4]$에서 연속이고 열린구간 $(0, 4)$에서 미분가능하며 $f(0)=f(4)=6$이므로 롤의 정리에 의하여 $f'(c)=0$인 c가 열린구간 $(0, 4)$에 적어도 하나 존재한다.

이때 $f'(x)=-3x^2+8x$이므로 $f'(c)=0$에서

$-3c^2+8c=0,\ c(3c-8)=0$

∴ $c=\dfrac{8}{3}\ (\because 0<c<4)$

답 (1) $-\dfrac{3}{2}$ (2) $\dfrac{8}{3}$

239 유사

다음 함수에 대하여 주어진 구간에서 롤의 정리를 만족시키는 실수 c의 값을 구하시오.

(1) $f(x)=6x-x^2$ $[1, 5]$

(2) $f(x)=-2x^4+8x^2+1$ $[-1, 1]$

240 변형

함수 $f(x)=x^4-8x^2+1$에 대하여 닫힌구간 $[-3, 3]$에서 롤의 정리를 만족시키는 실수 c의 개수를 구하시오.

241 변형

함수 $f(x)=-x^2+ax$에 대하여 닫힌구간 $[0, 3]$에서 롤의 정리를 만족시키는 실수 c가 존재할 때, ac의 값을 구하시오. (단, a는 상수)

242 변형

함수 $f(x)=x^3-3x+2$에 대하여 닫힌구간 $[-1, a]$에서 롤의 정리를 만족시키는 실수 c가 존재할 때, $a+c$의 값을 구하시오. (단, $a>-1$)

함수 $f(x)$가 닫힌구간 $[a, b]$에서 연속이고 열린구간 (a, b)에서 미분가능할 때, 평균값 정리에 의하여 $\dfrac{f(b)-f(a)}{b-a}=f'(c)$인 c가 열린구간 (a, b)에 적어도 하나 존재한다.

다음 함수에 대하여 주어진 구간에서 평균값 정리를 만족시키는 실수 c의 값을 구하시오.

(1) $f(x)=-x^2+2x$ $\quad[-1, 1]$

(2) $f(x)=x^3-5x$ $\quad[0, 3]$

• 유형만렙 미적분 I 69쪽에서 문제 더 풀기

│풀이│ (1) 함수 $f(x)=-x^2+2x$는 닫힌구간 $[-1, 1]$에서 연속이고 열린구간 $(-1, 1)$에서 미분가능하므로 평균값 정리에 의하여 $\dfrac{f(1)-f(-1)}{1-(-1)}=f'(c)$인 c가 열린구간 $(-1, 1)$에 적어도 하나 존재한다.

이때 $f'(x)=-2x+2$이므로 $\dfrac{f(1)-f(-1)}{1-(-1)}=f'(c)$에서

$\dfrac{1-(-3)}{2}=-2c+2$ $\quad\therefore c=0$

(2) 함수 $f(x)=x^3-5x$는 닫힌구간 $[0, 3]$에서 연속이고 열린구간 $(0, 3)$에서 미분가능하므로 평균값 정리에 의하여 $\dfrac{f(3)-f(0)}{3-0}=f'(c)$인 c가 열린구간 $(0, 3)$에 적어도 하나 존재한다.

이때 $f'(x)=3x^2-5$이므로 $\dfrac{f(3)-f(0)}{3-0}=f'(c)$에서

$\dfrac{12-0}{3}=3c^2-5$

$c^2=3$ $\quad\therefore c=\sqrt{3}$ $(\because 0<c<3)$

답 (1) 0 (2) $\sqrt{3}$

243 유사

다음 함수에 대하여 주어진 구간에서 평균값 정리를 만족시키는 실수 c의 값을 구하시오.

(1) $f(x)=x^2+4x$ $[-1, 2]$

(2) $f(x)=x^3-2x+2$ $[1, 4]$

244 변형

함수 $f(x)=x^3+x-1$에 대하여 닫힌구간 $[-2, 2]$에서 평균값 정리를 만족시키는 모든 실수 c의 값의 곱을 구하시오.

245 변형

함수 $f(x)=-x^2+3x+9$에 대하여 닫힌구간 $[1, a]$에서 평균값 정리를 만족시키는 실수 c의 값이 4일 때, a의 값을 구하시오. (단, $a>4$)

246 변형

함수 $y=f(x)$의 그래프가 다음 그림과 같을 때, 닫힌구간 $[a, b]$에서 평균값 정리를 만족시키는 실수 c의 개수를 구하시오.

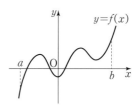

Ⅱ-2

도함수의 활용 (1)

연습문제

1단계

247 다항함수 $f(x)$에 대하여
$\lim\limits_{x \to 2} \dfrac{f(x)-1}{x-2}=3$일 때, 곡선 $y=f(x)$ 위의 점
$(2, f(2))$에서의 접선의 y절편을 구하시오.

248 곡선 $y=x^3-4x$ 위의 점 $A(-1, 3)$에서의 접선이 이 곡선과 다시 만나는 점을 B라 할 때, 선분 AB의 길이를 구하시오.

249 직선 $y=2x+k$가 곡선
$y=x^3-3x^2+2x+3$에 접할 때, 양수 k의 값은?

① 1　　　　② 2　　　　③ 3
④ 4　　　　⑤ 5

250 곡선 $y=x^3-3x^2+2$ 위의 점에서의 접선 중 기울기가 최소인 접선의 방정식이 $y=ax+b$일 때, 상수 a, b에 대하여 $a-b$의 값을 구하시오.

251 점 $(0, -3)$에서 곡선 $y=3x^2-x$에 그은 두 접선의 기울기의 곱을 구하시오.

252 두 곡선 $y=x^3+ax$, $y=x^2+x+b$가 $x=-1$인 점에서 공통인 접선을 가질 때, 상수 a, b에 대하여 $b-a$의 값을 구하시오.

253 곡선 $y=\dfrac{1}{3}x^3+\dfrac{11}{3}$ $(x>0)$ 위를 움직이는 점 P와 직선 $x-y-10=0$ 사이의 거리를 최소가 되게 하는 곡선 위의 점 P의 좌표를 (a, b)라 할 때, $a+b$의 값을 구하시오.

254 함수 $f(x)=x^3-5x^2+4x+1$에 대하여 닫힌구간 $[0, 4]$에서 롤의 정리를 만족시키는 모든 실수 c의 값의 합은?

① 2   ② $\dfrac{7}{3}$ ③ $\dfrac{8}{3}$

④ 3   ⑤ $\dfrac{10}{3}$

255 함수 $f(x)=x^2-4x-6$에 대하여 닫힌구간 $[a, b]$에서 평균값 정리를 만족시키는 실수 c의 값이 1일 때, $a+b$의 값을 구하시오.

2단계

서술형

256 함수 $f(x)=x^3-2x^2-5x+a$에 대하여 곡선 $y=f(x)$ 위의 점 $(2, f(2))$에서의 접선이 x축, y축과 만나는 점을 각각 P, Q라 하자. $\overline{\mathrm{PQ}}=2\sqrt{2}$일 때, 모든 실수 a의 값의 합을 구하시오.

257 최고차항의 계수가 1인 삼차함수 $f(x)$에 대하여 곡선 $y=f(x)$ 위의 점 $(-2, f(-2))$에서의 접선과 곡선 $y=f(x)$ 위의 점 $(2, 3)$에서의 접선이 점 $(1, 3)$에서 만날 때, $f(0)$의 값은?

① 31   ② 33   ③ 35

④ 37   ⑤ 39

258 두 다항함수 $f(x)$, $g(x)$가 다음 조건을 만족시킨다.

> (가) $g(x)=x^3f(x)-7$
>
> (나) $\displaystyle\lim_{x \to 2}\dfrac{f(x)-g(x)}{x-2}=2$

곡선 $y=g(x)$ 위의 점 $(2, g(2))$에서의 접선의 방정식이 $y=ax+b$일 때, a^2+b^2의 값을 구하시오. (단, a, b는 상수이다.)

연습문제

• 정답과 해설 **58**쪽

259 두 곡선 $y=-2x^2+8$, $y=x^3+kx$가 한 점에서 접할 때, 상수 k의 값은?

① -5 ② -4 ③ -3

④ -2 ⑤ -1

260 곡선 $y=-x^2+4$ 위의 두 점 A$(0, 4)$, B$(2, 0)$에 대하여 이 곡선 위의 점 P가 두 점 A, B 사이를 움직일 때, 삼각형 PAB의 넓이의 최댓값을 구하시오.

261 함수 $f(x)=\begin{cases} x^2-4x & (x\geq0) \\ -x^2-4x & (x<0) \end{cases}$ 에 대하여 닫힌구간 $[-3, 3]$에서 평균값 정리를 만족시키는 실수 c의 개수를 구하시오.

3단계

262 점 $(a, 2)$에서 곡선 $y=x^3-3x^2+2$에 그은 접선이 오직 한 개 존재하도록 하는 실수 a의 값의 범위를 $p<a<q$라 할 때, pq의 값을 구하시오. (단, $a\neq0$, $a\neq3$)

263 오른쪽 그림과 같이 중심이 원점인 원이 곡선 $y=-x^2+5$와 서로 다른 두 점에서 접할 때, 원의 넓이를 구하시오.

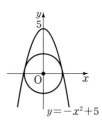

🎓 평가원

264 실수 전체의 집합에서 미분가능하고 다음 조건을 만족시키는 모든 함수 $f(x)$에 대하여 $f(5)$의 최솟값은?

> (가) $f(1)=3$
> (나) $1<x<5$인 모든 실수 x에 대하여
> $f'(x)\geq5$이다.

① 21   ② 22   ③ 23

④ 24   ⑤ 25

Ⅱ. 미분

3

도함수의 활용(2)

/01 함수의 증가와 감소, 극대와 극소　　/02 함수의 그래프

1 함수의 증가와 감소

01 함수의 증가와 감소, 극대와 극소

개념 01 함수의 증가와 감소

○ 예제 01

함수 $f(x)$가 어떤 구간에 속하는 임의의 두 실수 x_1, x_2에 대하여

(1) $x_1 < x_2$일 때, $f(x_1) < f(x_2)$이면 $f(x)$는 그 구간에서 증가한다고 한다.

(2) $x_1 < x_2$일 때, $f(x_1) > f(x_2)$이면 $f(x)$는 그 구간에서 감소한다고 한다.

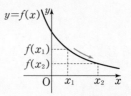

| 예 | 함수 $f(x) = x^2$의 증가와 감소를 조사해 보자.

(1) $0 \le x_1 < x_2$인 임의의 두 실수 x_1, x_2에 대하여

$$f(x_1) - f(x_2) = x_1^2 - x_2^2 = \underset{+}{(x_1 + x_2)}\underset{-}{(x_1 - x_2)} < 0$$

$$\therefore f(x_1) < f(x_2)$$

따라서 함수 $f(x) = x^2$은 구간 $[0, \infty)$에서 증가한다.

(2) $x_1 < x_2 \le 0$인 임의의 두 실수 x_1, x_2에 대하여

$$f(x_1) - f(x_2) = x_1^2 - x_2^2 = \underset{-}{(x_1 + x_2)}\underset{-}{(x_1 - x_2)} > 0$$

$$\therefore f(x_1) > f(x_2)$$

따라서 함수 $f(x) = x^2$은 구간 $(-\infty, 0]$에서 감소한다.

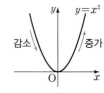

개념 02 함수의 증가와 감소의 판정

○ 예제 01

함수 $f(x)$가 어떤 열린구간에서 미분가능할 때, 그 구간의 모든 x에 대하여

(1) $f'(x) > 0$이면 $f(x)$는 그 구간에서 증가한다.

(2) $f'(x) < 0$이면 $f(x)$는 그 구간에서 감소한다.

| 참고 | 일반적으로 위의 역은 성립하지 않는다.

예 함수 $f(x) = x^3$은 열린구간 $(-\infty, \infty)$에서 증가하지만 $f'(x) = 3x^2$이므로 $f'(0) = 0$이다.

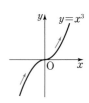

함수 $f(x)$가 열린구간 (a, b)에서 미분가능하면 열린구간 (a, b)에 속하고 $x_1 < x_2$인 임의의 두 실수 x_1, x_2에 대하여 평균값 정리가 성립하므로 $\dfrac{f(x_2)-f(x_1)}{x_2-x_1}=f'(c)$인 c가 열린구간 (x_1, x_2)에 적어도 하나 존재한다.

이때 $f'(x)$의 부호에 따라 다음과 같이 두 가지 경우를 생각할 수 있다.

(1) 열린구간 (a, b)에 속하는 모든 x에 대하여 $f'(x) > 0$일 때

$\dfrac{f(x_2)-f(x_1)}{x_2-x_1}=f'(c) > 0$이고 $x_2-x_1 > 0$이므로

$f(x_2)-f(x_1) > 0$ $\therefore$ $f(x_1) < f(x_2)$

따라서 함수 $f(x)$는 이 구간에서 증가한다.

(2) 열린구간 (a, b)에 속하는 모든 x에 대하여 $f'(x) < 0$일 때

$\dfrac{f(x_2)-f(x_1)}{x_2-x_1}=f'(c) < 0$이고 $x_2-x_1 > 0$이므로

$f(x_2)-f(x_1) < 0$ $\therefore$ $f(x_1) > f(x_2)$

따라서 함수 $f(x)$는 이 구간에서 감소한다.

| 예 | 함수 $f(x)=x^3-3x^2+1$의 증가와 감소를 조사해 보자.

$f'(x)=3x^2-6x=3x(x-2)$이므로

$f'(x)=0$인 x의 값은 $x=0$ 또는 $x=2$

함수 $f(x)$의 증가와 감소를 표로 나타내면 다음과 같다.

x	$\cdots$	0	$\cdots$	2	$\cdots$
$f'(x)$	$+$	0	$-$	0	$+$
$f(x)$	$\nearrow$	1	$\searrow$	-3	$\nearrow$

◀ $\nearrow$는 증가, $\searrow$는 감소를 나타낸다.

따라서 함수 $f(x)$는 구간 $(-\infty, 0]$, $[2, \infty)$에서 증가하고, 구간 $[0, 2]$에서 감소한다.

└─ $f'(x)=0$인 x의 값 0, 2는 증가하는 구간과 감소하는 구간에 모두 포함될 수 있다.

개념 03 함수가 증가 또는 감소하기 위한 조건

◉ 예제 02

함수 $f(x)$가 어떤 열린구간에서 미분가능할 때, 그 구간에서

(1) $f(x)$가 증가하면 그 구간의 모든 x에 대하여 $f'(x) \geq 0$

(2) $f(x)$가 감소하면 그 구간의 모든 x에 대하여 $f'(x) \leq 0$

| 참고 | 일반적으로 위의 역은 성립하지 않는다. 그러나 $f(x)$가 상수함수가 아닌 다항함수이면 역이 성립한다.

개념 [「]확인

• 정답과 해설 **59**쪽

개념 01

265 주어진 구간에서 다음 함수의 증가와 감소를 조사하시오.

(1) $f(x)=-x^3$ $(-\infty, \infty)$ (2) $f(x)=\sqrt{x}$ $[0, \infty)$

함수 $f(x)$는 $f'(x)=0$인 x의 값을 기준으로 $f'(x)$의 부호가 $+$이면 증가하고, $-$이면 감소한다.

다음 함수의 증가와 감소를 조사하시오.

(1) $f(x)=-2x^3+6x-7$

(2) $f(x)=3x^4+8x^3+3$

• 유형만렙 미적분 Ⅰ 76쪽에서 문제 더 풀기

| 풀이 | (1) $f(x)=-2x^3+6x-7$에서

$f'(x)=-6x^2+6=-6(x+1)(x-1)$

$f'(x)=0$인 x의 값은 $x=-1$ 또는 $x=1$

함수 $f(x)$의 증가와 감소를 표로 나타내면 다음과 같다.

x	$\cdots$	-1	$\cdots$	1	$\cdots$
$f'(x)$	$-$	0	$+$	0	$-$
$f(x)$	$\searrow$	-11	$\nearrow$	-3	$\searrow$

따라서 함수 $f(x)$는 구간 $[-1, 1]$에서 증가하고, 구간 $(-\infty, -1]$, $[1, \infty)$에서 감소한다.

(2) $f(x)=3x^4+8x^3+3$에서

$f'(x)=12x^3+24x^2=12x^2(x+2)$

$f'(x)=0$인 x의 값은 $x=-2$ 또는 $x=0$

함수 $f(x)$의 증가와 감소를 표로 나타내면 다음과 같다.

x	$\cdots$	-2	$\cdots$	0	$\cdots$
$f'(x)$	$-$	0	$+$	0	$+$
$f(x)$	$\searrow$	-13	$\nearrow$	3	$\nearrow$

따라서 함수 $f(x)$는 구간 $[-2, \infty)$에서 증가하고, 구간 $(-\infty, -2]$에서 감소한다.

답 (1) 구간 $[-1, 1]$에서 증가, 구간 $(-\infty, -1]$, $[1, \infty)$에서 감소
(2) 구간 $[-2, \infty)$에서 증가, 구간 $(-\infty, -2]$에서 감소

266 유사

다음 함수의 증가와 감소를 조사하시오.

(1) $f(x) = x^3 - 3x^2 - 9x + 2$

(2) $f(x) = x^3 - 6x^2 + 12x + 3$

(3) $f(x) = x^4 - 4x^2 + 2$

(4) $f(x) = -x^4 + 4x^3$

267 변형

함수 $f(x) = x^3 - \dfrac{3}{2}x^2 - 6x + 1$이 감소하는 구간이 $[\alpha, \beta]$일 때, $\beta - \alpha$의 값을 구하시오.

268 변형

함수 $f(x) = x^3 - 12x - 1$이 증가하는 구간이 $(-\infty, a]$, $[b, \infty)$일 때, ab의 값을 구하시오.

함수 $f(x)$가 증가하면 $f'(x) \geq 0$, 감소하면 $f'(x) \leq 0$이다.

다음 물음에 답하시오.

(1) 함수 $f(x) = x^3 + ax^2 - ax + 1$이 실수 전체의 집합에서 증가하도록 하는 실수 a의 값의 범위를 구하시오.

(2) 함수 $f(x) = x^3 - 3x^2 + ax - 6$이 구간 $[0,\, 1]$에서 감소하도록 하는 실수 a의 값의 범위를 구하시오.

• 유형만렙 미적분 I 76쪽에서 문제 더 풀기

| 풀이 | (1) $f(x) = x^3 + ax^2 - ax + 1$에서

$\qquad f'(x) = 3x^2 + 2ax - a$

$\qquad$ 함수 $f(x)$가 실수 전체의 집합에서 증가하려면 모든 실수 x에 대하여 $f'(x) \geq 0$이어야 한다.

$\qquad$ 이차방정식 $f'(x) = 0$의 판별식을 D라 하면

$$\frac{D}{4} = a^2 + 3a \leq 0$$

$\qquad a(a+3) \leq 0 \qquad \therefore -3 \leq a \leq 0$

$\qquad$(2) $f(x) = x^3 - 3x^2 + ax - 6$에서

$\qquad f'(x) = 3x^2 - 6x + a$

$\qquad$ 함수 $f(x)$가 구간 $[0,\, 1]$에서 감소하려면 오른쪽 그림과 같이 $0 \leq x \leq 1$ 에서 $f'(x) \leq 0$이어야 하므로

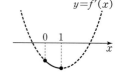

$\qquad f'(0) \leq 0,\ f'(1) \leq 0$

$\qquad f'(0) \leq 0$에서 $a \leq 0 \qquad\qquad \cdots\cdots \text{㉠}$

$\qquad f'(1) \leq 0$에서 $3 - 6 + a \leq 0 \qquad \therefore a \leq 3 \quad \cdots\cdots \text{㉡}$

$\qquad$ ㉠, ㉡에서 $a \leq 0$

🅐 (1) $-3 \leq a \leq 0$ (2) $a \leq 0$

TIP   (1) 이차방정식 $ax^2 + bx + c = 0$의 판별식을 D라 할 때, 모든 실수 x에 대하여

    ① 이차부등식 $ax^2 + bx + c \geq 0$이 성립하려면 ➡ $a > 0$, $D \leq 0$

    ② 이차부등식 $ax^2 + bx + c \leq 0$이 성립하려면 ➡ $a < 0$, $D \leq 0$

  (2) 이차함수 $f(x) = ax^2 + bx + c$에 대하여

    ① $a > 0$일 때, 구간 $[m,\, n]$에서 이차부등식 $f(x) \leq 0$이 성립하려면

      ➡ $f(m) \leq 0$, $f(n) \leq 0$

    ② $a < 0$일 때, 구간 $[m,\, n]$에서 이차부등식 $f(x) \geq 0$이 성립하려면

      ➡ $f(m) \geq 0$, $f(n) \geq 0$

269 유사

함수 $f(x) = -\dfrac{1}{3}x^3 + ax^2 - (6-5a)x + 3$이 구간 $(-\infty, \infty)$에서 감소하도록 하는 실수 a의 값의 범위를 구하시오.

271 변형   🎓 평가원

삼차함수 $f(x) = x^3 + ax^2 + 2ax$가 구간 $(-\infty, \infty)$에서 증가하도록 하는 실수 a의 최댓값을 M이라 하고, 최솟값을 m이라 할 때, $M-m$의 값은?

① 3   ② 4   ③ 5
④ 6   ⑤ 7

270 유사

함수 $f(x) = -2x^3 + ax - 7$이 구간 $[-1, 2]$에서 증가하도록 하는 실수 a의 값의 범위를 구하시오.

272 변형

함수 $f(x) = -x^3 - 2ax^2 + 3ax - 4$가 $x_1 < x_2$인 임의의 두 실수 x_1, x_2에 대하여 $f(x_1) > f(x_2)$를 만족시키도록 하는 정수 a의 개수를 구하시오.

2 함수의 극대와 극소

개념 01 함수의 극대와 극소

◑ 예제 03

함수 $f(x)$에서 $x=a$를 포함하는 어떤 열린구간에 속하는 모든 x에 대하여

(1) $f(x) \leq f(a)$이면 함수 $f(x)$는 $x=a$에서 **극대**가 된다고 하고, 그때의 함숫값 $f(a)$를 **극댓값**이라 한다.

(2) $f(x) \geq f(a)$이면 함수 $f(x)$는 $x=a$에서 **극소**가 된다고 하고, 그때의 함숫값 $f(a)$를 **극솟값**이라 한다.

이때 극댓값과 극솟값을 통틀어 **극값**이라 한다.

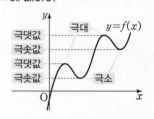

| 참고 | · 극댓값이 극솟값보다 반드시 큰 것은 아니다.
　　　 · 한 함수에서 극값은 여러 개 존재할 수 있다.
　　　 · 상수함수는 모든 실수 x에서 극댓값과 극솟값을 갖는다.

| 예 | 함수 $y=f(x)$의 그래프가 오른쪽 그림과 같을 때, 함수 $f(x)$는
　　 $x=1$에서 극댓값 2, $x=4$에서 극솟값 -1을 갖는다.

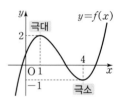

개념 02 극값과 미분계수

◑ 예제 04

미분가능한 함수 $f(x)$가 $x=a$에서 극값을 가지면
$$f'(a)=0$$

| 증명 | 미분가능한 함수 $f(x)$가 $x=a$에서 극댓값을 가지면 절댓값이 충분히 작은 실수 $h\,(h \neq 0)$에 대하여 $f(a+h) \leq f(a)$이므로

$$\lim_{h \to 0+} \frac{f(a+h)-f(a)}{h} \leq 0, \ \lim_{h \to 0-} \frac{f(a+h)-f(a)}{h} \geq 0$$

이때 함수 $f(x)$는 $x=a$에서 미분가능하므로

$$0 \leq \lim_{h \to 0-} \frac{f(a+h)-f(a)}{h} = \lim_{h \to 0+} \frac{f(a+h)-f(a)}{h} \leq 0$$

$$\therefore \ f'(a) = \lim_{h \to 0} \frac{f(a+h)-f(a)}{h} = 0$$

같은 방법으로 함수 $f(x)$가 $x=a$에서 극솟값을 갖는 경우에도 $f'(a)=0$임을 알 수 있다.

| 참고 | • $f'(a)=0$일 때 함수 $f(x)$가 $x=a$에서 항상 극값을 갖는 것은 아니다.

     예 함수 $f(x)=x^3$은 $f'(x)=3x^2$이므로 $f'(0)=0$이지만 $f(x)$는 $x=0$에서
     극값을 갖지 않는다.

• 함수 $f(x)$가 $x=a$에서 극값을 갖더라도 $f'(a)$가 존재하지 않을 수 있다.

     예 함수 $f(x)=|x|$는 $x=0$에서 극솟값을 갖지만 $f'(0)$은 존재하지 않는다.

개념 03 함수의 극대와 극소의 판정

◎ 예제 03~05

미분가능한 함수 $f(x)$에 대하여 $f'(a)=0$일 때

(1) $x=a$의 좌우에서 $f'(x)$의 부호가 양에서 음으로 바뀌면 $f(x)$는 $x=a$에서 극대이고, 극
댓값 $f(a)$를 갖는다.

(2) $x=a$의 좌우에서 $f'(x)$의 부호가 음에서 양으로 바뀌면 $f(x)$는 $x=a$에서 극소이고, 극
솟값 $f(a)$를 갖는다.

(1)
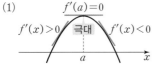

➡ $x=a$의 좌우에서 $f'(x)$의 부호가 양에서
음으로 바뀌면 함수 $f(x)$는 $x=a$의 좌우
에서 증가하다가 감소하므로 $x=a$에서 극
댓값을 갖는다.

(2)
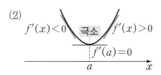

➡ $x=a$의 좌우에서 $f'(x)$의 부호가 음에서
양으로 바뀌면 함수 $f(x)$는 $x=a$의 좌우
에서 감소하다가 증가하므로 $x=a$에서 극
솟값을 갖는다.

| 예 | 함수 $f(x)=x^3-3x+2$의 극댓값과 극솟값을 구해 보자.

$f'(x)=3x^2-3=3(x+1)(x-1)$이므로 $f'(x)=0$인 x의 값은 $x=-1$ 또는 $x=1$

함수 $f(x)$의 증가와 감소를 표로 나타내면
오른쪽과 같다.

따라서 함수 $f(x)$는 $x=-1$에서 극댓값 4,
$x=1$에서 극솟값 0을 갖는다.

x	$\cdots$	-1	$\cdots$	1	$\cdots$
$f'(x)$	$+$	0	$-$	0	$+$
$f(x)$	↗	4 극대	↘	0 극소	↗

개념 확인

• 정답과 해설 61쪽

개념 01

273 함수 $y=f(x)$의 그래프가 오른쪽 그림과 같을 때, 구간
$[-3, 4]$에서 다음을 구하시오.

(1) 함수 $f(x)$가 극대가 되는 x의 값

(2) 함수 $f(x)$가 극소가 되는 x의 값

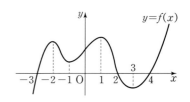

예제 03 ╱ 함수의 극대와 극소

함수 $f(x)$는 $f'(x)=0$인 x의 값의 좌우에서 $f'(x)$의 부호가 +에서 −로 바뀌면 극대, −에서 +로 바뀌면 극소이다.

다음 함수의 극값을 구하시오.

(1) $f(x)=-2x^3+9x^2-12x+7$

(2) $f(x)=3x^4-8x^3+6x^2+9$

• 유형만렙 미적분Ⅰ 77쪽에서 문제 더 풀기

| 풀이 |　(1) $f(x)=-2x^3+9x^2-12x+7$에서

$\quad f'(x)=-6x^2+18x-12=-6(x-1)(x-2)$

$\quad f'(x)=0$인 x의 값은 $x=1$ 또는 $x=2$

함수 $f(x)$의 증가와 감소를 표로 나타내면 다음과 같다.

x	$\cdots$	1	$\cdots$	2	$\cdots$
$f'(x)$	$-$	0	$+$	0	$-$
$f(x)$	$\searrow$	2 극소	$\nearrow$	3 극대	$\searrow$

따라서 함수 $f(x)$는 $x=2$에서 극댓값 3, $x=1$에서 극솟값 2를 갖는다.

(2) $f(x)=3x^4-8x^3+6x^2+9$에서

$\quad f'(x)=12x^3-24x^2+12x=12x(x-1)^2$

$\quad f'(x)=0$인 x의 값은 $x=0$ 또는 $x=1$

함수 $f(x)$의 증가와 감소를 표로 나타내면 다음과 같다.

x	$\cdots$	0	$\cdots$	1	$\cdots$
$f'(x)$	$-$	0	$+$	0	$+$
$f(x)$	$\searrow$	9 극소	$\nearrow$	10	$\nearrow$

따라서 함수 $f(x)$는 $x=0$에서 극솟값 9를 갖는다.　◀ 극댓값은 없다.

답 (1) 극댓값: 3, 극솟값: 2　(2) 극솟값: 9

274 유사

다음 함수의 극값을 구하시오.

(1) $f(x) = x^3 - 6x^2 + 17$

(2) $f(x) = -x^3 + 3x + 6$

(3) $f(x) = -x^4 + 4x^3 + 3$

(4) $f(x) = x^4 - 2x^2 - 2$

275 변형

함수 $f(x) = -2x^3 - 3x^2 + 12x - 2$의 극댓값과 극솟값의 합을 구하시오.

276 변형   수능

함수 $f(x) = \dfrac{1}{3}x^3 - 2x^2 - 12x + 4$가 $x = \alpha$에서 극대이고 $x = \beta$에서 극소일 때, $\beta - \alpha$의 값은?

(단, α와 β는 상수이다.)

① -4 ② -1 ③ 2

④ 5 ⑤ 8

예제 04 / 함수의 극대와 극소를 이용하여 미정계수 구하기

함수 $f(x)$가 $x=a$에서 극값 β를 가지면 $f'(a)=0$, $f(a)=\beta$임을 이용한다.

함수 $f(x)=-x^3+ax^2+bx+1$이 $x=3$에서 극댓값 1을 가질 때, $f(x)$의 극솟값을 구하시오.

(단, a, b는 상수)

• 유형마렙 미적분 Ⅰ 78쪽에서 문제 더 풀기

| 풀이 | $f(x)=-x^3+ax^2+bx+1$에서 $f'(x)=-3x^2+2ax+b$

함수 $f(x)$가 $x=3$에서 극댓값 1을 가지므로 $f'(3)=0$, $f(3)=1$

$f'(3)=0$에서 $-27+6a+b=0$ $\quad \therefore 6a+b=27$ $\qquad \cdots\cdots$ ㉠

$f(3)=1$에서 $-27+9a+3b+1=1$ $\quad \therefore 3a+b=9$ $\qquad \cdots\cdots$ ㉡

㉠, ㉡을 연립하여 풀면 $a=6$, $b=-9$

$\therefore f(x)=-x^3+6x^2-9x+1$, $f'(x)=-3x^2+12x-9=-3(x-1)(x-3)$

$f'(x)=0$인 x의 값은 $x=1$ 또는 $x=3$

함수 $f(x)$의 증가와 감소를 표로 나타내면 오른쪽과 같으므로 함수 $f(x)$는 $x=1$에서 극솟값 -3을 갖는다.

x	$\cdots$	1	$\cdots$	3	$\cdots$
$f'(x)$	$-$	0	$+$	0	$-$
$f(x)$	$\searrow$	-3 극소	$\nearrow$	1 극대	$\searrow$

답 -3

예제 05 / 도함수의 그래프와 함수의 극대, 극소

함수 $f(x)$의 도함수 $y=f'(x)$의 그래프가 x축과 만나는 점의 좌우에서 $f'(x)$의 부호를 조사하여 $f(x)$의 극대. 극소를 파악한다.

함수 $f(x)=x^3+ax^2+bx+c$의 도함수 $y=f'(x)$의 그래프가 오른쪽 그림과 같다. 함수 $f(x)$의 극댓값이 3일 때, $f(x)$의 극솟값을 구하시오.

(단, a, b, c는 상수)

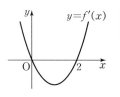

• 유형마렙 미적분 Ⅰ 79쪽에서 문제 더 풀기

| 풀이 | 주어진 그래프에서 $f'(x)$의 부호를 조사하여 함수 $f(x)$의 증가와 감소를 표로 나타내면 오른쪽과 같다.

$f(x)=x^3+ax^2+bx+c$에서

$f'(x)=3x^2+2ax+b$

$f'(0)=0$, $f'(2)=0$에서 $b=0$, $12+4a+b=0$ $\quad \therefore a=-3$, $b=0$

$\therefore f(x)=x^3-3x^2+c$

x	$\cdots$	0	$\cdots$	2	$\cdots$
$f'(x)$	$+$	0	$-$	0	$+$
$f(x)$	$\nearrow$	극대	$\searrow$	극소	$\nearrow$

함수 $f(x)$가 $x=0$에서 극댓값 3을 가지므로 $f(0)=3$에서 $c=3$

따라서 $f(x)=x^3-3x^2+3$이고 $f(x)$는 $x=2$에서 극소이므로 극솟값은

$f(2)=8-12+3=-1$

답 -1

277 예제 04 유사

함수 $f(x)=x^3+ax^2+bx-3$이 $x=1$에서 극솟값 -8을 가질 때, $f(x)$의 극댓값을 구하시오. (단, a, b는 상수)

279 예제 04 변형

함수 $f(x)=2x^3+ax^2+bx+c$가 $x=-2$에서 극댓값 11을 갖고, $x=1$에서 극솟값을 가질 때, 상수 a, b, c의 값을 구하시오.

278 예제 05 유사

📖 교과서

최고차항의 계수가 -1인 삼차함수 $f(x)$의 도함수 $y=f'(x)$의 그래프가 오른쪽 그림과 같다. 함수 $f(x)$의 극댓값이 20일 때, $f(x)$의 극솟값을 구하시오.

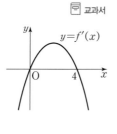

280 예제 05 변형

함수 $f(x)$의 도함수 $y=f'(x)$의 그래프가 다음 그림과 같다. 구간 $[a, e]$에서 함수 $f(x)$가 극대가 되는 x의 값의 개수를 m, 극소가 되는 x의 값의 개수를 n이라 할 때, $n-m$의 값을 구하시오.

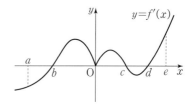

연습문제

281 함수 $f(x)=x^3-12x+5$가 감소하는 구간이 $[-a,\ a]$일 때, 양수 a의 값을 구하시오.

282 함수 $f(x)=-x^3+ax^2+bx+5$가 증가하는 구간이 $[2,\ 4]$일 때, 상수 $a,\ b$에 대하여 $a-b$의 값을 구하시오.

283 함수 $f(x)=x^3-2x^2-ax+3$이 구간 $[1,\ 2]$에서 감소하도록 하는 실수 a의 최솟값은?

① 0   ② 1   ③ 2
④ 3   ⑤ 4

284 함수 $f(x)=-x^4+4x^3-4x^2+2$의 그래프에서 극소인 한 점을 A, 극대인 두 점을 각각 B, C라 할 때, 삼각형 ABC의 넓이를 구하시오.

평가원

285 함수 $f(x)=x^4+ax^2+b$는 $x=1$에서 극소이다. 함수 $f(x)$의 극댓값이 4일 때, $a+b$의 값을 구하시오. (단, a와 b는 상수이다.)

서술형

286 함수 $f(x)=2x^3+6x^2+a$의 모든 극값의 곱이 -16일 때, 상수 a의 값을 구하시오.

287 구간 $[-3,\ 6]$에서 함수 $f(x)$의 도함수 $y=f'(x)$의 그래프가 다음 그림과 같을 때, 보기에서 옳은 것만을 있는 대로 고른 것은?

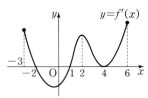

┤ 보기 ├

ㄱ. 함수 $f(x)$는 구간 $[-3,\ -2]$에서 감소한다.

ㄴ. 함수 $f(x)$는 구간 $[4,\ 6]$에서 증가한다.

ㄷ. 함수 $f(x)$는 $x=4$에서 극소이다.

ㄹ. 함수 $f(x)$의 극값은 2개이다.

① ㄱ, ㄴ   ② ㄱ, ㄷ   ③ ㄴ, ㄹ
④ ㄱ, ㄷ, ㄹ   ⑤ ㄴ, ㄷ, ㄹ

288 삼차함수 $f(x)$의 도함수 $y=f'(x)$의 그래프가 오른쪽 그림과 같다. 함수 $f(x)$의 극댓값이 17, 극솟값이 -10일 때, $f(-1)$의 값을 구하시오.

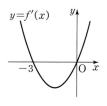

291 최고차항의 계수가 1인 삼차함수 $f(x)$가 다음 조건을 모두 만족시킬 때, $f(x)$의 극솟값을 구하시오.

> (가) $f(0)=1$
> (나) 구간 $(-\infty, -1]$, $[1, \infty)$에서 증가하고 구간 $[-1, 1]$에서 감소한다.

2단계

289 함수 $f(x)=\dfrac{1}{3}x^3+ax^2-4ax$의 역함수가 존재하도록 하는 실수 a의 최솟값은?

① -1 ② -2 ③ -3
④ -4 ⑤ -5

⌂ 평가원

292 함수 $f(x)=x^3-3ax^2+3(a^2-1)x$의 극댓값이 4이고 $f(-2)>0$일 때, $f(-1)$의 값은? (단, a는 상수이다.)

① 1   ② 2   ③ 3
④ 4   ⑤ 5

 서술형

290 다항함수 $f(x)$에 대하여 함수 $g(x)=(2x^3-3)f(x)$가 $x=1$에서 극솟값 6을 가질 때, $f(1)-f'(1)$의 값을 구하시오.

293 최고차항의 계수가 1인 삼차함수 $f(x)$와 그 도함수가 다음 조건을 모두 만족시킬 때, $f(x)$의 극댓값과 극솟값의 차를 구하시오.

> (가) 모든 실수 x에 대하여 $f'(x)=f'(-x)$
> (나) 함수 $f(x)$는 $x=2$에서 극솟값을 갖는다.

연습문제

• 정답과 해설 65쪽

294 삼차함수 $f(x)$가 다음 조건을 모두 만족시킬 때, $f(x)$의 극솟값을 구하시오.

> (가) 곡선 $y=f(x)$ 위의 점 $(0, -15)$에서의 접선의 방정식은 $y=9x-15$이다.
> (나) 함수 $f(x)$는 $x=3$에서 극댓값 12를 갖는다.

295 최고차항의 계수가 2인 삼차함수 $f(x)$가 $x=1$에서 극댓값을 갖고 $\displaystyle\lim_{x\to 0}\frac{f(x)-2}{x}=8$을 만족시킬 때, $f(x)$를 구하시오.

296 삼차함수 $f(x)$와 사차함수 $g(x)$의 도함수 $y=f'(x)$, $y=g'(x)$의 그래프가 다음 그림과 같을 때, 함수 $h(x)=f(x)-g(x)$가 극소가 되는 x의 값은?

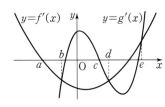

① a　　　② b　　　③ c
④ d　　　⑤ e

297 최고차항의 계수가 1인 삼차함수 $f(x)$가 다음 조건을 모두 만족시킬 때, $f(1)$의 최솟값은?

> (가) $f(0)=2$
> (나) 모든 실수 x에 대하여 $f'(x) \geq f'(-1)$
> (다) $x_1 < x_2$인 임의의 두 실수 x_1, x_2에 대하여 $f(x_1) < f(x_2)$

① 3　　　② 5　　　③ 7
④ 9　　　⑤ 11

298 함수 $f(x)=\begin{cases} a(3x-x^3) & (x<0) \\ x^3-ax & (x\geq0) \end{cases}$의 극댓값이 5일 때, $f(2)$의 값은? (단, a는 상수이다.)

① 5　　　② 7　　　③ 9
④ 11　　　⑤ 13

1 함수의 그래프

개념 01 함수의 그래프

○ 예제 01

미분가능한 함수 $y=f(x)$의 그래프의 개형은 다음과 같은 순서로 그린다.

(ⅰ) 도함수 $f'(x)$를 구한다.

(ⅱ) $f'(x)=0$인 x의 값을 구한다.

(ⅲ) 함수 $f(x)$의 증가와 감소를 표로 나타내고, 극값을 구한다.

(ⅳ) 함수 $y=f(x)$의 그래프와 좌표축과의 교점의 좌표를 구한다. ◀ 교점의 좌표를 구하기 어려운 경우에는 생략할 수 있다.

(ⅴ) (ⅲ), (ⅳ)를 이용하여 함수 $y=f(x)$의 그래프의 개형을 그린다.

|예| (1) 함수 $f(x)=x^3-3x+1$의 그래프를 그려 보자.

$f'(x)=3x^2-3=3(x+1)(x-1)$이므로 $f'(x)=0$인 x의 값은 $x=-1$ 또는 $x=1$

함수 $f(x)$의 증가와 감소를 표로 나타내면 다음과 같다.

x	$\cdots$	-1	$\cdots$	1	$\cdots$
$f'(x)$	$+$	0	$-$	0	$+$
$f(x)$	↗	3 극대	↘	-1 극소	↗

또 $f(0)=1$이므로 함수 $y=f(x)$의 그래프는 오른쪽 그림과 같다.

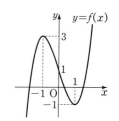

(2) 함수 $f(x)=x^3+3x^2+3x+2$의 그래프를 그려 보자.

$f'(x)=3x^2+6x+3=3(x+1)^2$이므로 $f'(x)=0$인 x의 값은 $x=-1$

함수 $f(x)$의 증가와 감소를 표로 나타내면 다음과 같다.

x	$\cdots$	-1	$\cdots$
$f'(x)$	$+$	0	$+$
$f(x)$	↗	1	↗

또 $f(0)=2$이므로 함수 $y=f(x)$의 그래프는 오른쪽 그림과 같다.

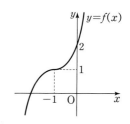

Ⅱ-3

도함수의 활용 (2)

(1) 삼차함수 $f(x)$가 극값을 갖는다.   ◀ 극댓값과 극솟값을 모두 갖는다.

  $\Longleftrightarrow$ 이차방정식 $f'(x)=0$이 서로 다른 두 실근을 갖는다.

  $\Longleftrightarrow$ 이차방정식 $f'(x)=0$의 판별식을 D라 하면 $D>0$이다.

(2) 삼차함수 $f(x)$가 극값을 갖지 않는다.

  $\Longleftrightarrow$ 이차방정식 $f'(x)=0$이 중근을 갖거나 서로 다른 두 허근을 갖는다.

  $\Longleftrightarrow$ 이차방정식 $f'(x)=0$의 판별식을 D라 하면 $D\leq0$이다.

최고차항의 계수가 양수인 삼차함수 $f(x)$와 도함수 $f'(x)$에 대하여 이차방정식 $f'(x)=0$의 근에 따라 $y=f(x)$, $y=f'(x)$의 그래프의 개형을 그려 함수 $f(x)$의 극값을 살펴보면 다음과 같다.

방정식 $f'(x)=0$이 서로 다른 두 실근 α, β를 갖는 경우	방정식 $f'(x)=0$이 중근 α를 갖는 경우	방정식 $f'(x)=0$이 서로 다른 두 허근을 갖는 경우
➡ 극댓값과 극솟값을 모두 갖는다.	➡ 극값을 갖지 않는다.	➡ 극값을 갖지 않는다.

최고차항의 계수가 음수인 경우도 같은 방법으로 그래프를 그려 보면 삼차함수 $f(x)$는 방정식 $f'(x)=0$이 서로 다른 두 실근을 가질 때만 극값을 갖는다.

사차함수가 극값을 가질 조건

◎ 예제 04

(1) 사차함수 $f(x)$의 최고차항의 계수가 양수일 때, $f(x)$는 항상 극솟값을 갖는다.
　① 사차함수 $f(x)$가 극댓값을 갖는다.　◀ 극댓값 1개, 극솟값 2개를 갖는다.
　　$\Longleftrightarrow$ 삼차방정식 $f'(x)=0$이 서로 다른 세 실근을 갖는다.
　② 사차함수 $f(x)$가 극댓값을 갖지 않는다.　◀ 극솟값 1개만을 갖는다.
　　$\Longleftrightarrow$ 삼차방정식 $f'(x)=0$이 중근 또는 허근을 갖는다.
(2) 사차함수 $f(x)$의 최고차항의 계수가 음수일 때, $f(x)$는 항상 극댓값을 갖는다.
　① 사차함수 $f(x)$가 극솟값을 갖는다.　◀ 극댓값 2개, 극솟값 1개를 갖는다.
　　$\Longleftrightarrow$ 삼차방정식 $f'(x)=0$이 서로 다른 세 실근을 갖는다.
　② 사차함수 $f(x)$가 극솟값을 갖지 않는다.　◀ 극댓값 1개만을 갖는다.
　　$\Longleftrightarrow$ 삼차방정식 $f'(x)=0$이 중근 또는 허근을 갖는다.

최고차항의 계수가 양수인 사차함수 $f(x)$와 도함수 $f'(x)$에 대하여 삼차방정식 $f'(x)=0$의 근에 따라 $y=f(x)$, $y=f'(x)$의 그래프의 개형을 그려 함수 $f(x)$의 극값을 살펴보면 다음과 같다.

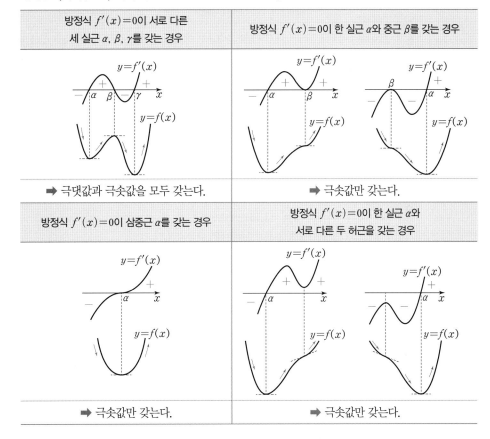

방정식 $f'(x)=0$이 서로 다른 세 실근 α, β, γ를 갖는 경우	방정식 $f'(x)=0$이 한 실근 α와 중근 β를 갖는 경우
➡ 극댓값과 극솟값을 모두 갖는다.	➡ 극솟값만 갖는다.
방정식 $f'(x)=0$이 삼중근 α를 갖는 경우	방정식 $f'(x)=0$이 한 실근 α와 서로 다른 두 허근을 갖는 경우
➡ 극솟값만 갖는다.	➡ 극솟값만 갖는다.

최고차항의 계수가 음수인 경우도 같은 방법으로 그래프를 그려 보면 사차함수 $f(x)$는 항상 극댓값을 갖고 삼차방정식 $f'(x)=0$이 서로 다른 세 실근을 가질 때만 극솟값을 갖는다.

예제 01 / 함수의 그래프

함수의 증가와 감소, 극값, 좌표축과의 교점의 좌표를 이용하여 함수의 그래프를 그린다.

다음 함수의 그래프를 그리시오.

(1) $f(x)=-x^3+6x^2-9x+1$

(2) $f(x)=x^4-2x^2+3$

• 유형만렙 미적분 I 80쪽에서 문제 더 풀기

| 풀이 | (1) $f(x)=-x^3+6x^2-9x+1$에서

$f'(x)=-3x^2+12x-9=-3(x-1)(x-3)$

$f'(x)=0$인 x의 값은 $x=1$ 또는 $x=3$

함수 $f(x)$의 증가와 감소를 표로 나타내면 다음과 같다.

x	$\cdots$	1	$\cdots$	3	$\cdots$
$f'(x)$	$-$	0	$+$	0	$-$
$f(x)$	$\searrow$	-3 극소	$\nearrow$	1 극대	$\searrow$

또 $f(0)=1$이므로 함수 $y=f(x)$의 그래프는 오른쪽 그림과 같다.

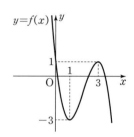

(2) $f(x)=x^4-2x^2+3$에서

$f'(x)=4x^3-4x=4x(x+1)(x-1)$

$f'(x)=0$인 x의 값은 $x=-1$ 또는 $x=0$ 또는 $x=1$

함수 $f(x)$의 증가와 감소를 표로 나타내면 다음과 같다.

x	$\cdots$	-1	$\cdots$	0	$\cdots$	1	$\cdots$
$f'(x)$	$-$	0	$+$	0	$-$	0	$+$
$f(x)$	$\searrow$	2 극소	$\nearrow$	3 극대	$\searrow$	2 극소	$\nearrow$

따라서 함수 $y=f(x)$의 그래프는 오른쪽 그림과 같다.

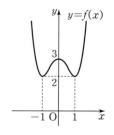

🖪 풀이 참조

299 유사

다음 함수의 그래프를 그리시오.

(1) $f(x) = 2x^3 - 9x^2 + 12x - 2$

(2) $f(x) = -\dfrac{1}{3}x^3 + 3x^2 - 9x + 5$

300 유사

다음 함수의 그래프를 그리시오.

(1) $f(x) = -3x^4 + 4x^3 + 12x^2 - 7$

(2) $f(x) = 3x^4 + 8x^3 + 6x^2 + 1$

예제 02 / 삼차함수가 극값을 가질 조건

삼차함수 $f(x)$가 극값을 가지려면 이차방정식 $f'(x)=0$이 서로 다른 두 실근을 가져야 하고, $f(x)$가 극값을 갖지 않으려면 이차방정식 $f'(x)=0$이 중근 또는 허근을 가져야 한다.

다음 물음에 답하시오.

(1) 함수 $f(x)=-x^3+ax^2+4ax+3$이 극값을 갖도록 하는 실수 a의 값의 범위를 구하시오.

(2) 함수 $f(x)=2x^3+3(a-1)x^2+6x-7$이 극값을 갖지 않도록 하는 실수 a의 값의 범위를 구하시오.

• 유형만렙 미적분 I 80쪽에서 문제 더 풀기

| 풀이 | (1) $f(x)=-x^3+ax^2+4ax+3$에서

$f'(x)=-3x^2+2ax+4a$

함수 $f(x)$가 극값을 가지려면 이차방정식 $f'(x)=0$이 서로 다른 두 실근을 가져야 한다.

이차방정식 $f'(x)=0$의 판별식을 D라 하면

$\dfrac{D}{4}=a^2+12a>0$

$a(a+12)>0$

$\therefore a<-12$ 또는 $a>0$

(2) $f(x)=2x^3+3(a-1)x^2+6x-7$에서

$f'(x)=6x^2+6(a-1)x+6$

함수 $f(x)$가 극값을 갖지 않으려면 이차방정식 $f'(x)=0$이 중근 또는 허근을 가져야 한다.

이차방정식 $f'(x)=0$의 판별식을 D라 하면

$\dfrac{D}{4}=9(a-1)^2-36\leq0$

$(a+1)(a-3)\leq0$

$\therefore -1\leq a\leq3$

답 (1) $a<-12$ 또는 $a>0$ (2) $-1\leq a\leq3$

301 유사

함수 $f(x)=\dfrac{1}{3}x^3-ax^2+(2a+15)x$가 극값을 갖도록 하는 실수 a의 값의 범위를 구하시오.

302 유사

함수 $f(x)=-x^3+3x^2-3a^2x$가 극값을 갖지 않도록 하는 실수 a의 값의 범위를 구하시오.

303 변형

삼차함수 $f(x)=ax^3+3x^2+ax-7$이 극댓값과 극솟값을 모두 갖도록 하는 정수 a의 개수를 구하시오.

304 변형

함수 $f(x)=x^3+ax^2+ax+6$이 극값을 갖지 않도록 하는 모든 자연수 a의 값의 합을 구하시오.

예제 03 / 삼차함수가 주어진 구간에서 극값을 가질 조건

삼차함수 $f(x)$가 주어진 구간에서 극값을 가지려면 이차방정식 $f'(x)=0$이 이 구간에서 서로 다른 두 실근을 가져야 한다.

함수 $f(x)=x^3-ax^2+ax-3$에 대하여 다음 물음에 답하시오.

(1) 함수 $f(x)$가 $x<-1$에서 극댓값을 갖고, $-1<x<1$에서 극솟값을 갖도록 하는 실수 a의 값의 범위를 구하시오.

(2) 함수 $f(x)$가 $-1<x<1$에서 극댓값과 극솟값을 모두 갖도록 하는 실수 a의 값의 범위를 구하시오.

• 유형만렙 미적분 I 81쪽에서 문제 더 풀기

| 풀이 | $f(x)=x^3-ax^2+ax-3$에서
$f'(x)=3x^2-2ax+a$

(1) 함수 $f(x)$가 $x<-1$에서 극댓값을 갖고, $-1<x<1$에서 극솟값을 가지려면 이차방정식 $f'(x)=0$이 $x<-1$에서 한 실근을 갖고, $-1<x<1$에서 다른 한 실근을 가져야 한다.
$f'(-1)<0$이어야 하므로
$3+2a+a<0$ $\therefore a<-1$ ······ ㉠
$f'(1)>0$이어야 하므로
$3-2a+a>0$ $\therefore a<3$ ······ ㉡
㉠, ㉡에서 $a<-1$

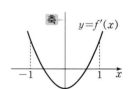

(2) 함수 $f(x)$가 $-1<x<1$에서 극댓값과 극솟값을 모두 가지려면 이차방정식 $f'(x)=0$이 $-1<x<1$에서 서로 다른 두 실근을 가져야 한다.
(ⅰ) 이차방정식 $f'(x)=0$의 판별식을 D라 하면
$$\frac{D}{4}=a^2-3a>0, \ a(a-3)>0$$
$\therefore a<0$ 또는 $a>3$ ······ ㉠
(ⅱ) $f'(-1)>0$이어야 하므로
$3+2a+a>0$ $\therefore a>-1$ ······ ㉡
$f'(1)>0$이어야 하므로
$3-2a+a>0$ $\therefore a<3$ ······ ㉢
(ⅲ) 이차함수 $y=f'(x)$의 그래프의 축의 방정식이 $x=\dfrac{a}{3}$이므로
$-1<\dfrac{a}{3}<1$ $\therefore -3<a<3$ ······ ㉣
㉠~㉣에서 $-1<a<0$

답 (1) $a<-1$ (2) $-1<a<0$

305 유사

함수 $f(x) = -4x^3 + ax^2 + 2a^2x - 1$이 $-2 < x < -1$에서 극솟값을 갖고, $x > -1$에서 극댓값을 갖도록 하는 실수 a의 값의 범위를 구하시오.

306 유사

함수 $f(x) = x^3 - ax^2 + 3x - 4$가 $-1 < x < 2$에서 극댓값과 극솟값을 모두 갖도록 하는 실수 a의 값의 범위를 구하시오.

307 변형

함수 $f(x) = x^3 + kx^2 - k^2x + 1$이 $-2 < x < 1$에서 극댓값을 갖고, $1 < x < 3$에서 극솟값을 갖도록 하는 정수 k의 값을 구하시오.

308 변형

함수 $f(x) = -\dfrac{1}{3}x^3 + 3x^2 + ax - 2$가 $1 < x < 6$에서 극댓값과 극솟값을 모두 갖도록 하는 정수 a의 개수를 구하시오.

사차함수 $f(x)$가 극댓값과 극솟값을 모두 가지려면 삼차방정식 $f'(x)=0$이 서로 다른 세 실근을 가져야 하고, 극값을 하나만 가지려면 삼차방정식 $f'(x)=0$이 중근 또는 허근을 가져야 한다.

함수 $f(x)=x^4-4x^3+ax^2+2$에 대하여 다음 물음에 답하시오.

(1) 함수 $f(x)$가 극댓값과 극솟값을 모두 갖도록 하는 실수 a의 값의 범위를 구하시오.

(2) 함수 $f(x)$가 극값을 하나만 갖도록 하는 실수 a의 값 또는 범위를 구하시오.

• 유형만렙 미적분 I 81쪽에서 문제 더 풀기

| 풀이 | $f(x)=x^4-4x^3+ax^2+2$에서

$f'(x)=4x^3-12x^2+2ax=2x(2x^2-6x+a)$

(1) 함수 $f(x)$가 극댓값과 극솟값을 모두 가지려면 삼차방정식 $f'(x)=0$이 서로 다른 세 실근을 가져야 하므로 $2x(2x^2-6x+a)=0$에서 이차방정식 $2x^2-6x+a=0$이 0이 아닌 서로 다른 두 실근을 가져야 한다.

$x=0$이 이차방정식 $2x^2-6x+a=0$의 근이 아니어야 하므로

$a\neq0$ …… ㉠

이차방정식 $2x^2-6x+a=0$의 판별식을 D라 하면

$\dfrac{D}{4}=9-2a>0$ $\therefore a<\dfrac{9}{2}$ …… ㉡

㉠, ㉡에서 $a<0$ 또는 $0<a<\dfrac{9}{2}$

(2) 함수 $f(x)$가 극값을 하나만 가지려면 삼차방정식 $f'(x)=0$이 중근 또는 허근을 가져야 하므로 $2x(2x^2-6x+a)=0$에서 이차방정식 $2x^2-6x+a=0$의 한 근이 0이거나 중근 또는 허근을 가져야 한다.

(i) 이차방정식 $2x^2-6x+a=0$의 한 근이 0이면

$a=0$

(ii) 이차방정식 $2x^2-6x+a=0$이 중근 또는 허근을 가지면 판별식을 D라 할 때,

$\dfrac{D}{4}=9-2a\leq0$ $\therefore a\geq\dfrac{9}{2}$

(i), (ii)에서 $a=0$ 또는 $a\geq\dfrac{9}{2}$

답 (1) $a<0$ 또는 $0<a<\dfrac{9}{2}$ (2) $a=0$ 또는 $a\geq\dfrac{9}{2}$

309 유사

함수 $f(x)=-3x^4-4x^3+6ax^2$이 극댓값과 극솟값을 모두 갖도록 하는 실수 a의 값의 범위를 구하시오.

310 유사

함수 $f(x)=-\dfrac{1}{4}x^4+2x^3+3ax^2$이 극값을 하나만 갖도록 하는 실수 a의 값 또는 범위를 구하시오.

311 변형

함수 $f(x)=\dfrac{1}{2}x^4-2x^3+ax^2-7$이 극댓값을 갖도록 하는 모든 자연수 a의 값의 합을 구하시오.

312 변형

함수 $f(x)=-3x^4+8x^3+6kx^2+3$이 극솟값을 갖지 않도록 하는 실수 k의 값 또는 범위가 $k=\alpha$ 또는 $k\leq\beta$일 때, $\alpha+\beta$의 값을 구하시오.

2 함수의 최댓값과 최솟값

개념 01 함수의 최댓값과 최솟값

○ 예제 05~07

닫힌구간 $[a, b]$에서 연속인 함수 $f(x)$에 대하여 주어진 구간에서의

극댓값, 극솟값, $f(a)$, $f(b)$

중에서 가장 큰 값이 최댓값, 가장 작은 값이 최솟값이다.

함수 $f(x)$가 닫힌구간 $[a, b]$에서 연속이면 최대·최소 정리에 의하여 반드시 최댓값과 최솟값을 갖는다.

이때 극댓값과 극솟값이 반드시 최댓값과 최솟값이 되는 것은 아니므로 최댓값과 최솟값은 극댓값, 극솟값, $f(a)$, $f(b)$의 값을 비교하여 구해야 한다.

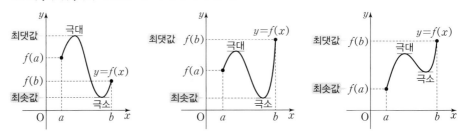

| 예 | 구간 $[-2, 4]$에서 함수 $f(x)=2x^3-3x^2-12x$의 최댓값과 최솟값을 구해 보자.

$f(x)=2x^3-3x^2-12x$에서

$f'(x)=6x^2-6x-12=6(x+1)(x-2)$

$f'(x)=0$인 x의 값은 $x=-1$ 또는 $x=2$

구간 $[-2, 4]$에서 함수 $f(x)$의 증가와 감소를 표로 나타내면 다음과 같다.

x	-2	$\cdots$	-1	$\cdots$	2	$\cdots$	4
$f'(x)$		$+$	0	$-$	0	$+$	
$f(x)$	-4	$\nearrow$	7 극대	$\searrow$	-20 극소	$\nearrow$	32

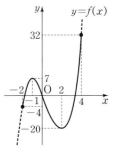

따라서 함수 $f(x)$는 $x=4$에서 최댓값 32, $x=2$에서 최솟값 -20을 갖는다.

| 참고 | 함수 $f(x)$에서 주어진 구간이 닫힌구간이 아니면 최댓값 또는 최솟값이 존재하지 않을 수도 있다.

개념 02 극값이 하나뿐일 때, 함수의 최댓값과 최솟값

닫힌구간 $[a, b]$에서 함수 $f(x)$가 연속이고 극값이 하나뿐일 때

(1) 하나뿐인 극값이 극댓값이면 **극댓값이 최댓값**이다.

(2) 하나뿐인 극값이 극솟값이면 **극솟값이 최솟값**이다.

(1) 하나뿐인 극값이 극댓값인 경우

오른쪽 그림과 같은 함수 $y=f(x)$의 그래프에서 함수 $f(x)$는
극댓값이 최댓값이고 $f(a)$와 $f(b)$ 중 작은 값이 최솟값이다.

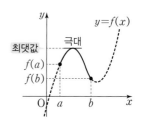

(2) 하나뿐인 극값이 극솟값인 경우

오른쪽 그림과 같은 함수 $y=f(x)$의 그래프에서 함수 $f(x)$는
극솟값이 최솟값이고 $f(a)$와 $f(b)$ 중 큰 값이 최댓값이다.

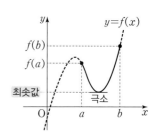

| 예 | 구간 $[1, 3]$에서 함수 $f(x)=x^3-3x^2+3$의 최댓값과 최솟값을 구해 보자.

$f(x)=x^3-3x^2+3$에서

$f'(x)=3x^2-6x=3x(x-2)$

$f'(x)=0$인 x의 값은 $x=2$ ($\because 1\leq x\leq 3$)

구간 $[1, 3]$에서 함수 $f(x)$의 증가와 감소를 표로 나타내면 다음과 같다.

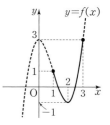

x	1	$\cdots$	2	$\cdots$	3
$f'(x)$		$-$	0	$+$	
$f(x)$	1	$\searrow$	-1 극소	$\nearrow$	3

이때 함수 $f(x)$는 $x=2$에서 하나뿐인 극값인 극솟값을 가지므로 이
값이 최솟값이다.

따라서 함수 $f(x)$는 $x=3$에서 최댓값 3을 갖고, $x=2$에서 최솟값
-1을 갖는다.

예제 05 / 함수의 최댓값과 최솟값

닫힌구간 $[a, b]$에서 연속인 함수 $f(x)$의 최댓값과 최솟값은 이 구간에서의 극댓값, 극솟값, $f(a)$, $f(b)$의 값을 비교하여 구한다.

주어진 구간에서 다음 함수의 최댓값과 최솟값을 구하시오.

(1) $f(x)=2x^3+3x^2-12x+1$　$[-3, 2]$

(2) $f(x)=-3x^4+6x^2$　$[-2, 1]$

• 유형만렙 미적분Ⅰ 82쪽에서 문제 더 풀기

| 풀이 | (1) $f(x)=2x^3+3x^2-12x+1$에서

$f'(x)=6x^2+6x-12=6(x+2)(x-1)$

$f'(x)=0$인 x의 값은 $x=-2$ 또는 $x=1$

구간 $[-3, 2]$에서 함수 $f(x)$의 증가와 감소를 표로 나타내면 다음과 같다.

x	-3	$\cdots$	-2	$\cdots$	1	$\cdots$	2
$f'(x)$		$+$	0	$-$	0	$+$	
$f(x)$	10	↗	21 극대	↘	-6 극소	↗	5

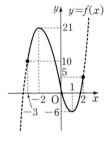

따라서 함수 $f(x)$는 $x=-2$에서 최댓값 21, $x=1$에서 최솟값 -6을 갖는다.

(2) $f(x)=-3x^4+6x^2$에서

$f'(x)=-12x^3+12x=-12x(x+1)(x-1)$

$f'(x)=0$인 x의 값은 $x=-1$ 또는 $x=0$ 또는 $x=1$

구간 $[-2, 1]$에서 함수 $f(x)$의 증가와 감소를 표로 나타내면 다음과 같다.

x	-2	$\cdots$	-1	$\cdots$	0	$\cdots$	1
$f'(x)$		$+$	0	$-$	0	$+$	0
$f(x)$	-24	↗	3 극대	↘	0 극소	↗	3

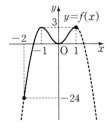

따라서 함수 $f(x)$는 $x=-1$ 또는 $x=1$에서 최댓값 3, $x=-2$에서 최솟값 -24를 갖는다.

답 (1) 최댓값: 21, 최솟값: -6 (2) 최댓값: 3, 최솟값: -24

313 유사

구간 $[-2, 3]$에서 함수 $f(x)=-x^3+3x+5$의 최댓값과 최솟값을 구하시오.

314 유사

구간 $[-1, 3]$에서 함수
$f(x)=x^4-4x^3+4x^2-2$의 최댓값과 최솟값을 구하시오.

315 변형

구간 $[0, 2]$에서 함수
$f(x)=2x^3-9x^2+12x-3$의 최댓값을 M, 최솟값을 m이라 할 때, $M+m$의 값을 구하시오.

316 변형

구간 $[-1, 4]$에서 함수
$f(x)=\dfrac{1}{4}x^4-2x^3+4x^2+1$이 $x=a$에서 최댓값 b를 가질 때, $a+b$의 값을 구하시오.

예제 06 **함수의 최댓값과 최솟값을 이용하여 미정계수 구하기**

함수의 최댓값 또는 최솟값을 미정계수를 포함한 식으로 나타낸 후 주어진 최댓값 또는 최솟값을 이용하여 미정계수를 구한다.

구간 $[-1, 2]$에서 함수 $f(x)=ax^3-6ax^2+b$의 최댓값이 7, 최솟값이 -25일 때, 상수 a, b의 값을 구하시오. (단, $a>0$)

• 유형만렙 미적분Ⅰ 82쪽에서 문제 더 풀기

| 풀이 | $f(x)=ax^3-6ax^2+b$에서

$f'(x)=3ax^2-12ax=3ax(x-4)$

$f'(x)=0$인 x의 값은 $x=0$ ($\because -1\le x\le 2$)

$a>0$이므로 구간 $[-1, 2]$에서 함수 $f(x)$의 증가와 감소를 표로 나타내면 다음과 같다.

x	-1	$\cdots$	0	$\cdots$	2	
$f'(x)$		$+$	0	$-$		
$f(x)$	$-7a+b$	↗	b 극대	↘	$-16a+b$	◀ $-16a+b<-7a+b<b$

따라서 함수 $f(x)$는 $x=0$에서 최댓값 b, $x=2$에서 최솟값 $-16a+b$를 가지므로

$b=7$, $-16a+b=-25$

$\therefore a=2$, $b=7$

답 $a=2$, $b=7$

317 유사

구간 $[1, 4]$에서 함수 $f(x)=ax^4-4ax^3+b$의 최댓값이 6, 최솟값이 -3일 때, 상수 a, b의 값을 구하시오. (단, $a>0$)

318 유사 🎓 교육청

닫힌구간 $[0, 3]$에서 함수
$f(x)=x^3-6x^2+9x+a$의 최댓값이 12일 때, 상수 a의 값은?

① 2   ② 4   ③ 6

④ 8   ⑤ 10

319 변형

구간 $[0, 2]$에서 함수
$f(x)=-2x^3-3x^2+12x+a$의 최댓값이 2일 때, $f(x)$의 최솟값을 구하시오. (단, a는 상수)

320 변형

구간 $[-2, 1]$에서 함수 $f(x)=x^3-3x^2+a$의 최댓값과 최솟값의 합이 -10일 때, 상수 a의 값을 구하시오.

예제 07 / 함수의 최댓값과 최솟값의 활용

넓이 또는 부피를 한 문자에 대한 함수로 나타낸 후 조건을 만족시키는 범위에서의 최댓값 또는 최솟값을 구한다.

다음 물음에 답하시오.

(1) 오른쪽 그림과 같이 곡선 $y=-x^2+6$과 x축으로 둘러싸인 부분에 내접하고 한 변이 x축 위에 있는 직사각형 ABCD의 넓이의 최댓값을 구하시오.

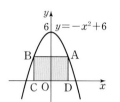

(2) 오른쪽 그림과 같이 한 변의 길이가 12인 정사각형 모양의 종이의 네 모퉁이에서 같은 크기의 정사각형을 잘라 내고 남은 부분을 접어서 뚜껑이 없는 직육면체 모양의 상자를 만들려고 한다. 이 상자의 부피의 최댓값을 구하시오.

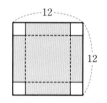

• 유형만렙 미적분 I 83쪽에서 문제 더 풀기

| 풀이 | (1) 점 A의 x좌표를 a라 하면 A$(a, -a^2+6)$ (단, $0<a<\sqrt{6}$)

$\overline{AB}=2a$, $\overline{AD}=-a^2+6$이므로 직사각형 ABCD의 넓이를 $S(a)$라 하면

$S(a)=2a(-a^2+6)=-2a^3+12a$

$\therefore S'(a)=-6a^2+12=-6(a+\sqrt{2})(a-\sqrt{2})$

$S'(a)=0$인 a의 값은 $a=\sqrt{2}$ ($\because 0<a<\sqrt{6}$)

$0<a<\sqrt{6}$에서 함수 $S(a)$의 증가와 감소를 표로 나타내면 오른쪽과 같다.

따라서 직사각형 ABCD의 넓이 $S(a)$의 최댓값은 $8\sqrt{2}$이다.

a	0	$\cdots$	$\sqrt{2}$	$\cdots$	$\sqrt{6}$
$S'(a)$		$+$	0	$-$	
$S(a)$		$\nearrow$	$8\sqrt{2}$ 극대	$\searrow$	

(2) 잘라 낸 정사각형의 한 변의 길이를 x라 하면 상자의 밑면인 정사각형의 한 변의 길이는 $12-2x$

이때 $x>0$, $12-2x>0$이므로 $0<x<6$

상자의 부피를 $V(x)$라 하면

$V(x)=x(12-2x)^2=4x^3-48x^2+144x$

$\therefore V'(x)=12x^2-96x+144=12(x-2)(x-6)$

$V'(x)=0$인 x의 값은 $x=2$ ($\because 0<x<6$)

$0<x<6$에서 함수 $V(x)$의 증가와 감소를 표로 나타내면 오른쪽과 같다.

따라서 상자의 부피 $V(x)$의 최댓값은 128이다.

x	0	$\cdots$	2	$\cdots$	6
$V'(x)$		$+$	0	$-$	
$V(x)$		$\nearrow$	128 극대	$\searrow$	

답 (1) $8\sqrt{2}$ (2) 128

321 유사

오른쪽 그림과 같이 두 곡선 $y=x^2-9$, $y=-x^2+9$ 로 둘러싸인 부분에 내접하고 한 쌍의 대변이 x축과 평행한 직사각형 ABCD 의 넓이의 최댓값을 구하시오.

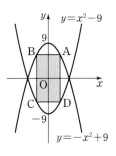

322 유사

오른쪽 그림과 같이 한 변의 길이가 6인 정삼각형 모양의 종이의 세 모퉁이에서 합동인 사각형을 잘라 내고 남은 부분을 접어서 뚜껑이 없는 삼각기둥 모양의 상자를 만들려고 한다. 이 상자의 부피의 최댓값을 구하시오.

323 변형

오른쪽 그림과 같이 곡선 $y=-4x^2+6x$ 위의 점 P에서 x축에 내린 수선의 발을 H라 할 때, 삼각형 OPH의 넓이의 최댓값을 구하시오. (단, O는 원점이고, 점 P는 제1사분면 위의 점이다.)

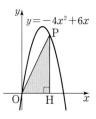

324 변형

밑면의 반지름의 길이와 높이의 합이 6으로 일정한 원기둥의 부피의 최댓값을 구하시오.

연습문제

1단계

325 다항함수 $f(x)$의 도함수 $y=f'(x)$의 그래프가 오른쪽 그림과 같을 때, 다음 중 함수 $y=f(x)$의 그래프의 개형이 될 수 있는 것은?

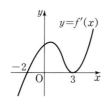

① 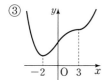 ②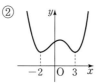

③ 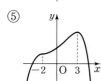 ④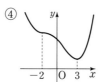

⑤

✏️서술형

326 함수 $f(x)=x^3+ax^2+3x+4$는 극값을 갖고, 함수 $g(x)=x^3+ax^2+12x-9$는 극값을 갖지 않도록 하는 실수 a의 값의 범위를 구하시오.

327 함수 $f(x)=-x^3-2ax^2+(2a+10)x$가 $x<1$에서 극솟값을 갖고, $x>1$에서 극댓값을 갖도록 하는 자연수 a의 개수를 구하시오.

328 함수 $f(x)=-x^4+2x^3-kx^2$이 극솟값을 갖도록 하는 정수 k의 최댓값은?

① -2 ② -1 ③ 0
④ 1 ⑤ 2

329 구간 $[-1, 2]$에서 함수 $f(x)=4x^3-3x^2-6x+2$가 $x=a$에서 최댓값 b를 가질 때, ab의 값은?

① 12 ② 14 ③ 16
④ 18 ⑤ 20

330 양수 a에 대하여 함수
$f(x)=x^3+ax^2-a^2x+2$가 닫힌구간 $[-a,\ a]$
에서 최댓값 M, 최솟값 $\dfrac{14}{27}$를 갖는다. $a+M$
의 값을 구하시오.

331 반지름의 길이가 $3\sqrt{3}$인 부채꼴 모양의
종이로 밑면이 없는 원뿔을 만들려고 한다. 이 원
뿔의 부피의 최댓값을 구하시오.

2단계

332 함수 $f(x)=-x^3+ax^2+bx+c$의 그
래프가 다음 그림과 같을 때,
$\dfrac{|a|}{a}+\dfrac{|b|}{b}+\dfrac{|c|}{c}$의 값을 구하시오.

(단, a, b, c는 0이 아닌 상수)

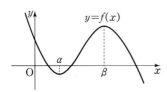

333 사차함수 $f(x)$의
도함수 $y=f'(x)$의 그래프
가 오른쪽 그림과 같고
$f(1)<f(4)<0<f(-1)$
일 때, 보기에서 옳은 것만
을 있는 대로 고르시오.

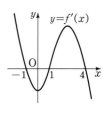

┌ 보기 ┐

ㄱ. $f(3)<0$

ㄴ. 함수 $f(x)$는 $x=0$에서 극값을 갖는다.

ㄷ. 함수 $y=f(x)$의 그래프는 x축과 서로 다른
　　세 점에서 만난다.

334 함수
$f(x)=x^4+2(a-1)x^2-4ax+1$이 극댓값을
갖지 않도록 하는 실수 a의 최솟값은?

① -4　　　② -2　　　③ $\dfrac{1}{4}$

④ $\dfrac{1}{2}$　　　⑤ 2

335 구간 $[-2,\ 3]$에서 함수
$f(x)=(x+1)^3-3(x+1)^2-2$의 최댓값을
M, 최솟값을 m이라 할 때, $M-m$의 값을 구
하시오.

연습문제

✏️서술형

336 두 함수 $f(x)$, $g(x)$가
$f(x)=x^3-12x+1$, $g(x)=x^2-2x-1$일 때, 합성함수 $(f \circ g)(x)$의 최솟값을 구하시오.

337 오른쪽 그림과 같이 한 변의 길이가 2인 정사각형 ABCD의 변 BC의 중점을 M이라 하고, 선분 BM 위의 임의의 점 P에 대하여 $\overline{AP}=\overline{PQ}$가 되도록 변 CD 위에 점 Q를 잡는다. 삼각형 APQ의 넓이의 최솟값이 $\dfrac{n}{m}$일 때, $m+n$의 값을 구하시오.
(단, m, n은 서로소인 자연수)

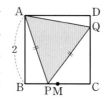

338 오른쪽 그림과 같이 밑면의 반지름의 길이가 6이고 높이가 18인 원뿔에 내접하는 원기둥의 부피의 최댓값을 구하시오.

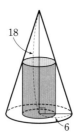

3단계

🎓 평가원

339 최고차항의 계수가 1인 삼차함수 $f(x)$에 대하여 함수 $g(x)$는
$$g(x)=\begin{cases} \dfrac{1}{2} & (x<0) \\ f(x) & (x \geq 0) \end{cases}$$
이다. $g(x)$가 실수 전체의 집합에서 미분가능하고 $g(x)$의 최솟값이 $\dfrac{1}{2}$보다 작을 때, 보기에서 옳은 것만을 있는 대로 고른 것은?

┤보기├
ㄱ. $g(0)+g'(0)=\dfrac{1}{2}$
ㄴ. $g(1)<\dfrac{3}{2}$
ㄷ. 함수 $g(x)$의 최솟값이 0일 때, $g(2)=\dfrac{5}{2}$이다.

① ㄱ   ② ㄱ, ㄴ   ③ ㄱ, ㄷ
④ ㄴ, ㄷ   ⑤ ㄱ, ㄴ, ㄷ

340 오른쪽 그림과 같이 좌표평면 위에 한 변의 길이가 2인 두 정사각형 ABCD, EFGH가 있다. 정사각형 ABCD의 두 대각선의 교점의 좌표는 $(0, 2)$이고, 정사각형 EFGH의 두 대각선의 교점은 제1사분면에서 곡선 $y=x^2$ 위에 있을 때, 두 정사각형이 겹치는 부분의 넓이의 최댓값을 구하시오. (단, 정사각형의 모든 변은 각각 좌표축에 평행하다.)

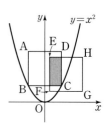

4

도함수의 활용(3)

방정식에의 활용

개념 01 방정식의 실근의 개수

○ 예제 01~03

(1) 방정식 $f(x)=0$의 실근의 개수

방정식 $f(x)=0$의 실근은 함수 $y=f(x)$의 그래프와 x축의 교점의 x좌표와 같다. 즉,

> 방정식 $f(x)=0$의 서로 다른 실근의 개수
> $\Longleftrightarrow$ 함수 $y=f(x)$의 그래프와 x축의 교점의 개수

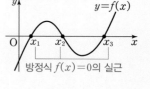

방정식 $f(x)=0$의 실근

(2) 방정식 $f(x)=g(x)$의 실근의 개수

방정식 $f(x)=g(x)$의 실근은 두 함수 $y=f(x)$, $y=g(x)$의 그래프의 교점의 x좌표와 같다. 즉,

> 방정식 $f(x)=g(x)$의 서로 다른 실근의 개수
> $\Longleftrightarrow$ 두 함수 $y=f(x)$, $y=g(x)$의 그래프의 교점의 개수

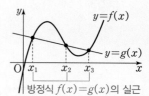

방정식 $f(x)=g(x)$의 실근

| 참고 | • 방정식 $f(x)=0$이 실근을 갖지 않으면 함수 $y=f(x)$의 그래프는 x축과 만나지 않는다.
　　• 방정식 $f(x)=0$은 함수 $y=f(x)$의 그래프와 x축의 교점의 x좌표가 양수이면 양의 실근을 갖고, 음수이면 음의 실근을 갖는다.
　　• 방정식 $f(x)=g(x)$에서 $f(x)-g(x)=0$이므로 방정식 $f(x)=g(x)$의 실근의 개수는 함수 $y=f(x)-g(x)$의 그래프와 x축의 교점의 개수와 같다.

| 예 | 방정식 $x^3-3x^2+1=0$의 서로 다른 실근의 개수를 구해 보자.
$f(x)=x^3-3x^2+1$이라 하면
$f'(x)=3x^2-6x=3x(x-2)$
$f'(x)=0$인 x의 값은 $x=0$ 또는 $x=2$
함수 $f(x)$의 증가와 감소를 표로 나타내면 다음과 같다.

x	$\cdots$	0	$\cdots$	2	$\cdots$
$f'(x)$	+	0	−	0	+
$f(x)$	↗	1 극대	↘	−3 극소	↗

따라서 함수 $y=f(x)$의 그래프는 오른쪽 그림과 같이 x축과 서로 다른 세 점에서 만나므로 주어진 방정식의 서로 다른 실근의 개수는 3이다. 이때 함수 $y=f(x)$의 그래프와 x축의 교점은 y축의 오른쪽에 두 개, 왼쪽에 한 개이므로 주어진 방정식은 서로 다른 두 개의 양의 실근과 한 개의 음의 실근을 갖는다.

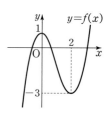

개념 02 삼차방정식의 근의 판별

예제 01, 02

(1) 삼차함수 $f(x)$가 극값을 가질 때, 삼차방정식 $f(x)=0$의 근은 극값을 이용하여 다음과 같이 판별할 수 있다.

① (극댓값)×(극솟값)<0 $\Longleftrightarrow$ 서로 다른 세 실근을 갖는다.

② (극댓값)×(극솟값)=0 $\Longleftrightarrow$ 중근과 다른 한 실근(서로 다른 두 실근)을 갖는다.

③ (극댓값)×(극솟값)>0 $\Longleftrightarrow$ 한 실근과 두 허근(오직 한 실근)을 갖는다.

(2) 삼차함수 $f(x)$가 극값을 갖지 않을 때, 삼차방정식 $f(x)=0$의 실근은 하나뿐이다.

(1) 삼차함수 $f(x)=ax^3+bx^2+cx+d\,(a>0)$가 극값을 가질 때

삼차함수 $f(x)$의 극값에 따라 함수 $y=f(x)$의 그래프의 개형을 이용하여 삼차방정식 $f(x)=0$의 서로 다른 실근의 개수를 다음과 같이 판별할 수 있다.

①

②

➡ 극댓값과 극솟값의 부호가 서로 다르면 서로 다른 실근의 개수는 3이다.

➡ 극댓값 또는 극솟값이 0이면 서로 다른 실근의 개수는 2이다.

③
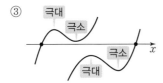

➡ 극댓값과 극솟값의 부호가 같으면 서로 다른 실근의 개수는 1이다.

삼차함수 $f(x)=ax^3+bx^2+cx+d\,(a<0)$인 경우도 위와 마찬가지로 근을 판별할 수 있다.

(2) 삼차함수 $f(x)=ax^3+bx^2+cx+d\,(a>0)$가 극값을 갖지 않을 때

함수 $y=f(x)$의 그래프의 개형은 오른쪽 그림과 같다.

따라서 삼차방정식 $f(x)=0$은 실근인 삼중근을 갖거나 한 실근과 두 허근을 가지므로 실근은 하나뿐이다.

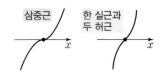

삼차함수 $f(x)=ax^3+bx^2+cx+d\,(a<0)$인 경우도 위와 마찬가지로 근을 판별할 수 있다.

|예| 방정식 $x^3+3x^2-4=0$의 서로 다른 실근의 개수를 구해 보자.

$f(x)=x^3+3x^2-4$라 하면

$f'(x)=3x^2+6x=3x(x+2)$

$f'(x)=0$인 x의 값은 $x=-2$ 또는 $x=0$

이때 극값은 $f(-2)=0$, $f(0)=-4$이므로 두 극값의 곱은

$f(-2)f(0)=0\times(-4)=0$

따라서 주어진 방정식은 중근과 다른 한 실근을 가지므로 서로 다른 실근의 개수는 2이다.

Ⅱ-4

도함수의 활용 (3)

예제 01 / 방정식 $f(x)=0$의 실근의 개수

방정식 $f(x)=0$의 서로 다른 실근의 개수는 함수 $y=f(x)$의 그래프와 x축의 교점의 개수와 같다.

방정식 $x^3-6x^2+9x-2=0$의 서로 다른 실근의 개수를 구하시오.

| 풀이 | $f(x)=x^3-6x^2+9x-2$라 하면
$$f'(x)=3x^2-12x+9=3(x-1)(x-3)$$
$f'(x)=0$인 x의 값은 $x=1$ 또는 $x=3$
함수 $f(x)$의 증가와 감소를 표로 나타내면 다음과 같다.

x	$\cdots$	1	$\cdots$	3	$\cdots$
$f'(x)$	$+$	0	$-$	0	$+$
$f(x)$	↗	2 극대	↘	-2 극소	↗

함수 $y=f(x)$의 그래프는 오른쪽 그림과 같이 x축과 서로 다른 세 점에서 만나므로 주어진 방정식의 서로 다른 실근의 개수는 3이다.

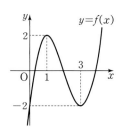

답 3

| 다른 풀이 | $f(x)=x^3-6x^2+9x-2$라 하면
$$f'(x)=3x^2-12x+9=3(x-1)(x-3)$$
$f'(x)=0$인 x의 값은 $x=1$ 또는 $x=3$
이때 함수 $f(x)$의 극값은 $f(1)$, $f(3)$이고
$$f(1)f(3)=2\times(-2)=-4<0 \quad \blacktriangleleft \text{(극댓값)}\times\text{(극솟값)}<0$$
따라서 주어진 방정식의 서로 다른 실근의 개수는 3이다.

유제

341 유사

다음 방정식의 서로 다른 실근의 개수를 구하시오.

(1) $x^3 + 3x^2 + 2 = 0$

(2) $2x^3 - 3x^2 + 1 = 0$

342 유사

다음 방정식의 서로 다른 실근의 개수를 구하시오.

(1) $x^4 - 2x^2 - 3 = 0$

(2) $x^4 - 4x^3 + 4x^2 - 1 = 0$

343 변형

방정식 $x^3 + 3x^2 - 9x - 10 = 0$의 서로 다른 실근의 개수를 a, 방정식 $x^3 + 6x^2 + 9x + 4 = 0$의 서로 다른 실근의 개수를 b라 할 때, $a + b$의 값을 구하시오.

344 변형

방정식 $x^3 - 2x - 1 = x - 2$의 서로 다른 실근의 개수를 구하시오.

예제 02 / 방정식 $f(x)=k$의 실근의 개수

방정식 $f(x)=k$의 서로 다른 실근의 개수는 함수 $y=f(x)$의 그래프와 직선 $y=k$의 교점의 개수와 같음을 이용한다.

방정식 $x^3-3x+4-k=0$의 근이 다음과 같도록 하는 실수 k의 값 또는 범위를 구하시오.

(1) 서로 다른 세 실근   (2) 서로 다른 두 실근   (3) 한 개의 실근

• 유형만렙 미적분Ⅰ 90쪽에서 문제 더 풀기

| 풀이 | $x^3-3x+4-k=0$에서 $x^3-3x+4=k$

이 방정식의 서로 다른 실근의 개수는 함수 $y=x^3-3x+4$의 그래프와 직선 $y=k$의 교점의 개수와 같다.

$f(x)=x^3-3x+4$라 하면 $f'(x)=3x^2-3=3(x+1)(x-1)$

$f'(x)=0$인 x의 값은 $x=-1$ 또는 $x=1$

함수 $f(x)$의 증가와 감소를 표로 나타내면 다음과 같다.

x	$\cdots$	-1	$\cdots$	1	$\cdots$
$f'(x)$	$+$	0	$-$	0	$+$
$f(x)$	$\nearrow$	6 극대	$\searrow$	2 극소	$\nearrow$

함수 $y=f(x)$의 그래프는 오른쪽 그림과 같고, 이 그래프와

(1) 직선 $y=k$가 서로 다른 세 점에서 만나야 하므로
   $2<k<6$

(2) 직선 $y=k$가 서로 다른 두 점에서 만나야 하므로
   $k=2$ 또는 $k=6$

(3) 직선 $y=k$가 한 점에서 만나야 하므로
   $k<2$ 또는 $k>6$

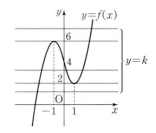

답 (1) $2<k<6$ (2) $k=2$ 또는 $k=6$ (3) $k<2$ 또는 $k>6$

| 다른 풀이 | $f(x)=x^3-3x+4-k$라 하면 $f'(x)=3x^2-3=3(x+1)(x-1)$

$f'(x)=0$인 x의 값은 $x=-1$ 또는 $x=1$

함수 $f(x)$의 극값은 $f(-1)=-k+6$, $f(1)=-k+2$

(1) $f(-1)f(1)<0$이어야 하므로   ◀ (극댓값)×(극솟값)<0
   $(-k+6)(-k+2)<0$, $(k-2)(k-6)<0$ ∴ $2<k<6$

(2) $f(-1)f(1)=0$이어야 하므로   ◀ (극댓값)×(극솟값)=0
   $(-k+6)(-k+2)=0$, $(k-2)(k-6)=0$ ∴ $k=2$ 또는 $k=6$

(3) $f(-1)f(1)>0$이어야 하므로   ◀ (극댓값)×(극솟값)>0
   $(-k+6)(-k+2)>0$, $(k-2)(k-6)>0$ ∴ $k<2$ 또는 $k>6$

345 유사 ▸교과서

방정식 $2x^3+6x^2-k=0$의 근이 다음과 같도록 하는 실수 k의 값 또는 범위를 구하시오.

(1) 서로 다른 세 실근

(2) 서로 다른 두 실근

(3) 한 개의 실근

346 유사

방정식 $3x^4-8x^3-6x^2+24x=k$의 근이 다음과 같도록 하는 실수 k의 값 또는 범위를 구하시오.

(1) 서로 다른 네 실근

(2) 서로 다른 세 실근

(3) 서로 다른 두 실근

(4) 한 개의 실근

347 변형 ▸평가원

방정식 $3x^4-4x^3-12x^2+k=0$이 서로 다른 4개의 실근을 갖도록 하는 자연수 k의 개수를 구하시오.

348 변형

곡선 $y=2x^3-5x$와 직선 $y=x+k$에 대하여 다음 물음에 답하시오.

(1) 곡선과 직선이 한 점에서 만날 때, 실수 k의 값의 범위를 구하시오.

(2) 곡선과 직선이 서로 다른 두 점에서 만날 때, 실수 k의 값을 구하시오.

예제 03 / 방정식 $f(x)=k$의 실근의 부호

방정식 $f(x)=k$의 양의 실근은 함수 $y=f(x)$의 그래프와 직선 $y=k$가 y축의 오른쪽에서 만나는 점의 x좌표이고, 음의 실근은 함수 $y=f(x)$의 그래프와 직선 $y=k$가 y축의 왼쪽에서 만나는 점의 x좌표이다.

방정식 $x^3+3x^2-9x-k=0$의 근이 다음과 같도록 하는 실수 k의 값의 범위를 구하시오.

(1) 한 개의 양의 실근과 서로 다른 두 개의 음의 실근

(2) 서로 다른 두 개의 양의 실근과 한 개의 음의 실근

• 유형만렙 미적분 I 90쪽에서 문제 더 풀기

│풀이│ $x^3+3x^2-9x-k=0$에서 $x^3+3x^2-9x=k$

이 방정식의 실근은 함수 $y=x^3+3x^2-9x$의 그래프와 직선 $y=k$의 교점의 x좌표와 같다.

$f(x)=x^3+3x^2-9x$라 하면

$f'(x)=3x^2+6x-9=3(x+3)(x-1)$

$f'(x)=0$인 x의 값은 $x=-3$ 또는 $x=1$

함수 $f(x)$의 증가와 감소를 표로 나타내면 다음과 같다.

x	$\cdots$	-3	$\cdots$	1	$\cdots$
$f'(x)$	$+$	0	$-$	0	$+$
$f(x)$	$\nearrow$	27 극대	$\searrow$	-5 극소	$\nearrow$

함수 $y=f(x)$의 그래프는 오른쪽 그림과 같고, 이 그래프와

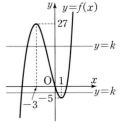

(1) 직선 $y=k$의 교점의 x좌표가 한 개는 양수, 두 개는 음수이어야 하므로
$0<k<27$

(2) 직선 $y=k$의 교점의 x좌표가 두 개는 양수, 한 개는 음수이어야 하므로
$-5<k<0$

답 (1) $0<k<27$ (2) $-5<k<0$

• 정답과 해설 **80**쪽

349 유사

방정식 $2x^3-3x^2-12x-1+k=0$의 근이 다음 과 같도록 하는 실수 k의 값의 범위를 구하시오.

(1) 한 개의 양의 실근과 서로 다른 두 개의 음의 실근

(2) 서로 다른 두 개의 양의 실근과 한 개의 음의 실근

350 유사

방정식 $x^4-8x^2-k=0$이 서로 다른 두 개의 양의 실근과 서로 다른 두 개의 음의 실근을 갖도록 하는 실수 k의 값의 범위를 구하시오.

351 변형

방정식 $x^3-4x^2=5x^2-24x+k$가 서로 다른 세 개의 양의 실근을 갖도록 하는 실수 k의 값의 범위가 $\alpha<k<\beta$일 때, $\beta-\alpha$의 값을 구하시오.

352 변형 🎓 평가원

두 함수 $f(x)=3x^3-x^2-3x$, $g(x)=x^3-4x^2+9x+a$에 대하여 방정식 $f(x)=g(x)$가 서로 다른 두 개의 양의 실근과 한 개의 음의 실근을 갖도록 하는 모든 정수 a의 개수는?

① 6 　　　　② 7 　　　　③ 8
④ 9 　　　　⑤ 10

부등식에의 활용

개념 01 모든 실수에 대하여 성립하는 부등식의 증명

○ 예제 04

(1) 모든 실수 x에 대하여 부등식 $f(x) \geq 0$이 성립한다.

➡ 함수 $f(x)$에 대하여 $(f(x)$의 최솟값$) \geq 0$임을 보인다.

(2) 모든 실수 x에 대하여 부등식 $f(x) \geq g(x)$가 성립한다.

➡ 두 함수 $f(x)$, $g(x)$에 대하여 $h(x) = f(x) - g(x)$라 하고 $(h(x)$의 최솟값$) \geq 0$임을 보인다.

| 예 | 모든 실수 x에 대하여 부등식 $x^4 + 6x^2 - 16x + 9 \geq 0$이 성립함을 증명해 보자.

$f(x) = x^4 + 6x^2 - 16x + 9$라 하면

$f'(x) = 4x^3 + 12x - 16 = 4(x-1)(x^2 + x + 4)$

$f'(x) = 0$인 x의 값은 $x = 1$ ($\because$ x는 실수)

함수 $f(x)$의 증가와 감소를 표로 나타내면 오른쪽과 같다.

이때 함수 $f(x)$의 최솟값은 0이므로 모든 실수 x에 대하여

$f(x) \geq 0$

따라서 모든 실수 x에 대하여 부등식

$x^4 + 6x^2 - 16x + 9 \geq 0$이 성립한다.

x	$\cdots$	1	$\cdots$
$f'(x)$	$-$	0	$+$
$f(x)$	$\searrow$	0 극소	$\nearrow$

| 참고 | (1) 모든 실수 x에 대하여 부등식 $f(x) > 0$이 성립한다.

➡ 함수 $f(x)$에 대하여 $(f(x)$의 최솟값$) > 0$임을 보인다.

(2) 모든 실수 x에 대하여 부등식 $f(x) \leq 0$이 성립한다.

➡ 함수 $f(x)$에 대하여 $(f(x)$의 최댓값$) \leq 0$임을 보인다.

(3) 모든 실수 x에 대하여 부등식 $f(x) > g(x)$가 성립한다.

➡ 두 함수 $f(x)$, $g(x)$에 대하여 $h(x) = f(x) - g(x)$라 하고 $(h(x)$의 최솟값$) > 0$임을 보인다.

개념 02 주어진 구간에서 성립하는 부등식의 증명

○ 예제 05

(1) $x \geq a$에서 함수 $f(x)$가 최솟값을 가질 때, 부등식 $f(x) \geq 0$이 성립함을 보이려면

➡ $x \geq a$에서 $(f(x)$의 최솟값$) \geq 0$임을 보인다.

(2) $x > a$에서 함수 $f(x)$가 최솟값을 갖지 않을 때, 부등식 $f(x) > 0$이 성립함을 보이려면

➡ $x > a$에서 함수 $f(x)$가 증가하고 $f(a) \geq 0$임을 보인다.

|예| (1) $x \geq 0$일 때, 부등식 $2x^3 + 3x^2 - 12x + 7 \geq 0$이 성립함을 증명해 보자.

$f(x) = 2x^3 + 3x^2 - 12x + 7$이라 하면

$f'(x) = 6x^2 + 6x - 12 = 6(x+2)(x-1)$

$f'(x) = 0$인 x의 값은 $x = 1$ ($\because x \geq 0$)

$x \geq 0$에서 함수 $f(x)$의 증가와 감소를 표로 나타내면 오른쪽과 같다.

이때 $x \geq 0$에서 함수 $f(x)$의 최솟값은 0이므로 $x \geq 0$일 때,

$f(x) \geq 0$

x	0	$\cdots$	1	$\cdots$
$f'(x)$		$-$	0	$+$
$f(x)$	7	$\searrow$	0 극소	$\nearrow$

따라서 $x \geq 0$일 때, 부등식 $2x^3 + 3x^2 - 12x + 7 \geq 0$이 성립한다.

(2) $x > 1$일 때, 부등식 $x^3 - 3x + 2 > 0$이 성립함을 증명해 보자.

$f(x) = x^3 - 3x + 2$라 하면

$f'(x) = 3x^2 - 3 = 3(x+1)(x-1)$

$x > 1$일 때, $f'(x) > 0$이므로 $x > 1$에서 함수 $f(x)$는 증가한다.

이때 $f(1) = 0$이므로 $x > 1$에서 $f(x) > 0$

따라서 $x > 1$일 때, 부등식 $x^3 - 3x + 2 > 0$이 성립한다.

|참고| (1) $x \geq a$에서 부등식 $f(x) \leq 0$이 성립한다.

➡ 함수 $f(x)$에 대하여 $x \geq a$에서 ($f(x)$의 최댓값)≤ 0임을 보인다.

(2) $x \geq a$에서 부등식 $f(x) \geq g(x)$가 성립한다.

➡ 두 함수 $f(x)$, $g(x)$에 대하여 $h(x) = f(x) - g(x)$라 하고 $x \geq a$에서 ($h(x)$의 최솟값)≥ 0임을 보인다.

도함수의 활용 (3)

개념 **확인**

• 정답과 해설 81쪽

개념 01
353 모든 실수 x에 대하여 부등식 $x^4 - 4x + 3 \geq 0$이 성립함을 증명하시오.

개념 02
354 $x \geq 0$일 때, 부등식 $x^3 + x^2 - 5x + 3 \geq 0$이 성립함을 증명하시오.

01 방정식과 부등식에의 활용 **179**

예제 04 / 모든 실수에 대하여 성립하는 부등식

모든 실수 x에 대하여 부등식 $f(x) \geq 0$이 성립하려면 ($f(x)$의 최솟값)≥ 0이어야 한다.

다음 물음에 답하시오.

(1) 모든 실수 x에 대하여 부등식 $2x^4 - 4x^2 + k \geq 0$이 성립하도록 하는 실수 k의 값의 범위를 구하시오.

(2) 두 함수 $f(x) = x^4 - x^3 + 8 + k$, $g(x) = 3x^3 - 7$이 있다. 모든 실수 x에 대하여 부등식 $f(x) \geq g(x)$가 성립하도록 하는 실수 k의 값의 범위를 구하시오.

• 유형만렙 미적분 I 92쪽에서 문제 더 풀기

| 풀이 |　(1) $f(x) = 2x^4 - 4x^2 + k$라 하면

$f'(x) = 8x^3 - 8x = 8x(x+1)(x-1)$

$f'(x) = 0$인 x의 값은 $x = -1$ 또는 $x = 0$ 또는 $x = 1$

함수 $f(x)$의 증가와 감소를 표로 나타내면 다음과 같다.

x	$\cdots$	-1	$\cdots$	0	$\cdots$	1	$\cdots$
$f'(x)$	$-$	0	$+$	0	$-$	0	$+$
$f(x)$	$\searrow$	$k-2$ 극소	$\nearrow$	k 극대	$\searrow$	$k-2$ 극소	$\nearrow$

따라서 함수 $f(x)$의 최솟값은 $k-2$이므로 모든 실수 x에 대하여 $f(x) \geq 0$이 성립하려면

$k - 2 \geq 0$　　$\therefore k \geq 2$

(2) 모든 실수 x에 대하여 부등식 $f(x) \geq g(x)$가 성립하려면 $f(x) - g(x) \geq 0$이어야 한다.

$h(x) = f(x) - g(x)$라 하면

$h(x) = x^4 - x^3 + 8 + k - (3x^3 - 7) = x^4 - 4x^3 + k + 15$

$\therefore h'(x) = 4x^3 - 12x^2 = 4x^2(x-3)$

$h'(x) = 0$인 x의 값은 $x = 0$ 또는 $x = 3$

함수 $h(x)$의 증가와 감소를 표로 나타내면 다음과 같다.

x	$\cdots$	0	$\cdots$	3	$\cdots$
$h'(x)$	$-$	0	$-$	0	$+$
$h(x)$	$\searrow$	$k+15$	$\searrow$	$k-12$ 극소	$\nearrow$

따라서 함수 $h(x)$의 최솟값은 $k-12$이므로 모든 실수 x에 대하여 $h(x) \geq 0$, 즉 $f(x) \geq g(x)$가 성립하려면

$k - 12 \geq 0$　　$\therefore k \geq 12$

답 (1) $k \geq 2$　(2) $k \geq 12$

유제

• 정답과 해설 81쪽

355 [유사] [교과서]

모든 실수 x에 대하여 부등식
$x^4-4x^3-2x^2+12x+k\geq0$이 성립하도록 하는
실수 k의 값의 범위를 구하시오.

357 [변형] [교육청]

두 함수 $f(x)=-x^4-x^3+2x^2$,

$g(x)=\dfrac{1}{3}x^3-2x^2+a$가 있다. 모든 실수 x에 대
하여 부등식 $f(x)\leq g(x)$가 성립할 때, 실수 a
의 최솟값은?

① 8   ② $\dfrac{26}{3}$ ③ $\dfrac{28}{3}$

④ 10   ⑤ $\dfrac{32}{3}$

356 [유사]

두 함수 $f(x)=x^4+2x^2-10x$,
$g(x)=-x^2-20x+k$가 있다. 모든 실수 x에
대하여 부등식 $f(x)>g(x)$가 성립하도록 하는
실수 k의 값의 범위를 구하시오.

358 [변형]

두 함수 $f(x)=x^4-2x^3+4x+k$,
$g(x)=2x^3-12x$에 대하여 함수 $y=f(x)$의 그
래프가 함수 $y=g(x)$의 그래프보다 항상 위쪽
에 있도록 하는 실수 k의 값의 범위를 구하시오.

예제 05 / 주어진 구간에서 성립하는 부등식

- $x \geq a$에서 부등식 $f(x) \geq 0$이 성립하려면 $(f(x)$의 최솟값$) \geq 0$이어야 한다.
- $x > a$에서 함수 $f(x)$가 최솟값을 갖지 않을 때 부등식 $f(x) > 0$이 성립하려면 $x > a$에서 $f(x)$ 가 증가하고 $f(a) \geq 0$이어야 한다.

다음 물음에 답하시오.

(1) $x \geq 0$일 때, 부등식 $2x^3 - 3x^2 + k \geq 0$이 성립하도록 하는 실수 k의 값의 범위를 구하시오.

(2) $x > 4$일 때, 부등식 $x^3 - 9x^2 + 24x + k > 0$이 성립하도록 하는 실수 k의 값의 범위를 구하시오.

• 유형만렙 미적분 I 93쪽에서 문제 더 풀기

| 풀이 | (1) $f(x) = 2x^3 - 3x^2 + k$라 하면

$f'(x) = 6x^2 - 6x = 6x(x-1)$

$f'(x) = 0$인 x의 값은 $x = 0$ 또는 $x = 1$

$x \geq 0$에서 함수 $f(x)$의 증가와 감소를 표로 나타내면 다음과 같다.

x	0	$\cdots$	1	$\cdots$
$f'(x)$	0	$-$	0	$+$
$f(x)$	k	$\searrow$	$k-1$ 극소	$\nearrow$

따라서 $x \geq 0$에서 함수 $f(x)$의 최솟값은 $k-1$이므로 $x \geq 0$일 때, $f(x) \geq 0$이 성립하려면

$k - 1 \geq 0$ $\therefore k \geq 1$

(2) $f(x) = x^3 - 9x^2 + 24x + k$라 하면

$f'(x) = 3x^2 - 18x + 24 = 3(x-2)(x-4)$

$x > 4$일 때, $f'(x) > 0$이므로 $x > 4$에서 함수 $f(x)$는 증가한다.   ◀ $x > 4$일 때, $x-2 > 0$, $x-4 > 0$

따라서 $x > 4$일 때, $f(x) > 0$이 성립하려면 $f(4) \geq 0$이어야 하므로

$64 - 144 + 96 + k \geq 0$ $\therefore k \geq -16$

답 (1) $k \geq 1$ (2) $k \geq -16$

359 유사

$x>0$일 때, 부등식 $x^3-3x^2-9x+10-k>0$이 성립하도록 하는 실수 k의 값의 범위를 구하시오.

361 변형 📖 교과서

두 함수 $f(x)=-4x^2+3x$, $g(x)=2x^3-x^2-9x+k$에 대하여 구간 $[0,\ 2]$에서 부등식 $f(x)\leq g(x)$가 성립하도록 하는 실수 k의 최솟값을 구하시오.

360 유사

$-2<x<0$일 때, 부등식 $2x^3+6x^2+k<0$이 성립하도록 하는 실수 k의 값의 범위를 구하시오.

362 변형

$x>1$일 때, 부등식 $x^3-x^2-2x+2>-x^2+x+k$가 성립하도록 하는 실수 k의 값의 범위를 구하시오.

연습문제

1단계

363 방정식 $2x^3-3x^2-12x+4=0$의 서로 다른 실근의 개수를 구하시오.

🎓 평가원

364 두 곡선 $y=2x^2-1$, $y=x^3-x^2+k$가 만나는 점의 개수가 2가 되도록 하는 양수 k의 값은?

① 1   ② 2   ③ 3
④ 4   ⑤ 5

✏️ 서술형

365 방정식 $3x^4+8x^3-18x^2-k=0$이 서로 다른 두 개의 양의 실근과 서로 다른 두 개의 음의 실근을 갖도록 하는 정수 k의 개수를 a, 음의 실근만을 갖도록 하는 정수 k의 개수를 b라 할 때, $b-a$의 값을 구하시오.

366 모든 실수 x에 대하여 부등식 $x^4-4x^3+4x^2+k\geq0$이 성립하도록 하는 실수 k의 최솟값을 구하시오.

367 두 함수 $f(x)=x^3+x^2+20x+1$, $g(x)=2x^3+4x^2-25x+k$에 대하여 $x>0$일 때, 함수 $y=f(x)$의 그래프가 함수 $y=g(x)$의 그래프보다 항상 아래쪽에 있도록 하는 자연수 k의 최솟값은?

① 80   ② 81   ③ 82
④ 83   ⑤ 84

2단계

🎓 평가원

368 삼차함수 $f(x)$의 도함수의 그래프와 이차함수 $g(x)$의 도함수의 그래프가 그림과 같다. 함수 $h(x)$를 $h(x)=f(x)-g(x)$라 하자. $f(0)=g(0)$일 때, 옳은 것만을 보기에서 있는 대로 고른 것은?

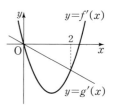

┤ 보기 ├
ㄱ. $0<x<2$에서 $h(x)$는 감소한다.
ㄴ. $h(x)$는 $x=2$에서 극솟값을 갖는다.
ㄷ. 방정식 $h(x)=0$은 서로 다른 세 실근을 갖는다.

① ㄱ   ② ㄴ   ③ ㄱ, ㄴ
④ ㄱ, ㄷ   ⑤ ㄱ, ㄴ, ㄷ

369 방정식 $4x^3+12x^2-a=0$이 $-2 \le x \le 2$에서 서로 다른 두 실근을 갖도록 하는 자연수 a의 개수는?

① 12   ② 13   ③ 14
④ 15   ⑤ 16

370 함수 $f(x)=x^3-12x+10$에 대하여 방정식 $|f(x)|=k$의 서로 다른 실근의 개수가 4가 되도록 하는 자연수 k의 개수를 구하시오.

371 점 $(0, a)$에서 곡선 $y=x^3-6x^2$에 서로 다른 3개의 접선을 그을 수 있을 때, a의 값의 범위를 구하시오.

372 모든 실수 x에 대하여 부등식 $x^4+2(a-3)x^2-8(a+1)x+a^2+15 \ge 0$이 성립하도록 양수 a의 최솟값은?

① 7   ② 8   ③ 9
④ 10   ⑤ 11

3단계

🎓 평가원

373 함수 $f(x)=\dfrac{1}{2}x^3-\dfrac{9}{2}x^2+10x$에 대하여 x에 대한 방정식

$$f(x)+|f(x)+x|=6x+k$$

의 서로 다른 실근의 개수가 4가 되도록 하는 모든 정수 k의 값의 합을 구하시오.

374 $x \ge k$일 때, 부등식 $2x^3+9kx^2+27 \ge 0$이 성립하도록 하는 실수 k의 값의 범위를 구하시오.

속도와 가속도

개념 01 수직선 위를 움직이는 점의 속도와 가속도

● 예제 01~04

수직선 위를 움직이는 점 P의 시각 t에서의 위치를 $x=f(t)$라 할 때, 시각 t에서의 점 P의 속도 v와 가속도 a는

$$v=\frac{dx}{dt}=f'(t)$$

$$a=\frac{dv}{dt}$$

점 P가 수직선 위를 움직일 때, 시각 t에서의 점 P의 위치를 x라 하면 x는 t에 대한 함수이므로 $x=f(t)$와 같이 나타낼 수 있다.

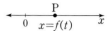

시각이 t에서 $t+\varDelta t$까지 변할 때, 점 P의 평균속도는

$$\frac{\varDelta x}{\varDelta t}=\frac{f(t+\varDelta t)-f(t)}{\varDelta t}$$ ◀ (평균속도)$=\dfrac{\text{(위치의 변화량)}}{\text{(시간의 변화량)}}$

이것은 함수 $x=f(t)$의 평균변화율이다.

이때 시각 t에서 점 P의 위치 x의 순간변화율을 시각 t에서의 점 P의 순간속도 또는 속도라 한다.

즉, 속도 v는

$$v=\lim_{\varDelta t\to 0}\frac{\varDelta x}{\varDelta t}=\lim_{\varDelta t\to 0}\frac{f(t+\varDelta t)-f(t)}{\varDelta t}=\frac{dx}{dt}=f'(t)$$

이때 속도의 절댓값 $|v|$를 시각 t에서의 점 P의 속력이라 한다.

또 시각 t에서 속도 v의 순간변화율을 시각 t에서의 점 P의 가속도라 한다.

즉, 가속도 a는

$$a=\lim_{\varDelta t\to 0}\frac{\varDelta v}{\varDelta t}=\frac{dv}{dt}$$

| 예 | 수직선 위를 움직이는 점 P의 시각 t에서의 위치 x가 $x=t^3-2t^2+5$일 때, 시각 $t=2$에서의 점 P의 속도와 가속도를 구해 보자.

시각 t에서의 점 P의 속도를 v, 가속도를 a라 하면

$$v=\frac{dx}{dt}=3t^2-4t,\ a=\frac{dv}{dt}=6t-4$$

따라서 시각 $t=2$에서의 점 P의 속도와 가속도는

$$v=12-8=4,\ a=12-4=8$$

| 참고 | 수직선 위를 움직이는 점 P의 시각 t에서의 속도 v의 부호는 점 P의 운동 방향을 나타낸다.

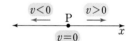

(1) $v>0$이면 점 P는 양의 방향으로 움직인다.

(2) $v<0$이면 점 P는 음의 방향으로 움직인다.

(3) $v=0$이면 점 P는 운동 방향을 바꾸거나 정지한다.

시각에 대한 길이, 넓이, 부피의 변화율 ○ 예제 05, 06

시각 t에서의 길이가 l, 넓이가 S, 부피가 V인 각각의 도형에서 시간이 Δt만큼 경과한 후 길이가 Δl만큼, 넓이가 ΔS만큼, 부피가 ΔV만큼 변할 때

(1) 시각 t에서의 길이 l의 변화율은

$$\lim_{\Delta t \to 0} \frac{\Delta l}{\Delta t} = \frac{dl}{dt}$$

(2) 시각 t에서의 넓이 S의 변화율은

$$\lim_{\Delta t \to 0} \frac{\Delta S}{\Delta t} = \frac{dS}{dt}$$

(3) 시각 t에서의 부피 V의 변화율은

$$\lim_{\Delta t \to 0} \frac{\Delta V}{\Delta t} = \frac{dV}{dt}$$

| 예 | 밑면이 한 변의 길이가 3인 정사각형이고 높이가 4인 직육면체의 밑면의 각 변의 길이가 1초에 2씩 늘어날 때, 시각 t에서의 밑면의 한 변의 길이의 변화율, 밑면의 넓이의 변화율, 직육면체의 부피의 변화율을 구해 보자.

시각 t에서의 직육면체의 밑면의 한 변의 길이를 l, 밑면의 넓이를 S, 직육면체의 부피를 V라 하면

$$l = 3 + 2t, \quad S = (3 + 2t)^2 = 4t^2 + 12t + 9, \quad V = 4(4t^2 + 12t + 9) = 16t^2 + 48t + 36$$

(1) 시각 t에서의 길이 l의 변화율은

$$\frac{dl}{dt} = (3 + 2t)' = 2$$

(2) 시각 t에서의 넓이 S의 변화율은

$$\frac{dS}{dt} = (4t^2 + 12t + 9)' = 8t + 12$$

(3) 시각 t에서의 부피 V의 변화율은

$$\frac{dV}{dt} = (16t^2 + 48t + 36)' = 32t + 48$$

개념 **확인** • 정답과 해설 87쪽

개념 01

375 수직선 위를 움직이는 점 P의 시각 t에서의 위치 x가 $x = t^3 - 6t + 4$일 때, 다음을 구하시오.

(1) $t = 3$에서의 점 P의 속도 v

(2) $t = 3$에서의 점 P의 가속도 a

(3) 점 P의 속도가 -3이 되는 시각

(4) 점 P의 가속도가 12가 되는 시각

예제 01 / 수직선 위를 움직이는 점의 속도와 가속도

수직선 위를 움직이는 점 P의 시각 t에서의 위치 x가 $x=f(t)$일 때, 시각 t에서의 점 P의 속도 v와 가속도 a는 $v=\dfrac{dx}{dt}=f'(t)$, $a=\dfrac{dv}{dt}$ 이다.

다음 물음에 답하시오.

(1) 원점을 출발하여 수직선 위를 움직이는 점 P의 시각 t에서의 위치 x가 $x=t^3-7t^2+10t$일 때, 점 P가 출발 후 처음으로 다시 원점을 지나는 순간의 가속도를 구하시오.

(2) 수직선 위를 움직이는 두 점 P, Q의 시각 t에서의 위치가 각각 $x_P=t^3-6t^2+8t$, $x_Q=-3t^2+17t$일 때, 두 점 P, Q의 속도가 같아지는 순간의 두 점 P, Q 사이의 거리를 구하시오.

• 유형만렙 미적분 I 94쪽에서 문제 더 풀기

| 풀이 | (1) 시각 t에서의 점 P의 속도를 v, 가속도를 a라 하면

$$v=\frac{dx}{dt}=3t^2-14t+10, \; a=\frac{dv}{dt}=6t-14$$

점 P가 원점을 지나는 순간의 위치는 0이므로 $x=0$에서

$t^3-7t^2+10t=0$, $t(t-2)(t-5)=0$

$\therefore t=2$ 또는 $t=5$ ($\because t>0$)

따라서 점 P가 출발 후 처음으로 다시 원점을 지나는 시각은 $t=2$이므로 구하는 가속도는

$a=12-14=-2$

(2) 시각 t에서의 두 점 P, Q의 속도를 각각 v_P, v_Q라 하면

$$v_P=\frac{dx_P}{dt}=3t^2-12t+8, \; v_Q=\frac{dx_Q}{dt}=-6t+17$$

두 점 P, Q의 속도가 같으면 $v_P=v_Q$에서

$3t^2-12t+8=-6t+17$

$3t^2-6t-9=0$, $(t+1)(t-3)=0$

$\therefore t=3$ ($\because t>0$)

$t=3$에서의 두 점 P, Q의 위치는 각각

$x_P=27-54+24=-3$, $x_Q=-27+51=24$

따라서 구하는 거리는

$24-(-3)=27$

답 (1) -2 (2) 27

376 [유사]

원점을 출발하여 수직선 위를 움직이는 점 P의 시각 t에서의 위치 x가 $x=2t^3-5t^2+3t$일 때, 점 P가 출발 후 처음으로 다시 원점을 지나는 순간의 가속도를 구하시오.

378 [변형]

수직선 위를 움직이는 점 P의 시각 t에서의 위치 x가 $x=t^3-3t^2-14t$일 때, 점 P의 속도가 10이 되는 순간의 가속도를 구하시오.

377 [유사]

수직선 위를 움직이는 두 점 P, Q의 시각 t에서의 위치가 각각 $x_P=t^3-3t^2+t+2$, $x_Q=-\dfrac{1}{2}t^2+3t-1$일 때, 두 점 P, Q의 속도가 같아지는 순간의 두 점 P, Q 사이의 거리를 구하시오.

379 [변형]   교육청

수직선 위를 움직이는 점 P의 시각 t $(t\geq0)$에서의 위치 x가
$$x=t^3-3t^2+at \ (a는 \ 상수)$$
이다. 점 P의 시각 $t=3$에서의 속도가 15일 때, a의 값을 구하시오.

예제 02 / 수직선 위를 움직이는 점의 운동 방향

운동 방향을 바꾸는 순간의 속도는 0이고, 두 점이 서로 반대 방향으로 움직이면 속도의 부호는 서로 반대임을 이용한다.

다음 물음에 답하시오.

(1) 수직선 위를 움직이는 점 P의 시각 t에서의 위치 x가 $x=-t^3+3t^2+6$일 때, 점 P가 출발 후 운동 방향을 바꾸는 순간의 가속도를 구하시오.

(2) 수직선 위를 움직이는 두 점 P, Q의 시각 t에서의 위치가 각각 $x_P=2t^2-2t$, $x_Q=t^2-4t$일 때, 두 점 P, Q가 서로 반대 방향으로 움직이는 t의 값의 범위를 구하시오.

•유형만렙 미적분 Ⅰ 95쪽에서 문제 더 풀기

| 풀이 | (1) 시각 t에서의 점 P의 속도를 v, 가속도를 a라 하면

$$v=\frac{dx}{dt}=-3t^2+6t, \ a=\frac{dv}{dt}=-6t+6$$

점 P가 운동 방향을 바꾸는 순간의 속도는 0이므로 $v=0$에서

$$-3t^2+6t=0, \ t(t-2)=0$$

$$\therefore \ t=2 \ (\because \ t>0)$$

따라서 $t=2$에서의 점 P의 가속도는

$$a=-12+6=-6$$

(2) 시각 t에서의 두 점 P, Q의 속도를 각각 v_P, v_Q라 하면

$$v_P=\frac{dx_P}{dt}=4t-2, \ v_Q=\frac{dx_Q}{dt}=2t-4$$

두 점이 서로 반대 방향으로 움직이면 속도의 부호는 서로 반대이므로 $v_P v_Q<0$에서

$$(4t-2)(2t-4)<0, \ (2t-1)(t-2)<0$$

$$\therefore \ \frac{1}{2}<t<2$$

답 (1) -6 (2) $\frac{1}{2}<t<2$

380 유사

수직선 위를 움직이는 점 P의 시각 t에서의 위치 x가 $x=\dfrac{1}{3}t^3-9t$일 때, 점 P가 출발 후 운동 방향을 바꾸는 순간의 가속도를 구하시오.

381 유사

수직선 위를 움직이는 두 점 P, Q의 시각 t에서의 위치가 각각 $x_{\mathrm{P}}=t^2-10t+6$, $x_{\mathrm{Q}}=3t^2-6t-1$일 때, 두 점 P, Q가 서로 반대 방향으로 움직이는 t의 값의 범위를 구하시오.

382 변형

수직선 위를 움직이는 점 P의 시각 t에서의 위치 x가 $x=-t^3+9t^2-24t+3$일 때, 점 P가 출발 후 두 번째로 운동 방향을 바꾸는 순간의 위치를 구하시오.

383 변형 평가원

수직선 위를 움직이는 점 P의 시각 $t\,(t>0)$에서의 위치 x가

$$x=t^3-12t+k\ (k\text{는 상수})$$

이다. 점 P의 운동 방향이 원점에서 바뀔 때, k의 값은?

① 10 ② 12 ③ 14
④ 16 ⑤ 18

예제 03 / 위로 던진 물체의 위치와 속도

물체가 최고 높이에 도달하는 순간 운동 방향이 바뀌므로 속도는 0이고, 물체가 지면에 떨어지는 순간의 높이는 0임을 이용한다.

지면에서 20 m/s의 속도로 지면과 수직으로 쏘아 올린 물체의 t초 후의 높이를 x m라 하면 $x=20t-5t^2$일 때, 다음을 구하시오.

(1) 물체의 최고 높이

(2) 물체가 지면에 떨어지는 순간의 속도

• 유형만렙 미적분 I 95쪽에서 문제 더 풀기

| 풀이 |　물체의 t초 후의 속도를 v m/s라 하면 $v=\dfrac{dx}{dt}=20-10t$

(1) 물체가 최고 높이에 도달하는 순간의 속도는 0이므로 $v=0$에서

$20-10t=0$　　∴ $t=2$

따라서 $t=2$에서의 물체의 높이는 $x=40-20=20(\text{m})$

(2) 물체가 지면에 떨어지는 순간의 높이는 0이므로 $x=0$에서

$20t-5t^2=0$, $t(t-4)=0$　　∴ $t=4$ ($\because t>0$)

따라서 $t=4$에서의 물체의 속도는 $v=20-40=-20(\text{m/s})$

🔒 (1) 20 m　(2) -20 m/s

예제 04 / 위치, 속도의 그래프의 해석

위치 $x(t)$의 그래프에서 시각 $t=a$에서의 속도는 $t=a$인 점에서의 접선의 기울기이다.

수직선 위를 움직이는 점 P의 시각 t에서의 위치 $x(t)$의 그래프가 오른쪽 그림과 같을 때, 보기에서 옳은 것만을 있는 대로 고르시오.

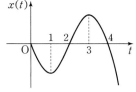

┤ 보기 ├

ㄱ. $1<t<3$에서 점 P는 한 방향으로만 움직인다.

ㄴ. $t=1$에서 점 P는 운동 방향을 바꾼다.

ㄷ. $t=4$에서의 점 P의 속도는 0이다.

• 유형만렙 미적분 I 96쪽에서 문제 더 풀기

| 풀이 |　점 P의 시각 t에서의 속도는 $x'(t)$이므로 위치 $x(t)$의 그래프에서 그 점에서의 접선의 기울기와 같다.

ㄱ. $1<t<3$에서 $x'(t)>0$이므로 점 P는 양의 방향으로만 움직인다.

ㄴ. $x'(1)=0$이고 $t=1$의 좌우에서 $x'(t)$의 부호가 바뀌므로 $t=1$에서 점 P는 운동 방향을 바꾼다.

ㄷ. $x'(4)<0$이므로 $t=4$에서의 점 P의 속도는 0이 아니다.

따라서 보기에서 옳은 것은 ㄱ, ㄴ이다.

🔒 ㄱ, ㄴ

384 _{예제 03} 유사

지면에서 10 m/s의 속도로 지면과 수직으로 쏘아 올린 물 로켓의 t초 후의 높이를 x m라 하면 $x = 10t - 5t^2$일 때, 다음을 구하시오.

(1) 물 로켓의 최고 높이

(2) 물 로켓이 지면에 떨어지는 순간의 속도

386 _{예제 03} 변형

지면으로부터 30 m 높이에서 a m/s의 속도로 지면과 수직으로 쏘아 올린 물체의 t초 후의 높이를 x m라 하면 $x = 30 + at + bt^2$이다. 물체가 최고 높이에 도달할 때까지 걸린 시간은 2초이고 그때의 높이는 50 m일 때, 상수 a, b에 대하여 $a + b$의 값을 구하시오.

385 _{예제 04} 유사

수직선 위를 움직이는 점 P의 시각 t에서의 위치 $x(t)$의 그래프가 오른쪽 그림과 같을 때, 보기에서 옳은 것만을 있는 대로 고르시오.

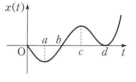

┤ 보기 ├

ㄱ. $a < t < b$에서 점 P는 음의 방향으로 움직인다.

ㄴ. $b < t < d$에서 점 P의 속도가 0이 되는 순간이 있다.

ㄷ. $t = d$에서 점 P는 운동 방향을 바꾼다.

387 _{예제 04} 변형

수직선 위를 움직이는 점 P의 시각 t에서의 속도 $v(t)$의 그래프가 오른쪽 그림과 같을 때, 보기에서 옳은 것만을 있는 대로 고르시오.

┤ 보기 ├

ㄱ. $0 < t < a$에서 점 P의 가속도는 일정하다.

ㄴ. $0 < t < c$에서 점 P는 운동 방향을 2번 바꾼다.

ㄷ. $t = a$에서와 $t = c$에서의 점 P의 운동 방향은 서로 반대이다.

예제 05 / 시각에 대한 길이의 변화율

길이를 시각 t에 대한 식으로 나타낸 후 미분하여 변화율을 구한다.

오른쪽 그림과 같이 키가 1.7 m인 사람이 높이가 3.4 m인 가로등의 바로 밑에서
출발하여 매초 1 m의 일정한 속도로 일직선으로 걸을 때, 다음을 구하시오.

(1) 그림자의 끝이 움직이는 속도

(2) 그림자의 길이의 변화율

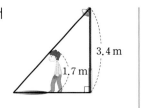

• 유형만렙 미적분 I 96쪽에서 문제 더 풀기

| 풀이 | 사람이 t초 동안 움직인 거리는 t m이고, t초 후 가로등의 바로 밑에서 그림
자 끝까지의 거리를 x m라 하면 오른쪽 그림에서 $\triangle ABC \circ \triangle DBE$이므로
$3.4 : 1.7 = x : (x-t)$, $x=2(x-t)$ $\qquad \therefore x=2t$

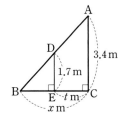

(1) 그림자의 끝이 움직이는 속도를 v m/s라 하면 $v = \dfrac{dx}{dt} = 2(\text{m/s})$

(2) t초 후의 그림자의 길이를 l m라 하면 $l = \overline{BE} = x - t = 2t - t = t$

따라서 그림자의 길이의 변화율은 $\dfrac{dl}{dt} = 1(\text{m/s})$

🔢 (1) 2 m/s (2) 1 m/s

예제 06 / 시각에 대한 넓이, 부피의 변화율

넓이와 부피를 각각 시각 t에 대한 식으로 나타낸 후 미분하여 변화율을 구한다.

한 모서리의 길이가 4 cm인 정육면체의 각 모서리의 길이가 매초 2 cm씩 늘어난다고 한다. 한 모서리의
길이가 10 cm가 되었을 때, 다음을 구하시오.

(1) 정육면체의 겉넓이의 변화율 (2) 정육면체의 부피의 변화율

• 유형만렙 미적분 I 97쪽에서 문제 더 풀기

| 풀이 | t초 후의 정육면체의 한 모서리의 길이는 $(4+2t)$ cm
한 모서리의 길이가 10 cm이면 $4+2t=10$ $\qquad \therefore t=3$

(1) t초 후의 정육면체의 겉넓이를 S cm²라 하면 $S = 6(4+2t)^2$

시각 t에서의 정육면체의 겉넓이의 변화율은 $\dfrac{dS}{dt} = 12(4+2t) \times 2 = 24(4+2t)$

따라서 $t=3$에서의 정육면체의 겉넓이의 변화율은 $24(4+6) = 240(\text{cm}^2/\text{s})$

(2) t초 후의 정육면체의 부피를 V cm³라 하면 $V = (4+2t)^3$

시각 t에서의 정육면체의 부피의 변화율은 $\dfrac{dV}{dt} = 3(4+2t)^2 \times 2 = 6(4+2t)^2$

따라서 $t=3$에서의 정육면체의 부피의 변화율은 $6(4+6)^2 = 600(\text{cm}^3/\text{s})$

🔢 (1) 240 cm²/s (2) 600 cm³/s

유제

388 예제 05 유사

오른쪽 그림과 같이 키가 1.5 m인 사람이 높이가 4.5 m인 가로등의 바로 밑에서 출발하여 매초 0.5 m의 일정한 속도로 일직선으로 걸을 때, 다음을 구하시오.

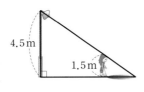

(1) 그림자의 끝이 움직이는 속도

(2) 그림자의 길이의 변화율

389 예제 06 유사

밑면의 반지름의 길이가 6 cm, 높이가 10 cm인 원기둥의 밑면의 반지름의 길이가 매초 1 cm씩 늘어난다고 한다. 밑면의 반지름의 길이가 8 cm가 되었을 때, 다음을 구하시오.

(1) 원기둥의 겉넓이의 변화율

(2) 원기둥의 부피의 변화율

390 예제 05 변형

한 변의 길이가 9 cm인 정사각형의 각 변의 길이가 매초 2 cm씩 늘어난다고 한다. 이 정사각형의 한 대각선의 길이의 변화율을 구하시오.

391 예제 06 변형

반지름의 길이가 2 cm인 구 모양의 고무 풍선에 공기를 넣으면 반지름의 길이가 매초 0.5 cm씩 늘어난다고 한다. 공기를 넣기 시작한 지 4초 후의 고무 풍선의 부피의 변화율을 구하시오.

연습문제

1단계

392 원점을 출발하여 수직선 위를 움직이는 점 P의 시각 t에서의 위치 x가 $x=-t^2+8t$일 때, 점 P가 출발 후 원점을 다시 지나는 순간의 속도는?

① -12 ② -8 ③ -4

④ 0 ⑤ 4

393 🎓 수능

수직선 위를 움직이는 점 P의 시각 $t\,(t \geq 0)$에서의 위치 x가

$$x=-\frac{1}{3}t^3+3t^2+k\ (k는 상수)$$

이다. 점 P의 가속도가 0일 때, 점 P의 위치는 40이다. k의 값을 구하시오.

394 ✏️ 서술형

직선 선로 위를 달리는 어떤 열차가 제동을 건 후 t초 동안 움직인 거리를 x m라 하면 $x=18t-0.45t^2$이다. 제동을 건 후 이 열차가 정지할 때까지 움직인 거리를 구하시오.

395 수직선 위를 움직이는 점 P의 시각 t에서의 위치 x가 $x=t^3-12t^2+36t+11$일 때, 점 P가 출발 후 두 번째로 운동 방향을 바꾸는 순간의 가속도를 구하시오.

396 🎓 평가원

수직선 위를 움직이는 점 P의 시각 $t\,(t \geq 0)$에서의 위치 x가

$$x=t^3+at^2+bt\ (a,\ b는 상수)$$

이다. 시각 $t=1$에서 점 P가 운동 방향을 바꾸고, 시각 $t=2$에서 점 P의 가속도는 0이다. $a+b$의 값은?

① 3 ② 4 ③ 5

④ 6 ⑤ 7

397 지면으로부터 20 m 높이에서 40 m/s의 속도로 지면과 수직으로 쏘아 올린 물체의 t초 후의 높이를 x m라 하면 $x=20+40t-5t^2$일 때, 물체가 최고 높이에 도달할 때까지 걸린 시간은?

① 3초   ② 4초   ③ 5초

④ 6초   ⑤ 7초

398 수직선 위를 움직이는 점 P의 시각 t에서의 속도 $v(t)$의 그래프가 다음 그림과 같을 때, 보기에서 옳은 것만을 있는 대로 고른 것은?

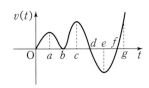

┌─ **보기** ───────────────────────┐
ㄱ. $0 < t < g$에서 점 P의 가속도가 0인 순간은 3번 이다.

ㄴ. $0 < t < g$에서 점 P는 운동 방향을 4번 바꾼다.

ㄷ. $b < t < c$에서 점 P의 속도는 증가한다.
└──────────────────────────────┘

① ㄱ   ② ㄴ   ③ ㄷ

④ ㄱ, ㄷ   ⑤ ㄴ, ㄷ

399 가로의 길이가 5, 세로의 길이가 3인 직사각형의 가로의 길이가 매초 1씩 늘어나고, 세로의 길이가 매초 2씩 늘어난다고 한다. 10초 후의 이 직사각형의 넓이의 변화율을 구하시오.

2단계

400 수직선 위를 움직이는 점 P의 시각 t에서의 위치 $x(t)$가 $x(t) = 2t^3 - 6t^2 - t + 5$일 때, $0 \leq t \leq 2$에서 점 P의 속력의 최댓값을 구하시오.

🖉 서술형

401 수직선 위를 움직이는 두 점 P, Q의 시각 t에서의 위치가 각각 $x_P = 3t^2 - 7t + 10$, $x_Q = t^2 - 3t + 2$이다. 선분 PQ의 중점을 M이라 할 때, 점 Q가 두 번째로 원점을 지나는 순간의 점 M의 속도를 구하시오.

402 수직선 위를 움직이는 두 점 P, Q의 시각 t에서의 위치가 각각 $x_P = 2t^4 + 3kt^2$, $x_Q = 7t^2$이다. $t > 0$에서 두 점 P, Q의 가속도가 같아지는 순간이 존재하도록 하는 모든 t의 값의 곱을 구하시오. (단, k는 자연수)

🎓 평가원

403 수직선 위를 움직이는 점 P의 시각 $t \, (t \geq 0)$에서의 위치 x가 $x = t^3 - 5t^2 + at + 5$이다. 점 P가 움직이는 방향이 바뀌지 않도록 하는 자연수 a의 최솟값은?

① 9   ② 10   ③ 11

④ 12   ⑤ 13

연습문제

404 수직선 위를 움직이는 두 점 P, Q의 시각 t에서의 위치 $f(t)$, $g(t)$의 그래프가 다음 그림과 같을 때, 보기에서 옳은 것만을 있는 대로 고르시오.

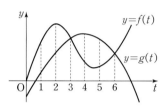

┤ 보기 ├

ㄱ. $0 < t \leq 6$에서 두 점 P, Q는 2번 만난다.

ㄴ. $t=2$에서의 점 P의 속도는 점 Q의 속도보다 빠르다.

ㄷ. $t=5$에서 두 점 P, Q는 서로 같은 방향으로 움직인다.

ㄹ. $3 \leq t \leq 4$에서 점 P가 움직인 거리는 점 Q가 움직인 거리보다 길다.

405 오른쪽 그림과 같이 좌표평면 위의 원점 O에서 동시에 출발하여 x축의 양의 방향, y축의 양의 방향으로 각각 움직이는 두 점 A, B가 있다. 선분 AB의 중점을 C라 하고, 두 점 A, B가 매초 2의 일정한 속력으로 움직일 때, 선분 OC의 길이의 변화율은?

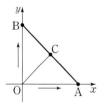

① $\sqrt{2}$ ② $\sqrt{3}$ ③ 2
④ $2\sqrt{2}$ ⑤ $2\sqrt{3}$

406 오른쪽 그림과 같이 밑면의 반지름의 길이가 20 cm, 높이가 50 cm인 원뿔 모양의 빈 용기에 매초 1 cm씩 일정하게 수면이 상승하도록 물을 넣는다고 한다. 수면의 높이가 5 cm인 순간의 물의 부피의 변화율을 구하시오.

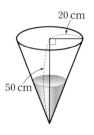

3단계

407 수직선 위를 움직이는 두 점 P, Q의 시각 t에서의 위치가 각각 $x_P = t^4 - 3t^3 + 10t^2$, $x_Q = 3t^3 - 2t^2 + mt$일 때, 두 점 P, Q의 속도가 3번 같아지도록 하는 정수 m의 값은?

① 6 ② 7 ③ 8
④ 9 ⑤ 10

408 수직선 위를 움직이는 두 점 P, Q의 시각 t에서의 위치가 각각 $x_P = \dfrac{2}{3}t^3 - 2t^2$, $x_Q = -\dfrac{1}{3}t^3 + \dfrac{1}{2}t^2$이다. 두 점 P, Q가 출발 후 서로 같은 방향으로 움직일 때의 두 점 P, Q 사이의 거리의 최댓값을 구하시오.

1

부정적분

부정적분

개념 01 부정적분

○ 예제 01

(1) 함수 $F(x)$의 도함수가 $f(x)$일 때, 즉

$$F'(x)=f(x)$$

일 때, 함수 $F(x)$를 $f(x)$의 **부정적분**이라 한다.

(2) 함수 $f(x)$의 한 부정적분을 $F(x)$라 하면 $f(x)$의 임의의 부정적분은

$$F(x)+C \ (C는 상수)$$

와 같이 나타낼 수 있고, 기호로

$$\int f(x)\,dx$$

와 같이 나타낸다.

즉, 함수 $f(x)$의 부정적분은

$$\int f(x)\,dx = F(x)+C \ (C는 상수)$$

이다. 이때 상수 C를 **적분상수**라 한다.

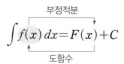

(3) 함수 $f(x)$의 부정적분을 구하는 것을 함수 $f(x)$를 **적분한다**고 한다.

두 함수 $F(x)$, $G(x)$를 모두 $f(x)$의 부정적분이라 하면

$$F'(x)=f(x), \ G'(x)=f(x)$$

이므로 다음이 성립한다.

$$\{G(x)-F(x)\}'=G'(x)-F'(x)=f(x)-f(x)=0$$

이때 도함수가 0인 함수는 상수함수이므로 이 상수를 C라 하면

$$G(x)-F(x)=C \qquad \therefore \ G(x)=F(x)+C$$

따라서 함수 $f(x)$의 한 부정적분을 $F(x)$라 하면 $f(x)$의 임의의 부정적분은 $F(x)+C\,(C는 상수)$
와 같이 나타낼 수 있다.

| 예 | · $(2x)'=2$이므로 $\displaystyle\int 2\,dx=2x+C$

　　　· $(x^3)'=3x^2$이므로 $\displaystyle\int 3x^2\,dx=x^3+C$

| 참고 | · 부정적분을 구하는 것은 도함수를 구하는 것의 역과정이다.

　　　· 기호 $\int$은 'integral'이라 읽고, $\int f(x)\,dx$에서 $f(x)$를 피적분함수, x를 적분변수라 한다.

　　　· $\int f(x)\,dx$에서 dx는 x에 대하여 적분한다는 뜻이므로 x 이외의 문자는 모두 상수로 생각한다.

(1) $\dfrac{d}{dx}\left\{\displaystyle\int f(x)\,dx\right\}=f(x)$

(2) $\displaystyle\int\left\{\dfrac{d}{dx}f(x)\right\}dx=f(x)+C$ (단, C는 적분상수)

| 증명 | (1) 함수 $f(x)$의 한 부정적분을 $F(x)$라 하면

$$\int f(x)\,dx=F(x)+C \text{ (단, } C\text{는 적분상수)}$$

양변을 x에 대하여 미분하면

$$\dfrac{d}{dx}\left\{\int f(x)\,dx\right\}=\dfrac{d}{dx}\{F(x)+C\} \qquad \therefore \dfrac{d}{dx}\left\{\int f(x)\,dx\right\}=f(x)$$

(2) $\displaystyle\int\left\{\dfrac{d}{dx}f(x)\right\}dx=F(x)$라 하고 양변을 x에 대하여 미분하면

$$\dfrac{d}{dx}f(x)=\dfrac{d}{dx}F(x) \qquad \therefore \dfrac{d}{dx}\{F(x)-f(x)\}=0$$

도함수가 0이므로 $F(x)-f(x)=C$ (C는 상수)라 하면 $F(x)=f(x)+C$

$$\therefore \int\left\{\dfrac{d}{dx}f(x)\right\}dx=f(x)+C \text{ (단, } C\text{는 적분상수)}$$

| 예 | (1) $\dfrac{d}{dx}\left\{\displaystyle\int(2x^2+5x)\,dx\right\}=2x^2+5x$ (2) $\displaystyle\int\left\{\dfrac{d}{dx}(2x^2+5x)\right\}dx=2x^2+5x+C$

| 참고 | · $f(x) \xrightarrow{\text{적분}} F(x)+C \xrightarrow{\text{미분}} f(x)$ ◀ 적분한 후 미분하면 적분상수가 없어지고 원래의 식이 된다.

$\quad\quad\quad f(x) \xrightarrow{\text{미분}} f'(x) \xrightarrow{\text{적분}} f(x)+C$ ◀ 미분한 후 적분하면 원래의 식에 적분상수 C가 붙는다.

· 일반적으로 $\dfrac{d}{dx}\left\{\displaystyle\int f(x)\,dx\right\}\neq\displaystyle\int\left\{\dfrac{d}{dx}f(x)\right\}dx$임에 주의한다.

개념 **확인** ── • 정답과 해설 93쪽

개념 01
409 다음 부정적분을 구하시오.

(1) $\displaystyle\int 2x\,dx$ (2) $\displaystyle\int(-5x^4)\,dx$

개념 02
410 함수 $f(x)=2x^3+x^2-4x$에 대하여 다음을 구하시오.

(1) $\dfrac{d}{dx}\left\{\displaystyle\int f(x)\,dx\right\}$ (2) $\displaystyle\int\left\{\dfrac{d}{dx}f(x)\right\}dx$

$$\int f(x)\,dx = g(x)$$이면 $f(x) = g'(x)$이다.

다음 물음에 답하시오.

(1) 다항함수 $f(x)$가 $\int f(x)\,dx = x^3 + 5x^2 + 3x + C$를 만족시킬 때, $f(1)$의 값을 구하시오.

(단, C는 적분상수)

(2) 등식 $\int (9x^2 + 4x - a)\,dx = bx^3 + cx^2 - 5x - 2$를 만족시키는 상수 a, b, c의 값을 구하시오.

• 유형만렙 미적분 Ⅰ 106쪽에서 문제 더 풀기

| 풀이 | (1) $f(x) = (x^3 + 5x^2 + 3x + C)'$

$\qquad\qquad = 3x^2 + 10x + 3$

$\qquad \therefore f(1) = 3 + 10 + 3 = 16$

(2) $9x^2 + 4x - a = (bx^3 + cx^2 - 5x - 2)'$

$\qquad\qquad\qquad\quad = 3bx^2 + 2cx - 5$

따라서 $9 = 3b$, $4 = 2c$, $-a = -5$이므로

$a = 5$, $b = 3$, $c = 2$

🔑 (1) 16 (2) $a = 5$, $b = 3$, $c = 2$

411 유사

다항함수 $f(x)$가

$$\int f(x)\,dx = -x^4 + 2x^3 + 2x^2 + C$$

를 만족시킬 때, $f(-1)$의 값을 구하시오.

(단, C는 적분상수)

412 유사

등식

$$\int (6x^2 + ax + 2)\,dx = bx^3 + 3x^2 - cx + 4$$

를 만족시키는 상수 a, b, c의 값을 구하시오.

413 변형

다항함수 $f(x)$가

$$\int (2x+1)f(x)\,dx = \frac{2}{3}x^3 + \frac{3}{2}x^2 + x + C$$

를 만족시킬 때, $f(-1)+f(1)$의 값을 구하시오.

(단, C는 적분상수)

414 변형

함수 $f(x)$의 한 부정적분이 $x^3 + ax^2 + bx$이고 $f(0)=3$, $f'(0)=-2$일 때, 상수 a, b에 대하여 $a+b$의 값을 구하시오.

$\dfrac{d}{dx}\left\{\displaystyle\int f(x)\,dx\right\}=f(x)$ 이고, $\displaystyle\int\left\{\dfrac{d}{dx}f(x)\right\}dx=f(x)+C\,(C$는 적분상수$)$이다.

다음 물음에 답하시오.

(1) 다항함수 $f(x)$에 대하여 $\dfrac{d}{dx}\left\{\displaystyle\int f(x)\,dx\right\}=5x^2+2x$일 때, $f(1)$의 값을 구하시오.

(2) 함수 $f(x)=\displaystyle\int\left\{\dfrac{d}{dx}(2x^3-3x)\right\}dx$에 대하여 $f(2)=4$일 때, $f(2)$의 값을 구하시오.

• 유형만렙 미적분 I 107쪽에서 문제 더 풀기

| 풀이 | (1) $\dfrac{d}{dx}\left\{\displaystyle\int f(x)\,dx\right\}=f(x)$이므로

$\qquad f(x)=5x^2+2x$

$\qquad \therefore f(1)=5+2=7$

(2) $f(x)=\displaystyle\int\left\{\dfrac{d}{dx}(2x^3-3x)\right\}dx=2x^3-3x+C$

$\qquad f(2)=4$에서

$\qquad 16-6+C=4 \qquad \therefore C=-6$

$\qquad$ 따라서 $f(x)=2x^3-3x-6$이므로

$\qquad f(2)=16-6-6=4$

답 (1) 7 (2) 4

415 유사

다항함수 $f(x)$에 대하여

$\dfrac{d}{dx}\left\{\displaystyle\int f(x)\,dx\right\}=-x^3+2x^2+4$일 때, $f(-2)$

의 값을 구하시오.

417 변형

함수

$$f(x)=\dfrac{d}{dx}\left\{\int (x^2-3x)\,dx\right\}+\int \left\{\dfrac{d}{dx}(2x^2)\right\}dx$$

에 대하여 $f(0)=-1$일 때, $f(1)$의 값을 구하

시오.

416 유사

함수 $f(x)=\displaystyle\int \left\{\dfrac{d}{dx}(3x^3+x^2)\right\}dx$에 대하여

$f(1)=2$일 때, $f(-1)$의 값을 구하시오.

418 변형

함수 $f(x)=\displaystyle\int \left\{\dfrac{d}{dx}(x^2+8x)\right\}dx$의 최솟값이

-6일 때, $f(x)$를 구하시오.

2 부정적분의 계산

개념 01 함수 $y = x^n$ (n은 양의 정수)과 상수함수의 부정적분

◑ 예제 03~08

(1) n이 양의 정수일 때, $\displaystyle\int x^n dx = \dfrac{1}{n+1}x^{n+1} + C$ (단, C는 적분상수)

(2) k가 상수일 때, $\displaystyle\int k\,dx = kx + C$ (단, C는 적분상수)

부정적분의 정의를 이용하면 다음과 같다.

$\left(\dfrac{1}{2}x^2\right)' = x$이므로 $\displaystyle\int x\,dx = \dfrac{1}{2}x^2 + C$

$\left(\dfrac{1}{3}x^3\right)' = x^2$이므로 $\displaystyle\int x^2\,dx = \dfrac{1}{3}x^3 + C$

$\left(\dfrac{1}{4}x^4\right)' = x^3$이므로 $\displaystyle\int x^3\,dx = \dfrac{1}{4}x^4 + C$

일반적으로 n이 양의 정수일 때, $\left(\dfrac{1}{n+1}x^{n+1}\right)' = x^n$이므로

$\displaystyle\int x^n\,dx = \dfrac{1}{n+1}x^{n+1} + C$ (단, C는 적분상수)

한편 k가 상수일 때, $(kx)' = k$이므로

$\displaystyle\int k\,dx = kx + C$ (단, C는 적분상수)

| 예 | (1) $\displaystyle\int x^5\,dx = \dfrac{1}{5+1}x^{5+1} + C = \dfrac{1}{6}x^6 + C$ (2) $\displaystyle\int 3\,dx = 3x + C$

| 참고 | $\displaystyle\int 1\,dx$는 간단히 $\displaystyle\int dx$로 나타내기도 한다.

개념 02 함수의 실수배, 합, 차의 부정적분

◑ 예제 03~08

두 함수 $f(x)$, $g(x)$가 부정적분을 가질 때

(1) $\displaystyle\int kf(x)\,dx = k\int f(x)\,dx$ (단, k는 0이 아닌 실수)

(2) $\displaystyle\int \{f(x) + g(x)\}\,dx = \int f(x)\,dx + \int g(x)\,dx$

(3) $\displaystyle\int \{f(x) - g(x)\}\,dx = \int f(x)\,dx - \int g(x)\,dx$

| 참고 | (2), (3)은 세 개 이상의 함수에서도 성립한다.

| 증명 | 두 함수 $f(x)$, $g(x)$의 한 부정적분을 각각 $F(x)$, $G(x)$라 하면

$$\int f(x)\,dx = F(x) + C_1,\ \int g(x)\,dx = G(x) + C_2\ (단,\ C_1,\ C_2는\ 적분상수)$$

(1) $\{kF(x)\}' = kF'(x) = kf(x)$이므로

$$\int kf(x)\,dx = kF(x) + C_3\ (C_3은\ 적분상수)$$

이고,

$$k\int f(x)\,dx = k\{F(x) + C_1\} = kF(x) + kC_1$$

이다. 이때 C_1, C_3은 임의의 상수이므로 k가 0이 아닌 실수이면

$$\int kf(x)\,dx = k\int f(x)\,dx$$

(2) $\{F(x) + G(x)\}' = F'(x) + G'(x) = f(x) + g(x)$이므로

$$\int \{f(x) + g(x)\}\,dx = F(x) + G(x) + C_4\ (C_4는\ 적분상수)$$

이고,

$$\int f(x)\,dx + \int g(x)\,dx = \{F(x) + C_1\} + \{G(x) + C_2\}$$
$$= F(x) + G(x) + (C_1 + C_2)$$

이다. 이때 C_1, C_2, C_4는 임의의 상수이므로

$$\int \{f(x) + g(x)\}\,dx = \int f(x)\,dx + \int g(x)\,dx$$

(3) (2)와 같은 방법으로 하면 다음이 성립한다.

$$\int \{f(x) - g(x)\}\,dx = \int f(x)\,dx - \int g(x)\,dx$$

| 예 | (1) $\displaystyle\int 6x^3\,dx = 6\int x^3\,dx = 6 \times \frac{1}{4}x^4 + C = \frac{3}{2}x^4 + C$

(2) $\displaystyle\int (x^2 + 5)\,dx = \int x^2\,dx + 5\int dx = \left(\frac{1}{3}x^3 + C_1\right) + (5x + C_2)$

$$= \frac{1}{3}x^3 + 5x + (C_1 + C_2) = \frac{1}{3}x^3 + 5x + C$$

◀ 적분상수가 여러 개 있을 때는 이들을 묶어서 하나의 적분상수 C로 나타낸다.

(3) $\displaystyle\int (2x^2 - x)\,dx = 2\int x^2\,dx - \int x\,dx = \left(2 \times \frac{1}{3}x^3 + C_1\right) - \left(\frac{1}{2}x^2 + C_2\right)$

$$= \frac{2}{3}x^3 - \frac{1}{2}x^2 + (C_1 - C_2) = \frac{2}{3}x^3 - \frac{1}{2}x^2 + C$$

개념 확인

• 정답과 해설 **93쪽**

개념 01, 02

419 다음 부정적분을 구하시오.

(1) $\displaystyle\int 7\,dx$

(2) $\displaystyle\int 9x^2\,dx$

(3) $\displaystyle\int (x + 4)\,dx$

(4) $\displaystyle\int (x^2 - 3x + 2)\,dx$

예제 03 / 부정적분의 계산

피적분함수가 복잡한 경우에는 전개, 약분 등을 이용하여 식을 정리한 후 부정적분을 구한다.

다음 부정적분을 구하시오.

(1) $\int (2x^2-1)(4x+1)\,dx$　　　　　(2) $\int (3x^2-xt)\,dt$

(3) $\int \dfrac{x^4-9}{x^2+3}\,dx$　　　　　(4) $\int \dfrac{x^3}{x-1}\,dx - \int \dfrac{1}{x-1}\,dx$

• **유형만렙** 미적분 I 107쪽에서 문제 더 풀기

| 개념 | 　(1) n이 양의 정수일 때, $\int x^n\,dx = \dfrac{1}{n+1}x^{n+1}+C$ (단, C는 적분상수)

　　　　(2) k가 상수일 때, $\int k\,dx = kx+C$ (단, C는 적분상수)

| 풀이 | 　(1) $\displaystyle\int (2x^2-1)(4x+1)\,dx = \int (8x^3+2x^2-4x-1)\,dx$

$$= 8\int x^3\,dx + 2\int x^2\,dx - 4\int x\,dx - \int dx$$

$$= 2x^4 + \frac{2}{3}x^3 - 2x^2 - x + C$$

(2) $\displaystyle\int (3x^2-xt)\,dt = 3x^2\int dt - x\int t\,dt$　◀ 적분변수 t 이외의 문자는 상수로 생각한다.

$$= 3x^2t - \frac{1}{2}xt^2 + C$$

(3) $\displaystyle\int \frac{x^4-9}{x^2+3}\,dx = \int \frac{(x^2+3)(x^2-3)}{x^2+3}\,dx = \int (x^2-3)\,dx$

$$= \int x^2\,dx - 3\int dx = \frac{1}{3}x^3 - 3x + C$$

(4) $\displaystyle\int \frac{x^3}{x-1}\,dx - \int \frac{1}{x-1}\,dx = \int \left(\frac{x^3}{x-1} - \frac{1}{x-1} \right)dx = \int \frac{x^3-1}{x-1}\,dx$

$$= \int \frac{(x-1)(x^2+x+1)}{x-1}\,dx$$

$$= \int (x^2+x+1)\,dx$$

$$= \int x^2\,dx + \int x\,dx + \int dx$$

$$= \frac{1}{3}x^3 + \frac{1}{2}x^2 + x + C$$

답 (1) $2x^4 + \dfrac{2}{3}x^3 - 2x^2 - x + C$　(2) $3x^2t - \dfrac{1}{2}xt^2 + C$

(3) $\dfrac{1}{3}x^3 - 3x + C$　(4) $\dfrac{1}{3}x^3 + \dfrac{1}{2}x^2 + x + C$

420 유사

다음 부정적분을 구하시오.

(1) $\displaystyle\int (x-1)^3\,dx$

(2) $\displaystyle\int 2x(x+1)(3x-5)\,dx$

(3) $\displaystyle\int (x-t)^2\,dt$

(4) $\displaystyle\int \frac{4x^2+5x+1}{x+1}\,dx$

(5) $\displaystyle\int (\sqrt{x}+1)^2\,dx+\int (\sqrt{x}-1)^2\,dx$

(6) $\displaystyle\int \frac{y^2+5y}{y+2}\,dy-\int \frac{y-4}{y+2}\,dy$

421 변형

함수 $f(x)=\displaystyle\int (x-2)(x+2)(x^2+4)\,dx$에 대하여 $f(0)=3$일 때, $f(x)$를 구하시오.

422 변형
평가원

함수 $f(x)$가

$$f(x)=\int \left(\frac{1}{2}x^3+2x+1\right)dx-\int \left(\frac{1}{2}x^3+x\right)dx$$

이고 $f(0)=1$일 때, $f(4)$의 값은?

① $\dfrac{23}{2}$　　② 12　　③ $\dfrac{25}{2}$

④ 13　　⑤ $\dfrac{27}{2}$

예제 04 / 도함수가 주어질 때 함수 구하기

함수 $f(x)$의 도함수 $f'(x)$가 주어지면 $f(x)=\int f'(x)\,dx$임을 이용한다.

다음 물음에 답하시오.

(1) 함수 $f(x)$에 대하여 $f'(x)=3x^2+4x+2$이고 $f(1)=4$일 때, $f(-2)$의 값을 구하시오.

(2) 점 $(2, -3)$을 지나는 곡선 $y=f(x)$ 위의 임의의 점 $(x, f(x))$에서의 접선의 기울기가 $4x-7$일 때, 함수 $f(x)$를 구하시오.

• 유형만렙 미적분 Ⅰ 108쪽에서 문제 더 풀기

| 풀이 | (1) $f(x)=\int f'(x)\,dx=\int (3x^2+4x+2)\,dx$

$\qquad\qquad =x^3+2x^2+2x+C$

$\qquad f(1)=4$에서

$\qquad 1+2+2+C=4 \qquad \therefore C=-1$

$\qquad$따라서 $f(x)=x^3+2x^2+2x-1$이므로

$\qquad f(-2)=-8+8-4-1=-5$

(2) 곡선 $y=f(x)$ 위의 점 $(x, f(x))$에서의 접선의 기울기가 $4x-7$이므로

$\qquad f'(x)=4x-7$

$\qquad \therefore f(x)=\int f'(x)\,dx=\int (4x-7)\,dx$

$\qquad\qquad =2x^2-7x+C$

$\qquad$곡선 $y=f(x)$가 점 $(2, -3)$을 지나므로 $f(2)=-3$에서

$\qquad 8-14+C=-3 \qquad \therefore C=3$

$\qquad \therefore f(x)=2x^2-7x+3$

답 (1) -5 (2) $f(x)=2x^2-7x+3$

423 [유사]

함수 $f(x)$에 대하여 $f'(x) = 4x^3 - 2x - 5$이고 $f(2) = 6$일 때, $f(1)$의 값을 구하시오.

425 [변형]

함수 $f(x)$에 대하여 $f'(x) = 3x^2 - kx + 2$이고 $f(0) = f(2) = 2$일 때, 상수 k의 값을 구하시오.

424 [유사] 📖 교과서

점 $(1, 4)$를 지나는 곡선 $y = f(x)$ 위의 임의의 점 $(x, f(x))$에서의 접선의 기울기가 $6x^2 - 4x + 3$일 때, $f(2)$의 값을 구하시오.

426 [변형]

곡선 $y = f(x)$ 위의 임의의 점 $(x, f(x))$에서의 접선의 기울기가 $2x + 1$이고 이 곡선이 두 점 $(2, 5)$, $(-1, k)$를 지날 때, k의 값을 구하시오.

예제 05 함수와 그 부정적분 사이의 관계식이 주어질 때 함수 구하기

함수 $f(x)$와 그 부정적분 $F(x)$ 사이의 관계식의 양변을 x에 대하여 미분한 후 $F'(x)=f(x)$임을 이용한다.

다항함수 $f(x)$의 한 부정적분을 $F(x)$라 하면

$$F(x)=xf(x)-x^3+3x^2$$

이 성립하고 $f(2)=1$일 때, $f(x)$를 구하시오.

• 유형만렙 미적분 I 109쪽에서 문제 더 풀기

| 풀이 | $F(x)=xf(x)-x^3+3x^2$의 양변을 x에 대하여 미분하면

$F'(x)=f(x)+xf'(x)-3x^2+6x$

$F'(x)=f(x)$이므로

$f(x)=f(x)+xf'(x)-3x^2+6x$

$xf'(x)=3x^2-6x=x(3x-6)$ $\qquad \therefore f'(x)=3x-6$

$\therefore f(x)=\int f'(x)\,dx=\int (3x-6)\,dx=\frac{3}{2}x^2-6x+C$

$f(2)=1$에서 $6-12+C=1$ $\qquad \therefore C=7$

$\therefore f(x)=\frac{3}{2}x^2-6x+7$

답 $f(x)=\frac{3}{2}x^2-6x+7$

예제 06 부정적분과 미분의 관계 (2)

$\frac{d}{dx}f(x)=g(x)$ 꼴이 주어지면 양변을 x에 대하여 적분하여 $f(x)=\int g(x)\,dx$임을 이용한다.

두 다항함수 $f(x)$, $g(x)$가

$$\frac{d}{dx}\{f(x)+g(x)\}=4x+1,\ \frac{d}{dx}\{f(x)g(x)\}=6x^2-8x+1$$

을 만족시키고 $f(0)=-2$, $g(0)=1$일 때, $f(3)+g(-1)$의 값을 구하시오.

• 유형만렙 미적분 I 110쪽에서 문제 더 풀기

| 풀이 | $\frac{d}{dx}\{f(x)+g(x)\}=4x+1$에서 $\int\left[\frac{d}{dx}\{f(x)+g(x)\}\right]dx=\int (4x+1)\,dx$

$\therefore f(x)+g(x)=2x^2+x+C_1$ $\qquad \cdots\cdots$ ㉠

$\frac{d}{dx}\{f(x)g(x)\}=6x^2-8x+1$에서 $\int\left[\frac{d}{dx}\{f(x)g(x)\}\right]dx=\int (6x^2-8x+1)\,dx$

$\therefore f(x)g(x)=2x^3-4x^2+x+C_2$ $\qquad \cdots\cdots$ ㉡

$f(0)=-2$, $g(0)=1$이므로 ㉠, ㉡에서

$f(0)+g(0)=C_1$ $\qquad \therefore C_1=-1$

$f(0)g(0)=C_2$ $\qquad \therefore C_2=-2$

$\therefore f(x)+g(x)=2x^2+x-1$, $f(x)g(x)=2x^3-4x^2+x-2=(x-2)(2x^2+1)$

이때 $f(0)=-2$, $g(0)=1$이므로 $f(x)=x-2$, $g(x)=2x^2+1$

$\therefore f(3)+g(-1)=(3-2)+(2+1)=4$

답 4

427 _{예제 05} 유사

다항함수 $f(x)$의 한 부정적분을 $F(x)$라 하면
$$xf(x)-F(x)=-4x^3+6x^2$$
이 성립하고 $f(1)=5$일 때, $f(x)$를 구하시오.

429 _{예제 05} 변형

다항함수 $f(x)$에 대하여
$$\int f(x)\,dx=(x-2)f(x)-x^3+2x^2+4x$$
가 성립하고 $f(2)=6$일 때, $f(1)$의 값을 구하시오.

428 _{예제 06} 유사

두 다항함수 $f(x)$, $g(x)$가
$$\frac{d}{dx}\{f(x)-g(x)\}=2x,$$
$$\frac{d}{dx}\{f(x)g(x)\}=3x^2+4x+2$$
를 만족시키고 $f(1)=3$, $g(1)=2$일 때, $f(2)+g(2)$의 값을 구하시오.

430 _{예제 06} 변형

두 다항함수 $f(x)$, $g(x)$가
$$\frac{d}{dx}\{f(x)+g(x)\}=8x+5,$$
$$\frac{d}{dx}\{f(x)-g(x)\}=4x-3$$
을 만족시키고 $f(0)=-1$, $g(0)=1$일 때, $f(1)g(1)$의 값을 구하시오.

예제 07 / 함수의 연속과 부정적분

함수 $f(x)$에 대하여 $f'(x) = \begin{cases} g(x) & (x > a) \\ h(x) & (x < a) \end{cases}$ 이고, $f(x)$가 $x = a$에서 연속이면

$\lim\limits_{x \to a+} \int g(x)\,dx = \lim\limits_{x \to a-} \int h(x)\,dx = f(a)$임을 이용한다.

모든 실수 x에서 연속인 함수 $f(x)$에 대하여 $f'(x) = \begin{cases} 2x+1 & (x \geq 0) \\ 6x^2+1 & (x < 0) \end{cases}$ 이고 $f(-1)=2$일 때, $f(2)$의 값을 구하시오.

• 유형만렙 미적분 I 110쪽에서 문제 더 풀기

| 풀이 | (i) $x \geq 0$일 때, $f(x) = \int (2x+1)\,dx = x^2 + x + C_1$

(ii) $x < 0$일 때, $f(x) = \int (6x^2+1)\,dx = 2x^3 + x + C_2$

(i), (ii)에서 $f(x) = \begin{cases} x^2 + x + C_1 & (x \geq 0) \\ 2x^3 + x + C_2 & (x < 0) \end{cases}$

$f(-1)=2$에서 $-2-1+C_2=2$ $\therefore C_2=5$

함수 $f(x)$는 $x=0$에서 연속이므로 $\lim\limits_{x \to 0-} f(x) = f(0)$에서 $C_2 = C_1$ $\therefore C_1 = 5$

따라서 $f(x) = \begin{cases} x^2 + x + 5 & (x \geq 0) \\ 2x^3 + x + 5 & (x < 0) \end{cases}$ 이므로

$f(2) = 4 + 2 + 5 = 11$ **답** 11

예제 08 / 부정적분과 함수의 극값

$f(x) = \int f'(x)\,dx$임을 이용하여 함수 $f(x)$를 적분상수를 포함한 식으로 나타낸 후 극값을 이용하여 적분상수를 구한다.

함수 $f(x)$에 대하여 $f'(x) = 3x^2 - 12$이고 $f(x)$의 극솟값이 -12일 때, $f(x)$의 극댓값을 구하시오.

• 유형만렙 미적분 I 111쪽에서 문제 더 풀기

| 풀이 | $f(x) = \int f'(x)\,dx = \int (3x^2 - 12)\,dx = x^3 - 12x + C$

$f'(x) = 3x^2 - 12 = 3(x+2)(x-2)$이므로 $f'(x) = 0$인 x의 값은 $x = -2$ 또는 $x = 2$

함수 $f(x)$의 증가와 감소를 표로 나타내면 오른쪽과 같다.

x	$\cdots$	-2	$\cdots$	2	$\cdots$
$f'(x)$	$+$	0	$-$	0	$+$
$f(x)$	$\nearrow$	극대	$\searrow$	극소	$\nearrow$

함수 $f(x)$는 $x=2$에서 극솟값 -12를 가지므로

$f(2) = -12$에서

$8 - 24 + C = -12$ $\therefore C = 4$

따라서 $f(x) = x^3 - 12x + 4$이고 $f(x)$는 $x = -2$에서 극대이므로 극댓값은

$f(-2) = -8 + 24 + 4 = 20$ **답** 20

431 예제 07 유사

모든 실수 x에서 연속인 함수 $f(x)$에 대하여

$$f'(x)=\begin{cases} -3x^2+2x+2 & (x\geq 1) \\ 6x-5 & (x<1) \end{cases}$$

이고 $f(2)=1$일 때, $f(-1)$의 값을 구하시오.

433 예제 07 변형

모든 실수 x에서 연속인 함수 $f(x)$에 대하여

$$f'(x)=\begin{cases} k & (x>-1) \\ 4x+2 & (x<-1) \end{cases}$$

이고 $f(3)=5$, $f(-2)=1$일 때, 상수 k의 값을 구하시오.

432 예제 08 유사

함수 $f(x)$에 대하여 $f'(x)=-x^2+2x+3$이고 $f(x)$의 극댓값이 10일 때, $f(x)$의 극솟값을 구하시오.

434 예제 08 변형 📖 교과서

함수 $f(x)$에 대하여 $f'(x)=3ax^2-6ax$이고 $f(x)$의 극댓값이 4, 극솟값이 -8일 때, $f(x)$를 구하시오. (단, $a>0$)

연습문제

1단계

435 다항함수 $f(x)$가
$$\int f(x)\,dx = x^3 - \frac{1}{2}x^2 + 3x + C$$
를 만족시킬 때, $f(2)$의 값을 구하시오.
(단, C는 적분상수)

436 함수 $f(x) = \int (x^2 + 2x - 5)\,dx$에 대하여 $\displaystyle\lim_{h \to 0} \frac{f(1+h) - f(1-h)}{h}$의 값은?

① -4 ② -2 ③ 0
④ 2 ⑤ 4

437 함수 $f(x) = 3x^2 - 2x$에 대하여 두 함수 $g(x),\, h(x)$를
$$g(x) = \int \left\{ \frac{d}{dx} f(x) \right\} dx,$$
$$h(x) = \frac{d}{dx} \left\{ \int f(x)\,dx \right\}$$
라 하자. $g(1) = 5$일 때, $g(-1) - h(2)$의 값을 구하시오.

438 함수
$$f(x) = \int \frac{x^3 - 1}{x^2 + x + 1}\,dx + \int \frac{x^3 + 1}{x^2 - x + 1}\,dx$$
에 대하여 곡선 $y = f(x)$가 점 $(2, 2)$를 지날 때, $f(3)$의 값을 구하시오.

439 두 점 $(0, -4),\, (2, 6)$을 지나는 곡선 $y = f(x)$ 위의 임의의 점 $(x, f(x))$에서의 접선의 기울기가 $2x + a$일 때, 상수 a의 값은?

① -3 ② -1 ③ 1
④ 3 ⑤ 5

440 다항함수 $f(x)$의 한 부정적분을 $F(x)$라 하면
$$xf(x) - F(x) = 2x^3 - 3x^2$$
이 성립하고 $f(1) = -1$일 때, 방정식 $f(x) = 0$의 모든 근의 곱을 구하시오.

441 상수함수가 아닌 두 다항함수 $f(x),\, g(x)$가 $\frac{d}{dx} \{ f(x)g(x) \} = 6x$를 만족시키고 $f(2) = 1,\, g(2) = 9$일 때, $f(5) + g(-2)$의 값을 구하시오.

442 실수 전체의 집합에서 미분가능한 함수 $F(x)$의 도함수 $f(x)$가
$$f(x)=\begin{cases} -2x & (x<0) \\ k(2x-x^2) & (x\geq0) \end{cases}$$
이다. $F(2)-F(-3)=21$일 때, 상수 k의 값을 구하시오.

443 삼차함수 $f(x)$의 도함수 $y=f'(x)$의 그래프가 오른쪽 그림과 같고 $f(x)$의 극솟값이 -3일 때, $f(x)$의 극댓값을 구하시오.

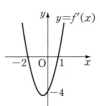

2단계

444 함수 $f(x)=-4x+9$의 한 부정적분 $F(x)$가 모든 실수 x에 대하여 $F(x)<0$을 만족시킬 때, 다음 중 $F(0)$의 값이 될 수 있는 것은?

① -11 ② -10 ③ -9
④ -8 ⑤ -7

445 다항식 $f(x)$가 x^2-4x+3으로 나누어 떨어지고 함수 $f(x)$의 도함수가 $f'(x)=6x^2+2x+a$일 때, 상수 a의 값을 구하시오.

446 함수 $f(x)$에 대하여
$$f'(x)=1+2x+3x^2+\cdots+nx^{n-1}$$
이고 $f(0)=3$, $f(1)=9$일 때, 자연수 n의 값을 구하시오. (단, $n\geq2$)

447 미분가능한 함수 $f(x)$가 모든 실수 x, y에 대하여
$$f(x+y)=f(x)+f(y)-3xy$$
를 만족시키고 $f'(0)=4$일 때, $f(2)$의 값은?

① -4 ② -2 ③ 0
④ 2 ⑤ 4

448 다항함수 $f(x)$의 한 부정적분 $F(x)$에 대하여
$$F(x)=-3x^3(x-2)+xf(x)$$
가 성립하고 $f(1)=0$이다. 구간 $[-1, 2]$에서 함수 $f(x)$의 최댓값을 M, 최솟값을 m이라 할 때, $M+m$의 값을 구하시오.

연습문제

• 정답과 해설 100쪽

🖊서술형

449 두 다항함수 $f(x)$, $g(x)$가

$$g(x) = \int \{4x - f'(x)\} \, dx,$$

$$\frac{d}{dx} \{f(x)g(x)\} = 6x^2 + 2x - 1$$

을 만족시키고 $f(0)=1$, $g(0)=0$일 때, $f(1)+g(-1)$의 값을 구하시오.

450 모든 실수 x에서 연속인 함수 $f(x)$의 도함수 $y=f'(x)$의 그래프가 오른쪽 그림과 같다. 함수 $y=f(x)$의 그래프가 원점을 지날 때, $f(3)+f(-2)$의 값을 구하시오.

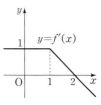

451 최고차항의 계수가 1인 삼차함수 $f(x)$가 다음 조건을 모두 만족시킬 때, $f(2)$의 값은?

> (가) 모든 실수 x에 대하여 $f'(x)=f'(-x)$
> (나) 함수 $f(x)$는 $x=-1$에서 극댓값 4를 갖는다.

① 1   ② 2   ③ 3
④ 4   ⑤ 5

3단계

452 두 다항함수 $f(x)$, $g(x)$가

$$f(x) = \int x g(x) \, dx,$$

$$\frac{d}{dx} \{f(x) - g(x)\} = 3x^3 - 4x$$

를 만족시킬 때, $g(1)$의 값을 구하시오.

453 함수 $f(x)$에 대하여 $f'(x)=2x^2-5x-1$이고 직선 $y=2x-9$가 제4사분면에서 곡선 $y=f(x)$에 접할 때, $f(1)$의 값을 구하시오.

🎓교육청

454 최고차항의 계수가 1인 삼차함수 $f(x)$가 다음 조건을 만족시킨다. $f(0)$의 값은?

> (가) $f'\left(\dfrac{11}{3}\right) < 0$
> (나) 함수 $f(x)$는 $x=2$에서 극댓값 35를 갖는다.
> (다) 방정식 $f(x)=f(4)$는 서로 다른 두 실근을 갖는다.

① 12   ② 13   ③ 14
④ 15   ⑤ 16

III. 적분

2

정적분

정적분

개념 01 정적분

○ 예제 01, 02

(1) 정적분의 정의

닫힌구간 $[a, b]$에서 연속인 함수 $f(x)$의 정적분은 다음과 같이 정의한다.

① $f(x) \geq 0$일 때

곡선 $y=f(x)$와 x축 및 두 직선 $x=a$, $x=b$로 둘러싸인 도형의 넓이를 함수 $f(x)$의 a에서 b까지의 **정적분**이라 하고, 기호로

$$\int_a^b f(x)\, dx$$

와 같이 나타낸다.

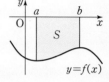

② $f(x) \leq 0$일 때

곡선 $y=f(x)$와 x축 및 두 직선 $x=a$, $x=b$로 둘러싸인 도형의 넓이를 S라 하면

$$\int_a^b f(x)\, dx = -S$$

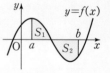

③ 함수 $f(x)$가 양의 값과 음의 값을 모두 가질 때

$f(x) \geq 0$인 부분의 넓이를 S_1, $f(x) \leq 0$인 부분의 넓이를 S_2라 하면

$$\int_a^b f(x)\, dx = S_1 - S_2$$

이때 정적분 $\displaystyle\int_a^b f(x)\, dx$의 값을 구하는 것을 함수 $f(x)$를 a에서 b까지 적분한다고 한다.

(2) $a \geq b$일 때, 정적분 $\displaystyle\int_a^b f(x)\, dx$의 정의

① $a=b$일 때, $\displaystyle\int_a^a f(x)\, dx = 0$

② $a>b$일 때, $\displaystyle\int_a^b f(x)\, dx = -\int_b^a f(x)\, dx$

| 예 | $\displaystyle\int_{-4}^2 (-x)\, dx$의 값을 구해 보자.

$f(x)=-x$라 하면 함수 $y=f(x)$의 그래프는 오른쪽 그림과 같다.
닫힌구간 $[-4, 0]$에서 $f(x) \geq 0$인 부분의 넓이를 S_1, 닫힌구간 $[0, 2]$에서 $f(x) \leq 0$인 부분의 넓이를 S_2라 하면

$$\int_{-4}^2 (-x)\, dx = S_1 - S_2 = \frac{1}{2} \times 4 \times 4 - \frac{1}{2} \times 2 \times 2 = 6$$

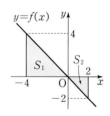

| 참고 | · 정적분 $\int_a^b f(x)\,dx$를 '인티그럴 a에서 b까지 $f(x)\,dx$'라 읽고, a를 아래끝, b를 위끝이라 한다.

· 정적분 $\int_a^b f(x)\,dx$에서 적분변수 x 대신 다른 문자를 사용하여도 그 값은 변하지 않는다.

➡ $\int_a^b f(x)\,dx=\int_a^b f(y)\,dy=\int_a^b f(t)\,dt$

개념 02 적분과 미분의 관계

◎ 예제 01

함수 $f(t)$가 실수 a를 포함하는 열린구간에서 연속일 때, 이 구간에 속하는 임의의 x에 대하여

$$\frac{d}{dx}\int_a^x f(t)\,dt=f(x)$$

| 증명 | 함수 $f(t)$가 실수 a를 포함하는 열린구간에서 연속이고 $f(t)\geq 0$이라 하자.

함수 $f(t)$가 연속인 구간에 속하는 임의의 $x\,(x\geq a)$에 대하여 곡선 $y=f(t)$와 t축 및 두 직선 $t=a$, $t=x$로 둘러싸인 부분의 넓이를 $S(x)$라 하면

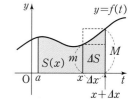

$$S(x)=\int_a^x f(t)\,dt \quad \cdots\cdots \text{㉠}$$

이때 $\Delta S=S(x+\Delta x)-S(x)$이다.

한편 $\Delta x>0$일 때, $x+\Delta x$가 함수 $f(t)$가 연속인 구간에 속하면 함수 $f(t)$는 닫힌구간 $[x,\ x+\Delta x]$에서 연속이므로 최댓값과 최솟값을 갖는다.

이때 최댓값을 M, 최솟값을 m이라 하면

$$m\Delta x\leq \Delta S\leq M\Delta x \quad \therefore m\leq \frac{\Delta S}{\Delta x}\leq M$$

또 $\Delta x<0$일 때도 같은 방법으로 $m\leq \dfrac{\Delta S}{\Delta x}\leq M$이 성립한다.

이때 $\Delta x\to 0$이면

$$\lim_{\Delta x\to 0} m\leq \lim_{\Delta x\to 0}\frac{\Delta S}{\Delta x}\leq \lim_{\Delta x\to 0} M$$

그런데 함수 $f(t)$는 닫힌구간 $[x,\ x+\Delta x]$에서 연속이므로 $\Delta x\to 0$이면 $m\to f(x)$, $M\to f(x)$이다.

따라서 $f(x)\leq \lim\limits_{\Delta x\to 0}\dfrac{\Delta S}{\Delta x}\leq f(x)$, 즉 $f(x)\leq \dfrac{d}{dx}S(x)\leq f(x)$이므로

$$\frac{d}{dx}S(x)=f(x)$$

이고, ㉠에서

$$\frac{d}{dx}\int_a^x f(t)\,dt=f(x)$$

| 예 | $\dfrac{d}{dx}\displaystyle\int_1^x (2t^2+t)\,dt=2x^2+x$

01 정적분 ⑴ **221**

개념 03 부정적분과 정적분의 관계

함수 $f(x)$가 닫힌구간 $[a, b]$를 포함하는 열린구간에서 연속일 때, $f(x)$의 한 부정적분을
$F(x)$라 하면 $\int_a^b f(x)\,dx=F(b)-F(a)$이다.

이때 $F(b)-F(a)$를 기호로

$$\Big[\,F(x)\,\Big]_a^b$$

와 같이 나타낸다. 즉,

$$\int_a^b f(x)\,dx=\Big[\,F(x)\,\Big]_a^b=F(b)-F(a)$$

◀ 이 관계를 '미적분의 기본정리'라고도 한다.

| 증명 | 함수 $f(t)$가 닫힌구간 $[a, b]$를 포함하는 열린구간에서 연속일 때, 이 열린구간에 속하는 임의의 x에 대하여

$$S(x)=\int_a^x f(t)\,dt$$

라 하면 적분과 미분의 관계에 의하여 $S'(x)=f(x)$이므로 $S(x)$는 $f(x)$의 한 부정적분이다.
이때 $f(x)$의 또 다른 부정적분을 $F(x)$라 하면

$$S(x)=\int_a^x f(t)\,dt=F(x)+C \text{ (단, } C\text{는 적분상수)} \quad \cdots\cdots \text{ⓐ}$$

그런데 $S(x)$의 정의에 의하여 $x=a$이면 $S(a)=0$이므로

$$S(a)=F(a)+C=0 \qquad \therefore C=-F(a)$$

이를 ⓐ에 대입하면

$$\int_a^x f(t)\,dt=F(x)-F(a)$$

이 식에 $x=b$를 대입하고 변수 t를 x로 바꾸면

$$\int_a^b f(x)\,dx=F(b)-F(a)$$

한편 $a>b$이면 $\int_a^b f(x)\,dx=-\int_b^a f(x)\,dx$로 정의하였으므로 함수 $f(x)$의 한 부정적분이
$F(x)$일 때,

$$\int_a^b f(x)\,dx=-\int_b^a f(x)\,dx=-\Big[\,F(x)\,\Big]_b^a$$
$$=-\{F(a)-F(b)\}=F(b)-F(a)$$

따라서 부정적분과 정적분의 관계는 a, b의 대소에 관계없이 항상 성립한다.

| 예 | ・ $\int_2^4 x\,dx=\Big[\,\dfrac{1}{2}x^2\,\Big]_2^4=\dfrac{1}{2}\times4^2-\dfrac{1}{2}\times2^2=8-2=6$

・ $\int_{-1}^1 3x^2\,dx=\Big[\,x^3\,\Big]_{-1}^1=1^3-(-1)^3=1-(-1)=2$

| 참고 | $\Big[\,F(x)+C\,\Big]_a^b=\{F(b)+C\}-\{F(a)+C\}=F(b)-F(a)=\Big[\,F(x)\,\Big]_a^b$ 이므로 정적분의 계산에서는
적분상수를 고려하지 않는다.

개념 04 정적분의 계산

(1) 함수의 실수배, 합, 차의 정적분

두 함수 $f(x)$, $g(x)$가 닫힌구간 $[a, b]$에서 연속일 때

① $\displaystyle\int_a^b kf(x)\,dx = k\int_a^b f(x)\,dx$ (단, k는 실수)

② $\displaystyle\int_a^b \{f(x)+g(x)\}\,dx = \int_a^b f(x)\,dx + \int_a^b g(x)\,dx$

③ $\displaystyle\int_a^b \{f(x)-g(x)\}\,dx = \int_a^b f(x)\,dx - \int_a^b g(x)\,dx$

(2) 정적분의 성질

함수 $f(x)$가 임의의 실수 a, b, c를 포함하는 구간에서 연속일 때,

$$\int_a^c f(x)\,dx + \int_c^b f(x)\,dx = \int_a^b f(x)\,dx$$

| 참고 | • (1)에서 ②, ③은 세 개 이상의 함수에서도 성립한다.

• (2)는 a, b, c의 대소에 관계없이 성립한다.

| 증명 | (1) 닫힌구간 $[a, b]$에서 연속인 두 함수 $f(x)$, $g(x)$의 한 부정적분을 각각 $F(x)$, $G(x)$라 하면

$$① \int_a^b kf(x)\,dx = \Big[kF(x)\Big]_a^b = kF(b)-kF(a)$$

$$= k\{F(b)-F(a)\} = k\Big[F(x)\Big]_a^b = k\int_a^b f(x)\,dx$$

$$② \int_a^b \{f(x)+g(x)\}\,dx = \Big[F(x)+G(x)\Big]_a^b$$

$$= \{F(b)+G(b)\} - \{F(a)+G(a)\}$$

$$= \{F(b)-F(a)\} + \{G(b)-G(a)\}$$

$$= \Big[F(x)\Big]_a^b + \Big[G(x)\Big]_a^b = \int_a^b f(x)\,dx + \int_a^b g(x)\,dx$$

③ ②와 같은 방법으로 하면 다음이 성립한다.

$$\int_a^b \{f(x)-g(x)\}\,dx = \int_a^b f(x)\,dx - \int_a^b g(x)\,dx$$

(2) 임의의 실수 a, b, c를 포함하는 구간에서 연속인 함수 $f(x)$의 한 부정적분을 $F(x)$라 하면

$$\int_a^c f(x)\,dx + \int_c^b f(x)\,dx = \Big[F(x)\Big]_a^c + \Big[F(x)\Big]_c^b$$

$$= \{F(c)-F(a)\} + \{F(b)-F(c)\}$$

$$= F(b)-F(a)$$

$$= \Big[F(x)\Big]_a^b = \int_a^b f(x)\,dx$$

| 예 | (1) $\displaystyle\int_0^1 (4x+1)\,dx = 4\int_0^1 x\,dx + \int_0^1 dx = 4\Big[\frac{1}{2}x^2\Big]_0^1 + \Big[x\Big]_0^1 = 4\Big(\frac{1}{2}-0\Big) + (1-0) = 3$

(2) $\displaystyle\int_1^3 2x\,dx + \int_3^4 2x\,dx = \int_1^4 2x\,dx = \Big[x^2\Big]_1^4 = 16-1 = 15$

함수 $f(t)$가 실수 a를 포함하는 열린구간에서 연속일 때, $\dfrac{d}{dx}\displaystyle\int_a^x f(t)\,dt = f(x)$이다.

실수 전체의 집합에서 미분가능한 함수 $f(x)$가

$$f(x)=\int_0^x (t^2-2t+3)\,dt$$

일 때, $f'(1)$의 값을 구하시오.

| 풀이 | $f(x)=\displaystyle\int_0^x (t^2-2t+3)\,dt$의 양변을 x에 대하여 미분하면

$f'(x)=x^2-2x+3$

$\therefore f'(1)=1-2+3=2$

답 2

예제 02 / **부정적분과 정적분의 관계**

함수 $f(x)$의 한 부정적분을 $F(x)$라 하면 $\displaystyle\int_a^b f(x)\,dx=\Big[F(x)\Big]_a^b=F(b)-F(a)$이다.

다음 정적분의 값을 구하시오.

(1) $\displaystyle\int_1^3 (3x^2-7x+2)\,dx$

(2) $\displaystyle\int_{-2}^3 (x+1)(x-2)\,dx$

(3) $\displaystyle\int_3^4 \dfrac{t^2-4}{t-2}\,dt$

(4) $\displaystyle\int_1^0 (y-1)^3\,dy$

• 유형만렙 미적분 I 120쪽에서 문제 더 풀기

| 풀이 | (1) $\displaystyle\int_1^3 (3x^2-7x+2)\,dx=\Big[x^3-\dfrac{7}{2}x^2+2x\Big]_1^3=\Big(27-\dfrac{63}{2}+6\Big)-\Big(1-\dfrac{7}{2}+2\Big)=2$

(2) $\displaystyle\int_{-2}^3 (x+1)(x-2)\,dx=\int_{-2}^3 (x^2-x-2)\,dx=\Big[\dfrac{1}{3}x^3-\dfrac{1}{2}x^2-2x\Big]_{-2}^3$

$\qquad =\Big(9-\dfrac{9}{2}-6\Big)-\Big(-\dfrac{8}{3}-2+4\Big)=-\dfrac{5}{6}$

(3) $\displaystyle\int_3^4 \dfrac{t^2-4}{t-2}\,dt=\int_3^4 \dfrac{(t+2)(t-2)}{t-2}\,dt=\int_3^4 (t+2)\,dt=\Big[\dfrac{1}{2}t^2+2t\Big]_3^4=(8+8)-\Big(\dfrac{9}{2}+6\Big)=\dfrac{11}{2}$

(4) $\displaystyle\int_1^0 (y-1)^3\,dy=\int_1^0 (y^3-3y^2+3y-1)\,dy=\Big[\dfrac{1}{4}y^4-y^3+\dfrac{3}{2}y^2-y\Big]_1^0=-\Big(\dfrac{1}{4}-1+\dfrac{3}{2}-1\Big)=\dfrac{1}{4}$

답 (1) 2 (2) $-\dfrac{5}{6}$ (3) $\dfrac{11}{2}$ (4) $\dfrac{1}{4}$

| 참고 | (4)의 경우 $\displaystyle\int_1^0 (y-1)^3\,dy=-\int_0^1 (y-1)^3\,dy$임을 이용하여 풀 수도 있다.

455 예제 01 **유사**

실수 전체의 집합에서 미분가능한 함수 $f(x)$가

$$f(x) = \int_1^x (3t^2 - t)\, dt$$

일 때, $f'(2)$의 값을 구하시오.

457 예제 01 **변형**

실수 전체의 집합에서 미분가능한 함수 $f(x)$가

$$f(x) = \int_{-1}^x (t^3 - 3t^2 + 2t - 4)\, dt$$

일 때, $\displaystyle\lim_{h \to 0} \frac{f(3+h) - f(3-h)}{h}$의 값을 구하시오.

456 예제 02 **유사**

다음 정적분의 값을 구하시오.

(1) $\displaystyle\int_{-2}^1 (6x^2 - x - 2)\, dx$

(2) $\displaystyle\int_1^3 \frac{x^3 + 1}{x + 1}\, dx$

(3) $\displaystyle\int_1^1 (y^4 + 3y^3 + 2y^2 + 4)\, dy$

(4) $\displaystyle\int_{-1}^{-2} (2x+1)(2x-1)\, dx$

458 예제 02 **변형** 🎓 수능

$\displaystyle\int_0^a (3x^2 - 4)\, dx = 0$을 만족시키는 양수 a의 값은?

① 2   ② $\dfrac{9}{4}$ ③ $\dfrac{5}{2}$

④ $\dfrac{11}{4}$ ⑤ 3

예제 03 / 정적분의 계산 (1)

적분 구간이 같으면 $\int_a^b f(x)\,dx \pm \int_a^b g(x)\,dx = \int_a^b \{f(x) \pm g(x)\}\,dx$ (복부호 동순)임을 이용한다.

다음 정적분의 값을 구하시오.

(1) $\displaystyle\int_{-1}^2 (2x+1)^2\,dx - \int_{-1}^2 (4x+1)\,dx$

(2) $\displaystyle\int_1^2 \frac{x^3}{x+2}\,dx - \int_2^1 \frac{8}{x+2}\,dx$

• **유형마렙** 미적분Ⅰ 121쪽에서 문제 더 풀기

| 풀이 |

(1)
$$\int_{-1}^2 (2x+1)^2\,dx - \int_{-1}^2 (4x+1)\,dx = \int_{-1}^2 (4x^2+4x+1)\,dx - \int_{-1}^2 (4x+1)\,dx$$
$$= \int_{-1}^2 \{(4x^2+4x+1)-(4x+1)\}\,dx$$
$$= \int_{-1}^2 4x^2\,dx$$
$$= \left[\frac{4}{3}x^3\right]_{-1}^2$$
$$= \frac{32}{3} - \left(-\frac{4}{3}\right) = 12$$

(2)
$$\int_1^2 \frac{x^3}{x+2}\,dx - \int_2^1 \frac{8}{x+2}\,dx = \int_1^2 \frac{x^3}{x+2}\,dx + \int_1^2 \frac{8}{x+2}\,dx \qquad \blacktriangleleft \int_a^b f(x)\,dx = -\int_b^a f(x)\,dx$$
$$= \int_1^2 \left(\frac{x^3}{x+2} + \frac{8}{x+2}\right)dx$$
$$= \int_1^2 \frac{x^3+8}{x+2}\,dx$$
$$= \int_1^2 \frac{(x+2)(x^2-2x+4)}{x+2}\,dx$$
$$= \int_1^2 (x^2-2x+4)\,dx$$
$$= \left[\frac{1}{3}x^3 - x^2 + 4x\right]_1^2$$
$$= \left(\frac{8}{3} - 4 + 8\right) - \left(\frac{1}{3} - 1 + 4\right) = \frac{10}{3}$$

답 (1) 12　(2) $\dfrac{10}{3}$

유제

459 유사

다음 정적분의 값을 구하시오.

(1) $\displaystyle\int_2^4 (x-3)^2\,dx + \int_2^4 (6x-9)\,dx$

(2) $\displaystyle\int_{-1}^0 \frac{x^3}{x-1}\,dx - \int_{-1}^0 \frac{1}{y-1}\,dy$

460 유사

다음 정적분의 값을 구하시오.

(1) $\displaystyle\int_2^3 (2x-1)\,dx - \int_3^2 (-t+2)^2\,dt$

(2) $\displaystyle\int_{-1}^2 \frac{x^3}{x^2-x+1}\,dx - \int_2^{-1} \frac{1}{x^2-x+1}\,dx$

461 변형

$\displaystyle\int_1^3 (x^2-x+4)\,dx + 2\int_3^1 (-x^2+x)\,dx$의 값을 구하시오.

462 변형

$\displaystyle\int_1^2 (x+k)^2\,dx - \int_1^2 (x-k)^2\,dx = 30$일 때, 상수 k의 값을 구하시오.

예제 04 / 정적분의 계산 (2)

피적분함수가 같으면 $\int_a^c f(x)\,dx + \int_c^b f(x)\,dx = \int_a^b f(x)\,dx$임을 이용한다.

다음 정적분의 값을 구하시오.

(1) $\int_1^2 (4x^3 + 2x)\,dx + \int_2^3 (4x^3 + 2x)\,dx$

(2) $\int_{-2}^0 (5x^4 - 1)\,dx + \int_0^3 (5x^4 - 1)\,dx - \int_1^3 (5x^4 - 1)\,dx$

• 유형만렙 미적분 I 121쪽에서 문제 더 풀기

| 풀이 | (1) $\int_1^2 (4x^3 + 2x)\,dx + \int_2^3 (4x^3 + 2x)\,dx = \int_1^3 (4x^3 + 2x)\,dx$

$$= \left[x^4 + x^2 \right]_1^3$$

$$= (81 + 9) - (1 + 1) = 88$$

(2) $\int_{-2}^0 (5x^4 - 1)\,dx + \int_0^3 (5x^4 - 1)\,dx - \int_1^3 (5x^4 - 1)\,dx$

$$= \int_{-2}^3 (5x^4 - 1)\,dx - \int_1^3 (5x^4 - 1)\,dx$$

$$= \int_{-2}^3 (5x^4 - 1)\,dx + \int_3^1 (5x^4 - 1)\,dx$$

$$= \int_{-2}^1 (5x^4 - 1)\,dx$$

$$= \left[x^5 - x \right]_{-2}^1$$

$$= (1 - 1) - (-32 + 2) = 30$$

🅐 (1) 88 (2) 30

463 유사

다음 정적분의 값을 구하시오.

(1) $\displaystyle\int_{-1}^{2}(3x^2-4x-5)\,dx+\int_{2}^{3}(3x^2-4x-5)\,dx$

(2) $\displaystyle\int_{0}^{3}(2x-1)\,dx+\int_{3}^{4}(2x-1)\,dx$
$\displaystyle\qquad\qquad\qquad+\int_{4}^{-1}(2x-1)\,dx$

464 유사

다음 정적분의 값을 구하시오.

(1) $\displaystyle\int_{-2}^{-1}(6x^2-2x)\,dx-\int_{1}^{-1}(6x^2-2x)\,dx$

(2) $\displaystyle\int_{1}^{5}(4x^3+3x^2-2)\,dx+\int_{5}^{2}(4x^3+3x^2-2)\,dx$
$\displaystyle\qquad\qquad\qquad-\int_{1}^{0}(4x^3+3x^2-2)\,dx$

465 변형

$\displaystyle\int_{-1}^{1}(x^3-4x)\,dx+\int_{2}^{1}(-x^3+4x)\,dx$의 값을 구하시오.

466 변형

다항함수 $f(x)$에 대하여

$$\int_{2}^{7}f(x)\,dx=9,\ \int_{5}^{7}f(x)\,dx=4$$

일 때, $\displaystyle\int_{2}^{5}f(x)\,dx$의 값을 구하시오.

예제 05 / 구간에 따라 다르게 정의된 함수의 정적분

구간에 따라 다르게 정의된 함수의 정적분은 적분 구간을 나누어 계산한다.

함수 $f(x)=\begin{cases} 3x^2-2x-1 & (x\geq 0) \\ x-1 & (x\leq 0) \end{cases}$ 에 대하여 $\int_{-1}^{2} f(x)\,dx$의 값을 구하시오.

• **유형만렙** 미적분 I 122쪽에서 문제 더 풀기

| 풀이 | $-1\leq x\leq 0$일 때 $f(x)=x-1$이고, $0\leq x\leq 2$일 때 $f(x)=3x^2-2x-1$이므로

$$\int_{-1}^{2} f(x)\,dx=\int_{-1}^{0} f(x)\,dx+\int_{0}^{2} f(x)\,dx$$
$$=\int_{-1}^{0} (x-1)\,dx+\int_{0}^{2} (3x^2-2x-1)\,dx$$
$$=\left[\frac{1}{2}x^2-x\right]_{-1}^{0}+\left[x^3-x^2-x\right]_{0}^{2}$$
$$=-\left(\frac{1}{2}+1\right)+(8-4-2)=\frac{1}{2}$$

답 $\dfrac{1}{2}$

TIP 함수 $f(x)=\begin{cases} g(x) & (x\geq c) \\ h(x) & (x\leq c) \end{cases}$ 가 닫힌구간 $[a,\,b]$에서 연속이고 $a<c<b$일 때,

$$\int_{a}^{b} f(x)\,dx=\int_{a}^{c} h(x)\,dx+\int_{c}^{b} g(x)\,dx$$

예제 06 / 절댓값 기호를 포함한 함수의 정적분

절댓값 기호를 포함한 함수의 정적분은 절댓값 기호 안의 식의 값이 0이 되는 x의 값을 기준으로 적분 구간을 나누어 계산한다.

$\int_{-2}^{2} |x^2+2x|\,dx$의 값을 구하시오.

• **유형만렙** 미적분 I 123쪽에서 문제 더 풀기

| 풀이 | 절댓값 기호 안의 식의 값이 0이 되는 x의 값을 구하면
$x^2+2x=0,\ x(x+2)=0 \quad \therefore x=-2$ 또는 $x=0$
따라서 $|x^2+2x|=\begin{cases} x^2+2x & (x\leq -2\ \text{또는}\ x\geq 0) \\ -x^2-2x & (-2\leq x\leq 0) \end{cases}$ 이므로

$$\int_{-2}^{2} |x^2+2x|\,dx=\int_{-2}^{0} (-x^2-2x)\,dx+\int_{0}^{2} (x^2+2x)\,dx$$
$$=\left[-\frac{1}{3}x^3-x^2\right]_{-2}^{0}+\left[\frac{1}{3}x^3+x^2\right]_{0}^{2}$$
$$=-\left(\frac{8}{3}-4\right)+\left(\frac{8}{3}+4\right)=8$$

답 8

유제

467 예제 05 유사

함수 $f(x) = \begin{cases} x+1 & (x \geq 1) \\ -x^2+3x & (x \leq 1) \end{cases}$ 에 대하여

$\int_0^3 f(x)\,dx$의 값을 구하시오.

469 예제 05 변형

함수 $f(x) = \begin{cases} 4x^2-3x+1 & (x \geq 0) \\ 3x+1 & (x \leq 0) \end{cases}$ 에 대하여

$\int_{-2}^1 xf(x)\,dx$의 값을 구하시오.

468 예제 06 유사

다음 정적분의 값을 구하시오.

(1) $\int_2^4 x|3-x|\,dx$

(2) $\int_1^4 \dfrac{|x^2-4|}{x+2}\,dx$

470 예제 06 변형

$\int_0^5 (|x-1|+|x-5|)\,dx$의 값을 구하시오.

2 여러 가지 정적분

개념 01 **그래프가 대칭인 함수의 정적분**

○ 예제 07

닫힌구간 $[-a, a]$에서 연속인 함수 $f(x)$에 대하여 다음이 성립한다.

(1) $f(-x)=f(x)$이면 $\displaystyle\int_{-a}^{a}f(x)\,dx=2\int_{0}^{a}f(x)\,dx$

(2) $f(-x)=-f(x)$이면 $\displaystyle\int_{-a}^{a}f(x)\,dx=0$

(1) $f(-x)=f(x)$이면 함수 $y=f(x)$의 그래프는 y축에 대하여 대칭이므로

$$\int_{-a}^{0}f(x)\,dx=\int_{0}^{a}f(x)\,dx$$ ◀ 구간 $[-a, 0]$, $[0, a]$에서의 정적분의 값이 같다.

$$\therefore \int_{-a}^{a}f(x)\,dx=\int_{-a}^{0}f(x)\,dx+\int_{0}^{a}f(x)\,dx$$
$$=2\int_{0}^{a}f(x)\,dx$$

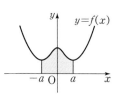

(2) $f(-x)=-f(x)$이면 함수 $y=f(x)$의 그래프는 원점에 대하여 대칭이므로

$$\int_{-a}^{0}f(x)\,dx=-\int_{0}^{a}f(x)\,dx$$ ◀ 구간 $[-a, 0]$, $[0, a]$에서의 정적분의 값은 그 절댓값이 같고 부호는 서로 다르다.

$$\therefore \int_{-a}^{a}f(x)\,dx=\int_{-a}^{0}f(x)\,dx+\int_{0}^{a}f(x)\,dx$$
$$=0$$

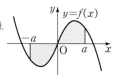

| 예 | (1) $\displaystyle\int_{-1}^{1}3x^{2}\,dx$에서 $f(x)=3x^{2}$이라 하면

$$f(-x)=3(-x)^{2}=3x^{2}=f(x)$$
$$\therefore \int_{-1}^{1}3x^{2}\,dx=2\int_{0}^{1}3x^{2}\,dx=2\Big[x^{3}\Big]_{0}^{1}=2$$

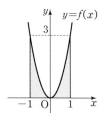

(2) $\displaystyle\int_{-1}^{1}2x^{3}\,dx$에서 $g(x)=2x^{3}$이라 하면

$$g(-x)=2(-x)^{3}=-2x^{3}=-g(x)$$
$$\therefore \int_{-1}^{1}2x^{3}\,dx=0$$

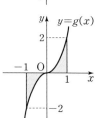

| 참고 | (1) 다항함수 $f(x)$가 짝수 차수의 항 또는 상수항으로만 이루어져 있으면 $f(-x)=f(x)$이므로

$$\int_{-a}^{a}f(x)\,dx=2\int_{0}^{a}f(x)\,dx$$

(2) 다항함수 $f(x)$가 홀수 차수의 항으로만 이루어져 있으면 $f(-x)=-f(x)$이므로

$$\int_{-a}^{a}f(x)\,dx=0$$

개념 02 $f(x+p)=f(x)$를 만족시키는 함수 $f(x)$의 정적분

함수 $f(x)$가 모든 실수 x에 대하여 $f(x+p)=f(x)\,(p$는 0이 아닌 상수$)$를 만족시키고 연속일 때,

$$\int_a^b f(x)\,dx=\int_{a+np}^{b+np} f(x)\,dx \text{ (단, } n\text{은 정수)}$$

모든 구간에서 연속이고 $f(x+p)=f(x)$를 만족시키는 함수 $y=f(x)$의 그래프는 오른쪽 그림과 같이 닫힌구간 $[a,\ b]$에서의 그래프가 반복해서 나타나므로 $\int_a^b f(x)\,dx$의 값은 p만큼 평행이동한 닫힌구간

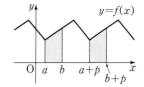

$[a+p,\ b+p]$에서의 정적분의 값인 $\int_{a+p}^{b+p} f(x)\,dx$의 값과 항상 같다.

$$\therefore \int_a^b f(x)\,dx=\int_{a+p}^{b+p} f(x)\,dx$$

따라서 정수 n에 대하여

$$\int_a^b f(x)\,dx=\int_{a+p}^{b+p} f(x)\,dx=\int_{a+2p}^{b+2p} f(x)\,dx=\cdots=\int_{a+np}^{b+np} f(x)\,dx$$

| 예 | 함수 $f(x)$가 모든 실수 x에 대하여 $f(x+3)=f(x)$를 만족시키면

$$\int_0^3 f(x)\,dx=\int_3^6 f(x)\,dx=\int_6^9 f(x)\,dx=\cdots=\int_{3n}^{3+3n} f(x)\,dx \text{ (단, } n\text{은 정수)}$$

| 참고 | 함수 $f(x)$가 모든 실수 x에 대하여 $f(x+p)=f(x)$를 만족시키고 연속이면

$$\int_a^{a+p} f(x)\,dx=\int_a^b f(x)\,dx+\int_b^{a+p} f(x)\,dx$$

$$=\int_{a+p}^{b+p} f(x)\,dx+\int_b^{a+p} f(x)\,dx$$

$$=\int_b^{a+p} f(x)\,dx+\int_{a+p}^{b+p} f(x)\,dx=\int_b^{b+p} f(x)\,dx$$

➡ 임의의 실수 ●에 대하여 $\int_{●}^{●+p} f(x)\,dx$의 값은 항상 일정하다.

$f(-x)=f(x)$이면 $\displaystyle\int_{-a}^{a} f(x)\,dx=2\int_{0}^{a} f(x)\,dx$이고, $f(-x)=-f(x)$이면 $\displaystyle\int_{-a}^{a} f(x)\,dx=0$이다.

다음 물음에 답하시오.

(1) $\displaystyle\int_{-1}^{1} (3x^5+5x^4-x^3+x^2+1)\,dx$의 값을 구하시오.

(2) 다항함수 $f(x)$가 모든 실수 x에 대하여 $f(-x)=f(x)$를 만족시키고 $\displaystyle\int_{0}^{2} f(x)\,dx=4$일 때,

$\displaystyle\int_{-2}^{2} (x^3-x+2)f(x)\,dx$의 값을 구하시오.

• 유형만렙 미적분 I 123쪽에서 문제 더 풀기

| 풀이 | (1) $\displaystyle\int_{-1}^{1} (3x^5+5x^4-x^3+x^2+1)\,dx=\int_{-1}^{1} \underbrace{(3x^5-x^3)}_{f(-x)=-f(x)\text{인 함수}}\,dx+\int_{-1}^{1} \underbrace{(5x^4+x^2+1)}_{f(-x)=f(x)\text{인 함수}}\,dx$

$$=0+2\int_{0}^{1} (5x^4+x^2+1)\,dx$$

$$=2\left[x^5+\frac{1}{3}x^3+x\right]_{0}^{1}$$

$$=2\left(1+\frac{1}{3}+1\right)=\frac{14}{3}$$

(2) $\displaystyle\int_{-2}^{2} (x^3-x+2)f(x)\,dx=\int_{-2}^{2} x^3 f(x)\,dx-\int_{-2}^{2} xf(x)\,dx+2\int_{-2}^{2} f(x)\,dx$ ······ ㉠

이때 $p(x)=x^3 f(x)$, $q(x)=xf(x)$라 하면 $f(-x)=f(x)$이므로

$p(-x)=(-x)^3 f(-x)=-x^3 f(x)=-p(x)$

$q(-x)=-xf(-x)=-xf(x)=-q(x)$

따라서 ㉠에서

$$\int_{-2}^{2} (x^3-x+2)f(x)\,dx=0-0+2\times 2\int_{0}^{2} f(x)\,dx$$

$$=4\int_{0}^{2} f(x)\,dx$$

$$=4\times 4=16$$

답 (1) $\dfrac{14}{3}$ (2) 16

471 유사

$\displaystyle\int_{-3}^{3} (5x^3+9x^2+4x-2)\,dx$의 값을 구하시오.

473 변형

$\displaystyle\int_{-a}^{a} (x^7-4x^5-3x^2+2x+1)\,dx=-12$일 때, 실수 a의 값을 구하시오.

472 유사

다항함수 $f(x)$가 모든 실수 x에 대하여 $f(-x)=f(x)$를 만족시키고 $\displaystyle\int_{0}^{5} f(x)\,dx=3$일 때, $\displaystyle\int_{-5}^{5} (-4x^3+3x+5)f(x)\,dx$의 값을 구하시오.

474 변형

두 다항함수 $f(x)$, $g(x)$가 모든 실수 x에 대하여 $f(-x)=f(x)$, $g(-x)=-g(x)$를 만족시키고 $\displaystyle\int_{0}^{4} f(x)\,dx=5$, $\displaystyle\int_{0}^{4} g(x)\,dx=7$일 때, $\displaystyle\int_{-4}^{4} \{f(x)+g(x)\}\,dx$의 값을 구하시오.

예제 08 / $f(x+p)=f(x)$를 만족시키는 함수 $f(x)$의 정적분

함수 $f(x)$가 모든 실수 x에 대하여 $f(x+p)=f(x)$ (p는 0이 아닌 상수)를 만족시키고 연속일 때, $\int_a^b f(x)\,dx = \int_{a+np}^{b+np} f(x)\,dx$ (n은 정수)이다.

함수 $f(x)$가 모든 실수 x에 대하여 $f(x+2)=f(x)$를 만족시키고 $-1 \le x \le 1$에서 $f(x)=x^2$일 때, $\int_{-1}^{5} f(x)\,dx$의 값을 구하시오.

• 유형만렙 미적분 I 125쪽에서 문제 더 풀기

|풀이| $f(x+2)=f(x)$이므로

$$\int_{-1}^{1} f(x)\,dx = \int_{1}^{3} f(x)\,dx = \int_{3}^{5} f(x)\,dx$$

$$\therefore \int_{-1}^{5} f(x)\,dx = \int_{-1}^{1} f(x)\,dx + \int_{1}^{3} f(x)\,dx + \int_{3}^{5} f(x)\,dx$$

$$= 3\int_{-1}^{1} f(x)\,dx = 3\int_{-1}^{1} x^2\,dx$$

$$= 6\int_{0}^{1} x^2\,dx$$

$$= 6\left[\frac{1}{3}x^3\right]_0^1$$

$$= 6 \times \frac{1}{3} = 2$$

답 2

475 유사

함수 $f(x)$가 모든 실수 x에 대하여
$f(x+4)=f(x)$를 만족시키고 $-2 \leq x \leq 2$에서
$f(x)=3x^2+4$일 때, $\int_{-2}^{10} f(x)\,dx$의 값을 구하시오.

476 변형

모든 실수 x에서 연속인 함수 $f(x)$가 다음 조건을 모두 만족시킬 때, $\int_{-4}^{8} f(x)\,dx$의 값을 구하시오.

> (가) 모든 실수 x에 대하여 $f(x+3)=f(x)$
>
> (나) $\int_{-4}^{-1} f(x)\,dx=4$

477 변형

함수 $f(x)$가 모든 실수 x에 대하여
$f(x+2)=f(x)$를 만족시키고
$$f(x)=\begin{cases} 2x^2 & (0 \leq x \leq 1) \\ -2x+4 & (1 \leq x \leq 2) \end{cases}$$
일 때, $\int_{0}^{4} f(x)\,dx$의 값을 구하시오.

478 변형

연속함수 $f(x)$가 모든 실수 x에 대하여
$f(x+5)=f(x)$를 만족시킬 때, 다음 중
$\int_{2}^{3} f(x)\,dx$와 그 값이 항상 같은 것이 아닌 것은?

① $\int_{-3}^{-2} f(x)\,dx$ ② $\int_{7}^{8} f(x)\,dx$

③ $\int_{12}^{13} f(x)\,dx$ ④ $\int_{15}^{16} f(x)\,dx$

⑤ $\int_{17}^{18} f(x)\,dx$

연습문제

1단계

479 실수 전체의 집합에서 미분가능한 함수 $f(x)$가 $\int_a^x f(t)\,dt = x^2 - 3x$를 만족시킬 때, $\int_2^4 f(x)\,dx$의 값은? (단, a는 상수)

① 6   ② 7   ③ 8

④ 9   ⑤ 10

480 $\int_1^2 (4x^3 + 9x^2 + a)\,dx$
$$+ \int_5^5 (2x^3 - 3x^2 + a)\,dx = 40$$
일 때, 상수 a의 값은?

① 3   ② 4   ③ 5

④ 6   ⑤ 7

481 $4\int_1^k (x-1)\,dx - \int_1^k 4\,dx = 1$일 때, 모든 실수 k의 값의 합을 구하시오.

482 함수 $f(x) = 3x^2 + 2kx - 1$에 대하여
$$\int_0^1 f(x)\,dx - \int_2^1 f(x)\,dx = 18$$
일 때, 상수 k의 값을 구하시오.

483 다항함수 $f(x)$에 대하여
$$\int_{-2}^1 f(x)\,dx = 2, \quad \int_0^1 f(x)\,dx = 3,$$
$$\int_0^3 f(x)\,dx = 7$$
일 때, $\int_{-2}^3 f(x)\,dx$의 값을 구하시오.

484 함수 $y = f(x)$의 그래프가 오른쪽 그림과 같을 때, $\int_{-2}^1 x f(x)\,dx$의 값을 구하시오.

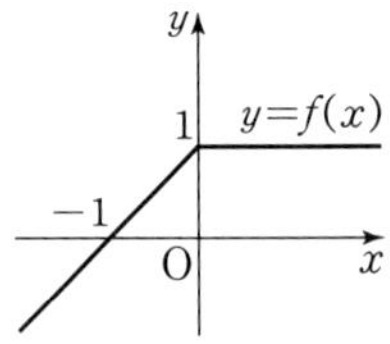

485 $\int_0^a |x-2|\,dx = \dfrac{5}{2}$일 때, 실수 a의 값을 구하시오. (단, $a > 2$)

486 $\displaystyle\int_{-3}^{2}(2x^3+6|x|)\,dx$

$\qquad -\displaystyle\int_{-3}^{-2}(2x^3-6x)\,dx$

의 값을 구하시오.

487 함수

$$f(x)=1+2x+3x^2+\cdots+30x^{29}$$

에 대하여 $\displaystyle\int_{-1}^{1}f(x)\,dx$의 값은?

① 10　　② 15　　③ 20

④ 25　　⑤ 30

488 다항함수 $f(x)$가 모든 실수 x에 대하여 $f(-x)+f(x)=0$을 만족시키고 $\displaystyle\int_{0}^{3}xf(x)\,dx=3$일 때,

$\displaystyle\int_{-3}^{3}(2x^2+4x-5)f(x)\,dx$의 값을 구하시오.

489 함수 $f(x)$가 모든 실수 x에 대하여 $f(x+4)=f(x)$를 만족시키고

$$f(x)=\begin{cases}-\dfrac{1}{3}x+1 & (-3\le x\le 0)\\ x+1 & (0\le x\le 1)\end{cases}$$

일 때, $\displaystyle\int_{5}^{21}f(x)\,dx$의 값을 구하시오.

2단계

490 이차방정식 $x^2-x-3=0$의 서로 다른 두 실근을 $\alpha,\ \beta\ (\alpha<\beta)$라 할 때, $\displaystyle\int_{\alpha}^{-\beta}(-6x^2+2)\,dx$의 값을 구하시오.

491 두 다항함수 $f(x),\ g(x)$가

$$\int_{-2}^{4}\{f(x)-g(x)\}\,dx=-4,$$

$$\int_{-2}^{4}\{3f(x)+2g(x)\}\,dx=3$$

을 만족시킬 때, $\displaystyle\int_{-2}^{4}\{f(x)+g(x)\}\,dx$의 값은?

① -4　　② -1　　③ 2

④ 5　　⑤ 8

492 이차함수 $f(x)$에 대하여
$$\int_{-1}^{1} f(x)\,dx = \int_{0}^{1} f(x)\,dx = \int_{-1}^{0} f(x)\,dx$$
이고 $f(0)=2$일 때, $f(1)$의 값을 구하시오.

493 함수 $f(x) = \begin{cases} 4x-2 & (x \geq 3) \\ x^2+1 & (x \leq 3) \end{cases}$ 에 대하여 $\int_{1}^{3} f(x+1)\,dx$의 값은?

① $\dfrac{52}{3}$ ② 18 ③ $\dfrac{56}{3}$

④ $\dfrac{58}{3}$ ⑤ 20

494 $0 < a < 2$일 때, $\int_{0}^{4} x|x-2a|\,dx$의 값이 최소가 되도록 하는 상수 a의 값은?

① $\dfrac{1}{2}$ ② 1 ③ $\sqrt{2}$

④ $\dfrac{3}{2}$ ⑤ $\sqrt{3}$

495 함수 $f(x) = |x+3| + |x-3| + |x|$ 에 대하여 $\int_{-3}^{a} f(x)\,dx = 69$일 때, 양수 a의 값을 구하시오.

496 두 다항함수 $f(x)$, $g(x)$가 모든 실수 x에 대하여 $f(-x) = -f(x)$, $g(-x) = g(x)$를 만족시킨다. 함수 $h(x) = f(x)g(x)$에 대하여 $\int_{-2}^{2} (3x-2)h(x)\,dx = 12$일 때, $\int_{0}^{2} xh(x)\,dx$의 값은?

① 1 ② 2 ③ 3

④ 4 ⑤ 5

✏️서술형

497 연속함수 $f(x)$가 모든 실수 x, y에 대하여 $f(x+y) = f(x) + f(y)$를 만족시킬 때, $\int_{-5}^{3} f(x)\,dx + \int_{-3}^{5} f(x)\,dx$의 값을 구하시오.

498 모든 실수 x에서 연속인 함수 $f(x)$가 다음 조건을 모두 만족시키고 $\displaystyle\int_0^1 f(x)\,dx=8$일 때, $\displaystyle\int_{-2}^4 f(x)\,dx$의 값은?

> (가) 모든 실수 x에 대하여 $f(-x)=f(x)$
> (나) 모든 실수 x에 대하여 $f(x+2)=f(x)$

① 36   ② 39   ③ 42

④ 45   ⑤ 48

3단계

🎓 수능

499 실수 전체의 집합에서 미분가능한 함수 $f(x)$가 다음 조건을 만족시킨다.

> (가) 닫힌구간 $[0,\,1]$에서 $f(x)=x$이다.
> (나) 어떤 상수 $a,\,b$에 대하여 구간 $[0,\,\infty)$에서 $f(x+1)-xf(x)=ax+b$이다.

$60\times\displaystyle\int_1^2 f(x)\,dx$의 값을 구하시오.

---

500 모든 실수 x에서 연속인 함수 $f(x)$가 다음 조건을 모두 만족시킬 때, $\displaystyle\int_8^9 f(x)\,dx$의 값은?

> (가) $\displaystyle\int_0^2 f(x)\,dx=4$
> (나) $\displaystyle\int_n^{n+3} f(x)\,dx=\int_n^{n+1} 4x\,dx$ (단, n은 정수)

① 5   ② 6   ③ 7

④ 8   ⑤ 9

---

501 함수 $f(x)=x^3-12x$에 대하여 $-2\le x\le t$에서 함수 $|f(x)|$의 최댓값을 $g(t)$라 할 때, $\displaystyle\int_{-2}^6 g(t)\,dt$의 값은?

① 235   ② 236   ③ 237

④ 238   ⑤ 239

Ⅲ-2
정적분

정적분으로 정의된 함수

개념 01 정적분으로 정의된 함수

◎ 예제 01~06

정적분 $\int_a^x f(t)\,dt$ (a는 상수)에서 $f(t)$의 한 부정적분을 $F(t)$라 하면

$$\int_a^x f(t)\,dt = \Big[F(t) \Big]_a^x = F(x) - F(a) \;\blacktriangleright\; x\text{에 대한 함수}$$

즉, 일반적으로 정적분의 값은 상수이지만 적분구간에 변수가 있으면 함수로 나타낼 수 있다.

| 예 | (1) $\int_2^x (3t^2-1)\,dt = \Big[t^3-t \Big]_2^x = (x^3-x)-(8-2) = x^3-x-6$
                  ⟫ x에 대한 함수
   (2) $\int_x^{x+1} 2t\,dt = \Big[t^2 \Big]_x^{x+1} = (x+1)^2 - x^2 = 2x+1$

개념 02 정적분으로 정의된 함수의 미분

◎ 예제 02~05

(1) $\dfrac{d}{dx}\displaystyle\int_a^x f(t)\,dt = f(x)$ (단, a는 상수)

(2) $\dfrac{d}{dx}\displaystyle\int_x^{x+a} f(t)\,dt = f(x+a) - f(x)$ (단, a는 상수)

| 증명 | 함수 $f(t)$의 한 부정적분을 $F(t)$라 하면

  (1) $\dfrac{d}{dx}\displaystyle\int_a^x f(t)\,dt = \dfrac{d}{dx}\Big[F(t) \Big]_a^x = \dfrac{d}{dx}\{F(x)-F(a)\}$

          $= \dfrac{d}{dx}F(x) - \dfrac{d}{dx}F(a) = F'(x) = f(x)$

  (2) $\dfrac{d}{dx}\displaystyle\int_x^{x+a} f(t)\,dt = \dfrac{d}{dx}\Big[F(t) \Big]_x^{x+a} = \dfrac{d}{dx}\{F(x+a)-F(x)\}$

          $= \dfrac{d}{dx}F(x+a) - \dfrac{d}{dx}F(x) = F'(x+a) - F'(x)$

          $= f(x+a) - f(x)$

| 예 | (1) $\dfrac{d}{dx}\displaystyle\int_a^x (t-1)^2\,dt = (x-1)^2$

   (2) $\dfrac{d}{dx}\displaystyle\int_x^{x+3} (t^2+1)\,dt = \{(x+3)^2+1\} - (x^2+1) = 6x+9$

| 참고 | $\dfrac{d}{dx}\displaystyle\int_a^x tf(t)\,dt = xf(x)$ (단, a는 상수)

정적분을 포함한 등식에서 함수 구하기   ○ 예제 01~03

(1) 적분 구간이 상수인 경우

$f(x)=g(x)+\displaystyle\int_a^b f(t)\,dt\,(a,\ b$는 상수$)$ 꼴의 등식이 주어지면 함수 $f(x)$는 다음과 같은 순서로 구한다.

(i) $\displaystyle\int_a^b f(t)\,dt=k\,(k$는 상수$)$로 놓으면 $f(x)=g(x)+k$ ⋯⋯ ㉠

(ii) ㉠에서 $f(t)=g(t)+k$이므로 이를 $\displaystyle\int_a^b f(t)\,dt=k$에 대입하여 $\displaystyle\int_a^b \{g(t)+k\}\,dt=k$를

만족시키는 k의 값을 구한다.

(iii) (ii)에서 구한 k의 값을 ㉠에 대입하여 함수 $f(x)$를 구한다.

(2) 적분 구간에 변수가 있는 경우

$\displaystyle\int_a^x f(t)\,dt=g(x)\,(a$는 상수$)$ 꼴의 등식이 주어지면

➡ 주어진 등식의 양변을 x에 대하여 미분하여 함수 $f(x)$를 구한다.

이때 함수 $g(x)$에 미정계수가 있으면 주어진 등식의 양변에 $x=a$를 대입하여

$\displaystyle\int_a^a f(t)\,dt=0$임을 이용하여 미정계수를 구한다.

(3) 적분 구간과 피적분함수에 변수가 있는 경우

$\displaystyle\int_a^x (x-t)f(t)\,dt=g(x)\,(a$는 상수$)$ 꼴의 등식이 주어지면

➡ 주어진 등식에서 $x\displaystyle\int_a^x f(t)\,dt-\int_a^x tf(t)\,dt=g(x)$이므로 양변을 x에 대하여 미분한다.

이때 $\displaystyle\int_a^x f(t)\,dt=g'(x)$임을 이용하여 함수 $f(x)$를 구한다.

정적분으로 정의된 함수의 극한   ○ 예제 06

(1) $\displaystyle\lim_{x\to a}\frac{1}{x-a}\int_a^x f(t)\,dt=f(a)$

(2) $\displaystyle\lim_{x\to 0}\frac{1}{x}\int_a^{x+a} f(t)\,dt=f(a)$

| 증명 | 함수 $f(t)$의 한 부정적분을 $F(t)$라 하면 $F'(t)=f(t)$이므로

(1) $\displaystyle\lim_{x\to a}\frac{1}{x-a}\int_a^x f(t)\,dt=\lim_{x\to a}\frac{1}{x-a}\Big[F(t)\Big]_a^x=\lim_{x\to a}\frac{F(x)-F(a)}{x-a}=F'(a)=f(a)$

(2) $\displaystyle\lim_{x\to 0}\frac{1}{x}\int_a^{x+a} f(t)\,dt=\lim_{x\to 0}\frac{1}{x}\Big[F(t)\Big]_a^{x+a}=\lim_{x\to 0}\frac{F(x+a)-F(a)}{x}=F'(a)=f(a)$

예제 01 / 적분 구간이 상수인 정적분을 포함한 등식

$f(x)=g(x)+\displaystyle\int_a^b f(t)\,dt$ 꼴은 $\displaystyle\int_a^b f(t)\,dt=k(k$는 상수$)$로 놓고 $f(x)=g(x)+k$임을 이용한다.

다음 등식을 만족시키는 다항함수 $f(x)$를 구하시오.

(1) $f(x)=3x^2-2x+\displaystyle\int_0^2 f(t)\,dt$

(2) $f(x)=x^2+\displaystyle\int_0^3 (x-1)f(t)\,dt$

유형만렙 미적분Ⅰ 125쪽에서 문제 더 풀기

| 풀이 |　(1) $\displaystyle\int_0^2 f(t)\,dt=k(k$는 상수$)$로 놓으면

$f(x)=3x^2-2x+k$

이를 $\displaystyle\int_0^2 f(t)\,dt=k$에 대입하면

$\displaystyle\int_0^2 (3t^2-2t+k)\,dt=k,\ \left[t^3-t^2+kt\right]_0^2=k$

$8-4+2k=k$　　∴ $k=-4$

∴ $f(x)=3x^2-2x-4$

(2) $f(x)=x^2+\displaystyle\int_0^3 (x-1)f(t)\,dt=x^2+(x-1)\displaystyle\int_0^3 f(t)\,dt$　◀ 적분변수 t 이외의 문자는 상수로 생각한다.

$\displaystyle\int_0^3 f(t)\,dt=k(k$는 상수$)$로 놓으면

$f(x)=x^2+k(x-1)=x^2+kx-k$

이를 $\displaystyle\int_0^3 f(t)\,dt=k$에 대입하면

$\displaystyle\int_0^3 (t^2+kt-k)\,dt=k,\ \left[\frac{1}{3}t^3+\frac{k}{2}t^2-kt\right]_0^3=k$

$9+\dfrac{9}{2}k-3k=k$　　∴ $k=-18$

∴ $f(x)=x^2-18x+18$

답 (1) $f(x)=3x^2-2x-4$　(2) $f(x)=x^2-18x+18$

502 유사

다항함수 $f(x)$가

$$f(x) = -6x^2 + 8x + \int_0^3 f(t)\,dt$$

를 만족시킬 때, $f(x)$를 구하시오.

503 유사

다항함수 $f(x)$가

$$f(x) = 3x^2 + \int_0^1 (2x-1)f(t)\,dt$$

를 만족시킬 때, $f(x)$를 구하시오.

504 변형

다항함수 $f(x)$가

$$f(x) = 6x^2 - 2x\int_0^1 f(t)\,dt + \int_0^2 f(t)\,dt$$

를 만족시킬 때, $f(2)$의 값을 구하시오.

505 변형

다항함수 $f(x)$가

$$f(x) = 4x + \int_0^2 tf'(t)\,dt$$

를 만족시킬 때, $f(3)$의 값을 구하시오.

예제 02 ╱ 적분 구간에 변수가 있는 정적분을 포함한 등식

$\int_a^x f(t)\,dt=g(x)$ 꼴은 양변을 미분하여 $f(x)=g'(x)$임을 이용한다. 이때 함수 $g(x)$에 미정계수가 있으면 $\int_a^a f(t)\,dt=0$임을 이용한다.

다항함수 $f(x)$가 모든 실수 x에 대하여 $\int_1^x f(t)\,dt=x^2-2ax-9$를 만족시킬 때, $f(x)$를 구하시오.

(단, a는 상수)

•유형만렙 미적분 I 126쪽에서 문제 더 풀기

| 풀이 | $\int_1^x f(t)\,dt=x^2-2ax-9$의 양변에 $x=1$을 대입하면

$\int_1^1 f(t)\,dt=1-2a-9$

$0=-2a-8$ ∴ $a=-4$

$\int_1^x f(t)\,dt=x^2+8x-9$의 양변을 x에 대하여 미분하면

$f(x)=2x+8$

답 $f(x)=2x+8$

Ⅲ. 적분

506 유사

다항함수 $f(x)$가 모든 실수 x에 대하여

$$\int_3^x f(t)\,dt = 3x^2 + ax - 6$$

을 만족시킬 때, $f(x)$를 구하시오.

(단, a는 상수)

508 변형

다항함수 $f(x)$가 모든 실수 x에 대하여

$$\int_a^x f(t)\,dt = 2x^2 + 5x - 3$$

을 만족시킬 때, $f(a)$의 값을 구하시오.

(단, $a < 0$)

507 변형

다항함수 $f(x)$가 모든 실수 x에 대하여

$$\int_2^x t f(t)\,dt = x^3 - ax^2$$

을 만족시킬 때, $f(1)$의 값을 구하시오.

(단, a는 상수)

509 변형

다항함수 $f(x)$가 모든 실수 x에 대하여

$$x f(x) = 2x^3 - 5x^2 + \int_2^x f(t)\,dt$$

를 만족시킬 때, $f(-2)$의 값을 구하시오.

예제 03 / 적분 구간과 피적분함수에 변수가 있는 정적분을 포함한 등식

$\int_a^x (x-t)f(t)\,dt = g(x)$ 꼴은 $x\int_a^x f(t)\,dt - \int_a^x tf(t)\,dt = g(x)$이므로 이 식의 양변을 x에 대하여 미분한다.

다항함수 $f(x)$가 모든 실수 x에 대하여 $\int_1^x (x-t)f(t)\,dt = x^3 - ax^2 + 5x - 2$를 만족시킬 때, $f(x)$를 구하시오. (단, a는 상수)

• 유형만렙 미적분 I 127쪽에서 문제 더 풀기

| 풀이 | $\int_1^x (x-t)f(t)\,dt = x^3 - ax^2 + 5x - 2$의 양변에 $x=1$을 대입하면

$$\int_1^1 (x-t)f(t)\,dt = 1 - a + 5 - 2$$

$$0 = 4 - a \qquad \therefore a = 4$$

$\int_1^x (x-t)f(t)\,dt = x^3 - 4x^2 + 5x - 2$에서

$$x\int_1^x f(t)\,dt - \int_1^x tf(t)\,dt = x^3 - 4x^2 + 5x - 2$$

양변을 x에 대하여 미분하면

$$\int_1^x f(t)\,dt + xf(x) - xf(x) = 3x^2 - 8x + 5$$

$$\therefore \int_1^x f(t)\,dt = 3x^2 - 8x + 5$$

양변을 다시 x에 대하여 미분하면

$$f(x) = 6x - 8$$

답 $f(x) = 6x - 8$

510 유사

다항함수 $f(x)$가 모든 실수 x에 대하여

$$\int_2^x (x-t)f(t)\,dt = x^3 + ax^2 - 4x + 8$$

을 만족시킬 때, $f(x)$를 구하시오. (단, a는 상수)

511 유사

다항함수 $f(x)$가 모든 실수 x에 대하여

$$\int_{-1}^x (x-t)f(t)\,dt = x^4 - ax^2 + 1$$

을 만족시킬 때, $f(1)$의 값을 구하시오.

(단, a는 상수)

512 변형

다항함수 $f(x)$가 모든 실수 x에 대하여

$$\int_0^x (x-t)f(t)\,dt = \frac{1}{12}x^4 + \frac{1}{2}x^2$$

을 만족시킬 때, $f(2)$의 값을 구하시오.

513 변형

다항함수 $f(x)$가 모든 실수 x에 대하여

$$\int_1^x (x-t)f(t)\,dt = 2x^3 + ax^2 + 6x + b$$

를 만족시킬 때, 상수 a, b에 대하여 $b-a$의 값을 구하시오.

예제 04 / 정적분으로 정의된 함수의 극대와 극소

함수 $f(x)=\displaystyle\int_0^x g(t)\,dt$의 극값은 $f'(x)=g(x)$임을 이용하여 구한다.

함수 $f(x)=\displaystyle\int_0^x (3t^2+3t-6)\,dt$의 극댓값과 극솟값을 구하시오.

• 유형마렙 미적분 I 128쪽에서 문제 더 풀기

| 풀이 | $f(x)=\displaystyle\int_0^x (3t^2+3t-6)\,dt$에서 $f'(x)=3x^2+3x-6=3(x+2)(x-1)$

$f'(x)=0$인 x의 값은 $x=-2$ 또는 $x=1$
함수 $f(x)$의 증가와 감소를 표로 나타내면 오른쪽
과 같다.
함수 $f(x)$는 $x=-2$에서 극대이므로 극댓값은

x	$\cdots$	-2	$\cdots$	1	$\cdots$
$f'(x)$	$+$	0	$-$	0	$+$
$f(x)$	↗	극대	↘	극소	↗

$$f(-2)=\int_0^{-2}(3t^2+3t-6)\,dt$$
$$=\left[t^3+\frac{3}{2}t^2-6t\right]_0^{-2}=10$$

함수 $f(x)$는 $x=1$에서 극소이므로 극솟값은

$$f(1)=\int_0^1 (3t^2+3t-6)\,dt=\left[t^3+\frac{3}{2}t^2-6t\right]_0^1=-\frac{7}{2}$$

답 극댓값: 10, 극솟값: $-\dfrac{7}{2}$

| 참고 | $f(x)=\displaystyle\int_0^x (3t^2+3t-6)\,dt=\left[t^3+\frac{3}{2}t^2-6t\right]_0^x=x^3+\frac{3}{2}x^2-6x$와 같이 함수 $f(x)$를 구한 후 극댓값과 극솟값을
구할 수도 있다.

예제 05 / 정적분으로 정의된 함수의 최댓값과 최솟값

함수 $f(x)=\displaystyle\int_0^x g(t)\,dt$의 최댓값과 최솟값은 $f'(x)=g(x)$임을 이용하여 구한다.

$-1\le x\le 2$에서 함수 $f(x)=\displaystyle\int_0^x (3t^2-12t+9)\,dt$의 최댓값을 구하시오.

• 유형마렙 미적분 I 128쪽에서 문제 더 풀기

| 풀이 | $f(x)=\displaystyle\int_0^x (3t^2-12t+9)\,dt$에서 $f'(x)=3x^2-12x+9=3(x-1)(x-3)$

$f'(x)=0$인 x의 값은 $x=1$ ($\because\ -1\le x\le 2$)
$-1\le x\le 2$에서 함수 $f(x)$의 증가와 감소를 표로
나타내면 오른쪽과 같다.
따라서 함수 $f(x)$는 $x=1$에서 최대이므로 최댓값
은

x	-1	$\cdots$	1	$\cdots$	2
$f'(x)$		$+$	0	$-$	
$f(x)$		↗	극대	↘	

$$f(1)=\int_0^1 (3t^2-12t+9)\,dt=\left[t^3-6t^2+9t\right]_0^1=4$$

답 4

514 예제 04 유사

함수 $f(x)=\int_{2}^{x}(t^3-t)\,dt$의 극댓값과 극솟값을 구하시오.

516 예제 04 변형

함수 $f(x)=\int_{-1}^{x}(-t^2+2t-a)\,dt$가 $x=-2$에서 극솟값 b를 가질 때, ab의 값을 구하시오.

(단, a는 상수)

515 예제 05 유사

$0 \le x \le 3$에서 함수 $f(x)=\int_{1}^{x}(t^2-t-2)\,dt$의 최솟값을 구하시오.

517 예제 05 변형

$-1 \le x \le 2$에서 함수 $f(x)=\int_{x}^{x+1}(2t^2+2t)\,dt$의 최댓값을 M, 최솟값을 m이라 할 때, $M-m$의 값을 구하시오.

$$\lim_{x \to a} \frac{1}{x-a} \int_a^x f(t)\,dt = f(a), \ \lim_{h \to 0} \frac{1}{h} \int_a^{a+h} f(x)\,dx = f(a) \text{이다.}$$

다음 극한값을 구하시오.

(1) $\lim\limits_{x \to 2} \dfrac{1}{x-2} \displaystyle\int_2^x (t^4 - t^3 + 2t^2 + 3)\,dt$

(2) $\lim\limits_{h \to 0} \dfrac{1}{h} \displaystyle\int_1^{1+h} (4x^3 - 2x + 1)\,dx$

• 유형만렙 미적분 I 129쪽에서 문제 더 풀기

| 풀이 |　(1) $f(t) = t^4 - t^3 + 2t^2 + 3$이라 하고 함수 $f(t)$의 한 부정적분을 $F(t)$라 하면

$$\begin{aligned}
\lim_{x \to 2} \frac{1}{x-2} \int_2^x (t^4 - t^3 + 2t^2 + 3)\,dt &= \lim_{x \to 2} \frac{1}{x-2} \int_2^x f(t)\,dt \\
&= \lim_{x \to 2} \frac{1}{x-2} \Big[F(t) \Big]_2^x \\
&= \lim_{x \to 2} \frac{F(x) - F(2)}{x-2} \\
&= F'(2) = f(2) \\
&= 16 - 8 + 8 + 3 = 19
\end{aligned}$$

(2) $f(x) = 4x^3 - 2x + 1$이라 하고 함수 $f(x)$의 한 부정적분을 $F(x)$라 하면

$$\begin{aligned}
\lim_{h \to 0} \frac{1}{h} \int_1^{1+h} (4x^3 - 2x + 1)\,dx &= \lim_{h \to 0} \frac{1}{h} \int_1^{1+h} f(x)\,dx \\
&= \lim_{h \to 0} \frac{1}{h} \Big[F(x) \Big]_1^{1+h} \\
&= \lim_{h \to 0} \frac{F(1+h) - F(1)}{h} \\
&= F'(1) = f(1) \\
&= 4 - 2 + 1 = 3
\end{aligned}$$

답 (1) 19　(2) 3

518 [유사]

다음 극한값을 구하시오.

(1) $\lim\limits_{x \to 3} \dfrac{1}{x-3} \displaystyle\int_3^x (t^3 + t^2 - 3t + 1)\, dt$

(2) $\lim\limits_{x \to 1} \dfrac{1}{x^2 - 1} \displaystyle\int_1^x (t^3 - 3t^2 + t - 5)\, dt$

519 [유사]

다음 극한값을 구하시오.

(1) $\lim\limits_{h \to 0} \dfrac{1}{h} \displaystyle\int_2^{2+h} (2x^2 + x - 4)\, dx$

(2) $\lim\limits_{h \to 0} \dfrac{1}{h} \displaystyle\int_{3-h}^{3+h} (x^3 - 2x^2 + 3x + 7)\, dx$

520 [변형]

함수 $f(x) = -x^2 + ax + 6$에 대하여
$\lim\limits_{x \to 2} \dfrac{1}{x^2 - 4} \displaystyle\int_2^x f(t)\, dt = 2$일 때, 상수 a의 값을 구하시오.

521 [변형]

함수 $f(x) = x^3 + x^2 + ax + 1$에 대하여
$\lim\limits_{h \to 0} \dfrac{1}{h} \displaystyle\int_2^{2+h} f(x)\, dx = 21$일 때, 상수 a의 값을 구하시오.

연습문제

1단계

522 다항함수 $f(x)$가
$$f(x) = 6x^2 + 2x + \int_{-1}^{1} f(t)\,dt$$
를 만족시킬 때, $f(2)$의 값은?

① 24   ② 25   ③ 26
④ 27   ⑤ 28

523 함수 $f(x) = \int_{x}^{x+1} (t^3 - t)\,dt$에 대하여 $\int_{0}^{2} f'(x)\,dx$의 값을 구하시오.

교육청

524 다항함수 $f(x)$가 모든 실수 x에 대하여
$$3xf(x) = 9\int_{1}^{x} f(t)\,dt + 2x$$
를 만족시킬 때, $f'(1)$의 값은?

① -2 ② -1 ③ 0
④ 1   ⑤ 2

525 다항함수 $f(x)$가 모든 실수 x에 대하여
$$\int_{0}^{x} (x-t)f'(t)\,dt = 2x^4$$
을 만족시키고, $f(0) = -3$일 때, $f(-1)$의 값을 구하시오.

526 함수 $f(x) = \int_{0}^{x} (t-3)(t-a)\,dt$가 $x=3$에서 극솟값 0을 가질 때, $f(x)$의 극댓값을 구하시오. (단, a는 상수)

527 $0 \le x \le 2$에서 함수 $f(x) = \int_{-1}^{x} (12t^2 - 6t - 6)\,dt$의 최댓값과 최솟값의 합은?

① 3   ② 5   ③ 7
④ 9   ⑤ 11

528 함수 $f(x)=2x^3-6x^2+x+5$에 대하여 $\lim_{x \to 1} \dfrac{1}{x-1}\displaystyle\int_1^{x^3} f(t)\,dt$의 값은?

① 3   ② 4   ③ 5
④ 6   ⑤ 7

2단계

529 다항함수 $f(x)$가
$$f(x)=12x^2+\int_0^1 (6x-t)f(t)\,dt$$
를 만족시킬 때, $f(-1)$의 값을 구하시오.

📖 평가원

530 다항함수 $f(x)$에 대하여
$$\int_0^x f(t)\,dt=x^3-2x^2-2x\int_0^1 f(t)\,dt$$
일 때, $f(0)=a$라 하자. $60a$의 값을 구하시오.

📘 교과서

531 일차함수 $f(x)$와 다항함수 $g(x)$가 모든 실수 x에 대하여
$$xf(x)=g(x)+\int_0^x tf'(t)\,dt,$$
$$f(x)g(x)=2x^3+3x^2+x$$
를 만족시킬 때, $f(0)g(1)$의 값을 구하시오.

532 다항함수 $f(x)$가 모든 실수 x에 대하여
$$\int_2^x (x-t)f(t)\,dt=ax^3-2x^2+bx+8$$
을 만족시킬 때, $\displaystyle\int_2^3 f(t)\,dt$의 값은?
(단, a, b는 상수)

① 10   ② 11   ③ 12
④ 13   ⑤ 14

✏️서술형

533 다항함수 $f(x)$가 모든 실수 x에 대하여
$$x^2 f(x)=-x^3+\int_0^x (x^2+t)f'(t)\,dt$$
를 만족시키고 $f(0)=2$일 때, $f(2)$의 값을 구하시오.

연습문제

• 정답과 해설 **118쪽**

534 함수 $f(x)=x^3-12x+a$에 대하여 함수 $F(x)=\displaystyle\int_0^x f(t)\,dt$가 극댓값과 극솟값을 모두 갖도록 하는 정수 a의 개수를 구하시오.

535 이차함수 $y=f(x)$의 그래프가 오른쪽 그림과 같을 때, 다음 중 함수 $g(x)=\displaystyle\int_{x-2}^x f(t)\,dt$의 최댓값과 같은 것은?

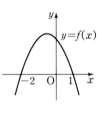

① $g\left(\dfrac{1}{4}\right)$ ② $g\left(\dfrac{1}{2}\right)$ ③ $g(1)$

④ $g\left(\dfrac{3}{2}\right)$ ⑤ $g(2)$

🎓 교육청

536 다항함수 $f(x)$가
$$\lim_{x\to 2}\frac{1}{x-2}\int_1^x (x-t)f(t)\,dt=3$$
을 만족시킬 때, $\displaystyle\int_1^2 (4x+1)f(x)\,dx$의 값은?

① 15 ② 18 ③ 21
④ 24 ⑤ 27

3단계

537 다항함수 $f(x)$가 모든 실수 x에 대하여
$$f(f(x))=\int_0^x f(t)\,dt-2x^2+4x+60$$
을 만족시킬 때, $\displaystyle\int_{-2}^2 f(x)\,dx$의 값은?

① 24 ② 36 ③ 48
④ 60 ⑤ 72

🎓 평가원

538 두 다항함수 $f(x)$, $g(x)$에 대하여 $f(x)$의 한 부정적분을 $F(x)$라 하고 $g(x)$의 한 부정적분을 $G(x)$라 할 때, 이 함수들은 모든 실수 x에 대하여 다음 조건을 만족시킨다.

> (가) $\displaystyle\int_1^x f(t)\,dt=xf(x)-2x^2-1$
> (나) $f(x)G(x)+F(x)g(x)=8x^3+3x^2+1$

$\displaystyle\int_1^3 g(x)\,dx$의 값을 구하시오.

3

정적분의 활용

넓이

개념 01 곡선과 x축 사이의 넓이

◎ 예제 01, 04, 05

함수 $f(x)$가 닫힌구간 $[a, b]$에서 연속일 때, 곡선 $y=f(x)$와 x축 및 두 직선 $x=a$, $x=b$로 둘러싸인 도형의 넓이 S는

$$S=\int_a^b |f(x)|\,dx$$

| 증명 | 함수 $f(x)$가 닫힌구간 $[a, b]$에서 연속일 때, 곡선 $y=f(x)$와 x축 및 두 직선 $x=a$, $x=b$로 둘러싸인 도형의 넓이를 S라 하자.

(1) 닫힌구간 $[a, b]$에서 $f(x) \geq 0$일 때

정적분의 정의에 의하여

$$S=\int_a^b f(x)\,dx=\int_a^b |f(x)|\,dx$$

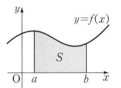

(2) 닫힌구간 $[a, b]$에서 $f(x) \leq 0$일 때

곡선 $y=f(x)$는 곡선 $y=-f(x)$와 x축에 대하여 대칭이고 $-f(x) \geq 0$이므로

$$S=\int_a^b \{-f(x)\}\,dx=\int_a^b |f(x)|\,dx$$

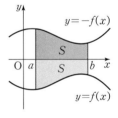

(3) 닫힌구간 $[a, c]$에서 $f(x) \geq 0$이고, 닫힌구간 $[c, b]$에서 $f(x) \leq 0$일 때

$$S=\int_a^c f(x)\,dx+\int_c^b \{-f(x)\}\,dx$$
$$=\int_a^c |f(x)|\,dx+\int_c^b |f(x)|\,dx$$
$$=\int_a^b |f(x)|\,dx$$

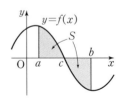

| 참고 | • 곡선과 x축 및 두 직선 $x=a$, $x=b$로 둘러싸인 도형의 넓이를 구할 때는 닫힌구간 $[a, b]$에서 생각한다.
• 닫힌구간 $[a, b]$에서 함수 $f(x)$가 양의 값과 음의 값을 모두 가질 때는 $f(x)$의 값이 양수인 구간과 음수인 구간으로 나누어 생각한다.
• 오른쪽 그림과 같이 곡선 $y=f(x)$와 x축으로 둘러싸인 두 도형의 넓이가 서로 같으면

$$\int_a^b f(x)\,dx=0$$

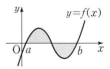

개념 02 두 곡선 사이의 넓이

○ 예제 02, 03, 05

두 함수 $f(x)$, $g(x)$가 닫힌구간 $[a, b]$에서 연속일 때, 두 곡선 $y=f(x)$, $y=g(x)$와 두 직선 $x=a$, $x=b$로 둘러싸인 도형의 넓이 S는

$$S=\int_a^b |f(x)-g(x)|\,dx$$

| 증명 | 두 함수 $f(x)$, $g(x)$가 닫힌구간 $[a, b]$에서 연속일 때, 두 곡선 $y=f(x)$, $y=g(x)$ 및 두 직선 $x=a$, $x=b$로 둘러싸인 도형의 넓이를 S라 하자.

(1) 닫힌구간 $[a, b]$에서 $f(x) \geq g(x) \geq 0$일 때

$$S=\int_a^b f(x)\,dx-\int_a^b g(x)\,dx$$
$$=\int_a^b \{f(x)-g(x)\}\,dx$$
$$=\int_a^b |f(x)-g(x)|\,dx \quad \blacktriangleleft\ f(x)\geq g(x)$$

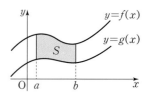

(2) 닫힌구간 $[a, b]$에서 $f(x) \geq g(x)$이고, $f(x)$ 또는 $g(x)$의 값이 음수인 경우가 있을 때
두 곡선 $y=f(x)$, $y=g(x)$를 y축의 방향으로 k만큼 평행이동하여
$$f(x)+k \geq g(x)+k \geq 0$$
이 되도록 할 수 있다.
이때 평행이동한 도형의 넓이는 변하지 않으므로

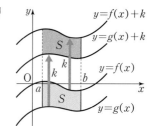

$$S=\int_a^b \{f(x)+k\}\,dx-\int_a^b \{g(x)+k\}\,dx$$
$$=\int_a^b \{f(x)+k-g(x)-k\}\,dx$$
$$=\int_a^b \{f(x)-g(x)\}\,dx$$
$$=\int_a^b |f(x)-g(x)|\,dx \quad \blacktriangleleft\ f(x)\geq g(x)$$

(3) 닫힌구간 $[a, c]$에서 $f(x) \geq g(x)$이고, 닫힌구간 $[c, b]$에서 $f(x) \leq g(x)$일 때

$$S=\int_a^c \{f(x)-g(x)\}\,dx+\int_c^b \{g(x)-f(x)\}\,dx$$
$$=\underbrace{\int_a^c |f(x)-g(x)|\,dx}_{f(x)\geq g(x)}+\underbrace{\int_c^b |f(x)-g(x)|\,dx}_{f(x)\leq g(x)}$$
$$=\int_a^b |f(x)-g(x)|\,dx$$

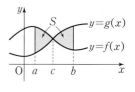

| 참고 | 닫힌구간 $[a, b]$에서 두 함수 $f(x)$, $g(x)$의 대소가 바뀔 때는 $f(x)-g(x)$의 값이 양수인 구간과 음수인 구간으로 나누어 생각한다.

예제 01 / 곡선과 x축 사이의 넓이

곡선 $y=f(x)$와 x축 사이의 넓이는 곡선과 x축의 교점의 x좌표를 구한 후 $f(x)\geq0$, $f(x)\leq0$ 인 구간으로 나누어 구한다.

다음 물음에 답하시오.

(1) 곡선 $y=-x^3+4x$와 x축으로 둘러싸인 도형의 넓이를 구하시오.

(2) 곡선 $y=x^2-x-2$와 x축 및 두 직선 $x=1$, $x=3$으로 둘러싸인 도형의 넓이를 구하시오.

• 유형만렙 미적분 I 136쪽에서 문제 더 풀기

|풀이| (1) 곡선 $y=-x^3+4x$와 x축의 교점의 x좌표를 구하면

$$-x^3+4x=0$$
$$x(x+2)(x-2)=0$$
$$\therefore x=-2 \text{ 또는 } x=0 \text{ 또는 } x=2$$

$-2\leq x\leq0$에서 $y\leq0$이고, $0\leq x\leq2$에서 $y\geq0$이므로 구하는 넓이를 S라 하면

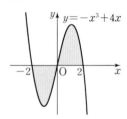

$$S=\int_{-2}^{0}(x^3-4x)\,dx+\int_{0}^{2}(-x^3+4x)\,dx$$
$$=\left[\frac{1}{4}x^4-2x^2\right]_{-2}^{0}+\left[-\frac{1}{4}x^4+2x^2\right]_{0}^{2}$$
$$=8$$

(2) 곡선 $y=x^2-x-2$와 x축의 교점의 x좌표를 구하면

$$x^2-x-2=0$$
$$(x+1)(x-2)=0$$
$$\therefore x=-1 \text{ 또는 } x=2$$

$1\leq x\leq2$에서 $y\leq0$이고, $2\leq x\leq3$에서 $y\geq0$이므로 구하는 넓이를 S라 하면

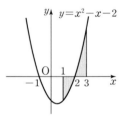

$$S=\int_{1}^{2}(-x^2+x+2)\,dx+\int_{2}^{3}(x^2-x-2)\,dx$$
$$=\left[-\frac{1}{3}x^3+\frac{1}{2}x^2+2x\right]_{1}^{2}+\left[\frac{1}{3}x^3-\frac{1}{2}x^2-2x\right]_{2}^{3}$$
$$=3$$

답 (1) 8 (2) 3

539 유사

다음 곡선과 x축으로 둘러싸인 도형의 넓이를 구하시오.

(1) $y = -x^2 + 2x$

(2) $y = x^3 - x^2$

(3) $y = x^3 + 3x^2 + 2x$

(4) $y = -x^3 + 2x^2 + x - 2$

540 유사

다음 도형의 넓이를 구하시오.

(1) 곡선 $y = x^2 - 5x + 4$와 x축 및 두 직선 $x=1$, $x=5$로 둘러싸인 도형

(2) 곡선 $y = -x^3 - x^2 + 6x$와 x축 및 두 직선 $x=-2$, $x=1$로 둘러싸인 도형

541 변형 교과서

곡선 $y = 2x^2 - 4kx$와 x축으로 둘러싸인 도형의 넓이가 72일 때, 양수 k의 값을 구하시오.

Ⅲ-3

정적분의 활용

예제 02 / 두 곡선 사이의 넓이

두 곡선 $y=f(x)$, $y=g(x)$ 사이의 넓이는 두 곡선의 교점의 x좌표를 구한 후 두 곡선의 위치 관계를 파악하여 구한다.

다음 물음에 답하시오.

(1) 곡선 $y=x^2-x-6$과 직선 $y=x+2$로 둘러싸인 도형의 넓이를 구하시오.

(2) 두 곡선 $y=x^2-2x$, $y=-x^3+2x^2$으로 둘러싸인 도형의 넓이를 구하시오.

• 유형만렙 미적분Ⅰ 137쪽에서 문제 더 풀기

│풀이│ (1) 곡선 $y=x^2-x-6$과 직선 $y=x+2$의 교점의 x좌표를 구하면

$$x^2-x-6=x+2$$
$$x^2-2x-8=0, \ (x+2)(x-4)=0$$
$$\therefore x=-2 \ \text{또는} \ x=4$$

$-2 \le x \le 4$에서 $x+2 \ge x^2-x-6$이므로 구하는 넓이를 S라 하면

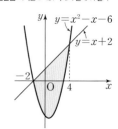

$$S=\int_{-2}^{4} \underbrace{\{(x+2)-(x^2-x-6)\}}_{\text{(위의 식)}-\text{(아래의 식)}} dx$$
$$=\int_{-2}^{4} (-x^2+2x+8)\,dx$$
$$=\left[-\frac{1}{3}x^3+x^2+8x \right]_{-2}^{4}$$
$$=36$$

(2) 두 곡선 $y=x^2-2x$, $y=-x^3+2x^2$의 교점의 x좌표를 구하면

$$x^2-2x=-x^3+2x^2$$
$$x^3-x^2-2x=0, \ x(x+1)(x-2)=0$$
$$\therefore x=-1 \ \text{또는} \ x=0 \ \text{또는} =2$$

$-1 \le x \le 0$에서 $x^2-2x \ge -x^3+2x^2$이고, $0 \le x \le 2$에서 $-x^3+2x^2 \ge x^2-2x$이므로 구하는 넓이를 S라 하면

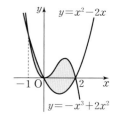

$$S=\int_{-1}^{0} \underbrace{\{(x^2-2x)-(-x^3+2x^2)\}}dx+\int_{0}^{2} \underbrace{\{(-x^3+2x^2)-(x^2-2x)\}}_{\text{(위의 식)}-\text{(아래의 식)}}dx$$
$$=\int_{-1}^{0} (x^3-x^2-2x)\,dx+\int_{0}^{2} (-x^3+x^2+2x)\,dx$$
$$=\left[\frac{1}{4}x^4-\frac{1}{3}x^3-x^2 \right]_{-1}^{0}+\left[-\frac{1}{4}x^4+\frac{1}{3}x^3+x^2 \right]_{0}^{2}$$
$$=\frac{37}{12}$$

답 (1) 36 (2) $\dfrac{37}{12}$

542 유사

다음 곡선과 직선으로 둘러싸인 도형의 넓이를 구하시오.

(1) $y=-x^2+2$, $y=3x+2$

(2) $y=x^3-x$, $y=x$

543 유사

다음 두 곡선으로 둘러싸인 도형의 넓이를 구하시오.

(1) $y=x^2-6x+8$, $y=-x^2+4x$

(2) $y=x^3-3x^2$, $y=x^2-3x$

544 변형

두 곡선 $y=3x^2$, $y=-3x^2+6x$ 및 두 직선 $x=0$, $x=2$로 둘러싸인 도형의 넓이를 구하시오.

545 변형

곡선 $y=x^2$과 직선 $y=ax$로 둘러싸인 도형의 넓이가 $\dfrac{4}{3}$일 때, 양수 a의 값을 구하시오.

예제 03 / 곡선과 접선으로 둘러싸인 도형의 넓이

접선의 방정식을 구한 후 곡선과 접선으로 둘러싸인 도형의 넓이를 구한다.

다음 물음에 답하시오.

(1) 곡선 $y=x^3+2x^2+x+2$와 이 곡선 위의 점 $(0, 2)$에서의 접선으로 둘러싸인 도형의 넓이를 구하시오.

(2) 곡선 $y=x^2+4$와 원점에서 이 곡선에 그은 두 접선으로 둘러싸인 도형의 넓이를 구하시오.

• 유형만렙 미적분 I 138쪽에서 문제 더 풀기

| 풀이 | (1) $f(x)=x^3+2x^2+x+2$라 하면 $f'(x)=3x^2+4x+1$

점 $(0, 2)$에서의 접선의 기울기는 $f'(0)=1$이므로 접선의 방정식은

$y-2=x$ ∴ $y=x+2$

곡선 $y=x^3+2x^2+x+2$와 직선 $y=x+2$의 교점의 x좌표를 구하면

$x^3+2x^2+x+2=x+2$, $x^3+2x^2=0$

$x^2(x+2)=0$ ∴ $x=-2$ 또는 $x=0$

$-2 \le x \le 0$에서 $x^3+2x^2+x+2 \ge x+2$이므로 구하는 넓이를 S라 하면

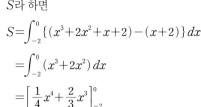

$$S=\int_{-2}^{0} \{(x^3+2x^2+x+2)-(x+2)\} dx$$

$$=\int_{-2}^{0} (x^3+2x^2) dx$$

$$=\left[\frac{1}{4}x^4+\frac{2}{3}x^3 \right]_{-2}^{0}$$

$$=\frac{4}{3}$$

(2) $f(x)=x^2+4$라 하면 $f'(x)=2x$

접점의 좌표를 (t, t^2+4)라 하면 이 점에서의 접선의 기울기는 $f'(t)=2t$이므로 접선의 방정식은

$y-(t^2+4)=2t(x-t)$ ∴ $y=2tx-t^2+4$

이 직선이 원점을 지나므로

$0=-t^2+4$, $(t+2)(t-2)=0$ ∴ $t=-2$ 또는 $t=2$

따라서 접선의 방정식은

$y=-4x$ 또는 $y=4x$

곡선과 두 접선으로 둘러싸인 도형이 y축에 대하여 대칭이고, $0 \le x \le 2$에서 $x^2+4 \ge 4x$이므로 구하는 넓이를 S라 하면

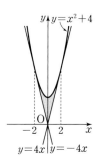

$$S=2\int_{0}^{2} \{(x^2+4)-4x\} dx$$

$$=2\int_{0}^{2} (x^2-4x+4) dx$$

$$=2\left[\frac{1}{3}x^3-2x^2+4x \right]_{0}^{2}$$

$$=\frac{16}{3}$$

 답 (1) $\frac{4}{3}$ (2) $\frac{16}{3}$

546 유사

곡선 $y=x^3-6x^2+10x$와 이 곡선 위의 점 $(1, 5)$에서의 접선으로 둘러싸인 도형의 넓이를 구하시오.

548 변형 🎓 교육청

그림과 같이 곡선 $y=x^2-4x+6$ 위의 점 A$(3, 3)$에서의 접선을 l이라 할 때, 곡선 $y=x^2-4x+6$과 직선 l 및 y축으로 둘러싸인 부분의 넓이는?

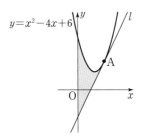

① $\dfrac{26}{3}$

② 9

③ $\dfrac{28}{3}$

④ $\dfrac{29}{3}$

⑤ 10

547 유사

곡선 $y=-x^2-1$과 원점에서 이 곡선에 그은 두 접선으로 둘러싸인 도형의 넓이를 구하시오.

549 변형

곡선 $y=ax^2$과 이 곡선 위의 점 $(1, a)$에서의 접선 및 두 직선 $x=-3$, $x=3$으로 둘러싸인 도형의 넓이가 12일 때, 양수 a의 값을 구하시오.

예제 **04** 두 도형의 넓이가 같은 경우

곡선 $y=f(x)$와 x축 및 두 직선 $x=a$, $x=b$로 둘러싸인 두 도형의 넓이가 서로 같으면
$\int_a^b f(x)\,dx=0$이다.

오른쪽 그림과 같이 곡선 $y=2x^2+4x+k$와 x축으로 둘러싸인 도형의 넓이를 A, 이 곡선과 x축 및 y축으로 둘러싸인 도형의 넓이를 B라 할 때, $A=2B$이다. 이때 상수 k의 값을 구하시오. (단, $0<k<2$)

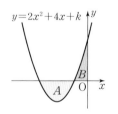

• 유형만렙 미적분Ⅰ 139쪽에서 문제 더 풀기

| 풀이 | 곡선 $y=2x^2+4x+k$는 직선 $x=-1$에 대하여 대칭이므로 오른쪽 그림에서
빗금 친 부분의 넓이는 $\dfrac{1}{2}A=B$

따라서 구간 $[-1, 0]$에서 곡선 $y=2x^2+4x+k$와 x축, y축 및 직선 $x=-1$로 둘러싸인 두 도형의 넓이가 서로 같으므로

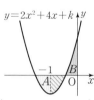

$$\int_{-1}^0 (2x^2+4x+k)\,dx=0, \quad \left[\frac{2}{3}x^3+2x^2+kx\right]_{-1}^0=0, \quad -\frac{4}{3}+k=0 \qquad \therefore k=\frac{4}{3}$$

답 $\dfrac{4}{3}$

예제 **05** 도형의 넓이를 이등분하는 경우

두 곡선 $y=f(x)$, $y=g(x)$의 두 교점의 x좌표가 a, $b\,(a<b)$일 때, 곡선 $y=f(x)$와 x축으로 둘러싸인 도형의 넓이 S가 곡선 $y=g(x)$에 의하여 이등분되면 $S=2\int_a^b |f(x)-g(x)|\,dx$이다.

곡선 $y=-x^2+6x$와 x축으로 둘러싸인 도형의 넓이가 직선 $y=ax$에 의하여 이등분될 때, 상수 a에 대하여 $(6-a)^3$의 값을 구하시오.

• 유형만렙 미적분Ⅰ 140쪽에서 문제 더 풀기

| 풀이 | 곡선 $y=-x^2+6x$와 x축의 교점의 x좌표를 구하면
$$-x^2+6x=0, \ x(x-6)=0 \qquad \therefore x=0 \ \text{또는} \ x=6$$
곡선 $y=-x^2+6x$와 직선 $y=ax$의 교점의 x좌표를 구하면
$$-x^2+6x=ax, \ x\{x-(6-a)\}=0 \qquad \therefore x=0 \ \text{또는} \ x=6-a$$

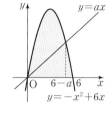

곡선 $y=-x^2+6x$와 x축으로 둘러싸인 도형의 넓이를 S_1,
곡선 $y=-x^2+6x$와 직선 $y=ax$로 둘러싸인 도형의 넓이를 S_2라 하면

$$S_1=\int_0^6 (-x^2+6x)\,dx=\left[-\frac{1}{3}x^3+3x^2\right]_0^6=36$$

$$S_2=\int_0^{6-a}\{(-x^2+6x)-ax\}\,dx=\int_0^{6-a}\{-x^2+(6-a)x\}\,dx=\left[-\frac{1}{3}x^3+\frac{6-a}{2}x^2\right]_0^{6-a}=\frac{(6-a)^3}{6}$$

$$S_1=2S_2 \text{이므로} \ 36=2\times\frac{(6-a)^3}{6} \qquad \therefore (6-a)^3=108$$

답 108

550 예제 04 **유사**

오른쪽 그림과 같이 곡선 $y=x^2-4x+k$와 x축 및 y축으로 둘러싸인 도형의 넓이를 A, 이 곡선과 x축으로 둘러싸인 도형의 넓이를 B라 할 때, $A:B=1:2$이다. 이때 상수 k의 값을 구하시오. (단, $0<k<4$)

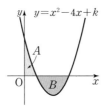

551 예제 05 **유사**

곡선 $y=x^2-2x$와 x축으로 둘러싸인 도형의 넓이가 직선 $y=ax$에 의하여 이등분될 때, 상수 a에 대하여 $(a+2)^3$의 값을 구하시오.

552 예제 04 **변형**

곡선 $y=x(x-a)(x-2)$와 x축으로 둘러싸인 두 도형의 넓이가 서로 같을 때, 상수 a의 값을 구하시오. (단, $0<a<2$)

553 예제 05 **변형** 📖 교과서

곡선 $y=x^2-3x$와 직선 $y=ax$로 둘러싸인 도형의 넓이가 x축에 의하여 이등분될 때, 양수 a에 대하여 $(a+3)^3$의 값을 구하시오.

곡선과 y축 사이의 넓이

함수 $g(y)$가 닫힌구간 $[c, d]$에서 연속일 때, 곡선 $x=g(y)$와 y축 및 두 직선 $y=c$, $y=d$로 둘러싸인 도형의 넓이 S는

$$S=\int_c^d |g(y)|\,dy$$

┃증명┃ 함수 $g(y)$가 닫힌구간 $[c, d]$에서 연속일 때, 곡선 $x=g(y)$와 y축 및 두 직선 $y=c$, $y=d$로 둘러싸인 도형의 넓이를 S라 하자.

(1) 닫힌구간 $[c, d]$에서 $g(y) \geq 0$일 때

정적분의 정의에 의하여

$$S=\int_c^d g(y)\,dy=\int_c^d |g(y)|\,dy$$

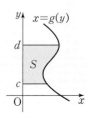

(2) 닫힌구간 $[c, d]$에서 $g(y) \leq 0$일 때

곡선 $x=g(y)$는 곡선 $x=-g(y)$와 y축에 대하여 대칭이고
$-g(y) \geq 0$이므로

$$S=\int_c^d \{-g(y)\}\,dy=\int_c^d |g(y)|\,dy$$

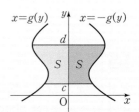

(3) 닫힌구간 $[c, e]$에서 $g(y) \geq 0$이고, 닫힌구간 $[e, d]$에서 $g(y) \leq 0$일 때

$$S=\int_c^e g(y)\,dy+\int_e^d \{-g(y)\}\,dy$$
$$=\int_c^e |g(y)|\,dy+\int_e^d |g(y)|\,dy$$
$$=\int_c^d |g(y)|\,dy$$

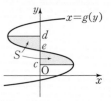

유제

• 정답과 해설 123쪽

554 곡선 $x=-y^2+9$와 y축으로 둘러싸인 도형의 넓이를 구하시오.

2 역함수의 그래프와 넓이

개념 01 역함수의 그래프와 넓이

◐ 예제 06

(1) 함수의 그래프와 그 역함수의 그래프로 둘러싸인 도형의 넓이

오른쪽 그림과 같이 함수 $y=f(x)$와 그 역함수 $y=g(x)$의
그래프로 둘러싸인 도형의 넓이 S는 곡선 $y=f(x)$와 직선
$y=x$로 둘러싸인 도형의 넓이의 2배와 같으므로

$$S=\int_a^b |f(x)-g(x)|\,dx=2\int_a^b |f(x)-x|\,dx$$

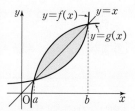

(2) 역함수의 그래프와 좌표축으로 둘러싸인 도형의 넓이

오른쪽 그림과 같이 함수 $y=f(x)$의 역함수 $y=g(x)$의 그래
프와 x축 및 직선 $x=c$로 둘러싸인 도형의 넓이 A는

$$A=B=ac-\int_0^a f(x)\,dx$$
└─ 직사각형의 넓이

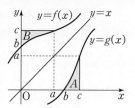

| 증명 | (1) 함수 $y=f(x)$의 그래프와 그 역함수 $y=g(x)$의 그래프는
직선 $y=x$에 대하여 대칭이므로

$$S_1=S_2$$

이때 $S=S_1+S_2$이므로 함수 $y=f(x)$의 그래프와 그 역함수
$y=g(x)$의 그래프로 둘러싸인 도형의 넓이는 곡선 $y=f(x)$
와 직선 $y=x$로 둘러싸인 도형의 넓이의 2배와 같다.

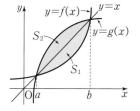

$$\therefore S=\int_a^b |f(x)-g(x)|\,dx$$
$$=2\int_a^b |f(x)-x|\,dx$$

(2) 함수 $y=f(x)$의 그래프와 그 역함수 $y=g(x)$의 그래프는
직선 $y=x$에 대하여 대칭이므로

$$A=B$$

따라서 함수 $y=f(x)$의 역함수 $y=g(x)$의 그래프와 x축
및 직선 $x=c$로 둘러싸인 도형의 넓이는

$$A=B$$
$$=(\text{빗금 친 직사각형의 넓이})-C$$
$$=ac-\int_0^a f(x)\,dx$$

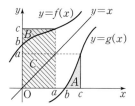

예제 06 / 역함수의 그래프와 넓이

함수 $y=f(x)$와 그 역함수 $y=g(x)$의 그래프가 직선 $y=x$에 대하여 대칭임을 이용하여 넓이가 같은 두 도형을 찾는다.

다음 물음에 답하시오.

(1) 함수 $f(x)=\dfrac{1}{2}x^2 \ (x \geq 0)$의 역함수를 $g(x)$라 할 때, 두 곡선 $y=f(x)$, $y=g(x)$로 둘러싸인 도형의 넓이를 구하시오.

(2) 함수 $f(x)=x^3-2x^2+3x$의 역함수를 $g(x)$라 할 때, $\displaystyle\int_1^2 f(x)\,dx+\int_2^6 g(x)\,dx$의 값을 구하시오.

• **유형만렙** 미적분 1 141쪽에서 문제 더 풀기

| **풀이** | (1) 두 곡선 $y=f(x)$, $y=g(x)$는 직선 $y=x$에 대하여 대칭이므로 두 곡선으로 둘러싸인 도형의 넓이는 곡선 $y=f(x)$와 직선 $y=x$로 둘러싸인 도형의 넓이의 2배와 같다.

곡선 $y=f(x)$와 직선 $y=x$의 교점의 x좌표를 구하면

$$\frac{1}{2}x^2=x, \ x(x-2)=0 \qquad \therefore \ x=0 \ \text{또는} \ x=2$$

따라서 구하는 넓이를 S라 하면

$$S=2\int_0^2 \left(x-\frac{1}{2}x^2\right)dx=2\left[\frac{1}{2}x^2-\frac{1}{6}x^3\right]_0^2=\frac{4}{3}$$

(2) $f'(x)=3x^2-4x+3=3\left(x-\dfrac{2}{3}\right)^2+\dfrac{5}{3}>0$이므로 함수 $f(x)$는 실수 전체의 집합에서 증가하고

$f(1)=2$, $f(2)=6$이므로 $g(2)=1$, $g(6)=2$

$\displaystyle\int_1^2 f(x)\,dx=S_1$, $\displaystyle\int_2^6 g(x)\,dx=S_2$라 하면 두 곡선 $y=f(x)$, $y=g(x)$는 직선 $y=x$에 대하여 대칭이므로 오른쪽 그림에서 빗금 친 부분의 넓이는 S_2와 같다.

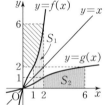

$$\therefore \int_1^2 f(x)\,dx+\int_2^6 g(x)\,dx=S_1+S_2$$
$$=2\times 6-1\times 2=10$$

답 (1) $\dfrac{4}{3}$ (2) 10

555 유사

함수 $f(x)=\dfrac{1}{6}x^2\,(x\geq0)$의 역함수를 $g(x)$라 할 때, 두 곡선 $y=f(x)$, $y=g(x)$로 둘러싸인 도형의 넓이를 구하시오.

557 변형

함수 $f(x)=x^3-4x^2+5x$의 역함수를 $g(x)$라 할 때, 두 곡선 $y=f(x)$, $y=g(x)$로 둘러싸인 도형의 넓이를 구하시오.

556 유사

함수 $f(x)=x^3-3x^2+5x$의 역함수를 $g(x)$라 할 때, $\displaystyle\int_1^2 f(x)\,dx+\int_3^6 g(x)\,dx$의 값을 구하시오.

558 변형

함수 $f(x)=x^2+1\,(x\geq0)$의 역함수를 $g(x)$라 할 때, $\displaystyle\int_2^5 g(x)\,dx$의 값을 구하시오.

3 속도와 거리

개념 01 수직선 위를 움직이는 점의 위치와 움직인 거리

◐ 예제 07~10

수직선 위를 움직이는 점 P의 시각 t에서의 속도가 $v(t)$이고 시각 t_0에서의 점 P의 위치를 x_0 이라 할 때

(1) 시각 t에서의 점 P의 위치 x는

$$x=x_0+\int_{t_0}^{t}v(s)\,ds$$

(2) 시각 $t=a$에서 $t=b$까지 점 P의 위치의 변화량은

$$\int_{a}^{b}v(t)\,dt$$

(3) 시각 $t=a$에서 $t=b$까지 점 P가 움직인 거리는

$$\int_{a}^{b}|v(t)|\,dt$$

| 증명 | 수직선 위를 움직이는 점 P의 시각 t에서의 속도가 $v(t)$일 때, 점 P의 위치를 $x=f(t)$라 하자.

(1) 시각 t_0에서의 점 P의 위치를 $f(t_0)=x_0$이라 하면 점 P의 속도는 $v(t)=\dfrac{dx}{dt}=f'(t)$이므로

$$\int_{t_0}^{t}v(s)\,ds=\Big[f(s)\Big]_{t_0}^{t}=f(t)-f(t_0)=f(t)-x_0$$

$$\therefore x=f(t)=x_0+\int_{t_0}^{t}v(s)\,ds$$

(2) 시각 $t=a$에서 $t=b$까지 점 P의 위치의 변화량은

$$f(b)-f(a)=\int_{a}^{b}v(t)\,dt$$ ◀ (시각 $t=b$에서의 위치)−(시각 $t=a$에서의 위치)

(3) 점 P의 시각 t에서의 속도 $v(t)$의 그래프가 오른쪽 그림과 같을 때, $a\le t\le c$에서 $v(t)\ge0$이므로 점 P가 움직인 거리는

$$f(c)-f(a)=\int_{a}^{c}v(t)\,dt$$

또 $c\le t\le b$에서 $v(t)\le0$이므로 점 P가 움직인 거리는

$$f(c)-f(b)=\int_{b}^{c}v(t)\,dt$$

따라서 시각 $t=a$에서 $t=b$까지 점 P가 움직인 거리는

$$\{f(c)-f(a)\}+\{f(c)-f(b)\}=\int_{a}^{c}v(t)\,dt+\int_{b}^{c}v(t)\,dt$$

$$=\int_{a}^{c}v(t)\,dt+\int_{c}^{b}\{-v(t)\}\,dt$$

$$=\int_{a}^{c}|v(t)|\,dt+\int_{c}^{b}|v(t)|\,dt$$

$$=\int_{a}^{b}|v(t)|\,dt$$ ◀ 점 P가 $t=a$에서 $t=b$까지 움직인 거리는 $v(t)$의 그래프와 t축 및 두 직선 $t=a$, $t=b$로 둘러싸인 도형의 넓이와 같다.

|참고| • 속도 $\xrightarrow[\text{미분}]{\text{적분}}$ 위치

• $v(t)>0$이면 점 P는 양의 방향으로 움직이고, $v(t)<0$이면 점 P는 음의 방향으로 움직인다.
• 물체가 정지하거나 운동 방향을 바꿀 때의 속도는 0이다.
• 위치의 변화량은 위치가 변화한 양을 의미하고, 움직인 거리는 운동 방향에 상관없이 실제로 움직인 거리를 모두 더한 것을 의미한다.

따라서 오른쪽 그림과 같이 시각 t에서의 위치가 $x=f(t)$이고 $t=c$에서 운동 방향이 바뀔 때, $t=a$에서 $t=c$까지 움직인 거리를 s_1, $t=c$에서 $t=b$까지 움직인 거리를 s_2라 하면

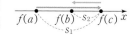

$t=a$에서 $t=b$까지 $\begin{cases} \text{위치의 변화량: } s_1-s_2 \\ \text{움직인 거리: } s_1+s_2 \end{cases}$

|예| 좌표가 1인 점을 출발하여 수직선 위를 움직이는 점 P의 시각 t에서의 속도가 $v(t)=3-t$이면

(1) 시각 $t=4$에서의 점 P의 위치는

$$1+\int_0^4 (3-t)\,dt=1+\left[3t-\frac{1}{2}t^2\right]_0^4$$
$$=5$$

(2) 시각 $t=1$에서 $t=4$까지 점 P의 위치의 변화량은

$$\int_1^4 (3-t)\,dt=\left[3t-\frac{1}{2}t^2\right]_1^4$$
$$=\frac{3}{2}$$

(3) $0\le t\le 3$에서 $v(t)\ge 0$, $3\le t\le 4$에서 $v(t)\le 0$이므로 시각 $t=1$에서 $t=4$까지 점 P가 움직인 거리는

$$\int_1^3 (3-t)\,dt+\int_3^4 (-3+t)\,dt=\left[3t-\frac{1}{2}t^2\right]_1^3+\left[-3t+\frac{1}{2}t^2\right]_3^4$$
$$=\frac{5}{2}$$

Ⅲ-3 정적분의 활용

예제 07 / 수직선 위를 움직이는 점의 위치와 움직인 거리 (1)

주어진 속도 $v(t)$와 정적분을 이용하여 위치, 변화량, 움직인 거리를 구한다.

좌표가 5인 점을 출발하여 수직선 위를 움직이는 점 P의 시각 t에서의 속도가 $v(t)=t^2-6t+8$일 때, 다음을 구하시오.

(1) 시각 $t=3$에서의 점 P의 위치

(2) 시각 $t=1$에서 $t=3$까지 점 P의 위치의 변화량

(3) 시각 $t=1$에서 $t=3$까지 점 P가 움직인 거리

• 유형만렙 미적분 Ⅰ 142쪽에서 문제 더 풀기

| 개념 | 수직선 위를 움직이는 점 P의 시각 t에서의 속도가 $v(t)$이고 시각 t_0에서의 점 P의 위치를 x_0이라 할 때

(1) 시각 t에서의 점 P의 위치 x는 $x=x_0+\displaystyle\int_{t_0}^{t} v(s)\,ds$

(2) 시각 $t=a$에서 $t=b$까지 점 P의 위치의 변화량은 $\displaystyle\int_{a}^{b} v(t)\,dt$

(3) 시각 $t=a$에서 $t=b$까지 점 P가 움직인 거리는 $\displaystyle\int_{a}^{b} |v(t)|\,dt$

| 풀이 | (1) 시각 $t=3$에서의 점 P의 위치는

$$5+\int_{0}^{3}(t^2-6t+8)\,dt=5+\left[\frac{1}{3}t^3-3t^2+8t\right]_{0}^{3}=11$$

(2) 시각 $t=1$에서 $t=3$까지 점 P의 위치의 변화량은

$$\int_{1}^{3}(t^2-6t+8)\,dt=\left[\frac{1}{3}t^3-3t^2+8t\right]_{1}^{3}=\frac{2}{3}$$

(3) $1\le t\le 2$에서 $v(t)\ge 0$, $2\le t\le 3$에서 $v(t)\le 0$이므로 시각 $t=1$에서 $t=3$까지 점 P가 움직인 거리는

$$\int_{1}^{2}(t^2-6t+8)\,dt+\int_{2}^{3}(-t^2+6t-8)\,dt=\left[\frac{1}{3}t^3-3t^2+8t\right]_{1}^{2}+\left[-\frac{1}{3}t^3+3t^2-8t\right]_{2}^{3}$$
$$=2$$

답 (1) 11 (2) $\dfrac{2}{3}$ (3) 2

559 유사

좌표가 4인 점을 출발하여 수직선 위를 움직이는 점 P의 시각 t에서의 속도가 $v(t)=12t-3t^2$일 때, 다음을 구하시오.

(1) 시각 $t=5$에서의 점 P의 위치

(2) 시각 $t=2$에서 $t=5$까지 점 P의 위치의 변화량

(3) 시각 $t=2$에서 $t=5$까지 점 P가 움직인 거리

560 변형

원점을 출발하여 수직선 위를 움직이는 점 P의 시각 t에서의 속도가

$$v(t)=\begin{cases} t^2-2t & (0 \le t \le 2) \\ t^2-t-2 & (t \ge 2) \end{cases}$$

일 때, 시각 $t=3$에서의 점 P의 위치를 구하시오.

561 변형 ☖ 평가원

수직선 위를 움직이는 점 P의 시각 $t\,(t \ge 0)$에서의 속도 $v(t)$가 $v(t)=3t^2-4t+k$이다. 시각 $t=0$에서 점 P의 위치는 0이고, 시각 $t=1$에서 점 P의 위치는 -3이다. 시각 $t=1$에서 $t=3$까지 점 P의 위치의 변화량을 구하시오.

(단, k는 상수이다.)

562 변형

수직선 위를 움직이는 점 P의 시각 t에서의 속도가 $v(t)=-2t^3+6t^2$이다. 시각 $t=k$에서의 점 P의 가속도가 6일 때, 시각 $t=3k$에서 $t=4k$까지 점 P가 움직인 거리를 구하시오.

(단, k는 상수)

예제 08 / 수직선 위를 움직이는 점의 위치와 움직인 거리 (2)

운동 방향을 바꿀 때의 속도는 0이고, 출발한 점으로 다시 돌아오면 위치의 변화량이 0임을 이용한다.

원점을 출발하여 수직선 위를 움직이는 점 P의 시각 t에서의 속도가 $v(t)=-3t^2+6t$일 때, 다음을 구하시오.

(1) 점 P가 출발 후 운동 방향을 바꾸는 시각에서의 점 P의 위치

(2) 점 P가 원점으로 다시 돌아올 때까지 움직인 거리

• 유형만렙 미적분 I 142쪽에서 문제 더 풀기

| 풀이 | (1) 점 P가 운동 방향을 바꿀 때의 속도는 0이므로 $v(t)=0$에서

$$-3t^2+6t=0, \ t(t-2)=0$$

$$\therefore t=2 \ (\because t>0)$$

따라서 점 P는 원점을 출발하여 시각 $t=2$에서 운동 방향을 바꾸므로 구하는 점 P의 위치는

$$0+\int_0^2 (-3t^2+6t)\,dt=\left[-t^3+3t^2\right]_0^2=4$$

(2) 점 P가 원점으로 다시 돌아오는 시각을 $t=a$라 하면 시각 $t=0$에서 $t=a$까지 점 P의 위치의 변화량은 0이므로

$$\int_0^a (-3t^2+6t)\,dt=0$$

$$\left[-t^3+3t^2\right]_0^a=0, \ -a^3+3a^2=0$$

$$a^2(a-3)=0 \qquad \therefore a=3 \ (\because a>0)$$

$0\le t\le 2$에서 $v(t)\ge 0$, $2\le t\le 3$에서 $v(t)\le 0$이므로 점 P가 원점으로 다시 돌아올 때까지 움직인 거리는

$$\int_0^2 (-3t^2+6t)\,dt+\int_2^3 (3t^2-6t)\,dt=\left[-t^3+3t^2\right]_0^2+\left[t^3-3t^2\right]_2^3$$

$$=8$$

답 (1) 4 (2) 8

563 유사

원점을 출발하여 수직선 위를 움직이는 점 P의 시각 t에서의 속도가 $v(t)=t^3-3t^2$일 때, 다음을 구하시오.

(1) 점 P가 출발 후 운동 방향을 바꾸는 시각에서의 점 P의 위치

(2) 점 P가 원점으로 다시 돌아올 때까지 움직인 거리

564 변형

원점을 출발하여 수직선 위를 움직이는 점 P의 시각 t에서의 속도가 $v(t)=3t^2-9t+6$일 때, 점 P가 원점을 출발한 후 두 번째로 운동 방향을 바꾸는 시각에서의 위치를 구하시오.

565 변형

직선 도로를 30 m/s의 속도로 달리는 자동차가 브레이크를 밟은 지 t초 후의 속도를 $v(t)$ m/s라 하면 $v(t)=30-3t$일 때, 브레이크를 밟은 후 자동차가 정지할 때까지 움직인 거리를 구하시오.

566 변형   평가원

시각 $t=0$일 때 동시에 원점을 출발하여 수직선 위를 움직이는 두 점 P, Q의 시각 $t\,(t\geq0)$에서의 속도가 각각 $v_1(t)=2-t$, $v_2(t)=3t$이다. 출발한 시각부터 점 P가 원점으로 돌아올 때까지 점 Q가 움직인 거리는?

① 16   ② 18   ③ 20

④ 22   ⑤ 24

예제 09 / 위로 던진 물체의 위치와 움직인 거리

물체가 최고 높이에 도달할 때의 속도는 0임을 이용한다.

지면으로부터 10 m 높이에서 30 m/s의 속도로 지면과 수직으로 쏘아 올린 물체의 t초 후의 속도를 $v(t)$ m/s라 하면 $v(t)=30-10t\ (0 \le t \le 6)$일 때, 다음을 구하시오.

(1) 물체를 쏘아 올린 후 2초 동안 물체의 위치의 변화량

(2) 물체가 최고 높이에 도달할 때의 지면으로부터의 높이

(3) 물체를 쏘아 올린 후 5초 동안 물체가 움직인 거리

• 유형만렙 미적분 I 143쪽에서 문제 더 풀기

| 풀이 | (1) 물체를 쏘아 올린 후 2초 동안 물체의 위치의 변화량은

$$\int_0^2 (30-10t)\,dt = \left[30t-5t^2\right]_0^2 = 40(\text{m})$$

(2) 물체가 최고 높이에 도달할 때의 속도는 0이므로 $v(t)=0$에서

$$30-10t=0 \qquad \therefore t=3$$

따라서 10 m 높이에서 출발하여 시각 $t=3$에서 최고 높이에 도달하므로 구하는 물체의 높이는

$$10+\int_0^3 (30-10t)\,dt = 10+\left[30t-5t^2\right]_0^3 = 55(\text{m})$$

(3) $0 \le t \le 3$에서 $v(t) \ge 0$, $3 \le t \le 5$에서 $v(t) \le 0$이므로 물체를 쏘아 올린 후 5초 동안 물체가 움직인 거리는

$$\int_0^3 (30-10t)\,dt + \int_3^5 (-30+10t)\,dt = \left[30t-5t^2\right]_0^3 + \left[-30t+5t^2\right]_3^5$$
$$=65(\text{m})$$

답 (1) 40 m　(2) 55 m　(3) 65 m

567 유사

지면으로부터 5 m 높이에서 20 m/s의 속도로 지면과 수직으로 쏘아 올린 물체의 t초 후의 속도를 $v(t)$ m/s라 하면 $v(t)=20-10t\,(0\leq t\leq 4)$일 때, 다음을 구하시오.

(1) 물체를 쏘아 올린 후 3초 동안 물체의 위치의 변화량

(2) 물체가 최고 높이에 도달할 때의 지면으로부터의 높이

(3) 물체를 쏘아 올린 후 4초 동안 물체가 움직인 거리

568 변형 📖 교과서

지면에서 지면과 수직으로 쏘아 올린 물체의 t초 후의 속도를 $v(t)$ m/s라 하면
$$v(t)=\begin{cases} 10t & (0\leq t\leq 2) \\ 40-10t & (2\leq t\leq 8) \end{cases}$$
이다. 쏘아 올린 지 5초 후의 지면으로부터의 물체의 높이를 구하시오.

569 변형

지면으로부터 15 m 높이에서 50 m/s의 속도로 지면과 수직으로 쏘아 올린 물체의 t초 후의 속도를 $v(t)$ m/s라 하면 $v(t)=50-10t\,(0\leq t\leq 10)$이다. 이 물체가 최고 높이에 도달한 이후 2초 동안 움직인 거리를 구하시오.

570 변형

지면에서 지면과 수직으로 쏘아 올린 공의 t초 후의 속도를 $v(t)$ m/s라 하면 $v(t)=4a-10t$이다. 공이 최고 높이에 도달할 때의 지면으로부터의 높이가 80 m일 때, 양수 a의 값을 구하시오.

예제 10 / 그래프에서의 위치와 움직인 거리

원점을 출발한 점 P의 위치는 속도 $v(t)$의 정적분의 값이고, 움직인 거리는 속도 $v(t)$의 그래프와 t축으로 둘러싸인 도형의 넓이이다.

원점을 출발하여 수직선 위를 움직이는 점 P의 시각 t에서의 속도 $v(t)$의 그래프가 오른쪽 그림과 같을 때, 다음을 구하시오. (단, $0 \le t \le 6$)

(1) 시각 $t=4$에서의 점 P의 위치

(2) 점 P가 출발 후 처음으로 운동 방향을 바꿀 때부터 두 번째로 운동 방향을 바꿀 때까지 움직인 거리

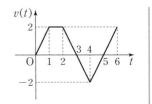

• 유형만랩 미적분 I 144쪽에서 문제 더 풀기

|풀이| (1) 시각 $t=4$에서의 점 P의 위치는

$$0+\int_0^4 v(t)\,dt=\int_0^3 v(t)\,dt+\int_3^4 v(t)\,dt$$
$$=\square\mathrm{AOCB}-\triangle\mathrm{CDE}$$
$$=\frac{1}{2}\times(1+3)\times2-\frac{1}{2}\times1\times2=3$$

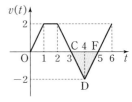

(2) $v(t)=0$이고 그 좌우에서 $v(t)$의 부호가 바뀔 때 운동 방향이 바뀌므로 점 P는 시각 $t=3$, $t=5$에서 운동 방향을 바꾼다.

따라서 점 P가 출발 후 시각 $t=3$에서 처음으로 운동 방향을 바꾸고 시각 $t=5$에서 두 번째로 운동 방향을 바꾸므로 구하는 거리는

$$\int_3^5 |v(t)|\,dt=\triangle\mathrm{CDF}$$
$$=\frac{1}{2}\times2\times2=2$$

답 (1) 3 (2) 2

유제

• 정답과 해설 126쪽

571 유사

원점을 출발하여 수직선 위를 움직이는 점 P의 시각 t에서의 속도 $v(t)$의 그래프가 오른쪽 그림과 같을 때, 다음을 구하시오. (단, $0 \le t \le 7$)

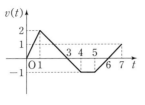

(1) 시각 $t=5$에서의 점 P의 위치

(2) 점 P가 출발 후 처음으로 운동 방향을 바꿀 때부터 두 번째로 운동 방향을 바꿀 때까지 움직인 거리

572 유사 평가원

원점을 출발하여 수직선 위를 움직이는 점 P의 시각 $t (0 \le t \le 6)$에서의 속도 $v(t)$의 그래프가 그림과 같다. 점 P가 시각 $t=0$에서 $t=6$까지 움직인 거리는?

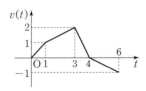

① $\dfrac{3}{2}$ ② $\dfrac{5}{2}$ ③ $\dfrac{7}{2}$

④ $\dfrac{9}{2}$ ⑤ $\dfrac{11}{2}$

573 변형

원점을 출발하여 수직선 위를 움직이는 점 P의 시각 t에서의 속도 $v(t)$의 그래프가 다음 그림과 같을 때, 보기에서 옳은 것만을 있는 대로 고르시오. (단, $0 \le t \le 10$)

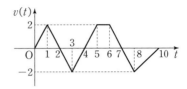

┤ 보기 ├
ㄱ. 시각 $t=3$에서의 점 P의 위치는 1이다.
ㄴ. 시각 $t=2$에서 $t=6$까지 점 P의 위치의 변화량은 2이다.
ㄷ. $0 < t < 10$에서 점 P는 운동 방향을 두 번 바꾼다.

574 변형

원점을 출발하여 수직선 위를 움직이는 물체의 시각 t에서의 속도 $v(t)$의 그래프가 오른쪽 그림과 같을 때, 이 물체가 출발 후 원점으로 다시 돌아오는 시각을 구하시오.
(단, $0 \le t \le 7$)

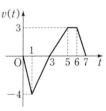

연습문제

1단계

575 함수 $y=x^2-2|x|-3$의 그래프와 x축으로 둘러싸인 도형의 넓이는?

① 18   ② 21   ③ 24

④ 27   ⑤ 30

576 곡선 $y=-4x^3$과 x축 및 두 직선 $x=-1$, $x=a$로 둘러싸인 도형의 넓이가 17일 때, 양수 a의 값을 구하시오.

577 곡선 $y=-2x^2+7x$와 두 직선 $y=5x$, $y=x$로 둘러싸인 도형의 넓이는?

① $\dfrac{22}{3}$ ② $\dfrac{23}{3}$ ③ 8

④ $\dfrac{25}{3}$ ⑤ $\dfrac{26}{3}$

578 오른쪽 그림과 같이 곡선 $y=x^2-3x$와 x축으로 둘러싸인 도형의 넓이를 A, 이 곡선과 x축 및 직선 $x=k$로 둘러싸인 도형의 넓이를 B라 할 때, $A=B$이다. 이때 상수 k의 값을 구하시오. (단, $k>3$)

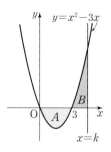

579 오른쪽 그림과 같이 곡선 $y=\dfrac{1}{2}x^2$ $(x\geq0)$과 y축 및 두 직선 $y=k$, $x=3$으로 둘러싸인 두 도형의 넓이가 서로 같을 때, 상수 k의 값을 구하시오.

$\left(\text{단, } 0<k<\dfrac{9}{2}\right)$

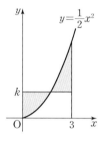

🎓 수능

580 곡선 $y=x^2-5x$와 직선 $y=x$로 둘러싸인 부분의 넓이를 직선 $x=k$가 이등분할 때, 상수 k의 값은?

① 3   ② $\dfrac{13}{4}$ ③ $\dfrac{7}{2}$

④ $\dfrac{15}{4}$ ⑤ 4

581 오른쪽 그림과 같이 함수 $y=f(x)$와 그 역함수 $y=g(x)$의 그래프가 두 점 $(2, 2)$, $(6, 6)$에서 만나고 $\int_2^6 f(x)\,dx=\dfrac{29}{2}$일 때, 두 곡선 $y=f(x)$, $y=g(x)$로 둘러싸인 도형의 넓이를 구하시오.

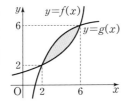

584 곡선 $y=(x+2)(x-a)(x-2)$와 x축으로 둘러싸인 도형의 넓이가 최소가 되도록 하는 상수 a의 값을 구하시오. (단, $-2<a<2$)

🎓 평가원

582 수직선 위의 점 $A(6)$과 시각 $t=0$일 때 원점을 출발하여 이 수직선 위를 움직이는 점 P가 있다. 시각 $t\,(t\geq 0)$에서의 점 P의 속도 $v(t)$를 $v(t)=3t^2+at\,(a>0)$이라 하자. 시각 $t=2$에서 점 P와 점 A 사이의 거리가 10일 때, 상수 a의 값은?

① 1　　　② 2　　　③ 3
④ 4　　　⑤ 5

🎓 평가원

585 곡선 $y=\dfrac{1}{4}x^3+\dfrac{1}{2}x$와 직선 $y=mx+2$ 및 y축으로 둘러싸인 부분의 넓이를 A, 곡선 $y=\dfrac{1}{4}x^3+\dfrac{1}{2}x$와 두 직선 $y=mx+2$, $x=2$로 둘러싸인 부분의 넓이를 B라 하자. $B-A=\dfrac{2}{3}$일 때, 상수 m의 값은?

(단, $m<-1$)

① $-\dfrac{3}{2}$　　② $-\dfrac{17}{12}$　　③ $-\dfrac{4}{3}$

④ $-\dfrac{5}{4}$　　⑤ $-\dfrac{7}{6}$

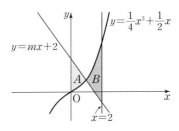

✏️ 서술형

583 원점을 동시에 출발하여 수직선 위를 움직이는 두 점 P, Q의 시각 t에서의 속도가 각각 $v_P(t)=3t^2-2t-7$, $v_Q(t)=1+2t$일 때, 출발 후 두 점 P, Q가 다시 만나는 시각을 구하시오.

Ⅲ–3 정적분의 활용

연습문제

🎓 교육청

586 그림과 같이 두 함수 $y=ax^2+2$와 $y=2|x|$의 그래프가 두 점 A, B에서 각각 접한다. 두 함수 $y=ax^2+2$와 $y=2|x|$의 그래프로 둘러싸인 부분의 넓이는? (단, a는 상수이다.)

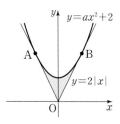

① $\dfrac{13}{6}$　　② $\dfrac{7}{3}$　　③ $\dfrac{5}{2}$

④ $\dfrac{8}{3}$　　⑤ $\dfrac{17}{6}$

588 함수 $f(x)=2x^3-1$의 역함수를 $g(x)$라 할 때, 두 곡선 $y=f(x)$, $y=g(x)$와 직선 $y=-x-1$로 둘러싸인 도형의 넓이를 구하시오.

📖 교과서

589 수직선 위를 움직이는 두 점 P, Q의 시각 t에서의 속도가 각각 $v_P(t)=3t^2-2t+9$, $v_Q(t)=6t^2-2t-3$이다. 점 P는 원점, 점 Q는 좌표가 6인 점에서 동시에 출발할 때, 출발 후 두 점 P, Q가 만나는 횟수를 구하시오.

✏️ 서술형

587 오른쪽 그림과 같이 곡선 $y=\dfrac{1}{2}x^2\ (x\geq0)$과 y축 및 직선 $y=2$로 둘러싸인 도형의 넓이가 곡선 $y=2ax^2$에 의하여 이등분될 때, 양수 a의 값을 구하시오.

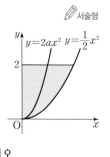

590 지면으로부터 35 m 높이에서 지면과 수직으로 쏘아 올린 공의 t초 후의 속도를 $v(t)$ m/s라 하면 $v(t)=a-10t$이다. 공이 처음 쏘아 올린 위치로 다시 돌아오는 데 걸리는 시간이 6초일 때, 공이 지면에 떨어질 때까지 걸리는 시간은? (단, $a>0$)

① 7초　　② 8초　　③ 9초

④ 10초　　⑤ 11초

591 원점을 출발하여 수직선 위를 움직이는 점 P의 시각 t에서의 속도 $v(t)$의 그래프가 다음 그림과 같을 때, 보기에서 옳은 것만을 있는 대로 고르시오. (단, $0 \le t \le 8$)

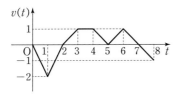

┤ 보기 ├

ㄱ. 시각 $t=4$에서의 점 P의 위치는 -1이다.

ㄴ. 점 P는 출발 후 시각 $t=6$까지 운동 방향을 한 번 바꾼다.

ㄷ. 시각 $t=5$에서 점 P는 원점에서 가장 멀리 떨어져 있다.

ㄹ. 점 P가 출발 후 처음으로 운동 방향을 바꿀 때부터 두 번째로 운동 방향을 바꿀 때까지 움직인 거리는 3이다.

3단계

592 실수 전체의 집합에서 증가하고 연속인 함수 $f(x)$가 다음 조건을 모두 만족시킬 때, 함수 $y=f(x)$의 그래프와 x축 및 두 직선 $x=4$, $x=6$으로 둘러싸인 부분의 넓이를 구하시오.

(가) 모든 실수 x에 대하여 $f(x)=f(x-2)+6$

(나) $\displaystyle\int_0^4 f(x)\,dx=0$

593 삼차함수 $f(x)$가 다음 조건을 모두 만족시킬 때, $f(-1)$의 값을 구하시오.

(가) $f(-x)=-f(x)$

(나) 함수 $f'(x)$의 최솟값은 2이다.

(다) 곡선 $y=f(x)$와 이 곡선 위의 점 $(1, f(1))$에서의 접선으로 둘러싸인 도형의 넓이는 27이다.

🎓 수능

594 시각 $t=0$일 때 동시에 원점을 출발하여 수직선 위를 움직이는 두 점 P, Q의 시각 $t\,(t \ge 0)$에서의 속도가 각각

$$v_1(t)=t^2-6t+5, \quad v_2(t)=2t-7$$

이다. 시각 t에서의 두 점 P, Q 사이의 거리를 $f(t)$라 할 때, 함수 $f(t)$는 구간 $[0, a]$에서 증가하고, 구간 $[a, b]$에서 감소하고, 구간 $[b, \infty)$에서 증가한다. 시각 $t=a$에서 $t=b$까지 점 Q가 움직인 거리는? (단, $0 < a < b$)

① $\dfrac{15}{2}$ ② $\dfrac{17}{2}$ ③ $\dfrac{19}{2}$

④ $\dfrac{21}{2}$ ⑤ $\dfrac{23}{2}$

Ⅲ-3 정적분의 활용

I. 함수의 극한과 연속

01 함수의 극한

개념 확인 _____ 11쪽

001 (1) 2 (2) 2 (3) 1
002 (1) 2 (2) 0 (3) -5 (4) 9
003 (1) 0 (2) 0   004 (1) ∞ (2) $-\infty$
005 (1) ∞ (2) $-\infty$

유제 _____ 13~15쪽

006 (1) $2\sqrt{3}$ (2) 8 (3) ∞ (4) $-\infty$
007 ㄱ, ㄷ, ㄹ   008 ⑤
009 (1) $-\infty$ (2) 3 (3) ∞ (4) -2
010 ㄱ, ㄷ, ㄹ   011 ⑤

개념 확인 _____ 17쪽

012 (1) 2 (2) 1   013 (1) 2 (2) 2 (3) 2

유제 _____ 19~23쪽

014 (1) 2 (2) 3 (3) 2 (4) 1
015 ①   016 6   017 -2
018 (1) 존재하지 않는다. (2) 존재하지 않는다.
019 ㄱ, ㄴ 020 ㄷ   021 7
022 (1) 1 (2) 0 (3) 1 (4) 0 (5) 1 (6) 1
023 ⑤   024 4

연습문제 _____ 24~25쪽

025 ㄱ, ㄷ 026 2   027 ④   028 ⑤
029 -5 030 ㄴ   031 10   032 ②
033 1   034 ①   035 3

02 함수의 극한값의 계산

개념 확인 _____ 27쪽

036 (1) 4 (2) -6 (3) 9 (4) $-\dfrac{3}{2}$

유제 _____ 29~37쪽

037 1   038 1   039 $\dfrac{3}{2}$ 040 $\dfrac{1}{5}$
041 (1) 1 (2) 2 (3) 6 (4) $-\dfrac{1}{2}$
042 -2 043 12
044 (1) -2 (2) ∞ (3) 0 (4) 4 (5) 0 (6) $-\dfrac{1}{5}$
045 6   046 $\dfrac{1}{2}$ 047 (1) $-\dfrac{1}{6}$ (2) $\dfrac{4}{3}$
048 (1) -1 (2) $\dfrac{1}{16}$ 049 -1 050 $\dfrac{3}{8}$
051 $\dfrac{1}{2}$ 052 ③   053 $4\sqrt{3}$ 054 $\dfrac{1}{2}$

개념 확인 _____ 39쪽

055 (1) -2 (2) 1   056 1

유제 _____ 41~43쪽

057 $a=5$, $b=6$ 058 $a=1$, $b=-4$
059 $a=-1$, $b=2$ 060 $a=7$, $b=1$
061 1   062 (1) $\dfrac{1}{5}$ (2) 4   063 7
064 4

연습문제 _____ 44~46쪽

065 5   066 3   067 ④   068 4
069 4   070 5   071 ④   072 4
073 ㄱ, ㄷ 074 8   075 ③   076 $\dfrac{7}{8}$
077 $f(x)=3x^2-12x+9$ 078 ③
079 $\dfrac{3}{2}$ 080 ②   081 ④   082 24
083 ④

01 함수의 연속

유제 _____ 51~59쪽

084 (1) 연속 (2) 연속

085 (1) 불연속 (2) 불연속   **086** ㄱ

087 ㄴ   **088** 6   **089** 4   **090** −2

091 ㄴ

092 (1) 불연속 (2) 연속 (3) 연속 (4) 불연속

093 ㄱ, ㄴ   **094** ③   **095** $a=5, b=-4$

096 $a=-3, b=\dfrac{1}{6}$ **097** $a=3, b=2$

098 −2   **099** 2   **100** $\dfrac{1}{2}$ **101** ②

102 3

개념 확인 _____ 63쪽

103 (1) $(-\infty, \infty)$ (2) $(-\infty, \infty)$
(3) $(-\infty, -3), (-3, \infty)$
(4) $(-\infty, -1), (-1, 1), (1, \infty)$

104 (1) 최댓값: 2 (2) 최댓값: 2, 최솟값: 0
(3) 최댓값: 0, 최솟값: −1 (4) 최솟값: −1

105 (개) 연속 (내) 5 (대) 사잇값

유제 _____ 65~67쪽

106 ㄱ, ㄴ

107 (1) 최댓값: 6, 최솟값: −3
(2) 최댓값: 3, 최솟값: $\sqrt{3}$
(3) 최댓값: 7, 최솟값: 2
(4) 최댓값: 5, 최솟값: 0

108 ㄱ, ㄴ, ㄹ   **109** ㄱ, ㄴ, ㄹ

110 풀이 참조   **111** 2개   **112** ⑤

113 $-6 < a < 0$

연습문제 _____ 68~70쪽

114 ③   **115** ㄱ, ㄷ   **116** 6   **117** 21

118 4   **119** 5   **120** ⑤

121 ㄴ, ㄷ, ㅁ   **122** ㄱ, ㄷ   **123** 1

124 2   **125** ⑤   **126** 5   **127** 3

128 8   **129** 3개   **130** $\dfrac{17}{4}$ **131** ③

II. 미분

01 미분계수

개념 확인 _____ 75쪽

132 (1) −1 (2) 3   **133** (1) 6 (2) $4+\Delta x$

134 (1) 4 (2) 1   **135** (1) 3 (2) −5

136 (1) 5 (2) −3

유제 _____ 77~83쪽

137 −3   **138** $\dfrac{1}{2}$ **139** 5   **140** −2

141 (1) 4 (2) 18   **142** (1) 1 (2) 3

143 20   **144** 3   **145** −5   **146** 3

147 5   **148** −9   **149** 3

150 $f'(a) < \dfrac{f(b)-f(a)}{b-a} < f'(b)$ **151** 2

152 ㄴ, ㄷ

개념 확인 _____ 85쪽

153 $x=0$에서 연속이고 미분가능하다.

154 ㄷ

유제 _____ 87~89쪽

155 $x=0$에서 연속이고 미분가능하다.

156 $x=2$에서 연속이지만 미분가능하지 않다.

157 (1) ㄱ, ㄹ (2) ㄱ   **158** ㄱ, ㄴ

159 (1) 0 (2) −1, 0, 2 (3) −1, 2

160 3   **161** ㄱ, ㄴ   **162** ㄴ, ㄷ

연습문제 _____ 90~91쪽

163 3   **164** 30   **165** ④   **166** −1

167 ⑤   **168** 11   **169** 2   **170** 3

171 ㄱ, ㄷ   **172** ㄴ   **173** ⑤

II-1. 미분계수와 도함수

02 도함수

개념 확인 _____ 95쪽

174 (가) $x+h$ (나) $6xh$ (다) $6x+1$

175 (1) $y'=0$ (2) $y'=7x^6$
   (3) $y'=9x^2+2x-6$
   (4) $y'=2x^3-8x$

176 (1) $y'=-2x+9$
   (2) $y'=5x^4+4x^3-9x^2-4x-2$
   (3) $y'=3x^2-18x+14$
   (4) $y'=8(2x-1)^3$

유제 _____ 97~107쪽

177 (1) -1 (2) 33   178 -5 179 2
180 ①   181 (1) -10 (2) $a=4$, $b=3$
182 $a=-1$, $b=-6$ 183 2   184 27
185 13   186 3   187 12   188 5
189 -1 190 3   191 6   192 -9
193 $a=2$, $b=1$ 194 $a=2$, $b=6$
195 -7 196 ③   197 $a=8$, $b=7$
198 12   199 36   200 -1

연습문제 _____ 108~110쪽

201 5   202 ①   203 ⑤   204 -1
205 -12 206 25   207 ⑤   208 ⑤
209 200   210 $f'(x)=x+1$ 211 14
212 45   213 $\dfrac{3}{2}$ 214 36   215 16
216 ④   217 4   218 ①   219 6
220 -5

II-2. 도함수의 활용 (1)

01 접선의 방정식과 평균값 정리

유제 _____ 115~121쪽

221 $y=-8x+15$ 222 $y=-\dfrac{1}{3}x+3$
223 $a=3$, $b=-7$ 224 5
225 $y=-x+3$ 또는 $y=-x+7$ 226 11
227 6   228 11
229 $y=-2x-1$ 또는 $y=2x+3$
230 $y=3x-4$ 231 1   232 ④
233 $a=-4$, $b=2$, $c=2$
234 $\dfrac{3\sqrt{17}}{17}$ 235 $y=6x$ 236 4

개념 확인 _____ 123쪽

237 0   238 2

유제 _____ 125~127쪽

239 (1) 3 (2) 0   240 3   241 $\dfrac{9}{2}$
242 3   243 (1) $\dfrac{1}{2}$ (2) $\sqrt{7}$ 244 $-\dfrac{4}{3}$
245 7   246 4

연습문제 _____ 128~130쪽

247 -5 248 $3\sqrt{2}$ 249 ③   250 -6
251 -35 252 7   253 5   254 ⑤
255 2   256 16   257 ③   258 97
259 ②   260 1   261 2   262 1
263 $\dfrac{19}{4}\pi$ 264 ③

01 함수의 증가와 감소, 극대와 극소

개념 확인 _____ 133쪽

265 (1) 감소　(2) 증가

유제 _____ 135~137쪽

266 (1) 구간 $(-\infty, -1]$, $[3, \infty)$에서 증가,
　　　구간 $[-1, 3]$에서 감소
　　(2) 구간 $(-\infty, \infty)$에서 증가
　　(3) 구간 $[-\sqrt{2}, 0]$, $[\sqrt{2}, \infty)$에서 증가
　　　구간 $(-\infty, -\sqrt{2}]$, $[0, \sqrt{2}]$에서 감소
　　(4) 구간 $(-\infty, 3]$에서 증가,
　　　구간 $[3, \infty)$에서 감소

267 3　　　268 -4　　　269 $-6 \le a \le 1$
270 $a \ge 24$　271 ④　　　272 3

개념 확인 _____ 139쪽

273 (1) $-2, 1$　(2) $-1, 3$

유제 _____ 141~143쪽

274 (1) 극댓값: 17, 극솟값: -15
　　(2) 극댓값: 8, 극솟값: 4
　　(3) 극댓값: 30
　　(4) 극댓값: -2, 극솟값: -3

275 -17　276 ⑤　　　277 24　　　278 -12
279 $a=3, b=-12, c=-9$　　　280 1

연습문제 _____ 144~146쪽

281 2　　　282 33　　　283 ⑤　　　284 1
285 2　　　286 -4　　287 ③　　　288 -3
289 ④　　　290 30　　　291 -1　　292 ②
293 32　　　294 -20
295 $f(x)=2x^3-7x^2+8x+2$　　　296 ④
297 ④　　　298 ⑤

02 함수의 그래프

유제 _____ 151~165쪽

299 (1) 　(2)

300 (1) 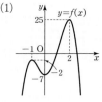　(2)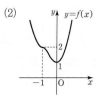

301 $a<-3$ 또는 $a>5$
302 $a \le -1$ 또는 $a \ge 1$　303 2　　　304 6
305 $-4<a<-2$ 또는 $3<a<6$
306 $3<a<\dfrac{15}{4}$　　　307 -2　　308 3
309 $-\dfrac{1}{4}<a<0$ 또는 $a>0$
310 $a=0$ 또는 $a \le -\dfrac{3}{2}$　311 3　　312 -1
313 최댓값: 7, 최솟값: -13
314 최댓값: 7, 최솟값: -2　　　315 -1
316 $\dfrac{25}{4}$　317 $a=\dfrac{1}{3}, b=6$　　318 ④
319 -9　　320 5　　　321 $24\sqrt{3}$　322 4
323 1　　　324 32π

연습문제 _____ 166~168쪽

325 ③　　　326 $-6 \le a<-3$ 또는 $3<a \le 6$
327 3　　　328 ④　　　329 ⑤　　　330 12
331 18π　332 1　　　333 ㄱ　　　334 ②
335 20　　　336 -15　337 77　　　338 96π
339 ⑤　　　340 $\dfrac{32}{27}$

01 방정식과 부등식에의 활용

유제 _____ 173~177쪽

341 (1) 1 (2) 2 342 (1) 2 (2) 3

343 5   344 3

345 (1) $0<k<8$ (2) $k=0$ 또는 $k=8$
   (3) $k<0$ 또는 $k>8$

346 (1) $8<k<13$ (2) $k=8$ 또는 $k=13$
   (3) $-19<k<8$ 또는 $k>13$ (4) $k=-19$

347 4

348 (1) $k<-4$ 또는 $k>4$ (2) $k=-4$ 또는 $k=4$

349 (1) $-6<k<1$ (2) $1<k<21$

350 $-16<k<0$ 351 4   352 ①

개념 확인 _____ 179쪽

353 풀이 참조   354 풀이 참조

유제 _____ 181~183쪽

355 $k\geq9$ 356 $k<-6$ 357 ⑤

358 $k>11$ 359 $k<-17$ 360 $k\leq-8$

361 7   362 $k\leq0$

연습문제 _____ 184~185쪽

363 3   364 ③   365 122   366 0

367 ④   368 ③   369 ⑤   370 19

371 $0<a<8$ 372 ③   373 21

374 $k\geq-1$

02 속도와 가속도

개념 확인 _____ 187쪽

375 (1) 21 (2) 18 (3) 1 (4) 2

유제 _____ 189~195쪽

376 2   377 3   378 18   379 6

380 6   381 $1<t<5$ 382 -13

383 ④   384 (1) 5 m (2) -10 m/s

385 ㄴ, ㄷ 386 15   387 ㄷ

388 (1) 0.75 m/s (2) 0.25 m/s

389 (1) 52π cm²/s (2) 160π cm³/s

390 $2\sqrt{2}$ cm/s   391 32π cm³/s

연습문제 _____ 196~198쪽

392 ②   393 22   394 180 m 395 12

396 ①   397 ②   398 ③   399 53

400 7   401 3   402 $\dfrac{1}{6}$ 403 ①

404 ㄱ, ㄹ 405 ①   406 4π cm³/s

407 ④   408 $\dfrac{125}{54}$

Ⅲ. 적분

01 부정적분

개념 확인 _____ 201쪽

409 (1) x^2+C (2) $-x^5+C$

410 (1) $2x^3+x^2-4x$ (2) $2x^3+x^2-4x+C$

유제 _____ 203~205쪽

411 6 **412** $a=6$, $b=2$, $c=-2$

413 2 **414** 2 **415** 20 **416** -4

417 -1 **418** $f(x)=x^2+8x+10$

개념 확인 _____ 207쪽

419 (1) $7x+C$ (2) $3x^3+C$ (3) $\dfrac{1}{2}x^2+4x+C$

(4) $\dfrac{1}{3}x^3-\dfrac{3}{2}x^2+2x+C$

유제 _____ 209~215쪽

420 (1) $\dfrac{1}{4}x^4-x^3+\dfrac{3}{2}x^2-x+C$

(2) $\dfrac{3}{2}x^4-\dfrac{4}{3}x^3-5x^2+C$

(3) $x^2t-xt^2+\dfrac{1}{3}t^3+C$

(4) $2x^2+x+C$

(5) x^2+2x+C

(6) $\dfrac{1}{2}y^2+2y+C$

421 $f(x)=\dfrac{1}{5}x^5-16x+3$ **422** ④

423 -1 **424** 15 **425** 6 **426** -1

427 $f(x)=-6x^2+12x-1$ **428** 10

429 $-\dfrac{1}{2}$ **430** 18 **431** 13 **432** $-\dfrac{2}{3}$

433 2 **434** $f(x)=3x^3-9x^2+4$

연습문제 _____ 216~218쪽

435 13 **436** ① **437** 1 **438** 7

439 ④ **440** $\dfrac{2}{3}$ **441** 1 **442** 9

443 6 **444** ① **445** -30 **446** 6

447 ④ **448** -3 **449** 5 **450** -1

451 ④ **452** 5 **453** $\dfrac{5}{3}$ **454** ④

01 정적분 (1)

유제 _____ 225~237쪽

455 10

456 (1) $\dfrac{27}{2}$ (2) $\dfrac{20}{3}$ (3) 0 (4) $-\dfrac{25}{3}$

457 4 **458** ① **459** (1) $\dfrac{56}{3}$ (2) $\dfrac{5}{6}$

460 (1) $\dfrac{13}{3}$ (2) $\dfrac{9}{2}$ **461** 22 **462** 5

463 (1) -8 (2) 2 **464** (1) 21 (2) 20

465 $-\dfrac{9}{4}$ **466** 5 **467** $\dfrac{43}{6}$

468 (1) 3 (2) $\dfrac{5}{2}$ **469** $\dfrac{13}{2}$ **470** 21

471 150 **472** 30 **473** 2 **474** 10

475 96 **476** 16 **477** $\dfrac{10}{3}$ **478** ④

연습문제 _____ 238~241쪽

479 ① **480** ② **481** 4 **482** 3

483 6 **484** $\dfrac{7}{6}$ **485** 3 **486** 24

487 ⑤ **488** 24 **489** 24 **490** 18

491 ③ **492** -4 **493** ④ **494** ③

495 5 **496** ② **497** 0 **498** ⑤

499 110 **500** ② **501** ②

02 정적분 (2)

유제 245~253쪽

502 $f(x)=-6x^2+8x+9$

503 $f(x)=3x^2+2x-1$ **504** 8 **505** 20

506 $f(x)=6x-7$ **507** -1 **508** -7

509 38 **510** $f(x)=6x-4$ **511** 8

512 5 **513** 4

514 극댓값: -2, 극솟값: $-\dfrac{9}{4}$ **515** $-\dfrac{7}{6}$

516 $\dfrac{64}{3}$ **517** 18 **518** (1) 28 (2) -3

519 (1) 6 (2) 50 **520** 3 **521** 4

연습문제 254~256쪽

522 ① **523** 14 **524** ⑤ **525** -11

526 $\dfrac{4}{3}$ **527** ② **528** ④ **529** 32

530 40 **531** 2 **532** ② **533** 16

534 31 **535** ② **536** ⑤ **537** ③

538 10

01 정적분의 활용

유제 261~281쪽

539 (1) $\dfrac{4}{3}$ (2) $\dfrac{1}{12}$ (3) $\dfrac{1}{2}$ (4) $\dfrac{37}{12}$

540 (1) $\dfrac{19}{3}$ (2) $\dfrac{157}{12}$ **541** 3

542 (1) $\dfrac{9}{2}$ (2) 2 **543** (1) 9 (2) $\dfrac{37}{12}$

544 6 **545** 2 **546** $\dfrac{27}{4}$ **547** $\dfrac{2}{3}$

548 ② **549** $\dfrac{1}{2}$ **550** $\dfrac{8}{3}$ **551** 4

552 1 **553** 54 **554** 36 **555** 12

556 9 **557** $\dfrac{8}{3}$ **558** $\dfrac{14}{3}$

559 (1) 29 (2) 9 (3) 23 **560** $\dfrac{1}{2}$

561 6 **562** $\dfrac{27}{2}$ **563** (1) $-\dfrac{27}{4}$ (2) $\dfrac{27}{2}$

564 2 **565** 150 m **566** ⑤

567 (1) 15 m (2) 25 m (3) 40 m **568** 35 m

569 20 m **570** 10 **571** (1) $\dfrac{3}{2}$ (2) 2

572 ⑤ **573** ㄱ **574** 6

연습문제 282~285쪽

575 ① **576** 2 **577** ⑤ **578** $\dfrac{9}{2}$

579 $\dfrac{3}{2}$ **580** ① **581** 3 **582** ④

583 4 **584** 0 **585** ③ **586** ④

587 1 **588** $\dfrac{5}{2}$ **589** 2 **590** ①

591 ㄴ, ㄹ **592** 18 **593** -6 **594** ②

정답과 해설

미적분 I

정답과 해설

I. 함수의 극한과 연속

I-1. 함수의 극한

01 함수의 극한

001 답 (1) **2** (2) **2** (3) **1**

(1) x의 값이 -1에 한없이 가까워질 때, $f(x)$의 값은 2에 한없이 가까워지므로 $\lim\limits_{x \to -1} f(x) = 2$

(2) x의 값이 0에 한없이 가까워질 때, $f(x)$의 값은 2에 한없이 가까워지므로 $\lim\limits_{x \to 0} f(x) = 2$

(3) x의 값이 1에 한없이 가까워질 때, $f(x)$의 값은 1에 한없이 가까워지므로 $\lim\limits_{x \to 1} f(x) = 1$

002 답 (1) **2** (2) **0** (3) **-5** (4) **9**

(1) $f(x) = -x + 3$이라 하면 함수 $y = f(x)$의 그래프는 오른쪽 그림과 같다.

따라서 x의 값이 1에 한없이 가까워질 때, $f(x)$의 값은 2에 한없이 가까워지므로
$\lim\limits_{x \to 1} (-x + 3) = 2$

(2) $f(x) = 2x + 4$라 하면 함수 $y = f(x)$의 그래프는 오른쪽 그림과 같다.

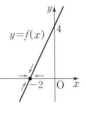

따라서 x의 값이 -2에 한없이 가까워질 때, $f(x)$의 값은 0에 한없이 가까워지므로
$\lim\limits_{x \to -2} (2x + 4) = 0$

(3) $f(x) = x^2 - 5$라 하면 함수 $y = f(x)$의 그래프는 오른쪽 그림과 같다.

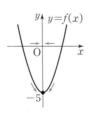

따라서 x의 값이 0에 한없이 가까워질 때, $f(x)$의 값은 -5에 한없이 가까워지므로
$\lim\limits_{x \to 0} (x^2 - 5) = -5$

(4) $f(x) = 9$라 하면 함수 $y = f(x)$의 그래프는 오른쪽 그림과 같다.

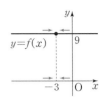

따라서 모든 실수 x에서 함숫값이 항상 9이므로
$\lim\limits_{x \to -3} 9 = 9$

003 답 (1) **0** (2) **0**

(1) $f(x) = \dfrac{1}{x+1}$이라 하면 함수 $y = f(x)$의 그래프는 오른쪽 그림과 같다.

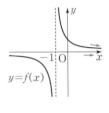

따라서 x의 값이 한없이 커질 때, $f(x)$의 값은 0에 한없이 가까워지므로
$\lim\limits_{x \to \infty} \dfrac{1}{x+1} = 0$

(2) $f(x) = -\dfrac{2}{x}$라 하면 함수 $y = f(x)$의 그래프는 오른쪽 그림과 같다.

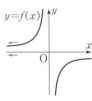

따라서 x의 값이 음수이면서 그 절댓값이 한없이 커질 때, $f(x)$의 값은 0에 한없이 가까워지므로
$\lim\limits_{x \to -\infty} \left(-\dfrac{2}{x} \right) = 0$

004 답 (1) **∞** (2) **$-\infty$**

(1) $f(x) = \dfrac{1}{|x|}$이라 하면 함수 $y = f(x)$의 그래프는 오른쪽 그림과 같다.

따라서 x의 값이 0에 한없이 가까워질 때, $f(x)$의 값은 한없이 커지므로
$\lim\limits_{x \to 0} \dfrac{1}{|x|} = \infty$

(2) $f(x) = -\dfrac{1}{(x+2)^2}$이라 하면 함수 $y = f(x)$의 그래프는 오른쪽 그림과 같다.

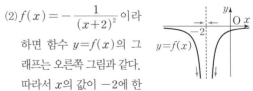

따라서 x의 값이 -2에 한없이 가까워질 때, $f(x)$의 값은 음수이면서 그 절댓값이 한없이 커지므로
$\lim\limits_{x \to -2} \left\{ -\dfrac{1}{(x+2)^2} \right\} = -\infty$

005 🈳 (1) ∞ (2) −∞

(1) $f(x)=-x+6$이라 하면 함수 $y=f(x)$의 그래프는 오른쪽 그림과 같다.

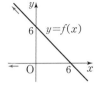

따라서 x의 값이 음수이면서 그 절댓값이 한없이 커질 때, $f(x)$의 값은 한없이 커지므로

$$\lim_{x \to -\infty}(-x+6)=\infty$$

(2) $f(x)=-x^2+1$이라 하면 함수 $y=f(x)$의 그래프는 오른쪽 그림과 같다.

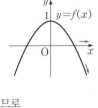

따라서 x의 값이 한없이 커질 때, $f(x)$의 값은 음수이면서 그 절댓값이 한없이 커지므로

$$\lim_{x \to \infty}(-x^2+1)=-\infty$$

유제   13~15쪽

006 🈳 (1) $2\sqrt{3}$ (2) 8 (3) ∞ (4) −∞

(1) $f(x)=\sqrt{6-3x}$라 하면 함수 $y=f(x)$의 그래프는 오른쪽 그림과 같다.

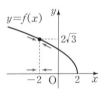

따라서 x의 값이 −2에 한없이 가까워질 때, $f(x)$의 값은 $2\sqrt{3}$에 한없이 가까워지므로

$$\lim_{x \to -2}\sqrt{6-3x}=2\sqrt{3}$$

(2) $f(x)=\dfrac{x^2-16}{x-4}$이라 하면 $x \neq 4$일 때,

$$f(x)=\frac{(x+4)(x-4)}{x-4}=x+4$$

따라서 함수 $y=f(x)$의 그래프는 오른쪽 그림과 같고, x의 값이 4에 한없이 가까워질 때, $f(x)$의 값은 8에 한없이 가까워지므로

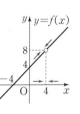

$$\lim_{x \to 4}\frac{x^2-16}{x-4}=8$$

(3) $f(x)=\dfrac{1}{(x+3)^2}-3$이라 하면 함수 $y=f(x)$의 그래프는 오른쪽 그림과 같다.

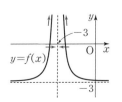

따라서 x의 값이 −3에 한없이 가까워질 때, $f(x)$의 값은 한없이 커지므로

$$\lim_{x \to -3}\left\{\frac{1}{(x+3)^2}-3\right\}=\infty$$

(4) $f(x)=-\dfrac{1}{|x+1|}$이라 하면 함수 $y=f(x)$의 그래프는 오른쪽 그림과 같다.

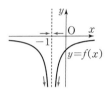

따라서 x의 값이 −1에 한없이 가까워질 때, $f(x)$의 값은 음수이면서 그 절댓값이 한없이 커지므로

$$\lim_{x \to -1}\left(-\frac{1}{|x+1|}\right)=-\infty$$

007 🈳 ㄱ, ㄷ, ㄹ

ㄱ. 주어진 함수 $y=f(x)$의 그래프에서 x의 값이 0에 한없이 가까워질 때, $f(x)$의 값은 2에 수렴한다.

ㄴ. 주어진 함수 $y=f(x)$의 그래프에서 x의 값이 0에 한없이 가까워질 때, $f(x)$의 값은 한없이 커지므로 발산한다.

ㄷ. 주어진 함수 $y=f(x)$의 그래프에서 x의 값이 0에 한없이 가까워질 때, $f(x)$의 값은 0에 수렴한다.

ㄹ. 주어진 함수 $y=f(x)$의 그래프에서 x의 값이 0에 한없이 가까워질 때, $f(x)$의 값은 1에 수렴한다.

따라서 보기에서 수렴하는 것은 ㄱ, ㄷ, ㄹ이다.

008 🈳 ⑤

① $f(x)=x^2-6x+10$이라 하면 $f(x)=(x-3)^2+1$ 함수 $y=f(x)$의 그래프는 오른쪽 그림과 같다.

따라서 x의 값이 4에 한없이 가까워질 때, $f(x)$의 값은 2에 한없이 가까워지므로

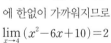

$$\lim_{x \to 4}(x^2-6x+10)=2$$

② $f(x)=\dfrac{x^2+x}{x+1}$라 하면 $x \neq -1$일 때,

$$f(x)=\frac{x(x+1)}{x+1}=x$$

따라서 함수 $y=f(x)$의 그래프는 오른쪽 그림과 같고, x의 값이 −1에 한없이 가까워질 때, $f(x)$의 값은 −1에 한없이 가까워지므로

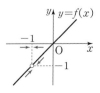

$$\lim_{x \to -1}\frac{x^2+x}{x+1}=-1$$

③ $f(x)=\sqrt{7}$ 이라 하면 함수 $y=f(x)$ 의 그래프는 오른쪽 그림과 같다.

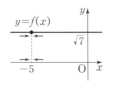

따라서 모든 실수 x에서 함숫값이 항상 $\sqrt{7}$이므로

$$\lim_{x \to -5} \sqrt{7} = \sqrt{7}$$

④ $f(x)=\dfrac{3}{(x+2)^2}$ 이라 하면 함수 $y=f(x)$ 의 그래프는 오른쪽 그림과 같다.

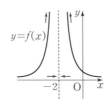

따라서 x의 값이 -2에 한없이 가까워질 때, $f(x)$의 값은 한없이 커지므로

$$\lim_{x \to -2} \frac{3}{(x+2)^2} = \infty$$

⑤ $f(x)=\dfrac{1}{|x-3|}+1$ 이라 하면 함수 $y=f(x)$ 의 그래프는 오른쪽 그림과 같다.

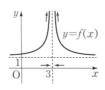

따라서 x의 값이 3에 한없이 가까워질 때, $f(x)$의 값은 한없이 커지므로

$$\lim_{x \to 3} \left(\frac{1}{|x-3|} + 1 \right) = \infty$$

따라서 옳은 것은 ⑤이다.

009 탑 (1) $-\infty$ (2) 3 (3) ∞ (4) -2

(1) $f(x)=-x^2+2x-1$ 이라 하면

$$f(x)=-(x-1)^2$$

따라서 함수 $y=f(x)$ 의 그래프는 오른쪽 그림과 같고, x의 값이 한없이 커질 때, $f(x)$의 값은 음수이면서 그 절댓값이 한없이 커지므로

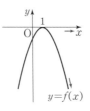

$$\lim_{x \to \infty}(-x^2+2x-1) = -\infty$$

(2) $f(x)=\dfrac{3x-5}{x-2}$ 라 하면

$$f(x)=\frac{3(x-2)+1}{x-2}=\frac{1}{x-2}+3$$

따라서 함수 $y=f(x)$ 의 그래프는 오른쪽 그림과 같고, x의 값이 한없이 커질 때, $f(x)$의 값은 3에 한없이 가까워지므로

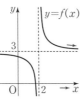

$$\lim_{x \to \infty} \frac{3x-5}{x-2} = 3$$

(3) $f(x)=\sqrt{9-3x}$ 라 하면 함수 $y=f(x)$ 의 그래프는 오른쪽 그림과 같다.

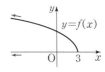

따라서 x의 값이 음수이면서 그 절댓값이 한없이 커질 때, $f(x)$의 값은 한없이 커지므로

$$\lim_{x \to -\infty} \sqrt{9-3x} = \infty$$

(4) $f(x)=\dfrac{2}{|x+3|}-2$ 라 하면 함수 $y=f(x)$ 의 그래프는 오른쪽 그림과 같다.

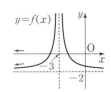

따라서 x의 값이 음수이면서 그 절댓값이 한없이 커질 때, $f(x)$의 값은 -2에 한없이 가까워지므로

$$\lim_{x \to -\infty} \left(\frac{2}{|x+3|} - 2 \right) = -2$$

010 탑 ㄱ, ㄷ, ㄹ

ㄱ. $f(x)=\dfrac{x}{x-1}=\dfrac{(x-1)+1}{x-1}$

$$=\frac{1}{x-1}+1$$

함수 $y=f(x)$ 의 그래프는 오른쪽 그림과 같으므로 x의 값이 한없이 커질 때, $f(x)$의 값은 1에 수렴한다.

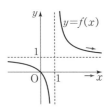

ㄴ. 함수 $y=f(x)$ 의 그래프는 오른쪽 그림과 같으므로 x의 값이 한없이 커질 때, $f(x)$의 값도 한없이 커진다. 즉, 발산한다.

ㄷ. 함수 $y=f(x)$ 의 그래프는 오른쪽 그림과 같으므로 x의 값이 한없이 커질 때, $f(x)$의 값은 $\sqrt{3}$에 수렴한다.

ㄹ. 함수 $y=f(x)$ 의 그래프는 오른쪽 그림과 같으므로 x의 값이 한없이 커질 때, $f(x)$의 값은 0에 수렴한다.

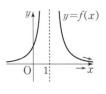

따라서 수렴하는 것은 ㄱ, ㄷ, ㄹ이다.

011 답 ⑤

① $f(x)=\dfrac{3}{x}$ 이라 하면 함수
$y=f(x)$의 그래프는 오른
쪽 그림과 같다.
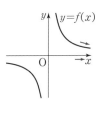
따라서 x의 값이 한없이 커
질 때, $f(x)$의 값은 0에 한
없이 가까워지므로
$$\lim_{x\to\infty}\frac{3}{x}=0$$

② $f(x)=\dfrac{-x^2+4}{x-2}$ 라 하면 $x\ne2$일 때,
$$f(x)=\frac{-(x+2)(x-2)}{x-2}=-x-2$$
따라서 함수 $y=f(x)$의 그
래프는 오른쪽 그림과 같
고, x의 값이 한없이 커질
때, $f(x)$의 값은 음수이면
서 그 절댓값이 한없이 커
지므로
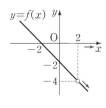
$$\lim_{x\to\infty}\frac{-x^2+4}{x-2}=-\infty$$

③ $f(x)=\sqrt{x+2}$ 라 하면 함수
$y=f(x)$의 그래프는 오른쪽
그림과 같다.
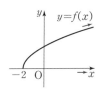
따라서 x의 값이 한없이 커
질 때, $f(x)$의 값도 한없이
커지므로
$$\lim_{x\to\infty}\sqrt{x+2}=\infty$$

④ $f(x)=\dfrac{5}{|x|}$ 라 하면 함수
$y=f(x)$의 그래프는 오른
쪽 그림과 같다.
따라서 x의 값이 음수이면
서 그 절댓값이 한없이 커질 때, $f(x)$의 값은 0에
한없이 가까워지므로
$$\lim_{x\to-\infty}\frac{5}{|x|}=0$$

⑤ $f(x)=-\dfrac{1}{(x-1)^2}$ 이라
하면 함수 $y=f(x)$의 그
래프는 오른쪽 그림과 같
다.
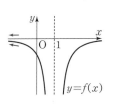

따라서 x의 값이 음수이면서 그 절댓값이 한없이
커질 때, $f(x)$의 값은 0에 한없이 가까워지므로
$$\lim_{x\to-\infty}\left\{-\frac{1}{(x-1)^2}\right\}=0$$
따라서 옳지 않은 것은 ⑤이다.

개념 확인　　　　　　　　　　　17쪽

012 답 (1) **2** (2) **1**

함수 $y=f(x)$의 그래프는 오
른쪽 그림과 같다.
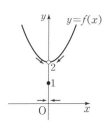
(1) x의 값이 -2보다 크면서
　-2에 한없이 가까워질 때,
　$f(x)$의 값은 2에 한없이 가까워지므로
$$\lim_{x\to-2+}f(x)=2$$
(2) x의 값이 -2보다 작으면서 -2에 한없이 가까워
　질 때, $f(x)$의 값은 1에 한없이 가까워지므로
$$\lim_{x\to-2-}f(x)=1$$

013 답 (1) **2** (2) **2** (3) **2**

함수 $y=f(x)$의 그래프는 오
른쪽 그림과 같다.
(1) x의 값이 0보다 크면서 0
　에 한없이 가까워질 때,
　$f(x)$의 값은 2에 한없이
　가까워지므로
$$\lim_{x\to0+}f(x)=2$$
(2) x의 값이 0보다 작으면서 0에 한없이 가까워질 때,
　$f(x)$의 값은 2에 한없이 가까워지므로
$$\lim_{x\to0-}f(x)=2$$
(3) $\displaystyle\lim_{x\to0+}f(x)=\lim_{x\to0-}f(x)=2$이므로
$$\lim_{x\to0}f(x)=2$$

유제　　　　　　　　　　　19~23쪽

014 답 (1) **2** (2) **3** (3) **2** (4) **1**

(1) x의 값이 -2보다 크면서 -2에 한없이 가까워질
　때, $f(x)$의 값은 2에 한없이 가까워지므로
$$\lim_{x\to-2+}f(x)=2$$
(2) x의 값이 -2보다 작으면서 -2에 한없이 가까워
　질 때, $f(x)$의 값은 3에 한없이 가까워지므로
$$\lim_{x\to-2-}f(x)=3$$

(3) x의 값이 0보다 크면서 0에 한없이 가까워질 때,
$f(x)$의 값은 2에 한없이 가까워지므로
$$\lim_{x \to 0+} f(x) = 2$$

(4) x의 값이 0보다 작으면서 0에 한없이 가까워질 때,
$f(x)$의 값은 1에 한없이 가까워지므로
$$\lim_{x \to 0-} f(x) = 1$$

015 답 ①

x의 값이 -2보다 크면서 -2에 한없이 가까워질 때,
$f(x)$의 값은 -2에 한없이 가까워지므로
$$\lim_{x \to -2+} f(x) = -2$$

x의 값이 1보다 작으면서 1에 한없이 가까워질 때,
$f(x)$의 값은 0에 한없이 가까워지므로
$$\lim_{x \to 1-} f(x) = 0$$

$$\therefore \lim_{x \to -2+} f(x) + \lim_{x \to 1-} f(x) = -2$$

016 답 6

x의 값이 -1보다 크면서 -1에 한없이 가까워질 때,
$f(x)$의 값은 2에 한없이 가까워지므로
$$\lim_{x \to -1+} f(x) = 2$$

x의 값이 1보다 작으면서 1에 한없이 가까워질 때,
$f(x)$의 값은 -1에 한없이 가까워지므로
$$\lim_{x \to 1-} f(x) = -1$$

또 $f(2) = 3$이므로
$$f(2) + \lim_{x \to -1+} f(x) - \lim_{x \to 1-} f(x) = 6$$

017 답 -2

함수 $y = f(x)$의 그래프는
오른쪽 그림과 같다.

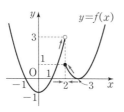

x의 값이 2보다 크면서 2
에 한없이 가까워질 때,
$f(x)$의 값은 1에 한없이
가까워지므로
$$\lim_{x \to 2+} f(x) = 1$$

x의 값이 2보다 작으면서 2에 한없이 가까워질 때,
$f(x)$의 값은 3에 한없이 가까워지므로
$$\lim_{x \to 2-} f(x) = 3$$

$$\therefore \lim_{x \to 2+} f(x) - \lim_{x \to 2-} f(x) = -2$$

018 답 (1) 존재하지 않는다.
(2) 존재하지 않는다.

(1) $x > -1$일 때,
$$\frac{x^2 - 3x - 4}{|x+1|} = \frac{(x+1)(x-4)}{x+1} = x - 4$$

$x < -1$일 때,
$$\frac{x^2 - 3x - 4}{|x+1|} = \frac{(x+1)(x-4)}{-(x+1)} = -x + 4$$

$f(x) = \dfrac{x^2 - 3x - 4}{|x+1|}$ 라 하면

$$f(x) = \begin{cases} x - 4 & (x > -1) \\ -x + 4 & (x < -1) \end{cases}$$

함수 $y = f(x)$의 그래프는 오
른쪽 그림과 같으므로

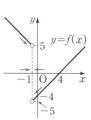

$$\lim_{x \to -1+} f(x) = -5,$$
$$\lim_{x \to -1-} f(x) = 5$$

따라서
$$\lim_{x \to -1+} f(x) \neq \lim_{x \to -1-} f(x) \text{이므로} \lim_{x \to -1} f(x), \text{ 즉}$$
$$\lim_{x \to -1} \frac{x^2 - 3x - 4}{|x+1|} \text{의 값은 존재하지 않는다.}$$

(2) 정수 n에 대하여 $n \le x < n+1$일 때,
$n - 1 \le x - 1 < n$이므로
$$[x-1] = n - 1$$

$f(x) = [x-1]$이라 하면
함수 $y = f(x)$의 그래프
는 오른쪽 그림과 같다.

즉, $3 \le x < 4$일 때
$2 \le x - 1 < 3$이므로
$$[x-1] = 2$$
$2 \le x < 3$일 때 $1 \le x - 1 < 2$이므로
$$[x-1] = 1$$
$$\therefore \lim_{x \to 3+} f(x) = 2, \lim_{x \to 3-} f(x) = 1$$

따라서 $\lim\limits_{x \to 3+} f(x) \neq \lim\limits_{x \to 3-} f(x)$이므로 $\lim\limits_{x \to 3} f(x)$,

즉 $\lim\limits_{x \to 3} [x-1]$의 값은 존재하지 않는다.

019 답 ㄱ, ㄴ

ㄱ. $\lim\limits_{x \to -1+} f(x) = 2$, $\lim\limits_{x \to -1-} f(x) = 2$

따라서 $\lim\limits_{x \to -1+} f(x) = \lim\limits_{x \to -1-} f(x) = 2$이므로
$$\lim_{x \to -1} f(x) = 2$$

ㄴ. $\lim\limits_{x \to 0+} f(x) = 0$, $\lim\limits_{x \to 0-} f(x) = 0$

따라서 $\lim\limits_{x \to 0+} f(x) = \lim\limits_{x \to 0-} f(x) = 0$이므로
$$\lim_{x \to 0} f(x) = 0$$

ㄷ. $\lim\limits_{x \to 1+} f(x)=1$, $\lim\limits_{x \to 1-} f(x)=2$

따라서 $\lim\limits_{x \to 1+} f(x) \neq \lim\limits_{x \to 1-} f(x)$이므로 $\lim\limits_{x \to 1} f(x)$
의 값은 존재하지 않는다.

ㄹ. $\lim\limits_{x \to 2+} f(x)=2$, $\lim\limits_{x \to 2-} f(x)=1$

따라서 $\lim\limits_{x \to 2+} f(x) \neq \lim\limits_{x \to 2-} f(x)$이므로 $\lim\limits_{x \to 2} f(x)$
의 값은 존재하지 않는다.

따라서 보기에서 극한값이 존재하는 것은 ㄱ, ㄴ이다.

020 탑 ㄷ

ㄱ. 함수 $y=f(x)$의 그래프는
오른쪽 그림과 같으므로
$\lim\limits_{x \to 0+} f(x)=1$,
$\lim\limits_{x \to 0-} f(x)=0$

따라서 $\lim\limits_{x \to 0+} f(x) \neq \lim\limits_{x \to 0-} f(x)$이므로 $\lim\limits_{x \to 0} f(x)$
의 값은 존재하지 않는다.

ㄴ. $x>0$일 때, $\dfrac{|x|}{x}=\dfrac{x}{x}=1$

$x<0$일 때, $\dfrac{|x|}{x}=\dfrac{-x}{x}=-1$

$\therefore f(x)=\begin{cases} 1 & (x>0) \\ -1 & (x<0) \end{cases}$

함수 $y=f(x)$의 그래프는
오른쪽 그림과 같으므로
$\lim\limits_{x \to 0+} f(x)=1$,
$\lim\limits_{x \to 0-} f(x)=-1$

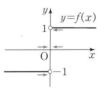

따라서 $\lim\limits_{x \to 0+} f(x) \neq \lim\limits_{x \to 0-} f(x)$이므로 $\lim\limits_{x \to 0} f(x)$
의 값은 존재하지 않는다.

ㄷ. $x \geq 0$일 때,
$x+|x|=x+x=2x$
$x<0$일 때,
$x+|x|=x-x=0$
$\therefore f(x)=\begin{cases} 2x & (x \geq 0) \\ 0 & (x<0) \end{cases}$

함수 $y=f(x)$의 그래프는
오른쪽 그림과 같으므로
$\lim\limits_{x \to 0+} f(x)=0$,
$\lim\limits_{x \to 0-} f(x)=0$

따라서 $\lim\limits_{x \to 0+} f(x)=\lim\limits_{x \to 0-} f(x)=0$이므로
$\lim\limits_{x \to 0} f(x)=0$

따라서 보기에서 $\lim\limits_{x \to 0} f(x)$의 값이 존재하는 것은 ㄷ
이다.

021 탑 7

$\lim\limits_{x \to 3} f(x)$의 값이 존재하려면
$\lim\limits_{x \to 3+} f(x)=\lim\limits_{x \to 3-} f(x)$이어야
하므로 함수 $y=f(x)$의 그래프
는 오른쪽 그림과 같아야 한다.
이때

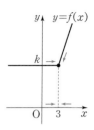

$\lim\limits_{x \to 3+} f(x)=\lim\limits_{x \to 3+}(3x-2)=7$,
$\lim\limits_{x \to 3-} f(x)=\lim\limits_{x \to 3-} k=k$이므로
$k=7$

022 탑 (1) 1 (2) 0 (3) 1 (4) 0 (5) 1 (6) 1

(1) $g(x)=t$로 놓으면 $x \to -1+$일 때 $t \to 0+$이므로
$\lim\limits_{x \to -1+} f(g(x))=\lim\limits_{t \to 0+} f(t)=1$

(2) $g(x)=t$로 놓으면 $x \to 0-$일 때 $t \to 1-$이므로
$\lim\limits_{x \to 0-} f(g(x))=\lim\limits_{t \to 1-} f(t)=0$

(3) $g(x)=t$로 놓으면 $x \to 1-$일 때 $t=1$이므로
$\lim\limits_{x \to 1-} f(g(x))=f(1)=1$

(4) $f(x)=t$로 놓으면 $x \to -1-$일 때 $t=-1$이므로
$\lim\limits_{x \to -1-} g(f(x))=g(-1)=0$

(5) $f(x)=t$로 놓으면 $x \to 0+$일 때 $t \to 1-$이므로
$\lim\limits_{x \to 0+} g(f(x))=\lim\limits_{t \to 1-} g(t)=1$

(6) $f(x)=t$로 놓으면 $x \to 1-$일 때 $t \to 0+$이므로
$\lim\limits_{x \to 1-} g(f(x))=\lim\limits_{t \to 0+} g(t)=1$

023 탑 ⑤

$f(x)=t$로 놓으면 $x \to 0+$일 때 $t \to 3-$이므로
$\lim\limits_{x \to 0+} f(f(x))=\lim\limits_{t \to 3-} f(t)=3$
$x \to 2+$일 때 $t=3$이므로
$\lim\limits_{x \to 2+} f(f(x))=f(3)=2$
$\therefore \lim\limits_{x \to 0+} f(f(x))+\lim\limits_{x \to 2+} f(f(x))=5$

024 탑 4

함수 $y=f(x)$의 그래프는 오른쪽
그림과 같다.
$f(x)=t$로 놓으면 $x \to 3-$일 때
$t \to 0+$이므로

$\lim\limits_{x \to 3-} f(f(x))=\lim\limits_{t \to 0+} f(t)=3$
$x \to 0-$일 때 $t \to 3+$이므로
$\lim\limits_{x \to 0-} f(f(x))=\lim\limits_{t \to 3+} f(t)=-1$
$\therefore \lim\limits_{x \to 3-} f(f(x))-\lim\limits_{x \to 0-} f(f(x))=4$

025 답 ㄱ, ㄷ

ㄱ. $f(x)=\dfrac{x^3+x^2-2x}{x-1}$ 라 하면 $x\neq1$일 때,

$$f(x)=\dfrac{x(x+2)(x-1)}{x-1}=x(x+2)$$

따라서 함수 $y=f(x)$의 그래프는 오른쪽 그림과 같고, x의 값이 1에 한없이 가까워질 때, $f(x)$의 값은 3에 한없이 가까워지므로

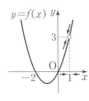

$$\lim_{x\to1}\dfrac{x^3+x^2-2x}{x-1}=3$$

ㄴ. $f(x)=\dfrac{3}{|x+1|}$ 이라 하면 함수 $y=f(x)$의 그래프는 오른쪽 그림과 같다. 따라서 x의 값이 -1에 한없이 가까워질 때, $f(x)$의 값은 한없이 커지므로

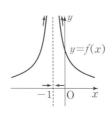

$$\lim_{x\to-1}\dfrac{3}{|x+1|}=\infty$$

ㄷ. $f(x)=-\dfrac{2}{x-4}$ 라 하면 함수 $y=f(x)$의 그래프는 오른쪽 그림과 같고, x의 값이 한없이 커질 때, $f(x)$의 값은 0에 한없이 가까워지므로

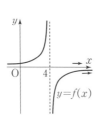

$$\lim_{x\to\infty}\left(-\dfrac{2}{x-4}\right)=0$$

ㄹ. $f(x)=1-\sqrt{-x}$ 라 하면 함수 $y=f(x)$의 그래프는 오른쪽 그림과 같고, x의 값이 음수이면서 그 절댓값이 한없이 커질 때, $f(x)$의 값도 음수이면서 그 절댓값이 한없이 커지므로

$$\lim_{x\to-\infty}(1-\sqrt{-x})=-\infty$$

따라서 보기에서 수렴하는 것은 ㄱ, ㄷ이다.

026 답 2

$$f(x)=\begin{cases}\dfrac{4}{x} & (x>4)\\[2mm]-\dfrac{4}{x} & (x<4)\end{cases}$$

따라서 함수 $y=f(x)$의 그래프는 오른쪽 그림과 같으므로

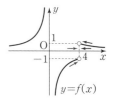

$$\lim_{x\to4+}f(x)-\lim_{x\to4-}f(x)$$
$$=1-(-1)=2$$

027 답 ④

$\lim_{x\to0+}f(x)=\lim_{x\to0-}f(x)=0$이므로

$$\lim_{x\to0}f(x)=0$$

$$\therefore \lim_{x\to0}f(x)+\lim_{x\to1+}f(x)=0+2=2$$

028 답 ⑤

① $f(x)=\dfrac{x^2-9}{x-3}$ 라 하면 $x\neq3$일 때,

$$f(x)=\dfrac{(x+3)(x-3)}{x-3}=x+3$$

따라서 함수 $y=f(x)$의 그래프는 오른쪽 그림과 같으므로

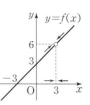

$$\lim_{x\to3+}f(x)=\lim_{x\to3-}f(x)=6$$

$$\therefore \lim_{x\to3}f(x)=6$$

② $f(x)=\dfrac{x^3}{|x|}$ 이라 하면

$$f(x)=\begin{cases}x^2 & (x>0)\\-x^2 & (x<0)\end{cases}$$

따라서 함수 $y=f(x)$의 그래프는 오른쪽 그림과 같으므로

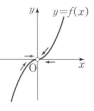

$$\lim_{x\to0+}f(x)=\lim_{x\to0-}f(x)=0$$

$$\therefore \lim_{x\to0}f(x)=0$$

③ $f(x)=x^2+|x|$ 라 하면

$$f(x)=\begin{cases}x^2+x & (x\geq0)\\x^2-x & (x<0)\end{cases}$$

따라서 함수 $y=f(x)$의 그래프는 오른쪽 그림과 같으므로

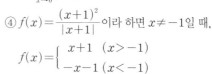

$$\lim_{x\to0+}f(x)=\lim_{x\to0-}f(x)=0$$

$$\therefore \lim_{x\to0}f(x)=0$$

④ $f(x)=\dfrac{(x+1)^2}{|x+1|}$ 이라 하면 $x\neq-1$일 때,

$$f(x)=\begin{cases}x+1 & (x>-1)\\-x-1 & (x<-1)\end{cases}$$

따라서 함수 $y=f(x)$의 그래프는 오른쪽 그림과 같으므로

$$\lim_{x\to-1+}f(x)=\lim_{x\to-1-}f(x)=0$$

$$\therefore \lim_{x\to-1}f(x)=0$$

⑤ 정수 n에 대하여 $n\leq x<n+1$일 때,

$n+1\leq x+1<n+2$이므로 $[x+1]=n+1$

$f(x)=[x+1]$이라 하면

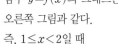

함수 $y=f(x)$의 그래프는 오른쪽 그림과 같다.

즉, $1\leq x<2$일 때

$2\leq x+1<3$이므로

$[x+1]=2$

$0\leq x<1$일 때 $1\leq x+1<2$이므로 $[x+1]=1$

$$\therefore \lim_{x\to1+}f(x)=2, \lim_{x\to1-}f(x)=1$$

따라서 $\lim_{x\to1+}f(x)\neq\lim_{x\to1-}f(x)$이므로 $\lim_{x\to1}f(x)$의 값은 존재하지 않는다.

따라서 극한값이 존재하지 않는 것은 ⑤이다.

029 답 −5

$\lim_{x\to2}f(x)$의 값이 존재하려면

$\lim_{x\to2+}f(x)=\lim_{x\to2-}f(x)$이어야

하므로 함수 $y=f(x)$의 그래프는 오른쪽 그림과 같아야 한다.

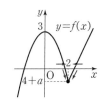

이때

$$\lim_{x\to2+}f(x)=\lim_{x\to2+}(2x+a)=4+a,$$

$$\lim_{x\to2-}f(x)=\lim_{x\to2-}(-x^2+3)=-1$$이므로

$4+a=-1$ $\therefore a=-5$

030 답 ㄴ

ㄱ. $\lim_{x\to0+}f(x)=0$, $\lim_{x\to0-}f(x)=-1$

따라서 $\lim_{x\to0+}f(x)\neq\lim_{x\to0-}f(x)$이므로 $\lim_{x\to0}f(x)$의 값은 존재하지 않는다.

ㄴ. $-3<k<-1$인 모든 실수 k에 대하여

$\lim_{x\to k+}f(x)=\lim_{x\to k-}f(x)$이므로 $\lim_{x\to k}f(x)$의 값이 존재한다.

ㄷ. $\lim_{x\to-1-}f(x)-\lim_{x\to0+}f(x)=1-0=1$이므로 $a=1$

$\therefore a+\lim_{x\to a-}f(x)=1+\lim_{x\to1-}f(x)$

$\qquad\qquad\qquad\qquad\quad =1+2=3$

따라서 보기에서 옳은 것은 ㄴ이다.

031 답 10

$f(x)=\begin{cases} x^2+ax+b & (x<-2 \text{ 또는 } x>2) \\ -x(x-2) & (-2\leq x\leq2) \end{cases}$ 이므로

함수 $f(x)$가 모든 실수 x에서 극한값이 존재하면

$$\lim_{x\to-2+}f(x)=\lim_{x\to-2-}f(x), \lim_{x\to2+}f(x)=\lim_{x\to2-}f(x)$$

따라서 함수 $y=f(x)$의 그래프는 오른쪽 그림과 같아야 한다.

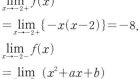

이때

$$\lim_{x\to-2+}f(x)$$
$$=\lim_{x\to-2+}\{-x(x-2)\}=-8,$$

$$\lim_{x\to-2-}f(x)$$
$$=\lim_{x\to-2-}(x^2+ax+b)$$
$$=4-2a+b$$

이므로

$-8=4-2a+b$ $\therefore 2a-b=12$ ······ ㉠

또 $\lim_{x\to2+}f(x)=\lim_{x\to2+}(x^2+ax+b)=4+2a+b$,

$\lim_{x\to2-}f(x)=\lim_{x\to2-}\{-x(x-2)\}=0$이므로

$4+2a+b=0$ $\therefore 2a+b=-4$ ······ ㉡

㉠, ㉡을 연립하여 풀면

$a=2$, $b=-8$

$\therefore a-b=10$

032 답 ②

$f(x)=t$로 놓으면 $x\to1+$일 때 $t\to2$이므로

$$\lim_{x\to1+}f(f(x))=f(2)=1$$

$x\to3+$일 때 $t\to3-$이므로

$$\lim_{x\to3+}f(f(x))=\lim_{t\to3-}f(t)=2$$

$$\therefore \lim_{x\to1+}f(f(x))-\lim_{x\to3+}f(f(x))=-1$$

033 답 1

$x+1=t$로 놓으면 $x\to0-$일 때 $t\to1-$이므로

$$\lim_{x\to0-}f(x+1)=\lim_{t\to1-}f(t)=-1 \qquad ▶▶▶▶▶▶ ❶$$

$-x=s$로 놓으면 $x\to0+$일 때 $s\to0-$이므로

$$\lim_{x\to0+}f(-x)=\lim_{s\to0-}f(s)=2 \qquad ▶▶▶▶▶▶ ❷$$

$$\therefore \lim_{x\to0-}f(x+1)+\lim_{x\to0+}f(-x)=1 \qquad ▶▶▶▶▶▶ ❸$$

단계	채점 기준	비율
❶	$\lim_{x\to0-}f(x+1)$의 값 구하기	40 %
❷	$\lim_{x\to0+}f(-x)$의 값 구하기	40 %
❸	$\lim_{x\to0-}f(x+1)+\lim_{x\to0+}f(-x)$의 값 구하기	20 %

034 답 ①

| 접근 방법 | $f(-x)=-f(x)$를 만족시키는 함수 $y=f(x)$의 그래프는 원점에 대하여 대칭임을 이용하여 $-2 \leq x \leq 2$에서의 함수 $y=f(x)$의 그래프를 그려 본다.

$-2 \leq x \leq 2$에서 $f(-x)=-f(x)$이므로 함수 $y=f(x)$의 그래프는 원점에 대하여 대칭이다.

따라서 주어진 그래프를 원점에 대하여 대칭이동하면 $-2 \leq x \leq 2$에서의 함수 $y=f(x)$의 그래프는 오른쪽 그림과 같다.

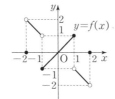

$$\therefore \lim_{x \to -1+} f(x) + \lim_{x \to 2-} f(x)$$
$$= -1 + (-2) = -3$$

| 다른 풀이 |

$-x=t$로 놓으면 $x \to -1+$일 때 $t \to 1-$이므로
$$\lim_{x \to -1+} f(x) = \lim_{x \to -1+} \{-f(-x)\} = -\lim_{t \to 1-} f(t) = -1$$
$$\therefore \lim_{x \to -1+} f(x) + \lim_{x \to 2-} f(x) = -1 + (-2) = -3$$

035 답 3

| 접근 방법 | $\dfrac{t+3}{t-2}$, $\dfrac{4t+2}{t+3}$를 각각 m, n으로 치환하여 $t \to \infty$일 때 $f(m)$, $f(n)$의 극한값을 구한다.

$\dfrac{t+3}{t-2}=m$으로 놓으면
$$m = \frac{(t-2)+5}{t-2} = \frac{5}{t-2}+1$$
따라서 $m = \dfrac{t+3}{t-2}$의 그래프는 오른쪽 그림과 같다.

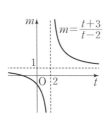

$t \to \infty$일 때 $m \to 1+$이므로
$$\lim_{t \to \infty} f\left(\frac{t+3}{t-2}\right) = \lim_{m \to 1+} f(m)$$
$$= 2$$

$\dfrac{4t+2}{t+3}=n$으로 놓으면
$$n = \frac{4(t+3)-10}{t+3} = \frac{-10}{t+3}+4$$
따라서 $n = \dfrac{4t+2}{t+3}$의 그래프는 오른쪽 그림과 같다.

$t \to \infty$일 때 $n \to 4-$이므로
$$\lim_{t \to \infty} f\left(\frac{4t+2}{t+3}\right)$$
$$= \lim_{n \to 4-} f(n) = 1$$
$$\therefore \lim_{t \to \infty} f\left(\frac{t+3}{t-2}\right) + \lim_{t \to \infty} f\left(\frac{4t+2}{t+3}\right) = 3$$

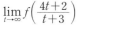

02 함수의 극한값의 계산

개념 확인 27쪽

036 답 (1) 4 (2) -6 (3) 9 (4) $-\dfrac{3}{2}$

(1) $\lim_{x \to 1} \{2f(x)+g(x)\} = 2\lim_{x \to 1} f(x) + \lim_{x \to 1} g(x)$
$$= 2 \times 3 + (-2) = 4$$

(2) $\lim_{x \to 1} f(x)g(x) = \lim_{x \to 1} f(x) \times \lim_{x \to 1} g(x)$
$$= 3 \times (-2) = -6$$

(3) $\lim_{x \to 1} \{f(x)\}^2 = \lim_{x \to 1} f(x) \times \lim_{x \to 1} f(x)$
$$= 3 \times 3 = 9$$

(4) $\lim_{x \to 1} \dfrac{f(x)}{g(x)} = \dfrac{\lim\limits_{x \to 1} f(x)}{\lim\limits_{x \to 1} g(x)} = -\dfrac{3}{2}$

유제 29~37쪽

037 답 1

$h(x)=f(x)-2g(x)$라 하면 $\lim_{x \to 3} h(x)=6$
$f(x)=h(x)+2g(x)$이므로
$$\lim_{x \to 3} \frac{f(x)-3g(x)}{2f(x)+g(x)}$$
$$= \lim_{x \to 3} \frac{h(x)+2g(x)-3g(x)}{2\{h(x)+2g(x)\}+g(x)}$$
$$= \lim_{x \to 3} \frac{h(x)-g(x)}{2h(x)+5g(x)}$$
$$= \frac{\lim\limits_{x \to 3} h(x) - \lim\limits_{x \to 3} g(x)}{2\lim\limits_{x \to 3} h(x) + 5\lim\limits_{x \to 3} g(x)}$$
$$= \frac{6-(-1)}{2 \times 6 + 5 \times (-1)} = 1$$

038 답 1

$$\lim_{x \to 0} \frac{x+2f(x)}{2x-3f(x)} = \lim_{x \to 0} \frac{1+2 \times \dfrac{f(x)}{x}}{2-3 \times \dfrac{f(x)}{x}}$$
$$= \frac{\lim\limits_{x \to 0} 1 + 2\lim\limits_{x \to 0} \dfrac{f(x)}{x}}{\lim\limits_{x \to 0} 2 - 3\lim\limits_{x \to 0} \dfrac{f(x)}{x}}$$
$$= \frac{1+2 \times \dfrac{1}{5}}{2-3 \times \dfrac{1}{5}} = 1$$

039 답 $\dfrac{3}{2}$

$h(x)=f(x)-5g(x)$라 하면

$\displaystyle\lim_{x\to\infty}h(x)=1$

$\displaystyle\lim_{x\to\infty}g(x)=\infty$이므로

$\displaystyle\lim_{x\to\infty}\dfrac{h(x)}{g(x)}=0$

$f(x)=h(x)+5g(x)$이므로

$\displaystyle\lim_{x\to\infty}\dfrac{4f(x)+g(x)}{3f(x)-g(x)}$

$=\displaystyle\lim_{x\to\infty}\dfrac{4\{h(x)+5g(x)\}+g(x)}{3\{h(x)+5g(x)\}-g(x)}$

$=\displaystyle\lim_{x\to\infty}\dfrac{4h(x)+21g(x)}{3h(x)+14g(x)}$

$=\displaystyle\lim_{x\to\infty}\dfrac{4\times\dfrac{h(x)}{g(x)}+21}{3\times\dfrac{h(x)}{g(x)}+14}$

$=\dfrac{4\displaystyle\lim_{x\to\infty}\dfrac{h(x)}{g(x)}+\displaystyle\lim_{x\to\infty}21}{3\displaystyle\lim_{x\to\infty}\dfrac{h(x)}{g(x)}+\displaystyle\lim_{x\to\infty}14}$

$=\dfrac{21}{14}=\dfrac{3}{2}$

040 답 $\dfrac{1}{5}$

$x-1=t$로 놓으면 $x\to1$일 때 $t\to0$이므로

$\displaystyle\lim_{x\to1}\dfrac{f(x-1)}{x-1}=\displaystyle\lim_{t\to0}\dfrac{f(t)}{t}$

$\therefore \displaystyle\lim_{x\to0}\dfrac{f(x)}{x}=4$

$\therefore \displaystyle\lim_{x\to0}\dfrac{x-f(x)}{x-4f(x)}=\displaystyle\lim_{x\to0}\dfrac{1-\dfrac{f(x)}{x}}{1-4\times\dfrac{f(x)}{x}}$

$=\dfrac{\displaystyle\lim_{x\to0}1-\displaystyle\lim_{x\to0}\dfrac{f(x)}{x}}{\displaystyle\lim_{x\to0}1-4\displaystyle\lim_{x\to0}\dfrac{f(x)}{x}}$

$=\dfrac{1-4}{1-4\times4}=\dfrac{1}{5}$

041 답 (1) **1** (2) **2** (3) **6** (4) $-\dfrac{1}{2}$

(1) $\displaystyle\lim_{x\to3}\dfrac{x^2-5x+6}{x-3}=\displaystyle\lim_{x\to3}\dfrac{(x-2)(x-3)}{x-3}$

$=\displaystyle\lim_{x\to3}(x-2)$

$=3-2=1$

(2) $\displaystyle\lim_{x\to1}\dfrac{x^2+2x-3}{x^3-x}=\displaystyle\lim_{x\to1}\dfrac{(x+3)(x-1)}{x(x+1)(x-1)}$

$=\displaystyle\lim_{x\to1}\dfrac{x+3}{x(x+1)}$

$=\dfrac{4}{1\times2}=2$

(3) $\displaystyle\lim_{x\to2}\dfrac{3x-6}{\sqrt{x-1}-1}$

$=\displaystyle\lim_{x\to2}\dfrac{(3x-6)(\sqrt{x-1}+1)}{(\sqrt{x-1}-1)(\sqrt{x-1}+1)}$

$=\displaystyle\lim_{x\to2}\dfrac{3(x-2)(\sqrt{x-1}+1)}{x-2}$

$=3\displaystyle\lim_{x\to2}(\sqrt{x-1}+1)$

$=3\times(1+1)=6$

(4) $\displaystyle\lim_{x\to-1}\dfrac{\sqrt{x^2+3}-2}{x+1}$

$=\displaystyle\lim_{x\to-1}\dfrac{(\sqrt{x^2+3}-2)(\sqrt{x^2+3}+2)}{(x+1)(\sqrt{x^2+3}+2)}$

$=\displaystyle\lim_{x\to-1}\dfrac{x^2-1}{(x+1)(\sqrt{x^2+3}+2)}$

$=\displaystyle\lim_{x\to-1}\dfrac{(x+1)(x-1)}{(x+1)(\sqrt{x^2+3}+2)}$

$=\displaystyle\lim_{x\to-1}\dfrac{x-1}{\sqrt{x^2+3}+2}$

$=\dfrac{-2}{2+2}=-\dfrac{1}{2}$

042 답 -2

$x\to-2+$일 때 $|x+2|=x+2$이므로

$\displaystyle\lim_{x\to-2+}\dfrac{x^2+2x}{|x+2|}=\displaystyle\lim_{x\to-2+}\dfrac{x(x+2)}{x+2}$

$=\displaystyle\lim_{x\to-2+}x$

$=-2$

043 답 **12**

$\displaystyle\lim_{x\to4}\dfrac{(x-4)f(x)}{\sqrt{x}-2}=\displaystyle\lim_{x\to4}\dfrac{(x-4)(\sqrt{x}+2)f(x)}{(\sqrt{x}-2)(\sqrt{x}+2)}$

$=\displaystyle\lim_{x\to4}\dfrac{(x-4)(\sqrt{x}+2)f(x)}{x-4}$

$=\displaystyle\lim_{x\to4}(\sqrt{x}+2)f(x)$

$=\displaystyle\lim_{x\to4}(\sqrt{x}+2)\times\displaystyle\lim_{x\to4}f(x)$

$=(2+2)\times3$

$=12$

044 🖹 (1) -2 (2) ∞ (3) 0 (4) 4 (5) 0 (6) $-\dfrac{1}{5}$

(1) $\displaystyle\lim_{x\to\infty}\dfrac{4x^2-3}{-2x^2-x}=\lim_{x\to\infty}\dfrac{4-\dfrac{3}{x^2}}{-2-\dfrac{1}{x}}$

$\qquad\qquad\qquad =\dfrac{4}{-2}=-2$

(2) $\displaystyle\lim_{x\to\infty}\dfrac{5x^3+2}{x^2+9x-1}=\lim_{x\to\infty}\dfrac{5x+\dfrac{2}{x^2}}{1+\dfrac{9}{x}-\dfrac{1}{x^2}}=\infty$

(3) $\displaystyle\lim_{x\to\infty}\dfrac{x^2+1}{x^3+x-2}=\lim_{x\to\infty}\dfrac{\dfrac{1}{x}+\dfrac{1}{x^3}}{1+\dfrac{1}{x^2}-\dfrac{2}{x^3}}=0$

(4) $\displaystyle\lim_{x\to\infty}\dfrac{4x}{\sqrt{x^2+6}+2}=\lim_{x\to\infty}\dfrac{4}{\sqrt{1+\dfrac{6}{x^2}}+\dfrac{2}{x}}=4$

(5) $\displaystyle\lim_{x\to\infty}\dfrac{\sqrt{x^2-3}+2x}{x^2+5}=\lim_{x\to\infty}\dfrac{\sqrt{\dfrac{1}{x^2}-\dfrac{3}{x^4}}+\dfrac{2}{x}}{1+\dfrac{5}{x^2}}=0$

(6) $x=-t$로 놓으면 $x\to-\infty$일 때 $t\to\infty$이므로

$\displaystyle\lim_{x\to-\infty}\dfrac{\sqrt{x^2-2x}}{5x-1}=\lim_{t\to\infty}\dfrac{\sqrt{t^2+2t}}{-5t-1}$

$\qquad\qquad\qquad =\lim_{t\to\infty}\dfrac{\sqrt{1+\dfrac{2}{t}}}{-5-\dfrac{1}{t}}=-\dfrac{1}{5}$

045 🖹 6

$\displaystyle\lim_{x\to\infty}\dfrac{(4x-1)(3x+2)}{2x^2+x+1}=\lim_{x\to\infty}\dfrac{12x^2+5x-2}{2x^2+x+1}$

$\qquad\qquad\qquad =\lim_{x\to\infty}\dfrac{12+\dfrac{5}{x}-\dfrac{2}{x^2}}{2+\dfrac{1}{x}+\dfrac{1}{x^2}}$

$\qquad\qquad\qquad =\dfrac{12}{2}=6$

046 🖹 $\dfrac{1}{2}$

$\displaystyle\lim_{x\to\infty}\dfrac{f(x)-f(x-1)}{4x}=\lim_{x\to\infty}\dfrac{x^2-(x-1)^2}{4x}$

$\qquad\qquad\qquad =\lim_{x\to\infty}\dfrac{x^2-(x^2-2x+1)}{4x}$

$\qquad\qquad\qquad =\lim_{x\to\infty}\dfrac{2x-1}{4x}$

$\qquad\qquad\qquad =\lim_{x\to\infty}\dfrac{2-\dfrac{1}{x}}{4}$

$\qquad\qquad\qquad =\dfrac{2}{4}=\dfrac{1}{2}$

047 🖹 (1) $-\dfrac{1}{6}$ (2) $\dfrac{4}{3}$

(1) $\displaystyle\lim_{x\to\infty}(3x-\sqrt{9x^2+x})$

$\quad =\lim_{x\to\infty}\dfrac{(3x-\sqrt{9x^2+x})(3x+\sqrt{9x^2+x})}{3x+\sqrt{9x^2+x}}$

$\quad =\lim_{x\to\infty}\dfrac{-x}{3x+\sqrt{9x^2+x}}$

$\quad =\lim_{x\to\infty}\dfrac{-1}{3+\sqrt{9+\dfrac{1}{x}}}$

$\quad =\dfrac{-1}{3+3}=-\dfrac{1}{6}$

(2) $\displaystyle\lim_{x\to\infty}\dfrac{2}{\sqrt{4x^2+6x}-2x}$

$\quad =\lim_{x\to\infty}\dfrac{2(\sqrt{4x^2+6x}+2x)}{(\sqrt{4x^2+6x}-2x)(\sqrt{4x^2+6x}+2x)}$

$\quad =\lim_{x\to\infty}\dfrac{2(\sqrt{4x^2+6x}+2x)}{6x}$

$\quad =\lim_{x\to\infty}\dfrac{\sqrt{4x^2+6x}+2x}{3x}$

$\quad =\lim_{x\to\infty}\dfrac{\sqrt{4+\dfrac{6}{x}}+2}{3}$

$\quad =\dfrac{2+2}{3}=\dfrac{4}{3}$

048 🖹 (1) -1 (2) $\dfrac{1}{16}$

(1) $\displaystyle\lim_{x\to\infty}x\left(1-\dfrac{x}{x-1}\right)=\lim_{x\to\infty}\left(x\times\dfrac{x-1-x}{x-1}\right)$

$\qquad\qquad\qquad =\lim_{x\to\infty}\dfrac{-x}{x-1}$

$\qquad\qquad\qquad =\lim_{x\to\infty}\dfrac{-1}{1-\dfrac{1}{x}}$

$\qquad\qquad\qquad =-1$

(2) $\displaystyle\lim_{x\to1}\dfrac{1}{x-1}\left(\dfrac{1}{2}-\dfrac{1}{\sqrt{x+3}}\right)$

$\quad =\lim_{x\to1}\left(\dfrac{1}{x-1}\times\dfrac{\sqrt{x+3}-2}{2\sqrt{x+3}}\right)$

$\quad =\lim_{x\to1}\left\{\dfrac{1}{x-1}\times\dfrac{(\sqrt{x+3}-2)(\sqrt{x+3}+2)}{2\sqrt{x+3}(\sqrt{x+3}+2)}\right\}$

$\quad =\lim_{x\to1}\dfrac{x-1}{(x-1)\{2\sqrt{x+3}(\sqrt{x+3}+2)\}}$

$\quad =\lim_{x\to1}\dfrac{1}{2\sqrt{x+3}(\sqrt{x+3}+2)}$

$\quad =\dfrac{1}{2\times2(2+2)}=\dfrac{1}{16}$

049 답 -1

$x=-t$로 놓으면 $x \to -\infty$일 때 $t \to \infty$이므로

$\displaystyle\lim_{x \to -\infty} \frac{1}{\sqrt{x^2+x}-\sqrt{x^2-x}}$

$\displaystyle=\lim_{t \to \infty} \frac{1}{\sqrt{t^2-t}-\sqrt{t^2+t}}$

$\displaystyle=\lim_{t \to \infty} \frac{\sqrt{t^2-t}+\sqrt{t^2+t}}{(\sqrt{t^2-t}-\sqrt{t^2+t})(\sqrt{t^2-t}+\sqrt{t^2+t})}$

$\displaystyle=\lim_{t \to \infty} \frac{\sqrt{t^2-t}+\sqrt{t^2+t}}{-2t}$

$\displaystyle=\lim_{t \to \infty} \frac{\sqrt{1-\frac{1}{t}}+\sqrt{1+\frac{1}{t}}}{-2}=\frac{1+1}{-2}=-1$

050 답 $\dfrac{3}{8}$

$x=-t$로 놓으면 $x \to -\infty$일 때 $t \to \infty$이므로

$\displaystyle\lim_{x \to -\infty} x^2\left(1+\frac{2x}{\sqrt{4x^2+3}}\right)$

$\displaystyle=\lim_{t \to \infty} t^2\left(1-\frac{2t}{\sqrt{4t^2+3}}\right)$

$\displaystyle=\lim_{t \to \infty} \left(t^2 \times \frac{\sqrt{4t^2+3}-2t}{\sqrt{4t^2+3}}\right)$

$\displaystyle=\lim_{t \to \infty} \left\{t^2 \times \frac{(\sqrt{4t^2+3}-2t)(\sqrt{4t^2+3}+2t)}{\sqrt{4t^2+3}(\sqrt{4t^2+3}+2t)}\right\}$

$\displaystyle=\lim_{t \to \infty} \frac{3t^2}{4t^2+3+2t\sqrt{4t^2+3}}$

$\displaystyle=\lim_{t \to \infty} \frac{3}{4+\frac{3}{t^2}+2\sqrt{4+\frac{3}{t^2}}}=\frac{3}{4+2\times 2}=\frac{3}{8}$

051 답 $\dfrac{1}{2}$

$A(t, 4\sqrt{t})$, $B(t, 2\sqrt{t})$, $C(t, 0)$이므로

$\overline{OA}=\sqrt{t^2+(4\sqrt{t})^2}=\sqrt{t^2+16t}$, $\overline{AC}=4\sqrt{t}$

$\overline{OB}=\sqrt{t^2+(2\sqrt{t})^2}=\sqrt{t^2+4t}$, $\overline{BC}=2\sqrt{t}$

$\therefore \displaystyle\lim_{t \to 0+} \frac{\overline{OA}-\overline{AC}}{\overline{OB}-\overline{BC}}$

$\displaystyle=\lim_{t \to 0+} \frac{\sqrt{t^2+16t}-4\sqrt{t}}{\sqrt{t^2+4t}-2\sqrt{t}}$

$\displaystyle=\lim_{t \to 0+} \frac{\sqrt{t}(\sqrt{t+16}-4)}{\sqrt{t}(\sqrt{t+4}-2)}=\lim_{t \to 0+} \frac{\sqrt{t+16}-4}{\sqrt{t+4}-2}$

$\displaystyle=\lim_{t \to 0+} \frac{(\sqrt{t+16}-4)(\sqrt{t+16}+4)(\sqrt{t+4}+2)}{(\sqrt{t+4}-2)(\sqrt{t+4}+2)(\sqrt{t+16}+4)}$

$\displaystyle=\lim_{t \to 0+} \frac{t(\sqrt{t+4}+2)}{t(\sqrt{t+16}+4)}=\lim_{t \to 0+} \frac{\sqrt{t+4}+2}{\sqrt{t+16}+4}$

$\displaystyle=\frac{2+2}{4+4}=\frac{1}{2}$

052 답 ③

점 $P(t, t+1)$을 지나고 직선 $y=x+1$에 수직인 직선의 기울기는 -1이므로 직선 PQ의 방정식은

$y-(t+1)=-(x-t)$ $\therefore y=-x+2t+1$

$\therefore Q(0, 2t+1)$

$\overline{AP}^2=(t+1)^2+(t+1)^2=2t^2+4t+2$,

$\overline{AQ}^2=1^2+(2t+1)^2=4t^2+4t+2$이므로

$\displaystyle\lim_{t \to \infty} \frac{\overline{AQ}^2}{\overline{AP}^2}=\lim_{t \to \infty} \frac{4t^2+4t+2}{2t^2+4t+2}$

$\displaystyle=\lim_{t \to \infty} \frac{2t^2+2t+1}{t^2+2t+1}$

$\displaystyle=\lim_{t \to \infty} \frac{2+\frac{2}{t}+\frac{1}{t^2}}{1+\frac{2}{t}+\frac{1}{t^2}}=2$

053 답 $4\sqrt{3}$

$A(t, \sqrt{3t})$, $B(t+3, \sqrt{3t+9})$, $C(t+3, \sqrt{3t})$이므로

$\overline{AC}=t+3-t=3$, $\overline{BC}=\sqrt{3t+9}-\sqrt{3t}$

$\therefore S(t)=\dfrac{1}{2}\times \overline{AC}\times \overline{BC}$

$=\dfrac{1}{2}\times 3\times (\sqrt{3t+9}-\sqrt{3t})$

$=\dfrac{3(\sqrt{3t+9}-\sqrt{3t})}{2}$

$\therefore \displaystyle\lim_{t \to \infty} \frac{27}{\sqrt{t}\times S(t)}$

$\displaystyle=\lim_{t \to \infty} \frac{18}{\sqrt{t}(\sqrt{3t+9}-\sqrt{3t})}$

$\displaystyle=\lim_{t \to \infty} \frac{18(\sqrt{3t+9}+\sqrt{3t})}{\sqrt{t}(\sqrt{3t+9}-\sqrt{3t})(\sqrt{3t+9}+\sqrt{3t})}$

$\displaystyle=\lim_{t \to \infty} \frac{18(\sqrt{3t+9}+\sqrt{3t})}{9\sqrt{t}}$

$\displaystyle=\lim_{t \to \infty} \frac{2(\sqrt{3t+9}+\sqrt{3t})}{\sqrt{t}}$

$\displaystyle=\lim_{t \to \infty} 2\left(\sqrt{3+\frac{9}{t}}+\sqrt{3}\right)$

$=2(\sqrt{3}+\sqrt{3})=4\sqrt{3}$

054 답 $\dfrac{1}{2}$

점 P의 좌표를 (x, x^2), 점 Q의 좌표를 $(0, y)$라 하면

$\overline{QO}=\overline{QP}$, 즉 $\overline{QO}^2=\overline{QP}^2$이므로

$y^2=x^2+(x^2-y)^2$, $y^2=x^4+x^2-2x^2y+y^2$

$2x^2y=x^4+x^2$ $\therefore y=\dfrac{1}{2}x^2+\dfrac{1}{2}$ $(\because x \neq 0)$

점 P가 점 O에 한없이 가까워지면 $x \to 0$이므로

$$\lim_{x \to 0} y = \lim_{x \to 0} \left(\frac{1}{2}x^2 + \frac{1}{2} \right) = \frac{1}{2}$$

따라서 점 Q는 점 $\left(0, \frac{1}{2} \right)$에 한없이 가까워지므로

$$a = \frac{1}{2}$$

개념 확인 39쪽

055 🖹 (1) -2 (2) 1

(1) $x \to 2$일 때 (분모)$\to 0$이고 극한값이 존재하므로 (분자)$\to 0$이다.

즉, $\lim\limits_{x \to 2}(x^2 + ax) = 0$이므로

$4 + 2a = 0$ ∴ $a = -2$

(2) $x \to -1$일 때 (분자)$\to 0$이고 0이 아닌 극한값이 존재하므로 (분모)$\to 0$이다.

즉, $\lim\limits_{x \to -1}(x^2 - a) = 0$이므로

$1 - a = 0$ ∴ $a = 1$

056 🖹 **1**

$\lim\limits_{x \to 2}(3x - 5) = 1$, $\lim\limits_{x \to 2}(x^2 - x - 1) = 1$이므로 함수의 극한의 대소 관계에 의하여

$$\lim_{x \to 2} f(x) = 1$$

유제 41~43쪽

057 🖹 $a = 5$, $b = 6$

$x \to -3$일 때 (분모)$\to 0$이고 극한값이 존재하므로 (분자)$\to 0$이다.

즉, $\lim\limits_{x \to -3}(x^2 + ax + b) = 0$이므로

$9 - 3a + b = 0$ ∴ $b = 3a - 9$ ...... ㉠

㉠을 주어진 식의 좌변에 대입하면

$$\begin{aligned}
\lim_{x \to -3} \frac{x^2 + ax + b}{x + 3} &= \lim_{x \to -3} \frac{x^2 + ax + 3a - 9}{x + 3} \\
&= \lim_{x \to -3} \frac{x^2 + ax + 3(a - 3)}{x + 3} \\
&= \lim_{x \to -3} \frac{(x + 3)(x + a - 3)}{x + 3} \\
&= \lim_{x \to -3}(x + a - 3) \\
&= a - 6
\end{aligned}$$

따라서 $a - 6 = -1$이므로 $a = 5$

이를 ㉠에 대입하면 $b = 6$

058 🖹 $a = 1$, $b = -4$

$x \to 4$일 때 (분자)$\to 0$이고 0이 아닌 극한값이 존재하므로 (분모)$\to 0$이다.

즉, $\lim\limits_{x \to 4}(ax + b) = 0$이므로

$4a + b = 0$ ∴ $b = -4a$ ...... ㉠

㉠을 주어진 식의 좌변에 대입하면

$$\begin{aligned}
\lim_{x \to 4} \frac{\sqrt{x + 5} - 3}{ax + b} &= \lim_{x \to 4} \frac{\sqrt{x + 5} - 3}{ax - 4a} \\
&= \lim_{x \to 4} \frac{(\sqrt{x + 5} - 3)(\sqrt{x + 5} + 3)}{a(x - 4)(\sqrt{x + 5} + 3)} \\
&= \lim_{x \to 4} \frac{x - 4}{a(x - 4)(\sqrt{x + 5} + 3)} \\
&= \lim_{x \to 4} \frac{1}{a(\sqrt{x + 5} + 3)} \\
&= \frac{1}{a(3 + 3)} = \frac{1}{6a}
\end{aligned}$$

따라서 $\frac{1}{6a} = \frac{1}{6}$이므로 $a = 1$

이를 ㉠에 대입하면 $b = -4$

059 🖹 $a = -1$, $b = 2$

$x \to 2$일 때 (분모)$\to 0$이고 극한값이 존재하므로 (분자)$\to 0$이다.

즉, $\lim\limits_{x \to 2}(\sqrt{3x^2 - 8} + ax) = 0$이므로

$2 + 2a = 0$ ∴ $a = -1$

이를 주어진 식의 좌변에 대입하면

$$\begin{aligned}
\lim_{x \to 2} &\frac{\sqrt{3x^2 - 8} + ax}{x - 2} \\
&= \lim_{x \to 2} \frac{\sqrt{3x^2 - 8} - x}{x - 2} \\
&= \lim_{x \to 2} \frac{(\sqrt{3x^2 - 8} - x)(\sqrt{3x^2 - 8} + x)}{(x - 2)(\sqrt{3x^2 - 8} + x)} \\
&= \lim_{x \to 2} \frac{2x^2 - 8}{(x - 2)(\sqrt{3x^2 - 8} + x)} \\
&= \lim_{x \to 2} \frac{2(x + 2)(x - 2)}{(x - 2)(\sqrt{3x^2 - 8} + x)} \\
&= \lim_{x \to 2} \frac{2(x + 2)}{\sqrt{3x^2 - 8} + x} \\
&= \frac{2 \times 4}{2 + 2} = 2
\end{aligned}$$

∴ $b = 2$

060 🖹 $a = 7$, $b = 1$

$x \to -1$일 때 (분자)$\to 0$이고 0이 아닌 극한값이 존재하므로 (분모)$\to 0$이다.

즉, $\lim\limits_{x\to 1}(x^2-b)=0$이므로

$1-b=0$ $\therefore b=1$

이를 주어진 식의 좌변에 대입하면

$$\lim_{x\to 1}\frac{x^2+(a+1)x+a}{x^2-b}=\lim_{x\to 1}\frac{x^2+(a+1)x+a}{x^2-1}$$
$$=\lim_{x\to 1}\frac{(x+1)(x+a)}{(x+1)(x-1)}$$
$$=\lim_{x\to 1}\frac{x+a}{x-1}$$
$$=\frac{-1+a}{-2}$$

따라서 $\dfrac{-1+a}{-2}=-3$이므로

$-1+a=6$ $\therefore a=7$

061 📖 1

$\lim\limits_{x\to\infty}\dfrac{f(x)}{x^2+1}=-1$에서 $f(x)$는 최고차항의 계수가

-1인 이차함수이다. ……㉠

$\lim\limits_{x\to -1}\dfrac{f(x)}{x^2-1}=1$에서 $x\to -1$일 때 (분모)$\to 0$이고

극한값이 존재하므로 (분자)$\to 0$이다.

즉, $\lim\limits_{x\to -1}f(x)=0$이므로

$f(-1)=0$ ……㉡

㉠, ㉡에서 $f(x)=-(x+1)(x+a)$ (a는 상수)라

하면

$$\lim_{x\to -1}\frac{f(x)}{x^2-1}=\lim_{x\to -1}\frac{-(x+1)(x+a)}{(x+1)(x-1)}$$
$$=\lim_{x\to -1}\frac{-(x+a)}{x-1}=\frac{a-1}{2}$$

따라서 $\dfrac{a-1}{2}=1$이므로

$a-1=2$ $\therefore a=3$

즉, $f(x)=-(x+1)(x+3)$이므로

$f(-2)=-(-1)\times 1=1$

062 📖 (1) $\dfrac{1}{5}$ (2) 4

(1) $\lim\limits_{x\to\infty}\dfrac{x^2+x+1}{5x^2+3}=\dfrac{1}{5}$, $\lim\limits_{x\to\infty}\dfrac{x^2+x+4}{5x^2+3}=\dfrac{1}{5}$ 이므

로 함수의 극한의 대소 관계에 의하여

$$\lim_{x\to\infty}f(x)=\frac{1}{5}$$

(2) $x>0$일 때 $2x+3>0$이므로 주어진 부등식의 각

변을 제곱하면

$(2x+3)^2<\{f(x)\}^2<(2x+5)^2$

$\therefore 4x^2+12x+9<\{f(x)\}^2<4x^2+20x+25$

모든 실수 x에 대하여 $x^2+1>0$이므로 이 부등식

의 각 변을 x^2+1로 나누면

$$\frac{4x^2+12x+9}{x^2+1}<\frac{\{f(x)\}^2}{x^2+1}<\frac{4x^2+20x+25}{x^2+1}$$

이때 $\lim\limits_{x\to\infty}\dfrac{4x^2+12x+9}{x^2+1}=4$,

$\lim\limits_{x\to\infty}\dfrac{4x^2+20x+25}{x^2+1}=4$이므로 함수의 극한의 대

소 관계에 의하여

$$\lim_{x\to\infty}\frac{\{f(x)\}^2}{x^2+1}=4$$

063 📖 7

$\lim\limits_{x\to\infty}\dfrac{f(x)-x^3}{x^2}=2$에서 $f(x)-x^3$은 최고차항의 계

수가 2인 이차함수이므로

$f(x)-x^3=2x^2+ax+b$ (a, b는 상수)라 하면

$f(x)=x^3+2x^2+ax+b$

$\lim\limits_{x\to 0}\dfrac{f(x)}{x}=4$에서 $x\to 0$일 때 (분모)$\to 0$이고 극한

값이 존재하므로 (분자)$\to 0$이다.

즉, $\lim\limits_{x\to 0}f(x)=0$이므로 $f(0)=0$ $\therefore b=0$

따라서 $f(x)=x^3+2x^2+ax$이므로

$$\lim_{x\to 0}\frac{f(x)}{x}=\lim_{x\to 0}\frac{x^3+2x^2+ax}{x}$$
$$=\lim_{x\to 0}(x^2+2x+a)=a$$

$\therefore a=4$

따라서 $f(x)=x^3+2x^2+4x$이므로

$f(1)=1+2+4=7$

064 📖 4

모든 양의 실수 x에 대하여 $x^2>0$이므로 주어진 부등

식의 각 변을 x^2으로 나누면

$$4-\frac{3}{x}<f(x)<4+\frac{1}{x}+\frac{1}{x^2}$$

이때 $\lim\limits_{x\to\infty}\left(4-\dfrac{3}{x}\right)=4$, $\lim\limits_{x\to\infty}\left(4+\dfrac{1}{x}+\dfrac{1}{x^2}\right)=4$이므

로 함수의 극한의 대소 관계에 의하여

$$\lim_{x\to\infty}f(x)=4$$

연습문제 44~46쪽

065 📖 5

$5f(x)+g(x)=h(x)$, $f(x)-g(x)=k(x)$라 하면

$\lim\limits_{x\to 4}h(x)=1$, $\lim\limits_{x\to 4}k(x)=-7$

$$\therefore \lim_{x \to 4} \{ f(x) + g(x) \}$$

$$= \lim_{x \to 4} \frac{5f(x) + g(x) - 2\{ f(x) - g(x) \}}{3}$$

$$= \lim_{x \to 4} \frac{h(x) - 2k(x)}{3}$$

$$= \frac{1}{3} \{ \lim_{x \to 4} h(x) - 2 \lim_{x \to 4} k(x) \}$$

$$= \frac{1}{3} \{ 1 - 2 \times (-7) \} = 5$$

| 다른 풀이 |

$$5f(x) + g(x) = h(x) \quad \cdots\cdots \ \text{㉠}$$

$$f(x) - g(x) = k(x) \quad \cdots\cdots \ \text{㉡}$$

라 하면

$$\lim_{x \to 4} h(x) = 1, \ \lim_{x \to 4} k(x) = -7$$

㉠+㉡을 하면 $6f(x) = h(x) + k(x)$

$$\therefore f(x) = \frac{h(x) + k(x)}{6}$$

㉠$-5 \times$㉡을 하면

$$6g(x) = h(x) - 5k(x)$$

$$\therefore g(x) = \frac{h(x) - 5k(x)}{6}$$

$$\therefore \lim_{x \to 4} \{ f(x) + g(x) \}$$

$$= \lim_{x \to 4} \left\{ \frac{h(x) + k(x)}{6} + \frac{h(x) - 5k(x)}{6} \right\}$$

$$= \lim_{x \to 4} \frac{h(x) - 2k(x)}{3}$$

$$= \frac{1}{3} \{ \lim_{x \to 4} h(x) - 2 \lim_{x \to 4} k(x) \}$$

$$= \frac{1}{3} \{ 1 - 2 \times (-7) \} = 5$$

066 冒 3

$x - 2 = t$로 놓으면 $x \to 2$일 때 $t \to 0$이므로

$$\lim_{x \to 2} \frac{x^2 + 2x - 8}{f(x-2)} = \lim_{x \to 2} \frac{(x-2)(x+4)}{f(x-2)}$$

$$= \lim_{t \to 0} \frac{t(t+6)}{f(t)}$$

$$= \lim_{t \to 0} \frac{t}{f(t)} \times \lim_{t \to 0} (t+6)$$

$$= \frac{1}{2} \times 6 = 3$$

067 冒 ④

① $$\lim_{x \to 0} \frac{x}{x^2 - 4x} = \lim_{x \to 0} \frac{x}{x(x-4)}$$

$$= \lim_{x \to 0} \frac{1}{x-4} = -\frac{1}{4}$$

② $$\lim_{x \to -1} \frac{\sqrt{x+2} - 1}{x+1}$$

$$= \lim_{x \to -1} \frac{(\sqrt{x+2} - 1)(\sqrt{x+2} + 1)}{(x+1)(\sqrt{x+2} + 1)}$$

$$= \lim_{x \to -1} \frac{x+1}{(x+1)(\sqrt{x+2} + 1)}$$

$$= \lim_{x \to -1} \frac{1}{\sqrt{x+2} + 1} = \frac{1}{1+1} = \frac{1}{2}$$

③ $$\lim_{x \to \infty} \frac{x^2 + 2x}{3x^2 + 1} = \lim_{x \to \infty} \frac{1 + \dfrac{2}{x}}{3 + \dfrac{1}{x^2}} = \frac{1}{3}$$

④ $$\lim_{x \to \infty} \frac{x+1}{\sqrt{x} + 1} = \lim_{x \to \infty} \frac{\sqrt{x} + \dfrac{1}{\sqrt{x}}}{1 + \dfrac{1}{\sqrt{x}}} = \infty$$

⑤ $x = -t$로 놓으면 $x \to -\infty$일 때 $t \to \infty$이므로

$$\lim_{x \to -\infty} \frac{5x^2 - 2}{x^2 + 4x + 1} = \lim_{t \to \infty} \frac{5t^2 - 2}{t^2 - 4t + 1}$$

$$= \lim_{t \to \infty} \frac{5 - \dfrac{2}{t^2}}{1 - \dfrac{4}{t} + \dfrac{1}{t^2}} = 5$$

따라서 옳지 않은 것은 ④이다.

068 冒 4

$$\lim_{x \to \infty} \frac{4x^2 + 3f(x)}{x^2 - f(x)} = \lim_{x \to \infty} \frac{4 + 3 \times \dfrac{f(x)}{x} \times \dfrac{1}{x}}{1 - \dfrac{f(x)}{x} \times \dfrac{1}{x}} = 4$$

069 冒 4

$$\lim_{x \to \infty} (\sqrt{x^2 + 4x} - \sqrt{x^2 - 2x})$$

$$= \lim_{x \to \infty} \frac{(\sqrt{x^2 + 4x} - \sqrt{x^2 - 2x})(\sqrt{x^2 + 4x} + \sqrt{x^2 - 2x})}{\sqrt{x^2 + 4x} + \sqrt{x^2 - 2x}}$$

$$= \lim_{x \to \infty} \frac{6x}{\sqrt{x^2 + 4x} + \sqrt{x^2 - 2x}}$$

$$= \lim_{x \to \infty} \frac{6}{\sqrt{1 + \dfrac{4}{x}} + \sqrt{1 - \dfrac{2}{x}}}$$

$$= \frac{6}{1+1} = 3$$

$$\therefore a = 3$$

▶▶▶▶▶▶ ❶

$$\lim_{x \to 0} \frac{1}{x} \left(\frac{1}{x+2} + \frac{1}{3x-2} \right)$$

$$= \lim_{x \to 0} \left\{ \frac{1}{x} \times \frac{4x}{(x+2)(3x-2)} \right\}$$

$$= \lim_{x \to 0} \frac{4}{(x+2)(3x-2)}$$

$$= \frac{4}{2 \times (-2)} = -1$$

$\therefore b=-1$ ▸▸▸▸▸▸ **❷**

$\therefore a-b=4$ ▸▸▸▸▸▸ **❸**

단계	채점 기준	비율
❶	a의 값 구하기	50 %
❷	b의 값 구하기	40 %
❸	$a-b$의 값 구하기	10 %

070 冒 5

$x \to -1$일 때 (분모)$\to 0$이고 극한값이 존재하므로 (분자)$\to 0$이다.

즉, $\lim\limits_{x \to -1}(x^2+4x+a)=0$이므로

$1-4+a=0$ $\therefore a=3$

이를 주어진 식의 좌변에 대입하면

$\lim\limits_{x \to -1}\dfrac{x^2+4x+a}{x+1}=\lim\limits_{x \to -1}\dfrac{x^2+4x+3}{x+1}$

$=\lim\limits_{x \to -1}\dfrac{(x+3)(x+1)}{x+1}$

$=\lim\limits_{x \to -1}(x+3)$

$=2$

$\therefore b=2$

$\therefore a+b=5$

071 冒 ④

$\lim\limits_{x \to \infty}\dfrac{f(x)}{x^2}=2$에서 $f(x)$는 최고차항의 계수가 2인 이차함수이다. ······ ㉠

$\lim\limits_{x \to 1}\dfrac{f(x)}{x-1}=3$에서 $x \to 1$일 때 (분모)$\to 0$이고 극한값이 존재하므로 (분자)$\to 0$이다.

즉, $\lim\limits_{x \to 1}f(x)=0$이므로

$f(1)=0$ ······ ㉡

㉠, ㉡에서 $f(x)=2(x-1)(x+a)$ (a는 상수)라 하면

$\lim\limits_{x \to 1}\dfrac{f(x)}{x-1}=\lim\limits_{x \to 1}\dfrac{2(x-1)(x+a)}{x-1}$

$=\lim\limits_{x \to 1}2(x+a)$

$=2+2a$

따라서 $2+2a=3$이므로 $a=\dfrac{1}{2}$

즉, $f(x)=2(x-1)\left(x+\dfrac{1}{2}\right)$이므로

$f(3)=2 \times 2 \times \dfrac{7}{2}=14$

072 冒 4

$x>1$일 때 $x-1>0$이므로 주어진 부등식의 각 변을 $x-1$로 나누면

$\dfrac{x^2+2x-3}{x-1}<\dfrac{f(x)}{x-1}<\dfrac{2x^2-2}{x-1}$

$\lim\limits_{x \to 1+}\dfrac{x^2+2x-3}{x-1}=\lim\limits_{x \to 1+}\dfrac{(x+3)(x-1)}{x-1}$

$=\lim\limits_{x \to 1+}(x+3)=4$

$\lim\limits_{x \to 1+}\dfrac{2x^2-2}{x-1}=\lim\limits_{x \to 1+}\dfrac{2(x+1)(x-1)}{x-1}$

$=\lim\limits_{x \to 1+}2(x+1)=4$

따라서 함수의 극한의 대소 관계에 의하여

$\lim\limits_{x \to 1+}\dfrac{f(x)}{x-1}=4$

073 冒 ㄱ, ㄷ

ㄱ. $\lim\limits_{x \to a}\{f(x)+g(x)\}=\alpha$,

$\lim\limits_{x \to a}\{f(x)-g(x)\}=\beta$ (α, β는 실수)라 하면

$\lim\limits_{x \to a}g(x)$

$=\lim\limits_{x \to a}\dfrac{\{f(x)+g(x)\}-\{f(x)-g(x)\}}{2}$

$=\dfrac{\alpha-\beta}{2}$

ㄴ. [반례] $f(x)=x$, $g(x)=\dfrac{1}{x}$이면 $\lim\limits_{x \to 0}f(x)=0$, $\lim\limits_{x \to 0}f(x)g(x)=1$이지만 $\lim\limits_{x \to 0}g(x)$의 값은 존재하지 않는다.

ㄷ. $\lim\limits_{x \to a}g(x)=\alpha$, $\lim\limits_{x \to a}\dfrac{f(x)}{g(x)}=\beta$ (α, β는 실수)라 하면

$\lim\limits_{x \to a}f(x)=\lim\limits_{x \to a}\left\{g(x) \times \dfrac{f(x)}{g(x)}\right\}=\alpha\beta$

따라서 보기에서 옳은 것은 ㄱ, ㄷ이다.

074 冒 8

$f(x)=\begin{cases} x^3+x^2-2x & (x \le -2 \text{ 또는 } x \ge 2) \\ -x^2+2x & (0 \le x < 2) \\ -x^2-2x & (-2 < x < 0) \end{cases}$

$\lim\limits_{x \to 0+}\dfrac{f(x)}{x}=\lim\limits_{x \to 0+}\dfrac{-x^2+2x}{x}=\lim\limits_{x \to 0+}(-x+2)=2$

$\lim\limits_{x \to -2-}\dfrac{f(x)}{x+2}=\lim\limits_{x \to -2-}\dfrac{x^3+x^2-2x}{x+2}$

$=\lim\limits_{x \to -2-}\dfrac{x(x+2)(x-1)}{x+2}$

$=\lim\limits_{x \to -2-}x(x-1)=-2 \times (-3)=6$

$\therefore \lim\limits_{x \to 0+}\dfrac{f(x)}{x}+\lim\limits_{x \to -2-}\dfrac{f(x)}{x+2}=8$

075 답 ③

$x=-t$로 놓으면 $x \to -\infty$일 때 $t \to \infty$이므로

$\lim\limits_{x \to -\infty} (\sqrt{4x^2-ax}+2x)$

$=\lim\limits_{t \to \infty} (\sqrt{4t^2+at}-2t)$

$=\lim\limits_{t \to \infty} \dfrac{(\sqrt{4t^2+at}-2t)(\sqrt{4t^2+at}+2t)}{\sqrt{4t^2+at}+2t}$

$=\lim\limits_{t \to \infty} \dfrac{at}{\sqrt{4t^2+at}+2t}$

$=\lim\limits_{t \to \infty} \dfrac{a}{\sqrt{4+\dfrac{a}{t}}+2}$

$=\dfrac{a}{2+2}$

$=\dfrac{a}{4}$

따라서 $\dfrac{a}{4}=\dfrac{1}{2}$이므로

$a=2$

$\therefore \lim\limits_{x \to a} \dfrac{x^3-a^3}{x^2-a^2} = \lim\limits_{x \to 2} \dfrac{x^3-2^3}{x^2-2^2}$

$\qquad\qquad = \lim\limits_{x \to 2} \dfrac{(x-2)(x^2+2x+4)}{(x+2)(x-2)}$

$\qquad\qquad = \lim\limits_{x \to 2} \dfrac{x^2+2x+4}{x+2}$

$\qquad\qquad = \dfrac{12}{4}=3$

076 답 $\dfrac{7}{8}$

$\lim\limits_{x \to 0} \dfrac{\sqrt{1+x+x^2}-(1+ax)}{x^2}$

$=\lim\limits_{x \to 0} \dfrac{\{\sqrt{1+x+x^2}-(1+ax)\}\{\sqrt{1+x+x^2}+(1+ax)\}}{x^2\{\sqrt{1+x+x^2}+(1+ax)\}}$

$=\lim\limits_{x \to 0} \dfrac{1+x+x^2-(1+2ax+a^2x^2)}{x^2(\sqrt{1+x+x^2}+1+ax)}$

$=\lim\limits_{x \to 0} \dfrac{x\{(1-a^2)x+(1-2a)\}}{x^2(\sqrt{1+x+x^2}+1+ax)}$

$=\lim\limits_{x \to 0} \dfrac{(1-a^2)x+(1-2a)}{x(\sqrt{1+x+x^2}+1+ax)}$ ······ ㉠

㉠에서 $x \to 0$일 때 (분모)$\to 0$이고 극한값이 존재하므로 (분자)$\to 0$이다.

즉, $\lim\limits_{x \to 0} \{(1-a^2)x+(1-2a)\}=0$이므로

$1-2a=0$

$\therefore a=\dfrac{1}{2}$ ▶▶▶▶▶▶ ❶

$a=\dfrac{1}{2}$을 ㉠에 대입하면

$\lim\limits_{x \to 0} \dfrac{(1-a^2)x+(1-2a)}{x(\sqrt{1+x+x^2}+1+ax)}$

$=\lim\limits_{x \to 0} \dfrac{\dfrac{3}{4}x}{x\left(\sqrt{1+x+x^2}+1+\dfrac{1}{2}x\right)}$

$=\lim\limits_{x \to 0} \dfrac{3}{4\left(\sqrt{1+x+x^2}+1+\dfrac{1}{2}x\right)}$

$=\dfrac{3}{4(1+1)}=\dfrac{3}{8}$

$\therefore b=\dfrac{3}{8}$ ▶▶▶▶▶▶ ❷

$\therefore a+b=\dfrac{7}{8}$ ▶▶▶▶▶▶ ❸

단계	채점 기준	비율
❶	a의 값 구하기	50 %
❷	b의 값 구하기	40 %
❸	$a+b$의 값 구하기	10 %

077 답 $f(x)=3x^2-12x+9$

$\lim\limits_{x \to 3} \dfrac{f(x)}{x-3}=6$에서 $x \to 3$일 때 (분모)$\to 0$이고 극한값이 존재하므로 (분자)$\to 0$이다.

즉, $\lim\limits_{x \to 3} f(x)=0$이므로 $f(3)=0$

이때 $f(x)$는 이차함수이므로

$f(x)=(x-3)(ax+b)$ $(a, b$는 상수, $a \neq 0)$라 하면

$\lim\limits_{x \to 3} \dfrac{f(x)}{x-3} = \lim\limits_{x \to 3} \dfrac{(x-3)(ax+b)}{x-3}$

$\qquad\qquad = \lim\limits_{x \to 3} (ax+b)$

$\qquad\qquad = 3a+b$

$\therefore 3a+b=6$ ······ ㉠

$f(0)=9$에서

$-3b=9$ $\therefore b=-3$

이를 ㉠에 대입하면

$3a-3=6$ $\therefore a=3$

$\therefore f(x)=(x-3)(3x-3)$

$\qquad\quad =3x^2-12x+9$

078 답 ③

$\lim\limits_{x \to \infty} \dfrac{f(x)}{x^3}=1$에서 $f(x)$는 최고차항의 계수가 1인 삼차함수이다. ······ ㉠

$\lim\limits_{x \to -1} \dfrac{f(x)}{x+1} = 2$에서 $x \to -1$일 때 (분모) $\to 0$이고

극한값이 존재하므로 (분자) $\to 0$이다.

즉, $\lim\limits_{x \to -1} f(x) = 0$이므로

$f(-1) = 0$ ...... ⓛ

㉠, ⓛ에서

$f(x) = (x+1)(x^2+ax+b)$ $(a, b$는 상수$)$라 하면

$$\lim_{x \to -1} \frac{f(x)}{x+1} = \lim_{x \to -1} \frac{(x+1)(x^2+ax+b)}{x+1}$$
$$= \lim_{x \to -1}(x^2+ax+b)$$
$$= 1-a+b$$

따라서 $1-a+b = 2$이므로

$b = a+1$

$\therefore f(x) = (x+1)(x^2+ax+a+1)$

$f(1) \le 12$에서

$2(2a+2) \le 12,\ 2a+2 \le 6$ $\therefore a \le 2$

$\therefore f(2) = 3(3a+5)$

$= 9a+15$

$\le 9 \times 2 + 15 = 33$

따라서 $f(2)$의 최댓값은 33이다.

079 답 $\dfrac{3}{2}$

$\left| \dfrac{1}{3}f(x)-x \right| < 1$에서 $-1 < \dfrac{1}{3}f(x)-x < 1$

$\therefore 3(x-1) < f(x) < 3(x+1)$

$x > 1$일 때 $3(x-1) > 0$이므로 각 변을 제곱하면

$9x^2-18x+9 < \{f(x)\}^2 < 9x^2+18x+9$

모든 실수 x에 대하여 $6x^2+2 > 0$이므로 이 부등식의

각 변을 $6x^2+2$로 나누면

$$\frac{9x^2-18x+9}{6x^2+2} < \frac{\{f(x)\}^2}{6x^2+2} < \frac{9x^2+18x+9}{6x^2+2}$$

이때 $\lim\limits_{x\to\infty} \dfrac{9x^2-18x+9}{6x^2+2} = \dfrac{3}{2}$, $\lim\limits_{x\to\infty} \dfrac{9x^2+18x+9}{6x^2+2} = \dfrac{3}{2}$

이므로 함수의 극한의 대소 관계에 의하여

$$\lim_{x\to\infty} \frac{\{f(x)\}^2}{6x^2+2} = \frac{3}{2}$$

080 답 ②

$\left[\dfrac{x}{3} \right] = \dfrac{x}{3} - \alpha\ (0 \le \alpha < 1)$라 하면

$$\lim_{x\to\infty} \frac{1}{x}\left[\frac{x}{3} \right] = \lim_{x\to\infty} \frac{1}{x}\left(\frac{x}{3} - \alpha \right)$$
$$= \lim_{x\to\infty}\left(\frac{1}{3} - \frac{\alpha}{x} \right) = \frac{1}{3}$$

081 답 ④

| 접근 방법 | 기울기와 y절편을 이용하여 직선 l의 방정식을 세우고, 두 점 A, B의 x좌표는 직선 l의 방정식과 $y=x^2$을 연립한 이차방정식의 두 실근임을 이용한다.

직선 l의 기울기가 1이고 y절편이 $g(t)$이므로 직선 l의 방정식은

$y = x + g(t)$

$A(\alpha,\ \alpha+g(t))$, $B(\beta,\ \beta+g(t))$라 하면 x에 대한 이차방정식 $x^2 = x + g(t)$, 즉 $x^2 - x - g(t) = 0$의 두 실근이 α, β이므로 이차방정식의 근과 계수의 관계에 의하여

$\alpha + \beta = 1,\ \alpha\beta = -g(t)$

이때 $\overline{AB} = 2t$에서 $\overline{AB}^2 = 4t^2$이므로

$(\beta-\alpha)^2 + (\beta-\alpha)^2 = 4t^2$

$(\alpha-\beta)^2 = 2t^2$

$(\alpha+\beta)^2 - 4\alpha\beta = 2t^2$

$1 + 4g(t) = 2t^2$

$\therefore g(t) = \dfrac{2t^2-1}{4}$

$$\therefore \lim_{t\to\infty} \frac{g(t)}{t^2} = \lim_{t\to\infty} \frac{2t^2-1}{4t^2}$$
$$= \lim_{t\to\infty}\left(\frac{1}{2} - \frac{1}{4t^2} \right) = \frac{1}{2}$$

082 답 24

| 접근 방법 | 주어진 두 극한값이 존재함을 이용하여 $f(x) = 0$을 만족시키는 x의 값을 구하여 $f(x)$의 식을 세운다.

$\lim\limits_{x\to-1} \dfrac{f(x)}{x+1} = 2$에서 $x \to -1$일 때 (분모) $\to 0$이고

극한값이 존재하므로 (분자) $\to 0$이다.

즉, $\lim\limits_{x\to-1} f(x) = 0$이므로 $f(-1) = 0$ ...... ㉠

$\lim\limits_{x\to1} \dfrac{f(x)}{x-1} = 10$에서 $x \to 1$일 때 (분모) $\to 0$이고 극한값이 존재하므로 (분자) $\to 0$이다.

즉, $\lim\limits_{x\to1} f(x) = 0$이므로 $f(1) = 0$ ...... ⓛ

㉠, ⓛ에서

$f(x) = (x+1)(x-1)g(x)$ $(g(x)$는 다항함수$)$라 하면

$$\lim_{x\to-1} \frac{f(x)}{x+1} = \lim_{x\to-1} \frac{(x+1)(x-1)g(x)}{x+1}$$
$$= \lim_{x\to-1}(x-1)g(x)$$
$$= -2g(-1)$$

따라서 $-2g(-1) = 2$이므로

$g(-1) = -1$ ...... ㉢

$$\lim_{x \to 1} \frac{f(x)}{x-1} = \lim_{x \to 1} \frac{(x+1)(x-1)g(x)}{x-1}$$
$$= \lim_{x \to 1} (x+1)g(x)$$
$$= 2g(1)$$

따라서 $2g(1)=10$이므로

$g(1)=5$ $\qquad$ ...... ㉣

㉢, ㉣을 만족시키는 함수 $g(x)$ 중 차수가 가장 낮은 것은 일차함수이므로

$g(x)=ax+b$ (a, b는 상수, $a \neq 0$)라 하면

㉢에서 $-a+b=-1$

$\therefore a-b=1$

㉣에서 $a+b=5$

두 식을 연립하여 풀면

$a=3$, $b=2$

따라서 $h(x)=(x+1)(x-1)(3x+2)$이므로

$h(2)=3 \times 1 \times 8 = 24$

083 답 ④

$\lim_{x \to a} f(x) \neq 0$이면

$$\lim_{x \to a} \frac{f(x)-(x-a)}{f(x)+(x-a)} = \frac{f(a)-(a-a)}{f(a)+(a-a)} = 1$$

이는 주어진 조건을 만족시키지 않으므로

$\lim_{x \to a} f(x)=0$

$\therefore f(a)=0$

$f(x)$가 최고차항의 계수가 1인 이차함수이므로

$f(x)=(x-a)(x-b)$ (b는 상수)라 하면

$$\lim_{x \to a} \frac{f(x)-(x-a)}{f(x)+(x-a)}$$
$$= \lim_{x \to a} \frac{(x-a)(x-b)-(x-a)}{(x-a)(x-b)+(x-a)}$$
$$= \lim_{x \to a} \frac{(x-a)\{(x-b)-1\}}{(x-a)\{(x-b)+1\}}$$
$$= \lim_{x \to a} \frac{x-b-1}{x-b+1}$$
$$= \frac{a-b-1}{a-b+1}$$

따라서 $\dfrac{a-b-1}{a-b+1} = \dfrac{3}{5}$이므로

$5a-5b-5=3a-3b+3$

$2a-2b=8$

$\therefore a-b=4$

이때 방정식 $f(x)=0$, 즉 $(x-a)(x-b)=0$의 두 근은 a, b이므로

$|\alpha - \beta| = |a-b| = 4$

---

01 함수의 연속

유제 $\qquad$ 51~59쪽

084 답 (1) 연속 (2) 연속

(1) (i) $f(-1)=3$

(ii) $\lim_{x \to -1+} f(x)$
$= \lim_{x \to -1+} (-2x+1)$
$=3$

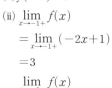

$\lim_{x \to -1-} f(x)$
$= \lim_{x \to -1-} (x+4)=3$
$\therefore \lim_{x \to -1} f(x)=3$

(iii) $\lim_{x \to -1} f(x)=f(-1)$

따라서 함수 $f(x)$는 $x=-1$에서 연속이다.

(2) (i) $f(-1)=-1$

(ii) $\lim_{x \to -1} f(x)$

$= \lim_{x \to -1} \dfrac{x^2+x}{x+1}$

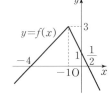

$= \lim_{x \to -1} \dfrac{x(x+1)}{x+1}$

$= \lim_{x \to -1} x = -1$

(iii) $\lim_{x \to -1} f(x)=f(-1)$

따라서 함수 $f(x)$는 $x=-1$에서 연속이다.

085 답 (1) 불연속 (2) 불연속

(1) $f(1)=1-1=0$

$1 \leq x < 2$일 때 $[x]=1$이므로

$f(x)=1-x$

$\therefore \lim_{x \to 1+} f(x) = \lim_{x \to 1+} (1-x)=0$ $\quad$ ...... ㉠

$0 \leq x < 1$일 때 $[x]=0$이므로

$f(x)=0-x=-x$

$\therefore \lim_{x \to 1-} f(x) = \lim_{x \to 1-} (-x)=-1$ $\quad$ ...... ㉡

㉠, ㉡에서 $\lim_{x \to 1+} f(x) \neq \lim_{x \to 1-} f(x)$

따라서 $\lim_{x \to 1} f(x)$의 값이 존재하지 않으므로 함수 $f(x)$는 $x=1$에서 불연속이다.

(2) $f(1)=1$

$\lim_{x \to 1+} f(x) = \lim_{x \to 1+} \dfrac{x^2-x}{x-1}$

$= \lim_{x \to 1+} \dfrac{x(x-1)}{x-1}$

$= \lim_{x \to 1+} x = 1$

$$\lim_{x \to 1-} f(x) = \lim_{x \to 1-} \frac{x^2 - x}{-(x-1)}$$
$$= \lim_{x \to 1-} \frac{x(x-1)}{-(x-1)}$$
$$= \lim_{x \to 1-} (-x) = -1$$
$$\therefore \lim_{x \to 1+} f(x) \neq \lim_{x \to 1-} f(x)$$

따라서 $\lim_{x \to 1} f(x)$의 값이 존재하지 않으므로 함수

$f(x)$는 $x=1$에서 불연속이다.

086 답 ㄱ

ㄱ. $f(2) = 0$

$$\lim_{x \to 2} (x^2 - 2x) = 0$$

따라서 $\lim_{x \to 2} f(x) = f(2)$이므로 함수 $f(x)$는

$x=2$에서 연속이다.

ㄴ. 함수 $f(x)$가 $x=2$에서 정의되지 않으므로 $x=2$

에서 불연속이다.

ㄷ. $f(2) = 4$

$$\lim_{x \to 2} f(x) = \lim_{x \to 2} \frac{x^2 + x - 6}{x - 2}$$
$$= \lim_{x \to 2} \frac{(x+3)(x-2)}{x-2}$$
$$= \lim_{x \to 2} (x+3) = 5$$

따라서 $\lim_{x \to 2} f(x) \neq f(2)$이므로 함수 $f(x)$는

$x=2$에서 불연속이다.

따라서 보기의 함수 중 $x=2$에서 연속인 것은 ㄱ이다.

087 답 ㄴ

ㄱ. $f(3) = 3$

$$\lim_{x \to 3+} f(x) = \lim_{x \to 3+} \frac{x-3}{x-3} = 1$$
$$\lim_{x \to 3-} f(x) = \lim_{x \to 3-} \frac{x-3}{-(x-3)} = -1$$
$$\therefore \lim_{x \to 3+} f(x) \neq \lim_{x \to 3-} f(x)$$

따라서 $\lim_{x \to 3} f(x)$의 값이 존재하지 않으므로 함수

$f(x)$는 $x=3$에서 불연속이다.

ㄴ. $f(3) = 0$

$$\lim_{x \to 3+} f(x) = \lim_{x \to 3+} \sqrt{x-3} = 0$$
$$\lim_{x \to 3-} f(x) = \lim_{x \to 3-} (-x+3) = 0$$
$$\therefore \lim_{x \to 3} f(x) = 0$$

따라서 $\lim_{x \to 3} f(x) = f(3)$이므로 함수 $f(x)$는

$x=3$에서 연속이다.

ㄷ. $f(3) = 3 \times 3 = 9$

$3 \le x < 4$에서 $[x] = 3$이므로 $f(x) = 3x$

$$\therefore \lim_{x \to 3+} f(x) = \lim_{x \to 3+} 3x = 9 \quad \cdots\cdots \ \text{㉠}$$

$2 \le x < 3$에서 $[x] = 2$이므로 $f(x) = 2x$

$$\therefore \lim_{x \to 3-} f(x) = \lim_{x \to 3-} 2x = 6 \quad \cdots\cdots \ \text{㉡}$$

㉠, ㉡에서 $\lim_{x \to 3+} f(x) \neq \lim_{x \to 3-} f(x)$

따라서 $\lim_{x \to 3} f(x)$의 값이 존재하지 않으므로 함수

$f(x)$는 $x=3$에서 불연속이다.

따라서 보기의 함수 중 $x=3$에서 연속인 것은 ㄴ이다.

088 답 6

(ⅰ) $f(0) = 1$

$$\lim_{x \to 0+} f(x) = \lim_{x \to 0-} f(x) = 0$$이므로 $\lim_{x \to 0} f(x) = 0$

따라서 $\lim_{x \to 0} f(x) \neq f(0)$이므로 함수 $f(x)$는

$x=0$에서 불연속이다.

(ⅱ) $f(1) = 1$

$$\lim_{x \to 1+} f(x) = \lim_{x \to 1-} f(x) = 1$$이므로 $\lim_{x \to 1} f(x) = 1$

따라서 $\lim_{x \to 1} f(x) = f(1)$이므로 함수 $f(x)$는

$x=1$에서 연속이다.

(ⅲ) $f(2) = 2$

$$\lim_{x \to 2+} f(x) = 1, \ \lim_{x \to 2-} f(x) = 2$$이므로

$$\lim_{x \to 2+} f(x) \neq \lim_{x \to 2-} f(x)$$

따라서 $\lim_{x \to 2} f(x)$의 값이 존재하지 않으므로 함수

$f(x)$는 $x=2$에서 불연속이다.

(ⅳ) $f(3) = 0$

$$\lim_{x \to 3+} f(x) = -1, \ \lim_{x \to 3-} f(x) = 0$$이므로

$$\lim_{x \to 3+} f(x) \neq \lim_{x \to 3-} f(x)$$

따라서 $\lim_{x \to 3} f(x)$의 값이 존재하지 않으므로 함수

$f(x)$는 $x=3$에서 불연속이다.

(ⅰ)~(ⅳ)에서 함수 $f(x)$의 극한값이 존재하지 않는 x
의 값은 2, 3의 2개이고, 함수 $f(x)$가 불연속인 x의
값은 0, 2, 3의 3개이므로

$a=2, b=3$ $\quad \therefore ab = 6$

089 답 4

(ⅰ) $f(1) = 2$

$$\lim_{x \to 1+} f(x) = 2, \ \lim_{x \to 1-} f(x) = 1$$이므로

$$\lim_{x \to 1+} f(x) \neq \lim_{x \to 1-} f(x)$$

따라서 $\lim_{x \to 1} f(x)$의 값이 존재하지 않으므로 함수

$f(x)$는 $x=1$에서 불연속이다.

(ii) $f(2)=3$

$\lim\limits_{x\to 2+}f(x)=\lim\limits_{x\to 2-}f(x)=2$이므로 $\lim\limits_{x\to 2}f(x)=2$

따라서 $\lim\limits_{x\to 2}f(x)\neq f(2)$이므로 함수 $f(x)$는

$x=2$에서 불연속이다.

(iii) $f(3)=3$

$\lim\limits_{x\to 3+}f(x)=\lim\limits_{x\to 3-}f(x)=3$이므로 $\lim\limits_{x\to 3}f(x)=3$

따라서 $\lim\limits_{x\to 3}f(x)=f(3)$이므로 함수 $f(x)$는

$x=3$에서 연속이다.

(iv) $f(4)=1$

$\lim\limits_{x\to 4+}f(x)=\lim\limits_{x\to 4-}f(x)=2$이므로 $\lim\limits_{x\to 4}f(x)=2$

따라서 $\lim\limits_{x\to 4}f(x)\neq f(4)$이므로 함수 $f(x)$는

$x=4$에서 불연속이다.

(i)~(iv)에서 함수 $f(x)$의 극한값이 존재하지 않는 x의 값은 1의 1개이고, 함수 $f(x)$가 불연속인 x의 값은 1, 2, 4의 3개이므로

$a=1$, $b=3$ $\quad\therefore a+b=4$

090 답 -2

(i) $f(-2)=1$

$\lim\limits_{x\to -2+}f(x)=\lim\limits_{x\to -2-}f(x)=2$이므로

$\lim\limits_{x\to -2}f(x)=2$

따라서 $\lim\limits_{x\to -2}f(x)\neq f(-2)$이므로 함수 $f(x)$는

$x=-2$에서 불연속이다.

(ii) $f(-1)=3$

$\lim\limits_{x\to -1+}f(x)=3$, $\lim\limits_{x\to -1-}f(x)=2$이므로

$\lim\limits_{x\to -1+}f(x)\neq\lim\limits_{x\to -1-}f(x)$

따라서 $\lim\limits_{x\to -1}f(x)$의 값이 존재하지 않으므로 함수

$f(x)$는 $x=-1$에서 불연속이다.

(iii) $f(0)=4$

$\lim\limits_{x\to 0+}f(x)=\lim\limits_{x\to 0-}f(x)=4$이므로 $\lim\limits_{x\to 0}f(x)=4$

따라서 $\lim\limits_{x\to 0}f(x)=f(0)$이므로 함수 $f(x)$는

$x=0$에서 연속이다.

(iv) $f(1)=1$

$\lim\limits_{x\to 1+}f(x)=\lim\limits_{x\to 1-}f(x)=3$이므로 $\lim\limits_{x\to 1}f(x)=3$

따라서 $\lim\limits_{x\to 1}f(x)\neq f(1)$이므로 함수 $f(x)$는

$x=1$에서 불연속이다.

(i)~(iv)에서 함수 $f(x)$가 불연속인 x의 값은 -2, -1, 1이므로 구하는 합은

$-2+(-1)+1=-2$

091 답 ㄴ

ㄱ. $\lim\limits_{x\to 1+}f(x)=1$, $\lim\limits_{x\to 1-}f(x)=2$이므로

$\lim\limits_{x\to 1+}f(x)\neq\lim\limits_{x\to 1-}f(x)$

따라서 $\lim\limits_{x\to 1}f(x)$의 값이 존재하지 않는다.

ㄴ. $\lim\limits_{x\to 3+}f(x)=\lim\limits_{x\to 3-}f(x)=3$이므로

$\lim\limits_{x\to 3}f(x)=3$

ㄷ. (i) ㄱ에서 $\lim\limits_{x\to 1}f(x)$의 값이 존재하지 않으므로 함

수 $f(x)$는 $x=1$에서 불연속이다.

(ii) $f(2)=3$

$\lim\limits_{x\to 2+}f(x)=2$, $\lim\limits_{x\to 2-}f(x)=1$이므로

$\lim\limits_{x\to 2+}f(x)\neq\lim\limits_{x\to 2-}f(x)$

따라서 $\lim\limits_{x\to 2}f(x)$의 값이 존재하지 않으므로 함

수 $f(x)$는 $x=2$에서 불연속이다.

(i), (ii)에서 함수 $f(x)$가 불연속인 x의 값은 1, 2

의 2개이다.

따라서 보기에서 옳은 것은 ㄴ이다.

092 답 (1) 불연속 (2) 연속 (3) 연속 (4) 불연속

(1) $f(1)-g(1)=1-(-1)=2$

$\lim\limits_{x\to 1+}\{f(x)-g(x)\}=\lim\limits_{x\to 1+}f(x)-\lim\limits_{x\to 1+}g(x)$

$\qquad\qquad\qquad =1-(-1)=2$

$\lim\limits_{x\to 1-}\{f(x)-g(x)\}=\lim\limits_{x\to 1-}f(x)-\lim\limits_{x\to 1-}g(x)$

$\qquad\qquad\qquad =-1-1=-2$

$\therefore \lim\limits_{x\to 1+}\{f(x)-g(x)\}\neq\lim\limits_{x\to 1-}\{f(x)-g(x)\}$

따라서 $\lim\limits_{x\to 1}\{f(x)-g(x)\}$의 값이 존재하지 않으

므로 함수 $f(x)-g(x)$는 $x=1$에서 불연속이다.

(2) $\dfrac{f(1)}{g(1)}=\dfrac{1}{-1}=-1$

$\lim\limits_{x\to 1+}\dfrac{f(x)}{g(x)}=\dfrac{\lim\limits_{x\to 1+}f(x)}{\lim\limits_{x\to 1+}g(x)}=\dfrac{1}{-1}=-1$

$\lim\limits_{x\to 1-}\dfrac{f(x)}{g(x)}=\dfrac{\lim\limits_{x\to 1-}f(x)}{\lim\limits_{x\to 1-}g(x)}=\dfrac{-1}{1}=-1$

$\therefore \lim\limits_{x\to 1}\dfrac{f(x)}{g(x)}=-1$

따라서 $\lim\limits_{x\to 1}\dfrac{f(x)}{g(x)}=\dfrac{f(1)}{g(1)}$이므로 함수 $\dfrac{f(x)}{g(x)}$는

$x=1$에서 연속이다.

(3) $f(g(1))=f(-1)=-1$

$g(x)=t$로 놓으면 $x\to 1+$일 때 $t\to -1$이므로

$\lim\limits_{x\to 1+}f(g(x))=f(-1)=-1$

$x \to 1-$일 때 $t \to 1-$이므로
$$\lim_{x \to 1-} f(g(x)) = \lim_{t \to 1-} f(t) = -1$$
$$\therefore \lim_{x \to 1} f(g(x)) = -1$$
따라서 $\lim_{x \to 1} f(g(x)) = f(g(1))$이므로 함수
$f(g(x))$는 $x=1$에서 연속이다.

(4) $g(f(1)) = g(1) = -1$

$f(x) = t$로 놓으면 $x \to 1+$일 때 $t \to 1$이므로
$$\lim_{x \to 1+} g(f(x)) = g(1) = -1$$
$x \to 1-$일 때 $t \to -1+$이므로
$$\lim_{x \to 1-} g(f(x)) = \lim_{t \to -1+} g(t) = 1$$
$$\therefore \lim_{x \to 1+} g(f(x)) \neq \lim_{x \to 1-} g(f(x))$$
따라서 $\lim_{x \to 1} g(f(x))$의 값이 존재하지 않으므로 함수 $g(f(x))$는 $x=1$에서 불연속이다.

093 답 ㄱ, ㄴ

ㄱ. $f(0) + g(0) = 1 + 0 = 1$
$$\lim_{x \to 0+} \{f(x) + g(x)\} = \lim_{x \to 0+} f(x) + \lim_{x \to 0+} g(x)$$
$$= 0 + 1 = 1$$
$$\lim_{x \to 0-} \{f(x) + g(x)\} = \lim_{x \to 0-} f(x) + \lim_{x \to 0-} g(x)$$
$$= 1 + 0 = 1$$
$$\therefore \lim_{x \to 0} \{f(x) + g(x)\} = 1$$
따라서 $\lim_{x \to 0} \{f(x) + g(x)\} = f(0) + g(0)$이므로 함수 $f(x) + g(x)$는 $x=0$에서 연속이다.

ㄴ. $f(0)g(0) = 1 \times 0 = 0$
$$\lim_{x \to 0+} f(x)g(x) = \lim_{x \to 0+} f(x) \times \lim_{x \to 0+} g(x)$$
$$= 0 \times 1 = 0$$
$$\lim_{x \to 0-} f(x)g(x) = \lim_{x \to 0-} f(x) \times \lim_{x \to 0-} g(x)$$
$$= 1 \times 0 = 0$$
$$\therefore \lim_{x \to 0} f(x)g(x) = 0$$
따라서 $\lim_{x \to 0} f(x)g(x) = f(0)g(0)$이므로 함수 $f(x)g(x)$는 $x=0$에서 연속이다.

ㄷ. $f(g(0)) = f(0) = 1$
$g(x) = t$로 놓으면 $x \to 0+$일 때 $t \to 1-$이므로
$$\lim_{x \to 0+} f(g(x)) = \lim_{t \to 1-} f(t) = 1$$
$x \to 0-$일 때 $t \to 0+$이므로
$$\lim_{x \to 0-} f(g(x)) = \lim_{t \to 0+} f(t) = 0$$
$$\therefore \lim_{x \to 0+} f(g(x)) \neq \lim_{x \to 0-} f(g(x))$$
따라서 $\lim_{x \to 0} f(g(x))$의 값이 존재하지 않으므로 함수 $f(g(x))$는 $x=0$에서 불연속이다.

ㄹ. $g(f(0)) = g(1) = 0$

$f(x) = t$로 놓으면 $x \to 0+$일 때 $t \to 0+$이므로
$$\lim_{x \to 0+} g(f(x)) = \lim_{t \to 0+} g(t) = 1$$
$x \to 0-$일 때 $t \to 1+$이므로
$$\lim_{x \to 0-} g(f(x)) = \lim_{t \to 1+} g(t) = 0$$
$$\therefore \lim_{x \to 0+} g(f(x)) \neq \lim_{x \to 0-} g(f(x))$$
따라서 $\lim_{x \to 0} g(f(x))$의 값이 존재하지 않으므로 함수 $g(f(x))$는 $x=0$에서 불연속이다.

따라서 보기의 함수 중 $x=0$에서 연속인 것은 ㄱ, ㄴ이다.

094 답 ③

ㄱ. $f(-1) - g(-1) = 1 - 1 = 0$
$$\lim_{x \to -1+} \{f(x) - g(x)\} = \lim_{x \to -1+} f(x) - \lim_{x \to -1+} g(x)$$
$$= 1 - 1 = 0$$
$$\lim_{x \to -1-} \{f(x) - g(x)\} = \lim_{x \to -1-} f(x) - \lim_{x \to -1-} g(x)$$
$$= -1 - (-1) = 0$$
$$\therefore \lim_{x \to -1} \{f(x) - g(x)\} = 0$$
따라서 $\lim_{x \to -1} \{f(x) - g(x)\} = f(-1) - g(-1)$이므로 함수 $f(x) - g(x)$는 $x=-1$에서 연속이다.

ㄴ. $f(-1)g(-1) = 1 \times 1 = 1$
$$\lim_{x \to -1+} f(x)g(x) = \lim_{x \to -1+} f(x) \times \lim_{x \to -1+} g(x)$$
$$= 1 \times 1 = 1$$
$$\lim_{x \to -1-} f(x)g(x) = \lim_{x \to -1-} f(x) \times \lim_{x \to -1-} g(x)$$
$$= -1 \times (-1) = 1$$
$$\therefore \lim_{x \to -1} f(x)g(x) = 1$$
따라서 $\lim_{x \to -1} f(x)g(x) = f(-1)g(-1)$이므로 함수 $f(x)g(x)$는 $x=-1$에서 연속이다.

ㄷ. $(f \circ g)(1) = f(g(1)) = f(0) = 0$
$g(x) = t$로 놓으면 $x \to 1+$일 때 $t \to 1$이므로
$$\lim_{x \to 1+} (f \circ g)(x) = \lim_{x \to 1+} f(g(x))$$
$$= f(1) = -1$$
$x \to 1-$일 때 $t \to 0-$이므로
$$\lim_{x \to 1-} (f \circ g)(x) = \lim_{x \to 1-} f(g(x))$$
$$= \lim_{t \to 0-} f(t) = 0$$
$$\therefore \lim_{x \to 1+} (f \circ g)(x) \neq \lim_{x \to 1-} (f \circ g)(x)$$
따라서 $\lim_{x \to 1} (f \circ g)(x)$의 값이 존재하지 않으므로 함수 $(f \circ g)(x)$는 $x=1$에서 불연속이다.

따라서 보기에서 옳은 것은 ㄱ, ㄴ이다.

095 📄 $a=5$, $b=-4$

함수 $f(x)$가 $x=1$에서 연속이면 $\lim\limits_{x\to1}f(x)=f(1)$이므로

$$\lim_{x\to1}\frac{x^2-6x+a}{x-1}=b \qquad \cdots\cdots \text{㉠}$$

$x\to1$일 때 (분모)$\to0$이고 극한값이 존재하므로 (분자)$\to0$이다.

즉, $\lim\limits_{x\to1}(x^2-6x+a)=0$이므로

$1-6+a=0$ ∴ $a=5$

이를 ㉠의 좌변에 대입하면

$$\begin{aligned}\lim_{x\to1}\frac{x^2-6x+a}{x-1}&=\lim_{x\to1}\frac{x^2-6x+5}{x-1}\\&=\lim_{x\to1}\frac{(x-1)(x-5)}{x-1}\\&=\lim_{x\to1}(x-5)=-4\end{aligned}$$

∴ $b=-4$

096 📄 $a=-3$, $b=\dfrac{1}{6}$

함수 $f(x)$가 $x=2$에서 연속이면 $\lim\limits_{x\to2}f(x)=f(2)$이므로

$$\lim_{x\to2}\frac{\sqrt{x+7}+a}{x-2}=b \qquad \cdots\cdots \text{㉠}$$

$x\to2$일 때 (분모)$\to0$이고 극한값이 존재하므로 (분자)$\to0$이다.

즉, $\lim\limits_{x\to2}(\sqrt{x+7}+a)=0$이므로

$3+a=0$ ∴ $a=-3$

이를 ㉠의 좌변에 대입하면

$$\begin{aligned}\lim_{x\to2}\frac{\sqrt{x+7}+a}{x-2}&=\lim_{x\to2}\frac{\sqrt{x+7}-3}{x-2}\\&=\lim_{x\to2}\frac{(\sqrt{x+7}-3)(\sqrt{x+7}+3)}{(x-2)(\sqrt{x+7}+3)}\\&=\lim_{x\to2}\frac{x-2}{(x-2)(\sqrt{x+7}+3)}\\&=\lim_{x\to2}\frac{1}{\sqrt{x+7}+3}=\frac{1}{6}\end{aligned}$$

∴ $b=\dfrac{1}{6}$

097 📄 $a=3$, $b=2$

함수 $f(x)$가 모든 실수 x에서 연속이면 $x=-1$에서 연속이므로

$$\lim_{x\to-1}f(x)=f(-1)$$

∴ $\lim\limits_{x\to-1}\dfrac{x^2+ax+b}{x+1}=1 \qquad \cdots\cdots \text{㉠}$

$x\to-1$일 때 (분모)$\to0$이고 극한값이 존재하므로 (분자)$\to0$이다.

즉, $\lim\limits_{x\to-1}(x^2+ax+b)=0$이므로

$1-a+b=0$

∴ $b=a-1 \qquad \cdots\cdots \text{㉡}$

㉡을 ㉠의 좌변에 대입하면

$$\begin{aligned}\lim_{x\to-1}\frac{x^2+ax+b}{x+1}&=\lim_{x\to-1}\frac{x^2+ax+a-1}{x+1}\\&=\lim_{x\to-1}\frac{(x+1)(x+a-1)}{x+1}\\&=\lim_{x\to-1}(x+a-1)\\&=a-2\end{aligned}$$

따라서 $a-2=1$이므로 $a=3$

이를 ㉡에 대입하면 $b=2$

098 📄 -2

$$f(x)=\begin{cases}x+1 & (x\le-2 \text{ 또는 } x\ge2)\\ x^2+ax+b & (-2<x<2)\end{cases}$$

함수 $f(x)$가 모든 실수 x에서 연속이면 $x=-2$, $x=2$에서 연속이다.

(i) $x=-2$에서 연속이면

$\lim\limits_{x\to-2}f(x)=f(-2)$

∴ $\lim\limits_{x\to-2+}f(x)=\lim\limits_{x\to-2-}f(x)=f(-2)$

$\lim\limits_{x\to-2+}f(x)=\lim\limits_{x\to-2+}(x^2+ax+b)$
$\qquad\qquad=4-2a+b$

$\lim\limits_{x\to-2-}f(x)=\lim\limits_{x\to-2-}(x+1)=-1$

$f(-2)=-2+1=-1$

따라서 $4-2a+b=-1$이므로

$2a-b=5 \qquad \cdots\cdots \text{㉠}$

(ii) $x=2$에서 연속이면

$\lim\limits_{x\to2}f(x)=f(2)$

∴ $\lim\limits_{x\to2+}f(x)=\lim\limits_{x\to2-}f(x)=f(2)$

$\lim\limits_{x\to2+}f(x)=\lim\limits_{x\to2+}(x+1)=3$

$\lim\limits_{x\to2-}f(x)=\lim\limits_{x\to2-}(x^2+ax+b)$
$\qquad\qquad=4+2a+b$

$f(2)=2+1=3$

따라서 $3=4+2a+b$이므로

$2a+b=-1 \qquad \cdots\cdots \text{㉡}$

㉠, ㉡을 연립하여 풀면

$a=1$, $b=-3$

∴ $a+b=-2$

099 답 2

$x \neq -1$일 때, $f(x) = \dfrac{2x^2+x+a}{x+1}$

함수 $f(x)$가 모든 실수 x에서 연속이면 $x=-1$에서 연속이므로

$\lim\limits_{x \to -1} f(x) = f(-1)$

$\therefore \lim\limits_{x \to -1} \dfrac{2x^2+x+a}{x+1} = f(-1)$ ...... ㉠

$x \to -1$일 때 (분모)$\to 0$이고 극한값이 존재하므로 (분자)$\to 0$이다.

즉, $\lim\limits_{x \to -1}(2x^2+x+a) = 0$이므로

$2-1+a=0$ $\therefore a=-1$

이를 ㉠의 좌변에 대입하면

$\lim\limits_{x \to -1} \dfrac{2x^2+x+a}{x+1} = \lim\limits_{x \to -1} \dfrac{2x^2+x-1}{x+1}$

$= \lim\limits_{x \to -1} \dfrac{(x+1)(2x-1)}{x+1}$

$= \lim\limits_{x \to -1}(2x-1) = -3$

$\therefore f(-1) = -3$

$\therefore a - f(-1) = 2$

100 답 $\dfrac{1}{2}$

$x \neq 3$일 때, $f(x) = \dfrac{\sqrt{x-2}+a}{x-3}$

함수 $f(x)$가 $x \geq 2$인 모든 실수 x에서 연속이면 $x=3$에서 연속이므로

$\lim\limits_{x \to 3} f(x) = f(3)$

$\therefore \lim\limits_{x \to 3} \dfrac{\sqrt{x-2}+a}{x-3} = f(3)$ ...... ㉠

$x \to 3$일 때 (분모)$\to 0$이고 극한값이 존재하므로 (분자)$\to 0$이다.

즉, $\lim\limits_{x \to 3}(\sqrt{x-2}+a) = 0$이므로

$1+a=0$ $\therefore a=-1$

이를 ㉠의 좌변에 대입하면

$\lim\limits_{x \to 3} \dfrac{\sqrt{x-2}+a}{x-3} = \lim\limits_{x \to 3} \dfrac{\sqrt{x-2}-1}{x-3}$

$= \lim\limits_{x \to 3} \dfrac{(\sqrt{x-2}-1)(\sqrt{x-2}+1)}{(x-3)(\sqrt{x-2}+1)}$

$= \lim\limits_{x \to 3} \dfrac{x-3}{(x-3)(\sqrt{x-2}+1)}$

$= \lim\limits_{x \to 3} \dfrac{1}{\sqrt{x-2}+1} = \dfrac{1}{2}$

$\therefore f(3) = \dfrac{1}{2}$

101 답 ②

$x \neq 1$일 때,

$f(x) = \dfrac{x^2-3x+2}{x-1} = \dfrac{(x-1)(x-2)}{x-1} = x-2$

함수 $f(x)$가 모든 실수 x에서 연속이면 $x=1$에서 연속이므로

$f(1) = \lim\limits_{x \to 1} f(x) = \lim\limits_{x \to 1}(x-2) = -1$

102 답 3

$x^2-1=0$에서 $(x+1)(x-1)=0$

$\therefore x=-1$ 또는 $x=1$

$x \neq -1$, $x \neq 1$일 때,

$f(x) = \dfrac{x^3+ax^2+bx-2}{x^2-1}$

함수 $f(x)$가 모든 실수 x에서 연속이면 $x=-1$, $x=1$에서 연속이다.

(i) $x=-1$에서 연속이면

$\lim\limits_{x \to -1} f(x) = f(-1)$

$\therefore \lim\limits_{x \to -1} \dfrac{x^3+ax^2+bx-2}{x^2-1} = f(-1)$

$x \to -1$일 때 (분모)$\to 0$이고 극한값이 존재하므로 (분자)$\to 0$이다.

즉, $\lim\limits_{x \to -1}(x^3+ax^2+bx-2) = 0$이므로

$-1+a-b-2=0$

$\therefore a-b=3$ ...... ㉠

(ii) $x=1$에서 연속이면

$\lim\limits_{x \to 1} f(x) = f(1)$

$\therefore \lim\limits_{x \to 1} \dfrac{x^3+ax^2+bx-2}{x^2-1} = f(1)$ ...... ㉡

$x \to 1$일 때 (분모)$\to 0$이고 극한값이 존재하므로 (분자)$\to 0$이다.

즉, $\lim\limits_{x \to 1}(x^3+ax^2+bx-2) = 0$이므로

$1+a+b-2=0$

$\therefore a+b=1$ ...... ㉢

㉠, ㉢을 연립하여 풀면

$a=2$, $b=-1$

이를 ㉡의 좌변에 대입하면

$\lim\limits_{x \to 1} \dfrac{x^3+ax^2+bx-2}{x^2-1} = \lim\limits_{x \to 1} \dfrac{x^3+2x^2-x-2}{x^2-1}$

$= \lim\limits_{x \to 1} \dfrac{(x+2)(x+1)(x-1)}{(x+1)(x-1)}$

$= \lim\limits_{x \to 1}(x+2) = 3$

$\therefore f(1) = 3$

103 🖪 (1) $(-\infty, \infty)$

(2) $(-\infty, \infty)$

(3) $(-\infty, -3), (-3, \infty)$

(4) $(-\infty, -1), (-1, 1), (1, \infty)$

(1) $f(x)=2x^2-3x+1$은 다항함수이므로 모든 실수, 즉 구간 $(-\infty, \infty)$에서 연속이다.

(2) 두 함수 $y=2x+1$, $y=x^2-2$는 다항함수이므로 모든 실수, 즉 구간 $(-\infty, \infty)$에서 연속이다. 따라서 함수 $f(x)=(2x+1)(x^2-2)$는 구간 $(-\infty, \infty)$에서 연속이다.

(3) $f(x)=\dfrac{2x}{x+3}$는 $x\neq -3$인 모든 실수, 즉 구간 $(-\infty, -3), (-3, \infty)$에서 연속이다.

(4) $f(x)=\dfrac{x}{x^2-1}$는 $x\neq -1$, $x\neq 1$인 모든 실수, 즉 구간 $(-\infty, -1), (-1, 1), (1, \infty)$에서 연속이다.

104 🖪 (1) 최댓값: 2

(2) 최댓값: 2, 최솟값: 0

(3) 최댓값: 0, 최솟값: -1

(4) 최솟값: -1

(1) 함수 $f(x)$는 닫힌구간 $[-1, 2]$에서 $x=2$일 때 최댓값 2를 갖고 최솟값은 갖지 않는다.

(2) 함수 $f(x)$는 닫힌구간 $[1, 3]$에서 $x=2$일 때 최댓값 2, $x=3$일 때 최솟값 0을 갖는다.

(3) 함수 $f(x)$는 닫힌구간 $[3, 4]$에서 연속이므로 최댓값과 최솟값을 모두 갖는다. 이때 $x=3$일 때 최댓값 0, $x=4$일 때 최솟값 -1을 갖는다.

(4) 함수 $f(x)$는 닫힌구간 $[4, 6]$에서 최댓값은 갖지 않고, $x=4$일 때 최솟값 -1을 갖는다.

| 참고 | (2) 함수 $f(x)$는 닫힌구간 $[1, 3]$에서 $x=2$일 때 불연속이지만 최댓값과 최솟값을 모두 갖는다.

105 🖪 (가) 연속 (나) 5 (다) 사잇값

함수 $f(x)=x^3-2x+1$은 닫힌구간 $[1, 2]$에서 $\boxed{^{(7)}\text{연속}}$이다.

또 $f(1)=0$, $f(2)=\boxed{^{(나)}5}$에서 $f(1)\neq f(2)$이고, $f(1)<3<f(2)$이므로 $\boxed{^{(다)}\text{사잇값}}$ 정리에 의하여 $f(c)=3$인 c가 열린구간 $(1, 2)$에 적어도 하나 존재한다.

106 🖪 ㄱ, ㄴ

두 함수 $f(x)$, $g(x)$는 다항함수이므로 모든 실수 x에서 연속이다.

ㄱ. 함수 $3g(x)$가 모든 실수 x에서 연속이므로 함수 $f(x)-3g(x)$는 모든 실수 x에서 연속이다.

ㄴ. 함수 $f(x)\times f(x)=\{f(x)\}^2$은 모든 실수 x에서 연속이다.

ㄷ. 함수 $\dfrac{g(x)}{f(x)}$는 $f(x)=x-5\neq 0$인 모든 실수, 즉 $x\neq 5$인 모든 실수 x에서 연속이다.

ㄹ. 함수 $\dfrac{f(x)}{2-g(x)}$는 $2-g(x)=4-x^2\neq 0$인 모든 실수, 즉 $x\neq -2$, $x\neq 2$인 모든 실수 x에서 연속이다.

따라서 보기의 함수 중 모든 실수 x에서 연속인 것은 ㄱ, ㄴ이다.

107 🖪 (1) 최댓값: 6, 최솟값: -3

(2) 최댓값: 3, 최솟값: $\sqrt{3}$

(3) 최댓값: 7, 최솟값: 2

(4) 최댓값: 5, 최솟값: 0

(1) $f(x)=-x^2+2x+5=-(x-1)^2+6$

함수 $f(x)$는 닫힌구간 $[-2, 2]$에서 연속이므로 이 구간에서 최댓값과 최솟값을 갖는다.

이때 함수 $y=f(x)$의 그래프는 오른쪽 그림과 같으므로 함수 $f(x)$는 닫힌구간 $[-2, 2]$에서 $x=1$일 때 최댓값 6, $x=-2$일 때 최솟값 -3을 갖는다.

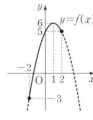

(2) 함수 $f(x)=\sqrt{2x+1}$은 닫힌구간 $[1, 4]$에서 연속이므로 이 구간에서 최댓값과 최솟값을 갖는다.

이때 함수 $y=f(x)$의 그래프는 오른쪽 그림과 같으므로 함수 $f(x)$는 닫힌구간 $[1, 4]$에서 $x=4$일 때 최댓값 3, $x=1$일 때 최솟값 $\sqrt{3}$을 갖는다.

(3) $f(x)=\dfrac{x+5}{x-1}=\dfrac{(x-1)+6}{x-1}=\dfrac{6}{x-1}+1$

함수 $f(x)$는 닫힌구간 $[2, 7]$에서 연속이므로 이 구간에서 최댓값과 최솟값을 갖는다.

이때 함수 $y=f(x)$의 그래프는 오른쪽 그림과 같으므로 함수 $f(x)$는 닫힌 구간 $[2, 7]$에서 $x=2$일 때 최댓값 7, $x=7$일 때 최솟값 2를 갖는다.

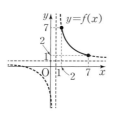

(4) 함수 $f(x)=|x|$는 닫힌구간 $[-5, 3]$에서 연속이므로 이 구간에서 최댓값과 최솟값을 갖는다.
이때 함수 $y=f(x)$의 그래프는 오른쪽 그림과 같으므로 함수 $f(x)$는 닫힌 구간 $[-5, 3]$에서 $x=-5$일 때 최댓값 5, $x=0$일 때 최솟값 0을 갖는다.

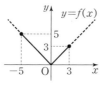

108 탑 ㄱ, ㄴ, ㄹ

ㄱ. 함수 $4g(x)$가 $x=a$에서 연속이므로 함수 $f(x)-4g(x)$는 $x=a$에서 연속이다.

ㄴ. 함수 $g(x)\times g(x)=\{g(x)\}^2$은 $x=a$에서 연속이다.

ㄷ. [반례] 두 함수 $f(x)=x-a$, $g(x)=1$은 각각 $x=a$에서 연속이지만 함수 $\dfrac{g(x)}{f(x)}=\dfrac{1}{x-a}$은 $x=a$에서 불연속이다.

ㄹ. $\{f(x)\}^2+1>0$이므로 함수 $\dfrac{1}{\{f(x)\}^2+1}$은 $x=a$에서 연속이다.

따라서 보기의 함수 중 $x=a$에서 항상 연속인 것은 ㄱ, ㄴ, ㄹ이다.

109 탑 ㄱ, ㄴ, ㄹ

ㄱ. 함수 $f(x)=|x-2|$는 닫힌구간 $[-3, 3]$에서 연속이므로 이 구간에서 최댓값과 최솟값을 갖는다.

ㄴ. 함수 $g(x)=\sqrt{4-x}+1$은 닫힌구간 $[-3, 3]$에서 연속이므로 이 구간에서 최댓값과 최솟값을 갖는다.

ㄷ. $h(x)=\dfrac{3x}{x-3}=\dfrac{3(x-3)+9}{x-3}=\dfrac{9}{x-3}+3$

함수 $h(x)$는 닫힌구간 $[-3, 3]$에서 $x=3$일 때 불연속이고, 최솟값을 갖지 않는다.

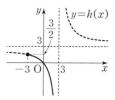

ㄹ. $k(x)=\dfrac{9-x}{x+3}=\dfrac{-(x+3)+12}{x+3}=\dfrac{12}{x+3}-1$

함수 $k(x)$는 닫힌구간 $[-3, 3]$에서 $x=-3$일 때 불연속이고, $x=3$일 때 최솟값 1을 갖는다.

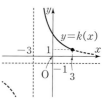

따라서 보기의 함수 중 최솟값을 갖는 것은 ㄱ, ㄴ, ㄹ이다.

110 탑 풀이 참조

$f(x)=x^4-x^2+2x+1$이라 하면 함수 $f(x)$는 닫힌구간 $[-1, 1]$에서 연속이고 $f(-1)=-1<0$, $f(1)=3>0$이므로 사잇값 정리에 의하여 $f(c)=0$인 c가 열린구간 $(-1, 1)$에 적어도 하나 존재한다.
따라서 방정식 $x^4-x^2+2x+1=0$은 열린구간 $(-1, 1)$에서 적어도 하나의 실근을 갖는다.

111 탑 2개

함수 $f(x)$는 닫힌구간 $[-1, 3]$에서 연속이고
$f(-1)f(0)=6>0$
$f(0)f(1)=-3<0$
$f(1)f(2)=2>0$
$f(2)f(3)=-2<0$
사잇값 정리에 의하여 방정식 $f(x)=0$이 적어도 하나의 실근을 갖는 구간은
$(0, 1)$, $(2, 3)$
따라서 방정식 $f(x)=0$은 열린구간 $(-1, 3)$에서 적어도 2개의 실근을 갖는다.

112 탑 ⑤

$f(x)=x^3-2x^2-x-3$이라 하면 함수 $f(x)$는 모든 실수 x에서 연속이고
$f(-2)=-17$, $f(-1)=-5$, $f(0)=-3$,
$f(1)=-5$, $f(2)=-5$, $f(3)=3$
따라서 $f(2)f(3)<0$이므로 사잇값 정리에 의하여 주어진 방정식의 실근이 존재하는 구간은 ⑤이다.

113 답 $-6 < a < 0$

$f(x) = x^2 + x + a$라 하면 함수 $f(x)$는 닫힌구간 $[0, 2]$에서 연속이고

$f(0) = a$, $f(2) = a + 6$

이때 방정식 $f(x) = 0$이 열린구간 $(0, 2)$에서 적어도 하나의 실근을 가지려면 $f(0)f(2) < 0$이어야 하므로

$a(a+6) < 0$ ∴ $-6 < a < 0$

연습문제

68~70쪽

114 답 ③

ㄱ. $f(-3) = 6$

$$\lim_{x \to -3} f(x) = \lim_{x \to -3} \frac{x^2 - 9}{x + 3} = \lim_{x \to -3} \frac{(x+3)(x-3)}{x+3}$$
$$= \lim_{x \to -3} (x - 3) = -6$$

따라서 $\lim_{x \to -3} f(x) \neq f(-3)$이므로 함수 $f(x)$는 $x = -3$에서 불연속이다.

ㄴ. $g(-2) = 4$

$$\lim_{x \to -2+} g(x) = \lim_{x \to -2+} \frac{2x^2 + 4x}{x + 2}$$
$$= \lim_{x \to -2+} \frac{2x(x+2)}{x+2}$$
$$= \lim_{x \to -2+} 2x = -4$$

$$\lim_{x \to -2-} g(x) = \lim_{x \to -2-} \frac{2x^2 + 4x}{-(x+2)}$$
$$= \lim_{x \to -2-} \frac{2x(x+2)}{-(x+2)}$$
$$= \lim_{x \to -2-} (-2x) = 4$$

∴ $\lim_{x \to -2+} g(x) \neq \lim_{x \to -2-} g(x)$

따라서 $\lim_{x \to -2} g(x)$의 값이 존재하지 않으므로 함수 $g(x)$는 $x = -2$에서 불연속이다.

ㄷ. $h(5) = 2$

$$\lim_{x \to 5+} h(x) = \lim_{x \to 5+} (\sqrt{x-5} + 2) = 2$$
$$\lim_{x \to 5-} h(x) = \lim_{x \to 5-} 2 = 2$$

∴ $\lim_{x \to 5} h(x) = 2$

따라서 $\lim_{x \to 5} h(x) = h(5)$이므로 함수 $h(x)$는 $x = 5$에서 연속이다.

이때 함수 $h(x)$는 $x > 5$, $x < 5$에서 모두 연속이므로 모든 실수 x에서 연속이다.

따라서 보기의 함수 중 모든 실수 x에서 연속인 것은 ㄷ이다.

115 답 ㄱ, ㄷ

ㄱ. $\lim_{x \to 0+} f(x) = \lim_{x \to 0-} f(x) = 1$이므로

$\lim_{x \to 0} f(x) = 1$

ㄴ. $f(1) = 1$

$\lim_{x \to 1+} f(x) = 1$, $\lim_{x \to 1-} f(x) = 0$이므로

$\lim_{x \to 1+} f(x) \neq \lim_{x \to 1-} f(x)$

따라서 $\lim_{x \to 1} f(x)$의 값이 존재하지 않으므로 함수 $f(x)$는 $x = 1$에서 불연속이다.

ㄷ. (i) $f(-1) = 3$

$\lim_{x \to -1+} f(x) = 0$, $\lim_{x \to -1-} f(x) = 3$이므로

$\lim_{x \to -1+} f(x) \neq \lim_{x \to -1-} f(x)$

따라서 $\lim_{x \to -1} f(x)$의 값이 존재하지 않으므로 함수 $f(x)$는 $x = -1$에서 불연속이다.

(ii) ㄴ에서 함수 $f(x)$는 $x = 1$에서 불연속이다.

(i), (ii)에서 함수 $f(x)$가 불연속인 x의 값은 -1, 1의 2개이다.

따라서 보기에서 옳은 것은 ㄱ, ㄷ이다.

116 답 6

함수 $f(x)$가 모든 실수 x에서 연속이면 $x = 1$에서 연속이므로

$\lim_{x \to 1} f(x) = f(1)$

∴ $\lim_{x \to 1+} f(x) = \lim_{x \to 1-} f(x) = f(1)$

$\lim_{x \to 1+} f(x) = \lim_{x \to 1+} (x - 3)^2 = 4$

$\lim_{x \to 1-} f(x) = \lim_{x \to 1-} (-x^2 + ax + b) = -1 + a + b$

$f(1) = (-2)^2 = 4$

따라서 $4 = -1 + a + b$이므로

$a + b = 5$ ⋯⋯ ㉠   ▸▸▸▸▸▸ ❶

$f(-1) = 0$에서

$-1 - a + b = 0$

∴ $a - b = -1$ ⋯⋯ ㉡   ▸▸▸▸▸▸ ❷

㉠, ㉡을 연립하여 풀면

$a = 2$, $b = 3$

∴ $ab = 6$ ▸▸▸▸▸▸ ❸

단계	채점 기준	비율
❶	$f(x)$가 $x=1$에서 연속임을 이용하여 a, b 사이의 관계식 구하기	50 %
❷	$f(-1)=0$임을 이용하여 a, b 사이의 관계식 구하기	30 %
❸	ab의 값 구하기	20 %

117 답 21

$$f(x)g(x)=\begin{cases}(x+3)\{x-(2a+7)\} & (x\le a)\\(x^2-x)\{x-(2a+7)\} & (x>a)\end{cases}$$

함수 $f(x)g(x)$가 실수 전체의 집합에서 연속이려면 $x=a$에서 연속이어야 한다.

따라서 $\lim\limits_{x\to a}f(x)g(x)=f(a)g(a)$이어야 하므로

$$\lim_{x\to a+}f(x)g(x)=\lim_{x\to a-}f(x)g(x)=f(a)g(a)$$

$$\lim_{x\to a+}f(x)g(x)=\lim_{x\to a+}(x^2-x)\{x-(2a+7)\}$$
$$=(a^2-a)(-a-7)$$

$$\lim_{x\to a-}f(x)g(x)=\lim_{x\to a-}(x+3)\{x-(2a+7)\}$$
$$=(a+3)(-a-7)$$

$$f(a)g(a)=(a+3)\{a-(2a+7)\}$$
$$=(a+3)(-a-7)$$

따라서 $(a^2-a)(-a-7)=(a+3)(-a-7)$이므로

$(a+7)\{a^2-a-(a+3)\}=0$

$(a+7)(a^2-2a-3)=0$

$(a+7)(a+1)(a-3)=0$

$\therefore a=-7$ 또는 $a=-1$ 또는 $a=3$

따라서 모든 실수 a의 값의 곱은

$-7\times(-1)\times3=21$

118 답 4

$x\ne1$일 때, $f(x)=\dfrac{ax^2+bx}{x-1}$

함수 $f(x)$가 모든 실수 x에서 연속이면 $x=1$에서 연속이므로

$$\lim_{x\to1}f(x)=f(1)$$

$$\therefore \lim_{x\to1}\frac{ax^2+bx}{x-1}=f(1) \qquad \cdots\cdots \text{㉠}$$

$x\to1$일 때 (분모)$\to0$이고 극한값이 존재하므로 (분자)$\to0$이다.

즉, $\lim\limits_{x\to1}(ax^2+bx)=0$이므로

$a+b=0$ $\therefore b=-a \qquad \cdots\cdots \text{㉡}$

㉡을 ㉠의 좌변에 대입하면

$$\lim_{x\to1}\frac{ax^2+bx}{x-1}=\lim_{x\to1}\frac{ax^2-ax}{x-1}$$
$$=\lim_{x\to1}\frac{ax(x-1)}{x-1}$$
$$=\lim_{x\to1}ax=a$$

$\therefore f(1)=a$

이때 $f(1)=2$이므로 $a=2$

이를 ㉡에 대입하면 $b=-2$

$\therefore a-b=4$

119 답 5

두 함수 $f(x)$, $g(x)$는 모든 실수 x에서 연속이므로

함수 $\dfrac{g(x)}{f(x)}$가 모든 실수 x에서 연속이려면 $f(x)=0$ 을 만족시키는 실수 x의 값이 존재하지 않아야 한다.

즉, 방정식 $f(x)=0$이 실근을 갖지 않아야 하므로 이 차방정식 $x^2+ax+2=0$의 판별식을 D라 하면

$D=a^2-8<0$

$(a+2\sqrt{2})(a-2\sqrt{2})<0$

$\therefore -2\sqrt{2}<a<2\sqrt{2}$

따라서 정수 a는 -2, -1, 0, 1, 2의 5개이다.

120 답 ⑤

$$f(x)=\frac{x+4}{x-4}=\frac{(x-4)+8}{x-4}=\frac{8}{x-4}+1$$

함수 $y=f(x)$의 그래프는 오른쪽 그림과 같다.

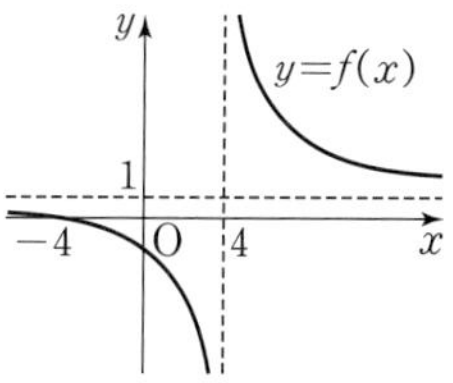

① 함수 $f(x)$는 닫힌구간 $[-4,\ 5]$에서 최댓값과 최솟값을 모두 갖지 않는다.

② 함수 $f(x)$는 닫힌구간 $[0,\ 4]$에서 $x=0$일 때 최 댓값 -1을 갖고, 최솟값은 갖지 않는다.

③ 함수 $f(x)$는 닫힌구간 $[4,\ 6]$에서 최댓값은 갖지 않고, $x=6$일 때 최솟값 5를 갖는다.

④ 함수 $f(x)$는 반열린구간 $[5,\ 7)$에서 $x=5$일 때 최댓값 9를 갖고, 최솟값은 갖지 않는다.

⑤ 함수 $f(x)$는 닫힌구간 $[6,\ 8]$에서 연속이므로 최 댓값과 최솟값을 모두 갖는다.

따라서 최댓값과 최솟값을 모두 갖는 구간은 ⑤이다.

121 답 ㄴ, ㄷ, ㅁ

$f(x)=2x^3+x^2-4x-1$이라 하면 함수 $f(x)$는 모든 실수 x에서 연속이고

$f(-3)=-34$, $f(-2)=-5$, $f(-1)=2$,

$f(0)=-1$, $f(1)=-2$, $f(2)=11$, $f(3)=50$

따라서 $f(-2)f(-1)<0$, $f(-1)f(0)<0$,

$f(1)f(2)<0$이므로 사잇값 정리에 의하여 방정식 $f(x)=0$의 실근이 존재하는 구간은

$(-2,\ -1)$, $(-1,\ 0)$, $(1,\ 2)$

따라서 보기의 구간에서 실근이 존재하는 것은 ㄴ, ㄷ, ㅁ이다.

122 답 ㄱ, ㄷ

ㄱ. $f(f(0))=f(1)=1$

$f(x)=t$로 놓으면 $x \to 0+$일 때 $t \to 2-$이므로

$$\lim_{x \to 0+} f(f(x)) = \lim_{t \to 2-} f(t) = 1$$

$x \to 0-$일 때 $t \to 1-$이므로

$$\lim_{x \to 0-} f(f(x)) = \lim_{t \to 1-} f(t) = 1$$

$$\therefore \lim_{x \to 0} f(f(x)) = 1$$

따라서 $\lim_{x \to 0} f(f(x)) = f(f(0))$이므로 함수

$f(f(x))$는 $x=0$에서 연속이다.

ㄴ. $f(1)+f(-1)=1+0=1$

$-x=t$로 놓으면 $x \to 1+$일 때 $t \to -1-$이므로

$$\lim_{x \to 1+} \{f(x)+f(-x)\} = \lim_{x \to 1+} f(x) + \lim_{t \to -1-} f(t)$$
$$= 0+0=0$$

$x \to 1-$일 때 $t \to -1+$이므로

$$\lim_{x \to 1-} \{f(x)+f(-x)\} = \lim_{x \to 1-} f(x) + \lim_{t \to -1+} f(t)$$
$$= 1+0=1$$

$$\therefore \lim_{x \to 1+} \{f(x)+f(-x)\} \neq \lim_{x \to 1-} \{f(x)+f(-x)\}$$

따라서 $\lim_{x \to 1} \{f(x)+f(-x)\}$의 값이 존재하지 않으므로 함수 $f(x)+f(-x)$는 $x=1$에서 불연속이다.

ㄷ. $f(2)f(1)=0 \times 1=0$

$x-1=t$로 놓으면 $x \to 2+$일 때 $t \to 1+$이므로

$$\lim_{x \to 2+} f(x)f(x-1) = \lim_{x \to 2+} f(x) \times \lim_{t \to 1+} f(t)$$
$$= 1 \times 0=0$$

$x \to 2-$일 때 $t \to 1-$이므로

$$\lim_{x \to 2-} f(x)f(x-1) = \lim_{x \to 2-} f(x) \times \lim_{t \to 1-} f(t)$$
$$= 1 \times 1=1$$

$$\therefore \lim_{x \to 2+} f(x)f(x-1) \neq \lim_{x \to 2-} f(x)f(x-1)$$

따라서 $\lim_{x \to 2} f(x)f(x-1)$의 값이 존재하지 않으므로 함수 $f(x)f(x-1)$은 $x=2$에서 불연속이다.

따라서 보기에서 옳은 것은 ㄱ, ㄷ이다.

123 답 1

$g(x)=(x-a)f(x)$라 할 때, 함수 $g(x)$가 모든 실수 x에서 연속이면 $x=1$에서 연속이므로

$$\lim_{x \to 1} g(x) = g(1)$$

$$\therefore \lim_{x \to 1+} g(x) = \lim_{x \to 1-} g(x) = g(1)$$

$$\lim_{x \to 1+} g(x) = \lim_{x \to 1+} (x-a)f(x)$$
$$= \lim_{x \to 1+} (x-a) \times \lim_{x \to 1+} f(x) = 2(1-a)$$

$$\lim_{x \to 1-} g(x) = \lim_{x \to 1-} (x-a)f(x)$$
$$= \lim_{x \to 1-} (x-a) \times \lim_{x \to 1-} f(x) = 1-a$$

$g(1)=(1-a) \times 1=1-a$

따라서 $2(1-a)=1-a$이므로

$2-2a=1-a$ $\therefore a=1$

124 답 2

함수 $f(x)$가 $x=a$에서 연속이면

$$\lim_{x \to a} f(x) = f(a)$$

$$\therefore \lim_{x \to a+} f(x) = \lim_{x \to a-} f(x) = f(a)$$

$a \leq x < a+1$일 때 $[x]=a$이므로

$$\lim_{x \to a+} [x] = \lim_{x \to a+} a = a$$

$a-1 \leq x < a$일 때 $[x]=a-1$이므로

$$\lim_{x \to a-} [x] = \lim_{x \to a-} (a-1) = a-1$$

$$\lim_{x \to a+} f(x) = \lim_{x \to a+} \frac{[x]^2+x}{[x]}$$
$$= \frac{a^2+a}{a} = a+1 \ (\because a>1)$$

$$\lim_{x \to a-} f(x) = \lim_{x \to a-} \frac{[x]^2+x}{[x]}$$
$$= \frac{(a-1)^2+a}{a-1} = \frac{a^2-a+1}{a-1}$$

$$f(a) = \frac{a^2+a}{a} = a+1 \ (\because a>1)$$

따라서 $a+1 = \dfrac{a^2-a+1}{a-1}$이므로

$a^2-1 = a^2-a+1$

$\therefore a=2$

125 답 ⑤

함수 $|f(x)|$가 실수 전체의 집합에서 연속이면
$x=-1$, $x=3$에서 연속이다.

(i) $x=-1$에서 연속이면

$$\lim_{x \to -1} |f(x)| = |f(-1)|$$

$$\therefore \lim_{x \to -1+} |f(x)| = \lim_{x \to -1-} |f(x)| = |f(-1)|$$

$$\lim_{x \to -1+} |f(x)| = \lim_{x \to -1+} |x| = 1$$

$$\lim_{x \to -1-} |f(x)| = \lim_{x \to -1-} |x+a| = |a-1|$$

$$|f(-1)| = |-1| = 1$$

따라서 $1=|a-1|$이므로

$a-1 = \pm 1$

$\therefore a=0$ 또는 $a=2$

그런데 a는 양수이므로 $a=2$

(ii) $x=3$에서 연속이면

$$\lim_{x\to3}|f(x)|=|f(3)|$$

$$\therefore \lim_{x\to3+}|f(x)|=\lim_{x\to3-}|f(x)|=|f(3)|$$

$$\lim_{x\to3+}|f(x)|=\lim_{x\to3+}|bx-2|=|3b-2|$$

$$\lim_{x\to3-}|f(x)|=\lim_{x\to3-}|x|=3$$

$$|f(3)|=|3b-2|$$

따라서 $|3b-2|=3$이므로

$$3b-2=\pm3$$

$$\therefore b=-\frac{1}{3} \text{ 또는 } b=\frac{5}{3}$$

그런데 b는 양수이므로 $b=\frac{5}{3}$

(i), (ii)에서 $a+b=\dfrac{11}{3}$

126 답 5

$$f(x)=1-\cfrac{1}{x-\cfrac{1}{x-\cfrac{2}{x}}}=1-\cfrac{1}{x-\cfrac{x}{x^2-2}}$$

$$=1-\frac{x^2-2}{x^3-3x}$$

따라서 $x=0$, $x^2-2=0$, $x^3-3x=0$일 때, 함수 $f(x)$가 정의되지 않으므로 불연속이다.

$x^2-2=0$에서 $(x+\sqrt{2})(x-\sqrt{2})=0$

$$\therefore x=-\sqrt{2} \text{ 또는 } x=\sqrt{2}$$

$x^3-3x=0$에서 $x(x+\sqrt{3})(x-\sqrt{3})=0$

$$\therefore x=-\sqrt{3} \text{ 또는 } x=0 \text{ 또는 } x=\sqrt{3}$$

따라서 함수 $f(x)$가 불연속이 되는 x의 값은 $-\sqrt{3}$, $-\sqrt{2}$, 0, $\sqrt{2}$, $\sqrt{3}$의 5개이다.

127 답 3

(i) $a>0$일 때

함수 $y=f(x)$의 그래프의 개형은 오른쪽 그림과 같으므로 함수 $f(x)$는 닫힌구간 $[2, 6]$에서 최

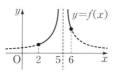

댓값은 갖지 않고, $x=2$일 때 최솟값을 갖는다.

(ii) $a<0$일 때

함수 $y=f(x)$의 그래프의 개형은 오른쪽 그림과 같으므로 함수 $f(x)$는 닫힌구간 $[2, 6]$에서

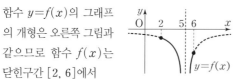

$x=2$일 때 최댓값을 갖고 최솟값은 갖지 않는다.

따라서 닫힌구간 $[2, 6]$에서 함수 $f(x)=\dfrac{a}{|x-5|}$의 최솟값이 1이려면 $a>0$, $f(2)=1$이어야 하므로

$$\frac{a}{|2-5|}=1 \qquad \therefore a=3$$

128 답 8

방정식 $f(x)=x^3$에서 $f(x)-x^3=0$

$g(x)=f(x)-x^3$이라 하면 함수 $g(x)$는 닫힌구간 $[-1, 1]$에서 연속이고

$$g(-1)=f(-1)+1=a+1$$

$$g(1)=f(1)-1=(a-7)-1=a-8$$

이때 방정식 $f(x)=x^3$, 즉 $g(x)=0$의 중근이 아닌 오직 하나의 실근이 열린구간 $(-1, 1)$에 존재하려면 $g(-1)g(1)<0$이어야 하므로

$$(a+1)(a-8)<0 \qquad \therefore -1<a<8$$

따라서 정수 a는 $0, 1, 2, \ldots, 7$의 8개이다.

129 답 3개

$\displaystyle\lim_{x\to-1}\dfrac{f(x)}{x+1}=2$에서 $x\to-1$일 때 (분모)$\to0$이고 극한값이 존재하므로 (분자)$\to0$이다.

즉, $\displaystyle\lim_{x\to-1}f(x)=0$이므로 $f(-1)=0$ $\cdots\cdots$ ㉠

$\displaystyle\lim_{x\to2}\dfrac{f(x)}{x-2}=6$에서 $x\to2$일 때 (분모)$\to0$이고 극한값이 존재하므로 (분자)$\to0$이다.

즉, $\displaystyle\lim_{x\to2}f(x)=0$이므로 $f(2)=0$ $\cdots\cdots$ ㉡

㉠, ㉡에서

$f(x)=(x+1)(x-2)g(x)$ ($g(x)$는 다항함수)라 하면

$$\lim_{x\to-1}\frac{f(x)}{x+1}=\lim_{x\to-1}\frac{(x+1)(x-2)g(x)}{x+1}$$

$$=\lim_{x\to-1}(x-2)g(x)$$

$$=-3g(-1)$$

따라서 $-3g(-1)=2$이므로 $g(-1)=-\dfrac{2}{3}$

$$\lim_{x\to2}\frac{f(x)}{x-2}=\lim_{x\to2}\frac{(x+1)(x-2)g(x)}{x-2}$$

$$=\lim_{x\to2}(x+1)g(x)$$

$$=3g(2)$$

따라서 $3g(2)=6$이므로 $g(2)=2$

이때 $g(x)$는 다항함수이므로 닫힌구간 $[-1, 2]$에서 연속이고 $g(-1)g(2)<0$이므로 사잇값 정리에 의하여 방정식 $g(x)=0$은 열린구간 $(-1, 2)$에서 적어도 하나의 실근을 갖는다.

따라서 방정식 $f(x)=0$, 즉 $(x+1)(x-2)g(x)=0$ 은 두 실근 $x=-1$, $x=2$를 갖고, 열린구간 $(-1, 2)$ 에서 적어도 하나의 실근을 가지므로 닫힌구간 $[-1, 2]$에서 적어도 3개의 실근을 갖는다.

130 ㅤ답ㅤ$\dfrac{17}{4}$

| 접근 방법 | $y=\sqrt{x+2}$의 그래프를 그린 후 직선 $y=x+k$를 움직여 보면서 직선과 곡선이 만나는 점의 개수를 파악한다.

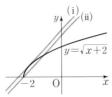

(i) 직선 $y=x+k$와 $y=\sqrt{x+2}$의 그래프가 접할 때
$$x+k=\sqrt{x+2}$$에서
$$x^2+2kx+k^2=x+2$$
$$\therefore x^2+(2k-1)x+k^2-2=0$$
이 이차방정식의 판별식을 D라 하면
$$D=(2k-1)^2-4(k^2-2)=0$$
$$-4k+9=0 \qquad \therefore k=\dfrac{9}{4}$$

(ii) 직선 $y=x+k$가 점 $(-2, 0)$을 지날 때
$$0=-2+k \qquad \therefore k=2$$

(i), (ii)에서
$$f(k)=\begin{cases} 0 & \left(k>\dfrac{9}{4}\right) \\ 1 & \left(k=\dfrac{9}{4}\ \text{또는}\ k<2\right) \\ 2 & \left(2\le k<\dfrac{9}{4}\right) \end{cases}$$

함수 $y=f(k)$의 그래프 는 오른쪽 그림과 같으므 로 함수 $f(k)$가 불연속 인 실수 k의 값은

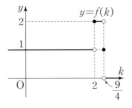

2, $\dfrac{9}{4}$

따라서 구하는 합은
$$2+\dfrac{9}{4}=\dfrac{17}{4}$$

131 ㅤ답ㅤ③

| 접근 방법 | 새롭게 정의된 함수의 $x=0$에서의 우극한, 좌극한, 함숫값을 구하여 극한값과 함수의 연속을 조사한다.

ㄱ. $\displaystyle\lim_{x\to 0+} g(x)=\lim_{x\to 0+}\{f(x)+|f(x)|\}$
$\qquad\qquad =\displaystyle\lim_{x\to 0+} f(x)+\lim_{x\to 0+}|f(x)|$
$\qquad\qquad =0+0=0$
$\displaystyle\lim_{x\to 0-} g(x)=\lim_{x\to 0-}\{f(x)+|f(x)|\}$
$\qquad\qquad =\displaystyle\lim_{x\to 0-} f(x)+\lim_{x\to 0-}|f(x)|$
$\qquad\qquad =-1+|-1|=0$
$\therefore \displaystyle\lim_{x\to 0} g(x)=0 \qquad\qquad \cdots\cdots \text{㉠}$

ㄴ. $|h(0)|=|f(0)+f(0)|$
$\qquad\qquad =\left|\dfrac{1}{2}+\dfrac{1}{2}\right|=1 \qquad \cdots\cdots \text{㉡}$
$-x=t$로 놓으면 $x\to 0+$일 때 $t\to 0-$이므로
$\displaystyle\lim_{x\to 0+} h(x)=\lim_{x\to 0+}\{f(x)+f(-x)\}$
$\qquad\qquad =\displaystyle\lim_{x\to 0+} f(x)+\lim_{t\to 0-} f(t)$
$\qquad\qquad =0+(-1)=-1$
$x\to 0-$일 때 $t\to 0+$이므로
$\displaystyle\lim_{x\to 0-} h(x)=\lim_{x\to 0-}\{f(x)+f(-x)\}$
$\qquad\qquad =\displaystyle\lim_{x\to 0-} f(x)+\lim_{t\to 0+} f(t)$
$\qquad\qquad =-1+0=-1$
$\therefore \displaystyle\lim_{x\to 0} h(x)=-1$
$\therefore \displaystyle\lim_{x\to 0} |h(x)|=1 \qquad\qquad \cdots\cdots \text{㉢}$
㉡, ㉢에서 $\displaystyle\lim_{x\to 0}|h(x)|=|h(0)|$이므로 함수 $|h(x)|$는 $x=0$에서 연속이다.

ㄷ. $g(0)=f(0)+|f(0)|$
$\qquad\qquad =\dfrac{1}{2}+\dfrac{1}{2}=1$
$\therefore g(0)|h(0)|=1\times 1=1\ (\because \text{㉡})$
㉠, ㉢에서
$\displaystyle\lim_{x\to 0} g(x)|h(x)|=\lim_{x\to 0} g(x)\times \lim_{x\to 0}|h(x)|$
$\qquad\qquad =0\times 1=0$
따라서 $\displaystyle\lim_{x\to 0} g(x)|h(x)|\ne g(0)|h(0)|$이므로 함수 $g(x)|h(x)|$는 $x=0$에서 불연속이다.

따라서 보기에서 옳은 것은 ㄱ, ㄴ이다.

Ⅱ. 미분

01 미분계수

132 달 (1) -1 (2) 3

(1) $\dfrac{\Delta y}{\Delta x} = \dfrac{f(1)-f(-1)}{1-(-1)}$

$= \dfrac{4-6}{2} = -1$

(2) $\dfrac{\Delta y}{\Delta x} = \dfrac{f(1)-f(-1)}{1-(-1)}$

$= \dfrac{5-(-1)}{2} = 3$

133 달 (1) 6 (2) $4+\Delta x$

(1) $\dfrac{\Delta y}{\Delta x} = \dfrac{f(4)-f(0)}{4-0} = \dfrac{29-5}{4} = 6$

(2) $\dfrac{\Delta y}{\Delta x} = \dfrac{f(1+\Delta x)-f(1)}{(1+\Delta x)-1}$

$= \dfrac{\{(1+\Delta x)^2+2(1+\Delta x)+5\}-8}{\Delta x}$

$= \dfrac{4\Delta x+(\Delta x)^2}{\Delta x} = 4+\Delta x$

134 달 (1) 4 (2) 1

(1) $f'(1) = \lim\limits_{\Delta x \to 0} \dfrac{f(1+\Delta x)-f(1)}{\Delta x}$

$= \lim\limits_{\Delta x \to 0} \dfrac{\{4(1+\Delta x)-3\}-1}{\Delta x}$

$= \lim\limits_{\Delta x \to 0} \dfrac{4\Delta x}{\Delta x} = 4$

(2) $f'(1) = \lim\limits_{\Delta x \to 0} \dfrac{f(1+\Delta x)-f(1)}{\Delta x}$

$= \lim\limits_{\Delta x \to 0} \dfrac{\{(1+\Delta x)^2-(1+\Delta x)\}-0}{\Delta x}$

$= \lim\limits_{\Delta x \to 0} \dfrac{\Delta x+(\Delta x)^2}{\Delta x}$

$= \lim\limits_{\Delta x \to 0} (1+\Delta x) = 1$

135 달 (1) 3 (2) -5

(1) $f'(0) = \lim\limits_{\Delta x \to 0} \dfrac{f(0+\Delta x)-f(0)}{\Delta x}$

$= \lim\limits_{\Delta x \to 0} \dfrac{\{-(\Delta x)^2+3\Delta x\}-0}{\Delta x}$

$= \lim\limits_{\Delta x \to 0} (-\Delta x+3) = 3$

(2) $f'(4)$

$= \lim\limits_{\Delta x \to 0} \dfrac{f(4+\Delta x)-f(4)}{\Delta x}$

$= \lim\limits_{\Delta x \to 0} \dfrac{\{-(4+\Delta x)^2+3(4+\Delta x)\}-(-4)}{\Delta x}$

$= \lim\limits_{\Delta x \to 0} \dfrac{-5\Delta x-(\Delta x)^2}{\Delta x}$

$= \lim\limits_{\Delta x \to 0} (-5-\Delta x) = -5$

136 달 (1) 5 (2) -3

(1) $f(x) = 2x^2+x-1$이라 하면 구하는 접선의 기울기는

$f'(1) = \lim\limits_{\Delta x \to 0} \dfrac{f(1+\Delta x)-f(1)}{\Delta x}$

$= \lim\limits_{\Delta x \to 0} \dfrac{\{2(1+\Delta x)^2+(1+\Delta x)-1\}-2}{\Delta x}$

$= \lim\limits_{\Delta x \to 0} \dfrac{5\Delta x+2(\Delta x)^2}{\Delta x}$

$= \lim\limits_{\Delta x \to 0} (5+2\Delta x) = 5$

(2) $f(x) = -x^3$이라 하면 구하는 접선의 기울기는

$f'(-1) = \lim\limits_{\Delta x \to 0} \dfrac{f(-1+\Delta x)-f(-1)}{\Delta x}$

$= \lim\limits_{\Delta x \to 0} \dfrac{\{-(-1+\Delta x)^3\}-1}{\Delta x}$

$= \lim\limits_{\Delta x \to 0} \dfrac{-3\Delta x+3(\Delta x)^2-(\Delta x)^3}{\Delta x}$

$= \lim\limits_{\Delta x \to 0} \{-3+3\Delta x-(\Delta x)^2\} = -3$

137 달 -3

함수 $f(x)$에서 x의 값이 a에서 $a+1$까지 변할 때의 평균변화율은

$\dfrac{\Delta y}{\Delta x} = \dfrac{f(a+1)-f(a)}{(a+1)-a}$

$= \{(a+1)^2+3(a+1)+4\}-(a^2+3a+4)$

$= 2a+4$

따라서 $2a+4=-2$이므로 $a=-3$

138 달 $\dfrac{1}{2}$

함수 $f(x)$에서 x의 값이 -1에서 2까지 변할 때의 평균변화율은

$\dfrac{\Delta y}{\Delta x} = \dfrac{f(2)-f(-1)}{2-(-1)} = \dfrac{5-(-1)}{3} = 2$

함수 $f(x)$의 $x=a$에서의 미분계수는

$$f'(a)=\lim_{\Delta x \to 0}\frac{f(a+\Delta x)-f(a)}{\Delta x}$$
$$=\lim_{\Delta x \to 0}\frac{\{2(a+\Delta x)^2-3\}-(2a^2-3)}{\Delta x}$$
$$=\lim_{\Delta x \to 0}\frac{4a\Delta x+2(\Delta x)^2}{\Delta x}$$
$$=\lim_{\Delta x \to 0}(4a+2\Delta x)=4a$$

따라서 $4a=2$이므로 $a=\dfrac{1}{2}$

139 답 5

함수 $f(x)$에서 x의 값이 -2에서 2까지 변할 때의 평균변화율은

$$\frac{\Delta y}{\Delta x}=\frac{f(2)-f(-2)}{2-(-2)}$$
$$=\frac{(8+2a)-(-8-2a)}{4}$$
$$=4+a$$

따라서 $4+a=9$이므로 $a=5$

140 답 -2

함수 $f(x)$에서 x의 값이 0에서 3까지 변할 때의 평균변화율은

$$\frac{\Delta y}{\Delta x}=\frac{f(3)-f(0)}{3-0}=\frac{(3a-3)-6}{3}=a-3$$

따라서 $a-3=-1$이므로 $a=2$

즉, $f(x)=-x^2+2x+6$이므로 함수 $f(x)$의 $x=2$에서의 미분계수는

$$f'(2)=\lim_{\Delta x \to 0}\frac{f(2+\Delta x)-f(2)}{\Delta x}$$
$$=\lim_{\Delta x \to 0}\frac{\{-(2+\Delta x)^2+2(2+\Delta x)+6\}-6}{\Delta x}$$
$$=\lim_{\Delta x \to 0}\frac{-2\Delta x-(\Delta x)^2}{\Delta x}$$
$$=\lim_{\Delta x \to 0}(-2-\Delta x)=-2$$

141 답 (1) 4 (2) 18

(1) $\displaystyle\lim_{h \to 0}\frac{f(a+4h)-f(a)}{3h}$
$$=\lim_{h \to 0}\frac{f(a+4h)-f(a)}{4h}\times\frac{4}{3}$$
$$=f'(a)\times\frac{4}{3}$$
$$=3\times\frac{4}{3}=4$$

(2) $\displaystyle\lim_{h \to 0}\frac{f(a+5h)-f(a-h)}{h}$
$$=\lim_{h \to 0}\frac{f(a+5h)-f(a)+f(a)-f(a-h)}{h}$$
$$=\lim_{h \to 0}\frac{f(a+5h)-f(a)}{h}-\lim_{h \to 0}\frac{f(a-h)-f(a)}{h}$$
$$=\lim_{h \to 0}\frac{f(a+5h)-f(a)}{5h}\times 5$$
$$\quad-\lim_{h \to 0}\frac{f(a-h)-f(a)}{-h}\times(-1)$$
$$=f'(a)\times 5-f'(a)\times(-1)$$
$$=6f'(a)=6\times 3=18$$

142 답 (1) 1 (2) 3

(1) $\displaystyle\lim_{h \to 0}\frac{f(a-2h)-f(a)}{4h}$
$$=\lim_{h \to 0}\frac{f(a-2h)-f(a)}{-2h}\times\left(-\frac{1}{2}\right)$$
$$=f'(a)\times\left(-\frac{1}{2}\right)=-2\times\left(-\frac{1}{2}\right)=1$$

(2) $\displaystyle\lim_{h \to 0}\frac{f(a+3h)-f(a+6h)}{2h}$
$$=\lim_{h \to 0}\frac{f(a+3h)-f(a)+f(a)-f(a+6h)}{2h}$$
$$=\lim_{h \to 0}\frac{f(a+3h)-f(a)}{2h}$$
$$\quad-\lim_{h \to 0}\frac{f(a+6h)-f(a)}{2h}$$
$$=\lim_{h \to 0}\frac{f(a+3h)-f(a)}{3h}\times\frac{3}{2}$$
$$\quad-\lim_{h \to 0}\frac{f(a+6h)-f(a)}{6h}\times 3$$
$$=f'(a)\times\frac{3}{2}-f'(a)\times 3$$
$$=-\frac{3}{2}f'(a)=-\frac{3}{2}\times(-2)=3$$

143 답 20

$$\lim_{h \to 0}\frac{f(3+2h)-f(3)}{8h}=\lim_{h \to 0}\frac{f(3+2h)-f(3)}{2h}\times\frac{1}{4}$$
$$=f'(3)\times\frac{1}{4}$$

따라서 $f'(3)\times\dfrac{1}{4}=5$이므로 $f'(3)=20$

144 답 3

$$\lim_{h \to 0}\frac{f(2+kh)-f(2)}{h}=\lim_{h \to 0}\frac{f(2+kh)-f(2)}{kh}\times k$$
$$=f'(2)\times k=3k$$

따라서 $3k=9$이므로 $k=3$

145 답 −5

$$\lim_{x \to -1} \frac{f(x)-f(-1)}{x^2+x}$$

$$=\lim_{x \to -1} \frac{f(x)-f(-1)}{x(x+1)}$$

$$=\lim_{x \to -1} \frac{1}{x} \times \lim_{x \to -1} \frac{f(x)-f(-1)}{x-(-1)}$$

$$=-1 \times f'(-1) = -1 \times 5 = -5$$

146 답 3

$$\lim_{x \to 2} \frac{x^3-8}{f(x)-f(2)}$$

$$=\lim_{x \to 2} \frac{(x-2)(x^2+2x+4)}{f(x)-f(2)}$$

$$=\lim_{x \to 2} \frac{1}{\dfrac{f(x)-f(2)}{x-2}} \times \lim_{x \to 2} (x^2+2x+4)$$

$$=\frac{1}{f'(2)} \times 12 = \frac{1}{4} \times 12 = 3$$

147 답 5

$$\lim_{x \to 3} \frac{3f(x)-xf(3)}{x-3}$$

$$=\lim_{x \to 3} \frac{3f(x)-3f(3)+3f(3)-xf(3)}{x-3}$$

$$=\lim_{x \to 3} \frac{3\{f(x)-f(3)\}-(x-3)f(3)}{x-3}$$

$$=3\lim_{x \to 3} \frac{f(x)-f(3)}{x-3} - \lim_{x \to 3} f(3)$$

$$=3f'(3)-f(3)$$

$$=3 \times 2 - 1 = 5$$

148 답 −9

$$\lim_{x \to 1} \frac{f(x)-f(1)}{x-1} = -3 \text{이므로 } f'(1)=-3$$

$$\therefore \lim_{x \to 1} \frac{f(x^3)-f(1)}{x-1}$$

$$=\lim_{x \to 1} \left\{ \frac{f(x^3)-f(1)}{x^3-1} \times (x^2+x+1) \right\}$$

$$=\lim_{x \to 1} \frac{f(x^3)-f(1)}{x^3-1} \times \lim_{x \to 1} (x^2+x+1)$$

$$=f'(1) \times 3$$

$$=(-3) \times 3 = -9$$

149 답 3

$f(x+y)=f(x)+f(y)+5$의 양변에 $x=0$, $y=0$을 대입하면

$$f(0)=f(0)+f(0)+5 \qquad \therefore f(0)=-5$$

$$\therefore f'(2)=\lim_{h \to 0} \frac{f(2+h)-f(2)}{h}$$

$$=\lim_{h \to 0} \frac{\{f(2)+f(h)+5\}-f(2)}{h}$$

$$=\lim_{h \to 0} \frac{f(h)+5}{h} = \lim_{h \to 0} \frac{f(h)-f(0)}{h}$$

$$=f'(0)=3$$

150 답 $f'(a) < \dfrac{f(b)-f(a)}{b-a} < f'(b)$

$f'(a)$, $f'(b)$는 각각 곡선 $y=f(x)$ 위의 두 점 $(a, f(a))$, $(b, f(b))$에서의 접선의 기울기이고

$\dfrac{f(b)-f(a)}{b-a}$는 두 점 $(a, f(a))$, $(b, f(b))$를 지나는 직선의 기울기이다.

따라서 오른쪽 그림에서

$$f'(a) < \frac{f(b)-f(a)}{b-a} < f'(b)$$

151 답 2

$f(x+y)=f(x)+f(y)+2xy-3$의 양변에 $x=0$, $y=0$을 대입하면

$$f(0)=f(0)+f(0)-3 \qquad \therefore f(0)=3$$

$$\therefore f'(1)=\lim_{h \to 0} \frac{f(1+h)-f(1)}{h}$$

$$=\lim_{h \to 0} \frac{\{f(1)+f(h)+2h-3\}-f(1)}{h}$$

$$=\lim_{h \to 0} \frac{f(h)-3+2h}{h}$$

$$=\lim_{h \to 0} \frac{f(h)-f(0)}{h} + 2$$

$$=f'(0)+2$$

따라서 $f'(0)+2=1$이므로

$$f'(0)=-1$$

$$\therefore f(0)+f'(0)=2$$

152 답 ㄴ, ㄷ

ㄱ. 원점과 점 $(a, f(a))$를 지나는 직선의 기울기는 원점과 점 $(b, f(b))$를 지나는 직선의 기울기보다 작으므로

$$\frac{f(a)}{a} < \frac{f(b)}{b}$$

ㄴ. 두 점 $(a, f(a))$,
$(b, f(b))$를 지나는 직선
의 기울기는 직선 $y=x$의
기울기보다 크므로

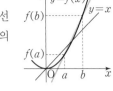

$$\frac{f(b)-f(a)}{b-a}>1$$

$$\therefore f(b)-f(a)>b-a \ (\because b-a>0)$$

ㄷ. $f'(a), f'(b)$는 각각 곡선
$y=f(x)$ 위의 두 점
$(a, f(a)), (b, f(b))$에서
의 접선의 기울기이고, 점
$(a, f(a))$에서의 접선의
기울기가 점 $(b, f(b))$에서의 접선의 기울기보
다 작으므로 $f'(a)<f'(b)$

$$\therefore f'(a)-f'(b)<0$$

따라서 보기에서 옳은 것은 ㄴ, ㄷ이다.

개념 확인 85쪽

153 풀이 $x=0$에서 연속이고 미분가능하다.

(i) $f(0)=0$

$$\lim_{x \to 0+} f(x)=\lim_{x \to 0+} x^2=0$$

$$\lim_{x \to 0-} f(x)=\lim_{x \to 0-} (-x^2)=0$$

따라서 $\lim_{x \to 0} f(x)=f(0)$이므로 함수 $f(x)$는
$x=0$에서 연속이다.

(ii) $\lim_{x \to 0+} \frac{f(x)-f(0)}{x}=\lim_{x \to 0+} \frac{x^2}{x}=\lim_{x \to 0+} x=0$

$\lim_{x \to 0-} \frac{f(x)-f(0)}{x}=\lim_{x \to 0-} \frac{-x^2}{x}$

$$=\lim_{x \to 0-} (-x)=0$$

따라서 $f'(0)$이 존재하므로 함수 $f(x)$는 $x=0$에
서 미분가능하다.

(i), (ii)에서 함수 $f(x)$는 $x=0$에서 연속이고 미분가
능하다.

154 풀이 ㄷ

ㄱ. $x=a$에서 함수 $y=f(x)$의 그래프가 꺾여 있으므
로 미분가능하지 않다.

ㄴ. 함수 $f(x)$는 $x=a$에서 불연속이므로 미분가능하
지 않다.

따라서 보기의 함수 중 $x=a$에서 미분가능한 것은 ㄷ
이다.

유제 87~89쪽

155 풀이 $x=0$에서 연속이고 미분가능하다.

(i) $f(0)=0$

$$\lim_{x \to 0+} f(x)=\lim_{x \to 0+} x^2=0$$

$$\lim_{x \to 0-} f(x)=\lim_{x \to 0-} (-x^2)=0$$

따라서 $\lim_{x \to 0} f(x)=f(0)$이므로 함수 $f(x)$는
$x=0$에서 연속이다.

(ii) $\lim_{x \to 0+} \frac{f(x)-f(0)}{x}=\lim_{x \to 0+} \frac{x^2}{x}$

$$=\lim_{x \to 0+} x=0$$

$\lim_{x \to 0-} \frac{f(x)-f(0)}{x}=\lim_{x \to 0-} \frac{-x^2}{x}$

$$=\lim_{x \to 0-} (-x)=0$$

따라서 $f'(0)$이 존재하므로 함수 $f(x)$는 $x=0$에
서 미분가능하다.

(i), (ii)에서 함수 $f(x)$는 $x=0$에서 연속이고 미분가
능하다.

156 풀이 $x=2$에서 연속이지만 미분가능하지 않다.

(i) $f(2)=2$

$$\lim_{x \to 2+} f(x)=\lim_{x \to 2+} (x^2-x)=2$$

$$\lim_{x \to 2-} f(x)=\lim_{x \to 2-} x=2$$

따라서 $\lim_{x \to 2} f(x)=f(2)$이므로 함수 $f(x)$는
$x=2$에서 연속이다.

(ii) $\lim_{x \to 2+} \frac{f(x)-f(2)}{x-2}=\lim_{x \to 2+} \frac{(x^2-x)-2}{x-2}$

$$=\lim_{x \to 2+} \frac{(x+1)(x-2)}{x-2}$$

$$=\lim_{x \to 2+} (x+1)=3$$

$\lim_{x \to 2-} \frac{f(x)-f(2)}{x-2}=\lim_{x \to 2-} \frac{x-2}{x-2}=1$

따라서 $f'(2)$가 존재하지 않으므로 함수 $f(x)$는
$x=2$에서 미분가능하지 않다.

(i), (ii)에서 함수 $f(x)$는 $x=2$에서 연속이지만 미분
가능하지 않다.

157 풀이 (1) ㄱ, ㄹ (2) ㄱ

ㄱ. (i) $f(0)=0$

$$\lim_{x \to 0} f(x)=\lim_{x \to 0} x^3=0$$

따라서 $\lim_{x \to 0} f(x)=f(0)$이므로 함수 $f(x)$는
$x=0$에서 연속이다.

(ii) $\displaystyle\lim_{x\to 0}\frac{f(x)-f(0)}{x}=\lim_{x\to 0}\frac{x^3}{x}$

$\qquad\qquad\qquad\qquad =\lim_{x\to 0}x^2=0$

따라서 $f'(0)$이 존재하므로 함수 $f(x)$는

$x=0$에서 미분가능하다.

(i), (ii)에서 함수 $f(x)$는 $x=0$에서 연속이고 미분

가능하다.

ㄴ. 함수 $f(x)$는 $x=0$에서 정의되지 않으므로 불연속

이고 미분가능하지 않다.

ㄷ. $f(0)=-3$

$\displaystyle\lim_{x\to 0}f(x)=\lim_{x\to 0}(x-1)=-1$

따라서 $\displaystyle\lim_{x\to 0}f(x)\neq f(0)$이므로 함수 $f(x)$는

$x=0$에서 불연속이고 미분가능하지 않다.

ㄹ. (i) $f(0)=0$

$\displaystyle\lim_{x\to 0+}f(x)=\lim_{x\to 0+}(x^2+4x)=0$

$\displaystyle\lim_{x\to 0-}f(x)=\lim_{x\to 0-}2x=0$

따라서 $\displaystyle\lim_{x\to 0}f(x)=f(0)$이므로 함수 $f(x)$는

$x=0$에서 연속이다.

(ii) $\displaystyle\lim_{x\to 0+}\frac{f(x)-f(0)}{x}=\lim_{x\to 0+}\frac{x^2+4x}{x}$

$\qquad\qquad\qquad\qquad =\lim_{x\to 0+}(x+4)=4$

$\displaystyle\lim_{x\to 0-}\frac{f(x)-f(0)}{x}=\lim_{x\to 0-}\frac{2x}{x}=2$

따라서 $f'(0)$이 존재하지 않으므로 함수 $f(x)$

는 $x=0$에서 미분가능하지 않다.

(i), (ii)에서 함수 $f(x)$는 $x=0$에서 연속이지만 미

분가능하지 않다.

(1) $x=0$에서 연속인 함수는 ㄱ, ㄹ이다.

(2) $x=0$에서 미분가능한 함수는 ㄱ이다.

158 답 ㄱ, ㄴ

ㄱ. (i) $f(1)=0$

$\displaystyle\lim_{x\to 1+}f(x)=\lim_{x\to 1+}(x^2-1)=0$

$\displaystyle\lim_{x\to 1-}f(x)=\lim_{x\to 1-}\{-(x^2-1)\}=0$

따라서 $\displaystyle\lim_{x\to 1}f(x)=f(1)$이므로 함수 $f(x)$는

$x=1$에서 연속이다.

(ii) $\displaystyle\lim_{x\to 1+}\frac{f(x)-f(1)}{x-1}=\lim_{x\to 1+}\frac{x^2-1}{x-1}$

$\qquad\qquad\qquad\qquad =\lim_{x\to 1+}\frac{(x+1)(x-1)}{x-1}$

$\qquad\qquad\qquad\qquad =\lim_{x\to 1+}(x+1)=2$

$\displaystyle\lim_{x\to 1-}\frac{f(x)-f(1)}{x-1}=\lim_{x\to 1-}\frac{-(x^2-1)}{x-1}$

$\qquad\qquad\qquad\qquad =\lim_{x\to 1-}\frac{-(x+1)(x-1)}{x-1}$

$\qquad\qquad\qquad\qquad =\lim_{x\to 1-}\{-(x+1)\}$

$\qquad\qquad\qquad\qquad =-2$

따라서 $f'(1)$이 존재하지 않으므로 함수 $f(x)$

는 $x=1$에서 미분가능하지 않다.

(i), (ii)에서 함수 $f(x)$는 $x=1$에서 연속이지만 미

분가능하지 않다.

ㄴ. (i) $g(1)=2$

$\displaystyle\lim_{x\to 1+}g(x)=\lim_{x\to 1+}(x^2+1)=2$

$\displaystyle\lim_{x\to 1-}g(x)=\lim_{x\to 1-}(3x-1)=2$

따라서 $\displaystyle\lim_{x\to 1}g(x)=g(1)$이므로 함수 $g(x)$는

$x=1$에서 연속이다.

(ii) $\displaystyle\lim_{x\to 1+}\frac{g(x)-g(1)}{x-1}=\lim_{x\to 1+}\frac{(x^2+1)-2}{x-1}$

$\qquad\qquad\qquad\qquad =\lim_{x\to 1+}\frac{(x+1)(x-1)}{x-1}$

$\qquad\qquad\qquad\qquad =\lim_{x\to 1+}(x+1)$

$\qquad\qquad\qquad\qquad =2$

$\displaystyle\lim_{x\to 1-}\frac{g(x)-g(1)}{x-1}=\lim_{x\to 1-}\frac{(3x-1)-2}{x-1}$

$\qquad\qquad\qquad\qquad =\lim_{x\to 1-}\frac{3(x-1)}{x-1}$

$\qquad\qquad\qquad\qquad =3$

따라서 $g'(1)$이 존재하지 않으므로 함수 $g(x)$

는 $x=1$에서 미분가능하지 않다.

(i), (ii)에서 함수 $g(x)$는 $x=1$에서 연속이지만 미

분가능하지 않다.

ㄷ. (i) $h(1)=0$

$\displaystyle\lim_{x\to 1}h(x)=\lim_{x\to 1}(x-1)^3=0$

따라서 $\displaystyle\lim_{x\to 1}h(x)=h(1)$이므로 함수 $h(x)$는

$x=1$에서 연속이다.

(ii) $\displaystyle\lim_{x\to 1}\frac{h(x)-h(1)}{x-1}=\lim_{x\to 1}\frac{(x-1)^3}{x-1}$

$\qquad\qquad\qquad\qquad =\lim_{x\to 1}(x-1)^2=0$

따라서 $h'(1)$이 존재하므로 함수 $h(x)$는

$x=1$에서 미분가능하다.

(i), (ii)에서 함수 $h(x)$는 $x=1$에서 연속이고 미분

가능하다.

따라서 보기의 함수 중 $x=1$에서 연속이지만 미분가

능하지 않은 것은 ㄱ, ㄴ이다.

159 답 (1) 0 (2) −1, 0, 2 (3) −1, 2

(i) $x=-1$에서 $\lim\limits_{x \to -1} f(x)=f(-1)$이므로 함수 $f(x)$

는 $x=-1$에서 연속이다.

$x=-1$에서 함수 $y=f(x)$의 그래프가 꺾여 있으

므로 함수 $f(x)$는 $x=-1$에서 미분가능하지 않다.

(ii) $x=0$에서 $\lim\limits_{x \to 0} f(x)$의 값이 존재하지 않으므로 함

수 $f(x)$는 $x=0$에서 불연속이고 미분가능하지 않

다.

(iii) $x=2$에서 $\lim\limits_{x \to 2} f(x)=f(2)$이므로 함수 $f(x)$는

$x=2$에서 연속이다.

$x=2$에서 함수 $y=f(x)$의 그래프가 꺾여 있으

므로 함수 $f(x)$는 $x=2$에서 미분가능하지 않다.

(1) 함수 $f(x)$가 불연속인 x의 값은 0이다.

(2) 함수 $f(x)$가 미분가능하지 않은 x의 값은 −1, 0,

2이다.

(3) 함수 $f(x)$가 연속이지만 미분가능하지 않은 x의

값은 −1, 2이다.

160 답 3

(i) $x=1$에서 $\lim\limits_{x \to 1} f(x)=f(1)$이므로 함수 $f(x)$는

$x=1$에서 연속이다.

$x=1$에서 함수 $y=f(x)$의 그래프가 꺾여 있으므

로 함수 $f(x)$는 $x=1$에서 미분가능하지 않다.

(ii) $x=4$에서 $\lim\limits_{x \to 4} f(x)$의 값이 존재하지 않으므로 함

수 $f(x)$는 $x=4$에서 불연속이고 미분가능하지 않

다.

(i), (ii)에서 함수 $f(x)$가 불연속인 x의 값은 4의 1개

이고, 미분가능하지 않은 x의 값은 1, 4의 2개이므로

$a=1$, $b=2$ ∴ $a+b=3$

161 답 ㄱ, ㄴ

ㄱ. $\lim\limits_{x \to -1} f(x)=-1$

ㄴ. $f(1)=1$, $\lim\limits_{x \to 1} f(x)=0$

따라서 $\lim\limits_{x \to 1} f(x) \neq f(1)$이므로 함수 $f(x)$는

$x=1$에서 불연속이다.

ㄷ. (i) $x=-1$에서 함수 $y=f(x)$의 그래프가 꺾여 있

으므로 함수 $f(x)$는 $x=-1$에서 미분가능하

지 않다.

(ii) $x=0$에서 $\lim\limits_{x \to 0} f(x)$의 값이 존재하지 않으므로

함수 $f(x)$는 $x=0$에서 불연속이고 미분가능

하지 않다.

(iii) ㄴ에서 함수 $f(x)$는 $x=1$에서 불연속이므로

미분가능하지 않다.

(i), (ii), (iii)에서 함수 $f(x)$가 미분가능하지 않은

x의 값은 −1, 0, 1의 3개이다.

따라서 보기에서 옳은 것은 ㄱ, ㄴ이다.

162 답 ㄴ, ㄷ

ㄱ. $x=0$에서 함수 $y=f(x)$의 그래프가 꺾여 있으므

로 $f'(0)$은 존재하지 않는다.

ㄴ. $x=4$에서 함수 $y=f(x)$의 그래프의 접선의 기울

기가 음수이므로 $f'(4)<0$이다.

ㄷ. $\lim\limits_{x \to -2} f(x) \neq f(-2)$, $\lim\limits_{x \to 3} f(x) \neq f(3)$이므로 함

수 $f(x)$가 불연속인 x의 값은 −2, 3의 2개이다.

ㄹ. $\lim\limits_{x \to 0} f(x)=f(0)$, $\lim\limits_{x \to 2} f(x)=f(2)$이므로 함수

$f(x)$는 $x=0$, $x=2$에서 연속이다.

또 $x=0$, $x=2$에서 함수 $y=f(x)$의 그래프가 꺾

여 있으므로 미분가능하지 않다.

따라서 함수 $f(x)$가 연속이지만 미분가능하지 않

은 x의 값은 0, 2의 2개이다.

따라서 보기에서 옳은 것은 ㄴ, ㄷ이다.

연습문제　　　　　　90~91쪽

163 답 3

함수 $f(x)$에서 x의 값이 1에서 a까지 변할 때의 평균

변화율은

$$\frac{\Delta y}{\Delta x}=\frac{f(a)-f(1)}{a-1}=\frac{(a^3-3a^2+2a+1)-1}{a-1}$$

$$=\frac{a^3-3a^2+2a}{a-1}=\frac{a(a-1)(a-2)}{a-1}$$

$$=a(a-2)$$

따라서 $a(a-2)=3$이므로 $a^2-2a-3=0$

$(a+1)(a-3)=0$ ∴ $a=3$ ($\because a>1$)

164 답 30

$$\lim_{h \to 0} \frac{f(a+3h)-f(a-2h)}{h}$$

$$=\lim_{h \to 0} \frac{f(a+3h)-f(a)+f(a)-f(a-2h)}{h}$$

$$=\lim_{h \to 0} \frac{f(a+3h)-f(a)}{3h} \times 3$$

$$\qquad -\lim_{h \to 0} \frac{f(a-2h)-f(a)}{-2h} \times (-2)$$

$$=f'(a) \times 3-f'(a) \times (-2)$$

$$=5f'(a)=5 \times 6=30$$

165 답 ④

$\lim\limits_{x\to 2}\dfrac{f(x)-f(2)}{x-2}=3$이므로 $f'(2)=3$

$\therefore \lim\limits_{h\to 0}\dfrac{f(2+h)-f(2-h)}{h}$

$=\lim\limits_{h\to 0}\dfrac{f(2+h)-f(2)+f(2)-f(2-h)}{h}$

$=\lim\limits_{h\to 0}\dfrac{f(2+h)-f(2)}{h}$

$\qquad\quad -\lim\limits_{h\to 0}\dfrac{f(2-h)-f(2)}{-h}\times(-1)$

$=f'(2)-f'(2)\times(-1)$

$=2f'(2)=2\times 3=6$

166 답 -1

$f(x)=-x^2+x+3$이라 하면 곡선 $y=f(x)$ 위의 점 $(1, 3)$에서의 접선의 기울기는

$f'(1)=\lim\limits_{\Delta x\to 0}\dfrac{f(1+\Delta x)-f(1)}{\Delta x}$

$=\lim\limits_{\Delta x\to 0}\dfrac{\{-(1+\Delta x)^2+(1+\Delta x)+3\}-3}{\Delta x}$

$=\lim\limits_{\Delta x\to 0}\dfrac{-\Delta x-(\Delta x)^2}{\Delta x}$

$=\lim\limits_{\Delta x\to 0}(-1-\Delta x)=-1$

167 답 ⑤

① $\lim\limits_{x\to 2}\dfrac{f(x)-f(2)}{x-2}=f'(2)$이고, 점 $(2, f(2))$에서의 접선의 기울기가 양수이므로 $f'(2)>0$이다.

$\therefore \lim\limits_{x\to 2}\dfrac{f(x)-f(2)}{x-2}>0$

② $\lim\limits_{x\to 1}f(x)$의 값은 존재하지 않는다.

③ $3<x<4$인 모든 실수 x에 대하여 $f'(x)=0$이다.

④, ⑤ (i) $\lim\limits_{x\to 1}f(x)$의 값은 존재하지 않고,

$\qquad \lim\limits_{x\to 5}f(x)\neq f(5)$이므로 함수 $f(x)$는 $x=1$, $x=5$에서 불연속이고 미분가능하지 않다.

(ii) $\lim\limits_{x\to 3}f(x)=f(3)$, $\lim\limits_{x\to 4}f(x)=f(4)$이므로 함수 $f(x)$는 $x=3$, $x=4$에서 연속이다.

또 $x=3$, $x=4$에서 함수 $y=f(x)$의 그래프가 꺾여 있으므로 미분가능하지 않다.

(i), (ii)에서 함수 $f(x)$가 불연속인 x의 값은 1, 5의 2개이고, 미분가능하지 않은 x의 값은 1, 3, 4, 5의 4개이다.

따라서 옳은 것은 ⑤이다.

168 답 11

함수 $f(x)=x^3-6x^2+5x$에서 x의 값이 0에서 4까지 변할 때의 평균변화율은

$\dfrac{\Delta y}{\Delta x}=\dfrac{f(4)-f(0)}{4-0}$

$\qquad =\dfrac{-12}{4}=-3$

$f'(a)=\lim\limits_{h\to 0}\dfrac{f(a+h)-f(a)}{h}$

$\qquad =\lim\limits_{h\to 0}\dfrac{h^3+(3a-6)h^2+(3a^2-12a+5)h}{h}$

$\qquad =\lim\limits_{h\to 0}\{h^2+(3a-6)h+(3a^2-12a+5)\}$

$\qquad =3a^2-12a+5$

따라서 $3a^2-12a+5=-3$이려면

$3a^2-12a+8=0$

$\therefore a=\dfrac{6\pm 2\sqrt{3}}{3}$

이때 $0<a<4$를 만족시키므로 모든 실수 a의 값의 곱은 이차방정식의 근과 계수의 관계에 의하여 $\dfrac{8}{3}$이다.

따라서 $p=3$, $q=8$이므로 $p+q=11$

| 참고 | $3a^2-12a+8=0$에서 $f(a)=3a^2-12a+8$이라 하면
$f(a)=3(a-2)^2-4$

함수 $y=f(a)$의 그래프는 오른쪽 그림과 같으므로 이차방정식 $f(a)=0$의 두 실근은 $0<a<4$를 만족시킨다. 이와 같이 a의 값을 구하지 않고 함수 $y=f(a)$의 그래프를 이용하여 $f(a)=0$을 만족시키는 a의 값이 모두 $0<a<4$인지 확인할 수도 있다.

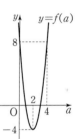

169 답 2

$\lim\limits_{x\to 3}\dfrac{f(x+2)+4}{x-3}=6$에서 $x\to 3$일 때 (분모) $\to 0$이고 극한값이 존재하므로 (분자) $\to 0$이다.

즉, $\lim\limits_{x\to 3}\{f(x+2)+4\}=0$이므로

$f(5)+4=0$ $\quad\therefore f(5)=-4$

이때 $x+2=t$로 놓으면 $x\to 3$일 때 $t\to 5$이므로

$\lim\limits_{x\to 3}\dfrac{f(x+2)+4}{x-3}=\lim\limits_{x\to 3}\dfrac{f(x+2)-f(5)}{x-3}$

$\qquad\qquad =\lim\limits_{t\to 5}\dfrac{f(t)-f(5)}{t-5}$

$\qquad\qquad =f'(5)$

$\therefore f'(5)=6$

$\therefore f(5)+f'(5)=2$

170 🔲 3

㉮의 양변에 $x=0$, $y=0$을 대입하면

$f(0)=f(0)+f(0)$

$\therefore f(0)=0$ ▸▸▸▸▸ ❶

$\therefore f'(1)$

$\qquad =\lim_{h\to0}\dfrac{f(1+h)-f(1)}{h}$

$\qquad =\lim_{h\to0}\dfrac{\{f(1)+f(h)+h(1+h)-3h\}-f(1)}{h}$

$\qquad =\lim_{h\to0}\dfrac{f(h)+h^2-2h}{h}$

$\qquad =\lim_{h\to0}\dfrac{f(h)-f(0)}{h}+\lim_{h\to0}(h-2)$

$\qquad =f'(0)-2$ ▸▸▸▸▸ ❷

㉯에서 $f'(0)=5$이므로

$f'(1)=5-2=3$ ▸▸▸▸▸ ❸

단계	채점 기준	비율
❶	$f(0)$의 값 구하기	30 %
❷	$f'(1)$을 $f'(0)$에 대한 식으로 나타내기	50 %
❸	$f'(1)$의 값 구하기	20 %

171 🔲 ㄱ, ㄷ

$x<3$일 때 $\dfrac{f(x)-f(3)}{x-3}$은 $a<3$인 실수 a에 대하여 두 점 $(a,\ f(a))$, $(3,\ f(3))$을 지나는 직선의 기울기와 같고, $f'(3)$은 함수 $y=f(x)$의 그래프 위의 점 $(3,\ f(3))$에서의 접선의 기울기와 같다.

ㄱ. $\dfrac{f(x)-f(3)}{x-3}=f'(3)=0$이 항상 성립한다.

ㄴ. 오른쪽 그림에서 두 점 $(a,\ f(a))$, $(3,\ f(3))$을 지나는 직선의 기울기가 점 $(3,\ f(3))$에서의 접선의 기울기보다 작으므로

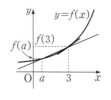

$\dfrac{f(x)-f(3)}{x-3}<f'(3)$이 항상 성립한다.

ㄷ. 오른쪽 그림에서 두 점 $(a,\ f(a))$, $(3,\ f(3))$을 지나는 직선의 기울기가 점 $(3,\ f(3))$에서의 접선의 기울기보다 크므로

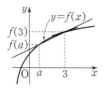

$\dfrac{f(x)-f(3)}{x-3}>f'(3)$이 항상 성립한다.

ㄹ. 오른쪽 그림에서 두 점 $(a,\ f(a))$, $(3,\ f(3))$을 지나는 직선의 기울기가 점 $(3,\ f(3))$에서의 접선의 기울기보다 작으므로

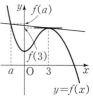

$\dfrac{f(x)-f(3)}{x-3}<f'(3)$인 경우가 있다.

따라서 보기의 그래프에서 $x<3$일 때 주어진 부등식이 항상 성립하는 것은 ㄱ, ㄷ이다.

172 🔲 ㄴ

ㄱ. $h(x)=f(x)+|f(x)|$라 하면

$h(x)=\begin{cases} 2x+4 & (x\geq-2) \\ 0 & (x<-2) \end{cases}$

$\lim_{x\to-2+}\dfrac{h(x)-h(-2)}{x-(-2)}=\lim_{x\to-2+}\dfrac{(2x+4)-0}{x+2}$

$\qquad\qquad\qquad\qquad =\lim_{x\to-2+}\dfrac{2(x+2)}{x+2}=2$

$\lim_{x\to-2-}\dfrac{h(x)-h(-2)}{x-(-2)}=\lim_{x\to-2-}\dfrac{0-0}{x+2}=0$

따라서 $h'(-2)$가 존재하지 않으므로 함수 $h(x)$는 $x=-2$에서 미분가능하지 않다.

ㄴ. $p(x)=f(x)|f(x)|$라 하면

$p(x)=\begin{cases} (x+2)^2 & (x\geq-2) \\ -(x+2)^2 & (x<-2) \end{cases}$

$\lim_{x\to-2+}\dfrac{p(x)-p(-2)}{x-(-2)}=\lim_{x\to-2+}\dfrac{(x+2)^2-0}{x+2}$

$\qquad\qquad\qquad\qquad =\lim_{x\to-2+}(x+2)=0$

$\lim_{x\to-2-}\dfrac{p(x)-p(-2)}{x-(-2)}=\lim_{x\to-2-}\dfrac{-(x+2)^2-0}{x+2}$

$\qquad\qquad\qquad\qquad =\lim_{x\to-2-}\{-(x+2)\}=0$

따라서 $p'(-2)$가 존재하므로 함수 $p(x)$는 $x=-2$에서 미분가능하다.

ㄷ. $q(x)=f(x)g(x)$라 하면

$q(x)=\begin{cases} (x+2)(x-4) & (x\geq-2) \\ x(x+2) & (x<-2) \end{cases}$

$\lim_{x\to-2+}\dfrac{q(x)-q(-2)}{x-(-2)}=\lim_{x\to-2+}\dfrac{(x+2)(x-4)-0}{x+2}$

$\qquad\qquad\qquad\qquad =\lim_{x\to-2+}(x-4)=-6$

$\lim_{x\to-2-}\dfrac{q(x)-q(-2)}{x-(-2)}=\lim_{x\to-2-}\dfrac{x(x+2)-0}{x+2}$

$\qquad\qquad\qquad\qquad =\lim_{x\to-2-}x=-2$

따라서 $q'(-2)$가 존재하지 않으므로 함수 $q(x)$는 $x=-2$에서 미분가능하지 않다.

따라서 보기의 함수 중 $x=-2$에서 미분가능한 것은 ㄴ이다.

173 답 ⑤

| **접근 방법** | 주어진 조건과 두 점 사이의 거리를 구하는 공식을 이용하여 $f(a)-f(1)$을 구한다.

두 점 $(1, f(1))$, $(a, f(a))$ 사이의 거리가 a^2-1이므로

$$\sqrt{(a-1)^2+\{f(a)-f(1)\}^2}=a^2-1$$

$$(a-1)^2+\{f(a)-f(1)\}^2=(a^2-1)^2$$

$$\{f(a)-f(1)\}^2=(a^2-1)^2-(a-1)^2$$

$$=(a+1)^2(a-1)^2-(a-1)^2$$

$$=(a-1)^2(a^2+2a)$$

이때 $a>1$이고 $f(a)>f(1)$이므로

◀ 함수 $f(x)$는 양의 실수 전체의 집합에서 증가한다.

$$f(a)-f(1)=(a-1)\sqrt{a^2+2a}$$

$$\therefore\ f'(1)=\lim_{x\to1}\frac{f(x)-f(1)}{x-1}$$

$$=\lim_{x\to1}\frac{(x-1)\sqrt{x^2+2x}}{x-1}$$

$$=\lim_{x\to1}\sqrt{x^2+2x}$$

$$=\sqrt{3}$$

Ⅱ-1. 미분계수와 도함수

02 도함수

개념 확인
95쪽

174 답 ㈎ $x+h$ ㈏ $6xh$ ㈐ $6x+1$

$$f'(x)=\lim_{h\to0}\frac{f(x+h)-f(x)}{h}$$

$$=\lim_{h\to0}\frac{\{3(\boxed{^{㈎}x+h}\,)^2+(\boxed{^{㈎}x+h}\,)\}-(3x^2+x)}{h}$$

$$=\lim_{h\to0}\frac{(3x^2+6xh+3h^2+x+h)-3x^2-x}{h}$$

$$=\lim_{h\to0}\frac{\boxed{^{㈏}6xh}+3h^2+h}{h}$$

$$=\lim_{h\to0}(\boxed{^{㈐}6x+1}+3h)$$

$$=\boxed{^{㈐}6x+1}$$

175 답 (1) $y'=0$
  (2) $y'=7x^6$
  (3) $y'=9x^2+2x-6$
  (4) $y'=2x^3-8x$

(1) $y=8$에서
$$y'=(8)'=0$$

(2) $y=x^7$에서
$$y'=(x^7)'=7x^6$$

(3) $y=3x^3+x^2-6x$에서
$$y'=3(x^3)'+(x^2)'-6(x)'$$
$$=3\times3x^2+2x-6\times1$$
$$=9x^2+2x-6$$

(4) $y=\dfrac{1}{2}x^4-4x^2+5$에서
$$y'=\frac{1}{2}(x^4)'-4(x^2)'+(5)'$$
$$=\frac{1}{2}\times4x^3-4\times2x+0$$
$$=2x^3-8x$$

176 답 (1) $y'=-2x+9$
  (2) $y'=5x^4+4x^3-9x^2-4x-2$
  (3) $y'=3x^2-18x+14$
  (4) $y'=8(2x-1)^3$

(1) $y=(x-3)(-x+6)$에서
$$y'=(x-3)'(-x+6)+(x-3)(-x+6)'$$
$$=1\times(-x+6)+(x-3)\times(-1)$$
$$=-x+6-x+3=-2x+9$$

(2) $y=(x^3-2)(x^2+x-3)$에서
$$y'=(x^3-2)'(x^2+x-3)+(x^3-2)(x^2+x-3)'$$
$$=3x^2(x^2+x-3)+(x^3-2)(2x+1)$$
$$=3x^4+3x^3-9x^2+2x^4+x^3-4x-2$$
$$=5x^4+4x^3-9x^2-4x-2$$

(3) $y=x(x-2)(x-7)$에서
$$y'=(x)'(x-2)(x-7)+x(x-2)'(x-7)$$
$$\qquad\qquad+x(x-2)(x-7)'$$
$$=(x-2)(x-7)+x(x-7)+x(x-2)$$
$$=x^2-9x+14+x^2-7x+x^2-2x$$
$$=3x^2-18x+14$$

(4) $y=(2x-1)^4$에서
$$y'=4(2x-1)^3\times(2x-1)'$$
$$=4(2x-1)^3\times2$$
$$=8(2x-1)^3$$

177 答 (1) -1 (2) 33

(1) $f'(x)=-4(x^3)'-5(x^2)'+(x)'+(2)'$
$\qquad =-4\times 3x^2-5\times 2x+1$
$\qquad =-12x^2-10x+1$
$\therefore\ f'(-1)=-12+10+1=-1$

(2) $f'(x)$
$\qquad =(2x-1)'(x^2+x+3)+(2x-1)(x^2+x+3)'$
$\qquad =2(x^2+x+3)+(2x-1)(2x+1)$
$\qquad =2x^2+2x+6+4x^2-1$
$\qquad =6x^2+2x+5$
$\therefore\ f'(2)=24+4+5=33$

178 答 -5

$f'(x)$
$=(x-2)'(x+1)(x+3)+(x-2)(x+1)'(x+3)$
$\qquad\qquad\qquad\qquad +(x-2)(x+1)(x+3)'$
$=(x+1)(x+3)+(x-2)(x+3)+(x-2)(x+1)$
$\therefore\ f'(0)=3+(-6)+(-2)=-5$

179 答 2

$f'(x)=(x^3)'-(x)'+(1)'=3x^2-1$이므로
$f'(a)=3a^2-1$
따라서 $3a^2-1=11$이므로
$a^2=4$ $\qquad \therefore\ a=2\ (\because a>0)$

180 答 ①

$g'(x)=(x^3+1)'f(x)+(x^3+1)f'(x)$
$\qquad =3x^2f(x)+(x^3+1)f'(x)$
이때 $f(1)=2,\ f'(1)=3$이므로
$g'(1)=3f(1)+2f'(1)$
$\qquad =3\times 2+2\times 3=12$

181 答 (1) -10 (2) $a=4,\ b=3$

(1) $f(x)=-x^3+2x+3$이라 하면
$\quad f'(x)=-3x^2+2$
　따라서 점 $(2,\,-1)$에서의 접선의 기울기는
$\quad f'(2)=-12+2=-10$

(2) $f(x)=x^3+3x^2+ax-b$라 하면
$\quad f'(x)=3x^2+6x+a$

점 $(-1,\,-5)$에서의 접선의 기울기가 1이므로
$f'(-1)=1$에서
$3-6+a=1$ $\qquad \therefore\ a=4$
점 $(-1,\,-5)$는 곡선 $y=x^3+3x^2+4x-b$ 위의
점이므로
$-5=-1+3-4-b$
$\therefore\ b=3$

182 答 $a=-1,\ b=-6$

$f'(x)=6x+a$
점 $(1,\,f(1))$에서의 접선의 기울기가 5이므로
$f'(1)=5$에서
$6+a=5$ $\qquad \therefore\ a=-1$
점 $(-2,\,8)$은 곡선 $y=3x^2-x+b$ 위의 점이므로
$8=12+2+b$ $\qquad \therefore\ b=-6$

183 答 2

$f(x)=x^3+3x^2-x-2$라 하면
$f'(x)=3x^2+6x-1$
점 $(a,\,b)$에서의 접선의 기울기가 -4이므로
$f'(a)=-4$에서
$3a^2+6a-1=-4$
$a^2+2a+1=0,\ (a+1)^2=0$
$\therefore\ a=-1$
점 $(-1,\,b)$는 곡선 $y=x^3+3x^2-x-2$ 위의 점이므
로
$b=-1+3+1-2=1$
$\therefore\ a^2+b^2=(-1)^2+1^2=2$

184 答 27

$f(x)=-2x^3+ax^2-bx$라 하면
$f'(x)=-6x^2+2ax-b$
두 점 $(1,\,5),\ (2,\,c)$에서의 접선이 서로 평행하므로
$f'(1)=f'(2)$에서
$-6+2a-b=-24+4a-b$
$-2a=-18$ $\qquad \therefore\ a=9$
점 $(1,\,5)$는 곡선 $y=-2x^3+9x^2-bx$ 위의 점이므로
$5=-2+9-b$ $\qquad \therefore\ b=2$
점 $(2,\,c)$는 곡선 $y=-2x^3+9x^2-2x$ 위의 점이므로
$c=-16+36-4=16$
$\therefore\ a+b+c=27$

185 🖩 13

$$\lim_{x \to 3} \frac{f(x)-f(3)}{x^2-9} = \lim_{x \to 3} \frac{f(x)-f(3)}{(x+3)(x-3)}$$
$$= \lim_{x \to 3} \frac{f(x)-f(3)}{x-3} \times \lim_{x \to 3} \frac{1}{x+3}$$
$$= \frac{1}{6} f'(3)$$

$f'(x)=9x^2-2x+3$이므로

$f'(3)=81-6+3=78$

따라서 구하는 값은

$\frac{1}{6} f'(3) = \frac{1}{6} \times 78 = 13$

186 🖩 3

$f(x)=x+x^2+x^3+x^4+x^5$이라 하면

$f(-1)=-1+1-1+1-1=-1$이므로

$$\lim_{x \to -1} \frac{x+x^2+x^3+x^4+x^5+1}{x+1}$$
$$= \lim_{x \to -1} \frac{f(x)-f(-1)}{x-(-1)}$$
$$= f'(-1)$$

$f'(x)=1+2x+3x^2+4x^3+5x^4$이므로 구하는 값은

$f'(-1)=1-2+3-4+5=3$

187 🖩 12

$f(-1)=1+1-1=1$이므로

$$\lim_{h \to 0} \frac{f(-1-3h)-1}{h}$$
$$= \lim_{h \to 0} \frac{f(-1-3h)-f(-1)}{h}$$
$$= \lim_{h \to 0} \frac{f(-1-3h)-f(-1)}{-3h} \times (-3)$$
$$= -3f'(-1)$$

$f'(x)=-3x^2+2x+1$이므로

$f'(-1)=-3-2+1=-4$

따라서 구하는 값은

$-3f'(-1)=-3 \times (-4)=12$

188 🖩 5

$f(x)=3x^n-5x$라 하면 $f(1)=3-5=-2$이므로

$$\lim_{x \to 1} \frac{3x^n-5x+2}{x-1} = \lim_{x \to 1} \frac{f(x)-f(1)}{x-1}$$
$$= f'(1)$$

$\therefore f'(1)=10$

$f'(x)=3nx^{n-1}-5$이므로 $f'(1)=10$에서

$3n-5=10 \qquad \therefore n=5$

189 🖩 −1

$$\lim_{x \to 2} \frac{f(x)-f(2)}{x^2-4} = \lim_{x \to 2} \frac{f(x)-f(2)}{(x+2)(x-2)}$$
$$= \lim_{x \to 2} \frac{f(x)-f(2)}{x-2} \times \lim_{x \to 2} \frac{1}{x+2}$$
$$= \frac{1}{4} f'(2)$$

따라서 $\frac{1}{4} f'(2)=3$이므로 $f'(2)=12$

$f'(x)=3x^2+2ax-8$이므로 $f'(2)=12$에서

$12+4a-8=12 \qquad \therefore a=2$

따라서 $f'(x)=3x^2+4x-8$이므로

$f'(1)=3+4-8=-1$

190 🖩 3

$\lim\limits_{x \to -1} \dfrac{f(x)}{x+1} = -6$에서 $x \to -1$일 때 (분모)$\to 0$이고

극한값이 존재하므로 (분자)$\to 0$이다.

즉, $\lim\limits_{x \to -1} f(x)=0$이므로 $f(-1)=0$ $\qquad$ …… ㉠

$\therefore \lim\limits_{x \to -1} \dfrac{f(x)}{x+1} = \lim\limits_{x \to -1} \dfrac{f(x)-f(-1)}{x-(-1)} = f'(-1)$

$\therefore f'(-1)=-6$ $\qquad$ …… ㉡

$f'(x)=4x^3+2ax$이므로 ㉡에서

$-4-2a=-6 \qquad \therefore a=1$

따라서 $f(x)=x^4+x^2+b$이므로 ㉠에서

$1+1+b=0 \qquad \therefore b=-2$

$\therefore a-b=3$

191 🖩 6

$$\lim_{h \to 0} \frac{f(2-h)-f(2)}{h}$$
$$= \lim_{h \to 0} \frac{f(2-h)-f(2)}{-h} \times (-1)$$
$$= -f'(2)$$

따라서 $-f'(2)=-1$이므로

$f'(2)=1$ $\qquad$ …… ㉠

$f(0)=1$이므로 $\lim\limits_{h \to 0} \dfrac{f(h)-1}{h}=-3$에서

$\lim\limits_{h \to 0} \dfrac{f(0+h)-f(0)}{h}=-3$

$\therefore f'(0)=-3$ $\qquad$ …… ㉡

$f'(x)=3x^2+2ax+b$이므로 ㉡에서

$b=-3$

따라서 $f'(x)=3x^2+2ax-3$이므로 ㉠에서

$12+4a-3=1 \qquad \therefore a=-2$

$\therefore ab=6$

192 답 −9

$\lim\limits_{x\to\infty}\dfrac{f(x)}{x^2+3x+1}=1$에서 함수 $f(x)$는 최고차항의 계수가 1인 이차함수이다.

$f(x)=x^2+ax+b\,(a,\ b$는 상수$)$라 하면

$f'(x)=2x+a$

$\lim\limits_{x\to0}\dfrac{f(x)}{x}=-3$에서 $x\to0$일 때 (분모)$\to0$이고 극한값이 존재하므로 (분자)$\to0$이다.

즉, $\lim\limits_{x\to0}f(x)=0$이므로 $f(0)=0$ ······ ㉠

$\therefore \lim\limits_{x\to0}\dfrac{f(x)}{x}=\lim\limits_{x\to0}\dfrac{f(x)-f(0)}{x}=f'(0)$

$\therefore f'(0)=-3$ ······ ㉡

㉠에서 $b=0$, ㉡에서 $a=-3$이므로

$f(x)=x^2-3x,\ f'(x)=2x-3$

$\therefore f(1)+f'(-2)=(1-3)+(-4-3)=-9$

193 답 $a=2,\ b=1$

함수 $f(x)$가 $x=2$에서 미분가능하면 $x=2$에서 연속이고 미분계수 $f'(2)$가 존재한다.

(i) $x=2$에서 연속이므로 $\lim\limits_{x\to2-}f(x)=f(2)$에서

$8-8+9=4a+b$ $\therefore 4a+b=9$ ······ ㉠

(ii) 미분계수 $f'(2)$가 존재하므로

$\lim\limits_{x\to2+}\dfrac{f(x)-f(2)}{x-2}$

$=\lim\limits_{x\to2+}\dfrac{(ax^2+b)-(4a+b)}{x-2}$

$=\lim\limits_{x\to2+}\dfrac{a(x+2)(x-2)}{x-2}$

$=\lim\limits_{x\to2+}a(x+2)=4a$

$\lim\limits_{x\to2-}\dfrac{f(x)-f(2)}{x-2}$

$=\lim\limits_{x\to2-}\dfrac{(x^3-4x+9)-(4a+b)}{x-2}$

$=\lim\limits_{x\to2-}\dfrac{x^3-4x}{x-2}\ (\because ㉠)$

$=\lim\limits_{x\to2-}\dfrac{x(x+2)(x-2)}{x-2}$

$=\lim\limits_{x\to2-}x(x+2)=8$

즉, $4a=8$이므로 $a=2$

$a=2$를 ㉠에 대입하면

$8+b=9$ $\therefore b=1$

| 다른 풀이 |

$g(x)=ax^2+b,\ h(x)=x^3-4x+9$라 하면

$g'(x)=2ax,\ h'(x)=3x^2-4$

(i) $x=2$에서 연속이므로 $g(2)=h(2)$에서

$4a+b=9$ ······ ㉠

(ii) 미분계수 $f'(2)$가 존재하므로 $g'(2)=h'(2)$에서

$4a=8$ $\therefore a=2$

$a=2$를 ㉠에 대입하면

$8+b=9$ $\therefore b=1$

194 답 $a=2,\ b=6$

함수 $f(x)$가 $x=3$에서 미분가능하면 $x=3$에서 연속이고 미분계수 $f'(3)$이 존재한다.

(i) $x=3$에서 연속이므로 $\lim\limits_{x\to3-}f(x)=f(3)$에서

$27+9=9a+3b$

$\therefore 3a+b=12$ ······ ㉠

(ii) 미분계수 $f'(3)$이 존재하므로

$\lim\limits_{x\to3+}\dfrac{f(x)-f(3)}{x-3}$

$=\lim\limits_{x\to3+}\dfrac{(ax^2+bx)-(9a+3b)}{x-3}$

$=\lim\limits_{x\to3+}\dfrac{ax^2+bx-3(3a+b)}{x-3}$

$=\lim\limits_{x\to3+}\dfrac{(x-3)(ax+3a+b)}{x-3}$

$=\lim\limits_{x\to3+}(ax+3a+b)=6a+b$

$\lim\limits_{x\to3-}\dfrac{f(x)-f(3)}{x-3}$

$=\lim\limits_{x\to3-}\dfrac{3x^2+9-(9a+3b)}{x-3}$

$=\lim\limits_{x\to3-}\dfrac{3x^2-27}{x-3}\ (\because ㉠)$

$=\lim\limits_{x\to3-}\dfrac{3(x+3)(x-3)}{x-3}$

$=\lim\limits_{x\to3-}3(x+3)=18$

$\therefore 6a+b=18$ ······ ㉡

㉠, ㉡을 연립하여 풀면

$a=2,\ b=6$

| 다른 풀이 |

$g(x)=ax^2+bx,\ h(x)=3x^2+9$라 하면

$g'(x)=2ax+b,\ h'(x)=6x$

(i) $x=3$에서 연속이므로 $g(3)=h(3)$에서

$9a+3b=27+9$

$\therefore 3a+b=12$ ······ ㉠

(ii) 미분계수 $f'(3)$이 존재하므로 $g'(3)=h'(3)$에서

$6a+b=18$ ······ ㉡

㉠, ㉡을 연립하여 풀면 $a=2,\ b=6$

195 $\boxed{\text{답}}$ -7

함수 $f(x)$가 $x=a$에서 미분가능하면 $x=a$에서 연속이고 미분계수 $f'(a)$가 존재한다.

(i) $x=a$에서 연속이므로 $\lim\limits_{x\to a-}f(x)=f(a)$에서

$$6a+b=a^2+4a \qquad \cdots\cdots\text{㉠}$$

(ii) 미분계수 $f'(a)$가 존재하므로

$$\lim_{x\to a+}\frac{f(x)-f(a)}{x-a}$$
$$=\lim_{x\to a+}\frac{(x^2+4x)-(a^2+4a)}{x-a}$$
$$=\lim_{x\to a+}\frac{x^2+4x-a(a+4)}{x-a}$$
$$=\lim_{x\to a+}\frac{(x-a)(x+a+4)}{x-a}$$
$$=\lim_{x\to a+}(x+a+4)$$
$$=2a+4$$
$$\lim_{x\to a-}\frac{f(x)-f(a)}{x-a}$$
$$=\lim_{x\to a-}\frac{(6x+b)-(a^2+4a)}{x-a}$$
$$=\lim_{x\to a-}\frac{6x-6a}{x-a}\ (\because\text{㉠})$$
$$=\lim_{x\to a-}\frac{6(x-a)}{x-a}$$
$$=6$$

즉, $2a+4=6$이므로 $a=1$

$a=1$을 ㉠에 대입하면

$6+b=5$

$\therefore b=-1$

따라서 $f(x)=\begin{cases} x^2+4x & (x\geq 1) \\ 6x-1 & (x<1) \end{cases}$ 이므로

$f(-1)=-6-1=-7$

| 다른 풀이 |

$g(x)=x^2+4x,\ h(x)=6x+b$라 하면

$g'(x)=2x+4,\ h'(x)=6$

(i) $x=a$에서 연속이므로 $g(a)=h(a)$에서

$a^2+4a=6a+b$

$\therefore b=a^2-2a \qquad \cdots\cdots\text{㉠}$

(ii) 미분계수 $f'(a)$가 존재하므로 $g'(a)=h'(a)$에서

$2a+4=6 \qquad \therefore a=1$

$a=1$을 ㉠에 대입하면

$b=-1$

따라서 $f(x)=\begin{cases} x^2+4x & (x\geq 1) \\ 6x-1 & (x<1) \end{cases}$ 이므로

$f(-1)=-6-1=-7$

196 $\boxed{\text{답}}$ ③

$f(x)=\begin{cases} x+3 & (x\geq -3) \\ -(x+3) & (x<-3) \end{cases}$ 이므로

$h(x)=f(x)g(x)$라 하면

$h(x)=\begin{cases} (x+3)(2x+a) & (x\geq -3) \\ -(x+3)(2x+a) & (x<-3) \end{cases}$

함수 $h(x)$가 실수 전체의 집합에서 미분가능하면 $x=-3$에서 미분가능하므로 미분계수 $h'(-3)$이 존재한다.

$$\lim_{x\to -3+}\frac{h(x)-h(-3)}{x-(-3)}$$
$$=\lim_{x\to -3+}\frac{(x+3)(2x+a)-0}{x+3}$$
$$=\lim_{x\to -3+}(2x+a)=-6+a$$
$$\lim_{x\to -3-}\frac{h(x)-h(-3)}{x-(-3)}$$
$$=\lim_{x\to -3-}\frac{-(x+3)(2x+a)-0}{x+3}$$
$$=\lim_{x\to -3-}\{-(2x+a)\}=6-a$$

즉, $-6+a=6-a$이므로

$2a=12 \qquad \therefore a=6$

197 $\boxed{\text{답}}$ $a=8,\ b=7$

다항식 x^8+ax+b를 $(x+1)^2$으로 나누었을 때의 몫을 $Q(x)$라 하면 나머지가 0이므로

$$x^8+ax+b=(x+1)^2Q(x) \qquad \cdots\cdots\text{㉠}$$

㉠의 양변에 $x=-1$을 대입하면

$1-a+b=0 \qquad \therefore a-b=1 \qquad \cdots\cdots\text{㉡}$

㉠의 양변을 x에 대하여 미분하면

$$8x^7+a=2(x+1)Q(x)+(x+1)^2Q'(x)$$

양변에 $x=-1$을 대입하면

$-8+a=0 \qquad \therefore a=8$

이를 ㉡에 대입하면

$8-b=1 \qquad \therefore b=7$

198 $\boxed{\text{답}}$ 12

다항식 $x^{20}-5x^2+6$을 $(x-1)^2$으로 나누었을 때의 몫을 $Q(x)$, 나머지 $R(x)$를 $ax+b\,(a,\ b$는 상수$)$라 하면

$$x^{20}-5x^2+6=(x-1)^2Q(x)+ax+b \qquad \cdots\cdots\text{㉠}$$

㉠의 양변에 $x=1$을 대입하면

$1-5+6=a+b$

$\therefore a+b=2 \qquad \cdots\cdots\text{㉡}$

①의 양변을 x에 대하여 미분하면

$20x^{19}-10x=2(x-1)Q(x)+(x-1)^2Q'(x)+a$

양변에 $x=1$을 대입하면

$20-10=a$ $\therefore a=10$

이를 ⓒ에 대입하면

$10+b=2$ $\therefore b=-8$

따라서 $R(x)=10x-8$이므로

$R(2)=20-8=12$

---

199 답 36

다항식 x^3-6x^2+a를 $(x-b)^2$으로 나누었을 때의 몫을 $Q(x)$라 하면 나머지가 0이므로

$x^3-6x^2+a=(x-b)^2Q(x)$ ······ ①

①의 양변에 $x=b$를 대입하면

$b^3-6b^2+a=0$ ······ ⓒ

①의 양변을 x에 대하여 미분하면

$3x^2-12x=2(x-b)Q(x)+(x-b)^2Q'(x)$

양변에 $x=b$를 대입하면

$3b^2-12b=0,\ b(b-4)=0$

$\therefore b=4\ (\because b\neq0)$

이를 ⓒ에 대입하면

$64-96+a=0$

$\therefore a=32$

$\therefore a+b=36$

---

200 답 -1

다항식 x^3+ax^2+bx+4를 $(x-1)^2$으로 나누었을 때의 몫을 $Q(x)$라 하면 나머지가 $7x+1$이므로

x^3+ax^2+bx+4
$=(x-1)^2Q(x)+7x+1$ ······ ①

①의 양변에 $x=1$을 대입하면

$1+a+b+4=8$

$\therefore a+b=3$ ······ ⓒ

①의 양변을 x에 대하여 미분하면

$3x^2+2ax+b=2(x-1)Q(x)+(x-1)^2Q'(x)+7$

양변에 $x=1$을 대입하면

$3+2a+b=7$

$\therefore 2a+b=4$ ······ ⓒ

ⓒ, ⓒ을 연립하여 풀면

$a=1,\ b=2$

$\therefore a-b=-1$

---

201 답 5

$f'(x)=2x(x^2+ax+3)+(x^2+1)(2x+a)$

$f'(1)=32$에서 $2(4+a)+2(2+a)=32$

$4a=20$ $\therefore a=5$

---

202 답 ①

$f(x)=1-x+x^2-x^3+x^4-\cdots-x^9+x^{10}$이므로

$f'(x)=-1+2x-3x^2+4x^3-\cdots-9x^8+10x^9$

$\therefore f'(1)=-1+2-3+4-\cdots-9+10=5$

---

203 답 ⑤

$f(x)=ax^2+bx+c\ (a,\ b,\ c$는 상수, $a\neq0)$라 하면

$f'(x)=2ax+b$

$f'(1)=1$에서 $2a+b=1$ ······ ①

$f'(-1)=-7$에서 $-2a+b=-7$ ······ ⓒ

①, ⓒ을 연립하여 풀면

$a=2,\ b=-3$

$f(x)=2x^2-3x+c$이므로 $f(1)=4$에서

$2-3+c=4$ $\therefore c=5$

따라서 $f(x)=2x^2-3x+5$이므로

$f(2)=8-6+5=7$

---

204 답 -1

점 $(2,\ 4)$에서의 접선의 기울기가 -3이므로

$f'(2)=-3$

점 $(2,\ 4)$는 곡선 $y=f(x)$ 위의 점이므로

$f(2)=4$

$g'(x)=2x+f(x)+(x+1)f'(x)$이므로

$g'(2)=4+f(2)+3f'(2)$
$\qquad\ =4+4+3\times(-3)=-1$

---

205 답 -12

$\displaystyle\lim_{x\to1}\frac{\{f(x)\}^2-\{f(1)\}^2}{x-1}$

$\displaystyle=\lim_{x\to1}\frac{\{f(x)+f(1)\}\{f(x)-f(1)\}}{x-1}$

$\displaystyle=\lim_{x\to1}\frac{f(x)-f(1)}{x-1}\times\lim_{x\to1}\{f(x)+f(1)\}$

$=f'(1)\times\{f(1)+f(1)\}$

$=2f'(1)f(1)$

$f'(x)=4x-1$이므로 $f'(1)=4-1=3$

또 $f(1)=2-1-3=-2$이므로 구하는 값은

$2f'(1)f(1)=2\times3\times(-2)=-12$

---

206 답 **25**

$f(x)=x^7+x^6+x^5+x^4+x^3$이라 하면
$f(1)=1+1+1+1+1=5$이므로

$$\lim_{x\to 1}\frac{x^7+x^6+x^5+x^4+x^3-5}{x-1}=\lim_{x\to 1}\frac{f(x)-f(1)}{x-1}$$
$$=f'(1)$$

$f'(x)=7x^6+6x^5+5x^4+4x^3+3x^2$이므로 구하는
값은

$f'(1)=7+6+5+4+3=25$

207 답 **⑤**

$$\lim_{x\to 1}\frac{f(x)-f(1)}{x^2+3x-4}=\lim_{x\to 1}\frac{f(x)-f(1)}{(x+4)(x-1)}$$
$$=\lim_{x\to 1}\frac{f(x)-f(1)}{x-1}\times\lim_{x\to 1}\frac{1}{x+4}$$
$$=\frac{1}{5}f'(1)$$

따라서 $\frac{1}{5}f'(1)=1$이므로 $f'(1)=5$

$f'(x)=3ax^2-4x$이므로 $f'(1)=5$에서

$3a-4=5$ ∴ $a=3$

208 답 **⑤**

함수 $f(x)$가 실수 전체의 집합에서 미분가능하면
$x=-2$에서 미분가능하므로 $x=-2$에서 연속이고
미분계수 $f'(-2)$가 존재한다.

(i) $x=-2$에서 연속이므로 $\lim\limits_{x\to -2+}f(x)=f(-2)$에서

$-4=4-2a+b$ ······ ㉠

(ii) 미분계수 $f'(-2)$가 존재하므로

$$\lim_{x\to -2+}\frac{f(x)-f(-2)}{x-(-2)}$$
$$=\lim_{x\to -2+}\frac{2x-(4-2a+b)}{x+2}$$
$$=\lim_{x\to -2+}\frac{2x+4}{x+2}\ (\because ㉠)$$
$$=\lim_{x\to -2+}\frac{2(x+2)}{x+2}=2$$

$$\lim_{x\to -2-}\frac{f(x)-f(-2)}{x-(-2)}$$
$$=\lim_{x\to -2-}\frac{x^2+ax+b-(4-2a+b)}{x+2}$$
$$=\lim_{x\to -2-}\frac{x^2+ax+2(a-2)}{x+2}$$
$$=\lim_{x\to -2-}\frac{(x+2)(x+a-2)}{x+2}$$
$$=\lim_{x\to -2-}(x+a-2)=a-4$$

즉, $2=a-4$이므로 $a=6$

$a=6$을 ㉠에 대입하면

$-4=4-12+b$ ∴ $b=4$

∴ $a+b=10$

| 다른 풀이 |

$g(x)=x^2+ax+b$, $h(x)=2x$라 하면

$g'(x)=2x+a$, $h'(x)=2$

(i) $x=-2$에서 연속이므로 $g(-2)=h(-2)$에서

$4-2a+b=-4$

∴ $2a-b=8$ ······ ㉠

(ii) 미분계수 $f'(-2)$가 존재하므로

$g'(-2)=h'(-2)$에서

$-4+a=2$ ∴ $a=6$

$a=6$을 ㉠에 대입하면

$12-b=8$ ∴ $b=4$

∴ $a+b=10$

209 답 **200**

다항식 $x^{100}+ax+b$를 $(x+1)^2$으로 나누었을 때의
몫을 $Q(x)$라 하면 나머지가 0이므로

$x^{100}+ax+b=(x+1)^2Q(x)$ ······ ㉠

㉠의 양변에 $x=-1$을 대입하면

$1-a+b=0$ ∴ $a-b=1$ ······ ㉡

㉠의 양변을 x에 대하여 미분하면

$100x^{99}+a=2(x+1)Q(x)+(x+1)^2Q'(x)$

양변에 $x=-1$을 대입하면

$-100+a=0$

∴ $a=100$

이를 ㉡에 대입하면

$100-b=1$

∴ $b=99$

따라서 $f(x)=x^{100}+100x+99$를 $x-1$로 나누었을
때의 나머지는

$f(1)=1+100+99=200$

| 참고 | 다항식 $f(x)$를 일차식 $x-a$로 나누었을 때의 나머
지를 R라 하면
$R=f(a)$

210 답 $f'(x)=x+1$

$f(x+y)=f(x)+f(y)+xy+1$의 양변에 $x=0$,
$y=0$을 대입하면

$f(0)=f(0)+f(0)+1$

∴ $f(0)=-1$

$$\therefore f'(1) = \lim_{h \to 0} \frac{f(1+h)-f(1)}{h}$$
$$= \lim_{h \to 0} \frac{\{f(1)+f(h)+h+1\}-f(1)}{h}$$
$$= \lim_{h \to 0} \frac{f(h)+1+h}{h}$$
$$= \lim_{h \to 0} \frac{f(h)-f(0)}{h}+1$$
$$= f'(0)+1$$

따라서 $f'(0)+1=2$이므로 $f'(0)=1$

$$\therefore f'(x) = \lim_{h \to 0} \frac{f(x+h)-f(x)}{h}$$
$$= \lim_{h \to 0} \frac{\{f(x)+f(h)+xh+1\}-f(x)}{h}$$
$$= \lim_{h \to 0} \frac{f(h)+1+xh}{h}$$
$$= \lim_{h \to 0} \frac{f(h)-f(0)}{h}+\lim_{h \to 0} x$$
$$= f'(0)+x$$
$$= x+1$$

211 📄 14

$\lim\limits_{x \to 3} \dfrac{f(x)-2}{x-3}=2$에서 $x \to 3$일 때 (분모)$\to 0$이고
극한값이 존재하므로 (분자)$\to 0$이다.

즉, $\lim\limits_{x \to 3} \{f(x)-2\}=0$이므로

$f(3)=2$

$$\therefore \lim_{x \to 3} \frac{f(x)-2}{x-3}=\lim_{x \to 3} \frac{f(x)-f(3)}{x-3}=f'(3)$$

$\therefore f'(3)=2$

$\lim\limits_{x \to 3} \dfrac{g(x)-1}{x^2-9}=1$에서 $x \to 3$일 때 (분모)$\to 0$이고
극한값이 존재하므로 (분자)$\to 0$이다.

즉, $\lim\limits_{x \to 3} \{g(x)-1\}=0$이므로

$g(3)=1$

$$\therefore \lim_{x \to 3} \frac{g(x)-1}{x^2-9}$$
$$= \lim_{x \to 3} \frac{g(x)-g(3)}{(x+3)(x-3)}$$
$$= \lim_{x \to 3} \frac{g(x)-g(3)}{x-3} \times \lim_{x \to 3} \frac{1}{x+3}$$
$$= \frac{1}{6}g'(3)$$

따라서 $\dfrac{1}{6}g'(3)=1$이므로 $g'(3)=6$

함수 $f(x)g(x)$의 $x=3$에서의 미분계수는
$f'(3)g(3)+f(3)g'(3)=2 \times 1+2 \times 6=14$

212 📄 45

$\dfrac{1}{t}=h$로 놓으면 $t \to \infty$일 때 $h \to 0$이므로

$$\lim_{t \to \infty} t\left\{f\left(1+\frac{4}{t}\right)-f\left(1-\frac{1}{t}\right)\right\}$$
$$= \lim_{h \to 0} \frac{f(1+4h)-f(1-h)}{h}$$
$$= \lim_{h \to 0} \frac{f(1+4h)-f(1)+f(1)-f(1-h)}{h}$$
$$= \lim_{h \to 0} \frac{f(1+4h)-f(1)}{4h} \times 4$$
$$\qquad -\lim_{h \to 0} \frac{f(1-h)-f(1)}{-h} \times (-1)$$
$$= 4f'(1)-f'(1) \times (-1)=5f'(1)$$

$f'(x)=8x^3+1$이므로 $f'(1)=8+1=9$
따라서 구하는 값은
$5f'(1)=5 \times 9=45$

213 📄 $\dfrac{3}{2}$

$f(1)=1+3=4$이므로

$$\lim_{x \to 1} \frac{\sqrt{f(x)}-2}{x-1}$$
$$= \lim_{x \to 1} \left\{\frac{\sqrt{f(x)}-2}{x-1} \times \frac{\sqrt{f(x)}+2}{\sqrt{f(x)}+2}\right\}$$
$$= \lim_{x \to 1} \left\{\frac{f(x)-4}{x-1} \times \frac{1}{\sqrt{f(x)}+2}\right\}$$
$$= \lim_{x \to 1} \frac{f(x)-f(1)}{x-1} \times \lim_{x \to 1} \frac{1}{\sqrt{f(x)}+2}$$
$$= f'(1) \times \frac{1}{\sqrt{f(1)}+2}=\frac{1}{4}f'(1)$$

$f'(x)=3x^2+3$이므로 $f'(1)=3+3=6$
따라서 구하는 값은
$$\frac{1}{4}f'(1)=\frac{1}{4} \times 6=\frac{3}{2}$$

214 📄 36

$\lim\limits_{x \to 2} \dfrac{x^n+x^3-3x^2-12}{x-2}=a$에서 $x \to 2$일 때
(분모)$\to 0$이고 극한값이 존재하므로 (분자)$\to 0$이다.

즉, $\lim\limits_{x \to 2}(x^n+x^3-3x^2-12)=0$이므로

$2^n+8-12-12=0$

$2^n=16$ $\therefore n=4$ ▶▶▶▶▶ ❶

$f(x)=x^4+x^3-3x^2$이라 하면

$f(2)=16+8-12=12$이므로

$$\lim_{x \to 2} \frac{x^4+x^3-3x^2-12}{x-2}=\lim_{x \to 2} \frac{f(x)-f(2)}{x-2}=f'(2)$$

$f'(x)=4x^3+3x^2-6x$이므로

$f'(2)=32+12-12=32$

$\therefore a=32$ ▶▶▶▶▶ ❷

$\therefore n+a=36$ ▶▶▶▶▶ ❸

단계	채점 기준	비율
❶	n의 값 구하기	40 %
❷	a의 값 구하기	50 %
❸	$n+a$의 값 구하기	10 %

215 ▸ 16

$\lim\limits_{x \to 0} \dfrac{f(x)}{x}=5$에서 $x \to 0$일 때 (분모)$\to 0$이고 극한

값이 존재하므로 (분자)$\to 0$이다.

즉, $\lim\limits_{x \to 0} f(x)=0$이므로 $f(0)=0$

$\therefore \lim\limits_{x \to 0} \dfrac{f(x)}{x}=\lim\limits_{x \to 0} \dfrac{f(x)-f(0)}{x}=f'(0)$

$\therefore f'(0)=5$ ······ ㉠

$\lim\limits_{x \to 2} \dfrac{f(x)-2}{x-2}=1$에서 $x \to 2$일 때 (분모)$\to 0$이고 극

한값이 존재하므로 (분자)$\to 0$이다.

즉, $\lim\limits_{x \to 2} \{f(x)-2\}=0$이므로 $f(2)=2$

$\therefore \lim\limits_{x \to 2} \dfrac{f(x)-2}{x-2}=\lim\limits_{x \to 2} \dfrac{f(x)-f(2)}{x-2}=f'(2)$

$\therefore f'(2)=1$ ······ ㉡

$f(0)=0$이므로 $f(x)=x^3+ax^2+bx\,(a, b$는 상수)라

하면

$f'(x)=3x^2+2ax+b$

㉠에서 $b=5$

$f'(x)=3x^2+2ax+5$이므로 ㉡에서

$12+4a+5=1$ $\therefore a=-4$

따라서 $f'(x)=3x^2-8x+5$이므로

$f'(-1)=3+8+5=16$

216 ▸ ④

$\lim\limits_{x \to 2} \dfrac{f(x)}{(x-2)\{f'(x)\}^2}=\dfrac{1}{4}$에서 $x \to 2$일 때

(분모)$\to 0$이고 극한값이 존재하므로 (분자)$\to 0$이다.

즉, $\lim\limits_{x \to 2} f(x)=0$이므로 $f(2)=0$

이때 $f(1)=0$이므로

$f(x)=(x-1)(x-2)(x-a)\,(a$는 상수)라 하면

$f'(x)=(x-2)(x-a)+(x-1)(x-a)$

$\qquad\qquad\qquad\qquad +(x-1)(x-2)$

$\therefore \lim\limits_{x \to 2} \dfrac{f(x)}{(x-2)\{f'(x)\}^2}$

$=\lim\limits_{x \to 2} \dfrac{(x-1)(x-2)(x-a)}{(x-2)\{f'(x)\}^2}$

$=\lim\limits_{x \to 2} \dfrac{(x-1)(x-a)}{\{f'(x)\}^2}$

$=\dfrac{2-a}{\{f'(2)\}^2}=\dfrac{2-a}{(2-a)^2}=\dfrac{1}{2-a}$

따라서 $\dfrac{1}{2-a}=\dfrac{1}{4}$이므로

$2-a=4$ $\therefore a=-2$

즉, $f(x)=(x-1)(x-2)(x+2)$이므로

$f(3)=2 \times 1 \times 5=10$

217 ▸ 4

$f(x)=ax^3+bx^2+cx+d\,(a, b, c, d$는 상수, $a \neq 0)$

라 하면

$f'(x)=3ax^2+2bx+c$

㈎에서 $f(-1)=0$, $f'(-1)=0$ ······ ㉠

㈏에서 $f(0)+1=0$, $f'(0)=0$

$\therefore f(0)=-1$, $f'(0)=0$ ······ ㉡

㉡에서 $c=0$, $d=-1$

$\therefore f(x)=ax^3+bx^2-1$, $f'(x)=3ax^2+2bx$

㉠에서

$-a+b-1=0$ $\therefore a-b=-1$ ······ ㉢

$3a-2b=0$ ······ ㉣

㉢, ㉣을 연립하여 풀면 $a=2$, $b=3$

따라서 $f(x)=2x^3+3x^2-1$이므로

$f(1)=2+3-1=4$

218 ▸ ①

| 접근 방법 | 함수의 극한에 대한 성질과 미분계수의 정의를 이

용하여 $f(0)$, $g(0)$, $f'(0)$, $g'(0)$의 값을 구한다.

$\lim\limits_{x \to 0} \dfrac{f(x)+g(x)}{x}=3$에서 $x \to 0$일 때 (분모)$\to 0$이

고 극한값이 존재하므로 (분자)$\to 0$이다.

즉, $\lim\limits_{x \to 0} \{f(x)+g(x)\}=0$이므로

$f(0)+g(0)=0$ ······ ㉠

$\therefore \lim\limits_{x \to 0} \dfrac{f(x)+g(x)}{x}$

$=\lim\limits_{x \to 0} \dfrac{f(x)+g(x)-\{f(0)+g(0)\}}{x}$

$=\lim\limits_{x \to 0} \dfrac{f(x)-f(0)}{x}+\lim\limits_{x \to 0} \dfrac{g(x)-g(0)}{x}$

$=f'(0)+g'(0)$

$\therefore f'(0)+g'(0)=3$ $\quad$ ······ ⓛ

$\lim_{x \to 0} \dfrac{f(x)+3}{xg(x)}=2$에서 $x \to 0$일 때 (분모)$\to 0$이고 극

한값이 존재하므로 (분자)$\to 0$이다.

즉, $\lim_{x \to 0}\{f(x)+3\}=0$이므로

$f(0)=-3$

이를 ⓐ에 대입하면

$-3+g(0)=0$ $\quad\quad \therefore g(0)=3$

$\therefore \lim_{x \to 0} \dfrac{f(x)+3}{xg(x)}$

$\quad =\lim_{x \to 0} \dfrac{f(x)-f(0)}{xg(x)}$

$\quad =\lim_{x \to 0} \dfrac{f(x)-f(0)}{x} \times \lim_{x \to 0} \dfrac{1}{g(x)}$

$\quad =f'(0) \times \dfrac{1}{g(0)}$

$\quad =\dfrac{1}{3}f'(0)$

따라서 $\dfrac{1}{3}f'(0)=2$이므로

$f'(0)=6$

이를 ⓛ에 대입하면

$6+g'(0)=3$ $\quad \therefore g'(0)=-3$

$h'(x)=f'(x)g(x)+f(x)g'(x)$이므로

$h'(0)=f'(0)g(0)+f(0)g'(0)$

$\quad\quad\quad =6 \times 3+(-3) \times (-3)$

$\quad\quad\quad =27$

219 달 6

| **접근 방법** | $f(x)$의 차수와 최고차항의 계수를 미지수로 놓고 좌변과 우변을 비교한다.

$f(x)$를 m차함수라 하면 $f'(x)$는 $(m-1)$차함수이다.

$(x^n-2)f'(x)=f(x)$에서 좌변의 차수는 $n+m-1$, 우변의 차수는 m이고 좌변과 우변의 차수는 같아야 하므로

$n+m-1=m$

$\therefore n=1$

$\therefore (x-2)f'(x)=f(x)$ $\quad$ ······ ㉠

$f(x)$의 최고차항을 $ax^m(a \neq 0)$이라 하면 $f'(x)$의 최고차항은 amx^{m-1}이므로 ㉠의 좌변의 최고차항은

$x \times amx^{m-1}=amx^m$

좌변과 우변의 최고차항의 계수가 같아야 하므로

$am=a$

$\therefore m=1 \, (\because a \neq 0)$

따라서 $f(x)$는 일차함수이므로

$f(x)=ax+b\,(a,\ b$는 상수, $a \neq 0)$라 하면

$f'(x)=a$

$f(x)$와 $f'(x)$를 ㉠에 대입하면

$a(x-2)=ax+b$

$ax-2a=ax+b$

$\therefore b=-2a$

$f(x)=ax-2a$이므로 $f(4)=3$에서

$2a=3$ $\quad\quad \therefore a=\dfrac{3}{2}$

이를 $b=-2a$에 대입하면

$b=-3$

따라서 $f(x)=\dfrac{3}{2}x-3$이므로

$f(6)=9-3=6$

220 달 -5

| **접근 방법** | 함수 $f(x)$가 $x=-2$에서 연속이고 $f(x)=f(x+4)$임을 이용하여 $-2 \leq x \leq 2$에서의 $f(x)$를 구한 후 $f(3)$과 같은 함숫값을 $-2 \leq x \leq 2$에서 찾는다.

함수 $f(x)$가 실수 전체의 집합에서 미분가능하면 $x=-2$에서 미분가능하므로 $x=-2$에서 연속이고 미분계수 $f'(-2)$가 존재한다.

(i) $x=-2$에서 연속이므로

$\quad \lim_{x \to -2+} f(x)=\lim_{x \to -2-} f(x)$

$\quad$ 이때 (나)에서 $f(x)=f(x+4)$이므로

$\quad \lim_{x \to -2-} f(x)=\lim_{x \to 2-} f(x)$

$\quad \therefore \lim_{x \to -2+} f(x)=\lim_{x \to 2-} f(x)$

$\quad$ 따라서 $-8a+4b-15=8a+4b+17$이므로

$\quad 16a=-32$ $\quad\quad \therefore a=-2$

$\quad \therefore f(x)=-2x^3+bx^2+8x+1\,(-2 \leq x \leq 2)$

(ii) 미분계수 $f'(-2)$가 존재하므로

$\quad \lim_{x \to -2+} \dfrac{f(x)-f(-2)}{x-(-2)}$

$\quad =\lim_{x \to -2+} \dfrac{(-2x^3+bx^2+8x+1)-(4b+1)}{x+2}$

$\quad =\lim_{x \to -2+} \dfrac{-2x^3+bx^2+8x-4b}{x+2}$

$\quad =\lim_{x \to -2+} \dfrac{-2x(x^2-4)+b(x^2-4)}{x+2}$

$\quad =\lim_{x \to -2+} \dfrac{-(x+2)(x-2)(2x-b)}{x+2}$

$\quad =\lim_{x \to -2+} \{-(x-2)(2x-b)\}$

$\quad =-4(b+4)$

$x+4=t$로 놓으면 $x \rightarrow -2-$일 때 $t \rightarrow 2-$이므로

$$\lim_{x \rightarrow -2-} \frac{f(x)-f(-2)}{x-(-2)}$$

$$=\lim_{t \rightarrow 2-} \frac{f(t-4)-f(-2)}{t-2}$$

$$=\lim_{t \rightarrow 2-} \frac{f(t)-f(-2)}{t-2} \ (\because \text{(나)})$$

$$=\lim_{t \rightarrow 2-} \frac{(-2t^3+bt^2+8t+1)-(4b+1)}{t-2}$$

$$=\lim_{t \rightarrow 2-} \frac{-2t^3+bt^2+8t-4b}{t-2}$$

$$=\lim_{t \rightarrow 2-} \frac{-2t(t^2-4)+b(t^2-4)}{t-2}$$

$$=\lim_{t \rightarrow 2-} \frac{-(t+2)(t-2)(2t-b)}{t-2}$$

$$=\lim_{t \rightarrow 2-} \{-(t+2)(2t-b)\}$$

$$=4(b-4)$$

즉, $-4(b+4)=4(b-4)$이므로

$-b-4=b-4$

$2b=0$ $\quad \therefore b=0$

따라서 $f(x)=-2x^3+8x+1 \ (-2 \leq x \leq 2)$이므로

$f(3)=f(-1)=2-8+1=-5$

| 다른 풀이 |

(나)에서 $f(-2)=f(2)$이므로

$-8a+4b-15=8a+4b+17$

$16a=-32$ $\quad \therefore a=-2$

함수 $f(x)$가 실수 전체의 집합에서 미분가능하므로 (나) 에서

$f'(x)=f'(x+4)$

이때 $x=-2$, $x=2$에서 미분가능하므로 미분계수 $f'(-2)$, $f'(2)$가 존재한다.

$\therefore f'(-2)=f'(2)$

$f'(x)=3ax^2+2bx+8$이므로 $f'(-2)=f'(2)$에서

$12a-4b+8=12a+4b+8$

$8b=0$ $\quad \therefore b=0$

따라서 $f(x)=-2x^3+8x+1 \ (-2 \leq x \leq 2)$이므로

$f(3)=f(-1)=2-8+1=-5$

01 접선의 방정식과 평균값 정리

유제 115~121쪽

221 目 $y=-8x+15$

$f(x)=-x^3+x^2+3$이라 하면 $f'(x)=-3x^2+2x$

점 $(2, -1)$에서의 접선의 기울기는

$f'(2)=-12+4=-8$

따라서 구하는 접선의 방정식은

$y+1=-8(x-2)$ $\quad \therefore y=-8x+15$

222 目 $y=-\dfrac{1}{3}x+3$

$f(x)=x^2-3x+2$라 하면 $f'(x)=2x-3$

점 $(3, 2)$에서의 접선의 기울기는

$f'(3)=6-3=3$

따라서 점 $(3, 2)$에서의 접선에 수직인 직선의 기울기는 $-\dfrac{1}{3}$이므로 구하는 직선의 방정식은

$y-2=-\dfrac{1}{3}(x-3)$ $\quad \therefore y=-\dfrac{1}{3}x+3$

223 目 $a=3$, $b=-7$

$f(x)=x^3+ax^2+bx$라 하면

$f'(x)=3x^2+2ax+b$

점 $(-1, 9)$에서의 접선의 기울기는 -10이므로

$f'(-1)=-10$에서

$3-2a+b=-10$

$\therefore 2a-b=13$ $\quad \cdots\cdots$ ㉠

곡선 $y=x^3+ax^2+bx$가 점 $(-1, 9)$를 지나므로

$9=-1+a-b$

$\therefore a-b=10$ $\quad \cdots\cdots$ ㉡

㉠, ㉡을 연립하여 풀면

$a=3$, $b=-7$

224 目 5

$f(x)=-x^3+2x$라 하면 $f'(x)=-3x^2+2$

점 $(1, 1)$에서의 접선의 기울기는

$f'(1)=-3+2=-1$

따라서 점 $(1, 1)$에서의 접선에 수직인 직선의 기울기는 1이므로 이 직선의 방정식은

$y-1=x-1$ $\quad \therefore y=x$

이 직선이 점 $(5, a)$를 지나므로

$a=5$

225 답 $y=-x+3$ 또는 $y=-x+7$

$f(x)=-x^3+2x+5$라 하면 $f'(x)=-3x^2+2$

접점의 좌표를 $(t, -t^3+2t+5)$라 하면 이 점에서의
접선의 기울기가 -1이므로 $f'(t)=-1$에서

$-3t^2+2=-1$, $t^2=1$ $\therefore t=-1$ 또는 $t=1$

따라서 접점의 좌표는 $(-1, 4)$ 또는 $(1, 6)$이므로 구
하는 접선의 방정식은

$y-4=-(x+1)$ 또는 $y-6=-(x-1)$

$\therefore y=-x+3$ 또는 $y=-x+7$

226 답 11

$f(x)=x^3-6x^2+8x+3$이라 하면

$f'(x)=3x^2-12x+8$

접점의 좌표를 (t, t^3-6t^2+8t+3)이라 하면 이 점에
서의 접선의 기울기가 -4이므로 $f'(t)=-4$에서

$3t^2-12t+8=-4$

$(t-2)^2=0$ $\therefore t=2$

따라서 접점의 좌표는 $(2, 3)$이므로 접선의 방정식은

$y-3=-4(x-2)$ $\therefore y=-4x+11$

$\therefore k=11$

227 답 6

직선 $2x-y+1=0$, 즉 $y=2x+1$에 평행한 직선의
기울기는 2이다.

$f(x)=x^3+3x^2+2x$라 하면

$f'(x)=3x^2+6x+2$

접점의 좌표를 (t, t^3+3t^2+2t)라 하면 이 점에서의
접선의 기울기가 2이므로 $f'(t)=2$에서

$3t^2+6t+2=2$, $t(t+2)=0$

$\therefore t=-2$ 또는 $t=0$

따라서 접점의 좌표는 $(-2, 0)$ 또는 $(0, 0)$이므로 직
선의 방정식은

$y=2(x+2)$ 또는 $y=2x$

$\therefore y=2x+4$ 또는 $y=2x$

그런데 $b\neq0$이므로 $a=2$, $b=4$

$\therefore a+b=6$

228 답 11

$f(x)=2x^4-4x+k$라 하면 $f'(x)=8x^3-4$

접점의 좌표를 $(t, 2t^4-4t+k)$라 하면 이 점에서의
접선의 기울기가 4이므로 $f'(t)=4$에서

$8t^3-4=4$, $t^3=1$ $\therefore t=1$ ($\because t$는 실수)

따라서 접점의 좌표는 $(1, k-2)$이고, 이 점이 직선
$y=4x+5$ 위의 점이므로

$k-2=4+5$ $\therefore k=11$

229 답 $y=-2x-1$ 또는 $y=2x+3$

$f(x)=x^2+2x+3$이라 하면 $f'(x)=2x+2$

접점의 좌표를 (t, t^2+2t+3)이라 하면 이 점에서의
접선의 기울기는

$f'(t)=2t+2$

점 (t, t^2+2t+3)에서의 접선의 방정식은

$y-(t^2+2t+3)=(2t+2)(x-t)$

$\therefore y=(2t+2)x-t^2+3$ ······ ㉠

직선 ㉠이 점 $(-1, 1)$을 지나므로

$1=-(2t+2)-t^2+3$

$t(t+2)=0$ $\therefore t=-2$ 또는 $t=0$

이를 ㉠에 대입하면 구하는 접선의 방정식은

$y=-2x-1$ 또는 $y=2x+3$

230 답 $y=3x-4$

$f(x)=x^3-6$이라 하면 $f'(x)=3x^2$

접점의 좌표를 (t, t^3-6)이라 하면 이 점에서의 접선
의 기울기는

$f'(t)=3t^2$

점 (t, t^3-6)에서의 접선의 방정식은

$y-(t^3-6)=3t^2(x-t)$

$\therefore y=3t^2x-2t^3-6$ ······ ㉠

직선 ㉠이 점 $(1, -1)$을 지나므로

$-1=3t^2-2t^3-6$

$2t^3-3t^2+5=0$, $(t+1)(2t^2-5t+5)=0$

$\therefore t=-1$ ($\because t$는 실수)

이를 ㉠에 대입하면 구하는 접선의 방정식은

$y=3x-4$

231 답 1

$f(x)=-x^3-7$이라 하면 $f'(x)=-3x^2$

접점의 좌표를 $(t, -t^3-7)$이라 하면 이 점에서의 접
선의 기울기는

$f'(t)=-3t^2$

점 $(t, -t^3-7)$에서의 접선의 방정식은

$y-(-t^3-7)=-3t^2(x-t)$

$\therefore y=-3t^2x+2t^3-7$ ······ ㉠

직선 ㉠이 점 $(0, 9)$를 지나므로

$9=2t^3-7$, $t^3=8$ $\therefore t=2$ ($\because t$는 실수)

이를 ㉠에 대입하면 접선의 방정식은

$y=-12x+9$

이 접선이 점 $(k, -3)$을 지나므로

$-3=-12k+9$ $\quad\therefore k=1$

232 답 ④

$f(x)=x^3-x+2$라 하면 $f'(x)=3x^2-1$

접점의 좌표를 (t, t^3-t+2)라 하면 이 점에서의 접선의 기울기는

$f'(t)=3t^2-1$

점 (t, t^3-t+2)에서의 접선의 방정식은

$y-(t^3-t+2)=(3t^2-1)(x-t)$

$\therefore y=(3t^2-1)x-2t^3+2$ $\quad\cdots\cdots$ ㉠

직선 ㉠이 점 $(0, 4)$를 지나므로

$4=-2t^3+2, t^3=-1$ $\quad\therefore t=-1 (\because t$는 실수$)$

이를 ㉠에 대입하면 접선의 방정식은

$y=2x+4$

이 식에 $y=0$을 대입하면

$0=2x+4$ $\quad\therefore x=-2$

따라서 접선의 x절편은 -2이다.

233 답 $a=-4, b=2, c=2$

$f(x)=x^3+ax+b, g(x)=cx^2-6$이라 하면

$f'(x)=3x^2+a, g'(x)=2cx$

두 곡선이 점 $(2, 2)$를 지나므로

$f(2)=2$에서 $8+2a+b=2$

$\therefore 2a+b=-6$ $\quad\cdots\cdots$ ㉠

$g(2)=2$에서 $4c-6=2$ $\quad\therefore c=2$

점 $(2, 2)$에서의 두 곡선의 접선의 기울기가 같으므로

$f'(2)=g'(2)$에서

$12+a=4c, 12+a=8$ $\quad\therefore a=-4$

이를 ㉠에 대입하면

$-8+b=-6$ $\quad\therefore b=2$

234 답 $\dfrac{3\sqrt{17}}{17}$

곡선 $y=-x^2+1$에 접하고 직선 $y=4x+8$에 평행한 접선의 접점을 $P(t, -t^2+1)$이라 하면 구하는 최솟값은 점 P와 직선 $y=4x+8$ 사이의 거리와 같다.

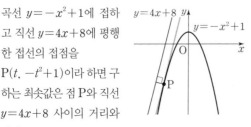

$f(x)=-x^2+1$이라 하면 $f'(x)=-2x$

점 P에서의 접선의 기울기가 4이므로 $f'(t)=4$에서

$-2t=4$ $\quad\therefore t=-2$

따라서 $P(-2, -3)$이므로 점 P와 직선 $y=4x+8$, 즉 $4x-y+8=0$ 사이의 거리는

$\dfrac{|-8+3+8|}{\sqrt{4^2+(-1)^2}}=\dfrac{3\sqrt{17}}{17}$

235 답 $y=6x$

$f(x)=x^3+ax+2, g(x)=bx^2+3$이라 하면

$f'(x)=3x^2+a, g'(x)=2bx$

$x=1$인 점에서 두 곡선이 만나므로 $f(1)=g(1)$에서

$1+a+2=b+3$ $\quad\therefore a-b=0$ $\quad\cdots\cdots$ ㉠

$x=1$인 점에서의 두 곡선의 접선의 기울기가 같으므로

$f'(1)=g'(1)$에서

$3+a=2b$ $\quad\therefore a-2b=-3$ $\quad\cdots\cdots$ ㉡

㉠, ㉡을 연립하여 풀면

$a=3, b=3$

따라서 접점의 좌표는 $(1, 6)$이고 접선의 기울기는 6이므로 구하는 접선의 방정식은

$y-6=6(x-1)$ $\quad\therefore y=6x$

236 답 4

삼각형 PAB에서 밑변을 $\overline{AB}$라 하면 높이는 점 P와 직선 AB 사이의 거리와 같으므로 곡선에 접하고 직선 $y=-x$에 평행한 접선의 접점이 P일 때 삼각형 PAB의 넓이가 최소이다.

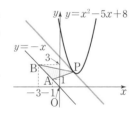

$f(x)=x^2-5x+8$이라 하면 $f'(x)=2x-5$

접점의 좌표를 (t, t^2-5t+8)이라 하면 접선의 기울기가 -1이므로 $f'(t)=-1$에서

$2t-5=-1$ $\quad\therefore t=2$

따라서 삼각형 PAB의 넓이가 최소일 때의 점 P의 좌표는 $(2, 2)$이므로 이 점과 직선 $y=-x$, 즉 $x+y=0$ 사이의 거리는

$\dfrac{|2+2|}{\sqrt{1^2+1^2}}=2\sqrt{2}$

$\overline{AB}=\sqrt{(-3+1)^2+(3-1)^2}=2\sqrt{2}$이므로 삼각형 PAB의 넓이의 최솟값은

$\dfrac{1}{2}\times 2\sqrt{2}\times 2\sqrt{2}=4$

237 답 0

함수 $f(x)=x^2+3$은 닫힌구간 $[-1, 1]$에서 연속이고 열린구간 $(-1, 1)$에서 미분가능하며
$f(-1)=f(1)=4$이므로 롤의 정리에 의하여
$f'(c)=0$인 c가 열린구간 $(-1, 1)$에 적어도 하나 존재한다.
이때 $f'(x)=2x$이므로 $f'(c)=0$에서
$2c=0$ $\therefore c=0$

238 답 2

함수 $f(x)=2x^2-1$은 닫힌구간 $[0, 4]$에서 연속이고 열린구간 $(0, 4)$에서 미분가능하므로 평균값 정리에 의하여 $\dfrac{f(4)-f(0)}{4-0}=f'(c)$인 c가 열린구간 $(0, 4)$에 적어도 하나 존재한다.
이때 $f'(x)=4x$이므로 $\dfrac{f(4)-f(0)}{4-0}=f'(c)$에서
$\dfrac{31-(-1)}{4}=4c$ $\therefore c=2$

239 답 (1) 3 (2) 0

(1) 함수 $f(x)=6x-x^2$은 닫힌구간 $[1, 5]$에서 연속이고 열린구간 $(1, 5)$에서 미분가능하며
$f(1)=f(5)=5$이므로 롤의 정리에 의하여
$f'(c)=0$인 c가 열린구간 $(1, 5)$에 적어도 하나 존재한다.
이때 $f'(x)=6-2x$이므로 $f'(c)=0$에서
$6-2c=0$ $\therefore c=3$

(2) 함수 $f(x)=-2x^4+8x^2+1$은 닫힌구간 $[-1, 1]$에서 연속이고 열린구간 $(-1, 1)$에서 미분가능하며 $f(-1)=f(1)=7$이므로 롤의 정리에 의하여
$f'(c)=0$인 c가 열린구간 $(-1, 1)$에 적어도 하나 존재한다.
이때 $f'(x)=-8x^3+16x$이므로 $f'(c)=0$에서
$-8c^3+16c=0$
$c(c+\sqrt{2})(c-\sqrt{2})=0$
$\therefore c=0 \ (\because -1<c<1)$

240 답 3

함수 $f(x)=x^4-8x^2+1$은 닫힌구간 $[-3, 3]$에서 연속이고 열린구간 $(-3, 3)$에서 미분가능하며
$f(-3)=f(3)=10$이므로 롤의 정리에 의하여
$f'(c)=0$인 c가 열린구간 $(-3, 3)$에 적어도 하나 존재한다.
이때 $f'(x)=4x^3-16x$이므로 $f'(c)=0$에서
$4c^3-16c=0$, $c(c+2)(c-2)=0$
$\therefore c=-2$ 또는 $c=0$ 또는 $c=2$
따라서 구하는 실수 c의 개수는 3이다.

241 답 $\dfrac{9}{2}$

함수 $f(x)=-x^2+ax$는 닫힌구간 $[0, 3]$에서 연속이고 열린구간 $(0, 3)$에서 미분가능하다.
$f(0)=f(3)$에서 $0=-9+3a$ $\therefore a=3$
따라서 $f(x)=-x^2+3x$에 대하여 롤의 정리에 의하여 $f'(c)=0$인 c가 열린구간 $(0, 3)$에 적어도 하나 존재한다.
이때 $f'(x)=-2x+3$이므로 $f'(c)=0$에서
$-2c+3=0$ $\therefore c=\dfrac{3}{2}$
$\therefore ac=\dfrac{9}{2}$

242 답 3

함수 $f(x)=x^3-3x+2$는 닫힌구간 $[-1, a]$에서 연속이고 열린구간 $(-1, a)$에서 미분가능하다.
$f(-1)=f(a)$에서
$-1+3+2=a^3-3a+2$
$a^3-3a-2=0$, $(a+1)^2(a-2)=0$
$\therefore a=2 \ (\because a>-1)$
따라서 롤의 정리에 의하여 $f'(c)=0$인 c가 열린구간 $(-1, 2)$에 적어도 하나 존재한다.
이때 $f'(x)=3x^2-3$이므로 $f'(c)=0$에서
$3c^2-3=0$, $(c+1)(c-1)=0$
$\therefore c=1 \ (\because -1<c<2)$
$\therefore a+c=3$

243 답 (1) $\dfrac{1}{2}$ (2) $\sqrt{7}$

(1) 함수 $f(x)=x^2+4x$는 닫힌구간 $[-1, 2]$에서 연속이고 열린구간 $(-1, 2)$에서 미분가능하므로 평균값 정리에 의하여 $\dfrac{f(2)-f(-1)}{2-(-1)}=f'(c)$인 c가 열린구간 $(-1, 2)$에 적어도 하나 존재한다.

이때 $f'(x)=2x+4$이므로

$$\frac{f(2)-f(-1)}{2-(-1)}=f'(c)에서$$

$$\frac{12-(-3)}{3}=2c+4 \qquad \therefore c=\frac{1}{2}$$

(2) 함수 $f(x)=x^3-2x+2$는 닫힌구간 $[1, 4]$에서 연
속이고 열린구간 $(1, 4)$에서 미분가능하므로 평균
값 정리에 의하여 $\dfrac{f(4)-f(1)}{4-1}=f'(c)$인 c가 열린
구간 $(1, 4)$에 적어도 하나 존재한다.
이때 $f'(x)=3x^2-2$이므로

$$\frac{f(4)-f(1)}{4-1}=f'(c)에서$$

$$\frac{58-1}{3}=3c^2-2$$

$$c^2=7 \qquad \therefore c=\sqrt{7} \, (\because 1<c<4)$$

244 답 $-\dfrac{4}{3}$

함수 $f(x)=x^3+x-1$은 닫힌구간 $[-2, 2]$에서 연
속이고 열린구간 $(-2, 2)$에서 미분가능하므로 평균
값 정리에 의하여 $\dfrac{f(2)-f(-2)}{2-(-2)}=f'(c)$인 c가 열린
구간 $(-2, 2)$에 적어도 하나 존재한다.
이때 $f'(x)=3x^2+1$이므로

$$\frac{f(2)-f(-2)}{2-(-2)}=f'(c)에서$$

$$\frac{9-(-11)}{4}=3c^2+1$$

$$c^2=\frac{4}{3} \qquad \therefore c=-\frac{2\sqrt{3}}{3} \text{ 또는 } c=\frac{2\sqrt{3}}{3}$$

따라서 모든 실수 c의 값의 곱은

$$-\frac{2\sqrt{3}}{3}\times\frac{2\sqrt{3}}{3}=-\frac{4}{3}$$

245 답 7

함수 $f(x)=-x^2+3x+9$는 닫힌구간 $[1, a]$에서 연
속이고 열린구간 $(1, a)$에서 미분가능하며 평균값 정
리를 만족시키는 실수 c의 값이 4이므로

$$\frac{f(a)-f(1)}{a-1}=f'(4)$$

이때 $f'(x)=-2x+3$이므로

$$\frac{(-a^2+3a+9)-11}{a-1}=-5$$

$$-a^2+3a-2=-5a+5$$

$$a^2-8a+7=0, \ (a-1)(a-7)=0$$

$$\therefore a=7 \, (\because a>4)$$

246 답 4

닫힌구간 $[a, b]$에서 평
균값 정리를 만족시키는
실수 c의 개수는 두 점
$(a, f(a))$, $(b, f(b))$를
지나는 직선과 기울기가
같은 접선의 개수와 같으므로 4이다.

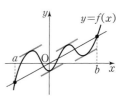

연습문제 128~130쪽

247 답 -5

$\displaystyle\lim_{x\to 2}\dfrac{f(x)-1}{x-2}=3$에서 $x\to 2$일 때 (분모)$\to 0$이고
극한값이 존재하므로 (분자)$\to 0$이다.
즉, $\displaystyle\lim_{x\to 2}\{f(x)-1\}=0$이므로 $f(2)=1$

$$\therefore \lim_{x\to 2}\frac{f(x)-1}{x-2}=\lim_{x\to 2}\frac{f(x)-f(2)}{x-2}=f'(2)$$

$$\therefore f'(2)=3$$

점 $(2, f(2))$, 즉 $(2, 1)$에서의 접선의 기울기는
$f'(2)=3$이므로 접선의 방정식은

$$y-1=3(x-2)$$

$$\therefore y=3x-5$$

따라서 접선의 y절편은 -5이다.

248 답 $3\sqrt{2}$

$f(x)=x^3-4x$라 하면 $f'(x)=3x^2-4$
점 $\mathrm{A}(-1, 3)$에서의 접선의 기울기는 $f'(-1)=-1$
이므로 접선의 방정식은

$$y-3=-(x+1)$$

$$\therefore y=-x+2$$

곡선 $y=x^3-4x$와 직선 $y=-x+2$의 교점의 x좌표
를 구하면

$$x^3-4x=-x+2$$

$$x^3-3x-2=0$$

$$(x+1)^2(x-2)=0$$

$$\therefore x=-1 \text{ 또는 } x=2$$

따라서 점 B의 좌표는 $(2, 0)$이다.

$$\therefore \overline{\mathrm{AB}}=\sqrt{(2+1)^2+(-3)^2}=3\sqrt{2}$$

249 답 ③

$f(x)=x^3-3x^2+2x+3$이라 하면

$f'(x)=3x^2-6x+2$

접점의 좌표를 $(t,\ t^3-3t^2+2t+3)$이라 하면 이 점에서의 접선의 기울기가 2이므로 $f'(t)=2$에서

$3t^2-6t+2=2,\ t(t-2)=0$

$\therefore\ t=0$ 또는 $t=2$

따라서 접점의 좌표는 $(0,\ 3)$ 또는 $(2,\ 3)$이므로 접선의 방정식은

$y-3=2x$ 또는 $y-3=2(x-2)$

$\therefore\ y=2x+3$ 또는 $y=2x-1$

따라서 양수 k의 값은 3이다.

250 답 -6

$f(x)=x^3-3x^2+2$라 하면

$f'(x)=3x^2-6x=3(x-1)^2-3$

따라서 접선의 기울기는 $x=1$에서 최솟값 -3을 갖는다.

이때 접점의 좌표가 $(1,\ 0)$이므로 이 점에서 접선의 기울기가 -3인 접선의 방정식은

$y=-3(x-1)$

$\therefore\ y=-3x+3$

따라서 $a=-3,\ b=3$이므로

$a-b=-6$

251 답 -35

$f(x)=3x^2-x$라 하면

$f'(x)=6x-1$

접점의 좌표를 $(t,\ 3t^2-t)$라 하면 이 점에서의 접선의 기울기는 $f'(t)=6t-1$이므로 접선의 방정식은

$y-(3t^2-t)=(6t-1)(x-t)$

$\therefore\ y=(6t-1)x-3t^2$ ▸▸▸▸▸ ❶

이 직선이 점 $(0,\ -3)$을 지나므로

$-3=-3t^2,\ t^2=1$

$\therefore\ t=-1$ 또는 $t=1$ ▸▸▸▸▸ ❷

따라서 구하는 두 접선의 기울기의 곱은

$f'(-1)f'(1)=-7\times5=-35$ ▸▸▸▸▸ ❸

단계	채점 기준	비율
❶	접점의 x좌표를 t로 놓고 접선의 방정식 세우기	40 %
❷	t의 값 구하기	30 %
❸	두 접선의 기울기의 곱 구하기	30 %

252 답 7

$f(x)=x^3+ax,\ g(x)=x^2+x+b$라 하면

$f'(x)=3x^2+a,\ g'(x)=2x+1$

$x=-1$인 점에서 두 곡선이 만나므로

$f(-1)=g(-1)$에서

$-1-a=1-1+b$ $\therefore\ a+b=-1$ ······ ㉠

$x=-1$인 점에서의 두 곡선의 접선의 기울기가 같으므로 $f'(-1)=g'(-1)$에서

$3+a=-2+1$ $\therefore\ a=-4$

이를 ㉠에 대입하면

$-4+b=-1$ $\therefore\ b=3$

$\therefore\ b-a=7$

253 답 5

곡선 위의 점 P와 직선 $x-y-10=0$, 즉 $y=x-10$ 사이의 거리가 최소이려면 점 P가 기울기가 1인 접선의 접점이어야 한다.

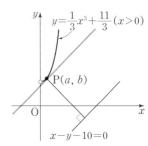

$f(x)=\dfrac{1}{3}x^3+\dfrac{11}{3}\ (x>0)$이라 하면

$f'(x)=x^2$

점 $(a,\ b)$에서의 접선의 기울기가 1이어야 하므로 $f'(a)=1$에서

$a^2=1$ $\therefore\ a=1\ (\because\ a>0)$

점 $(1,\ b)$는 곡선 $y=f(x)$ 위의 점이므로

$b=\dfrac{1}{3}+\dfrac{11}{3}=4$

$\therefore\ a+b=5$

254 답 ⑤

함수 $f(x)=x^3-5x^2+4x+1$은 닫힌구간 $[0,\ 4]$에서 연속이고 열린구간 $(0,\ 4)$에서 미분가능하며 $f(0)=f(4)=1$이므로 롤의 정리에 의하여 $f'(c)=0$인 c가 열린구간 $(0,\ 4)$에 적어도 하나 존재한다.

이때 $f'(x)=3x^2-10x+4$이므로 $f'(c)=0$에서

$3c^2-10c+4=0$ $\therefore\ c=\dfrac{5\pm\sqrt{13}}{3}$

따라서 모든 실수 c의 값의 합은

$\dfrac{5-\sqrt{13}}{3}+\dfrac{5+\sqrt{13}}{3}=\dfrac{10}{3}$

| 참고 | $0=\dfrac{5-5}{3}<\dfrac{5-\sqrt{13}}{3}<\dfrac{5+\sqrt{13}}{3}<\dfrac{5+7}{3}=4$

255 답 2

함수 $f(x)=x^2-4x-6$은 닫힌구간 $[a, b]$에서 연속이고 열린구간 (a, b)에서 미분가능하며 평균값 정리를 만족시키는 실수 c의 값이 1이므로

$$\frac{f(b)-f(a)}{b-a}=f'(1)$$

이때 $f'(x)=2x-4$이므로

$$\frac{b^2-4b-6-(a^2-4a-6)}{b-a}=-2$$

$$\frac{b^2-4b-a^2+4a}{b-a}=-2$$

$$\frac{(b-a)(b+a-4)}{b-a}=-2$$

$b+a-4=-2$ $\therefore a+b=2$

256 답 16

$f(x)=x^3-2x^2-5x+a$에서

$f'(x)=3x^2-4x-5$

점 $(2, f(2))$, 즉 $(2, a-10)$에서의 접선의 기울기는 $f'(2)=-1$이므로 접선의 방정식은

$y-(a-10)=-(x-2)$

$\therefore y=-x+a-8$ ▶▶▶▶▶ **❶**

$\therefore P(a-8, 0), Q(0, a-8)$ ▶▶▶▶▶ **❷**

$\overline{PQ}=2\sqrt{2}$에서

$\sqrt{(-a+8)^2+(a-8)^2}=2\sqrt{2}$

$2(a-8)^2=8, a-8=\pm2$

$\therefore a=6$ 또는 $a=10$

따라서 모든 실수 a의 값의 합은

$6+10=16$ ▶▶▶▶▶ **❸**

단계	채점 기준	비율
❶	점 $(2, f(2))$에서의 접선의 방정식 구하기	30 %
❷	두 점 P, Q의 좌표 구하기	20 %
❸	모든 실수 a의 값의 합 구하기	50 %

257 답 ③

$f(x)=x^3+ax^2+bx+c$ (a, b, c는 상수)라 하면

$f'(x)=3x^2+2ax+b$

점 $(-2, f(-2))$, 즉 $(-2, -8+4a-2b+c)$에서의 접선의 기울기는 $f'(-2)=12-4a+b$이므로 접선의 방정식은

$y-(-8+4a-2b+c)=(12-4a+b)(x+2)$

이 직선이 점 $(1, 3)$을 지나므로

$3-(-8+4a-2b+c)=3(12-4a+b)$

$\therefore 8a-b-c=25$ ⋯⋯ ㉠

곡선 $y=f(x)$가 점 $(2, 3)$을 지나므로 $f(2)=3$에서

$8+4a+2b+c=3$

$\therefore 4a+2b+c=-5$ ⋯⋯ ㉡

㉠+㉡을 하면

$12a+b=20$ ⋯⋯ ㉢

점 $(2, 3)$에서의 접선의 기울기는

$f'(2)=12+4a+b$이므로 접선의 방정식은

$y-3=(12+4a+b)(x-2)$

이 직선이 점 $(1, 3)$을 지나므로

$0=-(12+4a+b)$

$\therefore 4a+b=-12$ ⋯⋯ ㉣

㉢, ㉣을 연립하여 풀면

$a=4, b=-28$

이를 ㉠에 대입하면

$32+28-c=25$ $\therefore c=35$

따라서 $f(x)=x^3+4x^2-28x+35$이므로

$f(0)=35$

258 답 97

(나)에서 $x\to2$일 때 (분모)$\to0$이고 극한값이 존재하므로 (분자)$\to0$이다.

즉, $\lim\limits_{x\to2}\{f(x)-g(x)\}=0$이므로

$f(2)-g(2)=0$ $\therefore f(2)=g(2)$

(가)에서 $g(2)=8f(2)-7$

$f(2)=8f(2)-7$ $\therefore f(2)=1$

$\therefore g(2)=1$

$\lim\limits_{x\to2}\dfrac{f(x)-g(x)}{x-2}$

$=\lim\limits_{x\to2}\dfrac{f(x)-f(2)+f(2)-g(x)}{x-2}$

$=\lim\limits_{x\to2}\dfrac{f(x)-f(2)+g(2)-g(x)}{x-2}$

$=\lim\limits_{x\to2}\left\{\dfrac{f(x)-f(2)}{x-2}-\dfrac{g(x)-g(2)}{x-2}\right\}$

$=f'(2)-g'(2)$

따라서 $f'(2)-g'(2)=2$이므로

$f'(2)=g'(2)+2$

$g'(x)=3x^2f(x)+x^3f'(x)$이므로

$g'(2)=12f(2)+8f'(2)$

$\qquad=12\times1+8\{g'(2)+2\}$

$7g'(2)=-28$

$\therefore g'(2)=-4$

곡선 $y=g(x)$ 위의 점 $(2, g(2))$, 즉 $(2, 1)$에서의 접선의 기울기는 $g'(2)=-4$이므로 접선의 방정식은

$y-1=-4(x-2)$ $\therefore y=-4x+9$

따라서 $a=-4$, $b=9$이므로

$a^2+b^2=97$

259 답 ②

$f(x)=-2x^2+8$, $g(x)=x^3+kx$라 하면

$f'(x)=-4x$, $g'(x)=3x^2+k$

두 곡선이 $x=t$인 점에서 접한다고 하면

$x=t$인 점에서 두 곡선이 만나므로 $f(t)=g(t)$에서

$-2t^2+8=t^3+kt$ ...... ㉠

$x=t$인 점에서의 두 곡선의 접선의 기울기가 같으므로

$f'(t)=g'(t)$에서

$-4t=3t^2+k$ $\therefore k=-3t^2-4t$ ...... ㉡

㉡을 ㉠에 대입하면

$-2t^2+8=t^3+(-3t^2-4t)t$

$t^3+t^2+4=0$, $(t+2)(t^2-t+2)=0$

$\therefore t=-2$ ($\because t$는 실수)

이를 ㉡에 대입하면 $k=-4$

260 답 1

삼각형 PAB에서 밑변을 $\overline{AB}$라 하면 높이는 점 P와 직선 AB 사이의 거리와 같으므로 곡선에 접하고 직선 AB에 평행한 접선의 접점이 P일 때 삼각형 PAB의 넓이가 최대이다.

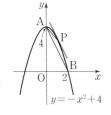

$f(x)=-x^2+4$라 하면

$f'(x)=-2x$

직선 AB의 기울기가 $\dfrac{-4}{2}=-2$이므로 직선 AB의 방정식은

$y-4=-2x$ $\therefore 2x+y-4=0$

접선의 접점의 좌표를 $(t, -t^2+4)$라 하면

$f'(t)=-2$에서

$-2t=-2$ $\therefore t=1$

따라서 삼각형 PAB의 넓이가 최대일 때의 점 P의 좌표는 $(1, 3)$이므로 이 점과 직선 $2x+y-4=0$ 사이의 거리는

$\dfrac{|2+3-4|}{\sqrt{2^2+1^2}}=\dfrac{\sqrt{5}}{5}$

$\overline{AB}=\sqrt{2^2+(-4)^2}=2\sqrt{5}$이므로 삼각형 PAB의 넓이의 최댓값은

$\dfrac{1}{2}\times 2\sqrt{5}\times\dfrac{\sqrt{5}}{5}=1$

261 답 2

함수 $f(x)$는 닫힌구간 $[-3, 3]$에서 연속이고 열린 구간 $(-3, 3)$에서 미분가능하며 함수 $y=f(x)$의 그래프는 오른쪽 그림과 같다.

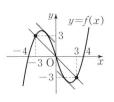

닫힌구간 $[-3, 3]$에서 평균값 정리를 만족시키는 실수 c의 개수는 두 점 $(-3, 3)$, $(3, -3)$을 지나는 직선과 기울기가 같은 접선의 개수와 같으므로 2이다.

262 답 1

| 접근 방법 | 접점의 x좌표에 대한 방정식을 세운 후 이 방정식의 해가 오직 한 개임을 이용한다.

$f(x)=x^3-3x^2+2$라 하면 $f'(x)=3x^2-6x$

접점의 좌표를 (t, t^3-3t^2+2)라 하면 이 점에서의 접선의 기울기는 $f'(t)=3t^2-6t$이므로 접선의 방정식은

$y-(t^3-3t^2+2)=(3t^2-6t)(x-t)$

$\therefore y=(3t^2-6t)x-2t^3+3t^2+2$

이 직선이 점 $(a, 2)$를 지나므로

$2=(3t^2-6t)a-2t^3+3t^2+2$

$t\{2t^2-(3+3a)t+6a\}=0$

$\therefore t=0$ 또는 $2t^2-(3+3a)t+6a=0$

접선이 오직 한 개 존재하려면 이차방정식 $2t^2-(3+3a)t+6a=0$이 $t=0$을 중근으로 갖거나 실근을 갖지 않아야 한다.

(i) $2t^2-(3+3a)t+6a=0$이 $t=0$을 중근으로 가지려면

$3+3a=0$, $6a=0$

이를 만족시키는 a의 값은 존재하지 않는다.

(ii) $2t^2-(3+3a)t+6a=0$이 실근을 갖지 않으려면

$2t^2-(3+3a)t+6a=0$의 판별식을 D라 할 때,

$D=(3+3a)^2-4\times 2\times 6a<0$

$9a^2-30a+9<0$, $(3a-1)(a-3)<0$

$\therefore \dfrac{1}{3}<a<3$

(i), (ii)에서 $\dfrac{1}{3}<a<3$

따라서 $p=\dfrac{1}{3}$, $q=3$이므로 $pq=1$

263 답 $\dfrac{19}{4}\pi$

| 접근 방법 | 원이 곡선과 접할 때, 원의 중심과 접점을 지나는 직선은 접선에 수직임을 이용한다.

$f(x)=-x^2+5$라 하면

$f'(x)=-2x$

접점의 좌표를

$(t, -t^2+5)$라 하면 이 점

에서의 접선의 기울기는

$f'(t)=-2t$

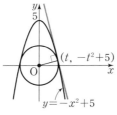

두 점 $(0, 0)$, $(t, -t^2+5)$

를 지나는 직선은 접선에 수

직이므로

$\dfrac{-t^2+5}{t}\times(-2t)=-1,\ t^2=\dfrac{9}{2}$

$\therefore\ t=-\dfrac{3\sqrt{2}}{2}$ 또는 $t=\dfrac{3\sqrt{2}}{2}$

따라서 두 접점의 좌표는

$\left(-\dfrac{3\sqrt{2}}{2},\ \dfrac{1}{2}\right),\ \left(\dfrac{3\sqrt{2}}{2},\ \dfrac{1}{2}\right)$

원의 반지름의 길이는 원점과 한 접점 사이의 거리와 같으므로

$\sqrt{\left(\dfrac{3\sqrt{2}}{2}\right)^2+\left(\dfrac{1}{2}\right)^2}=\dfrac{\sqrt{19}}{2}$

따라서 구하는 원의 넓이는

$\pi\times\left(\dfrac{\sqrt{19}}{2}\right)^2=\dfrac{19}{4}\pi$

264 답 ③

| 접근 방법 | 함수 $f(x)$가 실수 전체의 집합에서 미분가능하면 닫힌구간 $[1, 5]$에서 연속이고 열린구간 $(1, 5)$에서 미분가능하므로 평균값 정리를 이용할 수 있다.

함수 $f(x)$가 닫힌구간 $[1, 5]$에서 연속이고 열린구간 $(1, 5)$에서 미분가능하므로 평균값 정리에 의하여

$\dfrac{f(5)-f(1)}{5-1}=f'(c)$를 만족시키는 c가 열린구간

$(1, 5)$에 적어도 하나 존재한다.

(나)에서 $f'(c)\geq5$이므로

$\dfrac{f(5)-f(1)}{5-1}\geq5$

$\dfrac{f(5)-3}{4}\geq5\ (\because\ \text{(가)})$

$\therefore\ f(5)\geq23$

따라서 $f(5)$의 최솟값은 23이다.

01 함수의 증가와 감소, 극대와 극소

개념 확인 — 133쪽

265 답 (1) 감소 (2) 증가

(1) $x_1<x_2$인 임의의 두 실수 x_1, x_2에 대하여

$f(x_1)-f(x_2)=-x_1^3-(-x_2^3)=-(x_1^3-x_2^3)$
$\qquad\qquad\qquad=-(x_1-x_2)(x_1^2+x_1x_2+x_2^2)$

이때 $x_1^2+x_1x_2+x_2^2=\left(x_1+\dfrac{x_2}{2}\right)^2+\dfrac{3}{4}x_2^2>0$이

므로

$-(x_1-x_2)(x_1^2+x_1x_2+x_2^2)>0$

$\therefore\ f(x_1)>f(x_2)$

따라서 함수 $f(x)=-x^3$은 구간 $(-\infty,\ \infty)$에서

감소한다.

(2) $0\leq x_1<x_2$인 임의의 두 실수 x_1, x_2에 대하여

$f(x_1)-f(x_2)=\sqrt{x_1}-\sqrt{x_2}$
$\qquad\qquad=\dfrac{(\sqrt{x_1}-\sqrt{x_2})(\sqrt{x_1}+\sqrt{x_2})}{\sqrt{x_1}+\sqrt{x_2}}$
$\qquad\qquad=\dfrac{x_1-x_2}{\sqrt{x_1}+\sqrt{x_2}}<0$

$\therefore\ f(x_1)<f(x_2)$

따라서 함수 $f(x)=\sqrt{x}$는 구간 $[0,\ \infty)$에서 증가

한다.

유제 — 135~137쪽

266 답 (1) 구간 $(-\infty,\ -1]$, $[3,\ \infty)$에서 증가,
구간 $[-1,\ 3]$에서 감소
(2) 구간 $(-\infty,\ \infty)$에서 증가
(3) 구간 $[-\sqrt{2},\ 0]$, $[\sqrt{2},\ \infty)$에서 증가,
구간 $(-\infty,\ -\sqrt{2}]$, $[0,\ \sqrt{2}]$에서 감소
(4) 구간 $(-\infty,\ 3]$에서 증가,
구간 $[3,\ \infty)$에서 감소

(1) $f(x)=x^3-3x^2-9x+2$에서

$f'(x)=3x^2-6x-9=3(x+1)(x-3)$

$f'(x)=0$인 x의 값은 $x=-1$ 또는 $x=3$

함수 $f(x)$의 증가와 감소를 표로 나타내면 다음과

같다.

x	$\cdots$	-1	$\cdots$	3	$\cdots$
$f'(x)$	$+$	0	$-$	0	$+$
$f(x)$	↗	7	↘	-25	↗

따라서 함수 $f(x)$는 구간 $(-\infty, -1]$, $[3, \infty)$에서 증가하고, 구간 $[-1, 3]$에서 감소한다.

(2) $f(x)=x^3-6x^2+12x+3$에서

$f'(x)=3x^2-12x+12=3(x-2)^2$

$f'(x)=0$인 x의 값은 $x=2$

함수 $f(x)$의 증가와 감소를 표로 나타내면 다음과 같다.

x	$\cdots$	2	$\cdots$
$f'(x)$	+	0	+
$f(x)$	↗	11	↗

따라서 함수 $f(x)$는 구간 $(-\infty, \infty)$에서 증가한다.

(3) $f(x)=x^4-4x^2+2$에서

$f'(x)=4x^3-8x=4x(x+\sqrt{2})(x-\sqrt{2})$

$f'(x)=0$인 x의 값은

$x=-\sqrt{2}$ 또는 $x=0$ 또는 $x=\sqrt{2}$

함수 $f(x)$의 증가와 감소를 표로 나타내면 다음과 같다.

x	$\cdots$	$-\sqrt{2}$	$\cdots$	0	$\cdots$	$\sqrt{2}$	$\cdots$
$f'(x)$	−	0	+	0	−	0	+
$f(x)$	↘	−2	↗	2	↘	−2	↗

따라서 함수 $f(x)$는 구간 $[-\sqrt{2}, 0]$, $[\sqrt{2}, \infty)$에서 증가하고, 구간 $(-\infty, -\sqrt{2}]$, $[0, \sqrt{2}]$에서 감소한다.

(4) $f(x)=-x^4+4x^3$에서

$f'(x)=-4x^3+12x^2=-4x^2(x-3)$

$f'(x)=0$인 x의 값은 $x=0$ 또는 $x=3$

함수 $f(x)$의 증가와 감소를 표로 나타내면 다음과 같다.

x	$\cdots$	0	$\cdots$	3	$\cdots$
$f'(x)$	+	0	+	0	−
$f(x)$	↗	0	↗	27	↘

따라서 함수 $f(x)$는 구간 $(-\infty, 3]$에서 증가하고, 구간 $[3, \infty)$에서 감소한다.

267 답 3

$f(x)=x^3-\dfrac{3}{2}x^2-6x+1$에서

$f'(x)=3x^2-3x-6=3(x+1)(x-2)$

$f'(x)=0$인 x의 값은

$x=-1$ 또는 $x=2$

함수 $f(x)$의 증가와 감소를 표로 나타내면 다음과 같다.

x	$\cdots$	−1	$\cdots$	2	$\cdots$
$f'(x)$	+	0	−	0	+
$f(x)$	↗	$\dfrac{9}{2}$	↘	−9	↗

따라서 함수 $f(x)$는 구간 $[-1, 2]$에서 감소하므로

$a=-1$, $\beta=2$ ∴ $\beta-a=3$

268 답 −4

$f(x)=x^3-12x-1$에서

$f'(x)=3x^2-12=3(x+2)(x-2)$

$f'(x)=0$인 x의 값은 $x=-2$ 또는 $x=2$

함수 $f(x)$의 증가와 감소를 표로 나타내면 다음과 같다.

x	$\cdots$	−2	$\cdots$	2	$\cdots$
$f'(x)$	+	0	−	0	+
$f(x)$	↗	15	↘	−17	↗

따라서 함수 $f(x)$는 구간 $(-\infty, -2]$, $[2, \infty)$에서 증가하므로

$a=-2$, $b=2$ ∴ $ab=-4$

269 답 $-6 \le a \le 1$

$f(x)=-\dfrac{1}{3}x^3+ax^2-(6-5a)x+3$에서

$f'(x)=-x^2+2ax-(6-5a)$

함수 $f(x)$가 구간 $(-\infty, \infty)$에서 감소하려면 모든 실수 x에 대하여 $f'(x) \le 0$이어야 한다.

이차방정식 $f'(x)=0$의 판별식을 D라 하면

$\dfrac{D}{4}=a^2-(6-5a) \le 0$

$(a+6)(a-1) \le 0$ ∴ $-6 \le a \le 1$

270 답 $a \ge 24$

$f(x)=-2x^3+ax-7$에서 $f'(x)=-6x^2+a$

함수 $f(x)$가 구간 $[-1, 2]$에서 증가하려면 오른쪽 그림과 같이 $-1 \le x \le 2$에서

$f'(x) \ge 0$이어야 하므로

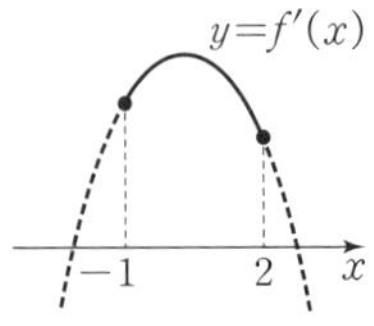

$f'(-1) \ge 0$, $f'(2) \ge 0$

$f'(-1) \ge 0$에서

$-6+a \ge 0$ ∴ $a \ge 6$ ……㉠

$f'(2) \ge 0$에서

$-24+a \ge 0$ ∴ $a \ge 24$ ……㉡

㉠, ㉡에서 $a \ge 24$

271 답 ④

$f(x)=x^3+ax^2+2ax$에서

$f'(x)=3x^2+2ax+2a$

함수 $f(x)$가 구간 $(-\infty, \infty)$에서 증가하려면 모든 실수 x에 대하여 $f'(x)\geq0$이어야 한다.

이차방정식 $f'(x)=0$의 판별식을 D라 하면

$\dfrac{D}{4}=a^2-6a\leq0$

$a(a-6)\leq0$　　∴ $0\leq a\leq6$

따라서 $M=6$, $m=0$이므로

$M-m=6$

272 답 3

$f(x)=-x^3-2ax^2+3ax-4$에서

$f'(x)=-3x^2-4ax+3a$

$x_1<x_2$인 임의의 두 실수 x_1, x_2에 대하여 $f(x_1)>f(x_2)$를 만족시키려면 함수 $f(x)$는 실수 전체의 집합에서 감소해야 한다.

즉, 모든 실수 x에 대하여 $f'(x)\leq0$이어야 한다.

이차방정식 $f'(x)=0$의 판별식을 D라 하면

$\dfrac{D}{4}=4a^2+9a\leq0$

$a(4a+9)\leq0$　　∴ $-\dfrac{9}{4}\leq a\leq0$

따라서 정수 a는 -2, -1, 0의 3개이다.

개념 확인   139쪽

273 답 (1) -2, 1 (2) -1, 3

유제   141~143쪽

274 답 (1) 극댓값: 17, 극솟값: -15
　　　(2) 극댓값: 8, 극솟값: 4
　　　(3) 극댓값: 30
　　　(4) 극댓값: -2, 극솟값: -3

(1) $f(x)=x^3-6x^2+17$에서

$f'(x)=3x^2-12x=3x(x-4)$

$f'(x)=0$인 x의 값은 $x=0$ 또는 $x=4$

함수 $f(x)$의 증가와 감소를 표로 나타내면 다음과 같다.

x	$\cdots$	0	$\cdots$	4	$\cdots$
$f'(x)$	+	0	$-$	0	+
$f(x)$	↗	17 극대	↘	-15 극소	↗

따라서 함수 $f(x)$는 $x=0$에서 극댓값 17, $x=4$에서 극솟값 -15를 갖는다.

(2) $f(x)=-x^3+3x+6$에서

$f'(x)=-3x^2+3=-3(x+1)(x-1)$

$f'(x)=0$인 x의 값은 $x=-1$ 또는 $x=1$

함수 $f(x)$의 증가와 감소를 표로 나타내면 다음과 같다.

x	$\cdots$	-1	$\cdots$	1	$\cdots$
$f'(x)$	$-$	0	+	0	$-$
$f(x)$	↘	4 극소	↗	8 극대	↘

따라서 함수 $f(x)$는 $x=1$에서 극댓값 8, $x=-1$에서 극솟값 4를 갖는다.

(3) $f(x)=-x^4+4x^3+3$에서

$f'(x)=-4x^3+12x^2=-4x^2(x-3)$

$f'(x)=0$인 x의 값은 $x=0$ 또는 $x=3$

함수 $f(x)$의 증가와 감소를 표로 나타내면 다음과 같다.

x	$\cdots$	0	$\cdots$	3	$\cdots$
$f'(x)$	+	0	+	0	$-$
$f(x)$	↗	3	↗	30 극대	↘

따라서 함수 $f(x)$는 $x=3$에서 극댓값 30을 갖는다.

(4) $f(x)=x^4-2x^2-2$에서

$f'(x)=4x^3-4x=4x(x+1)(x-1)$

$f'(x)=0$인 x의 값은

$x=-1$ 또는 $x=0$ 또는 $x=1$

함수 $f(x)$의 증가와 감소를 표로 나타내면 다음과 같다.

x	$\cdots$	-1	$\cdots$	0	$\cdots$	1	$\cdots$
$f'(x)$	$-$	0	+	0	$-$	0	+
$f(x)$	↘	-3 극소	↗	-2 극대	↘	-3 극소	↗

따라서 함수 $f(x)$는 $x=0$에서 극댓값 -2, $x=-1$ 또는 $x=1$에서 극솟값 -3을 갖는다.

275 답 -17

$f(x)=-2x^3-3x^2+12x-2$에서

$f'(x)=-6x^2-6x+12=-6(x+2)(x-1)$

$f'(x)=0$인 x의 값은 $x=-2$ 또는 $x=1$

함수 $f(x)$의 증가와 감소를 표로 나타내면 다음과 같다.

x	$\cdots$	-2	$\cdots$	1	$\cdots$
$f'(x)$	$-$	0	$+$	0	$-$
$f(x)$	$\searrow$	-22 극소	$\nearrow$	5 극대	$\searrow$

따라서 함수 $f(x)$는 $x=1$에서 극댓값 5, $x=-2$에서 극솟값 -22를 가지므로 극댓값과 극솟값의 합은

$5+(-22)=-17$

276 답 ⑤

$f(x)=\dfrac{1}{3}x^3-2x^2-12x+4$에서

$f'(x)=x^2-4x-12=(x+2)(x-6)$

$f'(x)=0$인 x의 값은 $x=-2$ 또는 $x=6$

함수 $f(x)$의 증가와 감소를 표로 나타내면 다음과 같다.

x	$\cdots$	-2	$\cdots$	6	$\cdots$
$f'(x)$	$+$	0	$-$	0	$+$
$f(x)$	$\nearrow$	$\dfrac{52}{3}$ 극대	$\searrow$	-68 극소	$\nearrow$

따라서 함수 $f(x)$는 $x=-2$에서 극댓값 $\dfrac{52}{3}$, $x=6$에서 극솟값 -68을 가지므로

$\alpha=-2$, $\beta=6$

$\therefore \beta-\alpha=8$

277 답 24

$f(x)=x^3+ax^2+bx-3$에서

$f'(x)=3x^2+2ax+b$

함수 $f(x)$가 $x=1$에서 극솟값 -8을 가지므로

$f'(1)=0$, $f(1)=-8$

$f'(1)=0$에서 $3+2a+b=0$

$\therefore 2a+b=-3$ $\cdots\cdots$ ㉠

$f(1)=-8$에서 $1+a+b-3=-8$

$\therefore a+b=-6$ $\cdots\cdots$ ㉡

㉠, ㉡을 연립하여 풀면

$a=3$, $b=-9$

$\therefore f(x)=x^3+3x^2-9x-3$,

$\quad f'(x)=3x^2+6x-9=3(x+3)(x-1)$

$f'(x)=0$인 x의 값은 $x=-3$ 또는 $x=1$

함수 $f(x)$의 증가와 감소를 표로 나타내면 다음과 같다.

x	$\cdots$	-3	$\cdots$	1	$\cdots$
$f'(x)$	$+$	0	$-$	0	$+$
$f(x)$	$\nearrow$	24 극대	$\searrow$	-8 극소	$\nearrow$

따라서 함수 $f(x)$는 $x=-3$에서 극댓값 24를 갖는다.

278 답 -12

주어진 그래프에서 $f'(x)$의 부호를 조사하여 함수 $f(x)$의 증가와 감소를 표로 나타내면 다음과 같다.

x	$\cdots$	0	$\cdots$	4	$\cdots$
$f'(x)$	$-$	0	$+$	0	$-$
$f(x)$	$\searrow$	극소	$\nearrow$	극대	$\searrow$

$f(x)=-x^3+ax^2+bx+c$ (a, b, c는 상수)라 하면

$f'(x)=-3x^2+2ax+b$

$f'(0)=0$, $f'(4)=0$에서

$b=0$, $-48+8a+b=0$

$\therefore a=6$, $b=0$

$\therefore f(x)=-x^3+6x^2+c$

함수 $f(x)$가 $x=4$에서 극댓값 20을 가지므로

$f(4)=20$에서

$-64+96+c=20$

$\therefore c=-12$

따라서 $f(x)=-x^3+6x^2-12$이고 $f(x)$는 $x=0$에서 극소이므로 극솟값은

$f(0)=-12$

279 답 $a=3$, $b=-12$, $c=-9$

$f(x)=2x^3+ax^2+bx+c$에서

$f'(x)=6x^2+2ax+b$

함수 $f(x)$가 $x=-2$, $x=1$에서 극값을 가지므로

$f'(-2)=0$, $f'(1)=0$

$24-4a+b=0$, $6+2a+b=0$

$\therefore 4a-b=24$, $2a+b=-6$

두 식을 연립하여 풀면

$a=3$, $b=-12$

$\therefore f(x)=2x^3+3x^2-12x+c$

함수 $f(x)$가 $x=-2$에서 극댓값 11을 가지므로

$f(-2)=11$에서

$-16+12+24+c=11$

$\therefore c=-9$

280 답 1

주어진 그래프에서 $f'(x)$의 부호를 조사하여 함수 $f(x)$의 증가와 감소를 표로 나타내면 다음과 같다.

x	a	$\cdots$	b	$\cdots$	0	$\cdots$	c	$\cdots$	d	$\cdots$	e
$f'(x)$		$-$	0	$+$	0	$+$	0	$-$	0	$+$	
$f(x)$		$\searrow$	극소	$\nearrow$		$\nearrow$	극대	$\searrow$	극소	$\nearrow$	

따라서 함수 $f(x)$가 극대가 되는 x의 값은 c의 1개이고, 극소가 되는 x의 값은 b, d의 2개이므로
$m=1$, $n=2$
$\therefore n-m=1$

연습문제

144~146쪽

281 답 2

$f(x)=x^3-12x+5$에서
$f'(x)=3x^2-12=3(x+2)(x-2)$
$f'(x)=0$인 x의 값은 $x=-2$ 또는 $x=2$
함수 $f(x)$의 증가와 감소를 표로 나타내면 다음과 같다.

x	$\cdots$	-2	$\cdots$	2	$\cdots$
$f'(x)$	$+$	0	$-$	0	$+$
$f(x)$	$\nearrow$	21	$\searrow$	-11	$\nearrow$

따라서 함수 $f(x)$가 감소하는 구간은 $[-2, 2]$이므로
$a=2$

| 다른 풀이 |

$f(x)=x^3-12x+5$에서 $f'(x)=3x^2-12$
이때 $f'(x)\leq0$인 구간에서 함수 $f(x)$가 감소하므로
$3x^2-12\leq0$, $(x+2)(x-2)\leq0$
$\therefore -2\leq x\leq2$
$\therefore a=2$

282 답 33

$f(x)=-x^3+ax^2+bx+5$에서
$f'(x)=-3x^2+2ax+b$
함수 $f(x)$가 증가하는 x의 값의 범위가 $2\leq x\leq4$이므로 2, 4는 이차방정식 $f'(x)=0$의 두 근이다.
따라서 이차방정식의 근과 계수의 관계에 의하여
$2+4=\dfrac{2a}{3}$, $2\times4=-\dfrac{b}{3}$
$\therefore a=9$, $b=-24$
$\therefore a-b=33$

283 답 ⑤

$f(x)=x^3-2x^2-ax+3$에서
$f'(x)=3x^2-4x-a$
함수 $f(x)$가 구간 $[1, 2]$에서 감소하려면 오른쪽 그림과 같이 $1\leq x\leq2$에서 $f'(x)\leq0$이어야 하므로

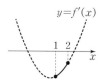

$f'(1)\leq0$, $f'(2)\leq0$
$f'(1)\leq0$에서
$3-4-a\leq0$ $\quad\therefore a\geq-1$ $\quad\cdots\cdots$ ㉠
$f'(2)\leq0$에서
$12-8-a\leq0$ $\quad\therefore a\geq4$ $\quad\cdots\cdots$ ㉡
㉠, ㉡에서 $a\geq4$
따라서 a의 최솟값은 4이다.

284 답 1

$f(x)=-x^4+4x^3-4x^2+2$에서
$f'(x)=-4x^3+12x^2-8x=-4x(x-1)(x-2)$
$f'(x)=0$인 x의 값은 $x=0$ 또는 $x=1$ 또는 $x=2$
함수 $f(x)$의 증가와 감소를 표로 나타내면 다음과 같다.

x	$\cdots$	0	$\cdots$	1	$\cdots$	2	$\cdots$
$f'(x)$	$+$	0	$-$	0	$+$	0	$-$
$f(x)$	$\nearrow$	2 극대	$\searrow$	1 극소	$\nearrow$	2 극대	$\searrow$

함수 $f(x)$는 $x=1$에서 극솟값 1을 가지므로 점 A의 좌표는 $(1, 1)$
또 함수 $f(x)$는 $x=0$ 또는 $x=2$에서 극댓값 2를 가지므로 두 점 B, C의 좌표는
$(0, 2)$, $(2, 2)$
따라서 오른쪽 그림에서 삼각형 ABC의 넓이는
$\dfrac{1}{2}\times2\times1=1$

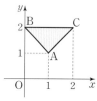

285 답 2

$f(x)=x^4+ax^2+b$에서 $f'(x)=4x^3+2ax$
함수 $f(x)$가 $x=1$에서 극소이므로 $f'(1)=0$에서
$4+2a=0$ $\quad\therefore a=-2$
$\therefore f(x)=x^4-2x^2+b$,
$\quad f'(x)=4x^3-4x=4x(x+1)(x-1)$
$f'(x)=0$인 x의 값은 $x=-1$ 또는 $x=0$ 또는 $x=1$

함수 $f(x)$의 증가와 감소를 표로 나타내면 다음과 같다.

x	$\cdots$	-1	$\cdots$	0	$\cdots$	1	$\cdots$
$f'(x)$	$-$	0	$+$	0	$-$	0	$+$
$f(x)$	$\searrow$	$b-1$ 극소	$\nearrow$	b 극대	$\searrow$	$b-1$ 극소	$\nearrow$

따라서 함수 $f(x)$는 $x=0$에서 극댓값 b를 가지므로
$b=4$
$\therefore a+b=2$

286 답 -4

$f(x)=2x^3+6x^2+a$에서
$f'(x)=6x^2+12x=6x(x+2)$
$f'(x)=0$인 x의 값은 $x=-2$ 또는 $x=0$ ▶▶▶▶▶▶ ❶
함수 $f(x)$의 증가와 감소를 표로 나타내면 다음과 같다.

x	$\cdots$	-2	$\cdots$	0	$\cdots$
$f'(x)$	$+$	0	$-$	0	$+$
$f(x)$	$\nearrow$	$a+8$ 극대	$\searrow$	a 극소	$\nearrow$

따라서 함수 $f(x)$는 $x=-2$에서 극댓값 $a+8$,
$x=0$에서 극솟값 a를 갖는다. ▶▶▶▶▶▶ ❷
이때 모든 극값의 곱이 -16이므로
$a(a+8)=-16$, $a^2+8a+16=0$
$(a+4)^2=0$ $\therefore a=-4$ ▶▶▶▶▶▶ ❸

단계	채점 기준	비율
❶	$f'(x)=0$인 x의 값 구하기	20 %
❷	$f(x)$의 극댓값과 극솟값을 a에 대한 식으로 나타내기	50 %
❸	a의 값 구하기	30 %

287 답 ③

주어진 그래프에서 $f'(x)$의 부호를 조사하여 함수
$f(x)$의 증가와 감소를 표로 나타내면 다음과 같다.

x	-3	$\cdots$	-2	$\cdots$	1	$\cdots$	4	$\cdots$	6
$f'(x)$		$+$	0	$-$	0	$+$	0	$+$	
$f(x)$		$\nearrow$	극대	$\searrow$	극소	$\nearrow$		$\nearrow$	

ㄱ. 함수 $f(x)$는 구간 $[-3, -2]$에서 증가한다.
ㄴ. 함수 $f(x)$는 구간 $[4, 6]$에서 증가한다.
ㄷ. 함수 $f(x)$는 $x=4$에서 극값을 갖지 않는다.
ㄹ. 함수 $f(x)$는 $x=-2$에서 극대이고 $x=1$에서 극소이므로 극값은 2개이다.
따라서 보기에서 옳은 것은 ㄴ, ㄹ이다.

288 답 -3

주어진 그래프에서 $f'(x)$의 부호를 조사하여 함수
$f(x)$의 증가와 감소를 표로 나타내면 다음과 같다.

x	$\cdots$	-3	$\cdots$	0	$\cdots$
$f'(x)$	$+$	0	$-$	0	$+$
$f(x)$	$\nearrow$	극대	$\searrow$	극소	$\nearrow$

$f(x)=ax^3+bx^2+cx+d$ (a, b, c, d는 상수, $a\neq0$)
라 하면
$f'(x)=3ax^2+2bx+c$
$f'(-3)=0$, $f'(0)=0$에서
$27a-6b+c=0$, $c=0$
$\therefore 9a-2b=0$ $\cdots\cdots$ ㉠
$f(x)=ax^3+bx^2+d$이고 함수 $f(x)$는 $x=-3$에서
극댓값 17, $x=0$에서 극솟값 -10을 가지므로
$f(-3)=17$, $f(0)=-10$에서
$-27a+9b+d=17$, $d=-10$
$\therefore 3a-b=-3$ $\cdots\cdots$ ㉡
㉠, ㉡을 연립하여 풀면 $a=2$, $b=9$
따라서 $f(x)=2x^3+9x^2-10$이므로
$f(-1)=-2+9-10=-3$

289 답 ④

$f(x)=\dfrac{1}{3}x^3+ax^2-4ax$에서
$f'(x)=x^2+2ax-4a$
함수 $f(x)$의 역함수가 존재하려면 일대일대응이어야
하므로 $f(x)$는 실수 전체의 집합에서 증가하거나 감
소해야 한다.
이때 함수 $f(x)$의 최고차항의 계수가 양수이므로 실
수 전체의 집합에서 증가해야 한다.
즉, 모든 실수 x에 대하여 $f'(x)\geq0$이어야 한다.
이차방정식 $f'(x)=0$의 판별식을 D라 하면
$\dfrac{D}{4}=a^2+4a\leq0$
$a(a+4)\leq0$ $\therefore -4\leq a\leq0$
따라서 a의 최솟값은 -4이다.

290 답 30

$g(x)=(2x^3-3)f(x)$에서
$g'(x)=6x^2f(x)+(2x^3-3)f'(x)$
함수 $g(x)$가 $x=1$에서 극솟값 6을 가지므로
$g'(1)=0$, $g(1)=6$ ▶▶▶▶▶▶ ❶
$g'(1)=0$에서 $6f(1)-f'(1)=0$ $\cdots\cdots$ ㉠

$g(1)=6$에서

$-f(1)=6$ $\therefore f(1)=-6$

이를 ㉠에 대입하면

$-36-f'(1)=0$ $\therefore f'(1)=-36$ ▶▶▶▶ ❷

$\therefore f(1)-f'(1)=30$ ▶▶▶▶ ❸

단계	채점 기준	비율
❶	$g(1), g'(1)$의 값 구하기	40 %
❷	$f(1), f'(1)$의 값 구하기	40 %
❸	$f(1)-f'(1)$의 값 구하기	20 %

291 답 -1

㈎에서 $f(0)=1$이므로

$f(x)=x^3+ax^2+bx+1$ (a, b는 상수)이라 하면

$f'(x)=3x^2+2ax+b$

㈏에서 $-1, 1$은 이차방정식 $f'(x)=0$의 두 근이므로 이차방정식의 근과 계수의 관계에 의하여

$-1+1=-\dfrac{2a}{3}$, $-1\times1=\dfrac{b}{3}$

$\therefore a=0, b=-3$

따라서 $f(x)=x^3-3x+1$이고 ㈏에서 $f(x)$는 $x=1$에서 극소이므로 극솟값은

$f(1)=1-3+1=-1$

292 답 ②

$f(x)=x^3-3ax^2+3(a^2-1)x$에서

$f'(x)=3x^2-6ax+3(a^2-1)$

$\qquad =3\{x^2-2ax+(a-1)(a+1)\}$

$\qquad =3\{x-(a-1)\}\{x-(a+1)\}$

$f'(x)=0$인 x의 값은 $x=a-1$ 또는 $x=a+1$

함수 $f(x)$의 증가와 감소를 표로 나타내면 다음과 같다.

x	$\cdots$	$a-1$	$\cdots$	$a+1$	$\cdots$
$f'(x)$	+	0	-	0	+
$f(x)$	↗	극대	↘	극소	↗

따라서 함수 $f(x)$는 $x=a-1$에서 극댓값 4를 가지므로 $f(a-1)=4$에서

$(a-1)^3-3a(a-1)^2+3(a^2-1)(a-1)=4$

$a^3-3a-2=0$, $(a+1)^2(a-2)=0$

$\therefore a=-1$ 또는 $a=2$

(i) $a=-1$일 때

$\quad f(x)=x^3+3x^2$

이때 $f(-2)=-8+12=4>0$이므로 주어진 조건을 만족시킨다.

(ii) $a=2$일 때

$\quad f(x)=x^3-6x^2+9x$

이때 $f(-2)=-8-24-18=-50<0$이므로 주어진 조건을 만족시키지 않는다.

(i), (ii)에서 $f(x)=x^3+3x^2$

$\therefore f(-1)=-1+3=2$

293 답 32

$f(x)=x^3+ax^2+bx+c$ (a, b, c는 상수)라 하면

$f'(x)=3x^2+2ax+b$, $f'(-x)=3x^2-2ax+b$

㈎에서 $f'(x)=f'(-x)$이므로

$3x^2+2ax+b=3x^2-2ax+b$

즉, $2a=-2a$이므로 $4a=0$ $\therefore a=0$

$\therefore f'(x)=3x^2+b$

㈏에서 $f'(2)=0$이므로

$12+b=0$ $\therefore b=-12$

$\therefore f(x)=x^3-12x+c$,

$\quad f'(x)=3x^2-12=3(x+2)(x-2)$

$f'(x)=0$인 x의 값은 $x=-2$ 또는 $x=2$

함수 $f(x)$의 증가와 감소를 표로 나타내면 다음과 같다.

x	$\cdots$	-2	$\cdots$	2	$\cdots$
$f'(x)$	+	0	-	0	+
$f(x)$	↗	$c+16$ 극대	↘	$c-16$ 극소	↗

따라서 함수 $f(x)$는 $x=-2$에서 극댓값 $c+16$, $x=2$에서 극솟값 $c-16$을 가지므로 극댓값과 극솟값의 차는

$c+16-(c-16)=32$

294 답 -20

$f(x)=ax^3+bx^2+cx+d$ (a, b, c, d는 상수, $a\neq0$)라 하면

$f'(x)=3ax^2+2bx+c$

㈎에서 $f(0)=-15$, $f'(0)=9$이므로

$d=-15, c=9$

$\therefore f(x)=ax^3+bx^2+9x-15$,

$\quad f'(x)=3ax^2+2bx+9$

㈏에서 $f'(3)=0$, $f(3)=12$

$f'(3)=0$에서 $27a+6b+9=0$

$\therefore 9a+2b=-3$ $\cdots\cdots$ ㉠

$f(3)=12$에서 $27a+9b+27-15=12$

$\therefore 3a+b=0$ $\cdots\cdots$ ㉡

㉠, ㉡을 연립하여 풀면

$a=-1$, $b=3$

$\therefore f(x)=-x^3+3x^2+9x-15$,

$\quad f'(x)=-3x^2+6x+9=-3(x+1)(x-3)$

$f'(x)=0$인 x의 값은 $x=-1$ 또는 $x=3$

함수 $f(x)$의 증가와 감소를 표로 나타내면 다음과 같다.

x	$\cdots$	-1	$\cdots$	3	$\cdots$
$f'(x)$	$-$	0	$+$	0	$-$
$f(x)$	$\searrow$	-20 극소	$\nearrow$	12 극대	$\searrow$

따라서 함수 $f(x)$는 $x=-1$에서 극솟값 -20을 갖는다.

295 답 $f(x)=2x^3-7x^2+8x+2$

$f(x)=2x^3+ax^2+bx+c$ (a, b, c는 상수)라 하면

$f'(x)=6x^2+2ax+b$

$\lim\limits_{x\to 0}\dfrac{f(x)-2}{x}=8$에서 $x\to 0$일 때 (분모)$\to 0$이고

극한값이 존재하므로 (분자)$\to 0$이다.

즉, $\lim\limits_{x\to 0}\{f(x)-2\}=0$이므로 $f(0)=2$

$\therefore c=2$

따라서 $\lim\limits_{x\to 0}\dfrac{f(x)-2}{x}=\lim\limits_{x\to 0}\dfrac{f(x)-f(0)}{x}=f'(0)$

이므로

$f'(0)=8$ $\quad$ $\cdots\cdots$ ㉠

또 함수 $f(x)$가 $x=1$에서 극댓값을 가지므로

$f'(1)=0$ $\quad$ $\cdots\cdots$ ㉡

㉠, ㉡에서

$b=8$, $6+2a+b=0$ $\quad$ $\therefore a=-7$, $b=8$

$\therefore f(x)=2x^3-7x^2+8x+2$

296 답 ④

$h'(x)=f'(x)-g'(x)=0$인 x의 값은 두 함수

$y=f'(x)$, $y=g'(x)$의 그래프의 교점의 x좌표와 같으므로

$x=b$ 또는 $x=d$ 또는 $x=e$

주어진 그래프에서 $h'(x)$의 부호를 조사하여 함수 $h(x)$의 증가와 감소를 표로 나타내면 다음과 같다.

x	$\cdots$	b	$\cdots$	d	$\cdots$	e	$\cdots$
$h'(x)$	$+$	0	$-$	0	$+$	0	$-$
$h(x)$	$\nearrow$	극대	$\searrow$	극소	$\nearrow$	극대	$\searrow$

따라서 함수 $h(x)$는 $x=d$에서 극소이므로 구하는 x의 값은 d이다.

297 답 ④

|접근 방법| ㈏에서 도함수인 이차함수 $f'(x)$의 축의 방정식을 찾고 ㈐에서 함수 $f(x)$의 증가, 감소를 파악한다.

㈎에서 $f(0)=2$이므로

$f(x)=x^3+ax^2+bx+2$ (a, b는 상수)라 하면

$f'(x)=3x^2+2ax+b$

㈏에서 모든 실수 x에 대하여 $f'(x)\geq f'(-1)$이므로 이차함수 $y=f'(x)$의 그래프의 축의 방정식은 $x=-1$이다.

$f'(x)=3x^2+2ax+b=3\left(x+\dfrac{a}{3}\right)^2-\dfrac{a^2}{3}+b$이므로

$-\dfrac{a}{3}=-1$ $\quad$ $\therefore a=3$

$\therefore f(x)=x^3+3x^2+bx+2$,

$\quad f'(x)=3x^2+6x+b$

㈐에서 함수 $f(x)$가 실수 전체의 집합에서 증가하므로 모든 실수 x에 대하여 $f'(x)\geq 0$이어야 한다.

이차방정식 $f'(x)=0$의 판별식을 D라 하면

$\dfrac{D}{4}=9-3b\leq 0$ $\quad$ $\therefore b\geq 3$

따라서 $f(1)=b+6\geq 9$이므로 $f(1)$의 최솟값은 9이다.

298 답 ⑤

|접근 방법| $a>0$, $a=0$, $a<0$인 경우로 나누어 주어진 조건을 만족시키는지 확인한다.

(i) $a>0$일 때

$g(x)=a(3x-x^3)$ ($x<0$)이라 하면

$g'(x)=a(3-3x^2)=-3a(x+1)(x-1)$

$g'(x)=0$인 x의 값은 $x=-1$ ($\because x<0$)

$h(x)=x^3-ax$ ($x\geq 0$)라 하면

$h'(x)=3x^2-a=3\left(x+\dfrac{\sqrt{3a}}{3}\right)\left(x-\dfrac{\sqrt{3a}}{3}\right)$

$h'(x)=0$인 x의 값은 $x=\dfrac{\sqrt{3a}}{3}$ ($\because x\geq 0$)

함수 $f(x)$의 증가와 감소를 표로 나타내면 다음과 같다.

x	$\cdots$	-1	$\cdots$	0	$\cdots$	$\dfrac{\sqrt{3a}}{3}$	$\cdots$
$f'(x)$	$-$	0	$+$		$-$	0	$+$
$f(x)$	$\searrow$	극소	$\nearrow$	극대	$\searrow$	극소	$\nearrow$

함수 $f(x)$는 $x=0$에서 극대이므로 극댓값은

$f(0)=0$

이는 극댓값이 5라는 조건을 만족시키지 않는다.

(ii) $a=0$일 때

$$f(x)=\begin{cases} 0 & (x<0) \\ x^3 & (x\geq0) \end{cases}$$

$h(x)=x^3(x\geq0)$이라 하면 $h'(x)=3x^2\geq0$

이는 극댓값이 5라는 조건을 만족시키지 않는다.

(iii) $a<0$일 때

$g(x)=a(3x-x^3)(x<0)$이라 하면

$g'(x)=a(3-3x^2)=-3a(x+1)(x-1)$

$g'(x)=0$인 x의 값은 $x=-1$ ($\because x<0$)

$h(x)=x^3-ax(x\geq0)$라 하면

$h'(x)=3x^2-a>0$

함수 $f(x)$의 증가와 감소를 표로 나타내면 다음과 같다.

x	$\cdots$	-1	$\cdots$	0	$\cdots$
$f'(x)$	$+$	0	$-$		$+$
$f(x)$	↗	극대	↘	극소	↗

함수 $f(x)$는 $x=-1$에서 극대이므로 극댓값은

$f(-1)=a(-3+1)=-2a$

따라서 $-2a=5$이므로 $a=-\dfrac{5}{2}$

(i), (ii), (iii)에서 $a=-\dfrac{5}{2}$

따라서 $f(x)=\begin{cases} -\dfrac{5}{2}(3x-x^3) & (x<0) \\ x^3+\dfrac{5}{2}x & (x\geq0) \end{cases}$ 이므로

$f(2)=8+5=13$

II-3. 도함수의 활용(2)

02 함수의 그래프

유제　　　　　　　　　　　151~165쪽

299 📋 풀이 참조

(1) $f(x)=2x^3-9x^2+12x-2$에서

$f'(x)=6x^2-18x+12=6(x-1)(x-2)$

$f'(x)=0$인 x의 값은 $x=1$ 또는 $x=2$

함수 $f(x)$의 증가와 감소를 표로 나타내면 다음과 같다.

x	$\cdots$	1	$\cdots$	2	$\cdots$
$f'(x)$	$+$	0	$-$	0	$+$
$f(x)$	↗	3 극대	↘	2 극소	↗

또 $f(0)=-2$이므로 함수 $y=f(x)$의 그래프는 오른쪽 그림과 같다.

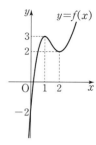

(2) $f(x)=-\dfrac{1}{3}x^3+3x^2-9x+5$에서

$f'(x)=-x^2+6x-9=-(x-3)^2$

$f'(x)=0$인 x의 값은 $x=3$

함수 $f(x)$의 증가와 감소를 표로 나타내면 다음과 같다.

x	$\cdots$	3	$\cdots$
$f'(x)$	$-$	0	$-$
$f(x)$	↘	-4	↘

또 $f(0)=5$이므로 함수 $y=f(x)$의 그래프는 오른쪽 그림과 같다.

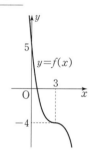

300 📋 풀이 참조

(1) $f(x)=-3x^4+4x^3+12x^2-7$에서

$f'(x)=-12x^3+12x^2+24x$

$\qquad=-12x(x+1)(x-2)$

$f'(x)=0$인 x의 값은

$x=-1$ 또는 $x=0$ 또는 $x=2$

함수 $f(x)$의 증가와 감소를 표로 나타내면 다음과 같다.

x	$\cdots$	-1	$\cdots$	0	$\cdots$	2	$\cdots$
$f'(x)$	$+$	0	$-$	0	$+$	0	$-$
$f(x)$	↗	-2 극대	↘	-7 극소	↗	25 극대	↘

따라서 함수 $y=f(x)$의 그래프는 오른쪽 그림과 같다.

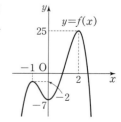

(2) $f(x)=3x^4+8x^3+6x^2+1$에서
$$f'(x)=12x^3+24x^2+12x=12x(x+1)^2$$
$f'(x)=0$인 x의 값은 $x=-1$ 또는 $x=0$
함수 $f(x)$의 증가와 감소를 표로 나타내면 다음과 같다.

x	$\cdots$	-1	$\cdots$	0	$\cdots$
$f'(x)$	$-$	0	$-$	0	$+$
$f(x)$	$\searrow$	2	$\searrow$	1 극소	$\nearrow$

따라서 함수 $y=f(x)$의 그래프는 오른쪽 그림과 같다.

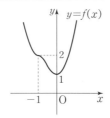

301 답 $a<-3$ 또는 $a>5$

$f(x)=\dfrac{1}{3}x^3-ax^2+(2a+15)x$에서

$$f'(x)=x^2-2ax+2a+15$$

함수 $f(x)$가 극값을 가지려면 이차방정식 $f'(x)=0$이 서로 다른 두 실근을 가져야 한다.

이차방정식 $f'(x)=0$의 판별식을 D라 하면

$$\frac{D}{4}=a^2-(2a+15)>0$$

$$(a+3)(a-5)>0$$

$$\therefore\ a<-3 \ 또는 \ a>5$$

302 답 $a\leq-1$ 또는 $a\geq1$

$f(x)=-x^3+3x^2-3a^2x$에서

$$f'(x)=-3x^2+6x-3a^2$$

함수 $f(x)$가 극값을 갖지 않으려면 이차방정식 $f'(x)=0$이 중근 또는 허근을 가져야 한다.

이차방정식 $f'(x)=0$의 판별식을 D라 하면

$$\frac{D}{4}=9-9a^2\leq0$$

$$(a+1)(a-1)\geq0$$

$$\therefore\ a\leq-1 \ 또는 \ a\geq1$$

303 답 2

$f(x)$는 삼차함수이므로 $a\neq0$ $\cdots\cdots$ ㉠

$f(x)=ax^3+3x^2+ax-7$에서

$$f'(x)=3ax^2+6x+a$$

함수 $f(x)$가 극댓값과 극솟값을 모두 가지려면 이차방정식 $f'(x)=0$이 서로 다른 두 실근을 가져야 한다.

이차방정식 $f'(x)=0$의 판별식을 D라 하면

$$\frac{D}{4}=9-3a^2>0$$

$$(a+\sqrt{3})(a-\sqrt{3})<0$$

$$\therefore\ -\sqrt{3}<a<\sqrt{3} \qquad\cdots\cdots ㉡$$

㉠, ㉡에서

$$-\sqrt{3}<a<0 \ 또는 \ 0<a<\sqrt{3}$$

따라서 정수 a는 -1, 1의 2개이다.

304 답 6

$f(x)=x^3+ax^2+ax+6$에서

$$f'(x)=3x^2+2ax+a$$

함수 $f(x)$가 극값을 갖지 않으려면 이차방정식 $f'(x)=0$이 중근 또는 허근을 가져야 한다.

이차방정식 $f'(x)=0$의 판별식을 D라 하면

$$\frac{D}{4}=a^2-3a\leq0$$

$$a(a-3)\leq0 \qquad \therefore\ 0\leq a\leq3$$

따라서 자연수 a의 값은 1, 2, 3이므로 구하는 합은

$$1+2+3=6$$

305 답 $-4<a<-2$ 또는 $3<a<6$

$f(x)=-4x^3+ax^2+2a^2x-1$에서

$$f'(x)=-12x^2+2ax+2a^2$$

함수 $f(x)$가 $-2<x<-1$에서 극솟값을 갖고, $x>-1$에서 극댓값을 가지려면 이차방정식 $f'(x)=0$이 $-2<x<-1$에서 한 실근을 갖고, $x>-1$에서 다른 한 실근을 가져야 한다.

$f'(-2)<0$이어야 하므로

$$-48-4a+2a^2<0$$

$$(a+4)(a-6)<0$$

$$\therefore\ -4<a<6 \qquad\cdots\cdots ㉠$$

$f'(-1)>0$이어야 하므로

$$-12-2a+2a^2>0$$

$$(a+2)(a-3)>0$$

$$\therefore\ a<-2 \ 또는 \ a>3 \qquad\cdots\cdots ㉡$$

㉠, ㉡에서

$$-4<a<-2 \ 또는 \ 3<a<6$$

306 📋 $3<a<\dfrac{15}{4}$

$f(x)=x^3-ax^2+3x-4$에서

$f'(x)=3x^2-2ax+3$

함수 $f(x)$가 $-1<x<2$에서
극댓값과 극솟값을 모두 가지
려면 이차방정식 $f'(x)=0$이
$-1<x<2$에서 서로 다른 두
실근을 가져야 한다.

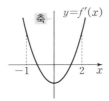

(i) 이차방정식 $f'(x)=0$의 판별식을 D라 하면

$\dfrac{D}{4}=a^2-9>0,\ (a+3)(a-3)>0$

$\therefore a<-3$ 또는 $a>3$ ...... ㉠

(ii) $f'(-1)>0$이어야 하므로

$3+2a+3>0$ $\therefore a>-3$ ...... ㉡

$f'(2)>0$이어야 하므로

$12-4a+3>0$ $\therefore a<\dfrac{15}{4}$ ...... ㉢

(iii) 이차함수 $y=f'(x)$의 그래프의 축의 방정식이

$x=\dfrac{a}{3}$이므로

$-1<\dfrac{a}{3}<2$ $\therefore -3<a<6$ ...... ㉣

㉠~㉣에서 $3<a<\dfrac{15}{4}$

307 📋 -2

$f(x)=x^3+kx^2-k^2x+1$에서

$f'(x)=3x^2+2kx-k^2$

함수 $f(x)$가 $-2<x<1$에서 극
댓값을 갖고, $1<x<3$에서 극솟
값을 가지려면 이차방정식

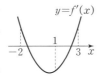

$f'(x)=0$이 $-2<x<1$에서 한

실근을 갖고, $1<x<3$에서 다른 한 실근을 가져야 한다.

$f'(-2)>0$이어야 하므로

$12-4k-k^2>0,\ (k+6)(k-2)<0$

$\therefore -6<k<2$ ...... ㉠

$f'(1)<0$이어야 하므로

$3+2k-k^2<0,\ (k+1)(k-3)>0$

$\therefore k<-1$ 또는 $k>3$ ...... ㉡

$f'(3)>0$이어야 하므로

$27+6k-k^2>0,\ (k+3)(k-9)<0$

$\therefore -3<k<9$ ...... ㉢

㉠, ㉡, ㉢에서 $-3<k<-1$

따라서 정수 k의 값은 -2이다.

308 📋 3

$f(x)=-\dfrac{1}{3}x^3+3x^2+ax-2$에서

$f'(x)=-x^2+6x+a$

함수 $f(x)$가 $1<x<6$에서 극
댓값과 극솟값을 모두 가지려
면 이차방정식 $f'(x)=0$이
$1<x<6$에서 서로 다른 두 실
근을 가져야 한다.

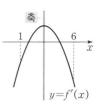

(i) 이차방정식 $f'(x)=0$의 판별식을 D라 하면

$\dfrac{D}{4}=9+a>0$ $\therefore a>-9$ ...... ㉠

(ii) $f'(1)<0$이어야 하므로

$-1+6+a<0$ $\therefore a<-5$ ...... ㉡

$f'(6)<0$이어야 하므로

$-36+36+a<0$ $\therefore a<0$ ...... ㉢

(iii) 이차함수 $y=f'(x)$의 그래프의 축의 방정식이

$x=3$이고, 이때 $1<3<6$을 만족시킨다.

㉠, ㉡, ㉢에서 $-9<a<-5$

따라서 정수 a는 $-8,\ -7,\ -6$의 3개이다.

309 📋 $-\dfrac{1}{4}<a<0$ 또는 $a>0$

$f(x)=-3x^4-4x^3+6ax^2$에서

$f'(x)=-12x^3-12x^2+12ax=-12x(x^2+x-a)$

함수 $f(x)$가 극댓값과 극솟값을 모두 가지려면 삼차
방정식 $f'(x)=0$이 서로 다른 세 실근을 가져야 하므
로 $-12x(x^2+x-a)=0$에서 이차방정식
$x^2+x-a=0$이 0이 아닌 서로 다른 두 실근을 가져
야 한다.

$x=0$이 이차방정식 $x^2+x-a=0$의 근이 아니어야 하
므로

$a\neq0$ ...... ㉠

이차방정식 $x^2+x-a=0$의 판별식을 D라 하면

$D=1+4a>0$ $\therefore a>-\dfrac{1}{4}$ ...... ㉡

㉠, ㉡에서

$-\dfrac{1}{4}<a<0$ 또는 $a>0$

310 📋 $a=0$ 또는 $a\leq-\dfrac{3}{2}$

$f(x)=-\dfrac{1}{4}x^4+2x^3+3ax^2$에서

$f'(x)=-x^3+6x^2+6ax=-x(x^2-6x-6a)$

함수 $f(x)$가 극값을 하나만 가지려면 삼차방정식
$f'(x)=0$이 중근 또는 허근을 가져야 하므로
$-x(x^2-6x-6a)=0$에서 이차방정식
$x^2-6x-6a=0$의 한 근이 0이거나 중근 또는 허근
을 가져야 한다.

(ⅰ) 이차방정식 $x^2-6x-6a=0$의 한 근이 0이면
 $a=0$

(ⅱ) 이차방정식 $x^2-6x-6a=0$이 중근 또는 허근을 가
 지면 판별식을 D라 할 때,
$$\frac{D}{4}=9+6a\le0 \qquad \therefore a\le-\frac{3}{2}$$

(ⅰ), (ⅱ)에서
$a=0$ 또는 $a\le-\dfrac{3}{2}$

311 답 3

$f(x)=\dfrac{1}{2}x^4-2x^3+ax^2-7$에서

$f'(x)=2x^3-6x^2+2ax=2x(x^2-3x+a)$

함수 $f(x)$가 극댓값을 가지려면 삼차방정식
$f'(x)=0$이 서로 다른 세 실근을 가져야 하므로
$2x(x^2-3x+a)=0$에서 이차방정식 $x^2-3x+a=0$
이 0이 아닌 서로 다른 두 실근을 가져야 한다.

$x=0$이 이차방정식 $x^2-3x+a=0$의 근이 아니어야
하므로

$a\ne0$ ┄┄┄┄ ㉠

이차방정식 $x^2-3x+a=0$의 판별식을 D라 하면

$D=9-4a>0 \qquad \therefore a<\dfrac{9}{4}$ ┄┄┄┄ ㉡

㉠, ㉡에서

$a<0$ 또는 $0<a<\dfrac{9}{4}$

따라서 자연수 a의 값은 1, 2이므로 구하는 합은
$1+2=3$

312 답 -1

$f(x)=-3x^4+8x^3+6kx^2+3$에서

$f'(x)=-12x^3+24x^2+12kx=-12x(x^2-2x-k)$

함수 $f(x)$가 극솟값을 갖지 않으려면 삼차방정식
$f'(x)=0$이 중근 또는 허근을 가져야 하므로
$-12x(x^2-2x-k)=0$에서 이차방정식
$x^2-2x-k=0$의 한 근이 0이거나 중근 또는 허근을
가져야 한다.

(ⅰ) 이차방정식 $x^2-2x-k=0$의 한 근이 0이면
 $k=0$

(ⅱ) 이차방정식 $x^2-2x-k=0$이 중근 또는 허근을 가
 지면 판별식을 D라 할 때,
$$\frac{D}{4}=1+k\le0 \qquad \therefore k\le-1$$

(ⅰ), (ⅱ)에서 $k=0$ 또는 $k\le-1$

따라서 $\alpha=0$, $\beta=-1$이므로

$\alpha+\beta=-1$

313 답 최댓값: 7, 최솟값: -13

$f(x)=-x^3+3x+5$에서

$f'(x)=-3x^2+3=-3(x+1)(x-1)$

$f'(x)=0$인 x의 값은 $x=-1$ 또는 $x=1$

구간 $[-2,\,3]$에서 함수 $f(x)$의 증가와 감소를 표로
나타내면 다음과 같다.

x	-2	$\cdots$	-1	$\cdots$	1	$\cdots$	3
$f'(x)$		$-$	0	$+$	0	$-$	
$f(x)$	7	$\searrow$	3 극소	$\nearrow$	7 극대	$\searrow$	-13

따라서 함수 $f(x)$는 $x=-2$
또는 $x=1$에서 최댓값 7,
$x=3$에서 최솟값 -13을 갖
는다.

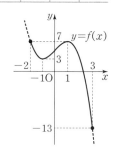

314 답 최댓값: 7, 최솟값: -2

$f(x)=x^4-4x^3+4x^2-2$에서

$f'(x)=4x^3-12x^2+8x=4x(x-1)(x-2)$

$f'(x)=0$인 x의 값은 $x=0$ 또는 $x=1$ 또는 $x=2$

구간 $[-1,\,3]$에서 함수 $f(x)$의 증가와 감소를 표로
나타내면 다음과 같다.

x	-1	$\cdots$	0	$\cdots$	1	$\cdots$	2	$\cdots$	3
$f'(x)$		$-$	0	$+$	0	$-$	0	$+$	
$f(x)$	7	$\searrow$	-2 극소	$\nearrow$	-1 극대	$\searrow$	-2 극소	$\nearrow$	7

따라서 함수 $f(x)$는 $x=-1$
또는 $x=3$에서 최댓값 7,
$x=0$ 또는 $x=2$에서 최솟값
-2를 갖는다.

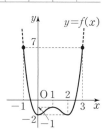

315 답 −1

$f(x)=2x^3-9x^2+12x-3$에서

$f'(x)=6x^2-18x+12=6(x-1)(x-2)$

$f'(x)=0$인 x의 값은 $x=1$ 또는 $x=2$

구간 $[0, 2]$에서 함수 $f(x)$의 증가와 감소를 표로 나타내면 다음과 같다.

x	0	$\cdots$	1	$\cdots$	2
$f'(x)$		+	0	−	0
$f(x)$	−3	↗	2 극대	↘	1

따라서 함수 $f(x)$는 $x=1$에서 최댓값 2, $x=0$에서 최솟값 −3을 가지므로

$M=2$, $m=-3$ $\quad\therefore M+m=-1$

316 답 $\dfrac{25}{4}$

$f(x)=\dfrac{1}{4}x^4-2x^3+4x^2+1$에서

$f'(x)=x^3-6x^2+8x=x(x-2)(x-4)$

$f'(x)=0$인 x의 값은

$x=0$ 또는 $x=2$ 또는 $x=4$

구간 $[-1, 4]$에서 함수 $f(x)$의 증가와 감소를 표로 나타내면 다음과 같다.

x	−1	$\cdots$	0	$\cdots$	2	$\cdots$	4
$f'(x)$		−	0	+	0	−	0
$f(x)$	$\dfrac{29}{4}$	↘	1 극소	↗	5 극대	↘	1

따라서 함수 $f(x)$는 $x=-1$에서 최댓값 $\dfrac{29}{4}$를 가지므로

$a=-1$, $b=\dfrac{29}{4}$ $\quad\therefore a+b=\dfrac{25}{4}$

317 답 $a=\dfrac{1}{3}$, $b=6$

$f(x)=ax^4-4ax^3+b$에서

$f'(x)=4ax^3-12ax^2=4ax^2(x-3)$

$f'(x)=0$인 x의 값은 $x=3$ $(\because 1\leq x\leq 4)$

$a>0$이므로 구간 $[1, 4]$에서 함수 $f(x)$의 증가와 감소를 표로 나타내면 다음과 같다.

x	1	$\cdots$	3	$\cdots$	4
$f'(x)$		−	0	+	
$f(x)$	$-3a+b$	↘	$-27a+b$ 극소	↗	b

따라서 함수 $f(x)$는 $x=4$에서 최댓값 b, $x=3$에서 최솟값 $-27a+b$를 가지므로

$b=6$, $-27a+b=-3$ $\quad\therefore a=\dfrac{1}{3}$, $b=6$

318 답 ④

$f(x)=x^3-6x^2+9x+a$에서

$f'(x)=3x^2-12x+9=3(x-1)(x-3)$

$f'(x)=0$인 x의 값은 $x=1$ 또는 $x=3$

구간 $[0, 3]$에서 함수 $f(x)$의 증가와 감소를 표로 나타내면 다음과 같다.

x	0	$\cdots$	1	$\cdots$	3
$f'(x)$		+	0	−	0
$f(x)$	a	↗	$a+4$ 극대	↘	a

따라서 함수 $f(x)$는 $x=1$에서 최댓값 $a+4$를 가지므로

$a+4=12$ $\quad\therefore a=8$

319 답 −9

$f(x)=-2x^3-3x^2+12x+a$에서

$f'(x)=-6x^2-6x+12=-6(x+2)(x-1)$

$f'(x)=0$인 x의 값은 $x=1$ $(\because 0\leq x\leq 2)$

구간 $[0, 2]$에서 함수 $f(x)$의 증가와 감소를 표로 나타내면 다음과 같다.

x	0	$\cdots$	1	$\cdots$	2
$f'(x)$		+	0	−	
$f(x)$	a	↗	$a+7$ 극대	↘	$a-4$

함수 $f(x)$는 $x=1$에서 최댓값 $a+7$을 가지므로

$a+7=2$ $\quad\therefore a=-5$

따라서 함수 $f(x)$는 $x=2$에서 최소이므로 최솟값은

$a-4=-5-4=-9$

320 답 5

$f(x)=x^3-3x^2+a$에서

$f'(x)=3x^2-6x=3x(x-2)$

$f'(x)=0$인 x의 값은 $x=0$ $(\because -2\leq x\leq 1)$

구간 $[-2, 1]$에서 함수 $f(x)$의 증가와 감소를 표로 나타내면 다음과 같다.

x	−2	$\cdots$	0	$\cdots$	1
$f'(x)$		+	0	−	
$f(x)$	$a-20$	↗	a 극대	↘	$a-2$

따라서 함수 $f(x)$는 $x=0$에서 최댓값 a, $x=-2$에서 최솟값 $a-20$을 가지므로

$a+(a-20)=-10$ $\therefore a=5$

321 답 $24\sqrt{3}$

점 A의 x좌표를 a라 하면

A$(a, -a^2+9)$ (단, $0<a<3$)

$\overline{AB}=2a$, $\overline{AD}=2(-a^2+9)$이므로 직사각형 ABCD의 넓이를 $S(a)$라 하면

$S(a)=2a \times 2(-a^2+9)$
$\qquad =-4a^3+36a$

$\therefore S'(a)=-12a^2+36$
$\qquad\quad =-12(a+\sqrt{3})(a-\sqrt{3})$

$S'(a)=0$인 a의 값은 $a=\sqrt{3}$ ($\because 0<a<3$)

$0<a<3$에서 함수 $S(a)$의 증가와 감소를 표로 나타내면 다음과 같다.

a	0	$\cdots$	$\sqrt{3}$	$\cdots$	3
$S'(a)$		$+$	0	$-$	
$S(a)$		$\nearrow$	$24\sqrt{3}$ 극대	$\searrow$	

따라서 직사각형 ABCD의 넓이 $S(a)$의 최댓값은 $24\sqrt{3}$이다.

322 답 4

오른쪽 그림과 같이 잘라 낸 사각형의 긴 변의 길이를 x라 하면 상자의 밑면인 정삼각형의 한 변의 길이는

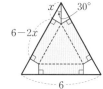

$6-2x$

이때 $x>0$, $6-2x>0$이므로

$0<x<3$

상자의 밑면의 넓이는

$\dfrac{\sqrt{3}}{4}(6-2x)^2=\sqrt{3}(3-x)^2$

상자의 높이는

$x\tan 30°=\dfrac{\sqrt{3}}{3}x$

상자의 부피를 $V(x)$라 하면

$V(x)=\sqrt{3}(3-x)^2 \times \dfrac{\sqrt{3}}{3}x$
$\qquad =x^3-6x^2+9x$

$\therefore V'(x)=3x^2-12x+9=3(x-1)(x-3)$

$V'(x)=0$인 x의 값은 $x=1$ ($\because 0<x<3$)

$0<x<3$에서 함수 $V(x)$의 증가와 감소를 표로 나타내면 다음과 같다.

x	0	$\cdots$	1	$\cdots$	3
$V'(x)$		$+$	0	$-$	
$V(x)$		$\nearrow$	4 극대	$\searrow$	

따라서 상자의 부피 $V(x)$의 최댓값은 4이다.

323 답 1

점 P의 x좌표를 a라 하면

P$\left(a, -4a^2+6a\right)$ $\left(\text{단, } 0<a<\dfrac{3}{2}\right)$

$\overline{OH}=a$, $\overline{PH}=-4a^2+6a$이므로 삼각형 OPH의 넓이를 $S(a)$라 하면

$S(a)=\dfrac{1}{2}a(-4a^2+6a)=-2a^3+3a^2$

$\therefore S'(a)=-6a^2+6a=-6a(a-1)$

$S'(a)=0$인 a의 값은 $a=1$ $\left(\because 0<a<\dfrac{3}{2}\right)$

$0<a<\dfrac{3}{2}$에서 함수 $S(a)$의 증가와 감소를 표로 나타내면 다음과 같다.

a	0	$\cdots$	1	$\cdots$	$\dfrac{3}{2}$
$S'(a)$		$+$	0	$-$	
$S(a)$		$\nearrow$	1 극대	$\searrow$	

따라서 삼각형 OPH의 넓이 $S(a)$의 최댓값은 1이다.

324 답 32π

원기둥의 밑면의 반지름의 길이를 r, 높이를 h라 하면

$r+h=6$ $\therefore h=6-r$

이때 $r>0$, $6-r>0$이므로

$0<r<6$

원기둥의 부피를 $V(r)$라 하면

$V(r)=\pi r^2 h=\pi r^2(6-r)=\pi(6r^2-r^3)$

$\therefore V'(r)=\pi(12r-3r^2)=3\pi r(4-r)$

$V'(r)=0$인 r의 값은 $r=4$ ($\because 0<r<6$)

$0<r<6$에서 함수 $V(r)$의 증가와 감소를 표로 나타내면 다음과 같다.

r	0	$\cdots$	4	$\cdots$	6
$V'(r)$		$+$	0	$-$	
$V(r)$		$\nearrow$	32π 극대	$\searrow$	

따라서 원기둥의 부피 $V(r)$의 최댓값은 32π이다.

325 답 ③

주어진 그래프에서 $f'(x)$의 부호를 조사하여 함수 $f(x)$의 증가와 감소를 표로 나타내면 다음과 같다.

x	$\cdots$	-2	$\cdots$	3	$\cdots$
$f'(x)$	$-$	0	$+$	0	$+$
$f(x)$	$\searrow$	극소	$\nearrow$		$\nearrow$

따라서 함수 $y=f(x)$의 그래프의 개형이 될 수 있는 것은 ③이다.

326 답 $-6 \le a < -3$ 또는 $3 < a \le 6$

$f(x)=x^3+ax^2+3x+4$에서

$f'(x)=3x^2+2ax+3$

함수 $f(x)$가 극값을 가지려면 이차방정식 $f'(x)=0$이 서로 다른 두 실근을 가져야 한다.

이차방정식 $f'(x)=0$의 판별식을 D_1이라 하면

$$\frac{D_1}{4}=a^2-9>0$$

$(a+3)(a-3)>0$

$\therefore a<-3$ 또는 $a>3$ $\qquad \cdots\cdots$ ㉠ ▸▸▸▸▸ ❶

$g(x)=x^3+ax^2+12x-9$에서

$g'(x)=3x^2+2ax+12$

함수 $g(x)$가 극값을 갖지 않으려면 이차방정식 $g'(x)=0$이 중근 또는 허근을 가져야 한다.

이차방정식 $g'(x)=0$의 판별식을 D_2라 하면

$$\frac{D_2}{4}=a^2-36\le0$$

$(a+6)(a-6)\le0$

$\therefore -6\le a\le6$ $\qquad \cdots\cdots$ ㉡ ▸▸▸▸▸ ❷

㉠, ㉡에서

$-6\le a<-3$ 또는 $3<a\le6$ ▸▸▸▸▸ ❸

단계	채점 기준	비율
❶	함수 $f(x)$가 극값을 갖는 a의 값의 범위 구하기	40 %
❷	함수 $g(x)$가 극값을 갖지 않는 a의 값의 범위 구하기	40 %
❸	a의 값의 범위 구하기	20 %

327 답 3

$f(x)=-x^3-2ax^2+(2a+10)x$에서

$f'(x)=-3x^2-4ax+2a+10$

함수 $f(x)$가 $x<1$에서 극솟값을 갖고, $x>1$에서 극댓값을 가지려면 이차방정식 $f'(x)=0$이 $x<1$에서 한 실근을 갖고, $x>1$에서 다른 한 실근을 가져야 한다.

$f'(1)>0$이어야 하므로

$-3-4a+2a+10>0$ $\quad \therefore a<\dfrac{7}{2}$

따라서 자연수 a는 1, 2, 3의 3개이다.

328 답 ④

$f(x)=-x^4+2x^3-kx^2$에서

$f'(x)=-4x^3+6x^2-2kx=-2x(2x^2-3x+k)$

함수 $f(x)$가 극솟값을 가지려면 삼차방정식 $f'(x)=0$이 서로 다른 세 실근을 가져야 하므로

$-2x(2x^2-3x+k)=0$에서 이차방정식 $2x^2-3x+k=0$이 0이 아닌 서로 다른 두 실근을 가져야 한다.

$x=0$이 이차방정식 $2x^2-3x+k=0$의 근이 아니어야 하므로

$k\ne0$ $\qquad \cdots\cdots$ ㉠

이차방정식 $2x^2-3x+k=0$의 판별식을 D라 하면

$D=9-8k>0$ $\quad \therefore k<\dfrac{9}{8}$ $\qquad \cdots\cdots$ ㉡

㉠, ㉡에서 $k<0$ 또는 $0<k<\dfrac{9}{8}$

따라서 정수 k의 최댓값은 1이다.

329 답 ⑤

$f(x)=4x^3-3x^2-6x+2$에서

$f'(x)=12x^2-6x-6=6(2x+1)(x-1)$

$f'(x)=0$인 x의 값은 $x=-\dfrac{1}{2}$ 또는 $x=1$

구간 $[-1, 2]$에서 함수 $f(x)$의 증가와 감소를 표로 나타내면 다음과 같다.

x	-1	$\cdots$	$-\dfrac{1}{2}$	$\cdots$	1	$\cdots$	2
$f'(x)$		$+$	0	$-$	0	$+$	
$f(x)$	1	$\nearrow$	$\dfrac{15}{4}$ 극대	$\searrow$	-3 극소	$\nearrow$	10

따라서 함수 $f(x)$는 $x=2$에서 최댓값 10을 가지므로

$a=2$, $b=10$

$\therefore ab=20$

330 답 12

$f(x)=x^3+ax^2-a^2x+2$에서

$f'(x)=3x^2+2ax-a^2=(x+a)(3x-a)$

$f'(x)=0$인 x의 값은 $x=-a$ 또는 $x=\dfrac{a}{3}$

$a>0$이므로 구간 $[-a,\ a]$에서 함수 $f(x)$의 증가와 감소를 표로 나타내면 다음과 같다.

x	$-a$	$\cdots$	$\dfrac{a}{3}$	$\cdots$	a
$f'(x)$	0	$-$	0	$+$	
$f(x)$	a^3+2	$\searrow$	$-\dfrac{5}{27}a^3+2$ 극소	$\nearrow$	a^3+2

함수 $f(x)$는 $x=\dfrac{a}{3}$에서 최솟값 $-\dfrac{5}{27}a^3+2$를 가지므로

$-\dfrac{5}{27}a^3+2=\dfrac{14}{27}$

$a^3=8$ $\quad\therefore a=2\ (\because a$는 실수$)$

따라서 함수 $f(x)$는 $x=-a$ 또는 $x=a$에서 최대이므로 최댓값은

$M=a^3+2=8+2=10$

$\therefore a+M=12$

331 답 18π

원뿔의 밑면의 반지름의 길이를 r, 높이를 h라 하면 모선의 길이가 $3\sqrt{3}$이므로

$r^2=27-h^2$

이때 $h>0$, $27-h^2>0$이므로 $0<h<3\sqrt{3}$

원뿔의 부피를 $V(h)$라 하면

$V(h)=\dfrac{1}{3}\pi r^2h=\dfrac{1}{3}\pi(27-h^2)h$

$\qquad=\dfrac{1}{3}\pi(27h-h^3)$

$\therefore V'(h)=\dfrac{1}{3}\pi(27-3h^2)=-\pi(h+3)(h-3)$

$V'(h)=0$인 h의 값은 $h=3\ (\because 0<h<3\sqrt{3})$

$0<h<3\sqrt{3}$에서 함수 $V(h)$의 증가와 감소를 표로 나타내면 다음과 같다.

h	0	$\cdots$	3	$\cdots$	$3\sqrt{3}$
$V'(h)$		$+$	0	$-$	
$V(h)$		$\nearrow$	18π 극대	$\searrow$	

따라서 원뿔의 부피 $V(h)$의 최댓값은 18π이다.

332 답 1

$f(x)=-x^3+ax^2+bx+c$에서

$f'(x)=-3x^2+2ax+b$

주어진 그래프에서 함수 $f(x)$가 $x=\alpha$에서 극소이고, $x=\beta$에서 극대이므로

$f'(\alpha)=0,\ f'(\beta)=0$

따라서 α, β는 이차방정식 $f'(x)=0$의 두 근이다.

이때 $0<\alpha<\beta$이므로 이차방정식의 근과 계수의 관계에 의하여

$\alpha+\beta=\dfrac{2a}{3}>0,\ \alpha\beta=-\dfrac{b}{3}>0$

$\therefore a>0,\ b<0$

또 주어진 그래프에서 $f(0)>0$이므로 $c>0$

$\therefore \dfrac{|a|}{a}+\dfrac{|b|}{b}+\dfrac{|c|}{c}=\dfrac{a}{a}+\dfrac{-b}{b}+\dfrac{c}{c}$

$\qquad\qquad\qquad\qquad=1+(-1)+1=1$

333 답 ㄱ

주어진 그래프에서 $f'(x)$의 부호를 조사하여 함수 $f(x)$의 증가와 감소를 표로 나타내면 다음과 같다.

x	$\cdots$	-1	$\cdots$	1	$\cdots$	4	$\cdots$
$f'(x)$	$+$	0	$-$	0	$+$	0	$-$
$f(x)$	$\nearrow$	극대	$\searrow$	극소	$\nearrow$	극대	$\searrow$

$f(1)<f(4)<0<f(-1)$이므로 함수 $y=f(x)$의 그래프의 개형은 오른쪽 그림과 같다.

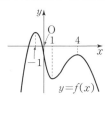

ㄱ. 함수 $f(x)$는 구간 $[1,\ 4]$에서 증가하고 $f(4)<0$이므로 $f(3)<0$

ㄴ. 함수 $f(x)$는 $x=0$에서 극값을 갖지 않는다.

ㄷ. 함수 $y=f(x)$의 그래프는 x축과 서로 다른 두 점에서 만난다.

따라서 보기에서 옳은 것은 ㄱ이다.

334 답 ②

$f(x)=x^4+2(a-1)x^2-4ax+1$에서

$f'(x)=4x^3+4(a-1)x-4a$

$\qquad=4(x-1)(x^2+x+a)$

함수 $f(x)$가 극댓값을 갖지 않으려면 삼차방정식 $f'(x)=0$이 중근 또는 허근을 가져야 하므로

$4(x-1)(x^2+x+a)=0$에서 이차방정식 $x^2+x+a=0$의 한 근이 1이거나 중근 또는 허근을 가져야 한다.

(i) 이차방정식 $x^2+x+a=0$의 한 근이 1이면

$1+1+a=0$ $\therefore a=-2$

(ii) 이차방정식 $x^2+x+a=0$이 중근 또는 허근을 가지면 판별식을 D라 할 때,

$D=1-4a\leq0$ $\therefore a\geq\dfrac{1}{4}$

(i), (ii)에서

$a=-2$ 또는 $a\geq\dfrac{1}{4}$

따라서 a의 최솟값은 -2이다.

335   답 20

$x+1=t$로 놓으면 $-2\leq x\leq3$에서 $-1\leq t\leq4$

$g(t)=t^3-3t^2-2$라 하면

$g'(t)=3t^2-6t=3t(t-2)$

$g'(t)=0$인 t의 값은 $t=0$ 또는 $t=2$

$-1\leq t\leq4$에서 함수 $g(t)$의 증가와 감소를 표로 나타내면 다음과 같다.

t	-1	$\cdots$	0	$\cdots$	2	$\cdots$	4
$g'(t)$		$+$	0	$-$	0	$+$	
$g(t)$	-6	↗	-2 극대	↘	-6 극소	↗	14

따라서 함수 $g(t)$는 $t=4$에서 최댓값 14, $t=-1$ 또는 $t=2$에서 최솟값 -6을 가지므로

$M=14$, $m=-6$

$\therefore M-m=20$

336   답 -15

$g(x)=x^2-2x-1=(x-1)^2-2$이므로 $g(x)=t$로 놓으면

$t\geq-2$ ▶▶▶▶▶ ❶

$(f\circ g)(x)=f(g(x))=f(t)$

$\qquad\qquad\quad =t^3-12t+1$ ▶▶▶▶▶ ❷

$\therefore f'(t)=3t^2-12=3(t+2)(t-2)$

$f'(t)=0$인 t의 값은 $t=-2$ 또는 $t=2$

$t\geq-2$에서 함수 $f(t)$의 증가와 감소를 표로 나타내면 다음과 같다.

t	-2	$\cdots$	2	$\cdots$
$f'(t)$	0	$-$	0	$+$
$f(t)$	17	↘	-15 극소	↗

따라서 함수 $f(t)$는 $t=2$에서 최솟값 -15를 가지므로 함수 $(f\circ g)(x)$의 최솟값은 -15이다.   ▶▶▶▶▶ ❸

단계	채점 기준	비율
❶	$g(x)=t$로 놓고 t의 값의 범위 구하기	30 %
❷	함수 $(f\circ g)(x)$를 t에 대한 함수로 나타내기	20 %
❸	함수 $(f\circ g)(x)$의 최솟값 구하기	50 %

337   답 77

$\overline{BP}=x\,(0\leq x\leq1)$, $\overline{DQ}=y\,(0\leq y\leq2)$라 하면

$\overline{PC}=2-x$, $\overline{QC}=2-y$

$\overline{AP}=\overline{PQ}$에서 $\overline{AP}^2=\overline{PQ}^2$이므로

$2^2+x^2=(2-x)^2+(2-y)^2$

$4x=(2-y)^2$

$\therefore x=\dfrac{(2-y)^2}{4}$

따라서 삼각형 APQ의 넓이는

$\square ABCD-(\triangle ABP+\triangle PCQ+\triangle AQD)$

$=4-\left\{\dfrac{1}{2}\times2\times x+\dfrac{1}{2}(2-x)(2-y)+\dfrac{1}{2}\times2\times y\right\}$

$=2-\dfrac{1}{2}xy$

$=2-\dfrac{1}{8}y(2-y)^2$

$=-\dfrac{1}{8}y^3+\dfrac{1}{2}y^2-\dfrac{1}{2}y+2$

$f(y)=-\dfrac{1}{8}y^3+\dfrac{1}{2}y^2-\dfrac{1}{2}y+2$라 하면

$f'(y)=-\dfrac{3}{8}y^2+y-\dfrac{1}{2}$

$\qquad =-\dfrac{1}{8}(3y-2)(y-2)$

$f'(y)=0$인 y의 값은

$y=\dfrac{2}{3}$ 또는 $y=2$

$0\leq y\leq2$에서 함수 $f(y)$의 증가와 감소를 표로 나타내면 다음과 같다.

y	0	$\cdots$	$\dfrac{2}{3}$	$\cdots$	2
$f'(y)$		$-$	0	$+$	0
$f(y)$	2	↘	$\dfrac{50}{27}$ 극소	↗	2

따라서 삼각형 APQ의 넓이 $f(y)$의 최솟값은 $\dfrac{50}{27}$이므로

$m=27$, $n=50$

$\therefore m+n=77$

338 답 96π

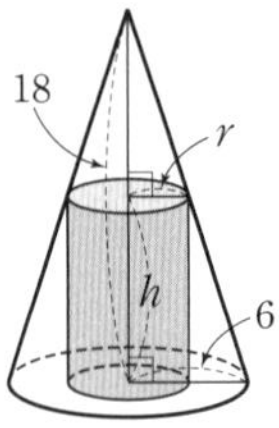

오른쪽 그림과 같이 원뿔에 내접하는 원기둥의 밑면의 반지름의 길이를 r, 높이를 h라 하면

$6 : r = 18 : (18-h)$

$3r = 18 - h$

$\therefore h = 18 - 3r$

이때 $r > 0$, $18 - 3r > 0$이므로

$0 < r < 6$

원기둥의 부피를 $V(r)$라 하면

$$V(r) = \pi r^2 h = \pi r^2 (18 - 3r)$$
$$= 3\pi (6r^2 - r^3)$$
$$\therefore V'(r) = 3\pi (12r - 3r^2)$$
$$= 9\pi r(4 - r)$$

$V'(r) = 0$인 r의 값은 $r = 4$ ($\because 0 < r < 6$)

$0 < r < 6$에서 함수 $V(r)$의 증가와 감소를 표로 나타내면 다음과 같다.

r	0	$\cdots$	4	$\cdots$	6
$V'(r)$		$+$	0	$-$	
$V(r)$		$\nearrow$	96π 극대	$\searrow$	

따라서 원기둥의 부피 $V(r)$의 최댓값은 96π이다.

339 답 ⑤

| 접근 방법 | 함수 $g(x)$가 $x=0$에서 연속이고 미분가능함을 이용하여 삼차함수 $f(x)$의 식을 세운다.

$f(x) = x^3 + ax^2 + bx + c$ (a, b, c는 상수)라 하면

$f'(x) = 3x^2 + 2ax + b$

함수 $g(x)$가 실수 전체의 집합에서 미분가능하면 $x=0$에서 미분가능하므로 $x=0$에서 연속이고 미분계수 $g'(0)$이 존재한다.

(i) $x=0$에서 연속이므로

$\lim\limits_{x \to 0-} g(x) = g(0)$에서

$\dfrac{1}{2} = f(0)$ $\therefore c = \dfrac{1}{2}$

(ii) 미분계수 $g'(0)$이 존재하므로

$g'(x) = \begin{cases} 0 & (x<0) \\ f'(x) & (x>0) \end{cases}$ 에서

$f'(0) = 0$ $\therefore b = 0$

(i), (ii)에서

$f(x) = x^3 + ax^2 + \dfrac{1}{2}$

ㄱ. $g(0) + g'(0) = f(0) + f'(0)$
$$= \dfrac{1}{2} + 0$$
$$= \dfrac{1}{2}$$

ㄴ. $f'(x) = 3x^2 + 2ax = x(3x + 2a)$이므로

$f'(x) = 0$인 x의 값은

$x = 0$ 또는 $x = -\dfrac{2}{3}a$

그런데 $-\dfrac{2}{3}a \leq 0$이면 $x \geq 0$에서 $f'(x) \geq 0$이므로 함수 $f(x)$는 증가한다.

즉, $x \geq 0$에서 함수 $f(x)$는 $x=0$일 때 최솟값 $\dfrac{1}{2}$을 가지므로 함수 $g(x)$의 최솟값은 $\dfrac{1}{2}$이다.

이는 $g(x)$의 최솟값이 $\dfrac{1}{2}$보다 작다는 조건을 만족시키지 않는다.

따라서 $-\dfrac{2}{3}a > 0$이므로 $a < 0$

$\therefore g(1) = f(1) = a + \dfrac{3}{2} < \dfrac{3}{2}$

ㄷ. 함수 $g(x)$의 최솟값이 0이면 $x \geq 0$에서 함수 $f(x)$의 최솟값이 0이다.

$x \geq 0$에서 함수 $f(x)$의 증가와 감소를 표로 나타내면 다음과 같다.

x	0	$\cdots$	$-\dfrac{2}{3}a$	$\cdots$
$f'(x)$	0	$-$	0	$+$
$f(x)$	$\dfrac{1}{2}$	$\searrow$	$\dfrac{4}{27}a^3 + \dfrac{1}{2}$ 극소	$\nearrow$

함수 $f(x)$는 $x = -\dfrac{2}{3}a$에서 최솟값 $\dfrac{4}{27}a^3 + \dfrac{1}{2}$을 가지므로

$\dfrac{4}{27}a^3 + \dfrac{1}{2} = 0$

$a^3 = -\dfrac{27}{8}$

$\therefore a = -\dfrac{3}{2}$ ($\because a$는 실수)

따라서 $f(x) = x^3 - \dfrac{3}{2}x^2 + \dfrac{1}{2}$이므로

$g(2) = f(2)$
$$= 8 - 6 + \dfrac{1}{2}$$
$$= \dfrac{5}{2}$$

따라서 보기에서 옳은 것은 ㄱ, ㄴ, ㄷ이다.

340 답 $\dfrac{32}{27}$

| 접근 방법 | 정사각형 EFGH의 두 대각선의 교점의 좌표를 $(a,\ a^2)$이라 하고 구하는 넓이를 a에 대한 식으로 나타낸다.

오른쪽 그림과 같이 정사각형 EFGH의 두 대각선의 교점의 좌표를 $(a,\ a^2)$이라 하면 두 정사각형이 겹치는 부분은 가로, 세로의 길이가 각각

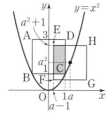

$1-(a-1)=2-a,$

$(a^2+1)-1=a^2$인 직사각형이다.

이때 정사각형 EFGH의 두 대각선의 교점이 제1사분면에 있고 정사각형 ABCD와 겹치는 부분이 생기려면

$0<a<2$

겹치는 부분의 넓이를 $S(a)$라 하면

$S(a)=(2-a)a^2=2a^2-a^3$

$\therefore S'(a)=4a-3a^2=a(4-3a)$

$S'(a)=0$인 a의 값은

$a=\dfrac{4}{3}\ (\because\ 0<a<2)$

$0<a<2$에서 함수 $S(a)$의 증가와 감소를 표로 나타내면 다음과 같다.

a	0	$\cdots$	$\dfrac{4}{3}$	$\cdots$	2
$S'(a)$		$+$	0	$-$	
$S(a)$		$\nearrow$	$\dfrac{32}{27}$ 극대	$\searrow$	

따라서 겹치는 부분의 넓이 $S(a)$의 최댓값은 $\dfrac{32}{27}$이다.

---

01 방정식과 부등식에의 활용

유제 173~177쪽

341 답 (1) 1 (2) 2

(1) $f(x)=x^3+3x^2+2$라 하면

$f'(x)=3x^2+6x=3x(x+2)$

$f'(x)=0$인 x의 값은 $x=-2$ 또는 $x=0$

함수 $f(x)$의 증가와 감소를 표로 나타내면 다음과 같다.

x	$\cdots$	-2	$\cdots$	0	$\cdots$
$f'(x)$	$+$	0	$-$	0	$+$
$f(x)$	$\nearrow$	6 극대	$\searrow$	2 극소	$\nearrow$

함수 $y=f(x)$의 그래프는 오른쪽 그림과 같이 x축과 한 점에서 만나므로 주어진 방정식의 서로 다른 실근의 개수는 1이다.

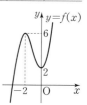

(2) $f(x)=2x^3-3x^2+1$이라 하면

$f'(x)=6x^2-6x=6x(x-1)$

$f'(x)=0$인 x의 값은 $x=0$ 또는 $x=1$

함수 $f(x)$의 증가와 감소를 표로 나타내면 다음과 같다.

x	$\cdots$	0	$\cdots$	1	$\cdots$
$f'(x)$	$+$	0	$-$	0	$+$
$f(x)$	$\nearrow$	1 극대	$\searrow$	0 극소	$\nearrow$

함수 $y=f(x)$의 그래프는 오른쪽 그림과 같이 x축과 서로 다른 두 점에서 만나므로 주어진 방정식의 서로 다른 실근의 개수는 2이다.

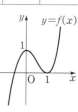

| 다른 풀이 |

(1) $f(x)=x^3+3x^2+2$라 하면

$f'(x)=3x^2+6x=3x(x+2)$

$f'(x)=0$인 x의 값은 $x=-2$ 또는 $x=0$

이때 함수 $f(x)$의 극값은 $f(-2)$, $f(0)$이고

$f(-2)f(0)=6\times2=12>0$

따라서 주어진 방정식의 서로 다른 실근의 개수는 1이다.

(2) $f(x)=2x^3-3x^2+1$이라 하면

$\quad f'(x)=6x^2-6x=6x(x-1)$

$\quad f'(x)=0$인 x의 값은 $x=0$ 또는 $x=1$

이때 함수 $f(x)$의 극값은 $f(0)$, $f(1)$이고

$\quad f(0)f(1)=1\times0=0$

따라서 주어진 방정식의 서로 다른 실근의 개수는 2이다.

342 (1) 2 (2) 3

(1) $f(x)=x^4-2x^2-3$이라 하면

$\quad f'(x)=4x^3-4x=4x(x+1)(x-1)$

$\quad f'(x)=0$인 x의 값은

$\quad x=-1$ 또는 $x=0$ 또는 $x=1$

함수 $f(x)$의 증가와 감소를 표로 나타내면 다음과 같다.

x	$\cdots$	-1	$\cdots$	0	$\cdots$	1	$\cdots$
$f'(x)$	$-$	0	$+$	0	$-$	0	$+$
$f(x)$	$\searrow$	-4 극소	$\nearrow$	-3 극대	$\searrow$	-4 극소	$\nearrow$

함수 $y=f(x)$의 그래프는 오른쪽 그림과 같이 x축과 서로 다른 두 점에서 만나므로 주어진 방정식의 서로 다른 실근의 개수는 2이다.

(2) $f(x)=x^4-4x^3+4x^2-1$이라 하면

$\quad f'(x)=4x^3-12x^2+8x=4x(x-1)(x-2)$

$\quad f'(x)=0$인 x의 값은 $x=0$ 또는 $x=1$ 또는 $x=2$

함수 $f(x)$의 증가와 감소를 표로 나타내면 다음과 같다.

x	$\cdots$	0	$\cdots$	1	$\cdots$	2	$\cdots$
$f'(x)$	$-$	0	$+$	0	$-$	0	$+$
$f(x)$	$\searrow$	-1 극소	$\nearrow$	0 극대	$\searrow$	-1 극소	$\nearrow$

함수 $y=f(x)$의 그래프는 오른쪽 그림과 같이 x축과 서로 다른 세 점에서 만나므로 주어진 방정식의 서로 다른 실근의 개수는 3이다.

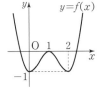

343 5

$f(x)=x^3+3x^2-9x-10$이라 하면

$\quad f'(x)=3x^2+6x-9=3(x+3)(x-1)$

$\quad f'(x)=0$인 x의 값은 $x=-3$ 또는 $x=1$

함수 $f(x)$의 증가와 감소를 표로 나타내면 다음과 같다.

x	$\cdots$	-3	$\cdots$	1	$\cdots$
$f'(x)$	$+$	0	$-$	0	$+$
$f(x)$	$\nearrow$	17 극대	$\searrow$	-15 극소	$\nearrow$

함수 $y=f(x)$의 그래프는 오른쪽 그림과 같이 x축과 서로 다른 세 점에서 만나므로 방정식 $f(x)=0$의 서로 다른 실근의 개수는 3이다.

$\quad \therefore a=3$

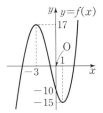

$g(x)=x^3+6x^2+9x+4$라 하면

$\quad g'(x)=3x^2+12x+9=3(x+3)(x+1)$

$\quad g'(x)=0$인 x의 값은 $x=-3$ 또는 $x=-1$

함수 $g(x)$의 증가와 감소를 표로 나타내면 다음과 같다.

x	$\cdots$	-3	$\cdots$	-1	$\cdots$
$g'(x)$	$+$	0	$-$	0	$+$
$g(x)$	$\nearrow$	4 극대	$\searrow$	0 극소	$\nearrow$

함수 $y=g(x)$의 그래프는 오른쪽 그림과 같이 x축과 서로 다른 두 점에서 만나므로 방정식 $g(x)=0$의 서로 다른 실근의 개수는 2이다.

$\quad \therefore b=2$

$\quad \therefore a+b=5$

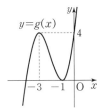

344 3

$x^3-2x-1=x-2$에서 $x^3-3x+1=0$

$f(x)=x^3-3x+1$이라 하면

$\quad f'(x)=3x^2-3=3(x+1)(x-1)$

$\quad f'(x)=0$인 x의 값은 $x=-1$ 또는 $x=1$

함수 $f(x)$의 증가와 감소를 표로 나타내면 다음과 같다.

x	$\cdots$	-1	$\cdots$	1	$\cdots$
$f'(x)$	$+$	0	$-$	0	$+$
$f(x)$	$\nearrow$	3 극대	$\searrow$	-1 극소	$\nearrow$

함수 $y=f(x)$의 그래프는 오른쪽 그림과 같이 x축과 서로 다른 세 점에서 만나므로 주어진 방정식의 서로 다른 실근의 개수는 3이다.

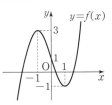

345 冒 (1) $0<k<8$ (2) $k=0$ 또는 $k=8$
　　　　(3) $k<0$ 또는 $k>8$

$2x^3+6x^2-k=0$에서
$2x^3+6x^2=k$
이 방정식의 서로 다른 실근의 개수는 함수
$y=2x^3+6x^2$의 그래프와 직선 $y=k$의 교점의 개수와
같다.
$f(x)=2x^3+6x^2$이라 하면
$f'(x)=6x^2+12x=6x(x+2)$
$f'(x)=0$인 x의 값은 $x=-2$ 또는 $x=0$
함수 $f(x)$의 증가와 감소를 표로 나타내면 다음과 같다.

x	$\cdots$	-2	$\cdots$	0	$\cdots$
$f'(x)$	$+$	0	$-$	0	$+$
$f(x)$	↗	8 극대	↘	0 극소	↗

함수 $y=f(x)$의 그래프는
오른쪽 그림과 같고, 이 그
래프와

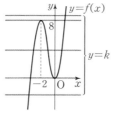

(1) 직선 $y=k$가 서로 다른
　세 점에서 만나야 하므로
　$0<k<8$
(2) 직선 $y=k$가 서로 다른 두 점에서 만나야 하므로
　$k=0$ 또는 $k=8$
(3) 직선 $y=k$가 한 점에서 만나야 하므로
　$k<0$ 또는 $k>8$

| 다른 풀이 |

$f(x)=2x^3+6x^2-k$라 하면
$f'(x)=6x^2+12x=6x(x+2)$
$f'(x)=0$인 x의 값은 $x=-2$ 또는 $x=0$
함수 $f(x)$의 극값은 $f(-2)=-k+8$, $f(0)=-k$
(1) $f(-2)f(0)<0$이어야 하므로
　$(-k+8)(-k)<0$
　$k(k-8)<0$
　$\therefore 0<k<8$
(2) $f(-2)f(0)=0$이어야 하므로
　$(-k+8)(-k)=0$
　$k(k-8)=0$
　$\therefore k=0$ 또는 $k=8$
(3) $f(-2)f(0)>0$이어야 하므로
　$(-k+8)(-k)>0$
　$k(k-8)>0$
　$\therefore k<0$ 또는 $k>8$

346 冒 (1) $8<k<13$
　　　　(2) $k=8$ 또는 $k=13$
　　　　(3) $-19<k<8$ 또는 $k>13$
　　　　(4) $k=-19$

방정식 $3x^4-8x^3-6x^2+24x=k$의 서로 다른 실근
의 개수는 함수 $y=3x^4-8x^3-6x^2+24x$의 그래프와
직선 $y=k$의 교점의 개수와 같다.
$f(x)=3x^4-8x^3-6x^2+24x$라 하면
$f'(x)=12x^3-24x^2-12x+24$
　　　$=12(x+1)(x-1)(x-2)$
$f'(x)=0$인 x의 값은
$x=-1$ 또는 $x=1$ 또는 $x=2$
함수 $f(x)$의 증가와 감소를 표로 나타내면 다음과 같다.

x	$\cdots$	-1	$\cdots$	1	$\cdots$	2	$\cdots$
$f'(x)$	$-$	0	$+$	0	$-$	0	$+$
$f(x)$	↘	-19 극소	↗	13 극대	↘	8 극소	↗

함수 $y=f(x)$의 그래프
는 오른쪽 그림과 같고,
이 그래프와

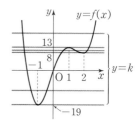

(1) 직선 $y=k$가 서로 다
　른 네 점에서 만나야
　하므로
　$8<k<13$
(2) 직선 $y=k$가 서로 다른 세 점에서 만나야 하므로
　$k=8$ 또는 $k=13$
(3) 직선 $y=k$가 서로 다른 두 점에서 만나야 하므로
　$-19<k<8$ 또는 $k>13$
(4) 직선 $y=k$가 한 점에서 만나야 하므로
　$k=-19$

347 冒 4

$3x^4-4x^3-12x^2+k=0$에서
$3x^4-4x^3-12x^2=-k$
이 방정식의 서로 다른 실근의 개수는 함수
$y=3x^4-4x^3-12x^2$의 그래프와 직선 $y=-k$의 교
점의 개수와 같다.
$f(x)=3x^4-4x^3-12x^2$이라 하면
$f'(x)=12x^3-12x^2-24x$
　　　$=12x(x+1)(x-2)$
$f'(x)=0$인 x의 값은
$x=-1$ 또는 $x=0$ 또는 $x=2$

함수 $f(x)$의 증가와 감소를 표로 나타내면 다음과 같다.

x	$\cdots$	-1	$\cdots$	0	$\cdots$	2	$\cdots$
$f'(x)$	$-$	0	$+$	0	$-$	0	$+$
$f(x)$	$\searrow$	-5 극소	$\nearrow$	0 극대	$\searrow$	-32 극소	$\nearrow$

함수 $y=f(x)$의 그래프는 오른쪽 그림과 같고, 이 그래프와 직선 $y=-k$가 서로 다른 네 점에서 만나야 하므로
$-5<-k<0$
$\therefore 0<k<5$
따라서 자연수 k는 1, 2, 3, 4의 4개이다.

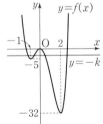

348 답 (1) $k<-4$ 또는 $k>4$
(2) $k=-4$ 또는 $k=4$

곡선 $y=2x^3-5x$와 직선 $y=x+k$의 교점의 개수는 방정식 $2x^3-5x=x+k$, 즉 $2x^3-6x=k$의 서로 다른 실근의 개수와 같고, 이는 곡선 $y=2x^3-6x$와 직선 $y=k$의 교점의 개수와 같다.
$f(x)=2x^3-6x$라 하면
$f'(x)=6x^2-6=6(x+1)(x-1)$
$f'(x)=0$인 x의 값은 $x=-1$ 또는 $x=1$
함수 $f(x)$의 증가와 감소를 표로 나타내면 다음과 같다.

x	$\cdots$	-1	$\cdots$	1	$\cdots$
$f'(x)$	$+$	0	$-$	0	$+$
$f(x)$	$\nearrow$	4 극대	$\searrow$	-4 극소	$\nearrow$

함수 $y=f(x)$의 그래프는 오른쪽 그림과 같고, 이 그래프와
(1) 직선 $y=k$가 한 점에서 만나야 하므로
$k<-4$ 또는 $k>4$
(2) 직선 $y=k$가 서로 다른 두 점에서 만나야 하므로
$k=-4$ 또는 $k=4$

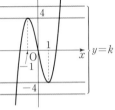

349 답 (1) $-6<k<1$ (2) $1<k<21$
$2x^3-3x^2-12x-1+k=0$에서
$2x^3-3x^2-12x-1=-k$

이 방정식의 실근은 함수 $y=2x^3-3x^2-12x-1$의 그래프와 직선 $y=-k$의 교점의 x좌표와 같다.
$f(x)=2x^3-3x^2-12x-1$이라 하면
$f'(x)=6x^2-6x-12=6(x+1)(x-2)$
$f'(x)=0$인 x의 값은 $x=-1$ 또는 $x=2$
함수 $f(x)$의 증가와 감소를 표로 나타내면 다음과 같다.

x	$\cdots$	-1	$\cdots$	2	$\cdots$
$f'(x)$	$+$	0	$-$	0	$+$
$f(x)$	$\nearrow$	6 극대	$\searrow$	-21 극소	$\nearrow$

함수 $y=f(x)$의 그래프는 오른쪽 그림과 같고, 이 그래프와
(1) 직선 $y=-k$의 교점의 x좌표가 한 개는 양수, 두 개는 음수이어야 하므로
$-1<-k<6$ $\therefore -6<k<1$
(2) 직선 $y=-k$의 교점의 x좌표가 두 개는 양수, 한 개는 음수이어야 하므로
$-21<-k<-1$ $\therefore 1<k<21$

350 답 $-16<k<0$
$x^4-8x^2-k=0$에서
$x^4-8x^2=k$
이 방정식의 실근은 함수 $y=x^4-8x^2$의 그래프와 직선 $y=k$의 교점의 x좌표와 같다.
$f(x)=x^4-8x^2$이라 하면
$f'(x)=4x^3-16x=4x(x+2)(x-2)$
$f'(x)=0$인 x의 값은
$x=-2$ 또는 $x=0$ 또는 $x=2$
함수 $f(x)$의 증가와 감소를 표로 나타내면 다음과 같다.

x	$\cdots$	-2	$\cdots$	0	$\cdots$	2	$\cdots$
$f'(x)$	$-$	0	$+$	0	$-$	0	$+$
$f(x)$	$\searrow$	-16 극소	$\nearrow$	0 극대	$\searrow$	-16 극소	$\nearrow$

함수 $y=f(x)$의 그래프는 오른쪽 그림과 같고, 이 그래프와 직선 $y=k$의 교점의 x좌표가 두 개는 양수, 두 개는 음수이어야 하므로
$-16<k<0$

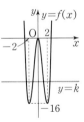

351 답 4

$x^3-4x^2=5x^2-24x+k$에서

$x^3-9x^2+24x=k$

이 방정식의 실근은 함수 $y=x^3-9x^2+24x$의 그래프와 직선 $y=k$의 교점의 x좌표와 같다.

$f(x)=x^3-9x^2+24x$라 하면

$f'(x)=3x^2-18x+24=3(x-2)(x-4)$

$f'(x)=0$인 x의 값은 $x=2$ 또는 $x=4$

함수 $f(x)$의 증가와 감소를 표로 나타내면 다음과 같다.

x	$\cdots$	2	$\cdots$	4	$\cdots$
$f'(x)$	$+$	0	$-$	0	$+$
$f(x)$	↗	20 극대	↘	16 극소	↗

함수 $y=f(x)$의 그래프는 오른쪽 그림과 같고, 이 그래프와 직선 $y=k$의 교점의 x좌표가 양수 세 개이어야 하므로

$16<k<20$

따라서 $\alpha=16$, $\beta=20$이므로

$\beta-\alpha=4$

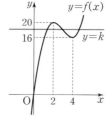

352 답 ①

$f(x)=g(x)$에서

$3x^3-x^2-3x=x^3-4x^2+9x+a$

$\therefore 2x^3+3x^2-12x=a$

이 방정식의 실근은 함수 $y=2x^3+3x^2-12x$의 그래프와 직선 $y=a$의 교점의 x좌표와 같다.

$h(x)=2x^3+3x^2-12x$라 하면

$h'(x)=6x^2+6x-12=6(x+2)(x-1)$

$h'(x)=0$인 x의 값은 $x=-2$ 또는 $x=1$

함수 $h(x)$의 증가와 감소를 표로 나타내면 다음과 같다.

x	$\cdots$	-2	$\cdots$	1	$\cdots$
$h'(x)$	$+$	0	$-$	0	$+$
$h(x)$	↗	20 극대	↘	-7 극소	↗

함수 $y=h(x)$의 그래프는 오른쪽 그림과 같고, 이 그래프와 직선 $y=a$의 교점의 x좌표가 두 개는 양수, 한 개는 음수이어야 하므로

$-7<a<0$

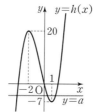

따라서 정수 a는 -6, -5, $\cdots$, -1의 6개이다.

179쪽

개념 확인

353 답 풀이 참조

$f(x)=x^4-4x+3$이라 하면

$f'(x)=4x^3-4=4(x-1)(x^2+x+1)$

$f'(x)=0$인 x의 값은

$x=1$ ($\because x$는 실수)

함수 $f(x)$의 증가와 감소를 표로 나타내면 다음과 같다.

x	$\cdots$	1	$\cdots$
$f'(x)$	$-$	0	$+$
$f(x)$	↘	0 극소	↗

이때 함수 $f(x)$의 최솟값은 0이므로 모든 실수 x에 대하여 $f(x) \geq 0$

따라서 모든 실수 x에 대하여 부등식 $x^4-4x+3 \geq 0$이 성립한다.

354 답 풀이 참조

$f(x)=x^3+x^2-5x+3$이라 하면

$f'(x)=3x^2+2x-5=(3x+5)(x-1)$

$f'(x)=0$인 x의 값은

$x=1$ ($\because x \geq 0$)

$x \geq 0$에서 함수 $f(x)$의 증가와 감소를 표로 나타내면 다음과 같다.

x	0	$\cdots$	1	$\cdots$
$f'(x)$		$-$	0	$+$
$f(x)$	3	↘	0 극소	↗

이때 $x \geq 0$에서 함수 $f(x)$의 최솟값은 0이므로 $x \geq 0$일 때, $f(x) \geq 0$

따라서 $x \geq 0$일 때, 부등식 $x^3+x^2-5x+3 \geq 0$이 성립한다.

유제

181~183쪽

355 답 $k \geq 9$

$f(x)=x^4-4x^3-2x^2+12x+k$라 하면

$f'(x)=4x^3-12x^2-4x+12$

$\qquad =4(x+1)(x-1)(x-3)$

$f'(x)=0$인 x의 값은

$x=-1$ 또는 $x=1$ 또는 $x=3$

함수 $f(x)$의 증가와 감소를 표로 나타내면 다음과 같다.

x	$\cdots$	-1	$\cdots$	1	$\cdots$	3	$\cdots$
$f'(x)$	$-$	0	$+$	0	$-$	0	$+$
$f(x)$	$\searrow$	$k-9$ 극소	$\nearrow$	$k+7$ 극대	$\searrow$	$k-9$ 극소	$\nearrow$

따라서 함수 $f(x)$의 최솟값은 $k-9$이므로 모든 실수 x에 대하여 $f(x) \geq 0$이 성립하려면

$k-9 \geq 0$

$\therefore k \geq 9$

356 답 $k < -6$

모든 실수 x에 대하여 부등식 $f(x) > g(x)$가 성립하려면 $f(x) - g(x) > 0$이어야 한다.

$h(x) = f(x) - g(x)$라 하면

$h(x) = x^4 + 2x^2 - 10x - (-x^2 - 20x + k)$
$\quad\,\, = x^4 + 3x^2 + 10x - k$

$\therefore h'(x) = 4x^3 + 6x + 10$
$\qquad\quad\;\; = 2(x+1)(2x^2 - 2x + 5)$

$h'(x) = 0$인 x의 값은

$x = -1$ ($\because x$는 실수)

함수 $h(x)$의 증가와 감소를 표로 나타내면 다음과 같다.

x	$\cdots$	-1	$\cdots$
$h'(x)$	$-$	0	$+$
$h(x)$	$\searrow$	$-k-6$ 극소	$\nearrow$

따라서 함수 $h(x)$의 최솟값은 $-k-6$이므로 모든 실수 x에 대하여 $h(x) > 0$, 즉 $f(x) > g(x)$가 성립하려면

$-k-6 > 0$

$\therefore k < -6$

357 답 ⑤

모든 실수 x에 대하여 부등식 $f(x) \leq g(x)$가 성립하려면 $f(x) - g(x) \leq 0$이어야 한다.

$h(x) = f(x) - g(x)$라 하면

$h(x) = -x^4 - x^3 + 2x^2 - \left(\dfrac{1}{3}x^3 - 2x^2 + a\right)$

$\qquad\,\, = -x^4 - \dfrac{4}{3}x^3 + 4x^2 - a$

$\therefore h'(x) = -4x^3 - 4x^2 + 8x$
$\qquad\quad\;\; = -4x(x+2)(x-1)$

$h'(x) = 0$인 x의 값은

$x = -2$ 또는 $x = 0$ 또는 $x = 1$

함수 $h(x)$의 증가와 감소를 표로 나타내면 다음과 같다.

x	$\cdots$	-2	$\cdots$	0	$\cdots$	1	$\cdots$
$h'(x)$	$+$	0	$-$	0	$+$	0	$-$
$h(x)$	$\nearrow$	$-a+\dfrac{32}{3}$ 극대	$\searrow$	$-a$ 극소	$\nearrow$	$-a+\dfrac{5}{3}$ 극대	$\searrow$

따라서 함수 $h(x)$의 최댓값은 $-a+\dfrac{32}{3}$이므로 모든 실수 x에 대하여 $h(x) \leq 0$, 즉 $f(x) \leq g(x)$가 성립하려면

$-a + \dfrac{32}{3} \leq 0 \qquad \therefore a \geq \dfrac{32}{3}$

따라서 a의 최솟값은 $\dfrac{32}{3}$이다.

358 답 $k > 11$

함수 $y = f(x)$의 그래프가 함수 $y = g(x)$의 그래프보다 항상 위쪽에 있으려면 모든 실수 x에 대하여 $f(x) > g(x)$, 즉 $f(x) - g(x) > 0$이어야 한다.

$h(x) = f(x) - g(x)$라 하면

$h(x) = x^4 - 2x^3 + 4x + k - (2x^3 - 12x)$
$\qquad\,\, = x^4 - 4x^3 + 16x + k$

$\therefore h'(x) = 4x^3 - 12x^2 + 16 = 4(x+1)(x-2)^2$

$h'(x) = 0$인 x의 값은

$x = -1$ 또는 $x = 2$

함수 $h(x)$의 증가와 감소를 표로 나타내면 다음과 같다.

x	$\cdots$	-1	$\cdots$	2	$\cdots$
$h'(x)$	$-$	0	$+$	0	$+$
$h(x)$	$\searrow$	$k-11$ 극소	$\nearrow$	$k+16$	$\nearrow$

따라서 함수 $h(x)$의 최솟값은 $k-11$이므로 모든 실수 x에 대하여 $h(x) > 0$이 성립하려면

$k - 11 > 0 \qquad \therefore k > 11$

359 답 $k < -17$

$f(x) = x^3 - 3x^2 - 9x + 10 - k$라 하면

$f'(x) = 3x^2 - 6x - 9 = 3(x+1)(x-3)$

$f'(x) = 0$인 x의 값은 $x = 3$ ($\because x > 0$)

$x > 0$에서 함수 $f(x)$의 증가와 감소를 표로 나타내면 다음과 같다.

x	0	$\cdots$	3	$\cdots$
$f'(x)$		$-$	0	$+$
$f(x)$		$\searrow$	$-k-17$ 극소	$\nearrow$

따라서 $x>0$에서 함수 $f(x)$의 최솟값은 $-k-17$이
므로 $x>0$일 때, $f(x)>0$이 성립하려면
$-k-17>0$
$\therefore k<-17$

360 🖐 $k \le -8$

$f(x)=2x^3+6x^2+k$라 하면
$f'(x)=6x^2+12x=6x(x+2)$
$-2<x<0$일 때, $f'(x)<0$이므로 $-2<x<0$에서
함수 $f(x)$는 감소한다.
따라서 $-2<x<0$일 때, $f(x)<0$이 성립하려면
$f(-2)\le0$이어야 하므로
$-16+24+k\le0$
$\therefore k\le-8$

361 🖐 7

구간 $[0, 2]$에서 부등식 $f(x)\le g(x)$가 성립하려면
$f(x)-g(x)\le0$이어야 한다.
$h(x)=f(x)-g(x)$라 하면
$h(x)=-4x^2+3x-(2x^3-x^2-9x+k)$
$\qquad =-2x^3-3x^2+12x-k$
$\therefore h'(x)=-6x^2-6x+12=-6(x+2)(x-1)$
$h'(x)=0$인 x의 값은
$x=1 \; (\because 0\le x\le2)$
구간 $[0, 2]$에서 함수 $h(x)$의 증가와 감소를 표로 나
타내면 다음과 같다.

x	0	$\cdots$	1	$\cdots$	2
$h'(x)$		+	0	−	
$h(x)$	$-k$	↗	$-k+7$ 극대	↘	$-k-4$

따라서 구간 $[0, 2]$에서 함수 $h(x)$의 최댓값은
$-k+7$이므로 $h(x)\le0$, 즉 $f(x)\le g(x)$가 성립하
려면
$-k+7\le0 \qquad \therefore k\ge7$
따라서 k의 최솟값은 7이다.

362 🖐 $k \le 0$

$x^3-x^2-2x+2>-x^2+x+k$에서
$x^3-3x+2-k>0$
$f(x)=x^3-3x+2-k$라 하면
$f'(x)=3x^2-3=3(x+1)(x-1)$
$x>1$일 때, $f'(x)>0$이므로 $x>1$에서 함수 $f(x)$는
증가한다.

따라서 $x>1$일 때, $f(x)>0$이 성립하려면 $f(1)\ge0$
이어야 하므로
$1-3+2-k\ge0 \qquad \therefore k\le0$

363 🖐 3

$f(x)=2x^3-3x^2-12x+4$라 하면
$f'(x)=6x^2-6x-12=6(x+1)(x-2)$
$f'(x)=0$인 x의 값은 $x=-1$ 또는 $x=2$
함수 $f(x)$의 증가와 감소를 표로 나타내면 다음과 같다.

x	$\cdots$	-1	$\cdots$	2	$\cdots$
$f'(x)$	+	0	−	0	+
$f(x)$	↗	11 극대	↘	-16 극소	↗

함수 $y=f(x)$의 그래프는 오른
쪽 그림과 같이 x축과 서로 다
른 세 점에서 만나므로 주어진
방정식의 서로 다른 실근의 개
수는 3이다.

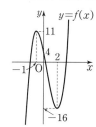

364 🖐 ③

두 곡선 $y=2x^2-1$, $y=x^3-x^2+k$의 교점의 개수는
방정식 $2x^2-1=x^3-x^2+k$, 즉 $x^3-3x^2+1=-k$
의 서로 다른 실근의 개수와 같고, 이는 곡선
$y=x^3-3x^2+1$과 직선 $y=-k$의 교점의 개수와 같다.
$f(x)=x^3-3x^2+1$이라 하면
$f'(x)=3x^2-6x=3x(x-2)$
$f'(x)=0$인 x의 값은 $x=0$ 또는 $x=2$
함수 $f(x)$의 증가와 감소를 표로 나타내면 다음과 같다.

x	$\cdots$	0	$\cdots$	2	$\cdots$
$f'(x)$	+	0	−	0	+
$f(x)$	↗	1 극대	↘	-3 극소	↗

함수 $y=f(x)$의 그래프는 오
른쪽 그림과 같고, 이 그래프
와 직선 $y=-k$가 서로 다른
두 점에서 만나야 하므로
$-k=1$ 또는 $-k=-3$
$\therefore k=3 \; (\because k>0)$

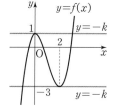

365 답 122

$3x^4+8x^3-18x^2-k=0$에서

$3x^4+8x^3-18x^2=k$

이 방정식의 실근은 함수 $y=3x^4+8x^3-18x^2$의 그래프와 직선 $y=k$의 교점의 x좌표와 같다.

$f(x)=3x^4+8x^3-18x^2$이라 하면

$f'(x)=12x^3+24x^2-36x$

　　　$=12x(x+3)(x-1)$

$f'(x)=0$인 x의 값은

$x=-3$ 또는 $x=0$ 또는 $x=1$

함수 $f(x)$의 증가와 감소를 표로 나타내면 다음과 같다.

x	$\cdots$	-3	$\cdots$	0	$\cdots$	1	$\cdots$
$f'(x)$	$-$	0	$+$	0	$-$	0	$+$
$f(x)$	$\searrow$	-135 극소	$\nearrow$	0 극대	$\searrow$	-7 극소	$\nearrow$

따라서 함수 $y=f(x)$의 그래프는 오른쪽 그림과 같다.
▶▶▶▶▶ ❶

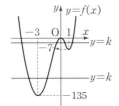

함수 $y=f(x)$의 그래프와 직선 $y=k$의 교점의 x좌표가 두 개는 양수, 두 개는 음수이려면

$-7<k<0$

이때 정수 k는 -6, -5, -4, $\cdots$, -1의 6개이므로

$a=6$　　　　　　　　▶▶▶▶▶ ❷

함수 $y=f(x)$의 그래프와 직선 $y=k$의 교점의 x좌표가 모두 음수이려면

$-135\le k<-7$

이때 정수 k는 -135, -134, -133, $\cdots$, -8의 128개이므로

$b=128$　　　　　　　　▶▶▶▶▶ ❸

$\therefore b-a=122$　　　　　　▶▶▶▶▶ ❹

단계	채점 기준	비율
❶	$y=3x^4+8x^3-18x^2$의 그래프 그리기	30 %
❷	a의 값 구하기	30 %
❸	b의 값 구하기	30 %
❹	$b-a$의 값 구하기	10 %

366 답 0

$f(x)=x^4-4x^3+4x^2+k$라 하면

$f'(x)=4x^3-12x^2+8x=4x(x-1)(x-2)$

$f'(x)=0$인 x의 값은

$x=0$ 또는 $x=1$ 또는 $x=2$

함수 $f(x)$의 증가와 감소를 표로 나타내면 다음과 같다.

x	$\cdots$	0	$\cdots$	1	$\cdots$	2	$\cdots$
$f'(x)$	$-$	0	$+$	0	$-$	0	$+$
$f(x)$	$\searrow$	k 극소	$\nearrow$	$k+1$ 극대	$\searrow$	k 극소	$\nearrow$

따라서 함수 $f(x)$의 최솟값은 k이므로 모든 실수 x에 대하여 $f(x)\ge0$이 성립하려면

$k\ge0$

따라서 k의 최솟값은 0이다.

367 답 ④

$x>0$일 때, 함수 $y=f(x)$의 그래프가 함수 $y=g(x)$의 그래프보다 항상 아래쪽에 있으려면 $x>0$에서

$f(x)<g(x)$, 즉 $f(x)-g(x)<0$이어야 한다.

$h(x)=f(x)-g(x)$라 하면

$h(x)=x^3+x^2+20x+1-(2x^3+4x^2-25x+k)$

　　　$=-x^3-3x^2+45x-k+1$

$\therefore h'(x)=-3x^2-6x+45=-3(x+5)(x-3)$

$h'(x)=0$인 x의 값은 $x=3$ ($\because x>0$)

$x>0$에서 함수 $h(x)$의 증가와 감소를 표로 나타내면 다음과 같다.

x	0	$\cdots$	3	$\cdots$
$h'(x)$		$+$	0	$-$
$h(x)$		$\nearrow$	$-k+82$ 극대	$\searrow$

따라서 $x>0$에서 함수 $h(x)$의 최댓값은 $-k+82$이므로 $x>0$일 때, $h(x)<0$이 성립하려면

$-k+82<0$　　$\therefore k>82$

따라서 자연수 k의 최솟값은 83이다.

368 답 ③

$h(x)=f(x)-g(x)$에서

$h'(x)=f'(x)-g'(x)$

주어진 그래프에서 $h'(x)=0$, 즉 $f'(x)=g'(x)$인 x의 값은 0, 2이므로 함수 $h(x)$의 증가와 감소를 표로 나타내면 다음과 같다.

x	$\cdots$	0	$\cdots$	2	$\cdots$
$h'(x)$	$+$	0	$-$	0	$+$
$h(x)$	$\nearrow$	극대	$\searrow$	극소	$\nearrow$

ㄱ. $0 < x < 2$에서 $h'(x) < 0$이므로 $h(x)$는 감소한다.

ㄴ. $h(x)$는 $x=2$에서 극솟값을 갖는다.

ㄷ. $f(0)=g(0)$에서 $h(0)=f(0)-g(0)=0$
따라서 함수 $h(x)$는
$x=0$에서 극댓값 0을 가
지므로 함수 $y=h(x)$의
그래프의 개형은 오른쪽
그림과 같다.

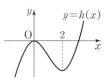

함수 $y=h(x)$의 그래프는 x축과 서로 다른 두
점에서 만나므로 방정식 $h(x)=0$은 서로 다른
두 실근을 갖는다.

따라서 보기에서 옳은 것은 ㄱ, ㄴ이다.

369 답 ⑤

$4x^3+12x^2-a=0$에서

$4x^3+12x^2=a$

$-2 \le x \le 2$에서 이 방정식의 서로 다른 실근의 개수
는 $-2 \le x \le 2$에서 함수 $y=4x^3+12x^2$의 그래프와
직선 $y=a$의 교점의 개수와 같다.

$f(x)=4x^3+12x^2$이라 하면

$f'(x)=12x^2+24x=12x(x+2)$

$f'(x)=0$인 x의 값은 $x=-2$ 또는 $x=0$

$-2 \le x \le 2$에서 함수 $f(x)$의 증가와 감소를 표로 나
타내면 다음과 같다.

x	-2	$\cdots$	0	$\cdots$	2
$f'(x)$	0	$-$	0	$+$	
$f(x)$	16	↘	0 극소	↗	80

$-2 \le x \le 2$에서 함수 $y=f(x)$
의 그래프는 오른쪽 그림과 같고,
이 그래프와 직선 $y=a$가 서로
다른 두 점에서 만나야 하므로

$0 < a \le 16$

따라서 자연수 a는 1, 2, 3, ...,
16의 16개이다.

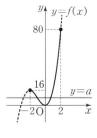

370 답 19

방정식 $|f(x)|=k$의 서로 다른 실근의 개수는 함수
$y=|f(x)|$의 그래프와 직선 $y=k$의 교점의 개수와
같다.

$f(x)=x^3-12x+10$에서

$f'(x)=3x^2-12=3(x+2)(x-2)$

$f'(x)=0$인 x의 값은

$x=-2$ 또는 $x=2$

함수 $f(x)$의 증가와 감소를 표로 나타내면 다음과 같다.

x	$\cdots$	-2	$\cdots$	2	$\cdots$
$f'(x)$	$+$	0	$-$	0	$+$
$f(x)$	↗	26 극대	↘	-6 극소	↗

함수 $y=|f(x)|$의 그래
프는 오른쪽 그림과 같고,
이 그래프와 직선 $y=k$가
서로 다른 네 점에서 만나
야 하므로

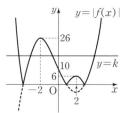

$6 < k < 26$

따라서 자연수 k는 7, 8, 9, ..., 25의 19개이다.

371 답 $0 < a < 8$

$f(x)=x^3-6x^2$이라 하면

$f'(x)=3x^2-12x$

접점의 좌표를 (t, t^3-6t^2)이라 하면 이 점에서의 접
선의 기울기는 $f'(t)=3t^2-12t$이므로 접선의 방정
식은

$y-(t^3-6t^2)=(3t^2-12t)(x-t)$

$\therefore y=(3t^2-12t)x-2t^3+6t^2$

이 직선이 점 $(0, a)$를 지나므로

$a=-2t^3+6t^2$ ...... ㉠

이때 점 $(0, a)$에서 곡선 $y=x^3-6x^2$에 그을 수 있는
서로 다른 접선이 3개이려면 t에 대한 방정식 ㉠은 서
로 다른 세 실근을 가져야 한다.

$g(t)=-2t^3+6t^2$이라 하면

$g'(t)=-6t^2+12t=-6t(t-2)$

$g'(t)=0$인 t의 값은 $t=0$ 또는 $t=2$

함수 $g(t)$의 증가와 감소를 표로 나타내면 다음과 같다.

t	$\cdots$	0	$\cdots$	2	$\cdots$
$g'(t)$	$-$	0	$+$	0	$-$
$g(t)$	↘	0 극소	↗	8 극대	↘

함수 $y=g(t)$의 그래프는 오른쪽
그림과 같고, 이 그래프와 직선
$y=a$가 서로 다른 세 점에서 만나
야 하므로

$0 < a < 8$

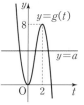

372 답 ③

$f(x)=x^4+2(a-3)x^2-8(a+1)x+a^2+15$라 하면

$f'(x)=4x^3+4(a-3)x-8(a+1)$
$\qquad=4(x-2)(x^2+2x+a+1)$

$f'(x)=0$인 x의 값은

$x=2\ (\because x$는 실수$)$

함수 $f(x)$의 증가와 감소를 표로 나타내면 다음과 같다.

x	$\cdots$	2	$\cdots$
$f'(x)$	$-$	0	$+$
$f(x)$	$\searrow$	a^2-8a-9 극소	$\nearrow$

함수 $f(x)$의 최솟값은 a^2-8a-9이므로 모든 실수 x에 대하여 $f(x)\geq0$이 성립하려면

$a^2-8a-9\geq0,\ (a+1)(a-9)\geq0$

$\therefore a\geq9\ (\because a>0)$

따라서 양수 a의 최솟값은 9이다.

| 참고 | 이차방정식 $x^2+2x+a+1=0$의 판별식을 D라 할 때, $\dfrac{D}{4}=1-(a+1)=-a<0$이므로 실근을 갖지 않는다.

373 답 21

| 접근 방법 | 함수 $y=f(x)+|f(x)+x|-6x$의 그래프와 직선 $y=k$가 서로 다른 네 점에서 만나야 함을 이용한다.

$f(x)+|f(x)+x|=6x+k$에서

$f(x)+|f(x)+x|-6x=k$

이 방정식의 서로 다른 실근의 개수는 함수 $y=f(x)+|f(x)+x|-6x$의 그래프와 직선 $y=k$의 교점의 개수와 같다.

$f(x)+x=\dfrac{1}{2}x^3-\dfrac{9}{2}x^2+11x$
$\qquad\qquad=\dfrac{1}{2}x(x^2-9x+22)$

이때 $x^2-9x+22=\left(x-\dfrac{9}{2}\right)^2+\dfrac{7}{4}>0$이므로

$x\geq0$일 때 $f(x)+x\geq0$, $x<0$일 때 $f(x)+x<0$이다.

따라서 $g(x)=f(x)+|f(x)+x|-6x$라 하면

$g(x)=\begin{cases}2f(x)-5x & (x\geq0)\\ -7x & (x<0)\end{cases}$

$\qquad=\begin{cases}x^3-9x^2+15x & (x\geq0)\\ -7x & (x<0)\end{cases}$

$h(x)=x^3-9x^2+15x\ (x\geq0)$라 하면

$h'(x)=3x^2-18x+15=3(x-1)(x-5)$

$h'(x)=0$인 x의 값은

$x=1$ 또는 $x=5$

$x\geq0$에서 함수 $h(x)$의 증가와 감소를 표로 나타내면 다음과 같다.

x	0	$\cdots$	1	$\cdots$	5	$\cdots$
$h'(x)$		$+$	0	$-$	0	$+$
$h(x)$	0	$\nearrow$	7 극대	$\searrow$	-25 극소	$\nearrow$

함수 $y=g(x)$의 그래프는 오른쪽 그림과 같고, 이 그래프와 직선 $y=k$가 서로 다른 네 점에서 만나야 하므로

$0<k<7$

따라서 정수 k의 값은 1, 2, 3, 4, 5, 6이므로 그 합은

$1+2+3+4+5+6=21$

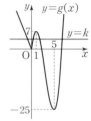

374 답 $k\geq-1$

| 접근 방법 | $k>0$, $k=0$, $k<0$인 경우로 나누어 주어진 부등식이 성립하는지 확인한다.

$f(x)=2x^3+9kx^2+27$이라 하면

$f'(x)=6x^2+18kx=6x(x+3k)$

$f'(x)=0$인 x의 값은

$x=0$ 또는 $x=-3k$

(i) $k>0$일 때

$x\geq k$에서 $f'(x)>0$이므로 $x\geq k$에서 함수 $f(x)$는 증가한다.

따라서 $x\geq k$일 때, $f(x)\geq0$이 성립하려면 $f(k)\geq0$이어야 하므로

$2k^3+9k^3+27\geq0\qquad\therefore 11k^3+27\geq0$

이 부등식은 $k>0$인 모든 실수 k에 대하여 항상 성립한다.

(ii) $k=0$일 때

$x\geq0$에서 $f'(x)\geq0$이므로 $x\geq0$에서 함수 $f(x)$는 증가한다.

이때 $f(0)=27$이므로 $x\geq0$일 때, $f(x)\geq0$이 성립한다.

(iii) $k<0$일 때

$x\geq k$에서 함수 $f(x)$의 증가와 감소를 표로 나타내면 다음과 같다.

x	k	$\cdots$	0	$\cdots$	$-3k$	$\cdots$
$f'(x)$		$+$	0	$-$	0	$+$
$f(x)$	$11k^3+27$	$\nearrow$	27 극대	$\searrow$	$27k^3+27$ 극소	$\nearrow$

따라서 $x \geq k$에서 함수 $f(x)$의 최솟값은

$27k^3 + 27$이므로 $x \geq k$일 때, $f(x) \geq 0$이 성립하려면

$27k^3 + 27 \geq 0$, $k^3 + 1 \geq 0$

$(k+1)(k^2 - k + 1) \geq 0$

$k + 1 \geq 0$ ($\because k^2 - k + 1 > 0$)

$\therefore k \geq -1$

그런데 $k < 0$이므로

$-1 \leq k < 0$

(i), (ii), (iii)에서

$k \geq -1$

Ⅱ-4. 도함수의 활용 (3)

02 속도와 가속도

개념 확인 187쪽

375 🖪 (1) **21** (2) **18** (3) **1** (4) **2**

(1) $v = \dfrac{dx}{dt} = 3t^2 - 6$

따라서 $t = 3$에서의 점 P의 속도는

$v = 27 - 6 = 21$

(2) $a = \dfrac{dv}{dt} = 6t$

따라서 $t = 3$에서의 점 P의 가속도는

$a = 18$

(3) 점 P의 속도가 -3이면

$3t^2 - 6 = -3$, $t^2 = 1$

$\therefore t = 1$ ($\because t > 0$)

(4) 점 P의 가속도가 12이면

$6t = 12$ $\therefore t = 2$

유제 189~195쪽

376 🖪 **2**

시각 t에서의 점 P의 속도를 v, 가속도를 a라 하면

$v = \dfrac{dx}{dt} = 6t^2 - 10t + 3$

$a = \dfrac{dv}{dt} = 12t - 10$

점 P가 원점을 지나는 순간의 위치는 0이므로 $x = 0$에서

$2t^3 - 5t^2 + 3t = 0$

$t(t-1)(2t-3) = 0$

$\therefore t = 1$ 또는 $t = \dfrac{3}{2}$ ($\because t > 0$)

따라서 점 P가 출발 후 처음으로 다시 원점을 지나는 시각은 $t = 1$이므로 구하는 가속도는

$a = 12 - 10 = 2$

377 🖪 **3**

시각 t에서의 두 점 P, Q의 속도를 각각 v_P, v_Q라 하면

$v_P = \dfrac{dx_P}{dt} = 3t^2 - 6t + 1$

$v_Q = \dfrac{dx_Q}{dt} = -t + 3$

두 점 P, Q의 속도가 같으면 $v_P = v_Q$에서

$3t^2 - 6t + 1 = -t + 3$

$3t^2 - 5t - 2 = 0$, $(3t+1)(t-2) = 0$

$\therefore t = 2$ ($\because t > 0$)

$t = 2$에서의 두 점 P, Q의 위치는 각각

$x_P = 8 - 12 + 2 + 2 = 0$

$x_Q = -2 + 6 - 1 = 3$

따라서 구하는 거리는

$3 - 0 = 3$

378 🖪 **18**

시각 t에서의 점 P의 속도를 v, 가속도를 a라 하면

$v = \dfrac{dx}{dt} = 3t^2 - 6t - 14$

$a = \dfrac{dv}{dt} = 6t - 6$

점 P의 속도가 10이면 $3t^2 - 6t - 14 = 10$에서

$3t^2 - 6t - 24 = 0$

$(t+2)(t-4) = 0$

$\therefore t = 4$ ($\because t > 0$)

따라서 $t = 4$에서의 점 P의 가속도는

$a = 24 - 6 = 18$

379 🖪 **6**

시각 t에서의 점 P의 속도를 v라 하면

$v = \dfrac{dx}{dt} = 3t^2 - 6t + a$

$t = 3$에서의 점 P의 속도가 15이므로

$27 - 18 + a = 15$ $\therefore a = 6$

380 답 6

시각 t에서의 점 P의 속도를 v, 가속도를 a라 하면

$$v=\frac{dx}{dt}=t^2-9$$

$$a=\frac{dv}{dt}=2t$$

점 P가 운동 방향을 바꾸는 순간의 속도는 0이므로
$v=0$에서

$t^2-9=0,\ t^2=9$ $\therefore\ t=3\ (\because\ t>0)$

따라서 $t=3$에서의 점 P의 가속도는

$a=6$

381 답 $1<t<5$

시각 t에서의 두 점 P, Q의 속도를 각각 v_P, v_Q라 하면

$$v_P=\frac{dx_P}{dt}=2t-10$$

$$v_Q=\frac{dx_Q}{dt}=6t-6$$

두 점이 서로 반대 방향으로 움직이면 속도의 부호는
서로 반대이므로 $v_P v_Q<0$에서

$(2t-10)(6t-6)<0,\ (t-1)(t-5)<0$

$\therefore\ 1<t<5$

382 답 -13

시각 t에서의 점 P의 속도를 v라 하면

$$v=\frac{dx}{dt}=-3t^2+18t-24$$

점 P가 운동 방향을 바꾸는 순간의 속도는 0이므로
$v=0$에서

$-3t^2+18t-24=0,\ (t-2)(t-4)=0$

$\therefore\ t=2$ 또는 $t=4$

따라서 점 P가 출발 후 두 번째로 운동 방향을 바꾸는
시각은 $t=4$이므로 구하는 위치는

$x=-64+144-96+3=-13$

383 답 ④

시각 t에서의 점 P의 속도를 v라 하면

$$v=\frac{dx}{dt}=3t^2-12$$

점 P가 운동 방향을 바꾸는 순간의 속도는 0이므로
$v=0$에서

$3t^2-12=0,\ t^2=4$ $\therefore\ t=2\ (\because\ t>0)$

이때 점 P의 운동 방향이 원점에서 바뀌므로 $t=2$에
서의 위치가 0이다.

따라서 $8-24+k=0$이므로 $k=16$

384 답 (1) 5 m (2) -10 m/s

물 로켓의 t초 후의 속도를 v m/s라 하면

$$v=\frac{dx}{dt}=10-10t$$

(1) 물 로켓이 최고 높이에 도달하는 순간의 속도는 0
이므로 $v=0$에서

$10-10t=0$ $\therefore\ t=1$

따라서 $t=1$에서의 물 로켓의 높이는

$x=10-5=5(\text{m})$

(2) 물 로켓이 지면에 떨어지는 순간의 높이는 0이므로
$x=0$에서

$10t-5t^2=0,\ t(t-2)=0$

$\therefore\ t=2\ (\because\ t>0)$

따라서 $t=2$에서의 물 로켓의 속도는

$v=10-20=-10(\text{m/s})$

385 답 ㄴ, ㄷ

점 P의 시각 t에서의 속도는 $x'(t)$이므로 위치 $x(t)$
의 그래프에서 그 점에서의 접선의 기울기와 같다.

ㄱ. $a<t<b$에서 $x'(t)>0$이므로 점 P는 양의 방향
으로 움직인다.

ㄴ. $b<t<d$에서 $x'(c)=0$이므로 $t=c$에서 점 P의
속도가 0이다.

ㄷ. $x'(d)=0$이고 $t=d$의 좌우에서 $x'(t)$의 부호가
바뀌므로 $t=d$에서 점 P는 운동 방향을 바꾼다.

따라서 보기에서 옳은 것은 ㄴ, ㄷ이다.

386 답 15

물체의 t초 후의 속도를 v m/s라 하면

$$v=\frac{dx}{dt}=a+2bt$$

물체가 최고 높이에 도달할 때, 즉 $t=2$에서의 속도는
0이므로

$a+4b=0$ …… ㉠

$t=2$에서의 물체의 높이가 50 m이므로

$30+2a+4b=50$

$\therefore\ a+2b=10$ …… ㉡

㉠, ㉡을 연립하여 풀면 $a=20,\ b=-5$

$\therefore\ a+b=15$

387 답 ㄷ

ㄱ. 점 P의 시각 t에서의 가속도는 $v'(t)$이므로 속도
$v(t)$의 그래프에서 그 점에서의 접선의 기울기와
같다.

$0 < t < a$에서 $v'(t)$는 변하므로 점 P의 가속도는 일정하지 않다.

ㄴ. $v(t) = 0$이고 그 좌우에서 $v(t)$의 부호가 바뀔 때 운동 방향이 바뀌므로 $0 < t < c$에서 점 P가 운동 방향을 바꾸는 시각은 $t = b$이다.
따라서 $0 < t < c$에서 점 P는 운동 방향을 한 번 바꾼다.

ㄷ. $v(a) > 0$, $v(c) < 0$이므로 $t = a$에서와 $t = c$에서의 점 P의 운동 방향은 서로 반대이다.

따라서 보기에서 옳은 것은 ㄷ이다.

388 답 (1) 0.75 m/s (2) 0.25 m/s

사람이 t초 동안 움직인 거리는 $0.5t$ m

t초 후 가로등의 바로 밑에서 그림자 끝까지의 거리를 x m라 하면 오른쪽 그림에서

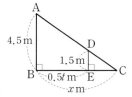

$\triangle ABC \backsim \triangle DEC$이므로

$4.5 : 1.5 = x : (x - 0.5t)$

$x = 3(x - 0.5t)$ ∴ $x = 0.75t$

(1) 그림자의 끝이 움직이는 속도를 v m/s라 하면

$$v = \frac{dx}{dt} = 0.75 (\text{m/s})$$

(2) t초 후의 그림자의 길이를 l m라 하면

$l = \overline{EC} = x - 0.5t$

$\quad = 0.75t - 0.5t = 0.25t$

따라서 그림자의 길이의 변화율은

$$\frac{dl}{dt} = 0.25 (\text{m/s})$$

389 답 (1) 52π cm²/s (2) 160π cm³/s

t초 후의 원기둥의 밑면의 반지름의 길이는 $(6+t)$ cm

밑면의 반지름의 길이가 8 cm이면

$6 + t = 8$ ∴ $t = 2$

(1) t초 후의 원기둥의 겉넓이를 S cm²라 하면

$S = 2\pi(6+t)^2 + 2\pi(6+t) \times 10$

$\quad = 2\pi(6+t)(16+t)$

시각 t에서의 원기둥의 겉넓이의 변화율은

$\frac{dS}{dt} = 2\pi\{(16+t) + (6+t)\}$

$\quad = 2\pi(2t + 22)$

따라서 $t = 2$에서의 원기둥의 겉넓이의 변화율은

$2\pi(4 + 22) = 52\pi (\text{cm}^2/\text{s})$

(2) t초 후의 원기둥의 부피를 V cm³라 하면

$V = \pi(6+t)^2 \times 10 = 10\pi(6+t)^2$

시각 t에서의 원기둥의 부피의 변화율은

$$\frac{dV}{dt} = 20\pi(6+t)$$

따라서 $t = 2$에서의 원기둥의 부피의 변화율은

$20\pi(6+2) = 160\pi (\text{cm}^3/\text{s})$

390 답 $2\sqrt{2}$ cm/s

t초 후의 정사각형의 한 변의 길이는 $(9+2t)$ cm이므로 정사각형의 한 대각선의 길이를 l cm라 하면

$l = \sqrt{2}(9+2t) = 2\sqrt{2}t + 9\sqrt{2}$

따라서 정사각형의 한 대각선의 길이의 변화율은

$$\frac{dl}{dt} = 2\sqrt{2} (\text{cm/s})$$

391 답 32π cm³/s

t초 후의 고무 풍선의 반지름의 길이는 $(2+0.5t)$ cm이므로 고무 풍선의 부피를 V cm³라 하면

$V = \frac{4}{3}\pi(2+0.5t)^3$

시각 t에서의 고무 풍선의 부피의 변화율은

$\frac{dV}{dt} = \frac{4}{3}\pi \times 3(2+0.5t)^2 \times 0.5$

$\quad = 2\pi(2+0.5t)^2$

따라서 $t = 4$에서의 고무 풍선의 부피의 변화율은

$2\pi(2+2)^2 = 32\pi (\text{cm}^3/\text{s})$

연습문제   196~198쪽

392 답 ②

시각 t에서의 점 P의 속도를 v라 하면

$$v = \frac{dx}{dt} = -2t + 8$$

점 P가 원점을 지나는 순간의 위치는 0이므로 $x = 0$에서

$-t^2 + 8t = 0$, $t(t-8) = 0$

∴ $t = 8$ (∵ $t > 0$)

따라서 $t = 8$에서의 점 P의 속도는

$v = -16 + 8 = -8$

393 답 22

시각 t에서의 점 P의 속도를 v, 가속도를 a라 하면

$$v = \frac{dx}{dt} = -t^2 + 6t$$

$$a = \frac{dv}{dt} = -2t + 6$$

점 P의 가속도가 0이면 $a = 0$에서

$-2t + 6 = 0$ ∴ $t = 3$

따라서 $t = 3$에서의 점 P의 위치가 40이므로

$-9 + 27 + k = 40$ ∴ $k = 22$

394 답 180 m

t초 후의 열차의 속도를 v m/s라 하면

$$v = \frac{dx}{dt} = 18 - 0.9t \qquad \blacktriangleright\!\!\blacktriangleright\!\!\blacktriangleright\!\!\blacktriangleright ❶$$

열차가 정지하는 순간의 속도는 0이므로 $v = 0$에서

$18 - 0.9t = 0$ ∴ $t = 20$ $\qquad \blacktriangleright\!\!\blacktriangleright\!\!\blacktriangleright\!\!\blacktriangleright ❷$

따라서 열차가 정지할 때까지 걸린 시간은 20초이므로 열차가 움직인 거리는

$$x = 360 - 180 = 180 \, (\text{m}) \qquad \blacktriangleright\!\!\blacktriangleright\!\!\blacktriangleright\!\!\blacktriangleright ❸$$

단계	채점 기준	비율
❶	t초 후의 열차의 속도 구하기	30 %
❷	열차가 정지할 때까지 걸린 시간 구하기	40 %
❸	열차가 정지할 때까지 움직인 거리 구하기	30 %

395 답 12

시각 t에서의 점 P의 속도를 v, 가속도를 a라 하면

$$v = \frac{dx}{dt} = 3t^2 - 24t + 36$$

$$a = \frac{dv}{dt} = 6t - 24$$

점 P가 운동 방향을 바꾸는 순간의 속도는 0이므로 $v = 0$에서

$3t^2 - 24t + 36 = 0$, $(t-2)(t-6) = 0$

∴ $t = 2$ 또는 $t = 6$

따라서 점 P가 출발 후 두 번째로 운동 방향을 바꾸는 시각은 $t = 6$이므로 구하는 가속도는

$a = 36 - 24 = 12$

396 답 ①

시각 t에서의 점 P의 속도를 v, 가속도를 a라 하면

$$v = \frac{dx}{dt} = 3t^2 + 2at + b$$

$$a = \frac{dv}{dt} = 6t + 2a$$

점 P가 운동 방향을 바꾸는 순간의 속도는 0이므로 $t = 1$에서의 점 P의 속도는 0이다.

∴ $3 + 2a + b = 0$ ······ ㉠

$t = 2$에서의 점 P의 가속도는 0이므로

$12 + 2a = 0$ ∴ $a = -6$

이를 ㉠에 대입하면

$3 - 12 + b = 0$ ∴ $b = 9$

∴ $a + b = 3$

397 답 ②

물체의 t초 후의 속도를 v m/s라 하면

$$v = \frac{dx}{dt} = 40 - 10t$$

물체가 최고 높이에 도달하는 순간의 속도는 0이므로 $v = 0$에서

$40 - 10t = 0$ ∴ $t = 4$

따라서 구하는 시간은 4초이다.

398 답 ③

ㄱ. 시각 t에서의 가속도는 $v'(t)$이므로 속도 $v(t)$의 그래프에서 그 점에서의 접선의 기울기와 같다.

따라서 $0 < t < g$에서 점 P의 가속도가 0인 시각은 $t = a$, $t = b$, $t = c$, $t = e$이므로 점 P의 가속도가 0인 순간은 4번이다.

ㄴ. $v(t) = 0$이고 그 좌우에서 $v(t)$의 부호가 바뀔 때 운동 방향이 바뀌므로 $0 < t < g$에서 점 P가 운동 방향을 바꾸는 시각은 $t = d$, $t = f$이다.

따라서 $0 < t < g$에서 점 P는 운동 방향을 2번 바꾼다.

ㄷ. $b < t < c$에서 t의 값이 커질 때 $v(t)$의 값도 커지므로 점 P의 속도는 증가한다.

따라서 보기에서 옳은 것은 ㄷ이다.

399 답 53

t초 후의 직사각형의 가로의 길이는 $5 + t$, 세로의 길이는 $3 + 2t$이므로 직사각형의 넓이를 S라 하면

$$S = (5 + t)(3 + 2t) = 15 + 13t + 2t^2$$

시각 t에서의 직사각형의 넓이의 변화율은

$$\frac{dS}{dt} = 13 + 4t$$

따라서 $t = 10$에서의 직사각형의 넓이의 변화율은

$13 + 40 = 53$

400 답 7

점 P의 시각 t에서의 속도를 $v(t)$라 하면

$$v(t)=x'(t)=6t^2-12t-1$$
$$=6(t-1)^2-7$$

$0\le t\le 2$에서 $v(t)$의 그래프는 오른쪽 그림과 같으므로

$$-7\le v(t)\le -1$$

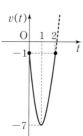

시각 t에서의 점 P의 속력은 $|v(t)|$이고 $1\le|v(t)|\le 7$이므로 구하는 최댓값은 7이다.

401 답 3

점 M의 시각 t에서의 위치를 x_M이라 하면

$$x_M=\frac{x_P+x_Q}{2}$$
$$=\frac{(3t^2-7t+10)+(t^2-3t+2)}{2}$$
$$=2t^2-5t+6$$

점 M의 시각 t에서의 속도를 v라 하면

$$v=\frac{dx_M}{dt}=4t-5 \qquad \text{▸▸▸▸▸▸ ❶}$$

점 Q가 원점을 지나는 순간의 위치는 0이므로 $x_Q=0$에서

$$t^2-3t+2=0, (t-1)(t-2)=0$$
$$\therefore t=1 \text{ 또는 } t=2$$

즉, 점 Q가 두 번째로 원점을 지나는 시각은

$$t=2 \qquad \text{▸▸▸▸▸▸ ❷}$$

따라서 $t=2$에서의 점 M의 속도는

$$v=8-5=3 \qquad \text{▸▸▸▸▸▸ ❸}$$

단계	채점 기준	비율
❶	점 M의 시각 t에서의 속도 구하기	40 %
❷	점 Q가 두 번째로 원점을 지나는 시각 구하기	40 %
❸	점 Q가 두 번째로 원점을 지나는 순간의 점 M의 속도 구하기	20 %

402 답 $\frac{1}{6}$

두 점 P, Q의 속도를 각각 v_P, v_Q라 하면

$$v_P=\frac{dx_P}{dt}=8t^3+6kt, v_Q=\frac{dx_Q}{dt}=14t$$

두 점 P, Q의 가속도를 각각 a_P, a_Q라 하면

$$a_P=\frac{dv_P}{dt}=24t^2+6k, a_Q=\frac{dv_Q}{dt}=14$$

두 점 P, Q의 가속도가 같으면 $a_P=a_Q$에서

$$24t^2+6k=14 \qquad \therefore 24t^2=14-6k \quad \cdots\cdots \text{㉠}$$

이때 $t>0$에서 $24t^2>0$이므로 두 점 P, Q의 가속도가 같아지는 순간이 존재하려면

$$14-6k>0 \qquad \therefore k<\frac{7}{3}$$

따라서 자연수 k의 값은 1, 2이다.

이를 각각 ㉠에 대입하여 풀면

$$t=\sqrt{\frac{1}{3}}, t=\sqrt{\frac{1}{12}} (\because t>0)$$

따라서 모든 t의 값의 곱은 $\sqrt{\frac{1}{3}}\times\sqrt{\frac{1}{12}}=\frac{1}{6}$

403 답 ①

시각 t에서의 점 P의 속도를 v라 하면

$$v=\frac{dx}{dt}=3t^2-10t+a=3\left(t-\frac{5}{3}\right)^2+a-\frac{25}{3}$$

점 P의 운동 방향이 바뀌지 않으려면 $t\ge 0$에서 $v\ge 0$이어야 한다.

이때 $t\ge 0$에서 v의 최솟값이 $a-\frac{25}{3}$이므로 $t\ge 0$에서 $v\ge 0$이려면

$$a-\frac{25}{3}\ge 0 \qquad \therefore a\ge\frac{25}{3}$$

따라서 자연수 a의 최솟값은 9이다.

404 답 ㄱ, ㄹ

ㄱ. 두 점 P, Q는 $t=3$, $t=6$에서 만나므로 2번 만난다.

ㄴ. $f'(2)=0$, $g'(2)>0$이므로 $t=2$에서의 점 P의 속도는 점 Q의 속도보다 느리다.

ㄷ. $f'(5)>0$, $g'(5)<0$이므로 $t=5$에서 두 점 P, Q는 서로 반대 방향으로 움직인다.

ㄹ. $3\le t\le 4$에서 두 점 P, Q가 움직인 거리는 각각
$$|f(4)-f(3)|, |g(4)-g(3)|$$
주어진 그래프에서
$$|f(4)-f(3)|>|g(4)-g(3)|$$이므로 점 P가 움직인 거리는 점 Q가 움직인 거리보다 길다.

따라서 보기에서 옳은 것은 ㄱ, ㄹ이다.

405 답 ①

t초 후의 두 점 A, B의 좌표는 각각 $(2t, 0)$, $(0, 2t)$이므로 점 C의 좌표는 (t, t)이다.

$\overline{OC}=l$이라 하면 $l=\sqrt{t^2+t^2}=\sqrt{2}t (\because t>0)$

따라서 $\overline{OC}$의 길이의 변화율은 $\frac{dl}{dt}=\sqrt{2}$

406 답 $4\pi \text{ cm}^3/\text{s}$

t초 후의 수면의 높이는 $t\,\text{cm}$
이므로 수면의 반지름의 길이를
$x\,\text{cm}$라 하면 오른쪽 그림에서
$20:x=50:t$

$2t=5x$ $\therefore x=\dfrac{2}{5}t$

수면의 높이가 $5\,\text{cm}$일 때의 시각은 $t=5$

t초 후의 물의 부피를 $V\,\text{cm}^3$라 하면

$$V=\frac{1}{3}\pi x^2 t=\frac{1}{3}\pi\left(\frac{2}{5}t\right)^2 t=\frac{4\pi}{75}t^3$$

시각 t에서의 물의 부피의 변화율은 $\dfrac{dV}{dt}=\dfrac{4\pi}{25}t^2$

따라서 $t=5$에서의 물의 부피의 변화율은

$\dfrac{4\pi}{25}\times 25=4\pi\,(\text{cm}^3/\text{s})$

407 답 ④

|접근 방법| 두 점 P, Q의 속도가 3번 같아지려면 $x_P{}'=x_Q{}'$
을 만족시키는 양수 t의 값이 3개이어야 함을 이용한다.

시각 t에서의 두 점 P, Q의 속도를 각각 v_P, v_Q라 하면

$$v_P=\frac{dx_P}{dt}=4t^3-9t^2+20t$$

$$v_Q=\frac{dx_Q}{dt}=9t^2-4t+m$$

이때 속도가 3번 같아지려면 $v_P=v_Q$를 만족시키는 양
수 t가 3개 존재해야 하므로 t에 대한 방정식
$4t^3-9t^2+20t=9t^2-4t+m$, 즉
$4t^3-18t^2+24t=m$이 $t>0$에서 서로 다른 세 실근
을 가져야 한다.

$f(t)=4t^3-18t^2+24t$라 하면
$f'(t)=12t^2-36t+24=12(t-1)(t-2)$
$f'(t)=0$인 t의 값은 $t=1$ 또는 $t=2$

$t>0$에서 함수 $f(t)$의 증가와 감소를 표로 나타내면
다음과 같다.

t	0	$\cdots$	1	$\cdots$	2	$\cdots$
$f'(t)$		$+$	0	$-$	0	$+$
$f(t)$		↗	10 극대	↘	8 극소	↗

$t>0$에서 함수 $y=f(t)$의 그래프
는 오른쪽 그림과 같고, 이 그래
프와 직선 $y=m$이 서로 다른 세
점에서 만나야 하므로
$8<m<10$
따라서 정수 m의 값은 9이다.

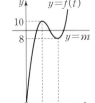

408 답 $\dfrac{125}{54}$

|접근 방법| 두 점 P, Q의 속도를 각각 v_P, v_Q라 할 때, 두 점
P, Q가 서로 같은 방향으로 움직이면 $v_P v_Q>0$임을 이용한다.

시각 t에서의 두 점 P, Q의 속도를 각각 v_P, v_Q라 하면

$$v_P=\frac{dx_P}{dt}=2t^2-4t, \quad v_Q=\frac{dx_Q}{dt}=-t^2+t$$

두 점 P, Q 사이의 거리는

$$|x_P-x_Q|=\left|\left(\frac{2}{3}t^3-2t^2\right)-\left(-\frac{1}{3}t^3+\frac{1}{2}t^2\right)\right|$$
$$=\left|t^3-\frac{5}{2}t^2\right|$$

$f(t)=t^3-\dfrac{5}{2}t^2$이라 하면

$f'(t)=3t^2-5t=t(3t-5)$

$f'(t)=0$인 t의 값은 $t=\dfrac{5}{3}$ ($\because t>0$)

$t>0$에서 함수 $f(t)$의 증가와 감소를 표로 나타내면
다음과 같다.

t	0	$\cdots$	$\dfrac{5}{3}$	$\cdots$
$f'(t)$		$-$	0	$+$
$f(t)$		↘	$-\dfrac{125}{54}$ 극소	↗

이때 함수 $y=f(t)$의 그래프와 t축의 교점의 t의 좌표
를 구하면

$t^3-\dfrac{5}{2}t^2=0$, $t^2\left(t-\dfrac{5}{2}\right)=0$

$\therefore t=0$ 또는 $t=\dfrac{5}{2}$

따라서 $t>0$에서 함수
$y=|f(t)|$의 그래프는 오
른쪽 그림과 같다.

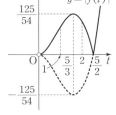

두 점 P, Q가 서로 같은 방
향으로 움직이면 속도의 부
호가 서로 같으므로
$v_P v_Q>0$에서
$(2t^2-4t)(-t^2+t)>0$
$t^2(t-1)(t-2)<0$
이때 $t^2>0$이므로
$(t-1)(t-2)<0$
$\therefore 1<t<2$

따라서 $1<t<2$에서 함수 $|f(t)|$의 최댓값은 $\dfrac{125}{54}$이
므로 두 점 P, Q 사이의 거리의 최댓값은 $\dfrac{125}{54}$이다.

Ⅲ. 적분

01 부정적분

개념 확인   201쪽

409 달 (1) x^2+C (2) $-x^5+C$

(1) $(x^2)'=2x$이므로 $\int 2x\,dx=x^2+C$

(2) $(-x^5)'=-5x^4$이므로 $\int(-5x^4)\,dx=-x^5+C$

410 달 (1) $2x^3+x^2-4x$
　　　　　(2) $2x^3+x^2-4x+C$

유제   203~205쪽

411 달 6
$f(x)=(-x^4+2x^3+2x^2+C)'$
　　　$=-4x^3+6x^2+4x$
$\therefore f(-1)=4+6-4=6$

412 달 $a=6$, $b=2$, $c=-2$
$6x^2+ax+2=(bx^3+3x^2-cx+4)'$
　　　　　　　$=3bx^2+6x-c$
따라서 $6=3b$, $a=6$, $2=-c$이므로
$a=6$, $b=2$, $c=-2$

413 달 2
$(2x+1)f(x)=\left(\dfrac{2}{3}x^3+\dfrac{3}{2}x^2+x+C\right)'$
　　　　　　　$=2x^2+3x+1$
　　　　　　　$=(x+1)(2x+1)$
따라서 $f(x)=x+1$이므로
$f(-1)+f(1)=(-1+1)+(1+1)=2$

414 달 2
$f(x)=(x^3+ax^2+bx)'$
　　　$=3x^2+2ax+b$
$f(0)=3$에서 $b=3$
$f'(x)=6x+2a$이므로 $f'(0)=-2$에서
$2a=-2$　　$\therefore a=-1$
$\therefore a+b=2$

415 달 20
$\dfrac{d}{dx}\left\{\int f(x)\,dx\right\}=f(x)$이므로
$f(x)=-x^3+2x^2+4$
$\therefore f(-2)=8+8+4=20$

416 달 -4
$f(x)=\int\left\{\dfrac{d}{dx}(3x^3+x^2)\right\}dx=3x^3+x^2+C$
$f(1)=2$에서 $3+1+C=2$　　$\therefore C=-2$
따라서 $f(x)=3x^3+x^2-2$이므로
$f(-1)=-3+1-2=-4$

417 달 -1
$\dfrac{d}{dx}\left\{\int(x^2-3x)\,dx\right\}=x^2-3x$,
$\int\left\{\dfrac{d}{dx}(2x^2)\right\}dx=2x^2+C$이므로
$f(x)=(x^2-3x)+(2x^2+C)=3x^2-3x+C$
$f(0)=-1$에서 $C=-1$
따라서 $f(x)=3x^2-3x-1$이므로
$f(1)=3-3-1=-1$

418 달 $f(x)=x^2+8x+10$
$f(x)=\int\left\{\dfrac{d}{dx}(x^2+8x)\right\}dx$
　　　$=x^2+8x+C=(x+4)^2+C-16$
함수 $f(x)$의 최솟값이 -6이므로
$C-16=-6$　　$\therefore C=10$
$\therefore f(x)=x^2+8x+10$

개념 확인   207쪽

419 달 (1) $7x+C$ (2) $3x^3+C$
　　　　　(3) $\dfrac{1}{2}x^2+4x+C$
　　　　　(4) $\dfrac{1}{3}x^3-\dfrac{3}{2}x^2+2x+C$

(2) $\int 9x^2\,dx=9\int x^2\,dx=9\times\dfrac{1}{3}x^3+C=3x^3+C$

(3) $\int(x+4)\,dx=\int x\,dx+4\int dx=\dfrac{1}{2}x^2+4x+C$

(4) $\int(x^2-3x+2)\,dx=\int x^2\,dx-3\int x\,dx+2\int dx$
　　　　　　　　　　$=\dfrac{1}{3}x^3-3\times\dfrac{1}{2}x^2+2x+C$
　　　　　　　　　　$=\dfrac{1}{3}x^3-\dfrac{3}{2}x^2+2x+C$

420 답 (1) $\dfrac{1}{4}x^4-x^3+\dfrac{3}{2}x^2-x+C$

(2) $\dfrac{3}{2}x^4-\dfrac{4}{3}x^3-5x^2+C$

(3) $x^2t-xt^2+\dfrac{1}{3}t^3+C$

(4) $2x^2+x+C$

(5) x^2+2x+C

(6) $\dfrac{1}{2}y^2+2y+C$

(1) $\displaystyle\int (x-1)^3\,dx$

$\displaystyle=\int (x^3-3x^2+3x-1)\,dx$

$\displaystyle=\int x^3\,dx-3\int x^2\,dx+3\int x\,dx-\int dx$

$=\dfrac{1}{4}x^4-x^3+\dfrac{3}{2}x^2-x+C$

(2) $\displaystyle\int 2x(x+1)(3x-5)\,dx$

$\displaystyle=\int (6x^3-4x^2-10x)\,dx$

$\displaystyle=6\int x^3\,dx-4\int x^2\,dx-10\int x\,dx$

$=\dfrac{3}{2}x^4-\dfrac{4}{3}x^3-5x^2+C$

(3) $\displaystyle\int (x-t)^2\,dt=\int (x^2-2xt+t^2)\,dt$

$\displaystyle\qquad=x^2\int dt-2x\int t\,dt+\int t^2\,dt$

$\qquad=x^2t-xt^2+\dfrac{1}{3}t^3+C$

(4) $\displaystyle\int \dfrac{4x^2+5x+1}{x+1}\,dx=\int \dfrac{(x+1)(4x+1)}{x+1}\,dx$

$\displaystyle\qquad=\int (4x+1)\,dx$

$\displaystyle\qquad=4\int x\,dx+\int dx$

$\qquad=2x^2+x+C$

(5) $\displaystyle\int (\sqrt{x}+1)^2\,dx+\int (\sqrt{x}-1)^2\,dx$

$\displaystyle=\int \{(\sqrt{x}+1)^2+(\sqrt{x}-1)^2\}\,dx$

$\displaystyle=\int \{(x+2\sqrt{x}+1)+(x-2\sqrt{x}+1)\}\,dx$

$\displaystyle=\int (2x+2)\,dx$

$\displaystyle=2\int x\,dx+2\int dx$

$=x^2+2x+C$

(6) $\displaystyle\int \dfrac{y^2+5y}{y+2}\,dy-\int \dfrac{y-4}{y+2}\,dy$

$\displaystyle=\int \left(\dfrac{y^2+5y}{y+2}-\dfrac{y-4}{y+2}\right)dy$

$\displaystyle=\int \dfrac{y^2+4y+4}{y+2}\,dy$

$\displaystyle=\int \dfrac{(y+2)^2}{y+2}\,dy=\int (y+2)\,dy$

$\displaystyle=\int y\,dy+2\int dy$

$=\dfrac{1}{2}y^2+2y+C$

421 답 $f(x)=\dfrac{1}{5}x^5-16x+3$

$f(x)=\displaystyle\int (x-2)(x+2)(x^2+4)\,dx$

$\displaystyle\qquad=\int (x^2-4)(x^2+4)\,dx$

$\displaystyle\qquad=\int (x^4-16)\,dx=\int x^4\,dx-16\int dx$

$\qquad=\dfrac{1}{5}x^5-16x+C$

$f(0)=3$에서 $C=3$

$\therefore f(x)=\dfrac{1}{5}x^5-16x+3$

422 답 ④

$f(x)=\displaystyle\int \left(\dfrac{1}{2}x^3+2x+1\right)dx-\int \left(\dfrac{1}{2}x^3+x\right)dx$

$\displaystyle\qquad=\int \left\{\left(\dfrac{1}{2}x^3+2x+1\right)-\left(\dfrac{1}{2}x^3+x\right)\right\}dx$

$\displaystyle\qquad=\int (x+1)\,dx=\int x\,dx+\int dx$

$\qquad=\dfrac{1}{2}x^2+x+C$

$f(0)=1$에서 $C=1$

따라서 $f(x)=\dfrac{1}{2}x^2+x+1$이므로

$f(4)=8+4+1=13$

423 답 -1

$f(x)=\displaystyle\int f'(x)\,dx=\int (4x^3-2x-5)\,dx$

$\qquad=x^4-x^2-5x+C$

$f(2)=6$에서

$16-4-10+C=6$

$\therefore C=4$

따라서 $f(x)=x^4-x^2-5x+4$이므로

$f(1)=1-1-5+4=-1$

424 답 15

곡선 $y=f(x)$ 위의 점 $(x, f(x))$에서의 접선의 기울기가 $6x^2-4x+3$이므로

$f'(x)=6x^2-4x+3$

$\therefore f(x)=\int f'(x)\,dx=\int (6x^2-4x+3)\,dx$

$\qquad =2x^3-2x^2+3x+C$

곡선 $y=f(x)$가 점 $(1, 4)$를 지나므로 $f(1)=4$에서

$2-2+3+C=4 \qquad \therefore C=1$

따라서 $f(x)=2x^3-2x^2+3x+1$이므로

$f(2)=16-8+6+1=15$

425 답 6

$f(x)=\int f'(x)\,dx=\int (3x^2-kx+2)\,dx$

$\qquad =x^3-\dfrac{1}{2}kx^2+2x+C$

$f(0)=2$에서 $C=2$

$f(2)=2$에서 $8-2k+4+C=2$

$8-2k+4+2=2 \qquad \therefore k=6$

426 답 -1

곡선 $y=f(x)$ 위의 점 $(x, f(x))$에서의 접선의 기울기가 $2x+1$이므로

$f'(x)=2x+1$

$\therefore f(x)=\int f'(x)\,dx=\int (2x+1)\,dx$

$\qquad =x^2+x+C$

곡선 $y=f(x)$가 점 $(2, 5)$를 지나므로 $f(2)=5$에서

$4+2+C=5 \qquad \therefore C=-1$

또 곡선 $y=f(x)$가 점 $(-1, k)$를 지나므로

$f(-1)=k$에서

$1-1+C=k$

$1-1-1=k \qquad \therefore k=-1$

427 답 $f(x)=-6x^2+12x-1$

$xf(x)-F(x)=-4x^3+6x^2$의 양변을 x에 대하여 미분하면

$f(x)+xf'(x)-F'(x)=-12x^2+12x$

$F'(x)=f(x)$이므로

$f(x)+xf'(x)-f(x)=-12x^2+12x$

$xf'(x)=-12x^2+12x=x(-12x+12)$

$\therefore f'(x)=-12x+12$

$\therefore f(x)=\int f'(x)\,dx=\int (-12x+12)\,dx$

$\qquad =-6x^2+12x+C$

$f(1)=5$에서

$-6+12+C=5 \qquad \therefore C=-1$

$\therefore f(x)=-6x^2+12x-1$

428 답 10

$\dfrac{d}{dx}\{f(x)-g(x)\}=2x$에서

$\int\left[\dfrac{d}{dx}\{f(x)-g(x)\}\right]dx=\int 2x\,dx$

$\therefore f(x)-g(x)=x^2+C_1 \qquad\qquad \cdots\cdots$ ㉠

$\dfrac{d}{dx}\{f(x)g(x)\}=3x^2+4x+2$에서

$\int\left[\dfrac{d}{dx}\{f(x)g(x)\}\right]dx=\int (3x^2+4x+2)\,dx$

$\therefore f(x)g(x)=x^3+2x^2+2x+C_2 \qquad \cdots\cdots$ ㉡

$f(1)=3$, $g(1)=2$이므로 ㉠, ㉡에서

$f(1)-g(1)=1+C_1$

$1=1+C_1 \qquad \therefore C_1=0$

$f(1)g(1)=1+2+2+C_2$

$6=5+C_2 \qquad \therefore C_2=1$

$\therefore f(x)-g(x)=x^2$,

$\quad f(x)g(x)=x^3+2x^2+2x+1$

$\qquad\qquad =(x+1)(x^2+x+1)$

이때 $f(1)=3$, $g(1)=2$이므로

$f(x)=x^2+x+1$, $g(x)=x+1$

$\therefore f(2)+g(2)=(4+2+1)+(2+1)=10$

429 답 $-\dfrac{1}{2}$

$\int f(x)\,dx=(x-2)f(x)-x^3+2x^2+4x$의 양변을 x에 대하여 미분하면

$f(x)=f(x)+(x-2)f'(x)-3x^2+4x+4$

$(x-2)f'(x)=3x^2-4x-4=(3x+2)(x-2)$

$\therefore f'(x)=3x+2$

$\therefore f(x)=\int f'(x)\,dx=\int (3x+2)\,dx$

$\qquad =\dfrac{3}{2}x^2+2x+C$

$f(2)=6$에서

$6+4+C=6 \qquad \therefore C=-4$

따라서 $f(x)=\dfrac{3}{2}x^2+2x-4$이므로

$f(1)=\dfrac{3}{2}+2-4=-\dfrac{1}{2}$

430 답 18

$\dfrac{d}{dx}\{f(x)+g(x)\}=8x+5$에서

$\displaystyle\int\left[\dfrac{d}{dx}\{f(x)+g(x)\}\right]dx=\int(8x+5)\,dx$

$\therefore f(x)+g(x)=4x^2+5x+C_1$ ...... ㉠

$\dfrac{d}{dx}\{f(x)-g(x)\}=4x-3$에서

$\displaystyle\int\left[\dfrac{d}{dx}\{f(x)-g(x)\}\right]dx=\int(4x-3)\,dx$

$\therefore f(x)-g(x)=2x^2-3x+C_2$ ...... ㉡

$f(0)=-1$, $g(0)=1$이므로 ㉠, ㉡에서

$f(0)+g(0)=C_1$ $\therefore C_1=0$

$f(0)-g(0)=C_2$ $\therefore C_2=-2$

$\therefore f(x)+g(x)=4x^2+5x$,

$\quad f(x)-g(x)=2x^2-3x-2$

두 식을 연립하여 풀면

$f(x)=3x^2+x-1$

$g(x)=x^2+4x+1$

$\therefore f(1)g(1)=(3+1-1)\times(1+4+1)=18$

| 다른 풀이 |

$\displaystyle f(x)+g(x)=\int(8x+5)\,dx$ ...... ㉠

$\displaystyle f(x)-g(x)=\int(4x-3)\,dx$ ...... ㉡

㉠+㉡을 하면

$\displaystyle 2f(x)=\int(12x+2)\,dx=2\int(6x+1)\,dx$

$\therefore f(x)=\displaystyle\int(6x+1)\,dx=3x^2+x+C_1$

$f(0)=-1$에서 $C_1=-1$

$\therefore f(x)=3x^2+x-1$

㉠-㉡을 하면

$\displaystyle 2g(x)=\int(4x+8)\,dx=2\int(2x+4)\,dx$

$\therefore g(x)=\displaystyle\int(2x+4)\,dx=x^2+4x+C_2$

$g(0)=1$에서 $C_2=1$

$\therefore g(x)=x^2+4x+1$

$\therefore f(1)g(1)=(3+1-1)\times(1+4+1)=18$

431 답 13

(i) $x\geq1$일 때

$f(x)=\displaystyle\int(-3x^2+2x+2)\,dx$

$\quad=-x^3+x^2+2x+C_1$

(ii) $x<1$일 때

$f(x)=\displaystyle\int(6x-5)\,dx=3x^2-5x+C_2$

(i), (ii)에서

$f(x)=\begin{cases}-x^3+x^2+2x+C_1 & (x\geq1)\\ 3x^2-5x+C_2 & (x<1)\end{cases}$

$f(2)=1$에서

$-8+4+4+C_1=1$ $\therefore C_1=1$

함수 $f(x)$는 $x=1$에서 연속이므로

$\displaystyle\lim_{x\to1^-}f(x)=f(1)$에서

$3-5+C_2=-1+1+2+C_1$

$-2+C_2=3$ $\therefore C_2=5$

따라서 $f(x)=\begin{cases}-x^3+x^2+2x+1 & (x\geq1)\\ 3x^2-5x+5 & (x<1)\end{cases}$ 이므로

$f(-1)=3+5+5=13$

432 답 $-\dfrac{2}{3}$

$f(x)=\displaystyle\int f'(x)\,dx=\int(-x^2+2x+3)\,dx$

$\quad=-\dfrac{1}{3}x^3+x^2+3x+C$

$f'(x)=-x^2+2x+3=-(x+1)(x-3)$이므로

$f'(x)=0$인 x의 값은 $x=-1$ 또는 $x=3$

함수 $f(x)$의 증가와 감소를 표로 나타내면 다음과 같다.

x	$\cdots$	-1	$\cdots$	3	$\cdots$
$f'(x)$	$-$	0	$+$	0	$-$
$f(x)$	$\searrow$	극소	$\nearrow$	극대	$\searrow$

함수 $f(x)$는 $x=3$에서 극댓값 10을 가지므로

$f(3)=10$에서

$-9+9+9+C=10$ $\therefore C=1$

따라서 $f(x)=-\dfrac{1}{3}x^3+x^2+3x+1$이고 $f(x)$는

$x=-1$에서 극소이므로 극솟값은

$f(-1)=\dfrac{1}{3}+1-3+1=-\dfrac{2}{3}$

433 답 2

(i) $x>-1$일 때

$f(x)=\displaystyle\int k\,dx=kx+C_1$

(ii) $x<-1$일 때

$f(x)=\displaystyle\int(4x+2)\,dx=2x^2+2x+C_2$

(ⅰ), (ⅱ)에서

$$f(x)=\begin{cases} kx+C_1 & (x>-1) \\ 2x^2+2x+C_2 & (x<-1) \end{cases}$$

$f(3)=5$에서

$3k+C_1=5$ ······ ㉠

$f(-2)=1$에서

$8-4+C_2=1$ ∴ $C_2=-3$

함수 $f(x)$는 $x=-1$에서 연속이므로

$\lim\limits_{x\to-1+}f(x)=\lim\limits_{x\to-1-}f(x)$에서

$-k+C_1=2-2+C_2,\ -k+C_1=-3$

∴ $k-C_1=3$ ······ ㉡

㉠+㉡을 하면

$4k=8$ ∴ $k=2$

434 📖 $f(x)=3x^3-9x^2+4$

$f(x)=\displaystyle\int f'(x)\,dx=\int (3ax^2-6ax)\,dx$

$\quad\quad =ax^3-3ax^2+C$

$f'(x)=3ax^2-6ax=3ax(x-2)$이므로 $f'(x)=0$

인 x의 값은 $x=0$ 또는 $x=2$

$a>0$이므로 함수 $f(x)$의 증가와 감소를 표로 나타내면 다음과 같다.

x	$\cdots$	0	$\cdots$	2	$\cdots$
$f'(x)$		+	0	−	0	+
$f(x)$		↗	극대	↘	극소	↗

함수 $f(x)$는 $x=0$에서 극댓값 4를 가지므로

$f(0)=4$에서

$C=4$

함수 $f(x)$는 $x=2$에서 극솟값 -8을 가지므로

$f(2)=-8$에서

$8a-12a+C=-8$

$8a-12a+4=-8$ ∴ $a=3$

∴ $f(x)=3x^3-9x^2+4$

연습문제 216~218쪽

435 📖 13

$f(x)=\left(x^3-\dfrac{1}{2}x^2+3x+C\right)'$

$\quad\quad =3x^2-x+3$

∴ $f(2)=12-2+3=13$

436 📖 ①

$\lim\limits_{h\to0}\dfrac{f(1+h)-f(1-h)}{h}$

$=\lim\limits_{h\to0}\dfrac{f(1+h)-f(1)+f(1)-f(1-h)}{h}$

$=\lim\limits_{h\to0}\dfrac{f(1+h)-f(1)}{h}$

$\quad\quad -\lim\limits_{h\to0}\dfrac{f(1-h)-f(1)}{-h}\times(-1)$

$=f'(1)+f'(1)=2f'(1)$

$f(x)=\displaystyle\int (x^2+2x-5)\,dx$에서

$f'(x)=x^2+2x-5$

∴ $f'(1)=1+2-5=-2$

따라서 구하는 값은

$2f'(1)=2\times(-2)=-4$

437 📖 1

$g(x)=\displaystyle\int \left\{\dfrac{d}{dx}f(x)\right\}dx$에서

$g(x)=f(x)+C=3x^2-2x+C$

$g(1)=5$에서

$3-2+C=5$ ∴ $C=4$

∴ $g(x)=3x^2-2x+4$

$h(x)=\dfrac{d}{dx}\left\{\displaystyle\int f(x)\,dx\right\}$에서

$h(x)=f(x)=3x^2-2x$

∴ $g(-1)-h(2)=(3+2+4)-(12-4)=1$

438 📖 7

$f(x)=\displaystyle\int \dfrac{x^3-1}{x^2+x+1}\,dx+\int \dfrac{x^3+1}{x^2-x+1}\,dx$

$\quad =\displaystyle\int \dfrac{(x-1)(x^2+x+1)}{x^2+x+1}\,dx$

$\quad\quad +\displaystyle\int \dfrac{(x+1)(x^2-x+1)}{x^2-x+1}\,dx$

$\quad =\displaystyle\int (x-1)\,dx+\int (x+1)\,dx$

$\quad =\displaystyle\int 2x\,dx$

$\quad =x^2+C$

곡선 $y=f(x)$가 점 $(2,2)$를 지나므로 $f(2)=2$에서

$4+C=2$ ∴ $C=-2$

따라서 $f(x)=x^2-2$이므로

$f(3)=9-2=7$

439 답 ④

곡선 $y=f(x)$ 위의 점 $(x, f(x))$에서의 접선의 기울기가 $2x+a$이므로

$f'(x)=2x+a$

$\therefore f(x)=\int f'(x)\,dx=\int (2x+a)\,dx$

$\qquad =x^2+ax+C$

곡선 $y=f(x)$가 점 $(0, -4)$를 지나므로 $f(0)=-4$에서

$C=-4$

또 곡선 $y=f(x)$가 점 $(2, 6)$을 지나므로 $f(2)=6$에서

$4+2a+C=6$

$4+2a-4=6$ $\quad \therefore a=3$

440 답 $\dfrac{2}{3}$

$xf(x)-F(x)=2x^3-3x^2$의 양변을 x에 대하여 미분하면

$f(x)+xf'(x)-F'(x)=6x^2-6x$

$F'(x)=f(x)$이므로

$f(x)+xf'(x)-f(x)=6x^2-6x$

$xf'(x)=6x^2-6x=x(6x-6)$

$\therefore f'(x)=6x-6$

$\therefore f(x)=\int f'(x)\,dx=\int (6x-6)\,dx$

$\qquad =3x^2-6x+C$

$f(1)=-1$에서

$3-6+C=-1$ $\quad \therefore C=2$

$\therefore f(x)=3x^2-6x+2$

따라서 방정식 $f(x)=0$, 즉 $3x^2-6x+2=0$의 모든 근의 곱은 이차방정식의 근과 계수의 관계에 의하여 $\dfrac{2}{3}$이다.

441 답 **1**

$\dfrac{d}{dx}\{f(x)g(x)\}=6x$에서

$\int \left[\dfrac{d}{dx}\{f(x)g(x)\}\right]dx=\int 6x\,dx$

$\therefore f(x)g(x)=3x^2+C$

$f(2)=1, g(2)=9$이므로

$f(2)g(2)=12+C$

$9=12+C$ $\quad \therefore C=-3$

$\therefore f(x)g(x)=3x^2-3=3(x+1)(x-1)$

그런데 두 함수 $f(x)$, $g(x)$는 상수함수가 아니고 $f(2)=1$, $g(2)=9$이므로

$f(x)=x-1$, $g(x)=3(x+1)=3x+3$

$\therefore f(5)+g(-2)=(5-1)+(-6+3)=1$

442 답 **9**

(i) $x<0$일 때

$\qquad F(x)=\int (-2x)\,dx=-x^2+C_1$

(ii) $x\geq 0$일 때

$\qquad F(x)=\int k(2x-x^2)\,dx=k\left(x^2-\dfrac{1}{3}x^3\right)+C_2$

(i), (ii)에서

$F(x)=\begin{cases} -x^2+C_1 & (x<0) \\ k\left(x^2-\dfrac{1}{3}x^3\right)+C_2 & (x\geq 0) \end{cases}$

함수 $F(x)$가 실수 전체의 집합에서 미분가능하면 실수 전체의 집합에서 연속이므로 $x=0$에서 연속이다.

$\lim\limits_{x\to 0-}F(x)=F(0)$에서 $C_1=C_2$

$F(2)-F(-3)=21$에서

$\left\{k\left(4-\dfrac{8}{3}\right)+C_2\right\}-(-9+C_1)=21$

$\dfrac{4}{3}k+9=21\ (\because C_1=C_2)$

$\therefore k=9$

443 답 **6**

$f(x)$가 삼차함수이면 $f'(x)$는 이차함수이고 주어진 그래프에서 $f'(-2)=f'(1)=0$이므로

$f'(x)=a(x+2)(x-1)\ (a>0)$이라 하자.

또 함수 $y=f'(x)$의 그래프가 점 $(0, -4)$를 지나므로 $f'(0)=-4$에서

$-2a=-4$ $\quad \therefore a=2$

$\therefore f'(x)=2(x+2)(x-1)$

$\therefore f(x)=\int f'(x)\,dx=\int 2(x+2)(x-1)\,dx$

$\qquad =\int (2x^2+2x-4)\,dx$

$\qquad =\dfrac{2}{3}x^3+x^2-4x+C$

주어진 그래프에서 $f'(x)$의 부호를 조사하여 함수 $f(x)$의 증가와 감소를 표로 나타내면 다음과 같다.

x	$\cdots$	-2	$\cdots$	1	$\cdots$
$f'(x)$	$+$	0	$-$	0	$+$
$f(x)$	↗	극대	↘	극소	↗

함수 $f(x)$는 $x=1$에서 극솟값 -3을 가지므로
$f(1)=-3$에서
$$\frac{2}{3}+1-4+C=-3 \qquad \therefore C=-\frac{2}{3}$$
따라서 $f(x)=\frac{2}{3}x^3+x^2-4x-\frac{2}{3}$이고 $f(x)$는
$x=-2$에서 극대이므로 극댓값은
$$f(-2)=-\frac{16}{3}+4+8-\frac{2}{3}=6$$

444 답 ①

$$F(x)=\int f(x)\,dx=\int(-4x+9)\,dx$$
$$=-2x^2+9x+C$$
모든 실수 x에 대하여 $-2x^2+9x+C<0$이려면 이
차방정식 $-2x^2+9x+C=0$의 판별식을 D라 할 때,
$$D=81+8C<0$$
$$\therefore C<-\frac{81}{8}$$
이때 $F(0)=C$이므로 $F(0)$의 값이 될 수 있는 것은
①이다.

445 답 -30

$$f(x)=\int f'(x)\,dx=\int(6x^2+2x+a)\,dx$$
$$=2x^3+x^2+ax+C$$
$f(x)$가 $x^2-4x+3=(x-1)(x-3)$으로 나누어떨
어지므로
$$f(1)=0, \; f(3)=0$$
$f(1)=0$에서
$$2+1+a+C=0$$
$$\therefore a+C=-3 \qquad \cdots\cdots ㉠$$
$f(3)=0$에서
$$54+9+3a+C=0$$
$$\therefore 3a+C=-63 \qquad \cdots\cdots ㉡$$
㉡$-$㉠을 하면
$$2a=-60 \qquad \therefore a=-30$$

446 답 6

$$f(x)=\int f'(x)\,dx$$
$$=\int(1+2x+3x^2+\cdots+nx^{n-1})\,dx$$
$$=x+x^2+x^3+\cdots+x^n+C$$
$f(0)=3$에서 $C=3$

$f(1)=9$에서
$$\underbrace{1+1+1+\cdots+1}_{n\text{개}}+3=9$$
$$n+3=9 \qquad \therefore n=6$$

447 답 ④

$f(x+y)=f(x)+f(y)-3xy$의 양변에 $x=0$, $y=0$
을 대입하면
$$f(0)=f(0)+f(0)$$
$$\therefore f(0)=0$$
도함수의 정의에 의하여
$$\begin{aligned}
f'(x)&=\lim_{h\to 0}\frac{f(x+h)-f(x)}{h}\\
&=\lim_{h\to 0}\frac{f(x)+f(h)-3xh-f(x)}{h}\\
&=\lim_{h\to 0}\frac{f(h)-3xh}{h}\\
&=\lim_{h\to 0}\frac{f(h)-f(0)}{h}-3x\\
&=f'(0)-3x\\
&=-3x+4
\end{aligned}$$
$$\begin{aligned}
\therefore f(x)&=\int f'(x)\,dx=\int(-3x+4)\,dx\\
&=-\frac{3}{2}x^2+4x+C
\end{aligned}$$
$f(0)=0$에서 $C=0$
따라서 $f(x)=-\frac{3}{2}x^2+4x$이므로
$$f(2)=-6+8=2$$

448 답 -3

$F(x)=-3x^3(x-2)+xf(x)$에서
$$F(x)=-3x^4+6x^3+xf(x)$$
이 식의 양변을 x에 대하여 미분하면
$$F'(x)=-12x^3+18x^2+f(x)+xf'(x)$$
$F'(x)=f(x)$이므로
$$f(x)=-12x^3+18x^2+f(x)+xf'(x)$$
$$xf'(x)=12x^3-18x^2=x(12x^2-18x)$$
$$\therefore f'(x)=12x^2-18x$$
$$\begin{aligned}
\therefore f(x)&=\int f'(x)\,dx=\int(12x^2-18x)\,dx\\
&=4x^3-9x^2+C
\end{aligned}$$
$f(1)=0$에서
$$4-9+C=0 \qquad \therefore C=5$$
$$\therefore f(x)=4x^3-9x^2+5$$

$f'(x)=12x^2-18x=6x(2x-3)$이므로 $f'(x)=0$인 x의 값은 $x=0$ 또는 $x=\dfrac{3}{2}$

구간 $[-1,\ 2]$에서 함수 $f(x)$의 증가와 감소를 표로 나타내면 다음과 같다.

x	-1	$\cdots$	0	$\cdots$	$\dfrac{3}{2}$	$\cdots$	2
$f'(x)$		$+$	0	$-$	0	$+$	
$f(x)$	-8	$\nearrow$	5 극대	$\searrow$	$-\dfrac{7}{4}$ 극소	$\nearrow$	1

따라서 함수 $f(x)$는 $x=0$에서 최댓값 5, $x=-1$에서 최솟값 -8을 가지므로

$M=5,\ m=-8$

$\therefore M+m=-3$

449 달 5

$g(x)=\displaystyle\int\{4x-f'(x)\}\,dx$에서

$g(x)=2x^2-f(x)+C_1$

$\therefore f(x)+g(x)=2x^2+C_1$ ...... ㉠

$\dfrac{d}{dx}\{f(x)g(x)\}=6x^2+2x-1$에서

$\displaystyle\int\left[\dfrac{d}{dx}\{f(x)g(x)\}\right]dx=\int(6x^2+2x-1)\,dx$

$\therefore f(x)g(x)=2x^3+x^2-x+C_2$ ...... ㉡

$f(0)=1,\ g(0)=0$이므로 ㉠, ㉡에서

$f(0)+g(0)=C_1$ $\therefore C_1=1$

$f(0)g(0)=C_2$ $\therefore C_2=0$

$\therefore f(x)+g(x)=2x^2+1,$

$\quad f(x)g(x)=2x^3+x^2-x$

$\qquad\qquad =x(x+1)(2x-1)$ ▶▶▶▶▶ ❶

이때 $f(0)=1,\ g(0)=0$이므로

$f(x)=x+1,\ g(x)=x(2x-1)=2x^2-x$ ▶▶▶▶▶ ❷

$\therefore f(1)+g(-1)=(1+1)+(2+1)=5$ ▶▶▶▶▶ ❸

단계	채점 기준	비율
❶	$f(x)+g(x)$, $f(x)g(x)$ 구하기	50 %
❷	$f(x)$, $g(x)$ 구하기	30 %
❸	$f(1)+g(-1)$의 값 구하기	20 %

450 달 -1

함수 $y=f'(x)$의 그래프에서

$f'(x)=\begin{cases}-x+2 & (x\geq1)\\ 1 & (x<1)\end{cases}$

(ⅰ) $x\geq1$일 때

$f(x)=\displaystyle\int(-x+2)\,dx=-\dfrac{1}{2}x^2+2x+C_1$

(ⅱ) $x<1$일 때

$f(x)=\displaystyle\int dx=x+C_2$

(ⅰ), (ⅱ)에서

$f(x)=\begin{cases}-\dfrac{1}{2}x^2+2x+C_1 & (x\geq1)\\ x+C_2 & (x<1)\end{cases}$

함수 $y=f(x)$의 그래프가 원점을 지나므로 $f(0)=0$에서

$C_2=0$

함수 $f(x)$는 $x=1$에서 연속이므로

$\displaystyle\lim_{x\to1-}f(x)=f(1)$에서

$1+0=-\dfrac{1}{2}+2+C_1$ $\therefore C_1=-\dfrac{1}{2}$

따라서 $f(x)=\begin{cases}-\dfrac{1}{2}x^2+2x-\dfrac{1}{2} & (x\geq1)\\ x & (x<1)\end{cases}$ 이므로

$f(3)+f(-2)=\left(-\dfrac{9}{2}+6-\dfrac{1}{2}\right)+(-2)=-1$

451 달 ④

$f(x)$의 최고차항이 x^3이므로 $f'(x)$의 최고차항은 $3x^2$이다.

㈎, ㈏에서 $f'(-1)=f'(1)=0$

따라서 $f'(x)=3(x+1)(x-1)=3x^2-3$이므로

$f(x)=\displaystyle\int f'(x)\,dx=\int(3x^2-3)\,dx$

$\qquad =x^3-3x+C$

㈏에서 $f(-1)=4$이므로

$-1+3+C=4$ $\therefore C=2$

따라서 $f(x)=x^3-3x+2$이므로

$f(2)=8-6+2=4$

452 달 5

| 접근 방법 | 적분과 미분의 관계를 이용하여 함수 $g(x)$의 차수를 추론한다.

$f(x)=\displaystyle\int xg(x)\,dx$에서

$f'(x)=xg(x)$

$\dfrac{d}{dx}\{f(x)-g(x)\}=3x^3-4x$에서

$f'(x)-g'(x)=3x^3-4x$

$\therefore xg(x)-g'(x)=3x^3-4x$ ...... ㉠

$g(x)$를 n차함수라 하면 $xg(x)$는 $(n+1)$차함수이고 $g'(x)$는 $(n-1)$차함수이므로 ㉠의 좌변의 차수는 $n+1$이다.

즉, $n+1=3$이므로 $n=2$

따라서 $g(x)$는 최고차항의 계수가 3인 이차함수이므로 $g(x)=3x^2+ax+b\,(a,\,b$는 상수$)$라 하면

$g'(x)=6x+a$

$g(x)$와 $g'(x)$를 ㉠에 대입하면

$x(3x^2+ax+b)-(6x+a)=3x^3-4x$

$\therefore 3x^3+ax^2+(b-6)x-a=3x^3-4x$

즉, $a=0$, $b-6=-4$이므로

$a=0$, $b=2$

따라서 $g(x)=3x^2+2$이므로

$g(1)=3+2=5$

453 달 $\dfrac{5}{3}$

| 접근 방법 | 도함수를 이용하여 접점의 좌표를 구하고, 이 접점이 곡선 $y=f(x)$ 위의 점임을 이용하여 적분상수를 구한다.

$f(x)=\displaystyle\int f'(x)\,dx=\int (2x^2-5x-1)\,dx$

$\qquad=\dfrac{2}{3}x^3-\dfrac{5}{2}x^2-x+C$

직선 $y=2x-9$와 곡선 $y=f(x)$의 접점의 좌표를 $(a,\,2a-9)\,(a>0)$라 하면 이 점에서의 접선의 기울기는 2이므로 $f'(a)=2$에서

$2a^2-5a-1=2$, $2a^2-5a-3=0$

$(2a+1)(a-3)=0$

$\therefore a=3\,(\because a>0)$

따라서 접점의 좌표는 $(3,\,-3)$이므로 $f(3)=-3$에서

$18-\dfrac{45}{2}-3+C=-3$

$\therefore C=\dfrac{9}{2}$

따라서 $f(x)=\dfrac{2}{3}x^3-\dfrac{5}{2}x^2-x+\dfrac{9}{2}$이므로

$f(1)=\dfrac{2}{3}-\dfrac{5}{2}-1+\dfrac{9}{2}=\dfrac{5}{3}$

454 달 ④

| 접근 방법 | 방정식 $f(x)=f(4)$가 서로 다른 두 실근을 가지면 함수 $y=f(x)-f(4)$의 그래프와 x축이 서로 다른 두 개의 교점을 가짐을 이용하여 함수 $y=f(x)-f(4)$의 그래프의 개형을 추론한다.

㈐에서 함수 $y=f(x)-f(4)$의 그래프와 x축은 서로 다른 두 개의 교점을 갖는다.

함수 $f(x)$는 최고차항의 계수가 1인 삼차함수이고 $f(4)$는 상수이므로 함수 $y=f(x)-f(4)$도 최고차항의 계수가 1인 삼차함수이다.

㈏에서 $f'(2)=0$이고 $\{f(x)-f(4)\}'=f'(x)$이므로 함수 $y=f(x)-f(4)$도 $x=2$에서 극댓값을 갖는다.

또 $y=f(4)-f(4)=0$이므로 함수 $y=f(x)-f(4)$의 그래프는 점 $(4,\,0)$을 지난다.

따라서 함수 $y=f(x)-f(4)$의 그래프의 개형은 다음 그림과 같이 두 가지 경우가 있다.

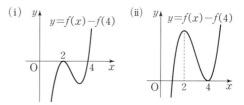

(ⅰ) 함수 $y=f(x)-f(4)$의 그래프가 $x=2$에서 x축에 접하는 경우

$f(x)-f(4)=(x-2)^2(x-4)$이므로 양변을 x에 대하여 미분하면

$f'(x)=2(x-2)(x-4)+(x-2)^2$

$\qquad=(x-2)(3x-10)$

이때 $f'\left(\dfrac{11}{3}\right)=\dfrac{5}{3}\times 1>0$이므로 ㈎를 만족시키지 않는다.

(ⅱ) 함수 $y=f(x)-f(4)$의 그래프가 $x=4$에서 x축에 접하는 경우

$f'(2)=0$, $f'(4)=0$이고 $f'(x)$는 최고차항의 계수가 3인 이차함수이므로

$f'(x)=3(x-2)(x-4)$

이때 $f'\left(\dfrac{11}{3}\right)=3\times\dfrac{5}{3}\times\left(-\dfrac{1}{3}\right)<0$이므로 ㈎를 만족시킨다.

(ⅰ), (ⅱ)에서

$f'(x)=3(x-2)(x-4)=3x^2-18x+24$

$\therefore f(x)=\displaystyle\int f'(x)\,dx$

$\qquad\quad=\displaystyle\int (3x^2-18x+24)\,dx$

$\qquad\quad=x^3-9x^2+24x+C$

㈏에서 $f(2)=35$이므로

$8-36+48+C=35\qquad\therefore C=15$

따라서 $f(x)=x^3-9x^2+24x+15$이므로

$f(0)=15$

01 정적분 (1)

유제 225~237쪽

455 답 10

$f(x)=\displaystyle\int_1^x (3t^2-t)\,dt$의 양변을 x에 대하여 미분하면

$f'(x)=3x^2-x$

$\therefore f'(2)=12-2=10$

456 답 (1) $\dfrac{27}{2}$ (2) $\dfrac{20}{3}$ (3) 0 (4) $-\dfrac{25}{3}$

(1) $\displaystyle\int_{-2}^1 (6x^2-x-2)\,dx$

$\quad=\left[2x^3-\dfrac{1}{2}x^2-2x\right]_{-2}^1$

$\quad=\left(2-\dfrac{1}{2}-2\right)-(-16-2+4)$

$\quad=\dfrac{27}{2}$

(2) $\displaystyle\int_1^3 \dfrac{x^3+1}{x+1}\,dx$

$\quad=\displaystyle\int_1^3 \dfrac{(x+1)(x^2-x+1)}{x+1}\,dx$

$\quad=\displaystyle\int_1^3 (x^2-x+1)\,dx$

$\quad=\left[\dfrac{1}{3}x^3-\dfrac{1}{2}x^2+x\right]_1^3$

$\quad=\left(9-\dfrac{9}{2}+3\right)-\left(\dfrac{1}{3}-\dfrac{1}{2}+1\right)$

$\quad=\dfrac{20}{3}$

(3) $\displaystyle\int_a^a f(x)\,dx=0$이므로

$\quad\displaystyle\int_1^1 (y^4+3y^3+2y^2+4)\,dy=0$

(4) $\displaystyle\int_{-1}^{-2} (2x+1)(2x-1)\,dx$

$\quad=\displaystyle\int_{-1}^{-2} (4x^2-1)\,dx$

$\quad=\left[\dfrac{4}{3}x^3-x\right]_{-1}^{-2}$

$\quad=\left(-\dfrac{32}{3}+2\right)-\left(-\dfrac{4}{3}+1\right)=-\dfrac{25}{3}$

| 참고 | (4)의 경우

$\displaystyle\int_{-1}^{-2}(2x+1)(2x-1)\,dx=-\int_{-2}^{-1}(2x+1)(2x-1)\,dx$임
을 이용하여 풀 수도 있다.

457 답 4

$f(x)=\displaystyle\int_{-1}^x (t^3-3t^2+2t-4)\,dt$의 양변을 x에 대하여
미분하면

$f'(x)=x^3-3x^2+2x-4$

$\therefore \displaystyle\lim_{h\to 0}\dfrac{f(3+h)-f(3-h)}{h}$

$\quad=\displaystyle\lim_{h\to 0}\dfrac{f(3+h)-f(3)+f(3)-f(3-h)}{h}$

$\quad=\displaystyle\lim_{h\to 0}\dfrac{f(3+h)-f(3)}{h}$

$\qquad\qquad -\displaystyle\lim_{h\to 0}\dfrac{f(3-h)-f(3)}{-h}\times(-1)$

$\quad=f'(3)+f'(3)=2f'(3)$

$\quad=2(27-27+6-4)=4$

458 답 ①

$\displaystyle\int_0^a (3x^2-4)\,dx=\left[x^3-4x\right]_0^a=a^3-4a$

따라서 $a^3-4a=0$이므로

$a(a+2)(a-2)=0$

$\therefore a=2\ (\because a>0)$

459 답 (1) $\dfrac{56}{3}$ (2) $\dfrac{5}{6}$

(1) $\displaystyle\int_2^4 (x-3)^2\,dx+\int_2^4 (6x-9)\,dx$

$\quad=\displaystyle\int_2^4 (x^2-6x+9)\,dx+\int_2^4 (6x-9)\,dx$

$\quad=\displaystyle\int_2^4 \{(x^2-6x+9)+(6x-9)\}\,dx$

$\quad=\displaystyle\int_2^4 x^2\,dx=\left[\dfrac{1}{3}x^3\right]_2^4$

$\quad=\dfrac{64}{3}-\dfrac{8}{3}=\dfrac{56}{3}$

(2) $\displaystyle\int_{-1}^0 \dfrac{x^3}{x-1}\,dx-\int_{-1}^0 \dfrac{1}{y-1}\,dy$

$\quad=\displaystyle\int_{-1}^0 \dfrac{x^3}{x-1}\,dx-\int_{-1}^0 \dfrac{1}{x-1}\,dx$

$\quad=\displaystyle\int_{-1}^0 \left(\dfrac{x^3}{x-1}-\dfrac{1}{x-1}\right)dx=\int_{-1}^0 \dfrac{x^3-1}{x-1}\,dx$

$\quad=\displaystyle\int_{-1}^0 \dfrac{(x-1)(x^2+x+1)}{x-1}\,dx$

$\quad=\displaystyle\int_{-1}^0 (x^2+x+1)\,dx$

$\quad=\left[\dfrac{1}{3}x^3+\dfrac{1}{2}x^2+x\right]_{-1}^0$

$\quad=-\left(-\dfrac{1}{3}+\dfrac{1}{2}-1\right)=\dfrac{5}{6}$

460 🗒 (1) $\dfrac{13}{3}$ (2) $\dfrac{9}{2}$

(1) $\displaystyle\int_2^3 (2x-1)\,dx - \int_3^2 (-t+2)^2\,dt$

$\quad = \displaystyle\int_2^3 (2x-1)\,dx + \int_2^3 (-x+2)^2\,dx$

$\quad = \displaystyle\int_2^3 (2x-1)\,dx + \int_2^3 (x^2-4x+4)\,dx$

$\quad = \displaystyle\int_2^3 \{(2x-1)+(x^2-4x+4)\}\,dx$

$\quad = \displaystyle\int_2^3 (x^2-2x+3)\,dx$

$\quad = \left[\dfrac{1}{3}x^3 - x^2 + 3x\right]_2^3$

$\quad = (9-9+9) - \left(\dfrac{8}{3}-4+6\right)$

$\quad = \dfrac{13}{3}$

(2) $\displaystyle\int_{-1}^2 \dfrac{x^3}{x^2-x+1}\,dx - \int_2^{-1}\dfrac{1}{x^2-x+1}\,dx$

$\quad = \displaystyle\int_{-1}^2 \dfrac{x^3}{x^2-x+1}\,dx + \int_{-1}^2 \dfrac{1}{x^2-x+1}\,dx$

$\quad = \displaystyle\int_{-1}^2 \left(\dfrac{x^3}{x^2-x+1} + \dfrac{1}{x^2-x+1}\right)dx$

$\quad = \displaystyle\int_{-1}^2 \dfrac{x^3+1}{x^2-x+1}\,dx$

$\quad = \displaystyle\int_{-1}^2 \dfrac{(x+1)(x^2-x+1)}{x^2-x+1}\,dx$

$\quad = \displaystyle\int_{-1}^2 (x+1)\,dx$

$\quad = \left[\dfrac{1}{2}x^2 + x\right]_{-1}^2$

$\quad = (2+2) - \left(\dfrac{1}{2}-1\right)$

$\quad = \dfrac{9}{2}$

461 🗒 22

$\displaystyle\int_1^3 (x^2-x+4)\,dx + 2\int_3^1 (-x^2+x)\,dx$

$= \displaystyle\int_1^3 (x^2-x+4)\,dx - \int_1^3 (-2x^2+2x)\,dx$

$= \displaystyle\int_1^3 \{(x^2-x+4)-(-2x^2+2x)\}\,dx$

$= \displaystyle\int_1^3 (3x^2-3x+4)\,dx$

$= \left[x^3 - \dfrac{3}{2}x^2 + 4x\right]_1^3$

$= \left(27 - \dfrac{27}{2} + 12\right) - \left(1 - \dfrac{3}{2} + 4\right)$

$= 22$

462 🗒 5

$\displaystyle\int_1^2 (x+k)^2\,dx - \int_1^2 (x-k)^2\,dx$

$= \displaystyle\int_1^2 (x^2+2kx+k^2)\,dx - \int_1^2 (x^2-2kx+k^2)\,dx$

$= \displaystyle\int_1^2 \{(x^2+2kx+k^2)-(x^2-2kx+k^2)\}\,dx$

$= \displaystyle\int_1^2 4kx\,dx$

$= \left[2kx^2\right]_1^2$

$= 8k-2k = 6k$

따라서 $6k=30$이므로

$k=5$

463 🗒 (1) -8 (2) 2

(1) $\displaystyle\int_{-1}^2 (3x^2-4x-5)\,dx + \int_2^3 (3x^2-4x-5)\,dx$

$\quad = \displaystyle\int_{-1}^3 (3x^2-4x-5)\,dx$

$\quad = \left[x^3 - 2x^2 - 5x\right]_{-1}^3$

$\quad = (27-18-15) - (-1-2+5)$

$\quad = -8$

(2) $\displaystyle\int_0^3 (2x-1)\,dx + \int_3^4 (2x-1)\,dx$

$\qquad\qquad\qquad\qquad + \displaystyle\int_4^{-1} (2x-1)\,dx$

$\quad = \displaystyle\int_0^4 (2x-1)\,dx + \int_4^{-1} (2x-1)\,dx$

$\quad = \displaystyle\int_0^{-1} (2x-1)\,dx$

$\quad = \left[x^2 - x\right]_0^{-1}$

$\quad = 1+1 = 2$

464 🗒 (1) 21 (2) 20

(1) $\displaystyle\int_{-2}^{-1} (6x^2-2x)\,dx - \int_1^{-1} (6x^2-2x)\,dx$

$\quad = \displaystyle\int_{-2}^{-1} (6x^2-2x)\,dx + \int_{-1}^1 (6x^2-2x)\,dx$

$\quad = \displaystyle\int_{-2}^1 (6x^2-2x)\,dx$

$\quad = \left[2x^3 - x^2\right]_{-2}^1$

$\quad = (2-1) - (-16-4)$

$\quad = 21$

(2) $\int_1^5 (4x^3+3x^2-2)\,dx + \int_5^2 (4x^3+3x^2-2)\,dx$
$$\qquad\qquad\qquad\qquad - \int_1^0 (4x^3+3x^2-2)\,dx$$

$$= \int_1^2 (4x^3+3x^2-2)\,dx - \int_1^0 (4x^3+3x^2-2)\,dx$$

$$= \int_0^1 (4x^3+3x^2-2)\,dx + \int_1^2 (4x^3+3x^2-2)\,dx$$

$$= \int_0^2 (4x^3+3x^2-2)\,dx$$

$$= \Big[x^4+x^3-2x \Big]_0^2$$

$$= 16+8-4 = 20$$

465 답 $-\dfrac{9}{4}$

$$\int_{-1}^1 (x^3-4x)\,dx + \int_2^1 (-x^3+4x)\,dx$$

$$= \int_{-1}^1 (x^3-4x)\,dx - \int_1^2 (-x^3+4x)\,dx$$

$$= \int_{-1}^1 (x^3-4x)\,dx + \int_1^2 (x^3-4x)\,dx$$

$$= \int_{-1}^2 (x^3-4x)\,dx$$

$$= \Big[\frac{1}{4}x^4-2x^2 \Big]_{-1}^2$$

$$= (4-8) - \Big(\frac{1}{4}-2 \Big) = -\frac{9}{4}$$

466 답 5

$\int_2^5 f(x)\,dx + \int_5^7 f(x)\,dx = \int_2^7 f(x)\,dx$이므로

$$\int_2^5 f(x)\,dx = \int_2^7 f(x)\,dx - \int_5^7 f(x)\,dx$$
$$= 9-4 = 5$$

467 답 $\dfrac{43}{6}$

$0 \le x \le 1$일 때 $f(x)=-x^2+3x$이고, $1 \le x \le 3$일 때 $f(x)=x+1$이므로

$$\int_0^3 f(x)\,dx = \int_0^1 f(x)\,dx + \int_1^3 f(x)\,dx$$

$$= \int_0^1 (-x^2+3x)\,dx + \int_1^3 (x+1)\,dx$$

$$= \Big[-\frac{1}{3}x^3+\frac{3}{2}x^2 \Big]_0^1 + \Big[\frac{1}{2}x^2+x \Big]_1^3$$

$$= \Big(-\frac{1}{3}+\frac{3}{2} \Big) + \Big(\frac{9}{2}+3 \Big) - \Big(\frac{1}{2}+1 \Big)$$

$$= \frac{43}{6}$$

468 답 (1) 3 (2) $\dfrac{5}{2}$

(1) 절댓값 기호 안의 식의 값이 0이 되는 x의 값을 구하면

$$3-x=0 \qquad \therefore x=3$$

따라서 $x|3-x| = \begin{cases} x^2-3x & (x \ge 3) \\ -x^2+3x & (x \le 3) \end{cases}$ 이므로

$$\int_2^4 x|3-x|\,dx$$

$$= \int_2^3 (-x^2+3x)\,dx + \int_3^4 (x^2-3x)\,dx$$

$$= \Big[-\frac{1}{3}x^3+\frac{3}{2}x^2 \Big]_2^3 + \Big[\frac{1}{3}x^3-\frac{3}{2}x^2 \Big]_3^4$$

$$= \Big(-9+\frac{27}{2} \Big) - \Big(-\frac{8}{3}+6 \Big)$$
$$\qquad\qquad + \Big(\frac{64}{3}-24 \Big) - \Big(9-\frac{27}{2} \Big)$$

$$= 3$$

(2) 절댓값 기호 안의 식의 값이 0이 되는 x의 값을 구하면

$$x^2-4=0,\ (x+2)(x-2)=0$$

$$\therefore x=-2 \text{ 또는 } x=2$$

따라서 $|x^2-4| = \begin{cases} x^2-4 & (x \le -2 \text{ 또는 } x \ge 2) \\ -x^2+4 & (-2 \le x \le 2) \end{cases}$

이므로

$$\int_1^4 \frac{|x^2-4|}{x+2}\,dx$$

$$= \int_1^2 \frac{-(x^2-4)}{x+2}\,dx + \int_2^4 \frac{x^2-4}{x+2}\,dx$$

$$= \int_1^2 \frac{-(x+2)(x-2)}{x+2}\,dx$$

$$\qquad\qquad + \int_2^4 \frac{(x+2)(x-2)}{x+2}\,dx$$

$$= \int_1^2 (-x+2)\,dx + \int_2^4 (x-2)\,dx$$

$$= \Big[-\frac{1}{2}x^2+2x \Big]_1^2 + \Big[\frac{1}{2}x^2-2x \Big]_2^4$$

$$= (-2+4) - \Big(-\frac{1}{2}+2 \Big) + (8-8) - (2-4)$$

$$= \frac{5}{2}$$

469 답 $\dfrac{13}{2}$

$f(x) = \begin{cases} 4x^2-3x+1 & (x \ge 0) \\ 3x+1 & (x \le 0) \end{cases}$ 이므로

$xf(x) = \begin{cases} 4x^3-3x^2+x & (x \ge 0) \\ 3x^2+x & (x \le 0) \end{cases}$

$-2 \le x \le 0$일 때 $xf(x)=3x^2+x$, $0 \le x \le 1$일 때
$xf(x)=4x^3-3x^2+x$이므로

$$\int_{-2}^{1} xf(x)\,dx$$

$$=\int_{-2}^{0} xf(x)\,dx+\int_{0}^{1} xf(x)\,dx$$

$$=\int_{-2}^{0}(3x^2+x)\,dx+\int_{0}^{1}(4x^3-3x^2+x)\,dx$$

$$=\left[x^3+\frac{1}{2}x^2\right]_{-2}^{0}+\left[x^4-x^3+\frac{1}{2}x^2\right]_{0}^{1}$$

$$=-(-8+2)+\left(1-1+\frac{1}{2}\right)=\frac{13}{2}$$

470 답 21

$|x-1|+|x-5|=\begin{cases} 2x-6 & (x \ge 5) \\ 4 & (1 \le x \le 5) \\ -2x+6 & (x \le 1) \end{cases}$ 이므로

$$\int_{0}^{5}(|x-1|+|x-5|)\,dx$$

$$=\int_{0}^{1}(-2x+6)\,dx+\int_{1}^{5}4\,dx$$

$$=\left[-x^2+6x\right]_{0}^{1}+\left[4x\right]_{1}^{5}$$

$$=(-1+6)+20-4=21$$

471 답 150

$$\int_{-3}^{3}(5x^3+9x^2+4x-2)\,dx$$

$$=\int_{-3}^{3}(5x^3+4x)\,dx+\int_{-3}^{3}(9x^2-2)\,dx$$

$$=0+2\int_{0}^{3}(9x^2-2)\,dx$$

$$=2\left[3x^3-2x\right]_{0}^{3}$$

$$=2(81-6)=150$$

472 답 30

$$\int_{-5}^{5}(-4x^3+3x+5)f(x)\,dx$$

$$=-4\int_{-5}^{5}x^3 f(x)\,dx+3\int_{-5}^{5}xf(x)\,dx+5\int_{-5}^{5}f(x)\,dx$$

$$\cdots\cdots \text{㉠}$$

이때 $p(x)=x^3 f(x)$, $q(x)=xf(x)$라 하면
$f(-x)=f(x)$이므로

$p(-x)=(-x)^3 f(-x)=-x^3 f(x)=-p(x)$

$q(-x)=-xf(-x)=-xf(x)=-q(x)$

따라서 ㉠에서

$$\int_{-5}^{5}(-4x^3+3x+5)f(x)\,dx$$

$$=-4\times 0+3\times 0+5\times 2\int_{0}^{5}f(x)\,dx$$

$$=10\int_{0}^{5}f(x)\,dx$$

$$=10\times 3=30$$

473 답 2

$$\int_{-a}^{a}(x^7-4x^5-3x^2+2x+1)\,dx$$

$$=\int_{-a}^{a}(x^7-4x^5+2x)\,dx+\int_{-a}^{a}(-3x^2+1)\,dx$$

$$=0+2\int_{0}^{a}(-3x^2+1)\,dx$$

$$=2\left[-x^3+x\right]_{0}^{a}=2(-a^3+a)$$

따라서 $2(-a^3+a)=-12$이므로
$a^3-a-6=0$, $(a-2)(a^2+2a+3)=0$
$\therefore a=2$ ($\because a$는 실수)

474 답 10

$f(-x)=f(x)$, $g(-x)=-g(x)$이므로

$$\int_{-4}^{4}\{f(x)+g(x)\}\,dx=\int_{-4}^{4}f(x)\,dx+\int_{-4}^{4}g(x)\,dx$$

$$=2\int_{0}^{4}f(x)\,dx+0$$

$$=2\times 5=10$$

475 답 96

$f(x+4)=f(x)$이므로

$$\int_{-2}^{2}f(x)\,dx=\int_{2}^{6}f(x)\,dx=\int_{6}^{10}f(x)\,dx$$

$$\therefore \int_{-2}^{10}f(x)\,dx$$

$$=\int_{-2}^{2}f(x)\,dx+\int_{2}^{6}f(x)\,dx+\int_{6}^{10}f(x)\,dx$$

$$=3\int_{-2}^{2}f(x)\,dx$$

$$=3\int_{-2}^{2}(3x^2+4)\,dx$$

$$=6\int_{0}^{2}(3x^2+4)\,dx$$

$$=6\left[x^3+4x\right]_{0}^{2}$$

$$=6(8+8)=96$$

476 답 16

㈎에서 $f(x+3)=f(x)$이므로

$$\int_{-4}^{-1} f(x)\,dx = \int_{-1}^{2} f(x)\,dx = \int_{2}^{5} f(x)\,dx$$
$$= \int_{5}^{8} f(x)\,dx$$

$$\therefore \int_{-4}^{8} f(x)\,dx = \int_{-4}^{-1} f(x)\,dx + \int_{-1}^{2} f(x)\,dx$$
$$+ \int_{2}^{5} f(x)\,dx + \int_{5}^{8} f(x)\,dx$$
$$= 4\int_{-4}^{-1} f(x)\,dx$$
$$= 4 \times 4 = 16 \ (\because \text{㈏})$$

477 답 $\dfrac{10}{3}$

$f(x+2)=f(x)$이므로 $\displaystyle\int_{0}^{2} f(x)\,dx = \int_{2}^{4} f(x)\,dx$

$$\therefore \int_{0}^{4} f(x)\,dx = \int_{0}^{2} f(x)\,dx + \int_{2}^{4} f(x)\,dx$$
$$= 2\int_{0}^{2} f(x)\,dx$$

이때 $\displaystyle\int_{0}^{2} f(x)\,dx$의 값을 구하면

$$\int_{0}^{2} f(x)\,dx = \int_{0}^{1} 2x^2\,dx + \int_{1}^{2}(-2x+4)\,dx$$
$$= \left[\frac{2}{3}x^3\right]_{0}^{1} + \left[-x^2+4x\right]_{1}^{2}$$
$$= \frac{2}{3} + (-4+8) - (-1+4) = \frac{5}{3}$$

$$\therefore \int_{0}^{4} f(x)\,dx = 2\int_{0}^{2} f(x)\,dx = 2 \times \frac{5}{3} = \frac{10}{3}$$

478 답 ④

$f(x+5)=f(x)$이므로

$$\int_{-3}^{-2} f(x)\,dx = \int_{2}^{3} f(x)\,dx = \int_{7}^{8} f(x)\,dx$$
$$= \int_{12}^{13} f(x)\,dx = \int_{17}^{18} f(x)\,dx$$

따라서 $\displaystyle\int_{2}^{3} f(x)\,dx$와 그 값이 항상 같은 것이 아닌 것은 ④이다.

연습문제 238~241쪽

479 답 ①

$\displaystyle\int_{a}^{x} f(t)\,dt = x^2 - 3x$의 양변을 x에 대하여 미분하면

$$\frac{d}{dx}\int_{a}^{x} f(t)\,dt = (x^2-3x)' \qquad \therefore f(x)=2x-3$$

$$\therefore \int_{2}^{4} f(x)\,dx = \int_{2}^{4}(2x-3)\,dx = \left[x^2-3x\right]_{2}^{4}$$
$$= (16-12) - (4-6) = 6$$

480 답 ②

$$\int_{1}^{2}(4x^3+9x^2+a)\,dx + \int_{5}^{5}(2x^3-3x^2+a)\,dx$$
$$= \left[x^4+3x^3+ax\right]_{1}^{2} + 0$$
$$= (16+24+2a) - (1+3+a)$$
$$= a+36$$

따라서 $a+36=40$이므로 $a=4$

481 답 4

$$4\int_{1}^{k}(x-1)\,dx - \int_{1}^{k} 4\,dx = \int_{1}^{k}(4x-4)\,dx - \int_{1}^{k} 4\,dx$$
$$= \int_{1}^{k}(4x-8)\,dx$$
$$= \left[2x^2-8x\right]_{1}^{k}$$
$$= (2k^2-8k) - (2-8)$$
$$= 2k^2-8k+6$$

따라서 $2k^2-8k+6=1$, 즉 $2k^2-8k+5=0$이므로 이차방정식의 근과 계수의 관계에 의하여 구하는 합은 4이다.

482 답 3

$$\int_{0}^{1} f(x)\,dx - \int_{2}^{1} f(x)\,dx = \int_{0}^{1} f(x)\,dx + \int_{1}^{2} f(x)\,dx$$
$$= \int_{0}^{2} f(x)\,dx$$
$$= \int_{0}^{2}(3x^2+2kx-1)\,dx$$
$$= \left[x^3+kx^2-x\right]_{0}^{2}$$
$$= 8+4k-2 = 4k+6$$

따라서 $4k+6=18$이므로 $k=3$

483 답 6

$$\int_{-2}^{3} f(x)\,dx$$
$$= \int_{-2}^{0} f(x)\,dx + \int_{0}^{3} f(x)\,dx$$
$$= \left\{\int_{-2}^{1} f(x)\,dx + \int_{1}^{0} f(x)\,dx\right\} + \int_{0}^{3} f(x)\,dx$$
$$= \left\{\int_{-2}^{1} f(x)\,dx - \int_{0}^{1} f(x)\,dx\right\} + \int_{0}^{3} f(x)\,dx$$
$$= (2-3) + 7 = 6$$

484 답 $\dfrac{7}{6}$

주어진 그래프에서 $f(x)=\begin{cases} 1 & (x\geq 0) \\ x+1 & (x\leq 0) \end{cases}$ 이므로

$xf(x)=\begin{cases} x & (x\geq 0) \\ x^2+x & (x\leq 0) \end{cases}$

$\therefore \displaystyle\int_{-2}^{1} xf(x)\,dx = \int_{-2}^{0}(x^2+x)\,dx + \int_{0}^{1} x\,dx$

$\qquad = \left[\dfrac{1}{3}x^3 + \dfrac{1}{2}x^2\right]_{-2}^{0} + \left[\dfrac{1}{2}x^2\right]_{0}^{1}$

$\qquad = -\left(-\dfrac{8}{3}+2\right) + \dfrac{1}{2} = \dfrac{7}{6}$

485 답 3

$|x-2|=\begin{cases} x-2 & (x\geq 2) \\ -x+2 & (x\leq 2) \end{cases}$ 이고, $a>2$이므로

$\displaystyle\int_{0}^{a} |x-2|\,dx$

$=\displaystyle\int_{0}^{2}(-x+2)\,dx + \int_{2}^{a}(x-2)\,dx$

$=\left[-\dfrac{1}{2}x^2+2x\right]_{0}^{2} + \left[\dfrac{1}{2}x^2-2x\right]_{2}^{a}$

$=(-2+4)+\left(\dfrac{1}{2}a^2-2a\right)-(2-4)$

$=\dfrac{1}{2}a^2-2a+4$

따라서 $\dfrac{1}{2}a^2-2a+4=\dfrac{5}{2}$이므로

$a^2-4a+3=0,\ (a-1)(a-3)=0$

$\therefore a=3\ (\because a>2)$

486 답 24

$2x^3+6|x|=\begin{cases} 2x^3+6x & (x\geq 0) \\ 2x^3-6x & (x\leq 0) \end{cases}$ 이므로

$\displaystyle\int_{-3}^{2}(2x^3+6|x|)\,dx - \int_{-3}^{-2}(2x^3-6x)\,dx$

$=\displaystyle\int_{-3}^{0}(2x^3-6x)\,dx + \int_{0}^{2}(2x^3+6x)\,dx$

$\qquad\qquad -\displaystyle\int_{-3}^{-2}(2x^3-6x)\,dx$

$=\displaystyle\int_{-2}^{-3}(2x^3-6x)\,dx + \int_{-3}^{0}(2x^3-6x)\,dx$

$\qquad\qquad +\displaystyle\int_{0}^{2}(2x^3+6x)\,dx$

$=\displaystyle\int_{-2}^{0}(2x^3-6x)\,dx + \int_{0}^{2}(2x^3+6x)\,dx$

$=\left[\dfrac{1}{2}x^4-3x^2\right]_{-2}^{0} + \left[\dfrac{1}{2}x^4+3x^2\right]_{0}^{2}$

$=-(8-12)+(8+12)=24$

487 답 ⑤

$\displaystyle\int_{-1}^{1} f(x)\,dx$

$=\displaystyle\int_{-1}^{1}(1+2x+3x^2+\cdots+30x^{29})\,dx$

$=\displaystyle\int_{-1}^{1}(1+3x^2+5x^4+\cdots+29x^{28})\,dx$

$\qquad +\displaystyle\int_{-1}^{1}(2x+4x^3+6x^5+\cdots+30x^{29})\,dx$

$=2\displaystyle\int_{0}^{1}(1+3x^2+5x^4+\cdots+29x^{28})\,dx$

$=2\left[x+x^3+x^5+\cdots+x^{29}\right]_{0}^{1}$

$=2(\underbrace{1+1+1+\cdots+1}_{15\text{개}})$

$=2\times 15=30$

488 답 24

$\displaystyle\int_{-3}^{3}(2x^2+4x-5)f(x)\,dx$

$=2\displaystyle\int_{-3}^{3}x^2 f(x)\,dx + 4\int_{-3}^{3}xf(x)\,dx - 5\int_{-3}^{3}f(x)\,dx$

$\qquad\qquad\qquad\qquad\qquad\qquad \cdots\cdots\ \ominus$

이때 $p(x)=x^2f(x),\ q(x)=xf(x)$라 하면

$f(-x)+f(x)=0$에서 $f(-x)=-f(x)$이므로

$p(-x)=(-x)^2 f(-x)=-x^2 f(x)=-p(x)$

$q(-x)=-xf(-x)=xf(x)=q(x)$

따라서 ㉠에서

$\displaystyle\int_{-3}^{3}(2x^2+4x-5)f(x)\,dx$

$=2\times 0 + 4\times 2\displaystyle\int_{0}^{3}xf(x)\,dx - 5\times 0$

$=8\displaystyle\int_{0}^{3}xf(x)\,dx = 8\times 3 = 24$

489 답 24

$f(x+4)=f(x)$이므로

$\displaystyle\int_{-3}^{1}f(x)\,dx = \int_{1}^{5}f(x)\,dx = \int_{5}^{9}f(x)\,dx$

$\qquad = \displaystyle\int_{9}^{13}f(x)\,dx = \int_{13}^{17}f(x)\,dx$

$\qquad = \displaystyle\int_{17}^{21}f(x)\,dx$

$\therefore \displaystyle\int_{5}^{21}f(x)\,dx = \int_{5}^{9}f(x)\,dx + \int_{9}^{13}f(x)\,dx$

$\qquad\qquad + \displaystyle\int_{13}^{17}f(x)\,dx + \int_{17}^{21}f(x)\,dx$

$\qquad = 4\displaystyle\int_{-3}^{1}f(x)\,dx$　　▶▶▶▶▶ ❶

이때 $\int_{-3}^{1} f(x)\,dx$의 값을 구하면

$$\int_{-3}^{1} f(x)\,dx = \int_{-3}^{0}\left(-\frac{1}{3}x+1\right)dx + \int_{0}^{1}(x+1)\,dx$$

$$= \left[-\frac{1}{6}x^2+x\right]_{-3}^{0} + \left[\frac{1}{2}x^2+x\right]_{0}^{1}$$

$$= -\left(-\frac{3}{2}-3\right)+\left(\frac{1}{2}+1\right)$$

$$= 6 \qquad\qquad \blacktriangleright\blacktriangleright\blacktriangleright\blacktriangleright\blacktriangleright\blacktriangleright ❷$$

$$\therefore \int_{5}^{21} f(x)\,dx = 4\int_{-3}^{1} f(x)\,dx$$

$$= 4\times 6 = 24 \qquad \blacktriangleright\blacktriangleright\blacktriangleright\blacktriangleright\blacktriangleright\blacktriangleright ❸$$

단계	채점 기준	비율
❶	$\int_{5}^{21} f(x)\,dx$를 $\int_{-3}^{1} f(x)\,dx$에 대한 식으로 나타내기	50 %
❷	$\int_{-3}^{1} f(x)\,dx$의 값 구하기	40 %
❸	$\int_{5}^{21} f(x)\,dx$의 값 구하기	10 %

490 답 18

이차방정식 $x^2-x-3=0$에서 근과 계수의 관계에 의하여

$\alpha+\beta=1,\ \alpha\beta=-3$

$$\therefore \int_{\alpha}^{-\beta}(-6x^2+2)\,dx$$

$$= \left[-2x^3+2x\right]_{\alpha}^{-\beta}$$

$$= (2\beta^3-2\beta)-(-2\alpha^3+2\alpha)$$

$$= 2(\alpha^3+\beta^3)-2(\alpha+\beta)$$

$$= 2\{(\alpha+\beta)^3-3\alpha\beta(\alpha+\beta)\}-2(\alpha+\beta)$$

$$= 2(1+9)-2=18$$

491 답 ③

$\int_{-2}^{4} f(x)\,dx=\alpha,\ \int_{-2}^{4} g(x)\,dx=\beta\ (\alpha,\ \beta$는 상수)라 하면 $\int_{-2}^{4}\{f(x)-g(x)\}\,dx=-4$에서

$$\int_{-2}^{4} f(x)\,dx - \int_{-2}^{4} g(x)\,dx = -4$$

$\therefore \alpha-\beta=-4 \quad\cdots\cdots ㉠$

$\int_{-2}^{4}\{3f(x)+2g(x)\}\,dx=3$에서

$$3\int_{-2}^{4} f(x)\,dx + 2\int_{-2}^{4} g(x)\,dx = 3$$

$3\alpha+2\beta=3 \quad\cdots\cdots ㉡$

㉠, ㉡을 연립하여 풀면 $\alpha=-1,\ \beta=3$

$$\therefore \int_{-2}^{4}\{f(x)+g(x)\}\,dx$$

$$= \int_{-2}^{4} f(x)\,dx + \int_{-2}^{4} g(x)\,dx$$

$$= \alpha+\beta=2$$

492 답 -4

$\int_{-1}^{1} f(x)\,dx = \int_{0}^{1} f(x)\,dx$에서

$$\int_{-1}^{0} f(x)\,dx + \int_{0}^{1} f(x)\,dx = \int_{0}^{1} f(x)\,dx$$

$$\therefore \int_{-1}^{0} f(x)\,dx = 0$$

$$\therefore \int_{0}^{1} f(x)\,dx = \int_{-1}^{0} f(x)\,dx = 0$$

$f(x)=ax^2+bx+c\ (a,\ b,\ c$는 상수, $a\neq 0)$라 하면

$f(0)=2$에서 $c=2$

$\therefore f(x)=ax^2+bx+2$

$$\int_{0}^{1} f(x)\,dx = \int_{0}^{1}(ax^2+bx+2)\,dx$$

$$= \left[\frac{a}{3}x^3+\frac{b}{2}x^2+2x\right]_{0}^{1}$$

$$= \frac{a}{3}+\frac{b}{2}+2$$

따라서 $\frac{a}{3}+\frac{b}{2}+2=0$이므로

$2a+3b=-12 \quad\cdots\cdots ㉠$

$$\int_{-1}^{0} f(x)\,dx = \int_{-1}^{0}(ax^2+bx+2)\,dx$$

$$= \left[\frac{a}{3}x^3+\frac{b}{2}x^2+2x\right]_{-1}^{0}$$

$$= -\left(-\frac{a}{3}+\frac{b}{2}-2\right)$$

$$= \frac{a}{3}-\frac{b}{2}+2$$

따라서 $\frac{a}{3}-\frac{b}{2}+2=0$이므로

$2a-3b=-12 \quad\cdots\cdots ㉡$

㉠, ㉡을 연립하여 풀면 $a=-6,\ b=0$

따라서 $f(x)=-6x^2+2$이므로

$f(1)=-6+2=-4$

493 답 ④

$f(x)=\begin{cases} 4x-2 & (x\geq 3) \\ x^2+1 & (x\leq 3) \end{cases}$ 이므로

$f(x+1)=\begin{cases} 4x+2 & (x\geq 2) \\ x^2+2x+2 & (x\leq 2) \end{cases}$

$$\therefore \int_1^3 f(x+1)\,dx$$

$$=\int_1^2 (x^2+2x+2)\,dx+\int_2^3 (4x+2)\,dx$$

$$=\left[\frac{1}{3}x^3+x^2+2x\right]_1^2+\left[2x^2+2x\right]_2^3$$

$$=\left(\frac{8}{3}+4+4\right)-\left(\frac{1}{3}+1+2\right)+(18+6)-(8+4)$$

$$=\frac{58}{3}$$

494 답 ③

$x|x-2a|=\begin{cases} x^2-2ax & (x\geq 2a) \\ -x^2+2ax & (x\leq 2a)\end{cases}$ 이고, $0<2a<4$

이므로

$$\int_0^4 x|x-2a|\,dx$$

$$=\int_0^{2a}(-x^2+2ax)\,dx+\int_{2a}^4(x^2-2ax)\,dx$$

$$=\left[-\frac{1}{3}x^3+ax^2\right]_0^{2a}+\left[\frac{1}{3}x^3-ax^2\right]_{2a}^4$$

$$=\left(-\frac{8}{3}a^3+4a^3\right)+\left(\frac{64}{3}-16a\right)-\left(\frac{8}{3}a^3-4a^3\right)$$

$$=\frac{8}{3}a^3-16a+\frac{64}{3}$$

$f(a)=\dfrac{8}{3}a^3-16a+\dfrac{64}{3}$ 라 하면

$f'(a)=8a^2-16=8(a+\sqrt{2})(a-\sqrt{2})$

$f'(a)=0$인 a의 값은 $a=\sqrt{2}$ $(\because 0<a<2)$

$0<a<2$에서 함수 $f(a)$의 증가와 감소를 표로 나타내면 다음과 같다.

a	0	$\cdots$	$\sqrt{2}$	$\cdots$	2
$f'(a)$		$-$	0	$+$	
$f(a)$		$\searrow$	극소	$\nearrow$	

따라서 함수 $f(a)$는 $a=\sqrt{2}$일 때 최소이다.

495 답 5

$f(x)=\begin{cases} 3x & (x\geq 3) \\ x+6 & (0\leq x\leq 3) \\ -x+6 & (-3\leq x\leq 0) \\ -3x & (x\leq -3)\end{cases}$

이므로 함수 $y=f(x)$의 그래프는 오른쪽 그림과 같다.

$$\int_{-3}^0 f(x)\,dx=\int_{-3}^0(-x+6)\,dx=\left[-\frac{1}{2}x^2+6x\right]_{-3}^0$$

$$=-\left(-\frac{9}{2}-18\right)=\frac{45}{2}$$

함수 $y=f(x)$의 그래프는 y축에 대하여 대칭이므로

$$\int_{-3}^3 f(x)\,dx=2\int_{-3}^0 f(x)\,dx=2\times\frac{45}{2}=45$$

따라서 $\int_{-3}^a f(x)\,dx=69$에서

$$\int_{-3}^3 f(x)\,dx+\int_3^a f(x)\,dx=69$$

$$45+\int_3^a f(x)\,dx=69 \qquad \therefore \int_3^a f(x)\,dx=24$$

즉, $\int_3^a 3x\,dx=24$이므로

$$\left[\frac{3}{2}x^2\right]_3^a=24, \quad \frac{3}{2}a^2-\frac{27}{2}=24$$

$a^2=25 \qquad \therefore a=5\ (\because a>0)$

496 답 ②

$h(-x)=f(-x)g(-x)=-f(x)g(x)=-h(x)$

$p(x)=xh(x)$라 하면

$p(-x)=-xh(-x)=xh(x)=p(x)$이므로

$$\int_{-2}^2(3x-2)h(x)\,dx=3\int_{-2}^2 xh(x)\,dx-2\int_{-2}^2 h(x)\,dx$$

$$=3\times 2\int_0^2 xh(x)\,dx-2\times 0$$

$$=6\int_0^2 xh(x)\,dx$$

따라서 $6\int_0^2 xh(x)\,dx=12$이므로 $\int_0^2 xh(x)\,dx=2$

497 답 0

$f(x+y)=f(x)+f(y)$ $\qquad\cdots\cdots$ ㉠

㉠의 양변에 $x=0$, $y=0$을 대입하면

$f(0)=f(0)+f(0) \qquad \therefore f(0)=0$ ▶▶▶▶▶ ❶

㉠의 양변에 y 대신 $-x$를 대입하면

$f(0)=f(x)+f(-x)$, $0=f(x)+f(-x)$

$\therefore f(-x)=-f(x)$ ▶▶▶▶▶ ❷

$$\therefore \int_{-5}^3 f(x)\,dx+\int_{-3}^5 f(x)\,dx$$

$$=\int_{-5}^0 f(x)\,dx+\int_0^3 f(x)\,dx+\int_{-3}^0 f(x)\,dx$$
$$+\int_0^5 f(x)\,dx$$

$$=\int_{-5}^0 f(x)\,dx+\int_0^5 f(x)\,dx+\int_{-3}^0 f(x)\,dx$$
$$+\int_0^3 f(x)\,dx$$

$$=\int_{-5}^5 f(x)\,dx+\int_{-3}^3 f(x)\,dx$$

$$=0+0=0$$ ▶▶▶▶▶ ❸

단계	채점 기준	비율
❶	$f(0)$의 값 구하기	30 %
❷	$f(-x)=-f(x)$임을 알기	30 %
❸	$\int_{-5}^{3}f(x)\,dx+\int_{-3}^{5}f(x)\,dx$의 값 구하기	40 %

498 탑 ⑤

㈎에서 $f(-x)=f(x)$이므로

$$\int_{-1}^{0}f(x)\,dx=\int_{0}^{1}f(x)\,dx=8$$

㈏에서 $f(x+2)=f(x)$이므로

$$\int_{-2}^{-1}f(x)\,dx=\int_{0}^{1}f(x)\,dx=8$$

$$\therefore \int_{-2}^{0}f(x)\,dx=\int_{-2}^{-1}f(x)\,dx+\int_{-1}^{0}f(x)\,dx$$
$$=8+8=16$$

또 $\int_{-2}^{0}f(x)\,dx=\int_{0}^{2}f(x)\,dx=\int_{2}^{4}f(x)\,dx$이므로

$$\int_{-2}^{4}f(x)\,dx$$
$$=\int_{-2}^{0}f(x)\,dx+\int_{0}^{2}f(x)\,dx+\int_{2}^{4}f(x)\,dx$$
$$=3\int_{-2}^{0}f(x)\,dx$$
$$=3\times16=48$$

499 탑 110

| **접근 방법** | $1\le x\le2$일 때 함수 $f(x)$를 구하여 정적분의 값을 구한다.

㈎, ㈏에서 $0\le x\le1$일 때,

$$f(x+1)=xf(x)+ax+b$$
$$=x^2+ax+b$$

$x+1=t$로 놓으면 $1\le t\le2$에서

$$f(t)=(t-1)^2+a(t-1)+b$$
$$=t^2+(a-2)t+1-a+b$$

$f(1)=1$이므로

$$1+a-2+1-a+b=1 \qquad \therefore b=1$$

$$\therefore f(x)=x^2+(a-2)x-a+2 \,(단,\ 1\le x\le2)$$

함수 $f(x)$가 실수 전체의 집합에서 미분가능하면 $x=1$에서 미분가능하므로 미분계수 $f'(1)$이 존재한다.

즉, $\lim\limits_{x\to1+}f'(x)=\lim\limits_{x\to1-}f'(x)$이므로

$$\lim\limits_{x\to1+}\{2x+(a-2)\}=\lim\limits_{x\to1-}1$$
$$2+a-2=1 \qquad \therefore a=1$$

따라서 $1\le x\le2$에서 $f(x)=x^2-x+1$이므로

$$\int_{1}^{2}f(x)\,dx=\int_{1}^{2}(x^2-x+1)\,dx$$
$$=\left[\frac{1}{3}x^3-\frac{1}{2}x^2+x\right]_{1}^{2}$$
$$=\left(\frac{8}{3}-2+2\right)-\left(\frac{1}{3}-\frac{1}{2}+1\right)$$
$$=\frac{11}{6}$$

$$\therefore 60\times\int_{1}^{2}f(x)\,dx=60\times\frac{11}{6}=110$$

500 탑 ②

| **접근 방법** | ㈏를 이용하여 $\int_{n}^{n+3}f(x)\,dx$를 n에 대한 식으로 나타낸 후 이 식을 이용하여 위끝과 아래끝의 차가 3인 정적분의 값을 구한다.

㈏에서

$$\int_{n}^{n+3}f(x)\,dx=\int_{n}^{n+1}4x\,dx$$
$$=\left[2x^2\right]_{n}^{n+1}$$
$$=2(n+1)^2-2n^2$$
$$=4n+2$$

$$\therefore \int_{0}^{9}f(x)\,dx$$
$$=\int_{0}^{3}f(x)\,dx+\int_{3}^{6}f(x)\,dx+\int_{6}^{9}f(x)\,dx$$
$$=2+14+26=42$$

㈎에서 $\int_{0}^{2}f(x)\,dx=4$이므로

$$\int_{0}^{8}f(x)\,dx=\int_{0}^{2}f(x)\,dx+\int_{2}^{5}f(x)\,dx+\int_{5}^{8}f(x)\,dx$$
$$=4+10+22=36$$

$\int_{0}^{9}f(x)\,dx=\int_{0}^{8}f(x)\,dx+\int_{8}^{9}f(x)\,dx$이므로

$$\int_{8}^{9}f(x)\,dx=\int_{0}^{9}f(x)\,dx-\int_{0}^{8}f(x)\,dx$$
$$=42-36=6$$

501 탑 ②

| **접근 방법** | 함수 $y=|f(x)|$의 그래프를 그리고 t의 값의 범위를 나누어 각 경우에서의 최댓값 $g(t)$를 구한다.

$f(x)=x^3-12x$에서

$$f'(x)=3x^2-12=3(x+2)(x-2)$$

$f'(x)=0$인 x의 값은 $x=-2$ 또는 $x=2$

함수 $f(x)$의 증가와 감소를 표로 나타내면 다음과 같다.

x	$\cdots$	-2	$\cdots$	2	$\cdots$
$f'(x)$	$+$	0	$-$	0	$+$
$f(x)$	$\nearrow$	16 극대	$\searrow$	-16 극소	$\nearrow$

따라서 함수 $y=|f(x)|$의 그 래프는 오른쪽 그림과 같다.

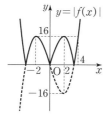

(ⅰ) $-2 \le t \le 4$일 때

$-2 \le x \le t$에서 함수 $|f(x)|$의 최댓값은 16이 므로

$g(t)=16$

(ⅱ) $t \ge 4$일 때

$-2 \le x \le t$에서 함수 $|f(x)|$의 최댓값은 $f(t)$이 므로

$g(t)=t^3-12t$

(ⅰ), (ⅱ)에서

$g(t)=\begin{cases} t^3-12t & (t \ge 4) \\ 16 & (-2 \le t \le 4) \end{cases}$

$\therefore \displaystyle\int_{-2}^{6} g(t)\,dt$

$=\displaystyle\int_{-2}^{4} 16\,dt + \int_{4}^{6} (t^3-12t)\,dt$

$=\Big[16t \Big]_{-2}^{4} + \Big[\dfrac{1}{4}t^4 - 6t^2 \Big]_{4}^{6}$

$=64-(-32)+(324-216)-(64-96)$

$=236$

Ⅲ-2. 정적분

02 정적분 (2)

유제

245~253쪽

502 답 $f(x)=-6x^2+8x+9$

$\displaystyle\int_{0}^{3} f(t)\,dt=k\,(k$는 상수$)$로 놓으면

$f(x)=-6x^2+8x+k$

이를 $\displaystyle\int_{0}^{3} f(t)\,dt=k$에 대입하면

$\displaystyle\int_{0}^{3} (-6t^2+8t+k)\,dt=k$

$\Big[-2t^3+4t^2+kt \Big]_{0}^{3}=k$

$-54+36+3k=k \qquad \therefore k=9$

$\therefore f(x)=-6x^2+8x+9$

503 답 $f(x)=3x^2+2x-1$

$f(x)=3x^2+\displaystyle\int_{0}^{1}(2x-1)f(t)\,dt$

$\quad =3x^2+(2x-1)\displaystyle\int_{0}^{1}f(t)\,dt$

$\displaystyle\int_{0}^{1}f(t)\,dt=k\,(k$는 상수$)$로 놓으면

$f(x)=3x^2+k(2x-1)=3x^2+2kx-k$

이를 $\displaystyle\int_{0}^{1}f(t)\,dt=k$에 대입하면

$\displaystyle\int_{0}^{1}(3t^2+2kt-k)\,dt=k$

$\Big[t^3+kt^2-kt \Big]_{0}^{1}=k$

$1+k-k=k \qquad \therefore k=1$

$\therefore f(x)=3x^2+2x-1$

504 답 8

$\displaystyle\int_{0}^{1}f(t)\,dt=a, \int_{0}^{2}f(t)\,dt=b\,(a,\,b$는 상수$)$로 놓으면

$f(x)=6x^2-2ax+b \qquad \cdots\cdots \text{㉠}$

㉠을 $\displaystyle\int_{0}^{1}f(t)\,dt=a$에 대입하면

$\displaystyle\int_{0}^{1}(6t^2-2at+b)\,dt=a$

$\Big[2t^3-at^2+bt \Big]_{0}^{1}=a$

$2-a+b=a$

$\therefore 2a-b=2 \qquad \cdots\cdots \text{㉡}$

㉠을 $\displaystyle\int_{0}^{2}f(t)\,dt=b$에 대입하면

$\displaystyle\int_{0}^{2}(6t^2-2at+b)\,dt=b$

$\Big[2t^3-at^2+bt \Big]_{0}^{2}=b$

$16-4a+2b=b$

$\therefore 4a-b=16 \qquad \cdots\cdots \text{㉢}$

㉡, ㉢을 연립하여 풀면

$a=7,\ b=12$

따라서 $f(x)=6x^2-14x+12$이므로

$f(2)=24-28+12=8$

505 답 20

$\int_0^2 tf'(t)\,dt=k\,(k$는 상수)로 놓으면

$f(x)=4x+k \qquad \therefore f'(x)=4$

이를 $\int_0^2 tf'(t)\,dt=k$에 대입하면

$\int_0^2 4t\,dt=k, \ \left[2t^2\right]_0^2=k \qquad \therefore k=8$

따라서 $f(x)=4x+8$이므로

$f(3)=12+8=20$

506 답 $f(x)=6x-7$

$\int_3^x f(t)\,dt=3x^2+ax-6$의 양변에 $x=3$을 대입하면

$\int_3^3 f(t)\,dt=27+3a-6$

$0=3a+21 \qquad \therefore a=-7$

$\int_3^x f(t)\,dt=3x^2-7x-6$의 양변을 x에 대하여 미분하면

$f(x)=6x-7$

507 답 -1

$\int_2^x tf(t)\,dt=x^3-ax^2$의 양변에 $x=2$를 대입하면

$\int_2^2 tf(t)\,dt=8-4a$

$0=8-4a \qquad \therefore a=2$

$\int_2^x tf(t)\,dt=x^3-2x^2$의 양변을 x에 대하여 미분하면

$xf(x)=3x^2-4x=x(3x-4)$

따라서 $f(x)=3x-4$이므로

$f(1)=3-4=-1$

508 답 -7

주어진 등식의 양변에 $x=a$를 대입하면

$\int_a^a f(t)\,dt=2a^2+5a-3$

$0=2a^2+5a-3$

$(a+3)(2a-1)=0$

$\therefore a=-3\ (\because a<0)$

주어진 등식의 양변을 x에 대하여 미분하면

$f(x)=4x+5$

$\therefore f(a)=f(-3)$

$\qquad =-12+5=-7$

509 답 38

주어진 등식의 양변에 $x=2$를 대입하면

$2f(2)=16-20+\int_2^2 f(t)\,dt$

$2f(2)=16-20+0$

$\therefore f(2)=-2$

주어진 등식의 양변을 x에 대하여 미분하면

$f(x)+xf'(x)=6x^2-10x+f(x)$

$xf'(x)=6x^2-10x=x(6x-10)$

$\therefore f'(x)=6x-10$

$\therefore f(x)=\int f'(x)\,dx=\int (6x-10)\,dx$

$\qquad\qquad =3x^2-10x+C$

$f(2)=-2$에서

$12-20+C=-2 \qquad \therefore C=6$

따라서 $f(x)=3x^2-10x+6$이므로

$f(-2)=12+20+6=38$

510 답 $f(x)=6x-4$

$\int_2^x (x-t)f(t)\,dt=x^3+ax^2-4x+8$의 양변에 $x=2$를 대입하면

$\int_2^2 (x-t)f(t)\,dt=8+4a-8+8$

$0=4a+8 \qquad \therefore a=-2$

$\int_2^x (x-t)f(t)\,dt=x^3-2x^2-4x+8$에서

$x\int_2^x f(t)\,dt-\int_2^x tf(t)\,dt=x^3-2x^2-4x+8$

양변을 x에 대하여 미분하면

$\int_2^x f(t)\,dt+xf(x)-xf(x)=3x^2-4x-4$

$\therefore \int_2^x f(t)\,dt=3x^2-4x-4$

양변을 다시 x에 대하여 미분하면

$f(x)=6x-4$

511 답 8

$\int_{-1}^x (x-t)f(t)\,dt=x^4-ax^2+1$의 양변에 $x=-1$을 대입하면

$\int_{-1}^{-1} (x-t)f(t)\,dt=1-a+1$

$0=2-a \qquad \therefore a=2$

$$\int_{-1}^{x}(x-t)f(t)\,dt=x^4-2x^2+1$$에서

$$x\int_{-1}^{x}f(t)\,dt-\int_{-1}^{x}tf(t)\,dt=x^4-2x^2+1$$

양변을 x에 대하여 미분하면

$$\int_{-1}^{x}f(t)\,dt+xf(x)-xf(x)=4x^3-4x$$

$$\therefore \int_{-1}^{x}f(t)\,dt=4x^3-4x$$

양변을 다시 x에 대하여 미분하면

$$f(x)=12x^2-4$$

$$\therefore f(1)=12-4=8$$

512 답 5

$$\int_{0}^{x}(x-t)f(t)\,dt=\frac{1}{12}x^4+\frac{1}{2}x^2$$에서

$$x\int_{0}^{x}f(t)\,dt-\int_{0}^{x}tf(t)\,dt=\frac{1}{12}x^4+\frac{1}{2}x^2$$

양변을 x에 대하여 미분하면

$$\int_{0}^{x}f(t)\,dt+xf(x)-xf(x)=\frac{1}{3}x^3+x$$

$$\therefore \int_{0}^{x}f(t)\,dt=\frac{1}{3}x^3+x$$

양변을 다시 x에 대하여 미분하면

$$f(x)=x^2+1$$

$$\therefore f(2)=4+1=5$$

513 답 4

$$\int_{1}^{x}(x-t)f(t)\,dt=2x^3+ax^2+6x+b$$의 양변에

$x=1$을 대입하면

$$\int_{1}^{1}(x-t)f(t)\,dt=2+a+6+b$$

$$0=8+a+b \qquad \therefore a+b=-8 \quad \cdots\cdots ㉠$$

$$\int_{1}^{x}(x-t)f(t)\,dt=2x^3+ax^2+6x+b$$에서

$$x\int_{1}^{x}f(t)\,dt-\int_{1}^{x}tf(t)\,dt=2x^3+ax^2+6x+b$$

양변을 x에 대하여 미분하면

$$\int_{1}^{x}f(t)\,dt+xf(x)-xf(x)=6x^2+2ax+6$$

$$\therefore \int_{1}^{x}f(t)\,dt=6x^2+2ax+6$$

양변에 $x=1$을 대입하면

$$\int_{1}^{1}f(t)\,dt=6+2a+6$$

$$0=2a+12 \qquad \therefore a=-6$$

이를 ㉠에 대입하면

$$-6+b=-8 \qquad \therefore b=-2$$

$$\therefore b-a=4$$

514 답 극댓값: -2, 극솟값: $-\dfrac{9}{4}$

$$f(x)=\int_{2}^{x}(t^3-t)\,dt$$에서

$$f'(x)=x^3-x=x(x+1)(x-1)$$

$f'(x)=0$인 x의 값은

$x=-1$ 또는 $x=0$ 또는 $x=1$

함수 $f(x)$의 증가와 감소를 표로 나타내면 다음과 같다.

x	$\cdots$	-1	$\cdots$	0	$\cdots$	1	$\cdots$
$f'(x)$	$-$	0	$+$	0	$-$	0	$+$
$f(x)$	↘	극소	↗	극대	↘	극소	↗

함수 $f(x)$는 $x=0$에서 극대이므로 극댓값은

$$f(0)=\int_{2}^{0}(t^3-t)\,dt$$

$$=\left[\frac{1}{4}t^4-\frac{1}{2}t^2\right]_{2}^{0}=-2$$

함수 $f(x)$는 $x=-1$ 또는 $x=1$에서 극소이므로 극솟값은

$$f(-1)=\int_{2}^{-1}(t^3-t)\,dt$$

$$=\left[\frac{1}{4}t^4-\frac{1}{2}t^2\right]_{2}^{-1}=-\frac{9}{4}$$

$$f(1)=\int_{2}^{1}(t^3-t)\,dt$$

$$=\left[\frac{1}{4}t^4-\frac{1}{2}t^2\right]_{2}^{1}=-\frac{9}{4}$$

515 답 $-\dfrac{7}{6}$

$$f(x)=\int_{1}^{x}(t^2-t-2)\,dt$$에서

$$f'(x)=x^2-x-2=(x+1)(x-2)$$

$f'(x)=0$인 x의 값은 $x=2\,(\because 0\le x\le 3)$

$0\le x\le 3$에서 함수 $f(x)$의 증가와 감소를 표로 나타내면 다음과 같다.

x	0	$\cdots$	2	$\cdots$	3
$f'(x)$		$-$	0	$+$	
$f(x)$		↘	극소	↗	

따라서 함수 $f(x)$는 $x=2$에서 최소이므로 최솟값은

$$f(2)=\int_{1}^{2}(t^2-t-2)\,dt$$

$$=\left[\frac{1}{3}t^3-\frac{1}{2}t^2-2t\right]_{1}^{2}=-\frac{7}{6}$$

516 답 $\dfrac{64}{3}$

$f(x)=\displaystyle\int_{-1}^{x}(-t^2+2t-a)\,dt$에서

$f'(x)=-x^2+2x-a$

함수 $f(x)$가 $x=-2$에서 극솟값을 가지므로

$f'(-2)=0$에서

$-4-4-a=0$ ∴ $a=-8$

∴ $b=f(-2)=\displaystyle\int_{-1}^{-2}(-t^2+2t+8)\,dt$

$=\left[-\dfrac{1}{3}t^3+t^2+8t\right]_{-1}^{-2}=-\dfrac{8}{3}$

∴ $ab=\dfrac{64}{3}$

517 답 18

$f(x)=\displaystyle\int_{x}^{x+1}(2t^2+2t)\,dt$에서

$f'(x)=\{2(x+1)^2+2(x+1)\}-(2x^2+2x)$

$=4(x+1)$

$-1\le x\le 2$에서 $f'(x)\ge 0$이므로 $-1\le x\le 2$에서 함수 $f(x)$는 증가한다.

따라서 $-1\le x\le 2$에서 함수 $f(x)$는 $x=2$에서 최댓값을 갖고 $x=-1$에서 최솟값을 갖는다.

∴ $M=f(2)=\displaystyle\int_{2}^{3}(2t^2+2t)\,dt$

$=\left[\dfrac{2}{3}t^3+t^2\right]_{2}^{3}=\dfrac{53}{3}$,

$m=f(-1)=\displaystyle\int_{-1}^{0}(2t^2+2t)\,dt$

$=\left[\dfrac{2}{3}t^3+t^2\right]_{-1}^{0}=-\dfrac{1}{3}$

∴ $M-m=18$

518 답 (1) 28 (2) -3

(1) $f(t)=t^3+t^2-3t+1$이라 하고 함수 $f(t)$의 한 부정적분을 $F(t)$라 하면

$\displaystyle\lim_{x\to 3}\dfrac{1}{x-3}\int_{3}^{x}(t^3+t^2-3t+1)\,dt$

$=\displaystyle\lim_{x\to 3}\dfrac{1}{x-3}\int_{3}^{x}f(t)\,dt$

$=\displaystyle\lim_{x\to 3}\dfrac{1}{x-3}\Big[F(t)\Big]_{3}^{x}$

$=\displaystyle\lim_{x\to 3}\dfrac{F(x)-F(3)}{x-3}$

$=F'(3)=f(3)$

$=27+9-9+1=28$

(2) $f(t)=t^3-3t^2+t-5$라 하고 함수 $f(t)$의 한 부정적분을 $F(t)$라 하면

$\displaystyle\lim_{x\to 1}\dfrac{1}{x^2-1}\int_{1}^{x}(t^3-3t^2+t-5)\,dt$

$=\displaystyle\lim_{x\to 1}\dfrac{1}{x^2-1}\int_{1}^{x}f(t)\,dt$

$=\displaystyle\lim_{x\to 1}\dfrac{1}{x^2-1}\Big[F(t)\Big]_{1}^{x}$

$=\displaystyle\lim_{x\to 1}\dfrac{F(x)-F(1)}{(x+1)(x-1)}$

$=\displaystyle\lim_{x\to 1}\dfrac{F(x)-F(1)}{x-1}\times\lim_{x\to 1}\dfrac{1}{x+1}$

$=\dfrac{1}{2}F'(1)=\dfrac{1}{2}f(1)$

$=\dfrac{1}{2}(1-3+1-5)=-3$

519 답 (1) 6 (2) 50

(1) $f(x)=2x^2+x-4$라 하고 함수 $f(x)$의 한 부정적분을 $F(x)$라 하면

$\displaystyle\lim_{h\to 0}\dfrac{1}{h}\int_{2}^{2+h}(2x^2+x-4)\,dx$

$=\displaystyle\lim_{h\to 0}\dfrac{1}{h}\int_{2}^{2+h}f(x)\,dx$

$=\displaystyle\lim_{h\to 0}\dfrac{1}{h}\Big[F(x)\Big]_{2}^{2+h}$

$=\displaystyle\lim_{h\to 0}\dfrac{F(2+h)-F(2)}{h}$

$=F'(2)=f(2)$

$=8+2-4=6$

(2) $f(x)=x^3-2x^2+3x+7$이라 하고 함수 $f(x)$의 한 부정적분을 $F(x)$라 하면

$\displaystyle\lim_{h\to 0}\dfrac{1}{h}\int_{3-h}^{3+h}(x^3-2x^2+3x+7)\,dx$

$=\displaystyle\lim_{h\to 0}\dfrac{1}{h}\int_{3-h}^{3+h}f(x)\,dx$

$=\displaystyle\lim_{h\to 0}\dfrac{1}{h}\Big[F(x)\Big]_{3-h}^{3+h}$

$=\displaystyle\lim_{h\to 0}\dfrac{F(3+h)-F(3-h)}{h}$

$=\displaystyle\lim_{h\to 0}\dfrac{F(3+h)-F(3)+F(3)-F(3-h)}{h}$

$=\displaystyle\lim_{h\to 0}\dfrac{F(3+h)-F(3)}{h}$

$\qquad -\displaystyle\lim_{h\to 0}\dfrac{F(3-h)-F(3)}{-h}\times(-1)$

$=F'(3)+F'(3)$

$=2F'(3)=2f(3)$

$=2(27-18+9+7)=50$

520 답 3

함수 $f(x)$의 한 부정적분을 $F(x)$라 하면

$$\lim_{x\to2}\frac{1}{x^2-4}\int_2^x f(t)\,dt$$

$$=\lim_{x\to2}\frac{1}{x^2-4}\Big[F(t)\Big]_2^x$$

$$=\lim_{x\to2}\frac{F(x)-F(2)}{(x+2)(x-2)}$$

$$=\lim_{x\to2}\frac{F(x)-F(2)}{x-2}\times\lim_{x\to2}\frac{1}{x+2}$$

$$=\frac{1}{4}F'(2)=\frac{1}{4}f(2)$$

$$=\frac{1}{4}(-4+2a+6)=\frac{1}{2}a+\frac{1}{2}$$

따라서 $\frac{1}{2}a+\frac{1}{2}=2$이므로 $a=3$

521 답 4

함수 $f(x)$의 한 부정적분을 $F(x)$라 하면

$$\lim_{h\to0}\frac{1}{h}\int_2^{2+h}f(x)\,dx=\lim_{h\to0}\frac{1}{h}\Big[F(x)\Big]_2^{2+h}$$

$$=\lim_{h\to0}\frac{F(2+h)-F(2)}{h}$$

$$=F'(2)=f(2)$$

$$=8+4+2a+1$$

$$=2a+13$$

따라서 $2a+13=21$이므로 $a=4$

연습문제   254~256쪽

522 답 ①

$\displaystyle\int_{-1}^1 f(t)\,dt=k\,(k$는 상수$)$로 놓으면

$$f(x)=6x^2+2x+k$$

이를 $\displaystyle\int_{-1}^1 f(t)\,dt=k$에 대입하면

$$\int_{-1}^1(6t^2+2t+k)\,dt=k$$

$$2\int_0^1(6t^2+k)\,dt=k$$

$$2\Big[2t^3+kt\Big]_0^1=k$$

$$2(2+k)=k$$

$$\therefore k=-4$$

따라서 $f(x)=6x^2+2x-4$이므로

$$f(2)=24+4-4=24$$

523 답 14

$f(x)=\displaystyle\int_x^{x+1}(t^3-t)\,dt$에서

$$f'(x)=\{(x+1)^3-(x+1)\}-(x^3-x)$$

$$=3x^2+3x$$

$$\therefore \int_0^2 f'(x)\,dx=\int_0^2(3x^2+3x)\,dx$$

$$=\Big[x^3+\frac{3}{2}x^2\Big]_0^2$$

$$=8+6=14$$

524 답 ⑤

주어진 등식의 양변에 $x=1$을 대입하면

$$3f(1)=0+2\qquad\therefore f(1)=\frac{2}{3}$$

주어진 등식의 양변을 x에 대하여 미분하면

$$3f(x)+3xf'(x)=9f(x)+2$$

$$\therefore f(x)=\frac{1}{2}xf'(x)-\frac{1}{3}$$

양변에 $x=1$을 대입하면

$$f(1)=\frac{1}{2}f'(1)-\frac{1}{3},\ \frac{2}{3}=\frac{1}{2}f'(1)-\frac{1}{3}$$

$$\therefore f'(1)=2$$

525 답 -11

$\displaystyle\int_0^x(x-t)f'(t)\,dt=2x^4$에서

$$x\int_0^x f'(t)\,dt-\int_0^x tf'(t)\,dt=2x^4$$

양변을 x에 대하여 미분하면

$$\int_0^x f'(t)\,dt+xf'(x)-xf'(x)=8x^3$$

$$\int_0^x f'(t)\,dt=8x^3$$

$$\Big[f(x)\Big]_0^x=8x^3$$

$$f(x)-f(0)=8x^3$$

$$\therefore f(x)=8x^3+f(0)=8x^3-3$$

$$\therefore f(-1)=-8-3=-11$$

526 답 $\dfrac{4}{3}$

$f(x)=\displaystyle\int_0^x(t-3)(t-a)\,dt$에서

$$f'(x)=(x-3)(x-a)$$

$f'(x)=0$인 x의 값은 $x=3$ 또는 $x=a$

따라서 함수 $f(x)$는 $x=3$에서 극솟값, $x=a$에서 극댓값을 갖는다.

이때 함수 $f(x)$의 극솟값이 0이므로 $f(3)=0$에서

$$\int_0^3 (t-3)(t-a)\,dt=0$$

$$\int_0^3 \{t^2-(a+3)t+3a\}\,dt=0$$

$$\left[\frac{1}{3}t^3-\frac{a+3}{2}t^2+3at\right]_0^3=0$$

$$\frac{9a-9}{2}=0 \qquad \therefore a=1$$

따라서 함수 $f(x)$는 $x=1$에서 극대이므로 극댓값은

$$\begin{aligned}
f(1)&=\int_0^1 (t-3)(t-1)\,dt\\
&=\int_0^1 (t^2-4t+3)\,dt\\
&=\left[\frac{1}{3}t^3-2t^2+3t\right]_0^1\\
&=\frac{4}{3}
\end{aligned}$$

527 답 ②

$f(x)=\displaystyle\int_{-1}^x (12t^2-6t-6)\,dt$에서

$f'(x)=12x^2-6x-6=6(2x+1)(x-1)$

$f'(x)=0$인 x의 값은

$x=1\ (\because 0\le x\le 2)$

$0\le x\le 2$에서 함수 $f(x)$의 증가와 감소를 표로 나타
내면 다음과 같다.

x	0	$\cdots$	1	$\cdots$	2
$f'(x)$		$-$	0	$+$	
$f(x)$		$\searrow$	극소	$\nearrow$	

$$\begin{aligned}
f(0)&=\int_{-1}^0 (12t^2-6t-6)\,dt\\
&=\left[4t^3-3t^2-6t\right]_{-1}^0=1
\end{aligned}$$

$$\begin{aligned}
f(1)&=\int_{-1}^1 (12t^2-6t-6)\,dt\\
&=2\int_0^1 (12t^2-6)\,dt\\
&=2\left[4t^3-6t\right]_0^1=-4
\end{aligned}$$

$$\begin{aligned}
f(2)&=\int_{-1}^2 (12t^2-6t-6)\,dt\\
&=\left[4t^3-3t^2-6t\right]_{-1}^2=9
\end{aligned}$$

따라서 함수 $f(x)$는 $x=2$에서 최댓값 9, $x=1$에서 최
솟값 -4를 가지므로 구하는 합은

$9+(-4)=5$

528 답 ④

함수 $f(x)$의 한 부정적분을 $F(x)$라 하면

$$\begin{aligned}
&\lim_{x\to 1}\frac{1}{x-1}\int_1^{x^3} f(t)\,dt\\
&=\lim_{x\to 1}\frac{1}{x-1}\left[F(t)\right]_1^{x^3}\\
&=\lim_{x\to 1}\frac{F(x^3)-F(1)}{x-1}\\
&=\lim_{x\to 1}\frac{F(x^3)-F(1)}{x^3-1}\times\lim_{x\to 1}(x^2+x+1)\\
&=3F'(1)=3f(1)\\
&=3(2-6+1+5)=6
\end{aligned}$$

529 답 32

$$\begin{aligned}
f(x)&=12x^2+\int_0^1 (6x-t)f(t)\,dt\\
&=12x^2+6x\int_0^1 f(t)\,dt-\int_0^1 tf(t)\,dt
\end{aligned}$$

이때 $\displaystyle\int_0^1 f(t)\,dt=a$, $\displaystyle\int_0^1 tf(t)\,dt=b\,(a,\,b$는 상수)로
놓으면

$f(x)=12x^2+6ax-b \qquad \cdots\cdots\ \bigcirc$

$\bigcirc$을 $\displaystyle\int_0^1 f(t)\,dt=a$에 대입하면

$$\int_0^1 (12t^2+6at-b)\,dt=a$$

$$\left[4t^3+3at^2-bt\right]_0^1=a$$

$4+3a-b=a \qquad \therefore 2a-b=-4 \qquad \cdots\cdots\ \bigcirc\!\!\!\!\bigcirc$

$\bigcirc$을 $\displaystyle\int_0^1 tf(t)\,dt=b$에 대입하면

$$\int_0^1 (12t^3+6at^2-bt)\,dt=b$$

$$\left[3t^4+2at^3-\frac{b}{2}t^2\right]_0^1=b$$

$3+2a-\dfrac{b}{2}=b \qquad \therefore 4a-3b=-6 \qquad \cdots\cdots\ \bigcirc\!\!\!\!\bigcirc\!\!\!\!\bigcirc$

$\bigcirc\!\!\!\!\bigcirc$, $\bigcirc\!\!\!\!\bigcirc\!\!\!\!\bigcirc$을 연립하여 풀면

$a=-3,\ b=-2$

따라서 $f(x)=12x^2-18x+2$이므로

$f(-1)=12+18+2=32$

530 답 40

$\displaystyle\int_0^1 f(t)\,dt=k\,(k$는 상수)로 놓으면

$$\int_0^x f(t)\,dt=x^3-2x^2-2kx$$

양변을 x에 대하여 미분하면

$f(x)=3x^2-4x-2k$

이를 $\int_0^1 f(t)\,dt=k$에 대입하면

$\int_0^1 (3t^2-4t-2k)\,dt=k$

$\Big[t^3-2t^2-2kt\Big]_0^1=k$

$1-2-2k=k$ $\quad \therefore k=-\dfrac{1}{3}$

$\therefore f(x)=3x^2-4x+\dfrac{2}{3}$

$f(0)=a$에서 $a=\dfrac{2}{3}$

$\therefore 60a=60\times\dfrac{2}{3}=40$

531 답 2

$xf(x)=g(x)+\int_0^x tf'(t)\,dt$의 양변을 x에 대하여 미분하면

$f(x)+xf'(x)=g'(x)+xf'(x)$

$\therefore f(x)=g'(x)$

이때 $f(x)$는 일차함수이므로 $g(x)$는 이차함수이고

$f(x)g(x)=2x^3+3x^2+x=x(x+1)(2x+1)$이므로

$f(x)=2x+1,\ g(x)=x^2+x$

또는 $f(x)=-2x-1,\ g(x)=-x^2-x$

(i) $f(x)=2x+1,\ g(x)=x^2+x$일 때

$\quad f(0)g(1)=1\times 2=2$

(ii) $f(x)=-2x-1,\ g(x)=-x^2-x$일 때

$\quad f(0)g(1)=-1\times(-2)=2$

(i), (ii)에서

$f(0)g(1)=2$

532 답 ②

$\int_2^x (x-t)f(t)\,dt=ax^3-2x^2+bx+8$의 양변에

$x=2$를 대입하면

$0=8a-8+2b+8$

$\therefore 4a+b=0$ $\quad\cdots\cdots$ ㉠

$\int_2^x (x-t)f(t)\,dt=ax^3-2x^2+bx+8$에서

$x\int_2^x f(t)\,dt-\int_2^x tf(t)\,dt=ax^3-2x^2+bx+8$

양변을 x에 대하여 미분하면

$\int_2^x f(t)\,dt+xf(x)-xf(x)=3ax^2-4x+b$

$\therefore \int_2^x f(t)\,dt=3ax^2-4x+b$

양변에 $x=2$를 대입하면

$0=12a-8+b$

$\therefore 12a+b=8$ $\quad\cdots\cdots$ ㉡

㉠, ㉡을 연립하여 풀면

$a=1,\ b=-4$

따라서 $\int_2^x f(t)\,dt=3x^2-4x-4$이므로

$\int_2^3 f(t)\,dt=27-12-4=11$

533 답 16

$x^2f(x)=-x^3+\int_0^x (x^2+t)f'(t)\,dt$에서

$x^2f(x)=-x^3+x^2\int_0^x f'(t)\,dt+\int_0^x tf'(t)\,dt$

이때

$\int_0^x f'(t)\,dt=\Big[f(t)\Big]_0^x=f(x)-f(0)=f(x)-2$

이므로

$x^2f(x)=-x^3+x^2\{f(x)-2\}+\int_0^x tf'(t)\,dt$

$\therefore \int_0^x tf'(t)\,dt=x^3+2x^2$ ▸▸▸▸▸▸ ❶

양변을 x에 대하여 미분하면

$xf'(x)=3x^2+4x$

$\qquad\quad =x(3x+4)$

$\therefore f'(x)=3x+4$

$\therefore f(x)=\int f'(x)\,dx=\int (3x+4)\,dx$

$\qquad\quad =\dfrac{3}{2}x^2+4x+C$

$f(0)=2$에서 $C=2$이므로

$f(x)=\dfrac{3}{2}x^2+4x+2$ ▸▸▸▸▸▸ ❷

$\therefore f(2)=6+8+2=16$ ▸▸▸▸▸▸ ❸

단계	채점 기준	비율
❶	$\int_0^x tf'(t)\,dt$ 구하기	40 %
❷	$f(x)$ 구하기	40 %
❸	$f(2)$의 값 구하기	20 %

534 답 31

$F(x)=\displaystyle\int_0^x f(x)\,dt$에서

$F'(x)=f(x)=x^3-12x+a$

$F(x)$는 사차함수이므로 극댓값과 극솟값을 모두 가지려면 삼차방정식 $F'(x)=0$, 즉 $f(x)=0$이 서로 다른 세 실근을 가져야 한다.

$f'(x)=3x^2-12=3(x+2)(x-2)$이므로

$f'(x)=0$인 x의 값은

$x=-2$ 또는 $x=2$

따라서 $f(-2)f(2)<0$이어야 하므로

$(a+16)(a-16)<0$

$\therefore -16<a<16$

따라서 정수 a는 $-15,\ -14,\ -13,\ \cdots,\ 15$의 31개이다.

535 답 ②

주어진 그래프에서 $f(x)=a(x+2)(x-1)\,(a<0)$이라 하자.

$g(x)=\displaystyle\int_{x-2}^x f(t)\,dt$에서

$g'(x)=f(x)-f(x-2)$
$\qquad=a(x+2)(x-1)-ax(x-3)$
$\qquad=4ax-2a=2a(2x-1)$

$g'(x)=0$인 x의 값은 $x=\dfrac{1}{2}$

$a<0$이므로 함수 $g(x)$의 증가와 감소를 표로 나타내면 다음과 같다.

x	$\cdots$	$\dfrac{1}{2}$	$\cdots$
$g'(x)$	$+$	0	$-$
$g(x)$	$\nearrow$	극대	$\searrow$

따라서 함수 $g(x)$는 $x=\dfrac{1}{2}$에서 최댓값 $g\left(\dfrac{1}{2}\right)$을 갖는다.

536 답 ⑤

$g(x)=\displaystyle\int_1^x (x-t)f(t)\,dt$라 하면

$\displaystyle\lim_{x\to 2}\frac{g(x)}{x-2}=3$

$x\to 2$일 때 (분모)$\to 0$이고 극한값이 존재하므로 (분자)$\to 0$이다.

즉, $\displaystyle\lim_{x\to 2}g(x)=0$이므로 $g(2)=0$

$\therefore \displaystyle\lim_{x\to 2}\frac{g(x)}{x-2}=\lim_{x\to 2}\frac{g(x)-g(2)}{x-2}=g'(2)$

$\therefore g'(2)=3$

$g(x)=\displaystyle\int_1^x (x-t)f(t)\,dt$에서

$g(x)=x\displaystyle\int_1^x f(t)\,dt-\int_1^x tf(t)\,dt$ $\quad$ …… ㉠

양변을 x에 대하여 미분하면

$g'(x)=\displaystyle\int_1^x f(t)\,dt+xf(x)-xf(x)$

$\therefore g'(x)=\displaystyle\int_1^x f(t)\,dt$

양변에 $x=2$를 대입하면

$g'(2)=\displaystyle\int_1^2 f(t)\,dt$

$\therefore \displaystyle\int_1^2 f(t)\,dt=3$

㉠의 양변에 $x=2$를 대입하면

$g(2)=2\displaystyle\int_1^2 f(t)\,dt-\int_1^2 tf(t)\,dt$

$0=2\times 3-\displaystyle\int_1^2 tf(t)\,dt \quad \therefore \int_1^2 tf(t)\,dt=6$

$\therefore \displaystyle\int_1^2 (4x+1)f(x)\,dx=4\int_1^2 xf(x)\,dx+\int_1^2 f(x)\,dx$
$\qquad\qquad\qquad\qquad =4\times 6+3=27$

537 답 ③

| 접근 방법 | 주어진 등식을 이용하여 함수 $f(x)$의 차수를 먼저 구한다.

함수 $f(x)$를 n차함수라 하면 $f(f(x))$는 n^2차함수이고, $\displaystyle\int_0^x f(t)\,dt-2x^2+4x+60$은 $(n+1)$차함수 또는 일차함수이다.

이때 $n^2=n+1$을 만족시키는 자연수 n은 존재하지 않고, n^2차함수가 일차함수가 되는 자연수 n은 1뿐이다.

따라서 $f(x)$는 일차함수이므로

$f(x)=ax+b\,(a,\ b$는 상수, $a\neq 0)$라 하면

$f(f(x))=\displaystyle\int_0^x f(t)\,dt-2x^2+4x+60$에서

$a^2x+ab+b=\displaystyle\int_0^x f(t)\,dt-2x^2+4x+60$

양변을 x에 대하여 미분하면

$a^2=f(x)-4x+4$

$\therefore f(x)=4x+a^2-4$

따라서 $ax+b=4x+a^2-4$이므로

$a=4,\ b=a^2-4=12$

따라서 $f(x)=4x+12$이므로
$$\int_{-2}^{2} f(x)\,dx=\int_{-2}^{2}(4x+12)\,dx$$
$$=2\int_{0}^{2}12\,dx$$
$$=2\Big[12x\Big]_{0}^{2}=48$$

538 답 **10**

| 접근 방법 | (가)에서 $\dfrac{d}{dx}\displaystyle\int_{1}^{x}f(t)\,dt=f(x)$, $\displaystyle\int_{1}^{1}f(t)\,dt=0$임을 이용하여 $f(x)$를 구한 후 (나)의 양변의 계수를 비교하여 $G(x)$를 추론한다.

(가)의 등식의 양변을 x에 대하여 미분하면
$$f(x)=f(x)+xf'(x)-4x$$
$$xf'(x)=4x \qquad \therefore f'(x)=4$$
$$\therefore f(x)=\int f'(x)\,dx=\int 4\,dx=4x+C_1$$
(가)의 등식의 양변에 $x=1$을 대입하면
$$0=f(1)-2-1 \qquad \therefore f(1)=3$$
따라서 $4+C_1=3$이므로 $C_1=-1$
$$\therefore f(x)=4x-1$$
$$\therefore F(x)=\int f(x)\,dx=\int(4x-1)\,dx$$
$$=2x^2-x+C_2$$
(나)의 좌변에서
$$f(x)G(x)+F(x)g(x)$$
$$=F'(x)G(x)+F(x)G'(x)$$
$$=\{F(x)G(x)\}'$$
$$\therefore \{F(x)G(x)\}'=8x^3+3x^2+1$$
$$\therefore F(x)G(x)=\int(8x^3+3x^2+1)\,dx$$
$$=2x^4+x^3+x+C_3 \quad\cdots\cdots \ \textcircled{\scriptsize ㄱ}$$
이때 $F(x)$, $G(x)$가 모두 다항함수이고 $F(x)$는 최고차항의 계수가 2인 이차함수이므로 $G(x)$는 최고차항의 계수가 1인 이차함수이다.
$G(x)=x^2+ax+b$ (a, b는 상수)라 하면 $\textcircled{\scriptsize ㄱ}$에서
$$(2x^2-x+C_2)(x^2+ax+b)=2x^4+x^3+x+C_3$$
양변의 x^3의 계수를 비교하면
$$2a-1=1 \qquad \therefore a=1$$
$$\therefore G(x)=x^2+x+b$$
$$\therefore \int_{1}^{3} g(x)\,dx=\Big[G(x)\Big]_{1}^{3}=G(3)-G(1)$$
$$=(9+3+b)-(1+1+b)$$
$$=10$$

01 정적분의 활용

유제   261~281쪽

539 답 (1) $\dfrac{4}{3}$ (2) $\dfrac{1}{12}$ (3) $\dfrac{1}{2}$ (4) $\dfrac{37}{12}$

(1) 곡선 $y=-x^2+2x$와 x축의 교점의 x좌표를 구하면

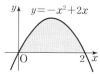

$$-x^2+2x=0$$
$$x(x-2)=0$$
$$\therefore x=0 \ \text{또는} \ x=2$$
$0\le x\le 2$에서 $y\ge 0$이므로 구하는 넓이를 S라 하면
$$S=\int_{0}^{2}(-x^2+2x)\,dx$$
$$=\Big[-\frac{1}{3}x^3+x^2\Big]_{0}^{2}$$
$$=\frac{4}{3}$$

(2) 곡선 $y=x^3-x^2$과 x축의 교점의 x좌표를 구하면

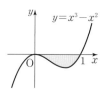

$$x^3-x^2=0$$
$$x^2(x-1)=0$$
$$\therefore x=0 \ \text{또는} \ x=1$$
$0\le x\le 1$에서 $y\le 0$이므로 구하는 넓이를 S라 하면
$$S=\int_{0}^{1}(-x^3+x^2)\,dx$$
$$=\Big[-\frac{1}{4}x^4+\frac{1}{3}x^3\Big]_{0}^{1}$$
$$=\frac{1}{12}$$

(3) 곡선 $y=x^3+3x^2+2x$와 x축의 교점의 x좌표를 구하면

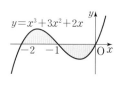

$$x^3+3x^2+2x=0$$
$$x(x+2)(x+1)=0$$
$$\therefore x=-2 \ \text{또는} \ x=-1 \ \text{또는} \ x=0$$
$-2\le x\le -1$에서 $y\ge 0$이고, $-1\le x\le 0$에서 $y\le 0$이므로 구하는 넓이를 S라 하면
$$S=\int_{-2}^{-1}(x^3+3x^2+2x)\,dx$$
$$+\int_{-1}^{0}(-x^3-3x^2-2x)\,dx$$
$$=\Big[\frac{1}{4}x^4+x^3+x^2\Big]_{-2}^{-1}+\Big[-\frac{1}{4}x^4-x^3-x^2\Big]_{-1}^{0}$$
$$=\frac{1}{2}$$

(4) 곡선

$y=-x^3+2x^2+x-2$와 x축의 교점의 x좌표를 구하면

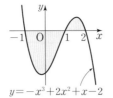

$-x^3+2x^2+x-2=0$

$(x+1)(x-1)(x-2)=0$

$\therefore x=-1$ 또는 $x=1$ 또는 $x=2$

$-1\le x\le 1$에서 $y\le 0$이고, $1\le x\le 2$에서 $y\ge 0$이므로 구하는 넓이를 S라 하면

$S=\displaystyle\int_{-1}^{1}(x^3-2x^2-x+2)\,dx$

$\qquad +\displaystyle\int_{1}^{2}(-x^3+2x^2+x-2)\,dx$

$=2\displaystyle\int_{0}^{1}(-2x^2+2)\,dx$

$\qquad +\displaystyle\int_{1}^{2}(-x^3+2x^2+x-2)\,dx$

$=2\left[-\dfrac{2}{3}x^3+2x\right]_0^1$

$\qquad +\left[-\dfrac{1}{4}x^4+\dfrac{2}{3}x^3+\dfrac{1}{2}x^2-2x\right]_1^2$

$=\dfrac{37}{12}$

540 답 (1) $\dfrac{19}{3}$ (2) $\dfrac{157}{12}$

(1) 곡선 $y=x^2-5x+4$와 x축의 교점의 x좌표를 구하면

$x^2-5x+4=0$

$(x-1)(x-4)=0$

$\therefore x=1$ 또는 $x=4$

$1\le x\le 4$에서 $y\le 0$이고, $4\le x\le 5$에서 $y\ge 0$이므로 구하는 넓이를 S라 하면

$S=\displaystyle\int_{1}^{4}(-x^2+5x-4)\,dx+\int_{4}^{5}(x^2-5x+4)\,dx$

$=\left[-\dfrac{1}{3}x^3+\dfrac{5}{2}x^2-4x\right]_1^4+\left[\dfrac{1}{3}x^3-\dfrac{5}{2}x^2+4x\right]_4^5$

$=\dfrac{19}{3}$

(2) 곡선 $y=-x^3-x^2+6x$와 x축의 교점의 x좌표를 구하면

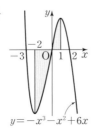

$-x^3-x^2+6x=0$

$x(x+3)(x-2)=0$

$\therefore x=-3$ 또는 $x=0$

$\qquad$ 또는 $x=2$

$-2\le x\le 0$에서 $y\le 0$이고, $0\le x\le 1$에서 $y\ge 0$이므로 구하는 넓이를 S라 하면

$S=\displaystyle\int_{-2}^{0}(x^3+x^2-6x)\,dx$

$\qquad +\displaystyle\int_{0}^{1}(-x^3-x^2+6x)\,dx$

$=\left[\dfrac{1}{4}x^4+\dfrac{1}{3}x^3-3x^2\right]_{-2}^{0}$

$\qquad +\left[-\dfrac{1}{4}x^4-\dfrac{1}{3}x^3+3x^2\right]_{0}^{1}$

$=\dfrac{157}{12}$

541 답 3

곡선 $y=2x^2-4kx$와 x축의 교점의 x좌표를 구하면

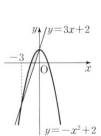

$2x^2-4kx=0$

$x(x-2k)=0$

$\therefore x=0$ 또는 $x=2k$

$0\le x\le 2k$에서 $y\le 0$이므로 주어진 곡선과 x축으로 둘러싸인 도형의 넓이는

$\displaystyle\int_{0}^{2k}(-2x^2+4kx)\,dx=\left[-\dfrac{2}{3}x^3+2kx^2\right]_0^{2k}=\dfrac{8}{3}k^3$

따라서 $\dfrac{8}{3}k^3=72$이므로

$k^3=27$ $\qquad \therefore k=3\ (\because k$는 실수$)$

542 답 (1) $\dfrac{9}{2}$ (2) 2

(1) 곡선 $y=-x^2+2$와 직선 $y=3x+2$의 교점의 x좌표를 구하면

$-x^2+2=3x+2$

$x^2+3x=0$

$x(x+3)=0$

$\therefore x=-3$ 또는 $x=0$

$-3\le x\le 0$에서 $-x^2+2\ge 3x+2$이므로 구하는 넓이를 S라 하면

$S=\displaystyle\int_{-3}^{0}\{(-x^2+2)-(3x+2)\}\,dx$

$=\displaystyle\int_{-3}^{0}(-x^2-3x)\,dx$

$=\left[-\dfrac{1}{3}x^3-\dfrac{3}{2}x^2\right]_{-3}^{0}$

$=\dfrac{9}{2}$

(2) 곡선 $y=x^3-x$와 직선
$y=x$의 교점의 x좌표를
구하면
$x^3-x=x$
$x^3-2x=0$
$x(x+\sqrt{2})(x-\sqrt{2})=0$
$\therefore x=-\sqrt{2}$ 또는 $x=0$ 또는 $x=\sqrt{2}$
$-\sqrt{2}\leq x\leq0$에서 $x^3-x\geq x$이고, $0\leq x\leq\sqrt{2}$에
서 $x\geq x^3-x$이므로 구하는 넓이를 S라 하면
$$S=\int_{-\sqrt{2}}^0\{(x^3-x)-x\}dx$$
$$+\int_0^{\sqrt{2}}\{x-(x^3-x)\}dx$$
$$=\int_{-\sqrt{2}}^0(x^3-2x)\,dx+\int_0^{\sqrt{2}}(-x^3+2x)\,dx$$
$$=\left[\frac{1}{4}x^4-x^2\right]_{-\sqrt{2}}^0+\left[-\frac{1}{4}x^4+x^2\right]_0^{\sqrt{2}}$$
$$=2$$

543 답 (1) 9 (2) $\dfrac{37}{12}$

(1) 두 곡선 $y=x^2-6x+8$,
$y=-x^2+4x$의 교점의 x좌
표를 구하면
$x^2-6x+8=-x^2+4x$
$2x^2-10x+8=0$
$(x-1)(x-4)=0$
$\therefore x=1$ 또는 $x=4$
$1\leq x\leq4$에서 $-x^2+4x\geq x^2-6x+8$이므로 구
하는 넓이를 S라 하면
$$S=\int_1^4\{(-x^2+4x)-(x^2-6x+8)\}dx$$
$$=\int_1^4(-2x^2+10x-8)\,dx$$
$$=\left[-\frac{2}{3}x^3+5x^2-8x\right]_1^4$$
$$=9$$

(2) 두 곡선 $y=x^3-3x^2$,
$y=x^2-3x$의 교점의 x좌표
를 구하면
$x^3-3x^2=x^2-3x$
$x^3-4x^2+3x=0$
$x(x-1)(x-3)=0$
$\therefore x=0$ 또는 $x=1$ 또는 $x=3$

$0\leq x\leq1$에서 $x^3-3x^2\geq x^2-3x$이고,
$1\leq x\leq3$에서 $x^2-3x\geq x^3-3x^2$이므로 구하는 넓
이를 S라 하면
$$S=\int_0^1\{(x^3-3x^2)-(x^2-3x)\}dx$$
$$+\int_1^3\{(x^2-3x)-(x^3-3x^2)\}dx$$
$$=\int_0^1(x^3-4x^2+3x)\,dx+\int_1^3(-x^3+4x^2-3x)\,dx$$
$$=\left[\frac{1}{4}x^4-\frac{4}{3}x^3+\frac{3}{2}x^2\right]_0^1+\left[-\frac{1}{4}x^4+\frac{4}{3}x^3-\frac{3}{2}x^2\right]_1^3$$
$$=\frac{37}{12}$$

544 답 6

두 곡선 $y=3x^2$,
$y=-3x^2+6x$의 교점의
x좌표를 구하면
$3x^2=-3x^2+6x$
$6x^2-6x=0$, $x(x-1)=0$
$\therefore x=0$ 또는 $x=1$
$0\leq x\leq1$에서 $-3x^2+6x\geq3x^2$이고, $1\leq x\leq2$에서
$3x^2\geq-3x^2+6x$이므로 구하는 넓이를 S라 하면
$$S=\int_0^1\{(-3x^2+6x)-3x^2\}dx$$
$$+\int_1^2\{3x^2-(-3x^2+6x)\}dx$$
$$=\int_0^1(-6x^2+6x)\,dx+\int_1^2(6x^2-6x)\,dx$$
$$=\left[-2x^3+3x^2\right]_0^1+\left[2x^3-3x^2\right]_1^2$$
$$=6$$

545 답 2

곡선 $y=x^2$과 직선 $y=ax$의
교점의 x좌표를 구하면
$x^2=ax$, $x^2-ax=0$
$x(x-a)=0$
$\therefore x=0$ 또는 $x=a$
$0\leq x\leq a$에서 $ax\geq x^2$이므로
곡선 $y=x^2$과 직선 $y=ax$로 둘러싸인 도형의 넓이는
$$\int_0^a(ax-x^2)\,dx=\left[\frac{a}{2}x^2-\frac{1}{3}x^3\right]_0^a=\frac{1}{6}a^3$$
따라서 $\dfrac{1}{6}a^3=\dfrac{4}{3}$이므로
$a^3=8$ $\therefore a=2$ ($\because a$는 실수)

546 답 $\dfrac{27}{4}$

$f(x)=x^3-6x^2+10x$라 하면

$f'(x)=3x^2-12x+10$

점 $(1,\ 5)$에서의 접선의 기울기는 $f'(1)=1$이므로

접선의 방정식은

$y-5=x-1$ ∴ $y=x+4$

곡선 $y=x^3-6x^2+10x$와

직선 $y=x+4$의 교점의 x

좌표를 구하면

$x^3-6x^2+10x=x+4$

$x^3-6x^2+9x-4=0$

$(x-1)^2(x-4)=0$

∴ $x=1$ 또는 $x=4$

$1\le x\le 4$에서 $x+4\ge x^3-6x^2+10x$이므로 구하는

넓이를 S라 하면

$S=\displaystyle\int_1^4 \{(x+4)-(x^3-6x^2+10x)\}\,dx$

$\quad =\displaystyle\int_1^4 (-x^3+6x^2-9x+4)\,dx$

$\quad =\left[-\dfrac{1}{4}x^4+2x^3-\dfrac{9}{2}x^2+4x\right]_1^4=\dfrac{27}{4}$

547 답 $\dfrac{2}{3}$

$f(x)=-x^2-1$이라 하면 $f'(x)=-2x$

접점의 좌표를 $(t,\ -t^2-1)$이라 하면 이 점에서의 접

선의 기울기는 $f'(t)=-2t$이므로 접선의 방정식은

$y-(-t^2-1)=-2t(x-t)$

∴ $y=-2tx+t^2-1$

이 직선이 원점을 지나므로

$0=t^2-1,\ (t+1)(t-1)=0$

∴ $t=-1$ 또는 $t=1$

따라서 접선의 방정식은 $y=2x$ 또는 $y=-2x$

곡선과 두 접선으로 둘러싸인

도형이 y축에 대하여 대칭이

고, $0\le x\le 1$에서

$-2x\ge -x^2-1$이므로 구하

는 넓이를 S라 하면

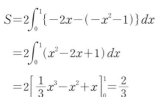

$S=2\displaystyle\int_0^1 \{-2x-(-x^2-1)\}\,dx$

$\quad =2\displaystyle\int_0^1 (x^2-2x+1)\,dx$

$\quad =2\left[\dfrac{1}{3}x^3-x^2+x\right]_0^1=\dfrac{2}{3}$

548 답 ②

$f(x)=x^2-4x+6$이라 하면 $f'(x)=2x-4$

점 $A(3,\ 3)$에서의 접선의 기울기는 $f'(3)=2$이므로

접선의 방정식은

$y-3=2(x-3)$ ∴ $y=2x-3$

$0\le x\le 3$에서 $x^2-4x+6\ge 2x-3$이므로 구하는 넓

이를 S라 하면

$S=\displaystyle\int_0^3 \{(x^2-4x+6)-(2x-3)\}\,dx$

$\quad =\displaystyle\int_0^3 (x^2-6x+9)\,dx$

$\quad =\left[\dfrac{1}{3}x^3-3x^2+9x\right]_0^3$

$\quad =9$

549 답 $\dfrac{1}{2}$

$f(x)=ax^2$이라 하면 $f'(x)=2ax$

점 $(1,\ a)$에서의 접선의 기울기는 $f'(1)=2a$이므로

접선의 방정식은

$y-a=2a(x-1)$ ∴ $y=2ax-a$

$-3\le x\le 3$에서

$ax^2\ge 2ax-a$이므로 곡선

$y=ax^2$과 접선 $y=2ax-a$

및 두 직선 $x=-3,\ x=3$으

로 둘러싸인 도형의 넓이는

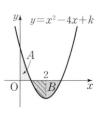

$\displaystyle\int_{-3}^{3} \{ax^2-(2ax-a)\}\,dx$

$=\displaystyle\int_{-3}^{3} (ax^2-2ax+a)\,dx$

$=2\displaystyle\int_0^3 (ax^2+a)\,dx$

$=2\left[\dfrac{a}{3}x^3+ax\right]_0^3$

$=24a$

따라서 $24a=12$이므로 $a=\dfrac{1}{2}$

550 답 $\dfrac{8}{3}$

$A:B=1:2$에서 $B=2A$

곡선 $y=x^2-4x+k$는 직선

$x=2$에 대하여 대칭이므로 오

른쪽 그림에서 빗금 친 부분의

넓이는

$\dfrac{1}{2}B=A$

따라서 구간 $[0, 2]$에서 곡선 $y=x^2-4x+k$와 x축, y축 및 직선 $x=2$로 둘러싸인 두 도형의 넓이가 서로 같으므로

$$\int_0^2 (x^2-4x+k)\,dx=0$$

$$\left[\frac{1}{3}x^3-2x^2+kx\right]_0^2=0$$

$$-\frac{16}{3}+2k=0 \qquad \therefore k=\frac{8}{3}$$

551 답 4

곡선 $y=x^2-2x$와 x축의 교점의 x좌표를 구하면
$x^2-2x=0$, $x(x-2)=0$
$\therefore x=0$ 또는 $x=2$
곡선 $y=x^2-2x$와 직선 $y=ax$의 교점의 x좌표를 구하면
$x^2-2x=ax$, $x\{x-(a+2)\}=0$
$\therefore x=0$ 또는 $x=a+2$

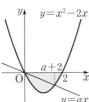

곡선 $y=x^2-2x$와 x축으로 둘러싸인 도형의 넓이를 S_1, 곡선 $y=x^2-2x$와 직선 $y=ax$로 둘러싸인 도형의 넓이를 S_2라 하면

$$S_1=\int_0^2 (-x^2+2x)\,dx$$

$$=\left[-\frac{1}{3}x^3+x^2\right]_0^2=\frac{4}{3}$$

$$S_2=\int_0^{a+2}\{ax-(x^2-2x)\}\,dx$$

$$=\int_0^{a+2}\{-x^2+(a+2)x\}\,dx$$

$$=\left[-\frac{1}{3}x^3+\frac{a+2}{2}x^2\right]_0^{a+2}=\frac{(a+2)^3}{6}$$

$S_1=2S_2$이므로

$$\frac{4}{3}=2\times\frac{(a+2)^3}{6} \qquad \therefore (a+2)^3=4$$

552 답 1

곡선 $y=x(x-a)(x-2)$와 x축의 교점의 x좌표를 구하면

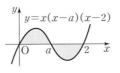

$x(x-a)(x-2)=0$
$\therefore x=0$ 또는 $x=a$ 또는 $x=2$
곡선 $y=x(x-a)(x-2)$와 x축으로 둘러싸인 두 도형의 넓이가 서로 같으므로

$$\int_0^2 x(x-a)(x-2)\,dx=0$$

$$\int_0^2 \{x^3-(a+2)x^2+2ax\}\,dx=0$$

$$\left[\frac{1}{4}x^4-\frac{a+2}{3}x^3+ax^2\right]_0^2=0$$

$$4-\frac{8a+16}{3}+4a=0 \qquad \therefore a=1$$

553 답 54

곡선 $y=x^2-3x$와 직선 $y=ax$의 교점의 x좌표를 구하면

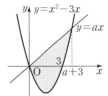

$x^2-3x=ax$
$x\{x-(a+3)\}=0$
$\therefore x=0$ 또는 $x=a+3$
곡선 $y=x^2-3x$와 x축의 교점의 x좌표를 구하면
$x^2-3x=0$, $x(x-3)=0$
$\therefore x=0$ 또는 $x=3$
곡선 $y=x^2-3x$와 직선 $y=ax$로 둘러싸인 도형의 넓이를 S_1, 곡선 $y=x^2-3x$와 x축으로 둘러싸인 도형의 넓이를 S_2라 하면

$$S_1=\int_0^{a+3}\{ax-(x^2-3x)\}\,dx$$

$$=\int_0^{a+3}\{-x^2+(a+3)x\}\,dx$$

$$=\left[-\frac{1}{3}x^3+\frac{a+3}{2}x^2\right]_0^{a+3}=\frac{(a+3)^3}{6}$$

$$S_2=\int_0^3 (-x^2+3x)\,dx$$

$$=\left[-\frac{1}{3}x^3+\frac{3}{2}x^2\right]_0^3=\frac{9}{2}$$

$S_1=2S_2$이므로

$$\frac{(a+3)^3}{6}=2\times\frac{9}{2} \qquad \therefore (a+3)^3=54$$

554 답 36

곡선 $x=-y^2+9$와 y축의 교점의 y좌표를 구하면

$-y^2+9=0$
$(y+3)(y-3)=0$
$\therefore y=-3$ 또는 $y=3$
$-3\le y\le 3$에서 $-y^2+9\ge0$이므로 구하는 넓이를 S라 하면

$$S=\int_{-3}^3 (-y^2+9)\,dy=2\int_0^3 (-y^2+9)\,dy$$

$$=2\left[-\frac{1}{3}y^3+9y\right]_0^3=36$$

555 답 12

두 곡선 $y=f(x)$, $y=g(x)$
는 직선 $y=x$에 대하여 대
칭이므로 두 곡선으로 둘러
싸인 도형의 넓이는 곡선
$y=f(x)$와 직선 $y=x$로 둘
러싸인 도형의 넓이의 2배
와 같다.

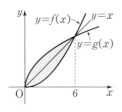

곡선 $y=f(x)$와 직선 $y=x$의 교점의 x좌표를 구하면
$$\frac{1}{6}x^2=x, \ x(x-6)=0 \quad \therefore x=0 \ \text{또는} \ x=6$$
따라서 구하는 넓이를 S라 하면
$$S=2\int_0^6\left(x-\frac{1}{6}x^2\right)dx$$
$$=2\left[\frac{1}{2}x^2-\frac{1}{18}x^3\right]_0^6=12$$

556 답 9

$f'(x)=3x^2-6x+5=3(x-1)^2+2>0$이므로 함
수 $f(x)$는 실수 전체의 집합에서 증가하고
$f(1)=3$, $f(2)=6$이므로
$g(3)=1$, $g(6)=2$

$\int_1^2 f(x)\,dx=S_1$,

$\int_3^6 g(x)\,dx=S_2$라 하면 두 곡

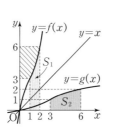

선 $y=f(x)$, $y=g(x)$는 직선
$y=x$에 대하여 대칭이므로 오
른쪽 그림에서 빗금 친 부분의
넓이는 S_2와 같다.
$$\therefore \int_1^2 f(x)\,dx+\int_3^6 g(x)\,dx=S_1+S_2$$
$$=2\times6-1\times3=9$$

557 답 $\dfrac{8}{3}$

두 곡선 $y=f(x)$, $y=g(x)$
는 직선 $y=x$에 대하여 대
칭이므로 두 곡선으로 둘러
싸인 도형의 넓이는 곡선
$y=f(x)$와 직선 $y=x$로 둘

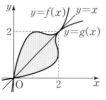

러싸인 도형의 넓이의 2배와 같다.
곡선 $y=f(x)$와 직선 $y=x$의 교점의 x좌표를 구하면
$$x^3-4x^2+5x=x, \ x^3-4x^2+4x=0$$
$$x(x-2)^2=0 \quad \therefore x=0 \ \text{또는} \ x=2$$

따라서 구하는 넓이를 S라 하면
$$S=2\int_0^2\{(x^3-4x^2+5x)-x\}\,dx$$
$$=2\int_0^2(x^3-4x^2+4x)\,dx$$
$$=2\left[\frac{1}{4}x^4-\frac{4}{3}x^3+2x^2\right]_0^2$$
$$=\frac{8}{3}$$

558 답 $\dfrac{14}{3}$

$f(1)=2$, $f(2)=5$이므로
$g(2)=1$, $g(5)=2$
두 곡선 $y=f(x)$, $y=g(x)$는
직선 $y=x$에 대하여 대칭이므
로 오른쪽 그림에서 빗금 친 두
부분의 넓이가 서로 같다.

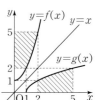

$$\therefore \int_2^5 g(x)\,dx$$
$$=2\times5-1\times2-\int_1^2 f(x)\,dx$$
$$=8-\int_1^2(x^2+1)\,dx$$
$$=8-\left[\frac{1}{3}x^3+x\right]_1^2$$
$$=\frac{14}{3}$$

559 답 (1) 29 (2) 9 (3) 23

(1) 시각 $t=5$에서의 점 P의 위치는
$$4+\int_0^5(12t-3t^2)\,dt=4+\left[6t^2-t^3\right]_0^5$$
$$=29$$

(2) 시각 $t=2$에서 $t=5$까지 점 P의 위치의 변화량은
$$\int_2^5(12t-3t^2)\,dt=\left[6t^2-t^3\right]_2^5$$
$$=9$$

(3) $2\le t\le4$에서 $v(t)\ge0$, $4\le t\le5$에서 $v(t)\le0$이
므로 시각 $t=2$에서 $t=5$까지 점 P가 움직인 거리
는
$$\int_2^4(12t-3t^2)\,dt+\int_4^5(-12t+3t^2)\,dt$$
$$=\left[6t^2-t^3\right]_2^4+\left[-6t^2+t^3\right]_4^5$$
$$=23$$

560 目 $\dfrac{1}{2}$

시각 $t=3$에서의 점 P의 위치는

$$0+\int_0^3 v(t)\,dt=\int_0^2 (t^2-2t)\,dt+\int_2^3 (t^2-t-2)\,dt$$

$$=\left[\dfrac{1}{3}t^3-t^2\right]_0^2+\left[\dfrac{1}{3}t^3-\dfrac{1}{2}t^2-2t\right]_2^3$$

$$=\dfrac{1}{2}$$

561 目 6

시각 $t=0$에서의 점 P의 위치가 0이고 시각 $t=1$에서의 점 P의 위치가 -3이므로

$$0+\int_0^1 (3t^2-4t+k)\,dt=-3$$

$$\left[t^3-2t^2+kt\right]_0^1=-3$$

$$k-1=-3 \qquad \therefore k=-2$$

따라서 $v(t)=3t^2-4t-2$이므로 시각 $t=1$에서 $t=3$까지 점 P의 위치의 변화량은

$$\int_1^3 (3t^2-4t-2)\,dt=\left[t^3-2t^2-2t\right]_1^3=6$$

562 目 $\dfrac{27}{2}$

시각 t에서의 점 P의 가속도는

$$v'(t)=-6t^2+12t$$

시각 $t=k$에서의 점 P의 가속도가 6이므로 $v'(k)=6$에서

$$-6k^2+12k=6, \ k^2-2k+1=0$$

$$(k-1)^2=0 \qquad \therefore k=1$$

$3\le t\le 4$에서 $v(t)\le 0$이므로 시각 $t=3$에서 $t=4$까지 점 P가 움직인 거리는

$$\int_3^4 (2t^3-6t^2)\,dt=\left[\dfrac{1}{2}t^4-2t^3\right]_3^4=\dfrac{27}{2}$$

563 目 (1) $-\dfrac{27}{4}$ (2) $\dfrac{27}{2}$

(1) 점 P가 운동 방향을 바꿀 때의 속도는 0이므로

$v(t)=0$에서

$$t^3-3t^2=0, \ t^2(t-3)=0$$

$$\therefore t=3 \, (\because t>0)$$

따라서 점 P는 원점을 출발하여 시각 $t=3$에서 운동 방향을 바꾸므로 구하는 점 P의 위치는

$$0+\int_0^3 (t^3-3t^2)\,dt=\left[\dfrac{1}{4}t^4-t^3\right]_0^3=-\dfrac{27}{4}$$

(2) 점 P가 원점으로 다시 돌아오는 시각을 $t=a$라 하면 시각 $t=0$에서 $t=a$까지 점 P의 위치의 변화량은 0이므로

$$\int_0^a (t^3-3t^2)\,dt=0$$

$$\left[\dfrac{1}{4}t^4-t^3\right]_0^a=0, \ \dfrac{1}{4}a^4-a^3=0$$

$$a^3(a-4)=0 \qquad \therefore a=4 \, (\because a>0)$$

$0\le t\le 3$에서 $v(t)\le 0$, $3\le t\le 4$에서 $v(t)\ge 0$이므로 점 P가 원점으로 다시 돌아올 때까지 움직인 거리는

$$\int_0^3 (-t^3+3t^2)\,dt+\int_3^4 (t^3-3t^2)\,dt$$

$$=\left[-\dfrac{1}{4}t^4+t^3\right]_0^3+\left[\dfrac{1}{4}t^4-t^3\right]_3^4$$

$$=\dfrac{27}{2}$$

564 目 2

점 P가 운동 방향을 바꿀 때의 속도는 0이므로

$v(t)=0$에서

$$3t^2-9t+6=0, \ (t-1)(t-2)=0$$

$$\therefore t=1 \text{ 또는 } t=2$$

따라서 원점을 출발한 후 시각 $t=2$에서 두 번째로 운동 방향을 바꾸므로 구하는 점 P의 위치는

$$0+\int_0^2 (3t^2-9t+6)\,dt=\left[t^3-\dfrac{9}{2}t^2+6t\right]_0^2$$

$$=2$$

565 目 150 m

자동차가 정지할 때의 속도는 0이므로 $v(t)=0$에서

$$30-3t=0 \qquad \therefore t=10$$

$0\le t\le 10$에서 $v(t)\ge 0$이므로 브레이크를 밟고 10초 후까지 자동차가 움직인 거리는

$$\int_0^{10} (30-3t)\,dt=\left[30t-\dfrac{3}{2}t^2\right]_0^{10}$$

$$=150(\text{m})$$

566 目 ⑤

점 P가 원점으로 다시 돌아오는 시각을 $t=a$라 하면 시각 $t=0$에서 $t=a$까지의 위치의 변화량은 0이므로

$$\int_0^a (2-t)\,dt=0$$

$$\left[2t-\dfrac{1}{2}t^2\right]_0^a=0, \ 2a-\dfrac{1}{2}a^2=0$$

$$a(a-4)=0 \qquad \therefore a=4 \, (\because a>0)$$

$0 \leq t \leq 4$에서 $v_2(t) \geq 0$이므로 시각 $t=0$에서 $t=4$까지 점 Q가 움직인 거리는

$$\int_0^4 3t\, dt = \left[\frac{3}{2}t^2\right]_0^4 = 24$$

567 📘 (1) **15 m** (2) **25 m** (3) **40 m**

(1) 물체를 쏘아 올린 후 3초 동안 물체의 위치의 변화량은

$$\int_0^3 (20-10t)\, dt = \left[20t-5t^2\right]_0^3$$
$$= 15(\text{m})$$

(2) 물체가 최고 높이에 도달할 때의 속도는 0이므로

$v(t)=0$에서

$20-10t=0$ $\therefore t=2$

따라서 5 m 높이에서 출발하여 시각 $t=2$에서 최고 높이에 도달하므로 구하는 물체의 높이는

$$5+\int_0^2 (20-10t)\, dt = 5+\left[20t-5t^2\right]_0^2$$
$$= 25(\text{m})$$

(3) $0 \leq t \leq 2$에서 $v(t) \geq 0$, $2 \leq t \leq 4$에서 $v(t) \leq 0$이므로 물체를 쏘아 올린 후 4초 동안 물체가 움직인 거리는

$$\int_0^2 (20-10t)\, dt + \int_2^4 (-20+10t)\, dt$$
$$= \left[20t-5t^2\right]_0^2 + \left[-20t+5t^2\right]_2^4$$
$$= 40(\text{m})$$

568 📘 **35 m**

$$\int_0^2 10t\, dt + \int_2^5 (40-10t)\, dt$$
$$= \left[5t^2\right]_0^2 + \left[40t-5t^2\right]_2^5$$
$$= 35(\text{m})$$

569 📘 **20 m**

물체가 최고 높이에 도달할 때의 속도는 0이므로

$v(t)=0$에서

$50-10t=0$ $\therefore t=5$

따라서 물체는 시각 $t=5$에서 최고 높이에 도달하고, $5 \leq t \leq 7$에서 $v(t) \leq 0$이므로 구하는 거리는

$$\int_5^7 (-50+10t)\, dt = \left[-50t+5t^2\right]_5^7$$
$$= 20(\text{m})$$

570 📘 **10**

공이 최고 높이에 도달할 때의 속도는 0이므로

$v(t)=0$에서 $4a-10t=0$ $\therefore t=\dfrac{2}{5}a$

따라서 시각 $t=\dfrac{2}{5}a$에서의 공의 높이가 80 m이므로

$$\int_0^{\frac{2}{5}a} (4a-10t)\, dt = 80$$
$$\left[4at-5t^2\right]_0^{\frac{2}{5}a} = 80, \quad \frac{8}{5}a^2 - \frac{4}{5}a^2 = 80$$
$$a^2 = 100 \quad \therefore a=10 \ (\because a>0)$$

571 📘 (1) $\dfrac{3}{2}$ (2) **2**

(1) 시각 $t=5$에서의 점 P의 위치는

$$0 + \int_0^5 v(t)\, dt$$
$$= \int_0^3 v(t)\, dt + \int_3^5 v(t)\, dt$$
$$= \triangle \text{AOB} - \square \text{BCDE}$$
$$= \frac{1}{2} \times 3 \times 2 - \frac{1}{2} \times (2+1) \times 1 = \frac{3}{2}$$

(2) $v(t)=0$이고 그 좌우에서 $v(t)$의 부호가 바뀔 때 운동 방향이 바뀌므로 점 P는 시각 $t=3$, $t=6$에서 운동 방향을 바꾼다.

따라서 점 P가 출발 후 시각 $t=3$에서 처음으로 운동 방향을 바꾸고 시각 $t=6$에서 두 번째로 운동 방향을 바꾸므로 구하는 거리는

$$\int_3^6 |v(t)|\, dt = \square \text{BCDF} = \frac{1}{2} \times (3+1) \times 1 = 2$$

572 📘 ⑤

점 P가 시각 $t=0$에서 $t=6$까지 움직인 거리는

$$\int_0^6 |v(t)|\, dt$$
$$= \square \text{AOCB} + \triangle \text{CDE}$$
$$= \frac{1}{2} \times 1 \times 1 + \frac{1}{2} \times (1+2) \times 2 + \frac{1}{2} \times 1 \times 2$$
$$\qquad\qquad\qquad\qquad + \frac{1}{2} \times 2 \times 1$$
$$= \frac{11}{2}$$

573 답 ㄱ

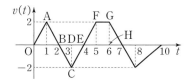

ㄱ. 시각 $t=3$에서의 점 P의 위치는

$$0+\int_0^3 v(t)\,dt=\int_0^2 v(t)\,dt+\int_2^3 v(t)\,dt$$
$$=\triangle\text{AOB}-\triangle\text{BCD}$$
$$=\frac{1}{2}\times2\times2-\frac{1}{2}\times1\times2=1$$

ㄴ. 시각 $t=2$에서 $t=6$까지 점 P의 위치의 변화량은

$$\int_2^6 v(t)\,dt=\int_2^4 v(t)\,dt+\int_4^6 v(t)\,dt$$
$$=-\triangle\text{BCE}+\square\text{EHGF}$$
$$=-\frac{1}{2}\times2\times2+\frac{1}{2}\times(1+2)\times2=1$$

ㄷ. $v(t)=0$이고 그 좌우에서 $v(t)$의 부호가 바뀔 때 운동 방향이 바뀌므로 점 P는 시각 $t=2$, $t=4$, $t=7$에서 운동 방향을 바꾼다.

따라서 $0<t<10$에서 점 P는 운동 방향을 세 번 바꾼다.

따라서 보기에서 옳은 것은 ㄱ이다.

574 답 6

점 P가 원점으로 다시 돌아오는 시각을 $t=a$라 하면 시각 $t=0$에서 $t=a$까지 위치의 변화량은 0이므로

$$\int_0^a v(t)\,dt=0$$ 이어야 한다.

오른쪽 그림과 같이 속도 $v(t)$의 그래프와 t축으로 둘러싼 각 도형의 넓이를 S_1, S_2, S_3, S_4라 하면

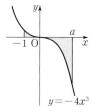

$$S_1=\frac{1}{2}\times3\times4=6$$
$$S_2=\frac{1}{2}\times2\times3=3$$
$$S_3=1\times3=3$$
$$S_4=\frac{1}{2}\times1\times3=\frac{3}{2}$$

이때 $S_1=S_2+S_3$이므로
$$-S_1+(S_2+S_3)=0$$
$$\therefore \int_0^6 v(t)\,dt=0$$

따라서 시각 $t=6$에서 물체가 원점으로 다시 돌아온다.

575 답 ①

$$y=x^2-2|x|-3=\begin{cases}x^2-2x-3 & (x\geq0)\\x^2+2x-3 & (x\leq0)\end{cases}$$

따라서 함수 $y=x^2-2|x|-3$의 그래프와 x축의 교점의 x좌표는

(i) $x\geq0$일 때

$x^2-2x-3=0$에서 $(x+1)(x-3)=0$

$\therefore x=3\ (\because x\geq0)$

(ii) $x\leq0$일 때

$x^2+2x-3=0$에서 $(x+3)(x-1)=0$

$\therefore x=-3\ (\because x\leq0)$

(i), (ii)에서 함수 $y=x^2-2|x|-3$의 그래프는 오른쪽 그림과 같이 y축에 대하여 대칭이므로 구하는 넓이는

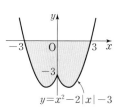

$$2\int_0^3(-x^2+2x+3)\,dx$$
$$=2\left[-\frac{1}{3}x^3+x^2+3x\right]_0^3=18$$

576 답 2

곡선 $y=-4x^3$과 x축 및 두 직선 $x=-1$, $x=a$로 둘러싸인 도형의 넓이는

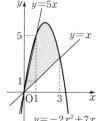

$$\int_{-1}^0(-4x^3)\,dx+\int_0^a 4x^3\,dx$$
$$=\left[-x^4\right]_{-1}^0+\left[x^4\right]_0^a=1+a^4$$

따라서 $1+a^4=17$이므로

$a^4-16=0$

$(a^2+4)(a+2)(a-2)=0$

$\therefore a=2\ (\because a>0)$

577 답 ⑤

곡선 $y=-2x^2+7x$와 두 직선 $y=5x$, $y=x$의 교점의 x좌표를 각각 구하면

$-2x^2+7x=5x$

$x(x-1)=0$

$\therefore x=0$ 또는 $x=1$

$-2x^2+7x=x$에서 $x(x-3)=0$

$\therefore x=0$ 또는 $x=3$

따라서 구하는 넓이는

$\dfrac{1}{2}\times4\times1+\displaystyle\int_1^3\{(-2x^2+7x)-x\}\,dx$

$=2+\displaystyle\int_1^3(-2x^2+6x)\,dx$

$=2+\left[-\dfrac{2}{3}x^3+3x^2\right]_1^3=\dfrac{26}{3}$

578 달 $\dfrac{9}{2}$

$A=B$이므로 $\displaystyle\int_0^k(x^2-3x)\,dx=0$

$\left[\dfrac{1}{3}x^3-\dfrac{3}{2}x^2\right]_0^k=0,\ \dfrac{1}{3}k^3-\dfrac{3}{2}k^2=0$

$k^2(2k-9)=0$ $\therefore k=\dfrac{9}{2}\ (\because k>3)$

579 달 $\dfrac{3}{2}$

두 도형의 넓이가 서로 같으므로

$\displaystyle\int_0^3\left(\dfrac{1}{2}x^2-k\right)dx=0$

$\left[\dfrac{1}{6}x^3-kx\right]_0^3=0,\ \dfrac{9}{2}-3k=0$ $\therefore k=\dfrac{3}{2}$

580 달 ①

곡선 $y=x^2-5x$와 직선 $y=x$의

교점의 x좌표를 구하면

$x^2-5x=x,\ x^2-6x=0$

$x(x-6)=0$

$\therefore x=0$ 또는 $x=6$

곡선 $y=x^2-5x$와 직선 $y=x$로

둘러싼 도형의 넓이를 S_1이라 하면

$S_1=\displaystyle\int_0^6\{x-(x^2-5x)\}\,dx=\int_0^6(-x^2+6x)\,dx$

$=\left[-\dfrac{1}{3}x^3+3x^2\right]_0^6=36$

오른쪽 그림에서 색칠한 도형의

넓이를 S_2라 하면

$S_2=\displaystyle\int_0^k\{x-(x^2-5x)\}\,dx$

$=\displaystyle\int_0^k(-x^2+6x)\,dx$

$=\left[-\dfrac{1}{3}x^3+3x^2\right]_0^k$

$=-\dfrac{1}{3}k^3+3k^2$

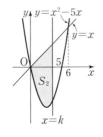

$S_1=2S_2$이므로

$36=2\left(-\dfrac{1}{3}k^3+3k^2\right),\ k^3-9k^2+54=0$

$(k-3)(k^2-6k-18)=0$

$\therefore k=3$ 또는 $k=3\pm3\sqrt{3}$

이때 $0<k<6$이므로 $k=3$

581 달 3

두 곡선 $y=f(x)$,
$y=g(x)$는 직선 $y=x$에
대하여 대칭이므로 두 곡선
으로 둘러싸인 도형의 넓이
는 곡선 $y=f(x)$와 직선
$y=x$로 둘러싸인 도형의
넓이의 2배와 같다.

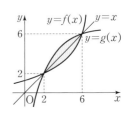

곡선 $y=f(x)$와 직선 $y=x$로 둘러싸인 도형의 넓이는

$\dfrac{1}{2}\times(2+6)\times4-\displaystyle\int_2^6 f(x)\,dx=16-\dfrac{29}{2}=\dfrac{3}{2}$

따라서 구하는 넓이는

$2\times\dfrac{3}{2}=3$

582 달 ④

시각 $t=2$에서의 점 P의 위치는

$0+\displaystyle\int_0^2 v(t)\,dt=\int_0^2(3t^2+at)\,dt$

$\qquad\qquad=\left[t^3+\dfrac{a}{2}t^2\right]_0^2=8+2a$

점 P와 점 A 사이의 거리가 10이므로

$|(8+2a)-6|=10$

$|2a+2|=10,\ 2a+2=\pm10$

$\therefore a=4\ (\because a>0)$

583 달 4

두 점 P, Q가 만나려면 위치가 같아야 하므로 두 점이
다시 만나는 시각을 $t=a$, 그때의 두 점 P, Q의 위치
를 각각 x_P, x_Q라 하면

$x_P=0+\displaystyle\int_0^a(3t^2-2t-7)\,dt$

$\quad=\left[t^3-t^2-7t\right]_0^a=a^3-a^2-7a$

$x_Q=0+\displaystyle\int_0^a(1+2t)\,dt$

$\quad=\left[t+t^2\right]_0^a=a+a^2$

▶▶▶▶ ❶

$x_P = x_Q$이므로

$a^3 - a^2 - 7a = a + a^2$, $a^3 - 2a^2 - 8a = 0$

$a(a+2)(a-4) = 0$ $\quad \therefore a = 4 \ (\because a > 0)$

따라서 출발 후 두 점 P, Q가 다시 만나는 시각은

$t = 4$ ▶▶▶▶▶ ❷

단계	채점 기준	비율
❶	두 점 P, Q가 만나는 시각에서의 위치에 대한 식 구하기	50 %
❷	두 점 P, Q가 다시 만나는 시각 구하기	50 %

584 달 0

곡선 $y = (x+2)(x-a)(x-2)$와 x축으로 둘러싸인 도형의 넓이를 $S(a)$라 하면

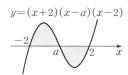
$y = (x+2)(x-a)(x-2)$

$$S(a) = \int_{-2}^{a} (x+2)(x-a)(x-2)\,dx$$
$$+ \int_{a}^{2} \{-(x+2)(x-a)(x-2)\}\,dx$$
$$= \int_{-2}^{a} (x^3 - ax^2 - 4x + 4a)\,dx$$
$$- \int_{a}^{2} (x^3 - ax^2 - 4x + 4a)\,dx$$
$$= \left[\frac{1}{4}x^4 - \frac{a}{3}x^3 - 2x^2 + 4ax \right]_{-2}^{a}$$
$$- \left[\frac{1}{4}x^4 - \frac{a}{3}x^3 - 2x^2 + 4ax \right]_{a}^{2}$$
$$= \left(-\frac{1}{12}a^4 + 2a^2 + \frac{16}{3}a + 4 \right)$$
$$- \left(\frac{1}{12}a^4 - 2a^2 + \frac{16}{3}a - 4 \right)$$
$$= -\frac{1}{6}a^4 + 4a^2 + 8$$

$$\therefore S'(a) = -\frac{2}{3}a^3 + 8a$$
$$= -\frac{2}{3}a(a+2\sqrt{3})(a-2\sqrt{3})$$

$S'(a) = 0$인 a의 값은 $a = 0 \ (\because -2 < a < 2)$

$-2 < a < 2$에서 함수 $S(a)$의 증가와 감소를 표로 나타내면 다음과 같다.

a	-2	$\cdots$	0	$\cdots$	2
$S'(a)$		$-$	0	$+$	
$S(a)$		$\searrow$	극소	$\nearrow$	

따라서 $S(a)$는 $a = 0$에서 최소이다.

585 달 ③

$f(x) = \frac{1}{4}x^3 + \frac{1}{2}x$, $g(x) = mx + 2$라 하고 곡선 $y = f(x)$와 직선 $y = g(x)$의 교점의 x좌표를 a라 하면

$$A = \int_{0}^{a} \{g(x) - f(x)\}\,dx$$
$$B = \int_{a}^{2} \{f(x) - g(x)\}\,dx$$

$\therefore B - A$
$$= \int_{a}^{2} \{f(x) - g(x)\}\,dx - \int_{0}^{a} \{g(x) - f(x)\}\,dx$$
$$= \int_{a}^{2} \{f(x) - g(x)\}\,dx + \int_{0}^{a} \{f(x) - g(x)\}\,dx$$
$$= \int_{0}^{2} \{f(x) - g(x)\}\,dx$$
$$= \int_{0}^{2} \left\{ \left(\frac{1}{4}x^3 + \frac{1}{2}x \right) - (mx + 2) \right\}\,dx$$
$$= \int_{0}^{2} \left\{ \frac{1}{4}x^3 + \left(\frac{1}{2} - m \right)x - 2 \right\}\,dx$$
$$= \left[\frac{1}{16}x^4 + \left(\frac{1}{4} - \frac{m}{2} \right)x^2 - 2x \right]_{0}^{2}$$
$$= -2m - 2$$

따라서 $-2m - 2 = \frac{2}{3}$이므로

$$m = -\frac{4}{3}$$

586 달 ④

$x > 0$일 때, 점 B에서 두 함수 $y = ax^2 + 2$, $y = 2x$의 그래프가 접하므로 이차방정식 $ax^2 + 2 = 2x$, 즉 $ax^2 - 2x + 2 = 0$의 판별식을 D라 하면

$$\frac{D}{4} = 1 - 2a = 0$$

$$\therefore a = \frac{1}{2}$$

점 B의 x좌표를 구하면

$$\frac{1}{2}x^2 + 2 = 2x, \ x^2 - 4x + 4 = 0$$
$$(x-2)^2 = 0$$
$$\therefore x = 2$$

두 함수 $y = \frac{1}{2}x^2 + 2$, $y = 2|x|$의 그래프로 둘러싸인 부분이 y축에 대하여 대칭이므로 구하는 넓이는

$$2\int_{0}^{2} \left\{ \left(\frac{1}{2}x^2 + 2 \right) - 2x \right\}\,dx = 2\int_{0}^{2} \left(\frac{1}{2}x^2 - 2x + 2 \right)\,dx$$
$$= 2\left[\frac{1}{6}x^3 - x^2 + 2x \right]_{0}^{2}$$
$$= \frac{8}{3}$$

587 탑 1

곡선 $y=\frac{1}{2}x^2$과 직선 $y=2$의 교점의 x좌표를 구하면

$\frac{1}{2}x^2=2$ $\therefore x=2\ (\because x\geq 0)$

곡선 $y=2ax^2$과 직선 $y=2$의 교점의 x좌표를 구하면

$2ax^2=2$ $\therefore x=\frac{1}{\sqrt{a}}\ (\because a>0,\ x\geq 0)$ ▸▸▸▸▸ ❶

곡선 $y=\frac{1}{2}x^2$과 y축 및 직선 $y=2$로 둘러싸인 도형의 넓이를 S_1이라 하면

$S_1=\int_0^2\left(2-\frac{1}{2}x^2\right)dx$

$\quad=\left[2x-\frac{1}{6}x^3\right]_0^2=\frac{8}{3}$

곡선 $y=2ax^2$과 y축 및 직선 $y=2$로 둘러싸인 도형의 넓이를 S_2라 하면

$S_2=\int_0^{\frac{1}{\sqrt{a}}}(2-2ax^2)\,dx$

$\quad=\left[2x-\frac{2}{3}ax^3\right]_0^{\frac{1}{\sqrt{a}}}$

$\quad=\frac{2}{\sqrt{a}}-\frac{2}{3\sqrt{a}}=\frac{4}{3\sqrt{a}}$ ▸▸▸▸▸ ❷

$S_1=2S_2$이므로

$\frac{8}{3}=2\times\frac{4}{3\sqrt{a}},\ \sqrt{a}=1$

$\therefore a=1$ ▸▸▸▸▸ ❸

단계	채점 기준	비율
❶	각 곡선과 직선 $y=2$의 교점의 x좌표 구하기	30 %
❷	각 곡선과 y축 및 직선 $y=2$로 둘러싸인 도형의 넓이 구하기	50 %
❸	a의 값 구하기	20 %

588 탑 $\frac{5}{2}$

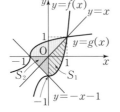

두 곡선 $y=f(x)$, $y=g(x)$는 직선 $y=x$에 대하여 대칭이므로 곡선 $y=f(x)$와 직선 $y=x$ 및 y축으로 둘러싸인 도형의 넓이는 곡선 $y=g(x)$와 직선 $y=x$ 및 x축으로 둘러싸인 도형의 넓이와 같다.

곡선 $y=f(x)$와 직선 $y=x$의 교점의 x좌표를 구하면

$2x^3-1=x,\ (x-1)(2x^2+2x+1)=0$

$\therefore x=1\ (\because x$는 실수$)$

곡선 $y=f(x)$와 직선 $y=x$ 및 y축으로 둘러싸인 도형의 넓이를 S_1이라 하면

$S_1=\int_0^1\{x-(2x^3-1)\}\,dx$

$\quad=\int_0^1(-2x^3+x+1)\,dx$

$\quad=\left[-\frac{1}{2}x^4+\frac{1}{2}x^2+x\right]_0^1$

$\quad=1$

직선 $y=-x-1$과 x축 및 y축으로 둘러싸인 도형의 넓이를 S_2라 하면

$S_2=\frac{1}{2}\times 1\times 1=\frac{1}{2}$

따라서 구하는 넓이는

$2\times S_1+S_2=2\times 1+\frac{1}{2}$

$\qquad\qquad\qquad=\frac{5}{2}$

589 탑 2

두 점 P, Q가 만나려면 위치가 같아야 하므로 두 점이 만나는 시각을 $t=a$, 그때의 두 점의 위치를 각각 x_P, x_Q라 하면

$x_P=0+\int_0^a(3t^2-2t+9)\,dt$

$\quad=\left[t^3-t^2+9t\right]_0^a$

$\quad=a^3-a^2+9a$

$x_Q=6+\int_0^a(6t^2-2t-3)\,dt$

$\quad=6+\left[2t^3-t^2-3t\right]_0^a$

$\quad=2a^3-a^2-3a+6$

$x_P=x_Q$이므로

$a^3-a^2+9a=2a^3-a^2-3a+6$

$\therefore a^3-12a+6=0$ ······ ㉠

$f(a)=a^3-12a+6$이라 하면

$f'(a)=3a^2-12=3(a+2)(a-2)$

$f'(a)=0$인 a의 값은

$a=2\ (\because a>0)$

$a>0$에서 함수 $f(a)$의 증가와 감소를 표로 나타내면 다음과 같다.

a	0	$\cdots$	2	$\cdots$
$f'(a)$		$-$	0	$+$
$f(a)$		$\searrow$	-10 극소	$\nearrow$

함수 $y=f(a)$의 그래프는 오른쪽 그림과 같고, $a>0$에서 곡선 $y=f(a)$는 a축과 서로 다른 두 점에서 만나므로 삼차방정식 ㉠의 서로 다른 양의 실근의 개수는 2이다.

따라서 출발 후 두 점 P, Q가 만나는 횟수는 2이다.

590 답 ①

공이 처음 쏘아 올린 위치로 다시 돌아오는 것은 6초 후이므로 시각 $t=0$에서 $t=6$까지 위치의 변화량은 0이다.

즉, $\displaystyle\int_0^6 (a-10t)\,dt=0$이므로

$\left[at-5t^2\right]_0^6=0$

$6a-180=0$ $\therefore a=30$

공이 지면에 떨어지는 시각을 $t=k$라 하면 공이 지면에 떨어질 때의 높이는 0이므로

$35+\displaystyle\int_0^k (30-10t)\,dt=0$

$35+\left[30t-5t^2\right]_0^k=0$

$35+30k-5k^2=0,\ k^2-6k-7=0$

$(k+1)(k-7)=0$

$\therefore k=7\ (\because k>0)$

따라서 공이 지면에 떨어질 때까지 걸리는 시간은 7초이다.

591 답 ㄴ, ㄹ

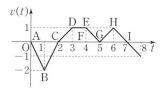

ㄱ. 시각 $t=4$에서의 점 P의 위치는

$0+\displaystyle\int_0^4 v(t)\,dt=\int_0^2 v(t)\,dt+\int_2^4 v(t)\,dt$

$\qquad =-\triangle\mathrm{ABC}+\square\mathrm{CFED}$

$\qquad =-\dfrac{1}{2}\times2\times2+\dfrac{1}{2}\times(1+2)\times1$

$\qquad =-\dfrac{1}{2}$

ㄴ. $v(t)=0$이고 그 좌우에서 $v(t)$의 부호가 바뀔 때 운동 방향이 바뀌므로 점 P는 출발 후 시각 $t=6$까지 시각 $t=2$에서 운동 방향을 한 번 바꾼다.

ㄷ. 시각 $t=5$에서의 점 P의 위치는

$0+\displaystyle\int_0^5 v(t)\,dt=\int_0^2 v(t)\,dt+\int_2^5 v(t)\,dt$

$\qquad =-\triangle\mathrm{ABC}+\square\mathrm{CGED}$

$\qquad =-\dfrac{1}{2}\times2\times2+\dfrac{1}{2}\times(1+3)\times1$

$\qquad =0$

따라서 시각 $t=5$에서 점 P는 원점에 있다.

ㄹ. 점 P는 출발 후 시각 $t=2$에서 처음으로 운동 방향을 바꾸고, 시각 $t=7$에서 두 번째로 운동 방향을 바꾸므로 시각 $t=2$에서 $t=7$까지 움직인 거리는

$\displaystyle\int_2^7 |v(t)|\,dt=\square\mathrm{CGED}+\triangle\mathrm{GIH}$

$\qquad =\dfrac{1}{2}\times(1+3)\times1+\dfrac{1}{2}\times2\times1$

$\qquad =3$

따라서 보기에서 옳은 것은 ㄴ, ㄹ이다.

| 참고 | 점 P는 원점에서 출발하여 $t=2$까지 음의 방향으로 좌표가 -2인 점까지 이동하고, $t=2$에서 운동 방향을 바꾸어 양의 방향으로 이동하다 $t=5$일 때 원점을 지난 후 $t=7$까지 계속해서 양의 방향으로 좌표가 1인 점까지 이동한다. 또 $t=7$에서 운동 방향을 바꾸어 $t=8$까지 음의 방향으로 좌표가 $\dfrac{1}{2}$인 점까지 이동한다.

따라서 $t=2$일 때 원점까지의 거리가 2로 가장 멀리 떨어져 있다.

592 답 18

| 접근 방법 | $\displaystyle\int_{k+2}^{k+4} f(x-2)\,dx=\int_k^{k+2} f(x)\,dx$임을 이용한다.

㈏의 좌변에서

$\displaystyle\int_0^4 f(x)\,dx$

$=\displaystyle\int_0^2 f(x)\,dx+\int_2^4 f(x)\,dx$ $\qquad$ ……㉠

$=\displaystyle\int_0^2 f(x)\,dx+\int_2^4 \{f(x-2)+6\}\,dx\ (\because ㈐)$

$=\displaystyle\int_0^2 f(x)\,dx+\int_0^2 \{f(x)+6\}\,dx$

$=\displaystyle\int_0^2 f(x)\,dx+\int_0^2 f(x)\,dx+\left[6x\right]_0^2$

$=2\displaystyle\int_0^2 f(x)\,dx+12$

따라서 $2\displaystyle\int_0^2 f(x)\,dx+12=0$이므로

$\displaystyle\int_0^2 f(x)\,dx=-6$

이때 ㉠에서 $0=-6+\int_2^4 f(x)\,dx$이므로

$$\int_2^4 f(x)\,dx=6$$

함수 $f(x)$는 실수 전체의 집합에서 증가하고 (나)에서 $\int_0^4 f(x)\,dx=0$이므로 $4\le x\le6$에서 $f(x)>0$이다.

따라서 함수 $y=f(x)$의 그래프와 x축 및 두 직선 $x=4$, $x=6$으로 둘러싸인 부분의 넓이를 S라 하면

$$S=\int_4^6 f(x)\,dx=\int_4^6\{f(x-2)+6\}\,dx$$
$$=\int_2^4\{f(x)+6\}\,dx=\int_2^4 f(x)\,dx+\Big[6x\Big]_2^4$$
$$=\int_2^4 f(x)\,dx+12=6+12=18$$

593 답 -6

| 접근 방법 | $f(-x)=-f(x)$를 만족시키는 다항함수는 홀수 차수의 항의 합으로만 나타낼 수 있음을 이용하여 삼차함수 $f(x)$의 식을 먼저 세운다.

함수 $f(x)$가 삼차함수이고 (가)에서 $f(-x)=-f(x)$이므로 $f(x)=ax^3+bx$ (a, b는 상수, $a\neq0$)라 하면
$$f'(x)=3ax^2+b$$
(나)에서 이차함수 $f'(x)$의 최솟값이 2이므로
$$a>0,\ b=2$$
$$\therefore\ f(x)=ax^3+2x,\ f'(x)=3ax^2+2$$
점 $(1, f(1))$, 즉 $(1, a+2)$에서의 접선의 기울기는 $f'(1)=3a+2$이므로 접선의 방정식은
$$y-(a+2)=(3a+2)(x-1)$$
$$\therefore\ y=(3a+2)x-2a$$
곡선 $y=ax^3+2x$와 접선 $y=(3a+2)x-2a$의 교점의 x좌표를 구하면
$$ax^3+2x=(3a+2)x-2a$$
$$ax^3-3ax+2a=0,\ a(x+2)(x-1)^2=0$$
$$\therefore\ x=-2\ 또는\ x=1$$
(다)에서 곡선 $y=f(x)$와 이 곡선 위의 점 $(1, f(1))$에서의 접선으로 둘러싸인 도형의 넓이는

$$\int_{-2}^1\big[(ax^3+2x)$$
$$\qquad-\{(3a+2)x-2a\}\big]\,dx$$
$$=a\int_{-2}^1(x^3-3x+2)\,dx$$
$$=a\Big[\frac14 x^4-\frac32 x^2+2x\Big]_{-2}^1=\frac{27}{4}a$$

따라서 $\dfrac{27}{4}a=27$이므로

$$a=4$$

즉, $f(x)=4x^3+2x$이므로
$$f(-1)=-4-2=-6$$

594 답 ②

시각 $t=k$ $(k\ge0)$에서의 점 P의 위치는
$$0+\int_0^k(t^2-6t+5)\,dt=\Big[\frac13 t^3-3t^2+5t\Big]_0^k$$
$$=\frac13 k^3-3k^2+5k$$

시각 $t=k$ $(k\ge0)$에서의 점 Q의 위치는
$$0+\int_0^k(2t-7)\,dt=\Big[t^2-7t\Big]_0^k$$
$$=k^2-7k$$

시각 $t=k$ $(k\ge0)$에서의 두 점 P, Q 사이의 거리는
$$f(k)=\left|\frac13 k^3-3k^2+5k-(k^2-7k)\right|$$
$$=\left|\frac13 k^3-4k^2+12k\right|$$

$g(k)=\dfrac13 k^3-4k^2+12k$라 하면
$$g'(k)=k^2-8k+12=(k-2)(k-6)$$
$g'(k)=0$인 k의 값은 $k=2$ 또는 $k=6$
$k\ge0$에서 함수 $g(k)$의 증가와 감소를 표로 나타내면 다음과 같다.

k	0	$\cdots$	2	$\cdots$	6	$\cdots$
$g'(k)$		$+$	0	$-$	0	$+$
$g(k)$	0	$\nearrow$	$\dfrac{32}{3}$ 극대	$\searrow$	0 극소	$\nearrow$

이때 $k\ge0$에서 함수 $g(k)$의 최솟값이 0이므로
$$g(k)\ge0$$
$$\therefore\ f(k)=g(k)\ (\because\ k\ge0)$$
따라서 함수 $f(k)$는 구간 $[0, 2]$에서 증가하고, 구간 $[2, 6]$에서 감소하고, 구간 $[6, \infty)$에서 증가하므로
$$a=2,\ b=6$$
$2\le t\le\dfrac72$에서 $v_2(t)\le0$, $\dfrac72\le t\le6$에서 $v_2(t)\ge0$이므로 시각 $t=2$에서 $t=6$까지 점 Q가 움직인 거리는
$$\int_2^{\frac72}(-2t+7)\,dt+\int_{\frac72}^6(2t-7)\,dt$$
$$=\Big[-t^2+7t\Big]_2^{\frac72}+\Big[t^2-7t\Big]_{\frac72}^6$$
$$=\frac{17}{2}$$